PHYSIQUE DES TRANSITIONS DE PHASES

Concepts et applications

Cours avec exercices corrigés

Pierre Papon
Professeur à l'École supérieure de physique et chimie industrielles de Paris (ESPCI)

Jacques Leblond
Professeur à l'École supérieure de physique et chimie industrielles de Paris (ESPCI)

Paul H.E. Meijer
Professeur émérite à la Catholic University of America, Washington D.C.

Préfacé par

Pierre-Gilles de Gennes
Professeur au Collège de France

DUNOD

Illustration de couverture :
Dendrites primaires de cobalt solidifié, depuis un alliage Co-Sm-Cu.
École Polytechnique Fédérale de Lausanne, laboratoire de métallurgie physique
du professeur W. Kurz.

Préface

Nous avons appris à l'école que la matière existe sous trois formes : solide, liquide et gaz ; et déjà d'autres choses plus subtiles, comme le fait que « l'évaporation produit du froid ». Cette science des états de la matière était née au XIX*e siècle. De nos jours, elle s'est énormément agrandie dans deux directions :*

1) Les transitions se sont multipliées : d'abord entre un solide et un solide, notamment chez les métallurgistes. Puis à propos du magnétisme, illustré en France par Louis Néel, et de la ferroélectricité. Par ailleurs, dès le début du XX*e siècle, est apparu l'extraordinaire phénomène de supraconductivité dans certains métaux. Et plus tard, d'autres superfluides ont été reconnus : l'hélium 4, l'hélium 3, la matière constituante des noyaux atomiques et des étoiles de neutrons... Il y a de nos jours une véritable zoologie des transitions, mais nous savons les classer, à partir d'une idée superbe de Landau.*

2) Notre vision profonde des mécanismes s'est développée : et en particulier les propriétés très universelles des fluctuations près d'un point critique – décrites par l'analyse qualitative de Kadanoff, et précisées par un outil théorique extraordinaire : le groupe de renormalisation.

On peut dire sans exagérer que notre panorama de la matière condensée a connu deux révolutions au XX*e siècle : d'abord l'introduction de la physique quantique à partir de 1930, puis la reconnaissance des structures « self similaires » et des lois d'échelle résultantes autour de 1970.*

Il serait naïf de trop clamer ces succès : malgré toute cette sophistication, nous sommes encore aujourd'hui bien incertains sur certains points – comme, par exemple, le mécanisme de fonctionnement des oxydes supraconducteurs, ou les lois de la transition vitreuse. Mais un corps de doctrine s'est constitué, et il est un élèment important de la culture scientifique en l'an 2000.

Seulement ce savoir est en général exprimé dans des traités qui se consacrent à un seul sous secteur. Le grand mérite du livre de MM. Papon, Leblond et Meijer est de présenter, ici, une introduction globale, accessible à des étudiants de Physique qui entrent en Maîtrise.

Le panorama est vaste, et il a été encore notablement élargi dans cette 2e édition : je note avec grand plaisir la discussion sur les mélanges polymères/solvants ou polymère/polymère, la description des condensats de Bose-Einstein, et aussi les développements sur les nanomatériaux – pour lesquels des actions considérables de recherche sont actuellement en cours.

Au total, ce livre offre aux étudiants une vision très large des systèmes coopératifs, de leur classification, et de leur impact pratique. Il pourra, me semble-t-il, les guider très utililement.

Mars 2002

P.G. de GENNES

Professeur au Collège de France
Directeur de l'École de Physique et Chimie

Table des matières

AVANT-PROPOS

Cette seconde édition de notre livre, comme la première, reprend, en les développant, nos enseignements de thermodynamique et de physique de la matière condensée à l'École de Physique et Chimie et en DEA ainsi qu'à la Catholic University of America à Washington. Il est destiné aux étudiants de maîtrise, des écoles d'ingénieurs et doctorales. Les chercheurs et les ingénieurs de l'industrie y trouveront aussi des synthèses sur un champ important et en évolution constante de la science des matériaux.

L'ouvrage traite des grandes classes de transitions de phases dans les fluides et les solides : vaporisation, solidification, transitions magnétiques, phénomènes critiques, etc. Nous donnons dans les deux premiers chapitres une description générale des phénomènes et nous consacrons les six chapitres suivants à l'étude d'une transition spécifique, en explicitant les caractéristiques, les méthodes expérimentales pour l'étudier et les principaux modèles théoriques qui permettent de la prévoir. Les grandes classes d'application des transitions de phases mises en œuvre dans l'industrie sont également exposées. Les trois derniers chapitres sont spécifiquement consacrés au rôle des microstructures et des nanostructures, aux transitions dans les films minces et, enfin, aux phénomènes de transitions de phases dans les grands systèmes naturels et techniques. Notre approche des phénomènes est essentiellement thermodynamique, elle suppose connus les concepts et les méthodes de base de la thermodynamique et de la physique statistique. Des exercices sont proposés avec leurs corrigés ainsi qu'une bibliographie. Dans cette seconde édition, nous avons tenu compte des développements nouveaux intervenus dans la physique des états de la matière, en particulier dans les domaines des nanomatériaux et de la réalisation de condensats de Bose-Einstein de gaz atomiques où les progrès s'accélèrent. Nous avons aussi amélioré la présentation de plusieurs chapitres en apportant des précisions sur certains mécanismes de transitions de phases et en les illustrant avec de nouveaux exemples d'applications.

Les auteurs remercient Jean-Fabrice Leoni qui les a aidés dans la préparation du manuscrit et dans la réalisation des dessins et des diagrammes.

Mars 2002

Pierre PAPON
Jacques LEBLOND
Paul H.E. MEIJER

Chapitre 1

Thermodynamique et physique statistique des transitions de phases

1.1 QU'EST-CE QU'UNE TRANSITION DE PHASE ?

Toute substance de composition chimique fixée, par exemple l'eau H_2O, peut se présenter sous des formes homogènes dont on peut distinguer les propriétés et que l'on appelle des **états**. Ainsi trouve-t-on l'eau sous forme d'un gaz, d'un liquide ou d'un solide, la glace. Ces trois états de la matière (le solide, le liquide et le gaz) diffèrent par leur densité, leur capacité calorifique, etc. Les propriétés optiques et mécaniques d'un liquide et d'un solide sont également très différentes.

On sait par ailleurs qu'en appliquant des pressions élevées sur un échantillon de glace (plusieurs kilobars), on peut obtenir plusieurs variétés de glace correspondant à des formes cristallines distinctes (Fig. 1.1). De façon générale, pour une même substance solide ou liquide, on peut rencontrer plusieurs arrangements distincts des atomes, des molécules ou des particules, qui leur sont associés, et qui vont correspondre à des propriétés différentes du matériau solide ou liquide, constituant ainsi des **phases**. On a ainsi plusieurs phases de la glace correspondant à des variétés cristallines et amorphes distinctes de l'eau solide. Pour certains liquides on peut obtenir soit une phase isotrope soit une phase **cristal liquide**, que l'on peut distinguer par leurs propriétés optiques et qui diffèrent par l'orientation de leurs molécules (Fig. 1.2).

L'expérience met donc en évidence des phénomènes de **transition de phases** ou de **changement d'états**. Par exemple ; – une substance passe de l'état liquide à l'état solide (c'est la solidification) ; – les arrangements moléculaires dans un cristal sont modifiés par application d'une pression et l'on passe d'une phase cristalline à une autre. Les transitions de phases sont des phénomènes physiques connus depuis fort longtemps. On les

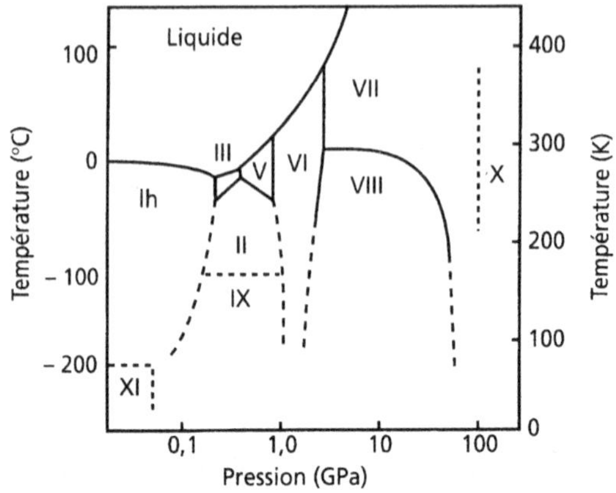

Figure 1.1 Diagramme de phases de la glace.

On observe onze variétés cristallines de la glace. Une douzième forme XII a été mise en évidence dans la région 0,2-0,6 GPa. La glace « ordinaire » correspond à la forme Ih. Les glaces IV et XII seraient métastables par rapport à la glace V (d'après C. Lobban, J.L. Finney W.F. Kuhs, Nature, 391, p 268, 1998, copyright 1998 Macmillan Magazines Limited).

rencontre dans la nature (par exemple la condensation de gouttes d'eau dans les nuages) ou dans l'expérience quotidienne ; ils sont mis en œuvre également dans de nombreux systèmes techniques ou procédés industriels ; la vaporisation de l'eau dans le générateur de vapeur d'une centrale nucléaire est le processus physique qui permet d'actionner les turbines des générateurs électriques, la fusion des métaux puis leur solidification sont des étapes importantes d'opérations métallurgiques, etc.

On a également mis en évidence des transitions de phases qui se traduisent par l'apparition de propriétés nouvelles de la matière, par exemple le ferromagnétisme et la supraconductivité ; il apparaît au-dessous d'une **température critique**, des phases nouvelles, ou des états nouveaux, dont les propriétés ont des applications importantes. Ces transitions de phases ne sont pas toujours provoquées par une modification des arrangements atomiques ou moléculaires mais, dans le cas du ferromagnétisme et de la supraconductivité, par une modification des propriétés électroniques.

De façon générale, une transition se manifeste par une série de phénomènes physiques qui lui sont associés. Ainsi, pour la plupart d'entre elles, la transition est accompagnée d'une chaleur latente et de la discontinuité d'une variable d'état qui caractérise chacune des phases (la densité dans le cas de la transition liquide/solide par exemple).

On observe aussi que toute une série de transitions de phases s'effectuent sans chaleur latente, ni discontinuité des variables d'état comme, par exemple, la densité. C'est la situation que l'on rencontre, notamment, au point critique de la transition liquide/gaz, ainsi qu'au point de Curie de la transition ferromagnétique/paramagnétique. On constate que les caractéristiques thermodynamiques des transitions de phases peuvent être très différentes. Il apparaît ainsi, très schématiquement, deux grandes catégories de transitions ; celles qui sont associées à une chaleur latente d'une part, celles pour lesquelles celle-ci est nulle d'autre part.

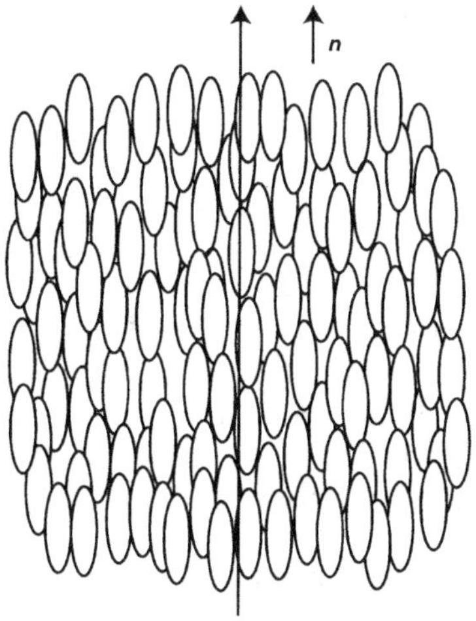

Figure 1.2 Cristal liquide nématique.

On a représenté sur ce schéma les arrangements des molécules dans un cristal liquide nématique : elles s'alignent dans la direction ***n***.

Il faut aussi noter que l'on provoque une transition de phases en agissant de l'extérieur pour modifier une variable thermodynamique intensive qui caractérise le système ; la température, la pression, un champ magnétique ou électrique, etc. Cette variable est conjuguée d'une variable extensive (par exemple, la pression et le volume sont conjugués), au sens de la thermodynamique classique.

On sait aussi, par expérience, qu'une transition de phase commence à se manifester à une échelle microscopique ; des petites gouttes de liquide dont le rayon peut être inférieur au micron, apparaissent ainsi au sein d'une phase vapeur, avant que celle ci ne se condense totalement sous forme liquide. C'est le phénomène de **nucléation**. De la même façon, la solidification d'un liquide, un métal fondu par exemple, s'amorce-t-elle au-dessus de sa température de solidification à partir de micro-cristallites qui sont des germes cristallins de la phase solide. Lorsque l'on a un solide polycristallin, comme une céramique, ses propriétés mécaniques dépendent très fortement de la taille des microcristallites.

Si l'on descend à l'échelle atomique ou moléculaire, on fait intervenir les forces répulsives et attractives entre les atomes ou les molécules pour rendre compte des propriétés de la matière ; ce sont ces forces intermoléculaires qui les déterminent et qui expliquent en particulier la cohésion d'un solide ou d'un liquide qui sont mises en jeu dans les phénomènes de fusion et de vaporisation. Dans le cas d'un liquide comme l'eau, l'intervention de liaisons hydrogène entre les molécules, explique les propriétés anormales de ce liquide (par exemple, son maximum de densité à 4 °C et le fait que la densité de la phase solide soit inférieure à celle de la phase liquide). De façon générale, on retrouve avec les transitions de phases, une question centrale de la science des matériaux : la relation entre les propriétés macroscopiques et la structure microscopique d'un matériau.

Si l'on revient enfin à l'approche thermodynamique des phénomènes, on sait, par expérience, qu'il existe des situations où, partant d'une phase liquide, il est possible de maintenir cet état en dessous de la température de solidification de la substance considérée (l'eau par exemple) ; on a alors un liquide surfondu qui correspond à un état thermodynamique métastable. Si le liquide surfondu est de la silice, on pourra alors observer une solidification du liquide, sous la forme d'un verre ; c'est la **transition vitreuse**. On a obtenu un état solide non organisé, c'est-à-dire non cristallin, aux propriétés thermodynamiques, mécaniques et optiques spécifiques, qui ne correspondent pas à un état thermodynamique en équilibre. La transition de phase s'est produite sans chaleur latente ni discontinuité de densité.

Le monde des transitions de phase demeure encore plein d'inconnues. Ainsi est-on parvenu à identifier, pour la première fois en 1985, une nouvelle forme de carbone, le **fullerène** (dénomination abrégée en fait, de buckmunsterfullerène). Le fullerène, correspondant à la composition stœchiométrique C_{60}, est une variété sphérique de molécules de carbone, que l'on peut obtenir sous forme solide (par exemple par irradiation du graphite par un laser de puissance), avec une structure cristalline de symétrie cubique à faces centrées. Si l'on a pu calculer un diagramme de phase pour C_{60} qui prévoit l'existence d'une phase liquide, l'on n'a pas pu cependant la mettre en évidence expérimentalement.

On voit donc la très grande variété de transitions de phases que l'on peut rencontrer avec différents types de substances et de matériaux mettant en jeu bon nombre de propriétés et de phénomènes. L'étude des phénomènes de transitions de phases et de leurs applications est l'objet de ce livre. On abordera les applications des transitions de phases aux systèmes techniques et naturels dans chacun des chapitres du livre en fonction de leur spécificité.

Nous laisserons de côté un quatrième état de la matière l'**état plasma** dont les propriétés sont très spécifiques ; un plasma est un gaz de particules chargées (électrons ou ions). Il est obtenu par des décharges électriques dans des gaz à des températures comprises entre quelques milliers et plusieurs millions de kelvins. Les plasmas sont donc produits dans des conditions extrêmes que l'on ne rencontre pas dans les situations courantes sur Terre. On peut maintenir les plasmas confinés dans une enceinte par un champ magnétique, c'est le principe des **tokamaks**, et les produire aussi en bombardant une cible (du deutérium par exemple) avec un faisceau laser très puissant. C'est la méthode du **confinement inertiel**. On trouve aussi des plasmas dans les étoiles.

1.2 DESCRIPTION THERMODYNAMIQUE DES TRANSITIONS DE PHASES

Si l'on considère les deux états condensés de la matière (solide et liquide), les forces entre les atomes ou entre les molécules (ou les potentiels dont elles dérivent) déterminent la structure de la matière et son évolution au cours du temps, en un mot, sa dynamique.

Ce sont les forces intermoléculaires qui contribuent, par exemple, à la cohésion d'un liquide et d'un solide. Au sein d'un solide, les interactions entre les moments magnétiques des atomes, lorsqu'elles existent, ou entre les dipôles électriques, contribuent à l'apparition de phénomènes comme le ferromagnétisme ou la ferroélectricité.

On peut donc étudier les phénomènes de transitions de phases, en faisant intervenir les potentiels intermoléculaires ou les interactions entre les particules ; c'est notamment l'approche de la physique statistique qui est la plus complexe. On peut aussi s'en tenir à une description à l'aide de la thermodynamique classique pour tenter de déterminer les transitions de phases. C'est l'approche, en principe, la plus simple que nous allons d'abord expliciter.

1.2.1 Stabilité et transition - Critère de Gibbs-Duhem

Une transition de phase se produit lorsqu'une phase devient instable, dans des conditions thermodynamiques données, décrites à l'aide de variables intensives (p, T, H, E, etc.). Ainsi, à pression atmosphérique (p = 1 bar), la glace n'est plus une phase solide stable, lorsque la température est supérieure à 0 °C ; elle fond et l'on a une transition de phase solide/liquide. Il faut donc décrire les conditions thermodynamiques qui président à une transition de phase si l'on veut la prévoir.

On sait que l'on peut décrire l'état thermodynamique d'un système ou d'un matériau à l'aide de potentiels thermodynamiques obtenus classiquement à l'aide d'une transformation de Legendre. On peut également calculer ces potentiels thermodynamiques à l'aide de la physique statistique, si l'on connaît la fonction de partition du système. Ces potentiels s'expriment à l'aide des variables d'état extensives et intensives qui caractérisent le système. Le choix des variables pour l'étudier et agir sur celui-ci, impose le potentiel. Rappelons que si l'on travaille avec les variables (T, V), il faut utiliser **l'énergie libre** F ; on étudiera le système avec **l'enthalpie libre** G, si le système est décrit avec les variables (p, T).

On peut montrer en thermodynamique, qu'une phase stable correspond à un minimum des potentiels F et G. Plus généralement, imaginant des transformations virtuelles Δ des grandeurs thermodynamiques X à partir de l'équilibre, on a un critère de stabilité de cette situation d'équilibre qui peut s'écrire ;

$$\Delta U + p\Delta V - T\Delta S \geq 0 \tag{1.1}$$

où ΔU, ΔV et ΔS sont des variations virtuelles de l'énergie interne U, du volume V et de l'entropie S, à partir de l'équilibre. C'est le **critère de stabilité de Gibbs-Duhem**.

On peut aisément déduire de (1.1), qu'un équilibre stable est caractérisé par un minimum des potentiels F (à T et V constants), G (à T et p constants), H (à S et p constants), U (à S et V constants) et par un maximum de l'entropie (à U et V constants).

La condition (1.1) qui permet de trouver un critère de stabilité de l'équilibre doit être examinée de façon stricte. Ce critère et ses variantes permettent de préciser les conditions d'équilibre. Ainsi, des états physiques importants de la matière, l'état vitreux par exemple, conduisent à constater que l'état d'équilibre d'un système supposé stable, peut être modifié par application d'une perturbation (un choc thermique ou mécanique). De même, constate-t-on que l'eau maintenue en phase liquide à une température inférieure à 0 °C se solidifie instantanément si l'on ajoute une impureté dans la phase liquide ou si l'on provoque un choc sur le récipient qui la contient (un tube capillaire par exemple).

On doit donc préciser les situations dans lesquelles on peut se trouver en appliquant le critère de Gibbs-Duhem (1.1).

L'équilibre au sens le plus large du terme, correspond à un maximum de l'entropie et on a donc, pour toutes les variations virtuelles, infinitésimales des variables $\delta S = 0$.

On peut discriminer cependant entre les situations suivantes ;

- Les conditions (**$\delta S = 0$, $\Delta S < 0$**) sont satisfaites quelles que soient les perturbations virtuelles des variables. Si l'on écrit ΔS sous la forme d'un développement au voisinage de l'équilibre ;

$$\Delta S = \delta S + 1/2\delta^2 S + 1/3!\ \delta^3 S + 1/4!\ \delta^4 S + \dots \qquad (1.2)$$

  où les termes $\delta^2 S$, $\delta^3 S$, $\delta^4 S$ ... représentent des différentielles du deuxième, troisième, quatrième ordre par rapport à des variables d'état.

  On a donc $\delta^2 S$, $\delta^3 S$, $\delta^4 S \dots < 0$; **l'équilibre est stable.**
- Les conditions ($\delta S = 0$, $\delta^2 S < 0$) sont vérifiées pour toutes les perturbations virtuelles, mais la condition **$\Delta S < 0$** est violée pour certaines perturbations (autrement dit, on peut avoir $\delta^3 S$, $\delta^4 S > 0$) ; on dit que **l'équilibre est métastable**.
- Certaines perturbations satisfont à la condition $\delta^2 S > 0$; **l'équilibre est instable**.

On a donc introduit la notion de **métastabilité** d'un équilibre qui est, en quelque sorte, un état thermodynamique intermédiaire entre la stabilité et l'instabilité. L'eau liquide à une température inférieure à 0 °C correspond typiquement à un état thermodynamique métastable ; on dit qu'elle est **surfondue**. De même, une substance maintenue à l'état liquide au-dessus de son point d'ébullition se trouve-t-il dans un état métastable ; il est **surchauffé**.

La condition **$\delta^2 S = 0$** donne la limite de métastabilité de l'équilibre. Lorsqu'un matériau, à partir d'un état initial d'équilibre stable, subit une transformation qui satisfait à cette condition, il passe de la métastabilité à l'instabilité, on observe donc une transition de phase.

La courbe correspondant à cette condition limite de métastabilité s'appelle la **spinodale**. On peut aussi déterminer la forme analytique de cette courbe en écrivant la condition de limite de métastabilité à l'aide des autres potentiels thermodynamiques : $\delta^2 G = 0$, $\delta^2 F = 0$.

Dans le cas d'un matériau avec un seul constituant chimique et dont les molécules sont isotropes, on doit utiliser l'enthalpie libre G pour décrire ses propriétés si l'on modifie l'équilibre en agissant sur les variables (p, T). On peut représenter la fonction $G(p, T)$ par une surface dans un espace à trois dimensions ; un état du système (p, T fixées) correspond à un point sur cette surface de coordonnées (G, p, T). Supposons que le matériau puisse exister sous forme de deux phases solides (solide 1-solide 2), d'une phase liquide et d'une phase gazeuse. On aura alors quatre portions de surface correspondant à ces quatre phases avec les potentiels G_{s_1}, G_{s_2}, G_l, G_v qui se coupent suivant des lignes ; le long de ces liquides on a, par définition, égalité des potentiels et donc, coexistence des phases correspondantes (Fig. 1.3).

L'application directe du critère de Gibbs-Duhem nous indique que l'état d'équilibre stable correspond à la phase qui a le plus petit potentiel (minimum de G). Lorsqu'on franchit ces lignes, **le matériau subit une transition de phase**. Au point C, les phases liquide et gazeuse sont strictement identiques. C'est un point singulier que l'on appelle **point critique**. Aux points B et D, trois phases peuvent coexister car les lignes de coexistence ont un point commun, qui est à l'intersection de trois surfaces ; ce sont des **points triples**.

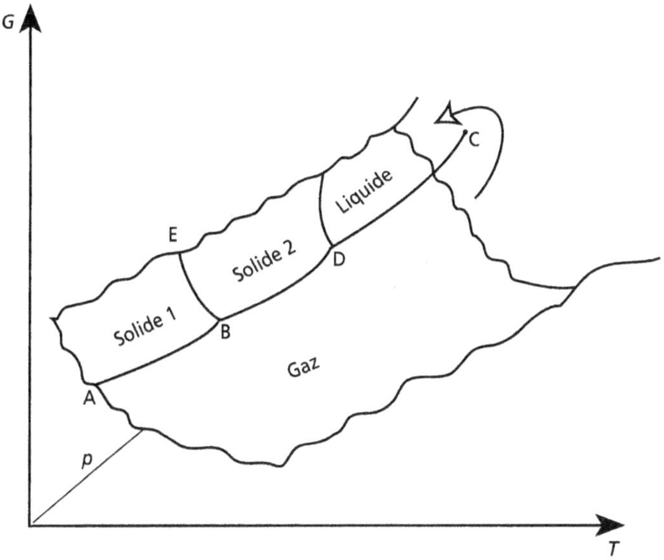

Figure 1.3 Surface représentant l'enthalpie libre $G(T, p)$.

La courbe de coexistence liquide-gaz a un point terminal qui est le point critique C.

Il est utile de projeter sur le plan (p, T), les lignes de coexistence AB, BE, BD, DC, on obtient ainsi des diagrammes de phase à l'équilibre qui représentent dans ce plan, les différentes phases du matériau (Fig. 1.4).

Les considérations précédentes s'appliquent strictement à des systèmes en équilibre ; l'étude de la stabilité des systèmes hors d'équilibre est un problème beaucoup plus complexe. Celui-ci a donné lieu à de très nombreux travaux en mécanique. On fait intervenir des **fonctions de Liapounov** qui sont des formes quadratiques positives permettant de décrire l'évolution au cours du temps d'une variable perturbée par rapport à sa situation initiale d'équilibre ou de non-équilibre. Ainsi, si l'on désigne par x l'ensemble des variables indépendantes qui décrivent l'état d'un système, un processus local sera décrit par une loi de la forme $x = \varphi(t\ ;\ t_0,\ x_0)$ où x_0 correspond à l'état initial à t_0. La fonction $y(t) = \varphi(t\ ;\ x_0 + \delta) - \varphi(t\ ;\ x_0)$ représente alors la valeur de la perturbation initiale δ de la variable x à l'instant t. $y^2(t)$ sera une fonction de Liapounov et le processus décrit par la fonction φ sera stable si :

$$\mathrm{d}y^2/\mathrm{d}t \leq 0$$

car, dans ce cas, les fluctuations de la variable s'amortissent. Ces considérations sont transposables en thermodynamique des états de la matière et cette transposition a été faite, en particulier, par Prigogine. On peut choisir, en particulier, la forme $-\delta^2 S$ comme fonction de Liapounov car on peut mettre $-\delta^2 S$ sous la forme d'une expression quadratique positive. On peut retrouver aisément le principe de Le Chatelier-Braun sur la stabilité des équilibres à l'aide de ce formalisme : tout système en équilibre stable éprouve, du fait de la variation de l'un des facteurs d'équilibre, une transformation dans

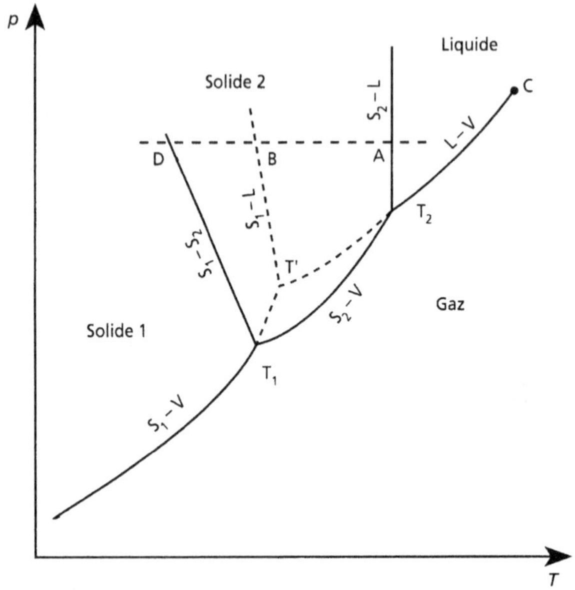

Figure 1.4 Diagramme de phases avec des phases métastables.

Les lignes en pointillés délimitent des zones d'existence de phases métastables ; elles se coupent en un point T' qui est un point triple où coexistent le solide 1 métastable, le solide 2 et le gaz. La ligne $T'B$ est la limite de surfusion du liquide, il cristallise alors sous forme S_1.

un sens tel que, si elle se produisait seule, elle provoquerait une variation de signe contraire du facteur considéré.

1.2.2 Diagrammes de phases

Les exemples précédents sont généralisables et l'on représentera par des diagrammes dans un système de coordonnées X_1 et X_2 (p et T par exemple) les différentes phases sous lesquelles on peut trouver un matériau ; ce sont des **diagrammes de phases**.

Il faut rappeler auparavant que l'on définit la **variance** v d'un système, ou d'un matériau, comme le nombre de variables thermodynamiques indépendantes sur lesquelles il est possible d'agir pour modifier l'équilibre ; v est bien entendu égal au nombre total de variables caractérisant le système diminué du nombre de relations entre ces variables. C'est la règle des phases de Gibbs.

On définit la situation d'un système physique en équilibre thermodynamique par N variables thermiques autres que les potentiels chimiques (pression, température, champs magnétique et électrique, etc.). En général, seules interviennent la pression et la température et donc $N = 2$.

Si le système est hétérogène avec c constituants (un mélange d'eau et d'alcool par exemple) qui peuvent être présents dans φ phases, on a :

$$v = c + N - \varphi \qquad (1.3)$$

Dans le cas où les constituants sont impliqués dans r réactions, la variance v s'écrit

$$v = c - r + N - \varphi \qquad (1.4)$$

Ainsi, par exemple, dans le cas d'un corps pur qui peut exister sous trois phases ou états différents (l'eau sous forme vapeur, liquide et solide) $c = 1$, $N = 2$, l'expression (1.4) montre qu'il n'existe qu'un seul point où les trois phases peuvent coexister en équilibre ($v = 0$) ; c'est le point triple ($T = 273{,}16$ K pour l'eau). Deux phases (liquide et gaz par exemple) peuvent être en équilibre entre elles le long d'une ligne monovariante ($\varphi = 2$, $v = 1$). Une région du plan correspond à un système monophasique divariant ($v = 2$).

Quant au point critique liquide/gaz, il correspond à une situation où la phase liquide et la phase vapeur deviennent identiques (on ne peut plus distinguer le liquide de la vapeur), on doit écrire que les potentiels chimiques des deux phases deviennent identiques ($r = 1$). On a donc $v = 0$; le point critique est un point isolé invariant.

De façon plus générale, on appellera points multicritiques les points de transition où plusieurs phases deviennent identiques (elles ne coexistent pas et on ne peut plus les distinguer). On dira que l'on a un point critique d'ordre p lorsque p phases sont identiques. On doit écrire $r = p - 1$ conditions de criticalité traduisant l'identité des potentiels chimiques. v s'écrit donc :

$$v = c + N - p - (p - 1) = c - 2p + N + 1 \qquad (1.5)$$

Comme v doit être positif, on doit avoir : $c \geq 2p - N - 1$. Si $N = 2$, le système doit posséder un minimum de $2p - 3$ composants pour que l'on puisse observer un point critique d'ordre p.

Pour une transition correspondant à un point critique « ordinaire », il suffit d'un seul constituant pour observer un tel point ; si $p = 2$, $c = 1$ et $v = 0$. Pour un point tricritique ($p = 3$), trois constituants sont nécessaires ; un point critique dans un mélange ternaire est invariant ($v = 0$). On a mis en évidence, expérimentalement, l'existence de tels points dans des mélanges ternaires comme n C_4H_{10}–CH_3COOH–H_2O.

Dans le cas d'un corps pur, on a des diagrammes relativement simples dans les plans (p, V), (p, T) ou (V, T) correspondant aux changements de phases classiques (fusion ou sublimation d'un solide, solidification ou vaporisation d'un liquide, condensation d'une vapeur, changement de structure cristalline). Ce sont des diagrammes du type de ceux de la figure 1.4 qui représentent dans le plan (p, T) quatre phases possibles pour une même substance.

La situation est évidemment beaucoup plus complexe pour les systèmes à plusieurs constituants. Nous nous contenterons de rappeler les différents types de diagrammes que l'on rencontre de façon générale.

Pour simplifier, on va s'intéresser à un système à deux constituants (système binaire), A et B qui peuvent former un mélange solide (un alliage ou une solution solide) ou liquide. Plusieurs phases peuvent être présentes en équilibre. Pour caractériser le système, on est conduit à introduire une variable de concentration ; x_A et x_B sont les fractions moléculaires des constituants A et B du mélange ($x_A + x_B = 1$). Le calcul de l'enthalpie libre G du mélange en fonction de x_A et x_B à toute pression p et T permet de déterminer les phases thermodynamiques stables en appliquant le critère de Gibbs-Duhem. Si G^0_A et G^0_B désignent les enthalpies libres molaires des corps purs A et B et G_A et G_B les enthalpies libres molaires de A et B dans le mélange, l'enthalpie libre G_m du mélange s'écrit ;

$$G_m = x_A\, G_A + x_B\, G_B \qquad (1.6)$$

On a porté sur la figure 1.5, le diagramme correspondant pour une température T et une pression p.

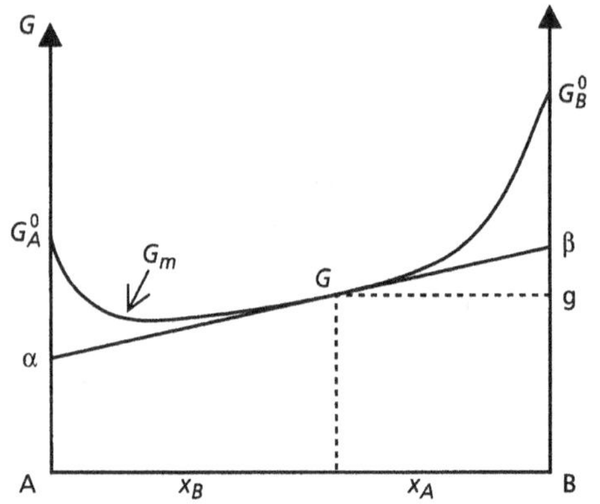

Figure 1.5 Diagramme de phases d'un mélange binaire A-B.

L'alliage est constitué de deux solides A et B de fractions molaires respectives x_A et x_B. L'enthalpie libre correspondant à la composition (x_A, x_B) est représentée par le point G. On obtient un diagramme de ce type pour chaque température ($x_A + x_B = 1$).

On peut démontrer à l'aide de la thermodynamique classique que les intersections de la tangente à la courbe G_m (x_B) avec les axes verticaux A et B (correspondant aux solides A et B purs) sont des points de coordonnées G_A et G_B, et que la pente de la tangente est égale à la différence des potentiels chimiques $\mu_A - \mu_B$ de B et A dans le mélange. Ceci est une propriété générale des diagrammes de phases.

En fait, les diagrammes de phases ont surtout l'intérêt de permettre une discussion des conditions d'existence, et donc de stabilité, de systèmes multiphasiques en fonction des variables thermodynamiques comme la température, la pression et la composition. On va illustrer cette situation avec des diagrammes correspondant à un mélange de deux constituants A et B solubles ou miscibles l'un dans l'autre de façon complète ou limitée. On a des diagrammes du type de ceux représentés sur les figures 1.6 et 1.7 dans les plans (T, x) à pression fixée. x représente la fraction molaire d'un constituant, par exemple B.

Dans le cas d'une solution solide (Fig. 1.6) si l'on refroidit le liquide à partir du point de composition x, le constituant A commence à se solidifier à la température T_f sur la courbe CE. Cette courbe de coexistence s'appelle le **liquidus**. En continuant d'abaisser la température, la fraction de A qui se solidifie s'accroît. Au point E, on a un système invariant ($v = 0$). En E, le constituant B se solidifie à son tour ; E est le point **eutectique**, les solides purs A et B peuvent y coexister avec le liquide de composition z. Ce point correspond aussi à la température la plus basse à laquelle le solide peut exister.

Le diagramme représenté sur la figure 1.6.b est une variante de celui de la figure 1.6.a. Le point G correspond à un système à deux phases ; une phase solide au point H

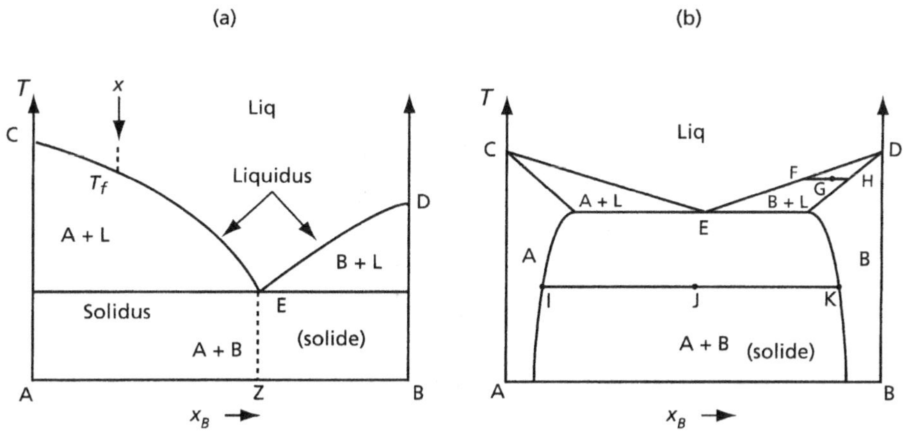

Figure 1.6 Diagramme de phases pour un mélange binaire de deux solides.

Au point E, on a un système invariant dont la composition correspond à un mélange eutectique. La ligne CED s'appelle le liquidus. La partie inférieure du diagramme correspond à une phase solide A + B. Les points A et B correspondent respectivement à $x_B = 0$ et $x_B = 1$.

et une phase liquide au point F. De même, le point J correspond-il aux deux phases solides A et B représentées par les points I et K. Les régions dénotées A et B sont divariantes ; on a en fait les phases solides *A* et B en équilibre avec leur vapeur, ces régions se déforment lorsqu'on fait varier la pression.

La figure 1.7 est une illustration mais aussi une variante, de ce type de situation dans le cas particulier du système classique constitué par le mélange H_2O et NaCl (mélange dit réfrigérant utilisé aussi pour le salage des routes enneigées). Plusieurs phases peuvent être en présence : une phase vapeur, une solution de NaCl dans H_2O, la glace et une phase solide NaCl, une phase intermédiaire solide NaCl – 2 H_2O qui est un dihydrate.

Une autre situation, un peu plus complexe, est celle où dans un système à deux composants, une phase liquide et une phase solide peuvent se combiner pour former une autre phase solide. On peut représenter symboliquement cette transformation sous la forme ; liquide + solide 1 $\Rightarrow$ solide 2.

Le système carbone-fer, avec les différentes variétés d'alliages qui sont des aciers est un exemple classique d'une telle situation représentée sur la figure 1.8. On dit que l'on a des systèmes ou **phases péritectiques**. Ainsi, sur le diagramme de la figure 1.8, il apparaît que lorsqu'on refroidit la solution liquide avec une concentration de carbone inférieure à 2,43 %, celle-ci se sépare en une solution solide δ et un liquide. Lorsqu'on atteint la température de 1 493 °C, le liquide et la phase solide δ forment une nouvelle phase solide baptisée Fer γ, qui est stable au-dessous de cette température et dans certaines limites de concentration.

Si la règle des phases permet de déterminer les régions de stabilité pour les différentes phases d'un système (par exemple, un alliage binaire), elle ne permet cependant

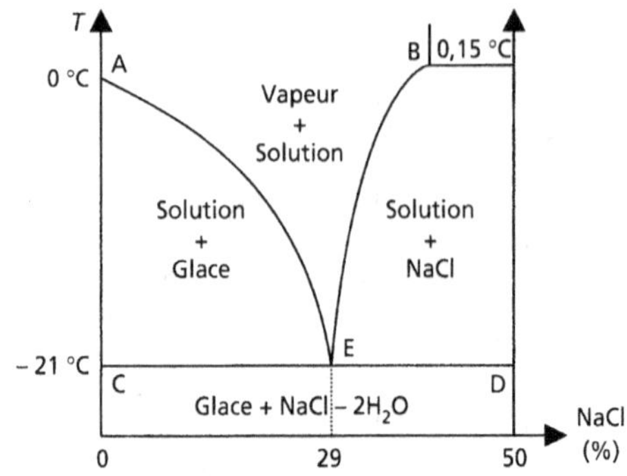

Figure 1.7 Mélange réfrigérant eau-sel.

La concentration en sel NaCl est représentée en abscisse. Les régions du plan comme ABE sont divariantes ($v = 2$). Le long des courbes AE et EB le système est monovariant ($v = 1$) ; trois phases (la solution, la glace et la vapeur ou le dihydrate, la solution et sa vapeur) peuvent être en équilibre. Au point E, le système est invariant ($v = 0$) ; il correspond au mélange eutectique à $T_0 = -21$ °C avec une concentration de 29 % en NaCl. Si $T > -21$ °C le mélange n'est pas en équilibre : la glace fond.

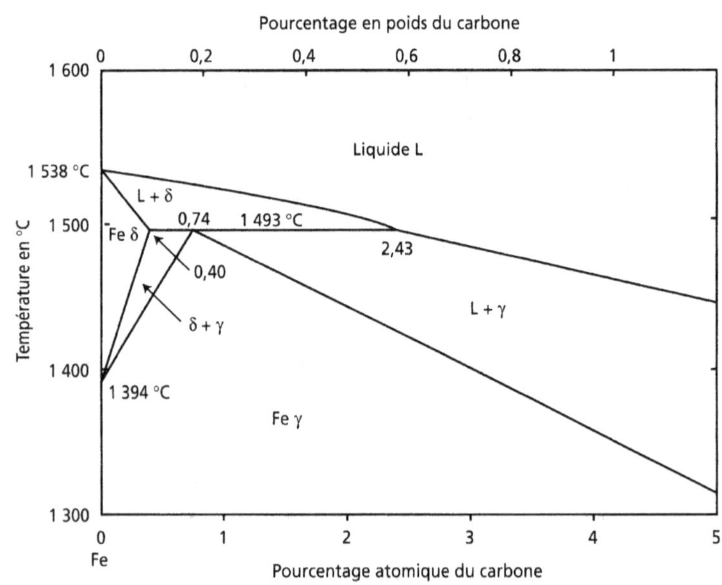

Figure 1.8 Diagramme de phases Fer-Carbone.

Les différentes variétés d'acier obtenues sont indiquées. On dit que l'on a des phases péritectiques. Par exemple, si la concentration en carbone est inférieure à 2,43 % on a une solution solide γ en équilibre avec le liquide.

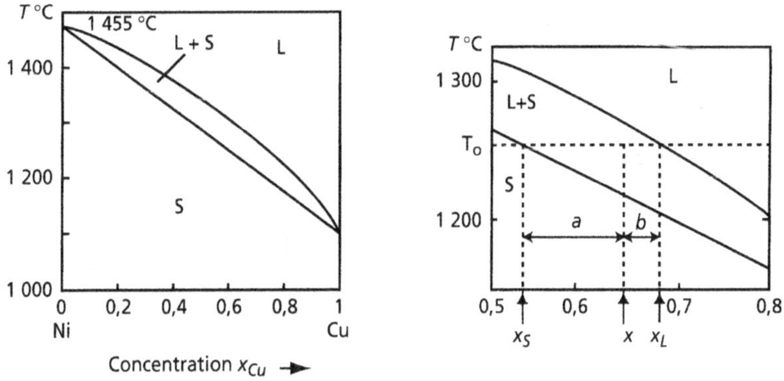

Figure 1.9 Application de la règle du levier.

On détermine les fractions des phases liquide et solide en équilibre dans un alliage Cu-Ni (diagramme de phase agrandi). La fraction molaire qui se trouve sous forme liquide à T_0 ; f_L, est donnée par le rapport $a/a + b$.

pas de calculer les fractions des phases liquide et solide en équilibre. On peut le faire à l'aide de la règle dite du **levier**, illustrée dans le cas de l'alliage binaire Cuivre-Nickel sur la figure 1.9. Si x désigne la concentration de cuivre dans l'alliage binaire, à une température T_0, on peut montrer que la fraction molaire f_L qui se trouve sous forme liquide est donnée simplement par le rapport $f_L = a/a + b$.

On a des diagrammes analogues pour les solutions que l'on vaporise de façon isotherme ou isobare (opération de distillation). Leur utilisation sera explicitée au chapitre 4 (Fig. 4.9).

Pour conclure ces généralités sur les diagrammes de phases, il faut souligner de nouveau que l'étude complète des conditions de stabilité de systèmes hétérogènes (mélanges binaires, ternaires, etc. de liquides ou de solides dans lesquels peuvent exister plusieurs phases) et donc des transitions de phases, nécessite de disposer aussi d'un diagramme enthalpie libre-composition. Le critère de Gibbs-Duhem nous indique, en effet, que c'est la phase à enthalpie libre la plus basse qui est stable.

La figure 1.10 correspondant à l'alliage binaire Argent-Magnésium décrit un exemple de raisonnement que l'on peut être amené à faire lorsqu'on rencontre plusieurs phases solides de symétrie différente. À température donnée, par exemple 800 K, on peut tracer le diagramme représentant G_m pour le système en fonction de la concentration molaire en magnésium x. Le point M dans le plan (T, x) correspond à une phase β (système cubique simple caractéristique de cristaux du type CsCl). On a représenté également les diagrammes $G(x)$ correspondant aux phases β et cubique à faces centrées (c.f.c.). Le point G_i correspond aux systèmes Ag et Mg non mélangés, pour la composition x_i, le point G_m sur le diagramme correspondant à la phase β représente la solution solide, G_iG_m est donc la variation d'enthalpie libre pour la formation de cette solution solide.

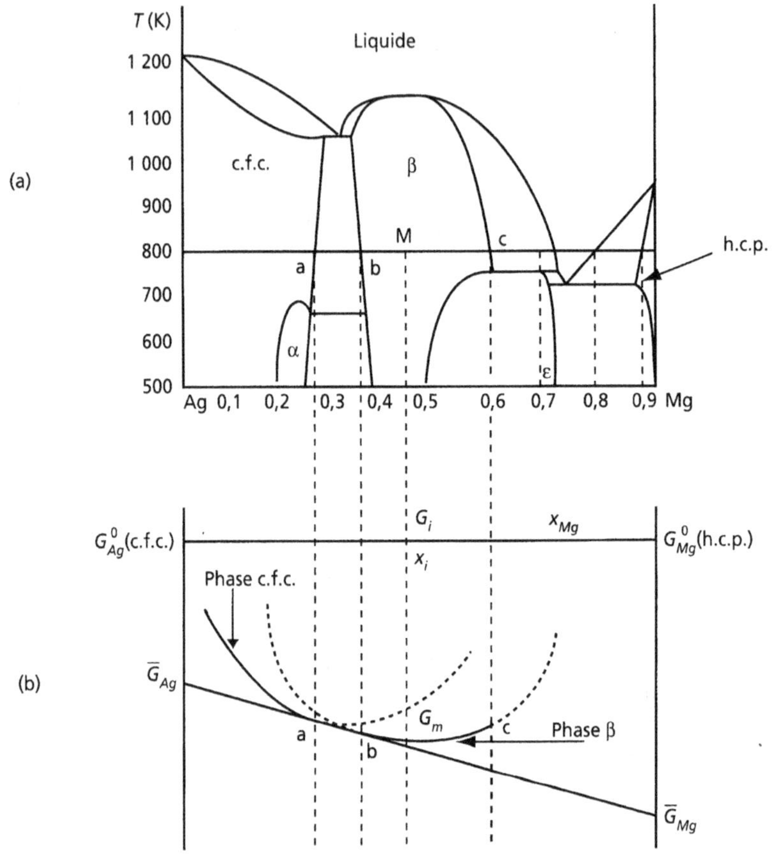

Figure 1.10 Diagramme de phases de l'alliage Mg-Ag.

La figure a représente les différentes formes cristallines de la solution solide : f.c.c., β (du type CsCl), hcp (hexagonal compact), ε. La figure b correspond aux diagrammes $G(x)$ à 800 K pour les phases β et c.f.c. ; ceux-ci ont une tangente commune en a et b. Les potentiels chimiques μ_{Ag} et μ_{Mg} sont identiques pour ces deux phases qui sont donc en équilibre. G_iG_m représente l'enthalpie libre de formation de la phase β de composition x_i à partir des solides purs. Les portions de courbes en pointillés correspondent aux phases β et c.f.c. métastables. La concentration en Mg est désignée par x.

1.2.3 Classification thermodynamique des transitions de phases

Le phénomène de vaporisation d'un liquide met bien en évidence deux comportements thermodynamiques distincts sur la courbe de coexistence liquide-vapeur : en tous les points de la courbe, sauf au point terminal C (que l'on appelle le point critique), on observe à la transition à la fois une chaleur latente et une discontinuité de la densité. Au point C, en revanche, on passe continûment de la phase liquide à la phase vapeur : il n'y a ni chaleur latente, ni discontinuité de la densité.

On peut donc dire schématiquement que deux types de transitions de phases peuvent exister : **les transitions avec chaleur latente d'une part, les transitions sans chaleur latente d'autre part.** C'est une classification de nature thermodynamique.

De façon plus générale, le physicien P. Ehrenfest a été conduit à proposer en 1933, une classification des transitions de phases à partir des potentiels thermodynamiques.

P. Ehrenfest a proposé de distinguer :

– Les **transitions du premier ordre** qui s'accompagnent de discontinuités de grandeurs thermodynamiques, comme l'entropie et la densité, elles-mêmes associées à des dérivées premières de potentiels thermodynamiques.

  On a ainsi, par exemple,

$$S = -(\partial G/\partial T)_p$$
$$V = (\partial G/\partial p)_T \qquad (1.7)$$
$$H = (\partial (G/T)/\partial (1/T))$$

  À la transition de phase, ces grandeurs correspondant à des dérivées du premier ordre du potentiel G sont discontinues (la chaleur latente est associée à la discontinuité de l'entropie).

– Les **transitions du second ordre** pour lesquelles les potentiels thermodynamiques et leurs dérivées du premier ordre sont continus alors que certaines dérivées secondes par rapport à des variables d'état s'annulent ou tendent vers l'infini de façon asymptotique au point de transition. Ainsi peut-on écrire :

$$C_p/T = -(\partial^2 G/\partial T^2)_p = (\partial S/\partial T)_p \qquad (1.8)$$
$$\kappa_T V = -(\partial^2 G/\partial p^2)_T = -(\partial V/\partial p)_T$$

C_p et κ_T sont respectivement la chaleur spécifique et la compressibilité à pression et température constantes. On constate effectivement que ces grandeurs thermodynamiques tendent vers l'infini au point critique liquide/gaz ou au point de transition superfluide dans l'hélium liquide (à 2,17 K dans l'hélium 4).

Pour ces transitions on passe continûment d'une phase à une autre sans que l'on puisse parler réellement de coexistence des deux phases : au point critique liquide/gaz, on ne peut plus distinguer la phase liquide de la phase gazeuse (leurs densités sont strictement égales).

Ces comportements thermodynamiques très différents peuvent être mis en évidence expérimentalement en étudiant directement ou indirectement le comportement thermodynamique de grandeurs physiques caractéristiques au voisinage de la transition (densité, chaleur latente, etc.). L'absence d'une chaleur latente à la transition est un bon critère discriminant qui permet de la classer comme une transition du second ordre (ou encore d'ordre supérieur).

On représente simplement sur des diagrammes, les situations correspondant à ces deux catégories de transitions (Fig. 1.11).

On peut étendre cette classification à l'aide des définitions proposées initialement par Ehrenfest aux transitions de phases d'ordre supérieur au second que l'on appelle, en général, **transitions multicritiques**. Celles-ci seront caractérisées de la façon suivante :

– les potentiels thermodynamiques sont continus au point de transition ;
– certaines dérivées secondes et d'ordre supérieur des potentiels thermodynamiques par rapport aux variables d'état s'annulent au point de transition.

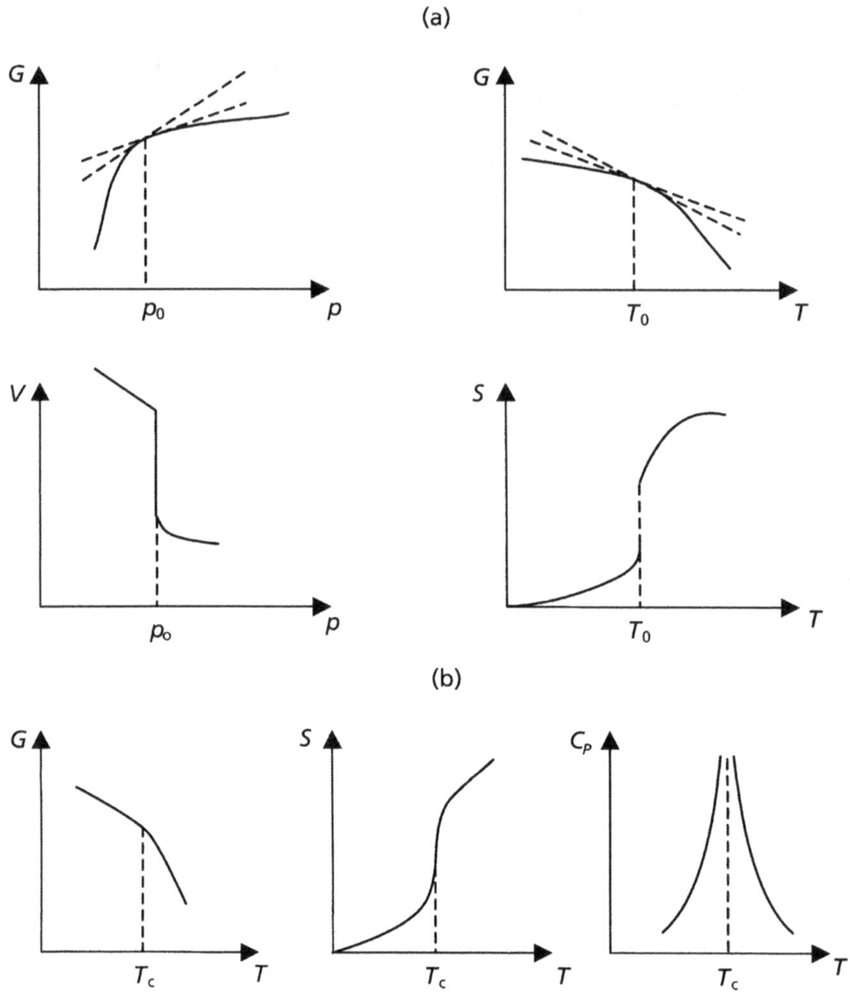

Figure 1.11 Transitions de phases.

a) Transitions du premier ordre. Les potentiels comme *G* sont continus à la transition, mais les dérivées premières et les grandeurs associées (*V* et *S*) sont discontinues.
b) Transitions du deuxième ordre, les dérivées premières de *G* sont continues, mais certaines dérivées seconde divergent : C_p, par exemple, tend vers l'infini.

On appelle points multicritiques, les points de transition correspondants.

Plus généralement, on appellera point critique d'ordre *p*, un point où ***p*** **phases deviennent identiques** (c'est-à-dire qu'on ne peut pas les distinguer). Nous avons montré en utilisant la règle des phases que le système devait posséder au minimum $2p - 3$ composants pour que l'on puisse observer un point multicritique d'ordre *p* (Éq. 1.5).

En fait, si la classification d'Ehrenfest des transitions de phases a le grand mérite de mettre en évidence les similitudes entre des phénomènes aussi différents que le magnétisme, la ferroélectricité, la supraconductivité et la transition liquide/gaz au point critique, elle se limite cependant à une vision thermodynamique des phénomènes. Si celle-ci est incontestablement importante, elle n'est toutefois pas suffisante. Un physicien comme L.D Landau a fait remarquer, en 1937, qu'une transition de phase sans chaleur latente s'accompagnait d'un changement de symétrie (à l'exception de la transition liquide/gaz au point critique qui est spécifique). Ainsi, dans le cas d'un matériau magnétique celui-ci n'a pas de moment magnétique permanent au-dessus de sa température de Curie (état magnétique), au-dessous de cette température en revanche, il possède une aimantation permanente orientée dans une certaine direction (état ferromagnétique). On dit que la **symétrie a été brisée** à la transition : au-dessous de la température de Curie, le matériau n'est invariant que par rotation autour d'un axe orienté dans la direction de l'aimantation.

Les questions de symétrie ont donc une grande importance dans l'étude des phénomènes de transitions de phases. Landau a associé à ces considérations sur les changements ou les brisures de symétrie accompagnant un phénomène de transition de phase, la notion de **paramètre d'ordre**. Le paramètre d'ordre est, de façon générale, une grandeur physique de caractère extensif qui est nulle dans la phase la plus symétrique (ou la plus désordonnée), et non nulle dans la phase la moins symétrique (ou ordonnée). Cette notion de paramètre d'ordre a une signification qualitative évidente : lors d'un abaissement de la température, on accroît l'ordre d'un système. Lorsque l'on refroidit un liquide, on le solidifie en traversant le point de solidification (le solide cristallin est plus ordonné que le liquide). De même, si on refroidit un matériau ferromagnétique au-dessous de son point de Curie on augmente l'ordre magnétique dans le système (une aimantation macroscopique apparaît ce qui traduit l'existence d'un ordre magnétique).

Ainsi dans le cas du magnétisme, le paramètre d'ordre est l'aimantation, dans le cas de la ferroélectricité c'est la polarisation électrique. Le choix du paramètre d'ordre, comme nous le verrons ultérieurement, n'est pas toujours évident. Par exemple, dans le cas de la superfluidité et de la supraconductivité, le paramètre d'ordre est la fonction d'onde de la phase superfluide et des électrons associés à la supraconductivité.

À l'aide de cette notion de paramètre d'ordre, on peut ainsi distinguer deux **types de transitions** :

- les transitions sans paramètre d'ordre pour lesquelles les groupes de symétrie des deux phases sont tels qu'aucun n'est strictement inclus dans l'autre : elles sont toujours du premier ordre (avec chaleur latente) au sens d'Ehrenfest ;
- les transitions pour lesquelles on peut définir un paramètre d'ordre, et qui sont telles que le groupe de symétrie de la phase la moins symétrique est un sous-groupe du groupe de symétrie de la phase la plus symétrique. Si le paramètre d'ordre est discontinu à la transition, celle-ci est du premier ordre au sens d'Ehrenfest ; si celui-ci est continu à la transition, celle-ci est du second ordre (sans chaleur latente).

De façon plus générale, on définit d'une part des **transitions du premier ordre** associées à l'existence d'une chaleur latente et d'autre part, toutes les autres transitions que l'on considère comme continues. Cette dernière catégorie inclut en particulier les phénomènes multicritiques (transitions d'ordre supérieur à deux au sens d'Ehrenfest).

1.3 PRINCIPES GÉNÉRAUX DES MÉTHODES D'ÉTUDE DES TRANSITIONS DE PHASES

Lorsque l'on s'intéresse à un matériau susceptible de subir une transition de phase, on peut être conduit à étudier trois types de questions : – les conditions qui président au changement de phase (température, pression, champ magnétique, etc.) ; – le comportement de grandeurs physiques au voisinage même de la transition ; – les propriétés nouvelles du matériau lorsqu'il subit une transition de phase et leurs caractéristiques.

Le critère de stabilité de Gibbs-Duhem nous fournit un moyen simple d'étudier les conditions d'un changement de phase puisque ce phénomène implique la rupture de stabilité d'une phase (par exemple, on observe la vaporisation d'une phase liquide lorsque celle-ci devient instable).

L'utilisation de ce critère requiert le calcul de potentiels thermodynamiques. De même, l'étude du comportement de grandeurs physiques au voisinage d'une transition de phase nécessite-t-elle le recours, sous une forme ou sous une autre, à des potentiels thermodynamiques ; ces grandeurs permettent ainsi de caractériser les propriétés nouvelles du matériau. Les méthodes utilisées pour procéder à ces études sont schématiquement de **deux sortes** : celles où l'on a recours à des modèles représentant de façon simplifiée le système décrit à l'aide de **potentiels thermodynamiques**, celles où l'on « **simule** » le comportement du matériau en utilisant une méthode numérique.

1.3.1 Calcul des potentiels et des grandeurs thermodynamiques

Le calcul des potentiels thermodynamiques et des grandeurs conjuguées est fondé sur des méthodes désormais classiques en thermodynamique et en physique statistique sur le principe desquelles, il n'y a pas lieu de revenir dans cet ouvrage.

Rappelons qu'il existe une méthode générale simple pour obtenir systématiquement toutes les fonctions d'état, ou potentiels thermodynamiques, décrivant un système à l'aide de variables d'état et auxquelles on associe des formes différentielles exactes : c'est la méthode des **transformations de Legendre**.

Si Y est une fonction qui ne dépend que d'une seule variable indépendante X (une certaine fonction d'état).

$$Y = Y(X) \tag{1.9}$$

avec

$$P = \mathrm{d}Y/\mathrm{d}X \tag{1.10}$$

La dérivée P est évidemment la pente de la tangente à la courbe $Y(X)$. Si on remplace X par P comme variable indépendante par la transformation de Legendre telle que :

$$\Psi = Y - PX \tag{1.11}$$

On peut montrer que Ψ est une nouvelle fonction d'état, c'est-à-dire un potentiel thermodynamique. C'est une fonction de P que l'on obtient formellement en calculant X en fonction de P dans (1.10) et en le reportant dans (1.9).

On peut généraliser la transformation (1.11) en l'appliquant à des fonctions de plusieurs variables $Y = Y(X_1, X_2, \ldots\ldots\ldots\ldots X_n)$.

Si $P_i = dY/dX_i$ est la variable conjuguée de X_i on définit la fonction Ψ par la transformation

$$Y = \Psi - \Sigma_i P_i X_i \tag{1.12}$$

En général, le choix des variables avec lesquelles on veut étudier un système, en particulier lorsqu'il subit une transition de phase, impose celui du potentiel thermodynamique. Ainsi lorsqu'on travaille avec les variables p et T, c'est l'enthalpie libre G qui est le bon potentiel ; dans le cas où l'on veut étudier le système à l'aide des variables T et V, c'est l'énergie libre F qui est le potentiel pertinent. On a les relations classiques :

$$\mathrm{d}U = T\mathrm{d}S - p\mathrm{d}V \qquad \mathrm{d}F = -S\mathrm{d}T - p\mathrm{d}V \tag{1.13}$$
$$\mathrm{d}H = T\mathrm{d}S + V\mathrm{d}p \qquad \mathrm{d}G = S\mathrm{d}T + V\mathrm{d}p$$

Dans le cas d'un système magnétique en présence d'une induction magnétique B et désignant par M, l'aimantation magnétique, on aura les potentiels :

$$F = U - TS \text{ et } G = U - TS - MB$$

De ces relations on déduit, par exemple :

$$C_v = -T(\partial^2 F/\partial T^2)_v \qquad \kappa_T = -1/V(\partial^2 G/\partial p^2)_T \tag{1.14}$$

Dans le cas de systèmes magnétiques, on a des expressions analogues, la susceptibilité magnétique étant alors l'homologue de la compressibilité pour un fluide.

Il est évidemment essentiel d'avoir une forme analytique du potentiel thermodynamique pertinent pour étudier un phénomène de transition de phase, par exemple l'enthalpie libre G. Il faut donc se donner un modèle qui est une représentation simplifiée de la réalité physique et qui permet de calculer le potentiel thermodynamique en fonction des variables d'état utiles.

Prenons ainsi, à titre d'exemple, le cas d'une solution binaire liquide ou solide avec deux constituants A et B de concentrations respectives x_A et x_B. Si G_A^o et G_B^o désignent les enthalpies libres des corps purs A et B, nous prendrons comme enthalpie libre de la solution, $G(x_A, x_B)$:

$$G = x_A G_A^o + x_B G_B^o + u\, x_A x_B + RT(x_A \ln x_A + x_B \ln x_B) \tag{1.15}$$

R est la constante des gaz parfaits.

Dans l'expression (1.15), on a supposé que l'énergie d'interaction entre les constituants A et B du mélange est proportionnelle au produit de leurs concentrations (c'est le terme $u\, x_A x_B$).

On peut aboutir à cette forme de l'énergie d'interaction si l'on suppose : 1) Que dans la solution les molécules sont disposées les unes contre les autres de telle manière que chaque molécule ait le même nombre de proches voisins, on dit que l'on a un **modèle de réseau**. 2) Que le mélange est parfaitement aléatoire. 3) Que les forces intermoléculaires sont à courte portée et que l'on peut se contenter de ne prendre en compte que les interactions binaires entre plus proches voisins.

Le quatrième terme dans l'expression (1.15) représente la contribution de l'entropie de mélange à $G(x_A, x_B)$.

Une solution dont l'enthalpie libre est donnée par (1.15) s'appelle une solution régulière. L'expression (1.15) permet d'étudier le comportement de la solution, en particulier de trouver la limite de sa métastabilité qui est donnée par la condition.

$$\delta^2 G = 0 \tag{1.16}$$

Posant $x = x_A$ avec $x_A + x_B = 1$ et donc $x_B = 1 - x$, l'équation se récrit :

$$G = x\, G_A^o + (1-x)\, G_B^o + u\, x\,(1-x) + RT[\, x \ln x + (1-x)\ln(1-x)\,] \tag{1.17}$$

La condition (1.16) peut s'écrire facilement :

$$-2u\, x\,(1-x) + R\,T = 0 \tag{1.18}$$

C'est l'équation d'une courbe très simple qui donne la forme de la spinodale. Cette courbe est représentée en pointillés sur la figure 1.12. On voit qu'il existe un point critique de cordonnées $x = 1/2$ et $T_C = u/2R$ au-dessus duquel les constituants A et B forment une solution homogène quelles que soient leurs concentrations.

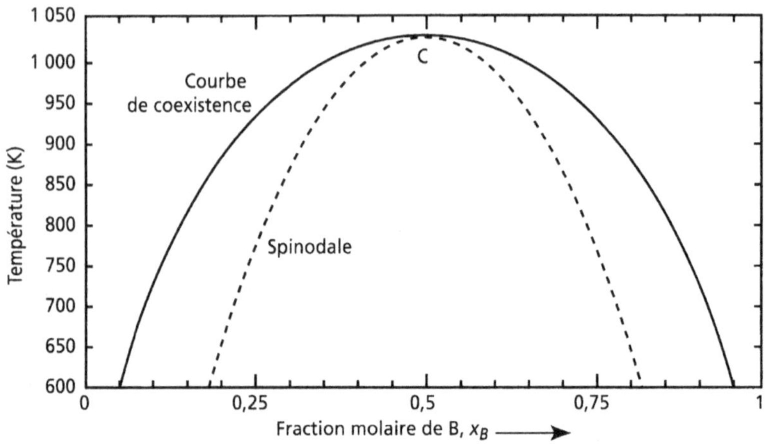

Figure 1.12 Ligne de coexistence et spinodale pour une solution régulière.

La spinodale est la limite de métastabilité du mélange binaire A-B. À l'intérieur de la spinodale le mélange A-B devient instable : on a une séparation de phases.

Ce point critique qui est le sommet à la fois de la spinodale et de la courbe de coexistence est un point de transition du second ordre au sens d'Ehrenfest. La transition de phase associée à la séparation des constituants A et B de la phase homogène est appelée démixtion dans le cas d'une solution liquide.

Quant à la courbe de coexistence elle-même, on peut la calculer en écrivant que le potentiel chimique d'un constituant (A par exemple) est le même dans la phase homogène et dans le système après démixtion. On trouve, assez facilement, dans le cas d'une solution régulière, l'équation suivante pour la courbe de coexistence :

$$(1 - x) / x = \exp [(1 - 2x) u / RT] \qquad (1.19)$$

Ce modèle décrivant une solution régulière a une portée assez générale. On l'appelle encore, lorsqu'il est appliqué en particulier à une solution solide, le **modèle de Bragg-Williams**.

On peut généraliser des expressions comme (1.17) en prenant un développement des enthalpies libres d'excès (c'est-à-dire la différence entre l'enthalpie libre de la solution ou du mélange et celle d'une solution idéale) en fonction des différences des fractions molaires $x_A - x_B$. Ces développements sous forme de polynômes de l'enthalpie libre d'excès G^E :

$$G^E = u\, x_A x_B + G_1 (x_A - x_B)^2 + G_2 (x_A - x_B)^3 + ... \qquad (1.20)$$

s'appellent les formes de Redlich-Kisten.

De façon générale, on utilise la correspondance entre les grandeurs thermodynamiques et celles de la physique statistique. Ainsi, l'énergie interne U est l'énergie moyenne d'un système :

$$U = \langle E \rangle = \Sigma_\alpha E_\alpha \, e^{-\beta E_\alpha}/Z \qquad (1.21)$$

On a une sommation sur tous les états microscopiques du système d'énergie E_α. Z est la fonction de partition :

$$Z = \Sigma_\alpha \, e^{-\beta E_\alpha} \qquad (1.22)$$

où $\beta = 1/kT$, k est la constante de Boltzmann et l'on a :

$$U = -(\partial \log Z/\partial \beta)_V \qquad C_V = (\partial U/\partial T)_V = k\beta^2(\partial^2 \log Z/\partial \beta^2)_V$$
$$F = -kT \log Z \qquad G = -1/\beta \partial(V \log Z)/\partial V \qquad (1.23)$$
$$p = -(\partial F/\partial V)_T = 1/\beta(\partial \log Z/\partial V)_T$$

Le calcul des grandeurs thermodynamiques se ramène donc à celui de la fonction de partition Z. Il faut donc connaître la forme prise par l'énergie du système, c'est-à-dire en fait par l'hamiltonien $\mathcal{H}$. Ceci imposera que l'on choisisse un modèle représentant le système : un liquide, un gaz, un alliage métallique, un matériau ferromagnétique ou ferroélectrique, etc.

1.3.2 Équation d'état

On sait que l'on peut décrire un fluide isotrope constitué d'une seule espèce moléculaire, dont le nombre de molécules N est fixé, par deux variables. Les variables (p, V, T) ne sont pas indépendantes : il existe une relation $f(p, V, T)$ entre ces variables que l'on appelle **équation d'état**.

De façon générale, on sait exprimer chaque variable intensive (T, p, le champ magnétique H, etc.) à l'aide des dérivées partielles de fonctions (les potentiels thermodynamiques) des variables extensives (S, V, N, M, etc.). Il existe des relations fonctionnelles entre les variables qui généralisent l'équation $f(p, V, T) = 0$. Ainsi, dans le cas d'un système magnétique, on peut trouver une relation entre le champ magnétique $\boldsymbol{H}$, l'aimantation $\boldsymbol{M}$ et la température T. Cependant, c'est dans le cas des fluides qu'une équation d'état est le plus souvent utilisée pour représenter l'état du fluide et prévoir les changements de phases.

On peut obtenir une équation d'état en calculant une variable intensive comme la pression p à l'aide des expressions des potentiels thermodynamiques (équations 1.23 par exemple) et en cherchant la forme prise, par exemple, par le produit pV.

Le développement en série de Taylor de pV, fonction de $1/V$ permet de mettre l'équation d'état pour un fluide sous la forme du **développement du viriel**.

Rappelons que l'équation d'état de van der Waals, proposée en 1873, est la première équation d'état pour un fluide réel. Nous reviendrons spécifiquement sur ces questions dans un chapitre ultérieur.

La croissance continue de la puissance et de la vitesse de calcul des ordinateurs a permis d'ouvrir des perspectives nouvelles au calcul numérique et de simuler le comportement de systèmes composés d'un grand nombre de particules (atomes ou molécules) en physique de la matière condensée. On peut ainsi calculer des grandeurs thermodynamiques comme la pression pour un système fini puis passer à la **limite thermodynamique** ($N \to \infty$, $V \to \infty$, $V/N = C^{te}$). C'est le principe des deux techniques de

simulation : la **dynamique moléculaire** et la méthode de **Monte-Carlo** dont nous renvoyons l'étude au chapitre 4.

1.3.3 Aspects dynamiques - Fluctuations

Une transition de phase n'est pas un phénomène instantané car le matériau évolue en général au voisinage de la transition. Des germes ou des noyaux d'une phase B se forment au sein de la phase initiale A (par exemple, des microcristallites de solide se forment au sein de la phase liquide) : c'est le phénomène de **nucléation**. Il faut donc tenir compte de la dynamique de la transition de phase. C'est un problème spécifique que nous aborderons au chapitre 2. Les phénomènes de nucléation mettent en jeu en particulier les tensions superficielles et les énergies interfaciales qui leur sont associées.

Un autre aspect de la physique des transitions de phase – mais qui ne leur est pas propre – est le problème de la fluctuation des grandeurs thermodynamiques qui caractérisent une phase du matériau (la densité de la phase liquide par exemple) notamment au voisinage de la transition. En effet, tout système en équilibre thermodynamique est le siège de variations locales des variables thermodynamiques autour de leur valeur d'équilibre.

Ainsi, par exemple, si $n(\boldsymbol{r})$ est la densité locale de molécules dans un fluide à N particules et $<n(\boldsymbol{r})>$, la densité moyenne à T et p fixées (c'est une moyenne statistique sur tout le fluide), $\delta n(\boldsymbol{r}) = n(\boldsymbol{r}) - <n(\boldsymbol{r})>$ représente la fluctuation de la variable densité. On a, bien sûr, par définition $<\delta n(\mathbf{r})> = 0$. Si le système est uniforme $<n(\boldsymbol{r})> = n = N/V$.

Dans le cas des fluides $\delta n(\boldsymbol{r})$ est d'autant plus grand que l'on se trouve près du point de transition critique liquide/gaz : c'est une propriété que l'on peut mettre en évidence avec le phénomène d'**opalescence critique**.

L'existence de fluctuations au voisinage de l'équilibre thermodynamique est un phénomène tout à fait général. On peut montrer à l'aide de la physique statistique qu'il existe des relations simples entre les fluctuations des grandeurs thermodynamiques et d'autres grandeurs thermodynamiques (Exercices 1.1 et 1.2).

Revenons maintenant au cas d'un fluide décrit par sa densité $n(\boldsymbol{r})$. Supposant que le système est invariant par translation, on définit la fonction d'autocorrélation $H(\boldsymbol{r})$ qui caractérise les fluctuations :

$$H(\boldsymbol{r}', \boldsymbol{r}'') = H(\boldsymbol{r}' - \boldsymbol{r}'') = 1/N < \delta n(\boldsymbol{r}')\delta n(\boldsymbol{r}'') > = H(\boldsymbol{r}) \qquad (1.24)$$

où l'on pose $\boldsymbol{r} = \boldsymbol{r}' - \boldsymbol{r}''$ et où $< >$ est une moyenne d'ensemble sur le système.

Si l'on a affaire à un solide magnétique, on introduira de même une fonction de corrélation spin-spin entre les spins des sites i et j :

$$\Gamma(\boldsymbol{r}_i, \boldsymbol{r}_j) = < (S_i - < S_i>)(S_j - < S_j>) > \qquad (1.25)$$

où $< >$ représente une moyenne d'ensemble sur les spins. Si le système de spins est invariant par translation, on a $< S_i> = < S_j>$ et (1.25) s'écrit :

$$\Gamma(\boldsymbol{r}_i, \boldsymbol{r}_j) = \Gamma(\boldsymbol{r}_i - \boldsymbol{r}_j) \qquad (1.26)$$

Si l'on se trouve loin du point critique (point de Curie) de la transition ferromagnétique/paramagnétique, les spins sont alors faiblement corrélés lorsque $\boldsymbol{r} = \boldsymbol{r}_i - \boldsymbol{r}_j \rightarrow \infty$:

$$< S_i S_j > \# < S_i> < S_j> = <S>^2 \text{ et } \Gamma \rightarrow 0.$$

En revanche, au voisinage immédiat du point de Curie les spins voisins sont fortement corrélés et $\Gamma \neq 0$.

Intéressons-nous plus spécifiquement au cas des liquides avec une densité locale $n(\boldsymbol{r})$ dans le volume total V avec N molécules (Fig. 1.13). Dans ce volume V, on caractérise les fluctuations du nombre total de molécules par :

$$<\Delta N^2> = <\int_V \delta n(\boldsymbol{r})d\boldsymbol{r} \int_V \delta n(\boldsymbol{r}')d\boldsymbol{r}'> \quad (1.27)$$

D'où

$$<\Delta N^2> = N\int_V d\boldsymbol{r} \int_V H(\boldsymbol{r}-\boldsymbol{r}')d\boldsymbol{r}' = VN\int_V H(\boldsymbol{r}'')d\boldsymbol{r}'' \quad (1.28)$$

On peut montrer en utilisant un ensemble grand-canonique (Exercice 1.2) que pour un fluide :

$$<\Delta N^2> = N\kappa_T/\kappa^0_T \quad (1.29)$$

où $\kappa_T = -1/V(\partial V/\partial p)_T$ est la compressibilité isotherme du fluide et $\kappa_T{}^0$ est la compressibilité pour le gaz parfait. $<N>$ est le nombre moyen de molécules ($<N> = N$ s'il est fixé).

On a donc :

$$\kappa_T/\kappa^0_T = V\int_V H(\boldsymbol{r})d\boldsymbol{r} \quad (1.30)$$

On sait que $\kappa_T \to \infty$ au point critique liquide/gaz (c'est un constat expérimental dont on peut rendre compte par une équation état comme celle de van des Waals par exemple). L'intégrale 1.30 est donc divergente et $H(\boldsymbol{r})$ doit avoir une singularité.

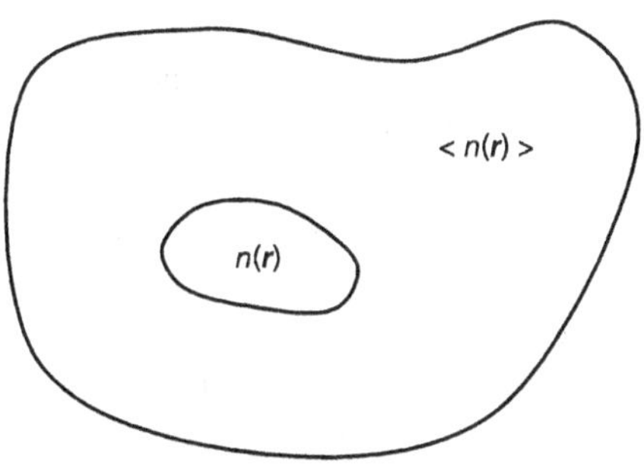

Figure 1.13 Fluctuation locale de densité dans un fluide.

Les fluctuations locales de densité étant fortement corrélées, on peut les caractériser par une longueur de corrélation $\xi(T)$ qui est une fonction de la température qui tend vers l'infini lorsque $T \to T_C$. On peut alors prendre, par exemple, $H(\boldsymbol{r})$ sous la forme simple :

$$H(r) = C^{te}exp(-r/\xi)/r \quad (1.31)$$

De façon générale, on définit une **fonction de structure** $S(\boldsymbol{k})$ pour un matériau par :

$$S(\boldsymbol{k}) = 1/N < n(\boldsymbol{k})n(-\boldsymbol{k}) > \quad (1.32)$$

où $n(\boldsymbol{k})$ est la transformée de Fourier de $n(\boldsymbol{r})$: $n(\boldsymbol{k}) = \int_V e^{-i\boldsymbol{k}.\boldsymbol{r}} n(\boldsymbol{r})d\boldsymbol{r}$. Pour $\boldsymbol{k} \neq 0$, on peut montrer que $S(\boldsymbol{k}) = H(\boldsymbol{k})$ où $H(\boldsymbol{k})$ est la transformée de Fourier de $H(\boldsymbol{r})$. Avec l'expression 1.31 pour $H(\boldsymbol{r})$, $S(\boldsymbol{k})$ prend la forme asymptotique simple :

$$S(\boldsymbol{k}) \propto 1/(k^2 + \xi^{-2}) \quad (1.33)$$

Cette forme simple pour $S(\boldsymbol{k})$ s'appelle l'approximation d'Ornstein-Zernike-Debye pour la fonction de structure. Près de la température critique T_C, on peut choisir $\xi(T)$ sous la forme $\xi(T) = C^{te}|T - T_C|^{-1/2}$. Si $\boldsymbol{k}$ est petit $S(\boldsymbol{k}) \approx \xi^2 \to \infty$.

La fonction de corrélation $H(\mathbf{r})$ définie par (1.24) ou sous la forme de (1.26) permet de caractériser la façon dont différentes parties d'un système sont corrélées. La **longueur de corrélation** $\xi(T)$ est une traduction spatiale simple de cette corrélation : elle exprime la « portée » dans le matériau de fluctuations d'une variable caractéristique de son état. Plus $\xi(T)$ est grand, plus des fluctuations de la densité d'un fluide dans un élément de volume seront corrélées à des fluctuations dans un autre élément à grande distance.

La fonction de structure exprime les mêmes propriétés mais dans l'espace de Fourier. La fonction de structure a l'avantage de pouvoir être accessible expérimentalement : on peut l'obtenir par une expérience de diffusion de la lumière ou des neutrons. L'intensité de la lumière diffusée par un milieu dans lequel peut se proposer une onde lumineuse est, en effet, proportionnelle à $S(\boldsymbol{k})$.

1.4 LES GRANDES CATÉGORIES DE TRANSITIONS DE PHASES

Nous avons explicité les caractéristiques thermodynamiques d'une transition de phase qui permettent de fonder une classification de ces transitions. Au-delà de cette caractérisation thermodynamique, il est pratiquement impossible de donner une typologie satisfaisante des changements de phases car ceux-ci mettent en jeu des propriétés extrêmement diverses de la matière. Qui plus est on les rencontre dans tous les systèmes qu'ils soient physiques, chimiques ou biologiques. Toute tentative de classification des transitions a donc nécessairement un côté arbitraire.

De façon schématique on peut a priori les classer en deux grandes catégories :

- les transitions de phases pour les quelles aucune des phases ne se distingue par des propriétés intrinsèquement différentes : elles se caractérisent par un changement d'ordre, de structure ou de symétrie dans le matériau ;
- les transitions pour lesquelles l'une des phases qui apparaît a une propriété physique nouvelle ; celle-ci peut d'ailleurs être associée à un changement de symétrie ou de structure.

La vaporisation et la solidification d'un liquide, la fusion et la sublimation d'un solide, la démixtion d'un mélange de liquides relèvent de la première catégorie. Il en va de même de la transition ordre/désordre dans un alliage binaire : les atomes de chaque constituant sont répartis aléatoirement sur les sites cristallins dans la phase désordonnée, à haute température, alors qu'ils occupent préférentiellement certains sites dans la phase ordonnée à basse température.

Les transitions de phases ferromagnétique/paramagnétique, ferroélectrique/paraélectrique et supraconductrice relèvent de la seconde catégorie.

Cette classification a le défaut d'être qualitative car elle ne repose sur aucun critère physique sur lequel on pourrait fonder une comparaison entre les changements de phases.

On peut aussi opérer une discrimination entre les transitions de phases à l'aide du critère de changement de structure : on distingue les transitions **avec ou sans changement de structure**.

1.4.1 Transitions avec changement de structure

Beaucoup de substances à l'état solide subissent une transition de phase qui est associée à un changement de structure : au cours de la transition, l'arrangement des atomes est modifié et est associé à un changement de symétrie du cristal. On dit que ce sont des **transitions structurales**. Ce changement, ou cette rupture, de symétrie se caractérise par le passage d'une phase à haute symétrie à une phase à plus basse symétrie qui est provoqué par le déplacement d'atomes du solide.

Un liquide est une phase où les molécules sont *a priori* désordonnées : leurs centres de gravité sont distribués de façon aléatoire dans le matériau. Toutefois, il existe des phases liquides composées de molécules anisotropes qui peuvent subir une transition de phase au cours de laquelle on passe d'une phase liquide totalement « désorientée » (les molécules sont orientées et distribuées de façon aléatoire) à une phase orientée : toutes les molécules ont leur axe orienté dans une même direction. Ces phases liquides sont des **cristaux liquides** que l'on appelle encore **phases mésomorphes**.

Du point de vue mécanique, le cristal liquide a les propriétés d'un liquide. Toutefois pour des raisons de symétrie, si l'on impose des déformations au cristal liquide, l'énergie associée a une déformation quelconque est une fonction quadratique de ces déformations : c'est la loi de Hooke pour les solides. On a une rupture de symétrie à la transition liquide/cristal liquide.

La solidification d'un liquide (la transition liquide/solide) s'accompagne d'un changement de structure avec apparition d'une symétrie cristalline si l'on passe dans un état solide cristallin. La solidification d'un liquide sous forme d'un verre, la **transition vitreuse**, est une exception : s'il n'y a pas de formation de structure organisée ou d'ordre à grande distance. Les verres sont des matériaux désordonnés **hors d'équilibre**.

Les transitions structurales sont souvent accompagnées de la modification d'une grandeur physique (densité, constantes élastiques, conductivité thermique, etc.) et parfois associées à l'apparition d'une propriété nouvelle (la ferroélectricité par exemple).

Il existe essentiellement deux grandes catégories de transitions structurales :

- les **transitions ordre/désordre** ;
- les **transitions displacives (ou déplacives)**.

Les transitions ordre-désordre sont caractéristiques des alliages binaires métalliques (par exemple, l'alliage Cu-Zn qui est le laiton β).

On pourra caractériser la transition de phase par un paramètre d'ordre au sens où nous l'avons défini au paragraphe 1.2.3 par :

$$P = |W_{Cu} - W_{Zn}| / (W_{Cu} + W_{Zn}) \quad (1.34)$$

où W_{Cu} et W_{Zn} sont respectivement les probabilités d'occupation d'un site par un atome de Cuivre ou un atome de Zinc. Pour le laiton, la symétrie de la phase basse température est cubique simple, celle de la phase haute température est cubique centrée ; on a des probabilités d'occupation égales des sites (50 et 50 %).

Cette transition ordre/désordre peut être associée dans certains cristaux, comme nous le verrons, à une **transition ferroélectrique/paraélectique**.

Les transitions **displacives** (on dit aussi parfois **déplacives**) sont une autre catégorie de transition structurale. Elles sont caractérisées soit par le déplacement fini d'un atome dans un réseau cristallin à partir d'une position d'équilibre (sur des distances de l'ordre des distances interatomiques), soit par la rotation moléculaire qui provoque la distorsion d'un réseau.

Si ces mouvements sont locaux, ils n'en sont pas moins coopératifs : les atomes se déplacent collectivement mais il n'y a pas de changement de la composition du matériau (les atomes n'ont pas le temps de diffuser). Ainsi, par exemple, dans les pérovskites qui sont des solides cristallins de formule générale ABO_3 ($SrTiO_3$, $BaTiO_3$, $NaNbO_3$, etc.), la transition de phase résulte de la rotation de polyèdres (octaèdres TiO_6 dans le cas $SrTiO_3$) dans le réseau qui provoque un changement de symétrie (la symétrie est cubique à haute température et tétragonale à basse température dans $SrTiO_3$ avec une transition du deuxième ordre à $T_C = 108$ K). L'angle de rotation d'un octaèdre dans le réseau est une variable d'état qui permet de bien décrire la transition et que l'on peut choisir comme paramètre d'ordre (Fig. 1.14).

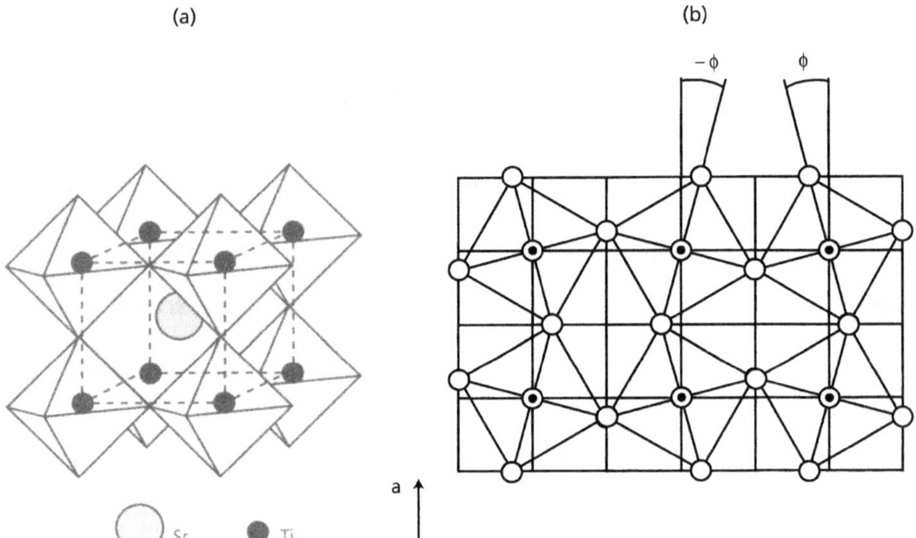

Figure 1.14 Cellules unités de matériaux pérovskites.

Leur formule générale est ABO_3. **a)** On a un réseau tridimensionnel d'octaèdres BO_6. **b)** La structure a été dopée avec des ions Fe^{3+}, on peut ainsi détecter par Résonance Paramagnétique Electronique les mouvements des octaèdres à la transition. L'angle de rotation φ est le paramètre d'ordre.

Certaines de ces transitions peuvent déplacer les centres de gravité des charges positives et négatives des ions du réseau : si ceux-ci ne coïncident plus, le réseau possède un moment dipolaire électrique macroscopique en l'absence de champ électrique permanent, on a alors un matériau ferroélectrique et une transition ferroélectrique/paraélectrique (c'est le cas de $BaTiO_3$ et $NaNbO_3$ mais pas de $SrTiO_3$).

Il existe enfin des transitions de phases au cours de laquelle la structure du matériau est modifiée à la suite de mouvements de rotation moléculaire ou de leur blocage ; ceux-ci peuvent d'ailleurs modifier, dans certains cas, la maille du réseau cristallin. Le cas le plus typique est celui de la transition de phase **liquide/cristal plastique** et **cristal plastique/cristal**. Les phases cristal plastique sont intermédiaires entre l'état liquide et l'état cristallin : elles correspondent à un matériau solide avec un réseau cristallin périodique mais dans lequel la grande symétrie des molécules leur laisse un degré de liberté de rotation à l'état solide. Le tétrachlorure de carbone CCl_4 et le méthane CH_4 sont les exemples types de molécules dites globulaires qui forment des phases cristal plastique stables (les températures de transition liquide/cristal plastique sont respectivement 250,3 K et 90,7 K). La phase cristal plastique est de symétrie rhomboédrique dans CCl_4 ; à – 47,4 °C, cette phase subit une transition qui la fait passer dans une phase cristalline monoclinique où les degrés de liberté de rotation sont totalement bloqués. Le solide dans la phase cristal plastique **flue** facilement car les molécules peuvent tourner librement autour d'un axe et se réorienter. Ces transitions sont du premier ordre mais avec une faible chaleur latente.

1.4.2 Transitions sans changement de structure

On classe dans cette rubrique les transitions de phases où l'apparition d'une propriété nouvelle n'est pas liée à une modification de la structure cristalline du matériau ; elle n'est donc pas associée à un changement de symétrie.

Nous aurons l'occasion d'étudier en détail ces transitions de phases et nous nous contenterons donc ici de mentionner leur existence.

Nombre d'entre elles mettent en jeu les propriétés des électrons d'un solide. C'est, par exemple, le cas des transitions **ferromagnétique, supraconductrice** et **métal/isolant**.

Le ferromagnétisme résulte du couplage magnétique entre les électrons du solide (on rencontre le magnétisme dans des solides cristallins et dans des verres métalliques).

La transition supraconductrice est caractéristique des propriétés électriques de certains solides : leur résistivité s'annule au-dessous d'une certaine température. On rencontre cette transition dans des métaux, des cuprates et certains composés organiques et des fullerènes dopés avec des alcalins. Cette transition est du deuxième ordre.

Quant à la transition isolant-métal, ou transition de Mott, elle est provoquée dans un solide par application d'une pression : le solide après transition de phase a les propriétés de conduction électrique d'un métal. On l'a mise en évidence sur le silicium et le germanium dopés avec des éléments des colonnes III et V de la classification périodique (As et Ga par exemple) ou dans des matrices solides de gaz rares où l'on a piégé des métaux.

Un autre système où l'on observe des transitions sans changement de symétrie est l'hélium liquide. La phase liquide de l'hélium 4 devient superfluide au-dessous de 2,17 K : sa viscosité s'annule (il coule sans frottement dans un tube capillaire). La transition superfluide a été mise en évidence dans l'hélium 3 à une température de 2 mK. La transition superfluide est du deuxième ordre.

1.4.3 Transitions hors d'équilibre

Un certain nombre de matériaux à l'état liquide (des corps purs ou des mélanges) subissent une transition de phase qui se traduit par la modification des propriétés mécaniques du système. Cette transition est induite par le blocage des mouvements atomiques ou moléculaires soit que les degrés de liberté correspondant à la diffusion soient gelés, soit qu'un réseau tridimensionnel impliquant des molécules avec leur solvant soit constitué. La nouvelle phase qui se forme correspond à un état désordonné : pas d'ordre à grande distance des molécules ou des atomes. Ce type de transition se produit à une certaine température T_g qui n'est pas fixée pour un matériau donné car elle dépend du traitement thermique qu'a subi le système. La nouvelle phase est **hors d'équilibre**.

La **transition vitreuse**, c'est-à-dire le changement de phase qui se traduit par la formation d'un verre à partir d'un liquide, est l'exemple type d'une telle transition. Elle se produit dans des substances (éléments, composés organiques et inorganiques, mélanges) qui forment des liquides dont la viscosité devient très grande lorsqu'ils sont refroidis (10^7 à 10^{13} poises). Au-dessous de leur température de fusion, ils passent d'abord dans un état surfondu métastable puis ils se solidifient lentement pour former un verre. Il y a de très nombreux exemples de matériaux vitreux sur lesquels nous reviendrons : des oxydes comme SiO_2, B_2O_3, des systèmes binaires comme As-S, As-Se, des alliages métal-métalloïdes comme Fe-B, Pd-Si, des composés organiques du type de C_2H_5OH, etc.

La gélification ou transition sol-gel est un autre type de transition hors d'équilibre dans un liquide. On met en évidence cette transition dans des solutions de molécules organiques ou inorganiques dans un solvant. Celles-ci peuvent subir une transition vers une phase plus organisée dans certaines conditions physiques (concentration, température, pH) : elles sont constituées par un réseau tridimensionnel sans distribution périodique des centres de gravité mais qui a les propriétés viscoélastiques d'un solide, c'est une **phase gel**. La gélatine est l'exemple type de phase gel, on l'obtient à partir d'une solution de collagène dénaturée dans l'eau.

Signalons l'existence des **phases colloïdales** qui sont en fait des milieux diphasiques où l'une des phases est très finement dispersée dans l'autre : émulsion d'huile dans l'eau, aérosols, mousses, etc. Le milieu colloïdal est constitué de particules qui sont en équilibre instable : la suspension peut se détruire par agrégation des particules, c'est le phénomène de **floculation**. Les propriétés de surface jouent un rôle essentiel dans les mécanismes de formation des phases colloïdales.

1.5 LES GRANDES MÉTHODES EXPÉRIMENTALES D'ÉTUDE DES TRANSITIONS DE PHASES

L'étude expérimentale d'une transition de phase ne se distingue pas fondamentalement de celle d'un matériau : on étudie les propriétés d'un matériau, sa structure et les relations entre les propriétés et la structure. Dans une transition de phase, on pourra donc étudier les propriétés d'un matériau de part et d'autre du point de transition de phase, le changement de structure à la transition et les relations entre ce changement de structure et l'évolution des propriétés.

Une transition de phase, nous l'avons souligné, n'est pas instantanée : il faut tenir compte de la nucléation qui est un phénomène dynamique, également justiciable d'une approche expérimentale.

On peut distinguer schématiquement d'une part les méthodes expérimentales directes d'étude des structures et des propriétés des matériaux et de leur évolution et d'autre part, les méthodes indirectes d'étude des propriétés.

Il existe une très grande diversité de méthodes physiques pour étudier les propriétés d'un matériau : mesures calorimétriques pour mesurer les chaleurs spécifiques, analyse thermique différentielle pour détecter la fusion, rhéologiques pour mesurer la viscosité et le module d'élasticité, optiques pour mesurer la biréfringence, etc.

Les études de structure des matériaux, et par conséquent de leur modification au cours des transitions de phases, peuvent être réalisées par des méthodes classiques de microscopie, en particulier par microscopie électronique, par diffraction des rayons X mais aussi par Résonance Magnétique Nucléaire (RMN) et diffusion des neutrons. On peut également mettre en évidence et suivre les phénomènes de nucléation avec certaines de ces méthodes, comme la cristallisation d'un liquide à l'aide de la microscopie électronique.

On obtient aussi de très nombreuses informations sur un matériau subissant une transition de phase, en particulier une transition du deuxième ordre (ou continue), à l'aide d'expériences de diffusion de particules. Ces particules peuvent être des électrons, des photons (lumière visible ou rayons X), des phonons (ondes acoustiques), des neutrons. Les neutrons sont des particules particulièrement intéressantes car ils pénètrent dans la plupart des matériaux ce qui n'est pas le cas des photons (du moins ceux associés à la lumière visible).

On peut montrer de façon générale que l'intensité des particules diffusées par un matériau est proportionnelle à la fonction de structure $S(\boldsymbol{k})$ pour le matériau. C'est le cas, ainsi, pour l'intensité de la lumière diffusée dans une expérience de diffusion de la lumière (Fig. 1.15). L'expérience réalisée dans un fluide au voisinage de son point critique met en évidence une augmentation très importante de l'intensité diffusée au voisinage du point de transition : c'est le phénomène d'**opalescence critique**. Lorsque $\boldsymbol{k} \to 0$ (il suffit de faire tendre l'angle θ vers 0), les relations (1.30) et (1.32) montrent que l'on peut atteindre la compressibilité du fluide en mesurant $S(\boldsymbol{k})$, c'est-à-dire l'intensité de la lumière diffusée (Fig. 1.15).

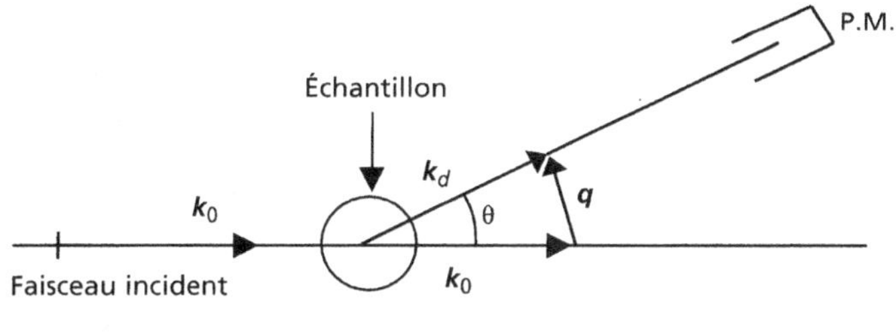

Figure 1.15 Schéma géométrique d'une expérience de diffusion.

Le rayonnement incident (photons, neutrons...) correspond au vecteur d'onde k_0. On observe le rayonnement diffusé dans la direction détecté par le photomultiplicateur P.M. ; il correspond au vecteur, k_d. On a $q = k_d - k_0$. Dans une expérience de diffusion de la lumière $q \approx 2k_0 \sin\theta/2$. Si $\theta \to 0$ alors $q \to 0$ et l'intensité tend vers l'infini (Éq. 1.33).

On peut réaliser une expérience de diffusion avec des neutrons, ceux-ci sont sensibles aux spins des atomes et ils constituent un excellent moyen pour étudier, par exemple, des matériaux magnétiques. Dans ce cas, l'intensité diffusée (ou section efficace de diffusion par unité de volume) est proportionnelle à la fonction de structure.

En RMN, certains signaux, comme la forme des raies, sont aussi directement reliés à une fonction de structure.

1.6 LES GRANDES CATÉGORIES D'APPLICATIONS DES TRANSITIONS DE PHASES

Un très grand nombre de phénomènes de transitions de phases ont des applications technologiques importantes : on les trouve en métallurgie, en électronique dans le génie des procédés, dans l'agro-alimentaire, etc. Des transitions sont mises en œuvre aussi bien dans des systèmes techniques (des fluides dans les moteurs thermiques par exemple) que dans des matériaux. Par ailleurs, de nombreux phénomènes naturels ont pour origine une transition de phase, la vaporisation ou la condensation de l'eau dans l'atmosphère par exemple.

Nous expliciterons ces applications spécifiques dans chacun des chapitres de ce livre. On a présenté dans le tableau synoptique 1.1 les caractéristiques des transitions de phases qui trouvent des applications dans de grands secteurs industriels. Ainsi, par exemple, trouve-t-on des applications (actuelles ou potentielles) de la supraconductivité (transition du deuxième ordre) en électrotechnique et en électronique (réalisation de champs magnétiques élevés, composants comme les diodes Josephson par exemple). Des transitions de phases sont aussi mises en œuvre dans l'industrie agro-alimentaire et en pharmacie (gels agroalimentaires et gélules pour l'encapsulation de médicaments par exemple).

Quant au phénomène de nucléation associé aux propriétés de surface, on les rencontre dans un très grand nombre de procédés et de systèmes industriels de l'énergie au génie civil.

1.7 ASPECT HISTORIQUE : DES CÉRAMIQUES DE L'ANTIQUITÉ AUX NANOTECHNOLOGIES

L'histoire de la physique des transitions de phases se confond avec celle de la technologie des matériaux et plus récemment avec celle de la thermodynamique et de la physique de la matière condensée.

Ce sont les céramistes et les métallurgiques qui, dès que l'homme eût acquis la maîtrise du feu, ont les premiers réalisé des matériaux solides à partir des transitions de phases qui sont à la base des opérations pour fabriquer des céramiques et des métaux. La céramique est connue au Proche-Orient dès le mésolithique (huitième millénaire avant Jésus-Christ), elle était d'abord obtenue par cuisson au four de pâte à base d'argile. Quant au bronze et au fer, ils firent leur apparition ultérieurement au IIe millénaire avant Jésus-Christ, vraisemblablement chez les Hittites, les opérations métallurgiques nécessitant la maîtrise de la haute température (de l'ordre de 2 000 °C environ).

Les propriétés de certains matériaux magnétiques étaient également connues dès l'Antiquité. Thalès de Milet savait, il y a plus de 2 500 ans, que la magnétite, ou pierre

TABLEAU 1.1 TABLEAU SYNOPTIQUE DES APPLICATIONS DES TRANSITIONS DE PHASES.

On a indiqué dans les lignes les caractéristiques des transitions et dans les colonnes les secteurs où celles-ci ont des applications potentielles. On a cité des exemples concrets dans certaines cases.

	Électronique Informatique	Énergie Électro-technique	Agro-alimentaire	Métallurgie Mécanique	Chimie Pharmacie Génie des Procédés	Génie Civil
Chaleur latente		moteur thermique		fusion d'un métal	réacteur chimique	
Transitions 2e ordre	- jonctions Josephson - mémoires	transport du courant			super-critique	
Transitions multicritiques					gisement pétrolier	
Phases métastables		surchauffe d'un liquide		trempe d'un métal		tremblements de terre, verres thixotropie
Conformation des molécules			gels		proteines	argiles ciments
Nucléation Propriétés de surface		vaporisation d'un liquide	émulsion	micro-structures	catalyseurs	ciments

d'aimant, attirait le fer. Les Chinois ont sans doute été les premiers à étudier le magnétisme et l'action à distance des aimants. En Europe, Peregrinus de Maricourt (1269) et W. Gilbert (1600) traitèrent des applications des aimants et développèrent les premières théories du magnétisme.

Les Grecs, en proposant la théorie des quatre éléments (l'air, l'eau, la terre et le feu) voulaient expliquer les propriétés de la matière à partir de ces quatre constituants de base. Ils pensaient qu'un changement d'état, la solidification de l'eau par exemple, était associé à une modification profonde du système (l'équivalent d'une transformation chimique). En fait, une approche scientifique des problèmes de matériaux et de transitions de phase n'a pu être possible qu'à partir du moment où l'on a eu une conception claire de la notion de température, à partir seulement du XVIIe siècle. Cette notion doit évidemment beaucoup à l'invention du thermomètre dont est crédité Galilée qui aurait inventé le thermomètre à air en 1592. C'est le grand-duc de Toscane, Ferdinand II, qui a, semble-t-il, en 1647, mis au point le premier thermomètre opérationnel, le thermomètre à alcool ; Fahrenheit développa entre 1708 et 1724, le thermomètre à mercure. Des scientifiques comme Bacon, Descartes, Galilée et Boyle considéraient que la chaleur et les mouvements particulaires étaient à l'origine d'un changement d'état tel que la fusion.

Au XVIIIe siècle, alors qu'émergeait la technologie des machines thermiques avec les premières machines à vapeur, on s'intéressa aussi aux phénomènes météorologiques (la fonte des neiges, le refroidissement d'un air chaud par détente provoquant une condensation de la vapeur d'eau, par exemple). Les scientifiques introduisirent alors avec le physicien écossais J. Black, les notions importantes de chaleur spécifique et de chaleur latente. Peu à peu, la thermodynamique fonda son corps de doctrine à la suite des travaux de Sadi Carnot, puis de ceux de J.R. Mayer, J. Joule, Lord Kelvin et R. Clausius.

Les notions de fonctions thermodynamiques, ou fonction d'état, comme l'énergie interne *U* et l'entropie *S*, furent formalisées et des outils étaient disponibles à la fin du XIXe siècle pour étudier systématiquement les phénomènes de transition de phase.

L'étude systématique des diagrammes de phases, en métallurgie notamment, devient possible à partir des connaissances sur les potentiels thermodynamiques acquises grâce aux travaux de J.W. Gibbs et P. Duhem.

Par ailleurs, le traitement thermodynamique des phénomènes de surface et d'interface par J.W. Gibbs ouvrit la voie à l'étude des phénomènes de nucléation qui jouent un grand rôle dans les transitions de phases.

L'existence des phénomènes de transition de phase du second ordre fut établie pour la première fois sur le gaz carbonique CO_2 par T. Andrews en 1869. Celui-ci mit en évidence le point critique liquide-gaz par une expérience de diffusion de la lumière, le phénomène d'opalescence critique. Trois ans après ces travaux, van der Waals fournissait le premier cadre théorique permettant d'expliquer ces résultats en proposant une équation d'état pour les gaz réels qui devait fournir un modèle pour aborder un grand nombre de phénomènes de transitions de phases.

Puis les travaux sur le magnétisme succédèrent à ceux sur les fluides. Pierre Curie étudia de façon systématique les propriétés ferromagnétiques à haute température après la mise en évidence par J. Hopkinson, en 1890, de la disparition de l'aimantation du fer à une température élevée. Pierre Curie découvre la loi qui donne la susceptibilité en fonction de la température et qui porte son nom. Auparavant, Pierre et Jacques Curie avaient jeté les bases d'une approche des transitions de phase à l'aide de principes de symétrie ouvrant ainsi la voie à la compréhension de phénomènes comme la ferroélectricité et la piézoélectricité, découverte en 1880.

P. Weiss poursuivant dans la voie ouverte par P. Curie pour l'étude du ferromagnétisme émit l'hypothèse, en 1907, que les solides ferromagnétiques pouvaient être caractérisés par l'existence d'un champ magnétique interne susceptible de rendre compte de la plupart des résultats expérimentaux de l'époque : c'est l'approche des champs moléculaires. Paul Langevin parvint à un concept et des résultats analogues.

Le progrès de la physique des basses températures à la fin du XIXe siècle permirent de liquéfier tous les gaz. La liquéfaction de l'hélium par Kamerlingh Onnes, en 1908, ouvrit la voie à la découverte par le même physicien du phénomène de supraconductivité mis en évidence pour la première fois sur le mercure en 1911.

Au début du XXe siècle, les physiciens disposaient désormais d'un outil d'investigation puissant avec les rayons X qui permettait de déterminer des structures et leur évolution. Les travaux sur les alliages métalliques apportèrent aussi une contribution importante à la physique des transitions de phases. G. Tammann émit le premier l'hypothèse, en 1919, de l'existence d'une phase ordonnée dans les alliages à basse température : celle-ci fut mise en évidence, en 1929, par C.H. Johannsen et J.O. Linde grâce à une expérience de diffraction des rayons X. En 1926, Tammann et O. Heusler observèrent une anomalie de chaleur spécifique dans un alliage de bronze : c'était la mise en évidence du point critique de la transition ordre-désordre. Enfin, en 1934,

L. Bragg et J. Williams introduisirent le concept d'ordre à grande distance et avec lui ouvrirent la voie à la notion de paramètre d'ordre. À la fin du XIXe siècle, les progrès de la métallurgie stimulés par le développement des utilisations de l'acier ont permis de mettre en évidence le rôle de phases métastables, comme la martensite, ainsi que celui des microstructures dans les propriétés mécaniques des métaux.

L'analogie entre l'équation d'état de van der Waals et celle des ferromagnétiques avait été très vite perçue : elles prévoyaient des équations analogues pour la ligne de coexistence près du point critique et des comportements semblables pour des grandeurs comme la susceptibilité magnétique et la compressibilité. Cependant, l'idée d'une approche unifiée de tous ces phénomènes ne vit le jour qu'à la fin des années trente avec les travaux de P. Ehrenfest et de L. Landau qui introduisit le concept de paramètre d'ordre. Des progrès théoriques importants avaient été réalisés dans les années 1920-1930 empruntant la voie d'une approche microscopique que rendaient possible la physique quantique et la physique statistique. Le modèle d'Ising (1925) conçu d'abord pour traiter le cas du magnétisme, perfectionné par W. Heisenberg, fut à l'origine de très nombreux travaux généralisant l'approche par les champs moléculaires. Il faut noter que ce n'est qu'en 1944 que L. Onsager put résoudre, sans approximation, le modèle d'Ising à deux dimensions pour le magnétisme en champ nul.

À partir de 1950, les méthodes expérimentales d'étude des phénomènes de transition de phases s'enrichirent à nouveau : la thermométrie de précision devient possible grâce aux progrès de l'électronique, la diffusion de la lumière puis ultérieurement celle des neutrons, la résonance magnétique nucléaire (RMN) permettent d'étudier systématiquement tous les phénomènes de transition de phase dans tous les matériaux solides et liquides.

Les mesures plus précises, près des points critiques, permettent ainsi de mettre en évidence que les comportements du type de ceux prévus par les modèles de champ moléculaire (ou « à la van der Waals ») rendent mal compte de la réalité expérimentale.

À la fin des années 1960, sous l'impulsion des travaux expérimentaux, l'approche des phénomènes de transition de phase du second ordre fut totalement renouvelée. Les travaux de L.P. Kadanoff, C. Domb et M.E. Fisher conduisent aux notions de **lois d'échelle** et **d'universalité** des phénomènes. Empruntant les méthodes mathématiques de la théorie des champs, K.G. Wilson proposa, en 1974, la théorie du **groupe de renormalisation** qui permet une approche unifiée des transitions de phase du second ordre, généralisant en quelque sorte les idées de van der Waals.

Parallèlement, les progrès techniques enregistrés dans le domaine des traitements thermiques (en utilisant des lasers par exemple) permirent d'obtenir les premiers verres métalliques et des céramiques avec des microstructures de taille de plus en plus petite. À partir des années 1960, l'utilisation de matériaux nouveaux (polymères, nouveaux alliages, amorphes métalliques, semi-conducteurs, céramiques) dans de nombreux secteurs industriels (électronique, industrie aérospatiale, automobile par exemple) est un stimulant de la recherche sur les changements de phase dans les matériaux. On passe progressivement des microstructures dont la dimension est de l'ordre du micron à des structures à échelle nanométrique (le millième de micron) et, depuis le début des années 1990, on envisage désormais les applications possibles des nanotechnologies.

EXERCICES

1.1 Fluctuations.

On désigne par E l'énergie d'un système à T et V fixés et par $<E>$ sa valeur d'équilibre qui est une moyenne statistique.

Les fluctuations de l'énergie sont caractérisées par $<\delta E^2> = <(E - <E>)^2>$.

C_v étant la chaleur spécifique, montrer que $<\delta E^2> = C_v/k\beta^2$ avec $\beta = 1/kT$.

1.2 Fluctuations et compressibilité.

On s'intéresse aux fluctuations du nombre de particules N dans un fluide de volume v autour de sa valeur d'équilibre $<N>$ et caractérisées par $<\Delta N^2> = <(N - <N>)^2>$.

En utilisant une distribution grand-canonique et les relations entre p, μ et la fonction de grand-partition, établir la relation $<\Delta N^2> = <N>\ \kappa_T/\kappa^0{}_T$; κ_T est la compressibilité du fluide et $\kappa^0{}_T$, celle d'un gaz parfait.

1.3 Enthalpie libre d'un mélange binaire.

On définit l'enthalpie libre d'un mélange binaire par la relation (1.15) que l'on représente par un diagramme $G(x)$, x étant la concentration de l'un des constituants.

Si G_A et G_B désignent les enthalpies libres molaires des constituants dans le mélange, montrer que la pente de la tangente en tout point du diagramme est donnée par $G_B - G_A$.

1.4 Fluctuations et diffusion de la lumière.

La diffusion de la lumière est une technique très utilisée pour étudier les transitions de phases dans les fluides et les solides transparents (Fig. 1.15). L'intensité totale diffusée à l'instant t correspondant au vecteur $\boldsymbol{k}$ est :

$$I(\boldsymbol{k}, t) = < |E(\boldsymbol{k}, t)|^2 >$$

où $E(\boldsymbol{k},t)$ est le champ électrique de l'onde diffusée, qui est associé à une fluctuation de la constante diélectrique ε du milieu supposé isotrope :

$$E(\boldsymbol{k}, t) \propto E_0\, e^{-i\,\omega_0 t}\, \delta\varepsilon(\boldsymbol{k}, t)$$

ω_0 est la fréquence de l'onde incidente, $\delta\varepsilon(\boldsymbol{k},t)$ la transformée de Fourier de la fluctuation ε. On définit la densité spectrale par :

$$I(\boldsymbol{k}, \omega) = \int_{-\infty}^{+\infty} e^{i\omega\tau} < E(\boldsymbol{k}, t+\tau) E^*(\boldsymbol{k}, t) > \mathrm{d}\tau$$

1° Calculer les fluctuations $\delta\varepsilon$ à p constant, en déduire $I(\boldsymbol{k}, \omega)$ associé aux fluctuations de température δT.

2° Supposant que δT obéit à l'équation de la chaleur en déduire $I(\boldsymbol{k}, \omega)$.

3° Quelle est la forme du spectre obtenu ?

1.5 Fluctuations de densité dans un milieu hétérogène.

On associe les variations locales $\delta F(\boldsymbol{r})$ de l'énergie libre aux fluctuations locales de densité $\delta\rho(\boldsymbol{r})$ dans le volume V par la relation simple :

$$\delta F = \frac{a}{2}\delta\rho^2 + \frac{b}{2}(\nabla\delta\rho)^2$$

1° Calculer la variation totale ΔF_k associée aux fluctuations de vecteur d'onde k.

2° Calculer la probabilité d'une fluctuation $\delta\rho_k$.

3° En déduire la valeur moyenne de $\delta\rho_k^2$.

4° Le milieu est un fluide. Quelle est la signification physique de a ? Qu'en déduit-on au point critique liquide/gaz ?

Chapitre 2

Dynamique des transitions de phases

2.1 UNE GRANDE VARIÉTÉ DE MÉCANISMES

La description thermodynamique des transitions de phases que nous avons donnée au chapitre précédent ne nous renseigne ni sur l'évolution d'une phase au cours du temps, ni sur la cinétique d'un phénomène de transition. Ainsi, par exemple, les diagrammes de phases (Paragraphe 1.2.2) ne donnent des informations que sur les conditions d'existence des phases (en fonction de la pression, de la température, des concentrations des constituants, etc.) et non sur le temps nécessaire pour passer d'une phase à une autre lorsqu'on fait varier les paramètres thermodynamiques d'un système (par exemple la température). Nous savons bien d'ailleurs qu'un changement de phase n'est pas instantané et que c'est un phénomène dynamique ; chacun d'eux a d'ailleurs sa cinétique propre.

La description dynamique d'une transition de phase suppose que l'on connaisse au préalable les mécanismes de la transformation que subit un matériau. Ceux-ci sont très variés. Ils mettent en jeu, le plus fréquemment, la formation de microstructures que sont les « noyaux » ou les « germes » de la phase nouvelle qui apparaît au sein de la phase en cours de transformation : c'est le phénomène de **nucléation**. On le rencontre, par exemple, dans un liquide en cours de cristallisation lorsque se forment des cristallites qui sont des germes de la phase solide. Dans ce cas la nucléation n'est possible que si des atomes ou des molécules constituant un matériau, peuvent diffuser en son sein pour s'agréger et former ainsi les germes de la nouvelle phase. La diffusion est alors le mécanisme clé qui pilote le phénomène de nucléation lui-même et détermine sa cinétique. Les propriétés interfaciales, en particulier l'énergie interfaciale, jouent également un rôle important dans la nucléation ; l'apparition d'un germe d'une nouvelle phase suppose, en effet, la création d'une interface entre deux phases.

On rencontre également des situations où la transition n'est pas amorcée par un transport de matière macroscopique par diffusion mais par des fluctuations locales de la concentration des constituants. Ces transitions, que l'on met en évidence dans des solutions solides ou liquides, se produisent en dehors de l'équilibre thermodynamique : elles correspondent au phénomène de décomposition spinodale. Celui-ci ne met pas en jeu la création initiale d'une interface, il n'y a pas, à proprement parler, nucléation. La dynamique d'une décomposition spinodale est donc différente de celle d'un phénomène de nucléation.

Une autre situation correspond à celle que l'on rencontre dans les gels. La transition de gélification ou transition sol-gel (Paragraphe 1.4.3) est provoquée par l'établissement de jonctions entre chaînes polymériques en solution (et entre la solution et le polymère) : un réseau tridimensionnel se forme à partir d'une solution de polymère. La gélification est un phénomène dynamique dont la cinétique dépend de celle de l'établissement des jonctions.

Dans le cas particulier de la gélatine, la transition sol-gel est elle-même amorcée par un changement de conformation des chaînes macromoléculaires de gélatine : celles-ci subissent une transition pelote-hélice qui a sa dynamique propre.

Enfin, un dernier type de transition met en jeu des déplacements locaux mais collectifs des atomes ou des groupements moléculaires au sein du matériau qui déclenchent la transition. C'est le cas principalement des transitions displacives (Paragraphe 1.4.1) que l'on rencontre, par exemple, dans les pérovskites et en métallurgie.

2.2 LA NUCLÉATION

2.2.1 Le phénomène de diffusion - Loi de Fick

Ce sont les phénomènes de diffusion, c'est-à-dire de déplacement sur une plus ou moins grande distance, des atomes ou des molécules au sein d'un gaz, d'un liquide ou d'un solide qui déterminent la dynamique d'un grand nombre de transitions de phases et qui rendent possible la nucléation.

Rappelons que la diffusion est un phénomène qui permet à un système physique d'atteindre un état d'équilibre à partir d'une situation initiale hors d'équilibre. Ainsi, on a diffusion de la chaleur entre les parties à haute et basse températures d'un solide (par le mécanisme de la conduction) et diffusion de matière dans une solution lorsqu'il existe une différence de concentration en son sein. Les variations, spatiale et temporelle, de la température et de la densité de particules dans un système obéissent à des équations qui ont la même forme.

La nucléation dans une phase pure, ou à un seul constituant, que l'on appelle nucléation homogène, met en jeu le phénomène d'auto-diffusion (diffusion de particules identiques).

Désignant par $n(\boldsymbol{r},t)$, le nombre de particules par unité de volume et par $\boldsymbol{J}$, le flux d'atomes ou de molécules, c'est-à-dire le nombre de particules traversant une section de surface unité par unité de temps dans un gradient de concentration ∇n, on a alors l'équation suivante qui est la première loi de Fick pour la diffusion :

$$\boldsymbol{J} = -D\nabla n \tag{2.1}$$

D est le coefficient de diffusion. Le signe – tient compte du fait que le flux et le gradient de concentration sont de signes opposés. Si la phase est pure, D est le coefficient d'auto-diffusion. En tenant compte de l'équation de continuité :

$$\partial n/\partial t + \nabla.J = 0 \tag{2.2}$$

on a l'équation générale pour un phénomène diffusionnel à trois dimensions :

$$\partial n/\partial t = D\nabla^2 n \tag{2.3}$$

L'équation (2.3) est la **deuxième Loi de Fick** pour la diffusion. Celle-ci n'a pas de solution simple en particulier pour un système à trois dimensions. Pour un système unidimensionnel et par une transformation de Fourier, on obtient la solution suivante pour (2.3) :

$$n(x, t) = \frac{N}{(4\pi Dt)^{1/2}} \exp\{-(x - x_0)^2/4Dt\} \tag{2.4}$$

N est le nombre total de particules dans un volume infini parallèle à l'axe x et de section unité perpendiculaire à cet axe, toutes les particules étant concentrées en x_0 à $t = 0$. Le carré moyen du déplacement des particules s'écrit à l'aide de (2.4) :

$$<(x - x_0)^2> = \frac{1}{N}\int_{-\infty}^{+\infty}(x - x_0)^2\, n(x, t)\mathrm{d}x = 2Dt \tag{2.5}$$

Rappelons que pour des particules de rayon r se déplaçant dans un fluide de viscosité η, le coefficient de diffusion D est donné par la loi de Stokes-Einstein.

$$D = kT/(6\pi r\eta) \tag{2.6}$$

Pour un milieu isotrope à trois dimensions, on généralise l'équation (2.4) sous la forme

$$n(r, t) = N(4\pi Dt)^{-3/2}\exp\left(\frac{-r^2}{4Dt}\right) \tag{2.7}$$

Pour des particules de rayon $r = 0{,}2\ \mu$ dissoutes dans de l'eau à la température ambiante, on trouve que leur déplacement moyen au bout de 30 s est de 8 μ. C'est le phénomène de mouvement brownien.

2.2.2 Coefficient de diffusion et énergie d'activation

Le phénomène de diffusion de la matière suppose le déplacement d'atomes, ou de molécules, au sein d'un solide, ou d'un fluide, qui doivent posséder une énergie suffisante pour écarter les particules voisines de leur position d'équilibre.

L'existence d'un site vacant, une lacune, facilite la diffusion dans les solides. Dans un liquide, la théorie de Frenkel part de l'hypothèse de l'existence de trous dans le liquide qui faciliteraient les déplacements moléculaires au sein du liquide.

La diffusion requiert le franchissement d'une barrière d'énergie potentielle par les particules pour qu'elles puissent se déplacer au sein d'une phase (Fig. 2.1).

Si ΔG_0 désigne la variation d'enthalpie libre par particule, nécessaire au franchissement de la barrière de potentiel la probabilité P_0 pour que des particules possèdent l'énergie suffisante pour ce franchissement est donnée par :

$$P_0 = \mathrm{C^{te}}\exp\left(-\frac{\Delta G_0}{kT}\right) \tag{2.8}$$

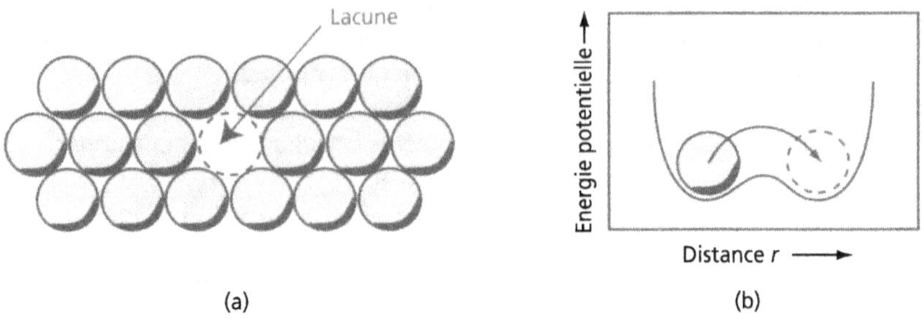

Figure 2.1 Lacune dans un réseau cristallin.

La lacune (a) doit surmonter une barrière de potentiel (b) pour se déplacer à laquelle est associée une variation d'enthalpie libre ΔG_0.

Comme $\Delta G_0 = \Delta H_0 - T\Delta S_0$, (2.8) peut se récrire :

$$P_0 = \mathrm{C^{te}} \exp\left(-\frac{\Delta H_0}{kT} + \frac{\Delta S_0}{k}\right) = \mathrm{C^{te}} \exp\left(-\frac{\Delta H_0}{kT}\right) \tag{2.9}$$

Dans le cas d'un solide, les particules diffusent par occupation de lacunes présentes dans le matériau. Si ΔH_f est l'enthalpie de formation de ces lacunes, la probabilité d'existence P_L d'une lacune au voisinage d'une particule est une fonction de Boltzmann de la forme :

$$P_L = \mathrm{C^{te}} \exp\left(-\frac{\Delta H_L}{kT}\right) \tag{2.10}$$

La probabilité P_D associée à ce mécanisme de diffusion est donc :

$$P_D = \mathrm{C^{te}} P_0 P_L = \mathrm{C^{te}} \exp\left(-\frac{\Delta H_0 + \Delta H_L}{kT}\right) \tag{2.11}$$

P_D peut être interprétée comme la fréquence des « sauts » d'une particule d'une position d'équilibre à une autre :

Le coefficient de diffusion D d'une particule est inversement proportionnel à la « durée de vie » (c'est-à-dire au temps de séjour) dans une position d'équilibre. D est donc aussi proportionnel à la fréquence des sauts P_D d'une lacune à une autre. On aura donc :

$$D = D_0 \exp\left(-\frac{\Delta H_0 + \Delta H_L}{kT}\right) \tag{2.12}$$

On peut généraliser cette relation et écrire D sous la forme :

$$D = D_0 \exp\left(-\frac{W}{kT}\right) \tag{2.13}$$

W est une énergie d'activation associée au mécanisme de diffusion. Sa valeur dépend du type de mécanisme et donc de la nature de la phase.

2.2.3 Nucléation d'une nouvelle phase

Une transition de phase est souvent amorcée par un processus de nucléation qui se manifeste par l'apparition de germes ou de noyaux de la nouvelle phase. Ce processus est rendu possible par la diffusion des atomes ou des molécules qui s'agrègent les uns aux autres pour former les noyaux de la nouvelle phase (formation de gouttes de liquide par exemple). La taille de ces noyaux croît au cours du temps et à la fin du processus (la condensation d'une vapeur ou la solidification d'un liquide par exemple), on aboutit à une nouvelle phase homogène (Fig. 2.2).

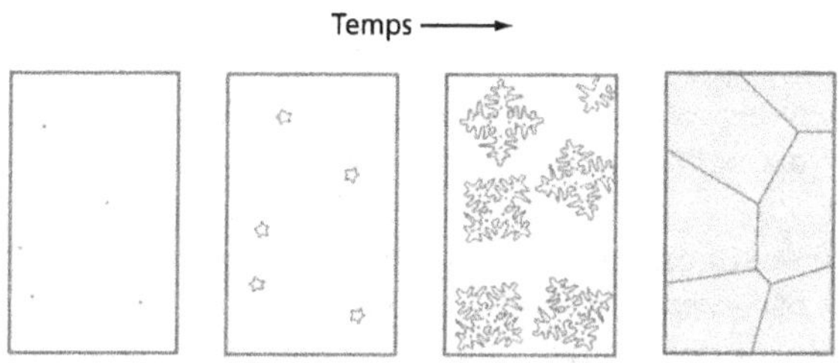

Figure 2.2 Formation de microcristallites dans un liquide.

Les noyaux ou germes solides sont des microcristallites qui amorcent la solidification. Dans un métal elles prennent la forme de dendrites.

Du point de vue thermodynamique, une variation d'enthalpie libre ΔG_n est associée à la nucléation et à ces deux processus :

– le passage d'atomes ou de molécules d'une phase à une autre ou d'un état à un autre (par exemple de la phase liquide aux noyaux solides) qui correspond à la variation d'enthalpie libre ΔG_V ;

– la création d'une interface entre les noyaux de la nouvelle phase et la phase initiale à laquelle est associée une variation d'enthalpie libre ΔG_S.

On a donc :

$$\Delta G_n = \Delta G_V + \Delta G_S \tag{2.14}$$

Si Δg_V désigne l'enthalpie libre de formation par unité de volume de la nouvelle phase, V étant le volume de la nouvelle phase, on peut écrire : $\Delta G_V = V\Delta g_V$. On supposera que le processus de nucléation s'amorce avec des noyaux sphériques de rayon r. On va donner le principe du modèle de Volmer pour la nucléation en l'appliquant spécifiquement dans ce chapitre à la transition liquide/solide (la cristallisation). Le cas de la nucléation d'un liquide sera traité dans le chapitre 4.

Si γ désigne la tension superficielle (par exemple entre le solide et le liquide lorsqu'on forme une interface solide/liquide avec des microcristallites), on a :

$$\Delta G_V = \frac{4\pi}{3} r^3 \Delta g_V \qquad \Delta G_S = 4\pi r^2 \gamma \tag{2.15}$$

et

$$\Delta G_n = \frac{4\pi}{3} r^3 \Delta g_V + 4\pi r^2 \gamma \quad (2.16)$$

Δg_V est positif si $T > T_0$ où T_0 est la température de la transition (par exemple la température de solidification). Dans ces conditions, en effet, en application du principe de Gibbs-Duhem, la nouvelle phase n'est pas stable. Comme γ est une grandeur positive ΔG_n est alors positif : les noyaux de la nouvelle phase ne sont pas stables et ils n'ont pas tendance à croître.

En revanche, si $T < T_0$, Δg_V est négatif, la nouvelle phase (le solide dans le cas de la solidification) est stable. Il existe des valeurs de r pour lesquelles $\Delta G_n < 0$, les noyaux correspondants tendent à stabiliser la nouvelle phase puisque leur formation abaisse l'enthalpie libre du matériau.

Si Δh_V et Δs_V sont respectivement les variations d'enthalpie et d'entropie associées à la formation d'un volume unité de la nouvelle phase, on peut écrire :

$$\Delta g_V = \Delta h_V - T\,\Delta s_V \quad (2.17)$$

À la température de solidification T_f, on peut poser $\Delta h_V = -L_f$, où L_f est la chaleur de fusion du matériau par unité de volume (Δh_V est négatif) et $\Delta s_V = -L_f/T_f$.

De façon générale, on peut écrire :

$$\Delta h_V = -L_f - \int_T^{T_f} \Delta C_p \, \mathrm{d}T' \quad (2.18)$$

et

$$\Delta s_V = -\frac{L_f}{T_f} - \int_T^{T_f} \frac{\Delta C_p}{T'} \, \mathrm{d}T' \quad (2.19)$$

où ΔC_p est la différence de chaleur spécifique entre les phases liquide et solide. D'où :

$$\Delta g_V = -\frac{L_f \Delta T}{T_f} - \int_T^{T_f} \Delta C_p \, \mathrm{d}T' + T\int_T^{T_f} \frac{\Delta C_p}{T'} \, \mathrm{d}T' \quad (2.20)$$

On a posé $\Delta T = T_f - T$, cette grandeur est une mesure du degré de surfusion du liquide.

On peut supposer, en première approximation, que $\Delta C_p = 0$. On a alors :

$$\Delta g_V = -L_f \frac{\Delta T}{T_f} \quad (2.21)$$

Cette approximation est tout à fait justifiée dans le cas des métaux, elle l'est beaucoup moins dans celui des polymères. Dans ce dernier cas, on peut calculer les intégrales dans (2.20) en supposant ΔC_p constant. On obtient alors :

$$\Delta G = \Delta H_f \frac{\Delta T}{T_f} - \frac{1}{2} \Delta C_p^f \frac{\Delta T^2}{T_f - \Delta T} \quad (2.22)$$

On a pris comme valeur de ΔC_p, la différence des chaleurs spécifiques au point de fusion ΔC_p^f. Pour la suite des calculs, nous supposerons $\Delta C_p = 0$ et nous négligerons donc les termes du second ordre en ΔT. L'expression (2.16) se récrit :

$$\Delta G_n = -\frac{4\pi}{3} r^3 L_f \frac{\Delta T}{T_f} + 4\pi r^2 \gamma \quad (2.23)$$

Lorsque $T < T_f$ ($\Delta T > 0$), ΔG_n a un maximum pour $r = r^*$. Pour $r > r^*$, la formation de noyaux de taille croissante conduit à la stabilisation de la phase solide puisque ΔG_n décroît et devient même négatif.

Le rayon r^* est appelé rayon critique (il ne correspond pas à un phénomène critique, c'est-à-dire à une transition de phase du deuxième ordre au sens où nous l'avons définie)

À partir de (2.23) on trouve aisément :

$$r^* = \frac{2\gamma}{L_f}\frac{T_f}{\Delta T} \qquad \Delta G_n^* = \frac{16\pi}{3}\frac{\gamma^3 T_f^2}{L_f^2 \Delta T^2} \tag{2.24}$$

Les graphiques (2.3) représentent la situation. $\Delta G_n(r^*) = \Delta G_n^*$ est équivalent à une barrière de potentiel qu'il faut abaisser pour pouvoir former plus facilement des noyaux de taille critique r^*. On voit sur (2.24) que plus la surfusion est importante, plus cette barrière est abaissée. Le modèle thermodynamique de Volmer montre ainsi que l'on ne peut avoir une transition de phase complète par nucléation que si le **liquide est surfondu**.

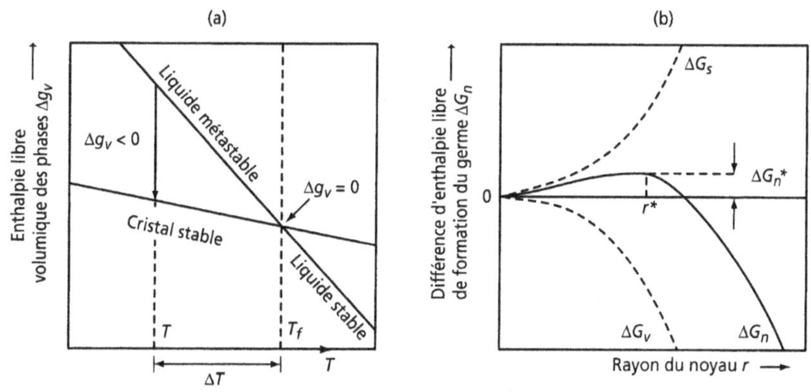

Figure 2.3 Nucléation de cristallites.

a) Variation de Δg_V en fonction de la température, $\Delta g_V = 0$ à T_f. **b)** Variation de ΔG_n, enthalpie libre de formation d'un noyau, en fonction du rayon du noyau.

Le calcul précédent ne suffit pas à rendre compte de la nucléation. Les noyaux, quel que soit leur rayon r, ne se forment pas de façon isolée dans le liquide. On doit calculer en effet la probabilité pour que se forme à une température T un noyau de rayon r. De façon équivalente, on doit calculer la variation d'entropie configurationnelle ΔS_n associée à la formation de n_r noyaux de rayon r dans le matériau (c'est l'entropie de mélange de la thermodynamique classique).

Supposons que l'on ait n_r noyaux mélangés à n_0 atomes ou molécules de liquide, on a alors :

$$\Delta S_n = k \ln\frac{(n_0 + n_r)!}{n_0!\, n_r!} \tag{2.25}$$

La variation totale d'enthalpie libre associée à la formation des noyaux s'écrit :

$$\Delta G = n_n \, \Delta G_n - kT \, \ln \frac{(n_0 + n_r)!}{n_0! \, n_r!} \tag{2.26}$$

soit encore :

$$\Delta G = n_r \, \Delta G_n - kT[(n_0 + n_r) \, \ln(n_0 + n_r) - n_0 \ln n_0 - n_r \ln n_r] \tag{2.27}$$

La valeur de n_r correspondant à l'équilibre satisfait à la relation

$$\frac{\partial \Delta G}{\partial n_r} = 0 \quad \text{soit} \quad \frac{n_r}{n_0} = \exp\left(-\frac{\Delta G_n}{kT}\right) \tag{2.28}$$

On a supposé $n_0 >> n_r$. On retrouve une fonction de distribution classique de Maxwell-Boltzmann. L'équation (2.28) donne la fonction de distribution en taille des noyaux. On peut l'appliquer aux noyaux de taille critique r^*.

Un exemple numérique permet d'avoir une idée des concentrations de noyaux présentes dans une phase liquide.

Si l'on prend le cas du nickel $T_f = 1\,725$ K, un calcul numérique (Exercice 2.5) montre qu'avec un métal liquide et avec une surfusion de 10 K, la concentration en noyaux critiques n_r^* est infinitésimale (très inférieure à 1) : le processus de nucléation n'est pas capable de s'amorcer dans ces conditions. Pour que la nucléation soit possible, il est nécessaire que l'on puisse former au minimum un noyau par cm^3 de la nouvelle phase.

Dans le cas d'un métal (T_f est en général élevée), cette situation correspond en général à une surfusion de quelques centaines de kelvin ($\Delta T = 350$ K dans le cas du nickel où $T_f = 1\,725$ K). D'un point de vue expérimental, cette situation n'est pas réaliste car on n'obtient rarement des surfusions d'une telle amplitude.

En fait, la nucléation s'amorce avec des surfusions plus faibles (quelques degrés) car des impuretés présentes dans la phase liquide, même en faible concentration, induisent la nucléation : on dit que l'on est en présence d'une nucléation hétérogène. Dans un solide, celle-ci peut s'amorcer sur des impuretés ainsi que sur des défauts comme les dislocations provoquant ainsi la fusion.

Dans une situation où la nucléation est hétérogène, on doit tenir compte de l'intervention de nouvelles interfaces : celles entre le noyau solide de la nouvelle phase et l'impureté d'une part, et entre la phase liquide et l'impureté d'autre part (Fig. 2.4). Si θ est l'angle de mouillage entre le noyau solide supposé être une calotte sphérique et la surface de l'impureté (un catalyseur par exemple), on peut montrer que le rayon critique r^* n'est pas changé mais que, en revanche, l'expression de la barrière de potentiel ΔG_n^* donnée par (2.24) est remplacée par :

$$\Delta G_n^* = \frac{16\pi}{3} \frac{\gamma^3 \, T_f^2}{L_f^2 \, \Delta T^2} f(\theta) \tag{2.29}$$

où

$$f(\theta) = \frac{1}{4}(2 + \cos\theta)(1 - \cos\theta)^2 \tag{2.30}$$

Si $\theta = 180$ °, le facteur géométrique est inférieur à 1 et la barrière de nucléation est abaissée ce qui se traduit par un accroissement du nombre de noyaux n_r formés (pour $\theta = 60$ °, $f(\theta) = 0{,}16$ et pour $\theta = 30$ °, $f(\theta) = 1{,}3 \; 10^{-2}$).

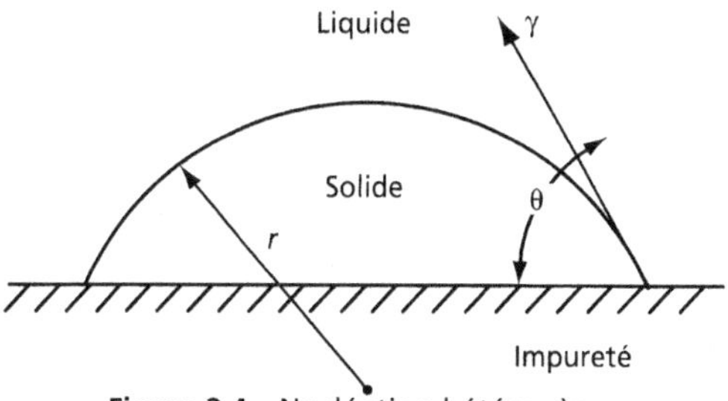

Figure 2.4 Nucléation hétérogène.

Le solide qui se forme est en contact avec une impureté, γ est la tension superficielle entre le liquide et le noyau solide en formation.

Les situations que nous venons de décrire sont quelque peu, idéales : dans le cas d'un solide cristallin formé à partir d'un liquide qui peut être un mélange binaire, ternaire, etc., on n'a pratiquement jamais un système monocristallin qui correspondrait au cristal parfait. On a en général un matériau solide polycristallin qui est formé d'un très grand nombre de petits cristaux ou grains attachés entre eux par ce que l'on appelle des joints de grains (Fig. 2.5). En premier lieu, les joints de grains établissent la liaison entre deux cristaux, les atomes sont donc beaucoup moins ordonnés dans cette région du matériau où les liaisons interatomiques sont beaucoup plus faibles ; il existe donc une énergie de surface propre au joint de grain. En second lieu, la structure du joint de grain étant beaucoup moins dense, elle est favorable à une diffusion plus importante des atomes mais aussi à la dissolution et à la fixation d'atomes d'impuretés dont la concentration peut être localement importante.

Les propriétés d'un matériau, en particulier les propriétés mécaniques, dépendent fortement de sa structure polycristalline et donc de la densité de joints de grains. On peut faire croître des microcristaux de métaux, d'alliages ou de métalloïdes en vue d'applications spécifiques (aubes de turbines, semi-conducteurs par exemple) mais ce sont des opérations coûteuses.

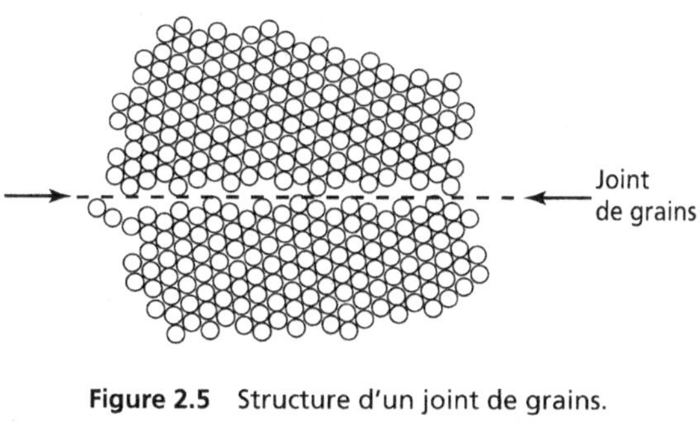

Figure 2.5 Structure d'un joint de grains.

Dans la région en pointillés les atomes sont moins ordonnés, la structure est moins dense, elle est favorable à la diffusion des atomes du solide.

2.2.4 Vitesse de nucléation

La formation de noyaux, en particulier ceux atteignant la taille critique r^*, est l'étape préalable à la transition de phase qu'il s'agisse de la solidification d'un liquide, de la condensation d'une vapeur sous forme liquide ou solide, d'une transition solide-solide dans un alliage, voire de la fusion d'un solide qui est un phénomène plus complexe. Cette étape ne suffit évidemment pas à elle seule, pour obtenir la nouvelle phase : les noyaux formés doivent croître au sein de la phase initiale. Cette croissance se produit par agrégation d'atomes ou de molécules de la phase en cours de transformation aux noyaux critiques. Celle-ci n'est possible que dans la mesure où les atomes ou les molécules diffusent au sein de cette phase et entrent en collision avec les rayons critiques.

On définit une vitesse ou taux de nucléation par la relation :

$$I = \frac{\mathrm{d}N}{\mathrm{d}t} = \nu\, n_s n^* \qquad (2.31)$$

$N(t)$ est le nombre de noyaux formés dans le système à l'instant t. ν est la fréquence de collision des atomes ou des molécules avec les noyaux critiques, n^* est le nombre de noyaux de taille critique r^* donné par les expressions (2.28) et (2.24), n_S est le nombre d'atomes ou de molécules à la surface d'un noyau. Il exprime donc la vitesse à laquelle les noyaux critiques se transforment et grossissent par addition de particules de la phase initiale ; les germes formés à partir des noyaux critiques sont stables.

La fréquence des collisions est évidemment proportionnelle à la probabilité P_0 pour que des particules puissent franchir la barrière de potentiel ΔG_0 qui s'oppose à la diffusion (expression 2.8). On a donc :

$$\nu = \nu_0 \exp\left(-\frac{\Delta G_0}{kT}\right) \qquad (2.32)$$

ΔG_0 est l'énergie d'activation qui intervient dans le processus de diffusion et dans le coefficient de diffusion D que nous avons défini (expressions 2.12 et 2.13).

On a donc dans le cas de la nucléation d'une phase liquide :

$$I = \nu_0 n_s n_0 \exp\left(-\frac{\Delta G_n{}^*}{kT}\right) \cdot \exp\left(-\frac{\Delta G_0}{kT}\right) \qquad (2.33)$$

Les deux termes exponentiels varient de façon différente avec la température. Le premier croît lorsque la température décroît en dessous de la température de fusion T_f puisque $\Delta G_n{}^*$ est une fonction décroissante de ΔT (Éq. 2.24). En revanche, si l'on suppose que ΔG_0 ne varie pas avec la température, le second terme exponentiel décroît. Le produit de ces deux fonctions va donc passer par un maximum T_m dans la zone de température en dessous de T_f. On a représenté sur la figure 2.6, le graphique représentant la variation du taux de nucléation I en fonction de la température.

On voit donc que si l'on refroidit très rapidement un liquide, (on réalise une trempe), on peut atteindre une zone de température où l'on est au-delà du maximum du taux de nucléation et l'on pourra ainsi, en principe, bloquer le processus de transition de phase. C'est un problème que nous aborderons à propos de la transition vitreuse.

Les considérations précédentes sont transposables au cas des transitions de phases solide/solide qui sont amorcées par la nucléation de microcristaux d'une phase solide dans l'autre.

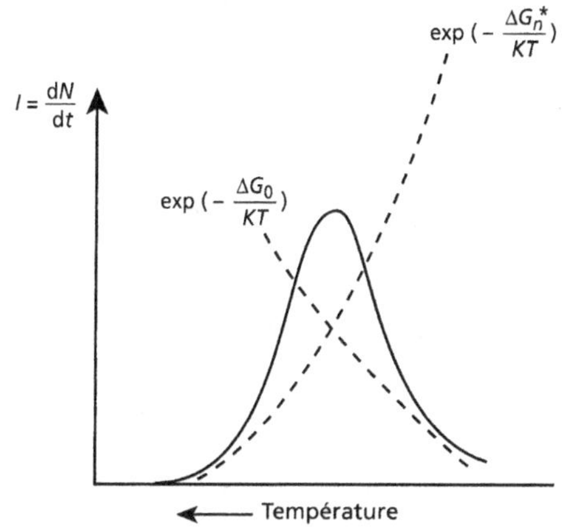

Figure 2.6 Vitesse de nucléation.

La vitesse de nucléation *I* est le produit de deux fonctions exponentielles qui ne varient pas dans le même sens avec la température. I passe par un maximum. Si l'on fait une trempe rapide, on peut dépasser ce maximum et bloquer ainsi la transition.

Ainsi, dans le cas de la transformation de la phase cubique centrée (c.c) du fer en phase cubique à faces centrées (c.f.c), la transformation s'amorce à 914 °C et la vitesse de nucléation passe par un maximum à 700 °C.

On peut traiter de façon précise le problème de la cinétique de la nucléation en utilisant un modèle de réactions bimoléculaires de Volmer et Weber (1926) : on suppose que les noyaux de la nouvelle phase (les microcristaux, par exemple) subissent une série de transformations analogues à celles d'espèces moléculaires au cours de réactions chimiques. Si E_{n-1}, E_n, E_{n+1} désignent respectivement des noyaux à $n-1$, n et $n+1$ atomes ou molécules et E_1 une particule individuelle, on peut supposer que tout se « passe comme si » on pouvait représenter l'évolution des noyaux à l'aide des réactions suivantes :

$$E_{n-1} + E_1 \leftrightarrow E_n \tag{2.34}$$

$$E_n + E_1 \leftrightarrow E_{n+1} \tag{2.35}$$

Ces « réactions » sont équivalentes, en quelque sorte, à des réactions de polymérisation où E_1 serait un monomère et E_n, E_{n+1} des polymères.

Si l'on considère plus spécifiquement la transformation représentée par (2.35), on a un premier processus au cours duquel un noyau E_n est transformé en noyau E_{n+1} avec un taux de réaction $q_0 A_n$ et un second processus en sens inverse où le noyau E_{n+1} perd une particule avec un taux $q_{n+1}A_{n+1}$, A_n et A_{n+1} sont les surfaces des noyaux correspondants. Le taux de transfert net $I_n(t)$ associé à (2.35) s'écrit :

$$I_n(t) = N_n(t)\ A_n\ q_0 - N_{n+1}(t)\ A_{n+1}\ q_{n+1} \tag{2.36}$$

$N_n(t)$ est le nombre de noyaux avec n particules à l'instant t. À l'état d'équilibre, on a $I_n(t) = 0$ (la transition de phase ne s'opère pas). On a donc la relation :

$$N_n^e\ A_n\ q_0 = N_{n+1}^e\ A_{n+1}\ q_{n+1} \tag{2.37}$$

Les valeurs à l'équilibre sont données par l'équation (2.28) (le rayon r d'un noyau supposé sphérique étant proportionnel à $n^{1/3}$, $A_n \propto n^{2/3}$).

On peut donc récrire : $$I_n(t) = N_n^e \, q_0 \, A_n \left\{ \frac{N_n(t)}{N_n^e} - \frac{N_{n+1}}{N_{n+1}^e} \right\} \tag{2.38}$$

On peut faire l'hypothèse simplificatrice que dans (2.36) on n'a pas de réaction de destruction des noyaux à $n + 1$ particules si $n > n^*$, n^* correspondant aux noyaux critiques de rayon r^*. On prendra donc $N_n(t) = 0$ pour $n > n^*$ et $N_n(t) = N_n^e$ pour $n < n^*$. Le taux de nucléation s'écrit alors pour l'état stationnaire :

$$I^S = N_n^* \, A_n^* \, q_0 = A_n^* \, q_0 \, \exp\left(- \frac{\Delta G_n(r^*)}{kT} \right) \tag{2.39}$$

On retrouve une équation analogue à l'expression (2.33).

Si l'on part d'une phase initiale condensée, un liquide par exemple, on n'atteint pas rapidement l'état stationnaire et il faut donc tenir compte des états transitoires. Ces états sont importants dans de nombreuses transformations de phases du premier ordre comme par exemple la nucléation d'un liquide au sein d'une vapeur, la cristallisation de phases liquides ou surfondues, la dévitrification (cristallisation d'un verre), la nucléation d'une nouvelle phase cristalline au sein d'un solide cristallin, etc.

Si l'on s'intéresse plus spécifiquement au taux de transformation de noyaux solides E_n à n particules $\partial N_n/\partial t$, celui-ci s'écrit :

$$\frac{\partial N_n}{\partial t} = I_{n+1}(t) - I_n(t) \tag{2.40}$$

L'équation (2.38) peut se récrire sous forme d'une différentielle :

$$I_n(t) = - N_n^e \, q_0 \, A_n \frac{\partial}{\partial n} \left[\frac{N_n(t)}{N_n^e} \right] \tag{2.41}$$

Sachant que $N_n^e = N_0 \exp\left(- \frac{\Delta G_n(n)}{kT} \right)$ et posant $D_n = q_0 A_n$, on a :

$$I_n(t) = - D_n \frac{\partial N_n(t)}{\partial n} - D_n \frac{N_n(t)}{kT} \frac{\partial \Delta G_n(n)}{\partial n} \tag{2.42}$$

Et donc : $$\frac{\partial N_n(t)}{\partial t} = \frac{\partial}{\partial n}\left(D_n \frac{\partial N_n}{\partial n} \right) + \frac{1}{kT} \frac{\partial}{\partial n}\left(D_n \, N_n \frac{\partial \Delta G_n(n)}{\partial n} \right) \tag{2.43}$$

Cette équation dite de **Zeldovitch-Frenkel** est l'équivalent de celle de Fokker-Planck qui décrit l'évolution temporelle d'un processus de Markov. Il n'est pas étonnant que la concentration en noyaux à n particules obéisse à une équation de ce type puisqu'un état à n particules ne va dépendre que d'un état à $n - 1$ particules.

Dans (2.43) D_n est équivalent à un coefficient de diffusion mais il est fonction de n. Le premier terme est purement diffusionnel, il représente en quelque sorte la barrière cinétique qui s'oppose à la nucléation, le second représente, lui, la barrière thermodynamique qu'il faut surmonter pour créer des noyaux (il dépend de ΔG_n terme d'activation).

Notons qu'en première approximation, on peut négliger le second terme (en particulier pour $n \cong n^*$ car $\frac{\partial \Delta G_n}{\partial n} = 0$ pour $n = n^*$). L'équation (2.43) se met alors sous la forme simplifiée :

$$\frac{\partial N_n(t)}{\partial t} = D\frac{\partial^2 N_n(t)}{\partial n^2} \tag{2.44}$$

en supposant que D est indépendant de n. On retrouve une équation qui a la forme de la loi de Fick (Éq. 2.3). Si t est petit on aura alors une solution particulière :

$$N_n(t) \propto \left(\frac{D}{\pi t}\right)^{1/2} \exp\left(-\frac{n^2}{4Dt}\right) \tag{2.45}$$

Pour les noyaux de taille critique n^*, leur nombre ne devient appréciable qu'au bout du temps caractéristique $\tau = n^{*2}/4D^*$, D^* étant le taux de diffusion pour les noyaux critiques.

La recherche de solutions analytiques des équations (2.42) et (2.43) est complexe. On calcule en général le taux de nucléation pour le noyau critique n^*. D. Kashiew donne ainsi, par exemple, pour $I_n^*(t)$ l'expression :

$$I_n^*(t) = I^S\left[1 + 2\sum_{n=1}^{\infty}(-1)^m \, e^{-m^2 t/\tau}\right] \tag{2.46}$$

où I^S est le taux de nucléation correspondant à l'état stationnaire, donné, par exemple, par (2.39). $\tau \approx n^*/\Delta G_n$ est un temps caractéristique.

Une autre expression simple est donnée par plusieurs auteurs (Kantrowitz-Wakeshima-Chakraverty-Feder) :

$$I_n^*(t) = I^S[1 - e^{-t/\tau}] \tag{2.47}$$

Il est ainsi possible de résoudre numériquement les équations d'évolution pour N_n. Les premiers calculs ont été faits par Turnbull dans le cas de l'aluminium pour des valeurs de n^* relativement faibles. Ces calculs rendaient bien compte des résultats expérimentaux.

On a représenté sur la figure 2.7, la variation au cours du temps du nombre de cristallites formées dans un verre, le disilicate de lithium (Li_2O-$2SiO_2$), que l'on mesure par microscopie optique ou électronique.

Le verre cristallise après un recuit. Le nombre total des noyaux formés est $N = \int_0^t I(t)\mathrm{d}t = It$, si l'on est dans un état stationnaire avec $I(t) = I^S$. Pour les temps courts on a une période transitoire où N varie exponentiellement. Pour les temps longs, N varie linéairement comme $(t - \theta)$, θ est appelé temps d'induction.

De façon plus générale on représente les vitesses de transformation de phase avec nucléation à l'aide de diagrammes (**temps-température-transformation où *T-T-T***).

Ces diagrammes donnent le temps nécessaire pour obtenir la transformation d'une certaine fraction (1 %, 5 %, ... 99 %) de la phase initiale à une température donnée. On a représenté sur la figure 2.8 un exemple de diagramme correspondant à une transformation solide/solide dans le fer. On voit sur ce diagramme que le temps nécessaire pour transformer une fraction donnée du solide est minimum à 700 °C, ceci traduit le fait que

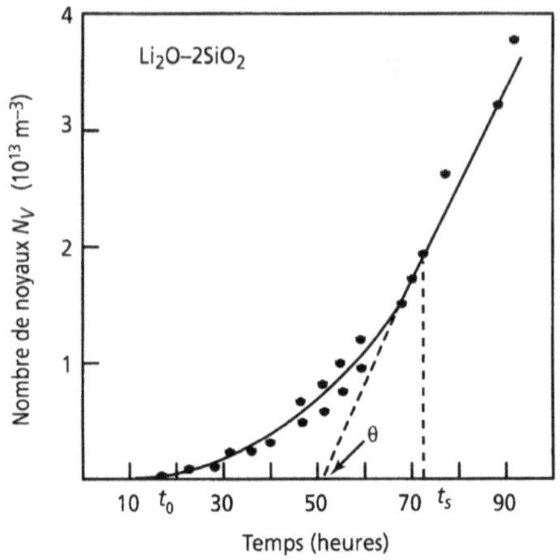

Figure 2.7 Nucléation dans un verre.

On mesure le nombre de noyaux formés à partir de t_0 début de la nucléation, t_s correspond au début de l'état stationnaire. θ est le temps d'induction extrapolé à partir du comportement linéaire au temps long (d'après V.M. Fokin, AM.M. Kalinia et V.N. Filipovich. J. Cryst growth 52, 115, copyright 1981, avec la permission de Elsevier Science).

la vitesse de nucléation est maximum à cette température. Ces diagrammes sont en général difficiles à obtenir expérimentalement, en particulier dans le cas des métaux où la cinétique est rapide.

2.2.5 Transformation globale d'une phase - Modèle d'Avrami

Dans la plupart des matériaux, lorsqu'interviennent des phénomènes de diffusion, les transformations de phase s'effectuent grâce à deux processus successifs :

- la formation de germes ou de noyaux de la nouvelle phase : c'est la nucléation.
- la croissance des germes à partir des sites initiaux.

Les noyaux de la nouvelle phase croissent au détriment de la phase initiale (Fig. 2.2) mais leur croissance au sein du liquide peut être anisotrope : des microstructures de formes géométriques très variées peuvent se former. Ainsi dans les métaux liquides, la nucléation conduit-elle à la formation de dendrites, alors qu'au sein de mélanges eutectiques ce sont des structures lamellaires qui se forment. La cristallisation de polymères fondus se produit, quant à elle, à partir de grains sphériques, les **sphérolites**. La formation de **dendrites** (Fig. 2.9a) résulte d'un phénomène purement thermique : – pendant sa croissance un noyau cristallin libère sa chaleur latente de cristallisation ce qui tend à augmenter sa température – un gradient de température négatif s'établit en avant de la surface du cristal favorisant la diffusion de la chaleur – une protubérance se forme permettant une évacuation plus rapide de la chaleur et elle a ainsi tendance à se développer provoquant la croissance de la dendrite.

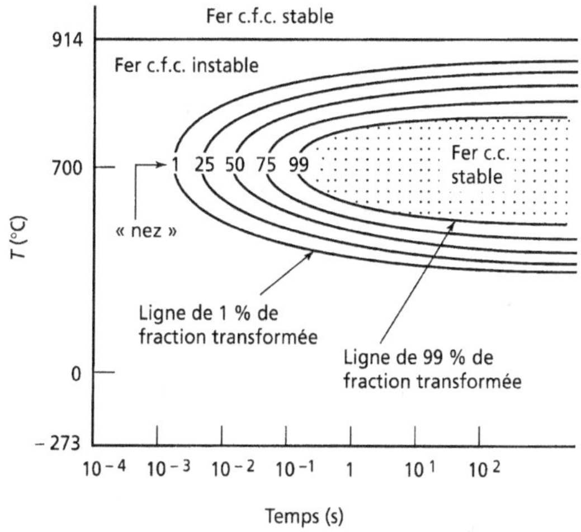

Figure 2.8 Transformation solide – solide.

Ce diagramme représente la transition de la phase c.f.c. du fer ($T > 914$ °C) en phase c.c. Les courbes indiquent le temps nécessaire pour convertir, à une température donnée, 1 %, 25 %,... 99 % de la phase initiale c.f.c. Ce temps est minimum pour 700 °C, température correspondant au maximum de la vitesse de nucléation (d'après M.F. Ashby, D.R.H. Jones, *Matériaux propriétés et applications* tome II, p. 73, 1991, Dunod).

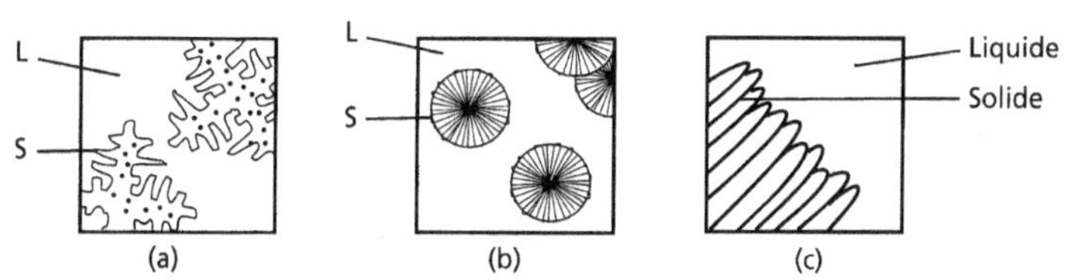

Figure 2.9 Croissance de cristaux.

a) Formation de dendrites au sein d'un métal liquide. **b)** Noyaux sphérolitiques croissant dans un polymère liquide. **c)** Lamelles se formant dans un mélange eutectique.

Lorsque les noyaux individuels (c'est-à-dire les microcristallites au sein d'un liquide par exemple) grossissent, on aboutit très vite à un encombrement stérique : à partir d'une certaine taille, les noyaux tendent à occuper des volumes contigus et leur croissance s'en trouve gênée (Fig. 2.10). Pour prendre en compte cet effet Avrami introduit la fraction volumique « étendue » des noyaux $\phi_x = V_e^\beta / V_0$, où V_e^β est le volume occupé par les noyaux de la nouvelle phase β si ceux-ci pouvaient croître sans être gênés par la présence d'autres noyaux, V_0 est le volume total des phases.

En théorie donc, ϕ_x pourrait devenir supérieur à l'unité, chaque noyau pouvant, en principe, croître indéfiniment dans le volume qu'il occuperait totalement au terme de son processus de croissance. Par suite de l'empêchement stérique, une telle situation est

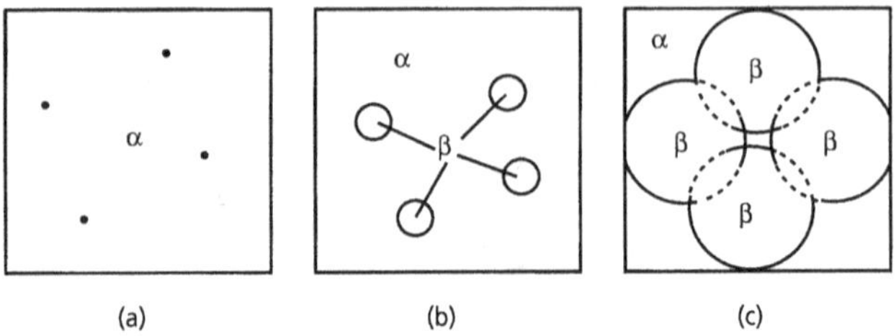

Figure 2.10 Schéma de croissance d'une phase.

a) Nucléation initiale rapide de la phase β au sein de la phase initiale α. **b)** Croissance des noyaux de la phase β. **c)** « volume étendu » des noyaux β : leur croissance est gênée stériquement.

en fait impossible. On introduit donc un nouveau paramètre : **la fraction volumique réelle** qui représente la portion de volume qui est cristallisée et qui tient compte de l'encombrement stérique : $\phi = V^\beta/V_0$ où V^β est le volume réel occupé par les noyaux de la nouvelle phase β.

Avrami suppose que lorsqu'on accroît le « volume étendu » des noyaux de dV_e^β, seule la partie non transformée du système (la phase initiale α) contribue à la variation du volume réel des noyaux dV^β. On peut donc écrire :

$$(1 - V^\beta / V_0)\, dV_e^\beta = dV^\beta \tag{2.48}$$

soit par intégration de (2.48) :

$$\log(1 - V^\beta / V_0) = - V_e^\beta / V_0 \tag{2.49}$$

et

$$\phi = 1 - \exp(-\phi_x) \tag{2.50}$$

Cette expression est la relation d'Avrami.

Dans l'expression (2.50), ϕ et ϕ_x sont des fonctions du temps t et de la température T.

On a les deux situations extrêmes :

$\phi_x >> 1, \phi \approx 1$ la transition de phase est totale ;

$\phi_x \approx 0 , \phi \approx 0$ la nucléation et la transition commencent.

La relation d'Avrami traduit le caractère exponentiel de la nucléation.

Lorsque la croissance d'un noyau supposé sphérique est contrôlée par un transfert de masse constant à l'interface, le rayon $r(t)$ du noyau croît linéairement avec un taux de croissance G.

$$\frac{dr}{dt} = G \tag{2.51}$$

Si la nucléation, c'est-à-dire la formation initiale du noyau, a eu lieu au temps τ, à partir d'un noyau critique r^* (Paragraphe 2.2.3), on a :

$$r - r^* = G(t - \tau) \tag{2.52}$$

Pour $r >> r^*$ et $\tau = 0$, le volume du noyau sera :

$$V_e^\beta = \frac{4\pi}{3} G^3 t^3 = K_3 t^3 \tag{2.53}$$

Si l'on suppose que l'on a dans le système N_n noyaux et que leur nucléation s'est produite au même instant $\tau = 0$, la fraction volumique ϕ_x occupée par ces noyaux sera :

$$\phi_x = N_n V_e^\beta / V_0 \tag{2.54}$$

Si $I(\tau)$ désigne le taux de nucléation, $I\mathrm{d}\tau$ noyaux se forment pendant $\mathrm{d}\tau$; ceux-ci vont croître et leur volume V_e^β à l'instant t sera : $V_e^\beta = K_3 (t - \tau)^3$ $(r >> r^*)$. D'où :

$$\phi_x = \frac{1}{V_0}\int_0^t V_e^\beta\, I\, \mathrm{d}\tau = \frac{K_3}{V_0}\int_0^t (t-\tau)^3\, I(\tau)\, \mathrm{d}\tau \tag{2.55}$$

Si l'on suppose $I = \mathrm{C^{te}}$ et donc indépendant du temps, par intégration de (2.55) on obtient :

$$\phi_x = K_3 \frac{It^4}{4V_0} \tag{2.56}$$

d'où

$$\phi = 1 - \exp\left(-K_3 \frac{It^4}{4V_0}\right) \tag{2.57}$$

Si, en revanche, le taux de nucléation dépend du temps $I \propto \mathrm{C^{te}}\, t^\alpha$ on voit sur l'équation (2.55) que ϕ pourra se mettre sous la forme

$$\phi \propto 1 - \exp\,(-Kt^n) \tag{2.58}$$

où K est une constante qui dépend de la température mais aussi de la géométrie par l'intermédiaire de G. Cette équation s'appelle aussi relation d'Avrami.

– Si I est une fonction décroissante du temps ($\alpha < 0$), on aura alors $n < 4$.
– Si I est une fonction croissante du temps ($\alpha > 0$), on aura alors $n > 4$.

L'exposant n s'appelle exposant d'Avrami, il est caractéristique du mode de croissance d'une phase.

Si le noyau n'est pas sphérique et dans le cas où le processus de nucléation est contrôlé par l'interface, l'exposant est modifié. Ainsi, si la nucléation se produit par la surface d'un cylindre de rayon r, son volume va croître comme r^2 et l'on aura donc $V_e^\beta = K_2\, t^2$. Si le taux de nucléation I est constant on aura $n = 3$, si c'est une fonction rapidement décroissante du temps en t^{-1}, $n = 2$. Dans le cas d'une plaque où la croissance se produit sur les faces $V_e^\beta = K_1 t$ et $n = 2$ pour un taux de nucléation constant.

Un autre processus de croissance est celui où celle-ci s'opère par diffusion des atomes ou des molécules de la phase initiale vers les centres de nucléation. Dans ce cas là c'est le processus de diffusion qui commande la croissance des noyaux. Leur dimension croît en $t^{1/2}$ et leur volume en $t^{3/2}$.

Pour des noyaux sphériques avec un taux de nucléation constant, on trouve facilement que $n = 5/2$ et, si la croissance est une fonction rapidement décroissante du temps, $I \propto t^{-1}$, $n = 3/2$.

On a résumé sur le tableau 2.1 les valeurs de l'exposant d'Avrami pour différents types de croissance et de géométrie.

On peut trouver expérimentalement un exposant d'Avrami qui sera caractéristique d'un mode de croissance d'un matériau en mesurant la fraction non transformée (ou transformée) d'un matériau subissant une transition de phase, par exemple une cristallisation. Comme $(1 - \phi)$ est la fraction non transformée, à partir de (2.58), on a :

$$\log\,[\log\,(1-\phi)] \propto -n \log t.$$

TABLEAU 2.1 EXPOSANTS D'AVRAMI *n* POUR DIFFÉRENTES GÉOMÉTRIES ET MODES DE NUCLÉATION.

	Géométries	Type de nucléation	*n*
Croissance contrôlée par l'interface	Plan	rapidement épuisée	1
	Cylindre	rapidement épuisée	2
	Sphère	rapidement épuisée	3
	Sphère	taux constant	4
Croissance contrôlée par diffusion	Plan	rapidement épuisée	1/2
	Cylindre	rapidement épuisée	1
	Sphère	rapidement épuisée	3/2
	Sphère	taux constant	5/2

La mesure de n a été effectuée sur des mélanges de polymères sur lesquels on a bien vérifié la validité de la relation d'Avrami. Sur le propylène en cours de cristallisation les mesures expérimentales[1] donnent $2{,}45 < n < 2{,}74$; cet exposant correspondrait à une nucléation sous forme de sphérolites avec un mode diffusionnel.

On a porté sur la figure 2.11, la fraction recristallisée de l'alliage $NiZr_2$ en fonction du temps. Cette cristallisation à partir d'une phase amorphe (un verre métallique) se produit à partir de noyaux dont la croissance est contrôlée par l'interface. Elle correspond à un exposant d'Avrami $n = 4$.

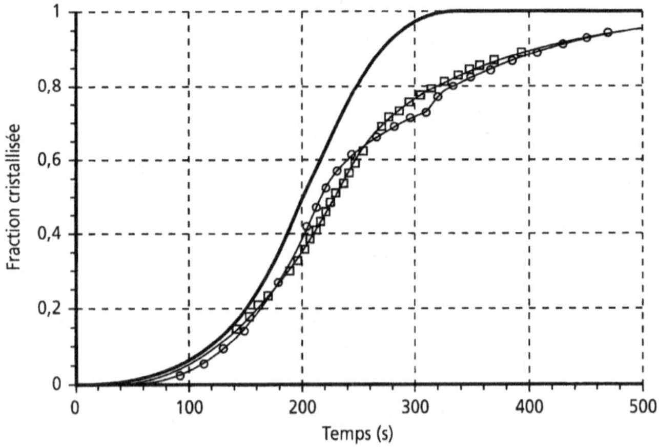

Figure 2.11 Recristallisation de $NiZr_2$.

La fraction cristallisée à partir d'un verre métallique est déterminée à partir des intensités des diffractions X de Bragg. La courbe en traits pleins correspond à une équation d'Avrami avec l'exposant $n = 4$ (d'après S. Brauer, and al., Phys. Rev. B 45, 7704, 1992, copyright Am. Inst. Phys.).

1. Kim, Polym. Eng. Sc., 1993, 33, 1445.

2.3 LE PHÉNOMÈNE DE DÉCOMPOSITION SPINODALE

Le critère de Gibbs-Duhem (Paragraphe 1.2) nous a conduit à définir le concept d'état métastable et de spinodale qui est la courbe matérialisant la limite de métastabilité. Au-delà de la spinodale, le système physique devient instable. C'est Gibbs qui, le premier, a décrit ce type de comportement d'une phase en proposant une distinction claire entre les régions d'équilibre métastable et instable.

On a représenté sur la figure 2.12 une telle situation pour un alliage binaire A-B qui présente un phénomène de démixtion. Le liquide va cristalliser par un mécanisme de nucléation suivi de la croissance des noyaux (les microcristallites) lorsqu'on effectue une trempe à partir de la température T_i jusqu'au point a (entre la ligne de coexistence et la spinodale). En revanche, si le processus de trempe aboutit au point b au-delà de la spinodale, le liquide instable se solidifie selon un mécanisme dit de décomposition spinodale : des fluctuations spontanées de concentration provoquant sa transition dans un état solide stable sans qu'il soit nécessaire de franchir la barrière énergétique correspondant à la création d'une interface pour former des noyaux.

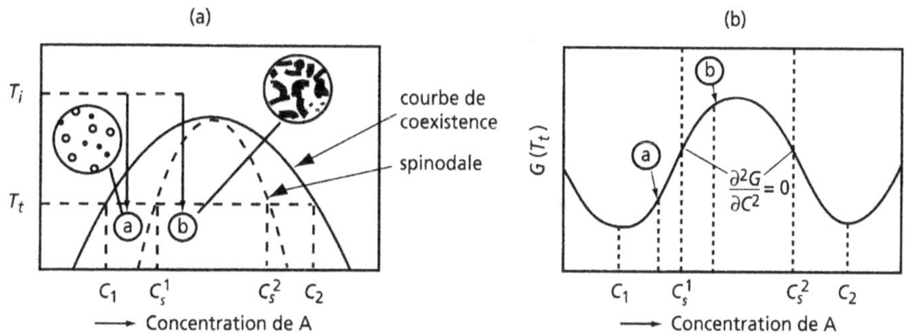

Figure 2.12 Décomposition dans un mélange binaire.

a) Procédant à une trempe à partir de la température T_i, le système subit une transition de phase par nucléation au point a ; à l'intérieur de la spinodale au point b, ce sont les fluctuations locales de concentration qui amorcent la transition : c'est la décomposition spinodale. **b)** On a représenté un diagramme $G(T_t)$ pour l'enthalpie libre à la température de trempe T_t. La spinodale correspond à $\delta^2 G/\delta C^2 = 0$, C étant la concentration de l'un des constituants, par exemple A, dans le mélange AB.

On observe la décomposition spinodale dans des verres minéraux (mélanges SiO_2–Na_2O comme dans le verre pyrex), des alliages métalliques, des mélanges de polymères et de liquides ; dans ce dernier cas, il est plus difficile à mettre en évidence.

2.3.1 Thermodynamique de la décomposition spinodale

Nous allons décrire le phénomène de décomposition spinodale sur un alliage binaire solide ou liquide A-B. On désignera par la concentration du constituant A dans l'alliage $c = n_A/(n_A + n_B)$, n_A et n_B étant les nombres des atomes A et B.

On suppose que l'on a franchi la spinodale et que l'on se trouve dans la région d'instabilité thermodynamique mais que le mélange est encore homogène. Celui-ci est le siège de fluctuations locales et spontanées de la concentration c qui sont une source d'inhomogénéité au sein du mélange ; la concentration c devient une fonction locale $c(r)$.

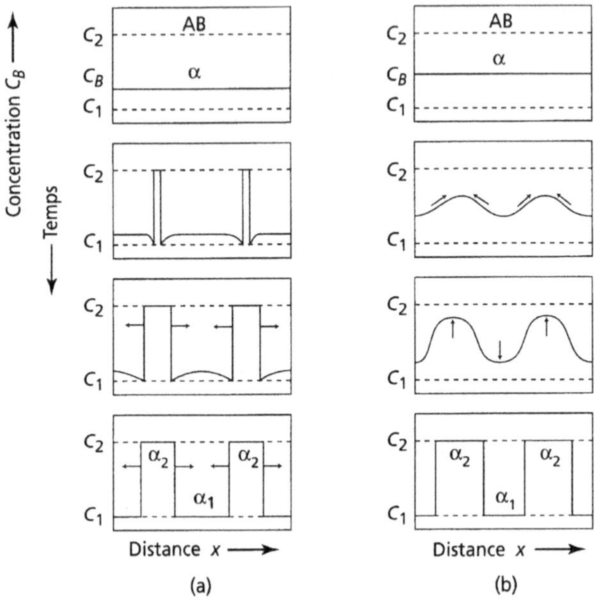

Figure 2.13 Nucléation et décomposition spinodale.

On a représenté les variations locales de la concentration C du constituant A dans un mélange binaire AB. Deux phases α_1 et α_2 se forment au sein du mélange initial homogène α de composition C_B **a)** par nucléation classique : les noyaux initiaux croissent au cours du temps, **b)** par décomposition spinodale : les fluctuations de concentration s'amplifient dans le mélange. Les concentrations finales sont C_1 et C_2 (Fig. 2.12).

Comparons la situation du mélange d'une part dans la région où il est instable (Fig. 2.13.b) et d'autre part, dans celle où il est dans un état métastable (Fig. 2.13.a). On constate que dans le premier cas, la concentration va varier régulièrement et continûment dans l'espace et dans le temps jusqu'à ce que la nouvelle phase se forme. Dans le second cas, on a des discontinuités fortes de concentration correspondant à l'apparition des noyaux de la nouvelle phase dès le début de la transformation. On a en quelque sorte des fluctuations homogènes de concentration dans le cas de la décomposition spinodale et des fluctuations hétérogènes, par contraste, dans le cas de la transition par nucléation (Fig. 2.12).

Si c_0 est la concentration moyenne dans le système AB (par exemple pour le constituant A), on peut développer l'énergie libre par unité de volume $f(c)$ autour de c_0 :

$$f(c) = f(c_0) + (c - c_0)\left(\frac{\partial f}{\partial c}\right)_{c_0} + \frac{1}{2}(c - c_0)^2\left(\frac{\partial^2 f}{\partial c^2}\right)_{c_0} + \ldots \qquad (2.59)$$

On suppose que les fluctuations sont relativement de faible amplitude, ce qui constitue évidemment une approximation. On écrira alors l'énergie libre totale F pour le système sous la forme :

$$F = \int\left[f(c) + \frac{1}{2}\,K|\nabla c|^2\right] \mathrm{d}V \qquad (2.60)$$

Le terme $K|\nabla c|^2$ tient compte dans (2.60) de l'inhomogénéité du système ; c'est un terme énergétique qui dépend du gradient de concentration qui s'instaure au sein du système et c'est en quelque sorte l'équivalent d'une énergie d'interface pour les fluctuations. On suppose $K > 0$.

La différence d'énergie libre ΔF entre la partie inhomogène et la partie homogène du matériau et qui correspond donc à l'énergie libre de formation de la nouvelle phase s'écrit :

$$\Delta F = \int\left[\frac{1}{2}\left(\frac{\partial^2 f}{\partial c^2}\right)_{c_0}(c - c_0)^2 + \frac{1}{2}K|\nabla c|^2\right] \mathrm{d}V \qquad (2.61)$$

Le terme du premier ordre dans (2.60) s'élimine sachant que, par définition de la concentration moyenne $\int (c - c_0)\,\mathrm{d}V = 0$. On a négligé les termes d'ordre supérieur à 2 dans le développement.

On voit tout de suite d'après l'équation 2.61 que la solution homogène restera stable si $(\partial^2 f/\partial c^2) > 0$ car, dans ce cas, les fluctuations de concentration seront toujours associées à $\Delta F > 0$: elles tendront à s'amortir. En effet, la probabilité d'une fluctuation de concentration δc est proportionnelle à $\exp(-\Delta F/kT)$ et celle-ci décroît si δc croît.

En revanche, si l'on trouve dans la région du plan (T, c) correspondant à un état thermodynamique instable, donc à la condition $(\partial^2 f/\partial c^2) < 0$, (on se trouve à l'intérieur de la spinodale), lorsque l'amplitude des fluctuations est suffisamment grande, le premier terme domine dans l'intégrale 2.61. Dans ce cas, les fluctuations de concentration abaissent l'énergie libre, on peut avoir $\Delta F < 0$; les fluctuations de concentration tendent alors à s'amplifier et la phase inhomogène est la plus stable (Fig. 2.13.b) : on a une décomposition spinodale. La situation est ici différente de celle où la transition est amorcée par nucléation à partir d'une fluctuation brutale de concentration (pic de concentration) suivie d'une croissance des noyaux initiaux.

À ce stade, il est utile de décomposer en série de Fourier les fluctuations de la concentration $\delta c(\boldsymbol{r}, t) = c(\boldsymbol{r}, t) - c_0$. On doit, en effet, supposer que la concentration n'est pas seulement une variable locale mais qu'elle est aussi une fonction du temps. On posera donc :

$$\delta c_k(t) = \int \delta c(\boldsymbol{r}, t)\, e^{ik\boldsymbol{r}}\, \mathrm{d}r \quad \text{avec} \quad \delta c(\boldsymbol{r}, t) = \int \delta\, c_{\boldsymbol{k}}(t)\, e^{-ikr}\, \mathrm{d}\boldsymbol{k} \qquad (2.62)$$

Supposons, pour simplifier, que l'on s'intéresse à un matériau unidimensionnel avec des fluctuations ayant la même amplitude A, sous la forme $\delta c_k = A \cos kx$. On néglige pour l'instant leur dépendance temporelle.

On pourra écrire $\Delta F = \int \Delta F_k \, d\boldsymbol{k}$. Par intégration de (2.61), sur tout le volume du matériau, on obtient directement :

$$\Delta F_k = \frac{1}{4} V A^2 \left[\left(\frac{\partial^2 f}{\partial c^2} \right)_{c_0} + K k^2 \right] \tag{2.63}$$

(l'intégration sur tout le volume de $\cos^2 kx$ donne le facteur 1/2).

On voit directement sur (2.63) que si l'on se trouve dans une région d'instabilité thermodynamique $(\partial^2 f \partial c^2) < 0$, les fluctuations de courte longueur d'onde (k grand) tendent à augmenter l'énergie libre et donc à stabiliser le mélange homogène. En revanche, les fluctuations de grande longueur d'onde (k petit) stabilisent le système inhomogène et favorisent la transition de phase correspondant à la décomposition ; on dit qu'il y a démixtion si $\Delta F_k < 0$, soit :

$$\left(\frac{\partial^2 f}{\partial c^2} \right)_{c_0} + K k^2 < 0 \qquad \text{où} \qquad k^2 < k_c^2$$

avec

$$k_c^2 = \frac{-\left(\dfrac{\partial^2 f}{\partial c^2} \right)_{c_0}}{K} \tag{2.64}$$

k_c est un vecteur d'onde limite. Il s'ensuit :

- pour $k > k_c$, la solution homogène est stable ;
- pour $k < k_c$, la solution inhomogène est stable : on a une **décomposition spinodale.**

Posant $\lambda_c = 2\pi/k_c$, on aura donc une décomposition spinodale pour $\lambda > \lambda_c$.

La cinétique de la transformation d'un alliage binaire peut être obtenue à l'aide d'une équation de diffusion. Le calcul a été fait par J.W. Cahn.

Rappelons que le potentiel chimique μ d'un composant de l'alliage est $\mu = \partial F / \partial c$. Le gradient de potentiel (équivalent à une « force thermodynamique ») crée un courant de concentration $\boldsymbol{J}$ dans la solution, $\boldsymbol{J} = -M_0 \nabla \mu$, M_0 est un coefficient de transfert supposé constant (c'est une fonction de T). Pour un système binaire on définit les courants J_A et J_B par la relation :

$$\boldsymbol{J}_A = -\boldsymbol{J}_B = M_0 \nabla (\mu_A - \mu_B) \tag{2.65}$$

En l'absence de réaction chimique on a une équation de conservation :

$$\frac{\partial c(\boldsymbol{r}, t)}{\partial t} + \Delta . \boldsymbol{J} = 0 \tag{2.66}$$

Si n_A et n_B sont les nombres d'atomes A et B dans l'alliage avec $N = n_A + n_B$ on peut écrire :

$$\mu_A - \mu_B = \frac{\partial F}{\partial n_A} - \frac{\partial F}{\partial n_B} = \frac{\partial F}{\partial c} \frac{\partial c}{\partial n_A} - \frac{\partial F}{\partial c} \frac{\partial c}{\partial n_B} = \frac{\partial F}{\partial c} \left(\frac{\partial c}{\partial n_A} - \frac{\partial c}{\partial n_B} \right) \tag{2.67}$$

soit :

$$\mu_A - \mu_B = \frac{1}{N} \frac{\partial F}{\partial c} \tag{2.68}$$

et donc :

$$\frac{\partial c(\boldsymbol{r}, t)}{\partial t} = \frac{M_0}{N} \nabla^2 \left(\frac{\partial F}{\partial c} \right) = M \nabla^2 \left(\frac{\partial F}{\partial c} \right) \tag{2.69}$$

avec $M = M_0/N$, $c(\boldsymbol{r}, t)$ étant une variable décrivant un matériau inhomogène, on doit prendre la dérivée fonctionnelle de F par rapport à c dans (2.69), soit, à partir de (2.60) :

$$\delta F = \int\left[\frac{\partial f}{\partial c}\delta c + \frac{1}{2}K\nabla_r\delta c\nabla_r c + \frac{1}{2}K\nabla_r c\nabla_r\delta c\right]\mathrm{d}\boldsymbol{r} \tag{2.70}$$

Intégrant par parties ($\int\nabla_r\delta c\nabla_r c = \delta c\nabla_r c - \int\delta c\nabla^2 c$) et admettant que $\nabla_r c$ soit nul à la surface d'intégration, on a une contribution $-K\int\nabla^2 c.\delta c\mathrm{d}V$ de ce terme à δF que l'on met sous la forme :

$$\delta F = \int\left[\frac{\partial F}{\partial c} - K\nabla^2 c\right]\delta c\mathrm{d}\boldsymbol{r} \tag{2.71}$$

soit :

$$\frac{\partial F}{\partial c} = \frac{\partial f}{\partial c} - K\nabla^2 c \tag{2.72}$$

d'où :

$$\frac{\partial c(\boldsymbol{r}, t)}{\partial t} = M\nabla^2\left[\frac{\partial f}{\partial c} - K\nabla^2 c(\boldsymbol{r}, t)\right] \tag{2.73}$$

C'est l'équation de **Cahn-Hilliard** pour l'évolution de la concentration. Elle a la forme d'une équation de diffusion non linéaire.

Comme on ne s'intéresse qu'aux fluctuations de concentration $\delta c(\boldsymbol{r}, t)$, utilisant l'équation (2.59), on peut linéariser l'équation (2.73) :

$$\frac{\partial\delta c(\boldsymbol{r}, t)}{\partial t} = M\nabla^2\left[\left(\frac{\partial^2 f}{\partial c^2}\right)_{c_0} - K\nabla^2\right]\delta c(\boldsymbol{r}, t) \tag{2.74}$$

Introduisant de nouveau, les transformations de Fourier pour $\delta c(r, t)$, soit :

$$\delta c(\boldsymbol{k}, t) = \int\delta c(\boldsymbol{r}, t)\, e^{i\boldsymbol{kr}}\mathrm{d}\boldsymbol{r} \tag{2.75}$$

On peut résoudre l'équation (2.74) en supposant que l'on a un mécanisme de relaxation exponentielle des fluctuations de la forme :

$$\delta c(\boldsymbol{k}, t) = \delta c(\boldsymbol{k}, 0)\exp(-\omega_k t) \tag{2.76}$$

où ω_k est le coefficient de relaxation ou d'amortissement.

Reportant (2.75) et (2.76) dans l'équation (2.74) on en déduit immédiatement par identification :

$$\omega_k = Mk^2\left[\left(\frac{\partial^2 f}{\partial c^2}\right)_{c_0} + Kk^2\right] \tag{2.77}$$

Introduisant le vecteur d'onde k_c, ω_k se récrit :

$$\omega_k = MKk^2[k^2 - k_c^2] \tag{2.78}$$

Dans la région où le matériau est thermodynamiquement instable, pour $k < k_c$, $\omega_k < 0$, les fluctuations de concentration correspondantes croissent avec le temps : elles ne sont plus amorties. On retrouve bien la description simplifiée précédente (matériau à une dimension) : les fluctuations de concentration de grande longueur d'onde s'amplifient avec le temps et provoquent une décomposition spinodale de l'alliage binaire.

Introduisant la fonction de structure associée à ces fluctuations $S(k, t)$ (Paragraphe 1.3.3) $S(k, t) = \langle\delta c_k(t)\,\delta c_{-k}(t)\rangle$, celle-ci aura ainsi la forme simple d'une fonction de relaxation exponentielle.

$$S(k, t) = S_k(0) \exp(-2\omega_k t) \tag{2.79}$$

Le coefficient d'amortissement ω_k est le produit de deux facteurs :

- un terme en Mk^2 en facteur commun résultant de la diffusion dans l'alliage ;
- un terme en $K(k^2 - k_c^2)$ qui traduit l'existence des inhomogénéités de concentration et favorisant la décomposition spinodale pour les petites vecteurs d'onde.

ω_k est minimum pour $k_m = k_c/\sqrt{2}$. Cette valeur correspond à un maximum du taux de croissance des fluctuations de concentration dans l'alliage.

Posant $D_0 = -M(\partial^2 f/\partial c^2)$, on peut réécrire ω_k sous la forme

$$\omega_k = D_0 k^2\left(\frac{k^2}{k_c^2} - 1\right) \tag{2.80}$$

On peut représenter graphiquement $-\omega_k/k^2$, c'est une fonction linéaire de k^2/k_c^2. On constate expérimentalement que la dynamique du processus de décomposition spinodale s'écarte de ce comportement linéaire.

Revenons brièvement sur l'exemple du matériau unidimensionnel traité en début de paragraphe. On peut écrire la décomposition complète en série de Fourier des fluctuations de concentration :

$$\delta c(x, t) = \sum_k \exp(-\omega_k t)(A_k \cos kx + B_k \sin kx) \tag{2.81}$$

en ne conservant dans la sommation sur k que le terme $k = k_m$ on aura alors :

$$\int \delta c^2 \mathrm{d}V = \frac{1}{2} V \exp(-2\omega_{km})(A_{km}^2 + B_{km}^2) \tag{2.82}$$

Cette expression montre que « tout se passe comme si » l'on avait un matériau solide avec deux concentrations A_{km} et B_{km} des constituants, on a bien une séparation de phase, une démixtion dans le mélange binaire.

2.3.2 Mise en évidence expérimentale - Limitation du modèle

On a pu observer la décomposition spinodale sur un grand nombre de matériaux avec des méthodes très différentes. On peut mettre en évidence le phénomène dans des mélanges de liquides, de polymères, dans des verres, des alliages métalliques, des gels et des céramiques. Dans les mélanges de liquides, les fluctuations de concentration sont rapides, sauf au voisinage du point critique de démixtion (la spinodale est tangente à la courbe de coexistence au point critique), et l'on peut aussi observer la décomposition spinodale par diffusion de la lumière (mélange méthanol-cyclohexane par exemple).

On peut observer la décomposition spinodale par microscopie électronique sur des aciers (Fig. 2.14) et des verres (mélange SiO_2–Na_2O). Sur un acier on constate que lors du vieillissement la longueur d'onde des fluctuations des régions enrichies en carbone croît avec le temps et l'on met en évidence des microstructures modulées formées par décomposition spinodale et qui modifient les propriétés mécaniques de l'acier. Dans un verre trempé on observe une véritable interconnexion des phases formées (elles sont constituées de microstructures qui donnent une constitution spongieuse au matériau). Ce phénomène de décomposition spinodale dans un verre provoque l'apparition d'hétérogenéités qui altèrent ses propriétés optiques. Il a été étudié par diffusion des rayons X aux petits angles.

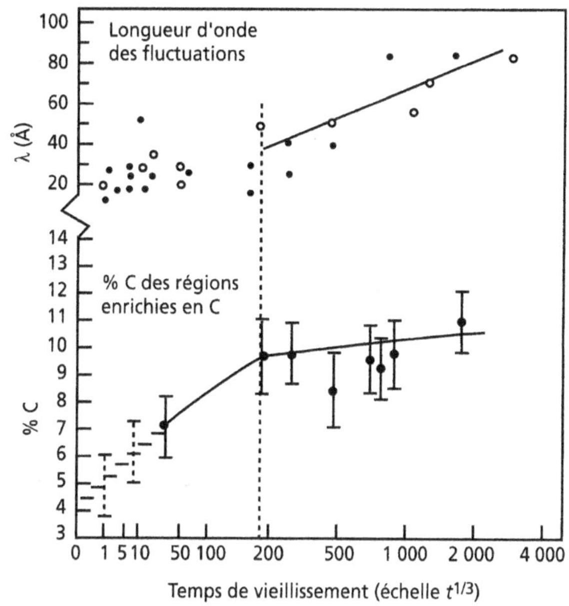

Figure 2.14 Décomposition spinodale dans un acier.

Ce phénomène est observé ici dans une martensite (alliage fer-nickel-carbone). La longueur d'onde des fluctuations de concentration dans les régions enrichies en carbone croit : la structure des solides est localement modulée, la concentration tend asymptotiquement vers 11 %. Les observations ont été faites par microscopie électronique à transmission (T.E.M) et par microscopie ionique (AP/FIM) (d'après Taylor et Smith, Progress and prospects in metallurgical research, *Advancing materials research*, National Academy Press, p. 76, 1987).

On peut aussi suivre la dynamique de la décomposition spinodale dans des alliages métalliques par diffusion des neutrons (Fig. 2.15) et montrer que l'intensité diffusée passe par un maximum et croît avec le temps. Des expériences analogues ont été faites en diffusion de la lumière sur des mélanges de polymères, (polybuta-1,4-diène) des microémulsions (eau-décane avec un surfactant et des gels d'agarose) ainsi qu'en diffusion des rayons X aux petits angles sur des verres tels que $75B_2O_3$, $5Al_2O_3$, 19PbO.

L'intensité de la lumière proportionnelle à $S(\boldsymbol{k},t)$ croît bien avec le temps mais la variation de $-\omega_k/k^2$ n'est pas une fonction linéaire de k^2/k_c^2.

En fait, le modèle de Cahn, s'il rend bien compte de l'allure générale du phénomène de décomposition spinodale, repose sur une série d'approximations dont la validité est contestable au-delà du stade initial du processus. Il suppose ainsi qu'il n'existe pas de fluctuations de concentration aléatoires d'origine thermique dans le matériau. On peut tenir compte de ces fluctuations en introduisant un terme aléatoire $R_T(t)$ dans le membre de droite de l'équation (2.73) (convention de Cook). Une autre approximation est le caractère linéaire du modèle : on néglige le couplage de la concentration $c(\boldsymbol{r}, t)$ avec d'autres variables et, par exemple, la relaxation structurale du matériau. Enfin, le

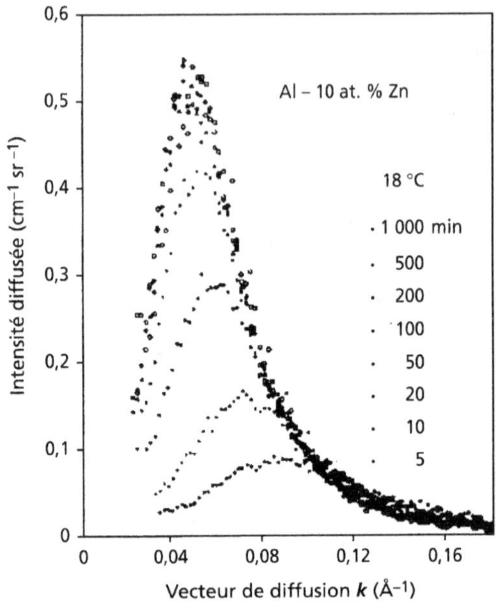

Figure 2.15 Diffusion des neutrons dans un alliage.

La décomposition spinodale est mise en évidence par diffusion des neutrons dans l'alliage Al-Zn. L'intensité diffusée par les fluctuations de concentration est proportionnelle à $S(k, t)$, elle croît bien avec le temps après la trempe, et elle passe par un maximum. (On a porté ici en ordonnée la section efficace de diffusion qui lui est proportionnelle) (d'après S. Komura *et al.*, Phys. Rev B31, 3, p. 1283, 1985, copyright Am. Inst. Phys).

modèle ne tient pas compte dans l'énergie libre de la contribution de termes de la forme $\nabla^2 c^2$ et ∇c^4.

Dans le cas des polymères, la situation est encore plus complexe et P.G de Gennes a montré qu'il faut tenir compte dans l'expression de l'énergie libre de l'interpénétration des chaînes de polymères et modifier en conséquence l'expression (2.65) qui exprime le courant de concentration. Celui-ci a, en effet, un caractère non local du fait de la connectabilité des chaînes de polymères.

Introduisant un coefficient $\Lambda(\boldsymbol{r}, \boldsymbol{r}')$ qui tient compte de l'interdiffusion des chaînes de polymères, on l'écrira alors :

$$\boldsymbol{J}(\boldsymbol{r}, t) = -\int \Lambda(\boldsymbol{r}-\boldsymbol{r}')\ \nabla\mu(\boldsymbol{r}', t)\,\mathrm{d}\boldsymbol{r}' \tag{2.83}$$

Dans une région monophasique, le coefficient d'amortissement ω_k est proportionnel à k^6.

On peut enfin modéliser la décomposition spinodale à l'aide des méthodes de simulation numérique (méthodes de la dynamique moléculaire ou de Monte-Carlo). K. Binder a ainsi étudié la décomposition spinodale d'un alliage binaire par une méthode de Monte-Carlo en représentant l'alliage par un réseau à deux dimensions et en supposant l'existence d'interactions répulsives entre les proches et plus proches voisins.

2.4 TRANSITIONS STRUCTURALES

Dans la typologie des transitions de phases que nous avons introduite (Paragraphe 1.4.1) figure une catégorie spécifique de transitions : celles qui sont accompagnées par un changement de structure. Certains de ces changements de structure se produisent sans diffusion macroscopique de matière dans les solides (transformation solide-solide). Ils sont amorcés par des déplacements locaux d'atomes ou de groupements moléculaires qui peuvent produire une distorsion du réseau dans la phase à haute température pour former, à plus basse température, des structures de plus basse symétrie.

2.4.1 Dynamique d'une transition structurale - Notion de mode mou

Les transformations sans diffusion de matière résultent, nous venons de le rappeler, de déplacements atomiques. Ces déplacements autour de positions d'équilibre ne se produisent pas instantanément à une température T_0 qui serait celle de la transition de phase, ils s'amorcent, en effet, à une température supérieure (ou inférieure) à la température de transition. On a ainsi, en quelque sorte, un phénomène de prétransition ou de prétransformation qui est l'équivalent du processus de nucléation décrit précédemment. Les atomes, ou les groupements moléculaires, qui se déplacent à partir de leur position initiale d'équilibre, sont soumis à une force de rappel dont l'intensité va en décroissant au fur et à mesure que l'on se rapprochera de la température de transition de phase T_0.

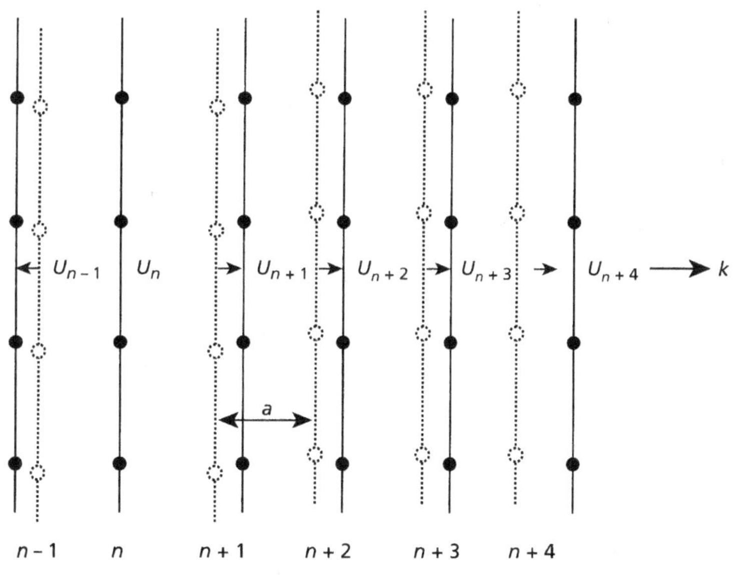

Figure 2.16 Atomes déplacés dans un réseau.

Les atomes sont situés dans des plans et ils déplacent par rapport à leur position d'équilibre (en pointillés). U_{n-1}, U_n, U_{n+1} sont les déplacements des différents plans. a est la distance entre plans.

On peut décrire le phénomène en s'intéressant au déplacement des atomes situés dans des plans (n) dans une direction privilégiée (Fig. 2.16). Si u_i est le déplacement d'un atome de masse m, il est soumis à une force de rappel F_i que l'on peut écrire :

$$F_n = \sum_m c_m(u_{n+m} - u_n) \tag{2.84}$$

c_m est une constante que l'on peut calculer à partir du potentiel d'interaction entre les atomes du réseau (le potentiel harmonique étant le choix le plus simple). On peut alors écrire l'équation du mouvement sous la forme :

$$m\frac{\mathrm{d}^2 u_n}{\mathrm{d}t^2} = F_n = \sum_m c_m(u_{n+m} - u_n) \tag{2.85}$$

On cherche en général des solutions de cette équation de la forme $u = e^{i(n+m)ka+i\omega t}$, où k est le vecteur d'onde des vibrations, a la distance interatomique. Les fréquences $\omega = \omega_r + \omega_i$ sont les modes normaux de vibration du réseau.

L'équilibre sera stable si tous les déplacements des atomes du réseau $u_n(t)$ par rapport à leur situation initiale sont amortis. On en déduit une condition simple de stabilité de l'équilibre d'une phase d'un réseau cristallin : $\omega_i > 0$.

Cette condition est l'équivalent de la condition de stabilité thermodynamique de Gibbs-Duhem. La condition de limite de stabilité de l'équilibre d'une phase cristalline s'écrira donc : $\omega_i = 0$. Celle-ci sera satisfaite si l'on trouve dans le spectre de vibrations du système (c'est-à-dire celui des phonons) un mode normal ω_0 dont la fréquence va s'annuler à une température T_0. À cette température, la phase devient instable et le solide subit une transition de phase. On dit que la vibration correspondante est un **mode mou**. Cette caractéristique de certaines transitions de phases structurales ($\omega_0(T_0) = 0$) a été mise en évidence au plan théorique par Cochran.

L'annulation d'une fréquence propre de vibration du solide correspond à la disparition de la force de rappel à laquelle sont soumis les atomes : leurs déplacements ne sont plus amortis, le solide devient « mou », c'est-à-dire instable pour ce mode, il ne peut retrouver la stabilité qu'en passant dans une nouvelle phase.

Les vibrations associées à un mode mou correspondent à des modes optiques transverses du spectre des vibrations du solide, leurs fréquences sont dans l'infrarouge. On a pu mettre en évidence ces modes mous par diffusion Raman, par exemple dans $SrTiO_3$ qui subit une transition de phase structurale à 110 K. Dans ce cas, le mode mou est associé à un mouvement de rotation des atomes d'oxygène dans le réseau cristallin (ils occupent le sommet d'octaèdres TiO_6). Sa fréquence tend vers zéro à la température de transition.

2.4.2 Transformation martensitique

Dans une transformation solide/solide dans un système cristallin lorsque l'amplitude des distorsions de la maille du réseau cristallin liées au déplacement des atomes est grande, les énergies de déformation qui leur sont associées peuvent être importantes. Dans ce cas, elles dominent la nature et la cinétique de la transition de phase : ce sont des transformations martensitiques. Le changement de volume du réseau et l'énergie de déformation dans une transformation de ce type sont tellement importants que celle-ci implique un mécanisme de nucléation. Les transformations martensitiques sont néanmoins des transitions sans diffusion de matière. C'est la martensite qui a donné son nom à cette transformation.

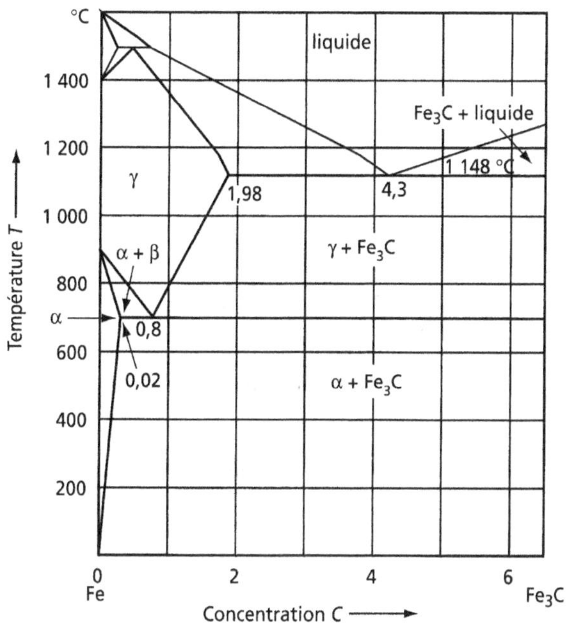

Figure 2.17 Diagramme de phases de l'acier.

On a représenté les différentes phases de l'alliage Fe-C en fonction de la concentration en poids du carbone. Fe_3C correspond à la cémentite. On forme la martensite à partir de la phase γ (austénite) par trempe à la concentration 0,8 % ; elle est dans un état métastable.

Le fer peut former une solution solide avec le carbone à haute température (la phase γ ou austénite) qui est une variété d'acier (symétrie c.f.c.) : celle-ci reste stable jusqu'à une température de 727 °C à une concentration de 0,8 % en poids de carbone (Fig. 2.17) correspondant à un point eutectique. Si l'on refroidit très rapidement l'austénite (à une vitesse de trempe de l'ordre de 10^5 °C s^{-1}) à cette concentration, celle-ci n'est plus stable : elle se transforme en une nouvelle phase métastable, la martensite, qui est une solution solide de fer et de carbone (à température ordinaire le fer α en phase cubique centrée ou ferrite ne peut dissoudre que 0,035 % de carbone). La martensite a une structure c.c. correspondant globalement à celle de la ferrite mais elles est localement déformée par l'excès de carbone resté dans le réseau qui, en le distordant, donne ainsi naissance à une structure locale de symétrie tétragonale centrée (Fig. 2.18). La transformation de l'austénite en martensite se produit par un processus de nucléation-croissance qui peut être très rapide, elle peut se propager dans le matériau à une vitesse de l'ordre de 10^5 cms^{-1}, c'est-à-dire à la vitesse du son ; c'est une cinétique très rapide.

Cette transformation se produit dans de nombreux alliages métalliques (Fe-Co, Cu-Al-Ni, etc.). Elle est du premier ordre et très souvent réversible avec un hystérésis thermique. La transformation martensitique modifie les propriétés mécaniques d'un alliage : c'est le phénomène de durcissement d'un acier (Paragraphe 9.2.2).

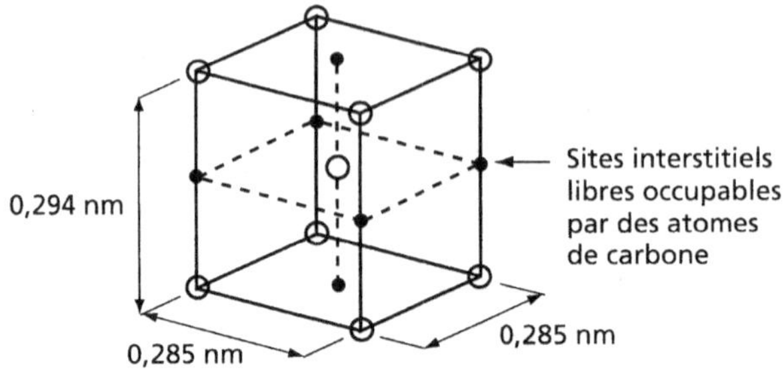

Figure 2.18 Structure de la martensite.

Pendant la transition après trempe rapide à une concentration de 0,8 % en carbone, des atomes de carbone occupent des positions interstitielles dans le réseau qui se dilate dans une direction (sens de la flèche) et se contracte dans les deux autres. On a localement une maille tétragonale centrée. Les atomes de carbone sont représentés par des points noirs.

2.5 FRACTALES - PERCOLATION

2.5.1 Les structures fractales

Un certain nombre de transformations dans un matériau sont amorcées à partir d'un état de désordre complet (molécules d'un polymère dans une solution, petites particules en suspension dans un liquide par exemple) et conduisent à la formation d'une nouvelle phase plus « ordonnée ». C'est le cas ainsi de solutions de certains polymères qui forment des gels dans certaines conditions de concentration et de température (la gélatine par exemple) : c'est la **transition sol-gel** ou **gélification** qui conduit à la formation d'un réseau tridimensionnel.

Les systèmes colloïdaux constituent un autre exemple de phase constituée à partir de particules minérales ou organiques qui se sont agrégées pour former des particules de plus grande taille (leur diamètre peut être compris entre 1 et 1 000 nm).

L'encre de Chine (une suspension aqueuse de noir de carbone avec un polymère naturel, la gomme arabique) et le lait, sont des exemples de suspension colloïdale. Les systèmes colloïdaux restent des phases désordonnées hétérogènes et de ce fait, la formation d'un agrégat colloïdal est une transition de phase un peu particulière.

La nucléation de dendrites (Paragraphe 2.2.4), la gélification et la formation d'une phase colloïdale sont certes des processus différents, mais ils ont une caractéristique commune : ils constituent des variantes de ce que l'on appelle une **géométrie fractale**.

Les concepts de la géométrie fractale ont été développée et systématisés par B. Mandelbrot. Celle-ci permet de décrire des objets qui sont invariants lors d'une changement d'échelle : par exemple lorsqu'on modifie l'échelle avec laquelle on les mesure ou lorsqu'on change la résolution de l'instrument d'observation.

Beaucoup de structures ou d'objets peuvent être décrits à l'aide du concept de géométrie fractale qui a beaucoup d'applications en science des matériaux (problème de surface, de porosité, d'agrégats, de fracture, de transformations de phase, etc.).

L'idée de géométrie fractale repose sur une généralisation de la notion de dimension et de loi d'échelle. Supposons ainsi que l'on mesure un segment de longueur L avec une règle de longueur l. Le résultat de la mesure $L(l)$ n'est rien d'autre que le rapport $\Lambda(l) = L/l$. Si l'on mesure maintenant le même segment avec une règle de longueur l/N, le résultat de la nouvelle mesure sera $\Lambda'(l) = L/l/N = N\Lambda(l)$. On pourra faire la même opération pour une surface carrée $L \times L$ mesurée avec une surface unité $l \times l$, l'aire mesurée $S(l)$ est $S(l) = L^2/l^2$. Si on prend pour unité de surface $(l/N)^2$ on aura une nouvelle mesure $S'(l/N) = \mathrm{N}^2 S(l)$. Pour un volume V, on aura enfin $V(l/N) = \mathrm{N}^3 V(l)$.

Dans les trois cas de figures, la dimension fractale de l'objet ou de la structure est l'exposant qui intervient dans le rapport entre le résultat des mesures de l'objet et le facteur de renormalisation de l'unité de longueur (exposant de N, dans l'exemple précédent pour un segment, un carré, un cube). Si D_f est cet exposant on dit que c'est la dimension fractale. Deux structures dont le rapport de longueur vaudra N auront ainsi, par exemple, un rapport de masse $m = \mathrm{N}^{Df}$; leur **dimension fractale** D_f sera donc $\log m/\log N$.

On a représenté sur la figure 2.19 un exemple d'une telle géométrie fractale qui est la construction faite par Koch d'un « flocon de neige ». Avec une résolution correspondant à la longueur l (1 cm par exemple) on a un objet initial (Fig. 2.19.a) qui est un triangle équilatéral. Si la résolution est améliorée d'un facteur 4 on a une forme avec

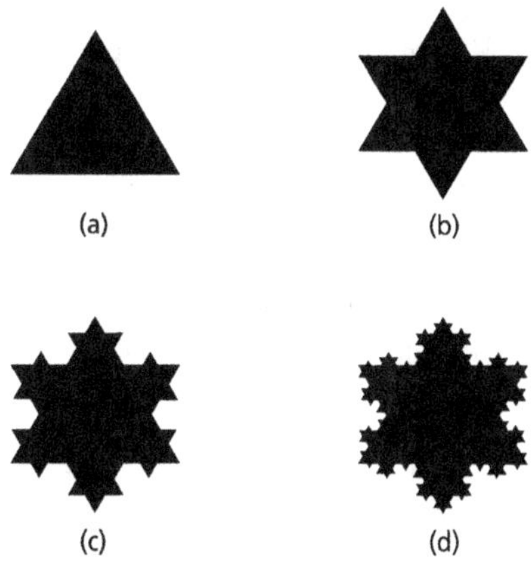

Figure 2.19 Construction d'une structure fractale.

On aboutit par étapes à une structure du type « flocon de neige » en multipliant par un facteur 4 la résolution à chaque étape. La dimension fractale est log4/log3 = 1,26 (construction de Koch).

12 côtés (Fig. 2.19b). À chaque étape où l'on réduit d'un facteur 3 l'unité de mesure on multiplie par un facteur 4, le nombre de segments que l'on peut mettre en évidence sur la structure. En appliquant la définition précédente, on aura donc $D_f = \log 4/\log 3 = 1{,}26$. On a aussi au cours de l'opération répliqué la figure initiale en construisant par similarité une structure qui peut être reproduite indéfiniment. La structure est invariante par changement d'échelle, on a une auto-similitude avec un facteur de dimension D_f qui est la dimension fractale. Ce comportement de la structure lors d'un changement d'échelle s'appelle **auto-affinité**.

En général, les structures naturelles que l'on trouve dans un matériau ne ressemblent pas aux structures relativement simples construites à l'aide de la procédure que nous venons de décrire et dont on a donné un exemple sur la figure 2.19. Ce sont en fait des structures qui présentent une auto-similitude ou une auto-affinité de nature statistique.

C'est, par exemple, la situation rencontrée dans un tas de sable où l'on n'a pas un empilement régulier des grains analogue à la répartition périodique des atomes sur un réseau cristallin mais où l'on retrouve de façon aléatoire des grains identiques lorsqu'on se déplace au sein du tas. Par comparaison avec la structure périodique d'un cristal où l'on avait une invariance par translation de cette structure d'échelle. C'est également la situation dans un gel où l'on trouve de façon aléatoire dans le matériau la même structure de base qui est le polymère initial que l'on a mis en solution (le collagène dans le cas d'un gel de gélatine par exemple).

On peut décrire ces fractales correspondant à une situation statistique à l'aide de la fonction d'auto-corrélation densité-densité $G(r)$ (Paragraphe 1.3.3) que l'on définira ici par l'expression :

$$G(\boldsymbol{r}) = \langle \rho(\boldsymbol{r} + \boldsymbol{r}')\, \rho(\boldsymbol{r}') \rangle \tag{2.86}$$

$\rho(\boldsymbol{r})$ est la densité locale au point $\boldsymbol{r}$ et $\langle\ \rangle$ une moyenne statistique prise dans tout l'espace. $G(\boldsymbol{r})$ exprime la probabilité de trouver un point appartenant à la structure en $\boldsymbol{r} + \boldsymbol{r}'$ (la présence de matière dans un matériau par exemple) sachant qu'il y en avait un de même nature en $\boldsymbol{r}'$. De façon équivalente on peut dire que $G(\boldsymbol{r})$ est la probabilité pour que deux points séparés par une distance $\boldsymbol{r}$ appartiennent à la structure (à une phase du matériau par exemple).

Pour une structure fractale qui présente cette invariance statistique par changement d'échelle $G(\boldsymbol{r})$ décroît de façon monotone avec r mais plus lentement qu'avec une allure exponentielle. $G(\boldsymbol{r})$ est de la forme :

$$G(\boldsymbol{r}) = r^{-\alpha} \tag{2.87}$$

Si l'on fait un changement d'échelle d'un facteur N, $G(r)$ doit être invariant $G(Nr) \approx G(r)$ à un facteur multiplicatif près qui n'est autre que $N^{-\alpha}$ (supposant le matériau isotrope). On peut montrer que dans un espace euclidien de dimension $d\alpha = d - D_f$.

On peut appliquer les considérations précédentes aux agrégats colloïdaux. Des petites particules d'or colloïdal de rayon individuel uniforme $R \approx 7{,}5$ nm forment des agrégats de grande taille que l'on peut mettre en évidence au microscope électronique. On peut compter sur une image le nombre N de particules d'or dans un agrégat en faisant varier l'échelle d'observation. En portant sur un graphique log-log, log N en fonction de logl, on constate que l'on a une loi linéaire : la pente de la droite est l'exposant fractal de la structure (ici $D_f = 1{,}75$). Pour des particules de suie, on trouverait $D_f = 1{,}18$. De façon générale, l'exposant fractal est compris entre 1 et 2.

On peut s'intéresser aussi à la dynamique de croissance des agrégats colloïdaux : la taille moyenne des particules suit une loi d'échelle en fonction du temps qui traduit le caractère fractal de la structure. On peut mesurer ainsi la croissance du rayon moyen des agrégats en fonction du temps par diffusion de la lumière.

L'intensité de la lumière diffusée est proportionnelle à la transformée de Fourier de la fonction $G(r)$, c'est-à-dire à la fonction de structure $S(\boldsymbol{k})$ (Paragraphe 1.3.3). En supposant que le mécanisme de croissance des agrégats est piloté par la diffusion des particules dans le milieu, on peut montrer que l'intensité est une fonction linéaire du coefficient de diffusion donc de $1/R$.

En étudiant la variation de l'intensité diffusée au cours du temps, on en déduit celle de R et l'on trouve la loi d'échelle $R \approx t^{0{,}56}$. Ce résultat est en accord avec une théorie cinétique de la croissance qui prévoit que cet exposant pour la croissance est égal à $1/D_f$ (on a trouvé $D_f = 1{,}57$).

La théorie cinétique de l'agrégation est fondée sur le modèle de Smoluchowski. Celui-ci représente la croissance de la concentration $c_k(t)$ d'un agrégat k ($k = 1,2,3...$) qui est le nombre de particules dans cet agrégat par l'équation :

$$\frac{\mathrm{d}c_k}{\mathrm{d}t} = \frac{1}{2}\sum_i\sum_j K_{ij}c_i c_j - c_k \sum_j K_{kj} c_1 \tag{2.88}$$

où K_{ij} sont des constantes cinétiques. L'évolution temporelle d'un agrégat k résulte à la fois de la formation d'un nouveau noyau k par collision de noyaux i et j tel que $i + j = k$ et de la perte de noyaux k par combinaison avec des noyaux j. L'équation (2.88) n'a pas de solution générale simple. Dans certains cas, on a une solution limite correspondant à la formation d'un noyau infini : c'est un **gel**.

Enfin, on peut mettre en évidence des structures fractales dans des dendrites formées lors de la cristallisation d'un métal ou d'un mélange binaire ; elles ont de fortes analogies avec des agrégats colloïdaux. Ainsi en analysant des images digitalisées de structures dendritiques formées dans des films minces de Zn et de $NbGe_2$, on obtient des exposants fractals qui sont respectivement 1,66 et 1,69 (Fig. 2.20).

Le mécanisme de croissance est piloté par la diffusion dans le milieu, la densité des particules $c(\boldsymbol{r}, t)$, qui vont former les dendrites, obéit à l'équation :

$$\frac{\mathrm{d}c(\boldsymbol{r}, t)}{\mathrm{d}t} = D\nabla^2 c(\boldsymbol{r}, t) \tag{2.89}$$

où D est le coefficient de diffusion. On retrouve une équation du type de celle décrivant la nucléation (2.44).

On peut aussi simuler la croissance d'agrégats et de dendrites à l'aide de méthodes numériques, par exemple du type Monte-Carlo. Pour des agrégats à deux dimensions, on trouve des exposants fractals voisins de 1,7 et proches de 2,5 pour des systèmes à trois dimensions.

La description par une géométrie fractale d'un matériau ou d'une phase en cours de transformation ne donne pas d'indication sur les mécanismes du phénomène. Elle donne une cadre conceptuel pour comprendre et formaliser cette transformation ; elle permet aussi de comparer des phénomènes différents comme la formation de phases colloïdales, de dendrites, de gels, etc.

Figure 2.20 Croissance d'une dendrite.

La dendrite de Zn croit suivant une structure fractale. Elle est obtenue par électrodéposition de Zn métallique à l'interface entre une solution aqueuse de sulfate de Zn et d'acétate de n-butyl (d'après M. Matsushito *et al.*, Phys. Rev. Lett, 53, p. 286, 1984, copyright Am. Inst. Phys.).

2.5.2 Percolation et gélification

La percolation est à l'origine un phénomène mécanique qui se produit lorsqu'un fluide s'écoule à travers un milieu poreux. Un liquide chaud, par exemple, se fraye un chemin à travers le réseau de micro-canaux qui existent au sein d'une poudre (du café dans le filtre d'une cafetière par exemple) de façon à s'écouler de manière continue en la traversant de part en part (Fig. 2.21). On dit qu'il percole à travers le milieu poreux. On peut considérer que le réseau de canaux ouverts permettant la diffusion du fluide constitue une série continue de connexions d'une extrémité à l'autre du milieu diffusant.

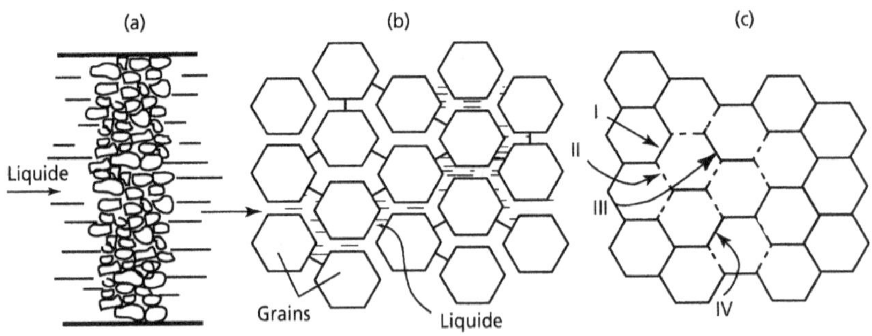

Figure 2.21 Écoulement dans un milieu poreux.

a) Écoulement d'un liquide à travers un milieu poreux : c'est une percolation.
b) Modélisation du réseau de pores du matériau. On a représenté ce réseau par des canaux dont certains sont bouchés. **c)** Schéma équivalent au réseau modélisé en b) qui représente la connectivité du réseau, un trait plein représente un canal ouvert, un trait interrompu un canal fermé. Ce schéma représente une « percolation de liaison ». I) liaisons ou canaux ouverts. II) Canal bloqué. III) noyau de taille $s = 2$. IV) chemin de percolation correspondant à un noyau $s = \infty$.

Par analogie, on considère que la percolation décrit un phénomène au cours duquel des petites structures initialement indépendantes s'agrègent ou se couplent les unes aux autres pour former une microstructure ou un « macro-objet », les liaisons entre les objets individuels pouvant être de nature physique ou chimique. Un exemple classique de percolation est celui des particules métalliques et mélangées dans une poudre isolante : on constate une forte augmentation de la conductivité électrique du matériau lorsque la concentration des particules métalliques est supérieure à 30 %. Au-delà de ce seuil, elles ont établi un nombre suffisant de liaisons ou de contacts entre elles pour permettre une connexion continue dans le milieu. La **gélification** est un phénomène analogue à la percolation. On part d'une solution de macromolécules (la gélatine dans de l'eau par exemple) et pour une certaine concentration et pour une certaine température, on observe une prise en gel de la solution : les molécules du polymère et du solvant forment un réseau tridimensionnel qui est une structure continue et qui est, en quelque sorte, l'équivalent d'un agrégat.

C'est J.M. Hammersley qui a donné le premier, en 1957, une théorie mathématique de la percolation qui a été appliquée par la suite à différentes situations physiques, en particulier par D. Stauffer et P.G. de Gennes à la matière condensée. Nous reviendrons ultérieurement sur le traitement de la gélification par des modèles de percolation et nous nous contenterons pour l'instant de montrer comment on met en évidence le caractère du phénomène.

S'agissant de la formation d'amas ou d'agrégats macroscopiques connectés, on peut modéliser le matériau de deux façons différentes (Fig. 2.22) :

- on représente le matériau par un réseau dont tous les sites sont occupés (par une molécule de polymère dans le cas d'un gel) et où des liaisons sont établies au hasard entre sites voisins avec une probabilité p ;
- alternativement, on considère que les sites sont placés au hasard avec une probabilité d'occupation p, les sites occupés étant connectés s'ils sont proches voisins.

Dans le premier cas, on a une **percolation de liaisons** (c'est l'analogue de la percolation d'un liquide représentée sur la figure 2.21), dans le second cas, on a une **percolation de sites**. Il existe un seuil p_c tel que pour $p > p_c$ on a une connectivité complète. C'est le cas sur la figure 2.22b. Le réseau complètement interconnecté correspondrait, par exemple, à l'agrégat de la figure 2.21, ou à un gel.

On peut définir une dimension fractale pour un modèle de percolation. Si on prend, par exemple, le cas d'un gel en cours de formation, le polymère et le solvant forment des amas de taille croissante contenant un nombre de plus en plus élevé de liaisons intermoléculaires (lorsque le gel est formé, l'interconnexion est complète). On peut modéliser le phénomène à l'aide de la percolation de liaisons. Les amas ont un caractère fractal car ils ont la même allure si on les examine à des échelles différentes. Si l'on prend un amas de rayon r dans la solution en cours de gélification et si l'on désigne par $N(r)$ le nombre de liaisons établies à l'intérieur d'un amas, on a $N(r) \approx r^{Df}$ où D_f est la dimension fractale. On peut simuler cette situation par une méthode de Monte-Carlo. Pour des systèmes à deux et trois dimensions, on trouve respectivement $D_f = 1{,}9$ et $D_f = 2{,}5$.

Le seuil de percolation p_c est défini par la valeur de p à partir de laquelle on a formation d'un amas de taille infinie dans le matériau. Au voisinage de p_c, les sites occupés forment un grand réseau interconnecté, entouré d'amas de taille plus petite.

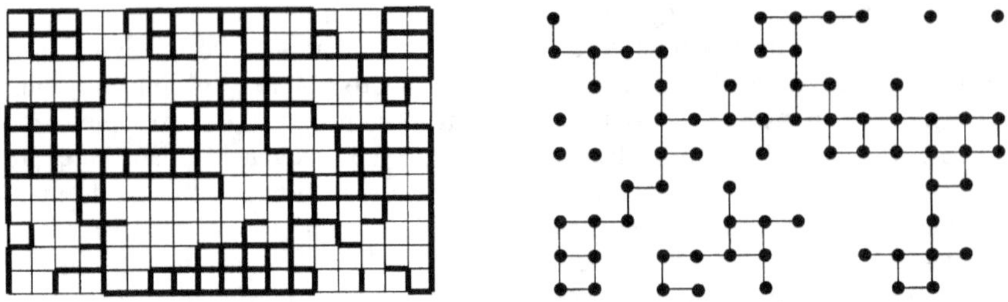

(a) (b)

Figure 2.22 Percolation sur un réseau.

a) Percolation de liaison : tous les sites d'un réseau à deux dimensions sont occupés mais ils établissent une liaison avec leurs voisins avec une probabilité p.
b) Percolation de site : les sites sont occupés avec une probabilité p, tout site occupé est connecté à ses voisins. Il existe un seuil p_c, tel que pour $p > p_c$ on a une interconnexion totale (c'est le cas pour b).

Supposons que l'on utilise un modèle de percolation de site et que $n_s(p)$ soit le nombre d'amas ou de noyaux de taille s, c'est-à-dire comportant s sites connectés. $n_s(p)$ est évidemment fonction de la probabilité d'occupation p d'un site.

On définira alors la taille moyenne $<S_m>$ d'un amas par :

$$<S_m> = \sum_s s^2 n_s(p) / \sum_s s\, n_s(p) \tag{2.90}$$

Si ξ est la longueur de cohérence ou de corrélation associée à la percolation (Paragraphe 1.3.3). Au voisinage de p_c, le diamètre d'un amas est donné par ξ. On peut alors définir la dimension fractale D_f par $<S_m> = \xi^{Df}$. On introduira alors au voisinage de p_c, deux exposants critiques γ et ν tels que :

$$<S_m> \propto |p - p_c|^{-\gamma} \quad \text{et} \quad \xi \propto |p - p_c|^{-\nu} \tag{2.91}$$

On en déduit immédiatement $D_f = \gamma/\nu$

Si $N(r)$ est le nombre de sites se trouvant dans un rayon r autour d'un point du réseau, on aura ainsi :

$$N(r) = r^{D_f'} f(r/\xi) \tag{2.92}$$

$f(r/\xi)$ est une fonction sans dimension.

Si P_∞ est la probabilité pour qu'un site d'un amas fasse partie de l'amas infini qui occupe le volume disponible du système, $N(r)$ peut aussi s'écrire, d étant la dimension du réseau :

$$N(r) = r^d P_\infty \tag{2.93}$$

Supposant que $P_\infty \propto |p - p_c|^{\beta} \approx \xi^{-\beta/\nu}$, on en déduit que $f(r/\xi) = (r/\xi)^{\beta/\nu}$ et donc :

$$N(r) = r^{d-\beta/\gamma}\left(\frac{r}{\xi}\right)^{\beta/\gamma} \tag{2.94}$$

Soit $D_f' = d - \beta/\gamma$ qui est une autre expression pour l'exposant fractal. Ces exposants ont été tabulés par Staufer.

La longueur de corrélation ξ permet de discriminer entre les petites et les grandes échelles de distance au sein du matériau. Aux petites distances $r < \xi$, l'amas infini reste irrégulier avec une grande dispersion de taille des inhomogéinités, on peut considérer que c'est un objet fractal autosimilaire avec une dimension fractale D_f (ou $D_f{}'$).

En revanche, à grande échelle $r > \xi$, on peut considérer l'amas comme un réseau à peu près régulier dont on peut négliger les inhomogénéités, sa dimension fractale est alors celle de son espace c'est-à-dire d. À la limite, si $p = 1$ tous les sites sont occupés et connectés, le réseau est un objet régulier à toutes les échelles et il n'a pas réellement de caractère fractal.

Comme nous aurons l'occasion de le montrer, on peut rendre compte de certaines propriétés d'un gel et de la transition sol-gel à l'aide d'un modèle de percolation.

2.6 DYNAMIQUE DES TRANSITIONS DE PHASES ET PROPRIÉTÉS DES MATÉRIAUX

Lorsqu'un matériau subit une transition de phase, la dynamique du phénomène peut avoir une incidence considérable sur la matière et les propriétés de la nouvelle phase qui est formée. Ainsi, par exemple, si l'on part initialement d'une phase liquide, on peut former par refroidissement soit un solide cristallin, soit un verre. Si la vitesse de refroidissement est lente, on produira en général, un cristal ; en revanche, si le refroidissement est très rapide (trempe), on pourra former un verre. On peut former ainsi des verres métalliques à partir d'alliages liquides si la trempe est très rapide (un procédé utilisé consiste à faire fondre un alliage solide par une impulsion laser et à procéder ensuite à une trempe rapide). Lorsqu'on opère une solidification sous forme d'une phase vitreuse par trempe rapide, on a, en quelque sorte, « court-circuité » le mécanisme de croissance des germes solides dans la phase mère : les noyaux de la phase cristalline ont pu se former par nucléation mais ils n'ont pas eu le temps de croître.

Un autre exemple est celui de la transformation martensitique dans les solutions solide fer-carbone, si l'on réalise une trempe suffisamment rapide (une vitesse de refroidissement du matériau qui est de l'ordre de 10^5 °C s^{-1}), il se forme une phase métastable : la martensite (Paragraphe 2.4.2). La martensite dont la teneur en carbone est de 0,8 % est très dure mais fragile (sa résistance à une déformation plastique est grande). On peut diminuer sa fragilité par un traitement thermique (en la réchauffant) : on fait alors migrer les atomes de carbone dans la solution solide sursaturée en carbone qui est métastable, ceux-ci forment des précipités de Fe_3C le réseau relaxant vers la structure d'équilibre stable c.c., la ferrite α. Les microstructures constituées par les précipités de carbure augmentent la dureté et la limite élastique de l'acier.

On conçoit donc bien que les propriétés mécaniques d'un matériau vont dépendre de façon très notable de la cinétique de la transformation liquide-solide ou solide-solide.

Celle-ci détermine en effet longuement la nature et la taille des **microstructures** qui se forment dans un solide et qui peuvent modifier très notablement les propriétés du matériau. Les microstructures, de façon générale, décrivent l'état microscopique d'un solide à une échelle inférieure à la taille d'un cristal, par exemple, quelques distances interatomiques.

Nous renvoyons à plus tard l'étude complète du phénomène de solidification et nous nous contenterons donc de donner ici un aperçu du rôle que joue la dynamique pour modifier les propriétés d'un solide.

Les microstructures qui se forment lors d'une cristallisation peuvent être de plusieurs natures, comme nous l'avons vu : dendrites, sphérolites, plaquettes. Si l'on veut obtenir des microstructures de très petite taille, il faut une nucléation importante qui permet de former un grand nombre de germes. Un processus de nucléation homogène (ce qui suppose une solution dépourvue d'impuretés) est favorable à l'obtention de microstructures à petite échelle. La vitesse de nucléation est contrôlée à la fois par la surfusion et par la diffusion dans la phase liquide initiale.

De façon générale, l'existence dans un solide cristallin de microstructures de petite taille (microcristaux de faible diamètre) favorise l'élévation de la limite d'élasticité (celle-ci indique la limite des forces qu'il faut faire agir sur le matériau pour lui imposer une déformation permanente). Ces microstructures constituent un obstacle à la déformation plastique de la phase solide. On trouve ce phénomène dans les métaux comme dans les polymères cristallisés. On a donc intérêt à favoriser la nucléation d'un grand nombre de germes (et donc un taux de nucléation élevé) et à éviter leur croissance. Les céramiques ont aussi des limites d'élasticité élevée : ce sont des structures polycristallines. Plus le diamètre des microstructures de la céramique est petit, plus la limite d'élasticité est élevée.

Une perspective intéressante de ce point de vue est ouverte par ce que l'on appelle les nanomatériaux. Ces matériaux sont des microstructures à l'échelle du nanomètre. On constate là encore que dans les solides constitués avec des nanostructures, les propriétés mécaniques sont très différentes de celles des matériaux avec des microstructures, leur résistance à la traction est en particulier beaucoup plus élevée. On peut obtenir, notamment, ces matériaux par une trempe rapide qui permet d'éviter une cristallisation en masse en passant dans une phase vitreuse. Nous traiterons spécifiquement des nanomatériaux au chapitre 9.

EXERCICES

2.1 Décomposition spinodale.

On reprend la forme ΔF de la variation d'énergie libre associée aux fluctuations de concentration δc dans un mélange binaire (2.61). On suppose que δc obéit à l'équation :

$$\frac{\partial \delta c}{\partial t} = \tau \frac{\partial \Delta F}{\partial c}$$

τ est un temps de relaxation.

1° Donner l'équation à laquelle obéit la transformée de Fourier $\delta c_k(t)$.

2° Trouver une solution simple de cette équation.

3° En déduire qu'au voisinage de la spinodale il existe des fluctuations qui ne sont plus amorties.

2.2 Mode mou.

On s'intéresse à une transition displacive dans un solide amorcée par le déplacement q d'un ion dans une direction donnée. On associe le potentiel :

$$V(q) = V_0 + \frac{1}{2} aq^2 + \frac{1}{4} bq^4$$

à ce déplacement, on pose $a = \alpha (T - T_c)$ et on suppose b constant.

1° Écrire l'équation du mouvement de l'ion de masse m en tenant compte de son amortissement γ.

2° On se place au voisinage de la position d'équilibre q_e et l'on pose $q = q_e + \delta q(t)$. Calculer q_e et écrire l'équation à laquelle obéit $\delta q(t)$.

3° Négligeant m trouver les solutions $\delta q(t)$. Que se passe-t-il lorsque $T \to T_0$?

2.3 Nucléation hétérogène.

On se place dans les conditions de la figure 2.4 où un noyau sphérique solide se forme à la surface d'une impureté qui joue le rôle de catalyseur pour la nucléation. On désignera par γ_{sl}, γ_{sc} et γ_{lc} les tensions superficielles solide/liquide, solide/catalyseur et liquide/catalyseur et par Δg_V la variation d'enthalpie libre spécifique.

1° Calculer les surfaces des interfaces en fonction de r et θ et l'enthalpie libre de surface correspondante.

2° Sachant que le volume du noyau sphérique est donné par :

$$V = \frac{4\pi}{3} r^3 \left[\frac{(2 + \cos\theta)(1 - \cos\theta)^2}{4}\right] = \frac{4\pi}{3} r^3 f(\theta)$$

en déduire la variation totale d'enthalpie associée à la nucléation.

3° En déduire le rayon critique r^*.

2.4 Transition liquide/vapeur et interface.

On étudie la modification de l'équilibre liquide/vapeur en présence d'une interface sphérique de rayon r.

1° Écrire la nouvelle condition d'équilibre liquide/gaz. On tiendra compte de l'équation de Laplace.

2° En déduire la nouvelle pression à l'équilibre lorsque la température est fixée et la nouvelle température à pression fixée. On désigne par γ la tension superficielle liquide/gaz.

2.5 Nucléation homogène.

On veut déterminer la concentration de noyaux dans la phase liquide du nickel au voisinage de la température de transition.

1° Calculer la concentration de noyaux solides (nombre de noyaux par cm^3) dans le liquide à la température de solidification T_f pour les rayons suivants : $r = 0{,}5$ nm, 0,7 nm et 1 nm.

2° Calculer le rayon du noyau correspondant à une concentration de 1 noyau cm^{-3}.

3° Calculer le rayon critique r^* pour une surfusion de 10 K.

4° En déduire la concentration de ces noyaux. Que peut-on en conclure ?

$T_f = 1\,725$ K, $L_f / T_f = 1{,}4$ $Jm^{-3}K^{-1}$, $\gamma = 0{,}2$ Jm^{-2}, $V_{mol} = 7$ cm^3/mole.

Chapitre 3

Transitions de phases dans les liquides et les solides : solidification et fusion

3.1 DES PHÉNOMÈNES TRÈS RÉPANDUS

Les transitions de phases liquide-solide (solidification) et solide-liquide (fusion) sont certainement parmi les plus répandues dans la nature et nombre d'entre elles ont, par ailleurs, des implications tout à fait importantes. On songe, par exemple, à la formation de cristaux de glace par solidification de l'eau liquide et à la transition de phase inverse qui interviennent dans les phénomènes météorologiques, ainsi qu'à la fusion ou à la solidification de métaux ou d'alliages métalliques. Nous avons eu aussi l'occasion d'indiquer dans le chapitre précédent que les propriétés d'un solide (en particulier ses propriétés mécaniques et thermiques) dépendaient très notablement de la cinétique de la solidification et plus spécifiquement de la taille des microstructures qui se formaient lors de la transition de phase.

On doit cependant souligner que bien que la fusion et la solidification soient des transitions connues et mises en œuvre depuis très longtemps, on est encore très loin de disposer de théories satisfaisantes pour les décrire et expliquer les mécanismes qu'elles mettent en jeu. Un modèle théorique simple, comme celui de Lindemann, s'il donne, par exemple, un critère empirique relativement satisfaisant pour « prévoir » la fusion d'un solide, ne permet pas pour autant d'expliquer complètement le phénomène.

On doit en fait avoir une double approche :

– *thermodynamique* : comment peut-on caractériser d'un point de vue thermodynamique la transition liquide-solide et les modifications des propriétés d'un système à la transition (densité, chaleur spécifique, entropie, etc.) ? Connaissant les forces intermoléculaires dans le système, peut-on prévoir cette transition et caractériser ses propriétés à la transition ?

– *cinétique* : quels sont les mécanismes microscopiques qui permettent d'expliquer les phénomènes de transition dans les solides et les liquides (en particulier la fusion) ? Peut-on caractériser leur dynamique ?

L'approche thermodynamique du phénomène de solidification conduit aussi à envisager la situation où certains matériaux organiques, ou inorganiques, en phase liquide, passent dans un état d'équilibre métastable (c'est le phénomène de surfusion), puis se solidifient pour former un verre. Dans ce cas là, on a une transition vitreuse. Nous aborderons dans un autre chapitre cette transition importante qui a un caractère spécifique. La cinétique de la transition, en particulier la vitesse de refroidissement du liquide, joue un rôle spécifique dans la formation d'une phase vitreuse.

Il faut noter enfin que dans le cas de systèmes très particuliers comme les fullerènes (des molécules organiques sphériques de formule C_{60}) l'on s'interroge sur l'existence même d'une phase liquide du matériau que l'on connaît soit sous forme solide, soit sous forme gazeuse. Ce pourrait-il que la phase liquide des fullerènes n'existe pas ? C'est une question qui est encore ouverte.

3.2 CARACTÉRISATION DES PHÉNOMÈNES

3.2.1 Caractérisation thermodynamique

On décrit de façon simple les différentes phases d'un matériau à l'aide de diagrammes de phases (Paragraphe 1.2.2) : l'équilibre entre un liquide et un solide est représenté par une ligne de coexistence dans le plan (p,T) correspondant à l'équation :

$$\mu_s = \mu_L \tag{3.1}$$

où μ_S et μ_L sont les potentiels chimiques du solide et du liquide. Cette courbe est le lieu des points de fusion et de solidification du matériau dans le plan (p, T) (Fig. 1.1 et 3.1).

Selon la classification thermodynamique des transitions de phases (Paragraphe 1.2.3), on peut dire que toutes les transitions liquide-solide sont du **premier ordre** car elles sont toutes associées à une discontinuité d'entropie correspondant à une **chaleur latente** qui est aussi le changement d'enthalpie à la transition.

Si L_f désigne la chaleur de fusion ($L_f > 0$) à la température T_f et ΔV la variation de volume à la transition, ces grandeurs obéissent à **la relation de Clapeyron** :

$$L_f = T_f\left(\frac{\mathrm{d}p}{\mathrm{d}T}\right)\Delta V \tag{3.2}$$

On peut faire un certain nombre de constats pour ces grandeurs.

En premier lieu, on observe que L_f et T_f varient considérablement d'un matériau à un autre (tableau 3.1). L_f est de l'ordre du kJ/mole pour des composés moléculaires comme O_2 et N_2 (0,444 kJ/mole pour O_2 et 0,722 kJ/mole pour N_2) ainsi que pour des matériaux dont les atomes, ou les arrangements moléculaires, sont sphériques (gaz rares comme A, Kr, etc. métaux comme Na, Cs, etc., composés organiques comme CH_4, CCl_4, etc.). L_f est beaucoup plus élevée pour des matériaux correspondant à des atomes plus lourds comme le fer, l'argent ou le cuivre, ou pour le germanium et le silicium (31,8 kJ/mole pour Ge, 46,4 kJ/mole pour Si). Quant aux métaux de transition, ils ont tous des températures de fusion élevées ; c'est le cas, notamment, du tungstène (T_f = 3 422 °C) et du rhénium (T_f = 3 166 °C).

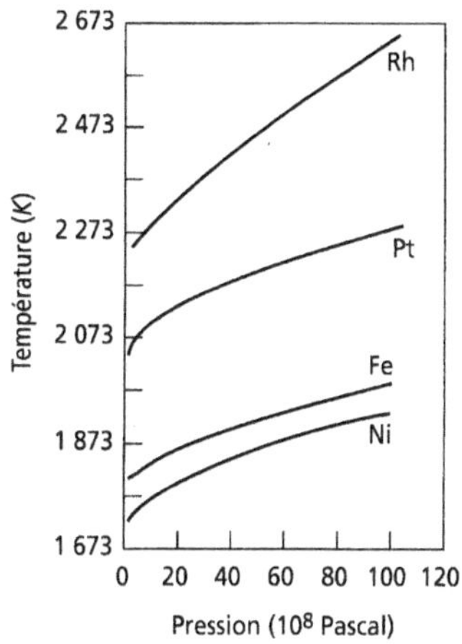

Figure 3.1 Courbe de température de fusion de métaux.

On a porté sur ce graphique les températures de fusion de plusieurs métaux en fonction de la pression.

TABLEAU 3.1 TEMPÉRATURES ET CHALEURS LATENTES DE FUSION.

On a porté sur ce tableau des chaleurs latentes L_f et des températures de fusion T_f de différents solides. On notera la faible dispersion des valeurs du rapport L_f/RT_f, mais sa valeur élevée pour l'eau, le germanium, le silicium et l'éthane (c'est la loi de Richard).

Solide	T_f (K)	L_f (kJ/mole)	L_f / RT_f
O_2	54,4	0,444	0,98
A	83,8	1,18	1,70
CH_4	90,7	0,944	1,25
C_2H_4	104	3,35	3,88
Kr	116	1,64	1,70
Hg	234	2,30	0,98
CCl_4	250	2,74	1,19
H_2O	273	6,00	2,64
Cs	302	2,14	0,85
Na	371	2,61	0,85
Li	454	3,02	0,80
Pb	601	4,86	0,97
Ge	1 210	31,8	2,71
Ag	1 233	11,3	1,10
Cu	1 356	13	1,15
Si	1 683	46,4	2,76
Ni	1 728	17,6	1,23

On constate empiriquement, en revanche, que le rapport L_f/RT_f (R est la constante des gaz parfaits) est de l'ordre de l'unité pour la plupart des corps : il est égal à 0,98 pour O_2, 1,25 pour CH_4, 1,19 pour CCl_4, 0,85 pour Na, 1,15 pour Cu, etc. Cette règle empirique est la **règle de Richard** que l'on peut justifier à l'aide de la physique statistique.

On doit noter enfin que $\Delta V > 0$ pour la très grande majorité des solides : la densité du solide est supérieure à celle du liquide pour une substance donnée. L'eau est l'exception la plus notable à cette règle (la densité de la glace est inférieure à celle du liquide), le germanium, le gallium et le bismuth en sont trois autres.

La variation de ΔV, ou de la densité, à la transition liquide/solide dépend aussi beaucoup des matériaux. Ainsi, le sodium liquide se contracte de 2 % en se solidifiant ($T_f = 98$ °C) tandis que NaCl fondu se contracte de 25 % en se solidifiant ($T_f = 801$ °C). Le gallium se dilate de 3 % en se solidifiant ($T_f = 30$ °C), tandis que l'eau liquide en se solidifiant en glace à 0 °C se dilate de 8 %. Rappelons enfin que l'équation (3.2) implique que $\Delta V < 0$ pour les substances où $(\mathrm{d}p/\mathrm{d}T) < 0$, comme l'eau par exemple.

La température de fusion T_f est une fonction de la pression. C'est le physicien américain P.W. Bridgman qui, au début du XXe siècle, a étudié le premier systématiquement la variation de T_f en fonction de la pression. On a pu obtenir des équations empiriques reliant T_f à p, par exemple :

$$p = a\left[\left(\frac{T_f}{T_t}\right)^c - 1\right] \tag{3.3}$$

où T_t est la température du point triple, T_f la température de fusion à la pression p, a et c étant deux paramètres. Cette relation a été obtenue par F.E Simon et G. Glotzel en 1929 ; elle est bien vérifiée pour les températures élevées (pour le fer $c = 1{,}4$, pour NaCl $c = 2, 7$, pour la glace I, $c = 9$ avec $a < 0$).

De tous ces constats généraux (présentés dans le tableau 3.1), il ressort que la fusion et la solidification ont, en quelque sorte, un caractère « non universel ». À l'exception de la règle empirique et approximative de Richard, on ne trouve pas de caractéristiques communes aux transitions liquide/solide pour l'ensemble des substances organiques et minérales. On conçoit donc qu'il est difficile de mettre au point des modèles théoriques avec une large plage de validité et susceptibles de prévoir les comportements des systèmes à la transition.

3.2.2 Approche microscopique

La cristallisation d'un liquide provoque l'apparition d'une structure périodique au sein d'un ensemble désordonné d'atomes ou de molécules, qui constituaient la phase liquide, au-dessous de sa température de solidification (nous abordons dans un autre chapitre le cas particulier des phases vitreuses). Pour reprendre une terminologie générale, on dit que la cristallisation est une transition qui s'accompagne d'une **« rupture de symétrie »**.

On observe, bien entendu, une grande variété de réseaux cristallins caractérisés par leur symétrie, tout comme on a constaté une très large distribution dans les valeurs des grandeurs thermodynamiques caractérisant la transition (température de cristallisation et chaleur latente par exemple). On peut donc penser que toutes ces propriétés dépendent de la nature des forces intermoléculaires entre les atomes ou les molécules du matériau.

Il est possible, par exemple, de prévoir à l'aide des méthodes de simulation (dynamique moléculaire ou Monte-Carlo) la solidification de systèmes comme les gaz rares. Ainsi, le potentiel de paire $V(r)$ du type Lennard-Jones, représentant bien les interactions entre atomes de gaz rare, s'écrit :

$$V(r) = 4\varepsilon\left[\left(\frac{r_0}{r}\right)^{12} - \left(\frac{r_0}{r}\right)^{6}\right] \tag{3.4}$$

où ε est la profondeur du puits de potentiel et r_0 la distance interatomique pour laquelle le potentiel s'annule, on peut alors montrer que le liquide va cristalliser dans un réseau de symétrie cubique à faces centrées (c.f.c.).

En fait, les modèles théoriques que l'on peut utiliser sont très sensibles à la forme du potentiel intermoléculaire choisi (par exemple, la forme 3.4) : une légère modification de la forme de ce potentiel peut se traduire par un changement de symétrie du réseau cristallin prévue par le modèle. C'est le cas, en particulier, dans les métaux dont les phases solides ont des symétries très diverses : c.f.c., cubique centrée (c.c.), hexagonale compacte (h.c.), etc. L'acier, par exemple, (alliage fer-carbone, figure 1.8) se solidifie à pression atmosphérique à 1 598 °C sous la forme c.c., puis à 1 394 °C, il passe dans une phase de symétrie c.f.c. pour revenir à 912 °C sous la forme c.c. stable jusqu'à la température ordinaire. Ces deux types de structures cristallines que l'on rencontre pour une même substance doivent correspondre à des formes et des valeurs très proches de l'énergie libre. Dans le cas des métaux, la situation est plus complexe que pour les matériaux dont les atomes ou les molécules ont une forme sphérique simple dans la mesure où les forces interatomiques dépendent des volumes occupés par les atomes.

Ce sont en fait les forces interatomiques répulsives qui jouent un rôle très important dans la solidification (elles correspondent au terme positif de Éq. 3.4). De façon générale, les forces interatomiques (ou intermoléculaires) attractives (correspondant au terme négatif de Éq. 3.4) dépendent très peu de l'orientation et de la forme des atomes, ce n'est pas le cas pour les forces répulsives.

Dans une phase liquide, les possibilités d'agencement des atomes ou des molécules qui dépendent de leur forme et de leur orientation, vont donc prédéterminer dans une large mesure les caractéristiques de la phase solide (densité, symétrie notamment). Elles vont aussi influencer la valeur de la chaleur de solidification L_f et de la température de cristallisation T_f. Les caractéristiques thermiques des points de transition (L_f, T_f) sont fortement influencées par la géométrie des atomes ou des molécules et donc par les forces de répulsion interatomiques ou intermoléculaires.

Ces considérations qualitatives sont confortées par plusieurs constats expérimentaux. Les chaleurs latentes de solidification (ou de fusion) sont en général faibles et inférieures aux chaleurs latentes de vaporisation : 91,2 kJ/mole pour la chaleur de vaporisation du sodium et 2,6 kJ/mole pour sa chaleur de fusion ; 74 kJ/mole et 1,2 kJ/mole respectivement pour les chaleurs latentes de vaporisation et de solidification de l'argon, etc. On peut dire que la fusion n'implique que très peu de ruptures de « liaisons » entre atomes ou molécules et qu'elle est pilotée par les réarrangements atomiques ou moléculaires présidant à la rupture du réseau cristallin (ou à sa formation pour la solidification). Si l'on compare les températures d'ébullition et de fusion de séries d'hydrocarbures, on constate que les températures d'ébullition sont peu modifiées lorsqu'on remplace une simple liaison C-C par une double liaison C=C, ou lorsqu'on opère des substitutions sur la chaîne (en remplaçant un hydrogène par un méthyle, par exemple). En revanche, les températures de fusion, elles, sont abaissées lorsqu'on fait ces opérations. Ceci traduit le fait que les forces d'attraction sont peu modifiées par ces substitutions alors que les forces de répulsion qui dépendent de la géométrie des molécules le sont fortement (par exemple, la température de fusion du n-hexane C_6H_{14} est – 95 °C, celle du 1-héxène, C_6H_{12} est abaissée à – 140 °C). On doit noter que pour certaines molécules, leur forme et leur orientation peuvent influencer fortement la partie attractive de leur potentiel d'interaction, et déterminer ainsi leurs propriétés à l'état liquide et solide. Ceci se vérifie pour les molécules covalentes comme HCl, HF, etc. et des liquides comme l'eau où les molécules sont engagées dans des liaisons hydrogène. Ainsi, pour l'eau, l'écart entre les chaleurs de vaporisation et de solidification (respectivement 40 kJ/mole et 6 kJ/mole) est-il bien moins marqué que pour d'autres substances comme l'argon ou le sodium dont les atomes sont sphériques.

Pour conclure sur ce point, on peut penser que l'approche microscopique de la transition liquide-solide fondée sur des potentiels d'interaction (Éq. 3.4 par exemple) doit permettre de rendre compte des phénomènes mais que l'on ne peut pas trouver une forme « universelle » de potentiel qui permettrait de prévoir les transitions de phases liquide-solide pour toutes les catégories de substances. Nous reviendrons dans ce chapitre sur les méthodes permettant de déterminer, en particulier, la courbe de fusion d'un solide.

3.2.3 Retards à la transition : surfusion-surchauffe

La description des états d'un corps à l'aide de diagrammes de phases (Paragraphe 1.2.2) permet de mettre en évidence des courbes de coexistence des phases solide et liquide d'une substance qui sont en équilibre stable. Lorsqu'on franchit l'une de ces lignes, comme la ligne de fusion, on a un changement de phase. La figure 1.4 montre que la situation peut être complexe. Celle-ci est la projection dans le plan (p, T) des surfaces représentant l'enthalpie libre G des différentes phases d'un matériau que l'on peut trouver sous deux formes solides S_1 et S_2 (Fig. 1.3).

Partant du matériau en phase liquide, lorsqu'on abaisse sa température à pression constante en atteignant le point A sur la courbe de fusion, la phase liquide doit dans les conditions « normales » se solidifier sous la forme S_2. Dans de nombreux systèmes cependant, on n'observe pas de solidification au point A et l'on peut poursuivre le refroidissement de la phase liquide jusqu'à un point B où l'on observe alors sa cristallisation sous la forme S_2 : on dit que le liquide était **surfondu**, il était dans un état d'**équilibre métastable**. On pourrait avoir aussi la situation plus complexe où, au point A, le solide cristallise sous la forme S_1 qui est dans ces conditions métastable ; elle devient alors stable au point D.

Comme nous l'avons signalé, on trouve aussi des situations pour certains matériaux où, passant en phase surfondue, le liquide ne se solidifie pas sous forme d'un cristal mais sous la forme d'un verre : c'est une **transition vitreuse** qui a un caractère très spécifique.

On peut aussi rencontrer la situation inverse de la surfusion : partant d'un matériau sous forme cristalline et lui faisant subir un réchauffement (trajet BA sur le diagramme de la figure 1.4), celui-ci ne fond pas à la température correspondant à son point de fusion : le solide est surchauffé, il se trouve dans un état thermodynamique métastable. On peut parvenir pratiquement à surchauffer un solide (en évitant donc sa fusion), mais cette situation est beaucoup plus rare que la surfusion que l'on observe dans de très nombreux liquides.

On sait, en effet, produire une surfusion dans de très nombreux liquides et d'ailleurs, comme on l'a montré au chapitre 2, la plupart des liquides ne cristallisent, en l'absence d'impuretés, que s'ils sont passés à l'état surfondu. La limite de la surfusion est donc fixée par la nucléation homogène du liquide. La présence d'impuretés au sein de la phase liquide, que l'on peut difficilement éviter, est aussi une autre limitation au phénomène de surfusion dans la mesure où les impuretés constituent des sites privilégiés pour la nucléation de la phase solide.

Analysant le phénomène classique de la nucléation homogène (Paragraphe 2.2.4) et en particulier partant de considérations sur le taux de nucléation, Turnbull a montré que la limite absolue de la température de surfusion était $T_l = 0{,}18\ T_f$ où T_f est la température de fusion du solide. Turnbull a aussi proposé de « court-circuiter » le phénomène de nucléation hétérogène provoqué par les impuretés présentes dans le liquide, en opérant sur des liquides finement divisés sous forme de gouttelettes (typiquement d'un diamètre inférieur à 10 µ). On peut également enrober ces gouttelettes dans une couche superficielle d'un autre matériau en les immergeant, par exemple, dans une émulsion, ce qui évite leur coalescence ; on peut aussi les disposer sur un substrat. On a pu obtenir ainsi des surfusions très importantes, plusieurs centaines de K, sur de nombreux matériaux fondus à bas points de fusion (Ga, Hg, Sn, etc.) et à points de fusion élevés (Fe, Ni, Co, ...). On a pu dépasser la limite de Turnbull ($T_l = 0{,}18\ T_f$) sur des petites particules d'alliages (aluminium-étain, aluminium-silicium) enrobées d'une gangue solide.

Plus récemment, les études réalisées en microgravité ont ouvert des possibilités techniques nouvelles pour étudier les limites de la surfusion sur des gouttelettes en l'absence de tout contact avec une surface. Des expériences de surfusion ont en particulier été réalisées dans des tours au sein dans lesquelles on a fait un vide très poussé et où on laisse tomber des gouttes en chute libre. Une expérience de ce type a été réalisée à Grenoble (B. Vinet et col) dans une tour pour les études en chute libre (48 m de hauteur avec un vide très poussé, la pression à l'intérieur étant de 4.10^{-10} mbar) avec des gouttes de tungstène (T_f = 3 695 K) et de rhénium (T_f = 3 459 K). Les surfusions obtenues avec ces deux métaux étaient respectivement de 530 K pour W et 975 K pour Re, elles sont donc très importantes. Ces expériences ont été réalisées avec des gouttes de 4 mm de diamètre dont on mesure la température au cours de la chute par une méthode pyrométrique. Des expériences analogues ont été réalisées en Allemagne au centre de recherche spatiale de Cologne (T. Letzig *et col.*) sur des gouttes d'alliage Cu-Co.

La surfusion a été observée sur une large plage de température sur de nombreux matériaux organiques et inorganiques. Ainsi, par exemple, on a pu observer l'eau en phase liquide surfondue dans des tubes capillaires jusqu'à environ 250 K et sur des petites gouttelettes jusqu'à 200 K (on suit sur ces gouttelettes refroidies très rapidement l'apparition des cristallites par diffraction des électrons).

Si l'on peut observer la surfusion sur de nombreux liquides en prenant des précautions expérimentales, le retard à la fusion d'un solide, la surchauffe est, en revanche, beaucoup plus difficile à observer. On peut cependant surchauffer, mais sur une courte plage de température, des métaux et des composés organiques et inorganiques ; l'hélium solide a pu aussi être porté en état de surchauffe jusqu'à une température de 2,3 K au-dessus de son point de fusion (T_f = 2 K à 30 atm).

Nous aurons l'occasion de revenir sur ce problème de la surchauffe des solides dans ce chapitre.

Rappelons que l'on caractérise la fusion ou la cristallisation d'un matériau dans des conditions « normales » d'équilibre thermodynamique entre les phases, par la relation : $\Delta G = 0$.

Pour $T > T_f$ la phase solide sera dans un état métastable correspondant à la surchauffe. Pour $T < T_f$, la phase liquide sera également dans un état métastable ; elle est surfondue.

Lorsqu'on atteint la limite de métastabilité qui correspond à un point sur la **spinodale**, le liquide surfondu « doit » cristalliser et le solide fondre. Dans certains liquides, la situation est plus complexe du fait de l'existence d'une **transition vitreuse**.

On peut trouver un critère simple pour déterminer cette limite de métastabilité :

- la limite de surfusion d'un liquide sera atteinte lorsque l'entropie du liquide sera égale à celle du cristal : au-dessous de cette température, on aurait en effet la situation paradoxale où un système ordonné (un cristal) aurait une entropie plus élevée que celle de ce même système désordonné (un liquide) ;
- la limite de surchauffe d'un cristal sera atteinte lorsque l'entropie du liquide sera égale à celle du cristal : au-dessus de cette température on aurait également une situation « paradoxale » équivalente à la précédente.

On pourrait calculer les températures limites T_s^l et T_l^l de surchauffe et de surfusion, en calculant les quantités ΔS correspondantes. Ceci suppose que l'on connaisse les chaleurs spécifiques du cristal et du liquide. On a représenté sur la figure 3.2, une courbe entropie-température pour l'aluminium que l'on peut tracer à partir de données de chaleurs spécifiques. Les données existantes ont été extrapolées dans la zone surchauffée et l'on a tenu compte dans le calcul de l'existence de trous dans le réseau cristallin. On voit ainsi sur ce diagramme que l'aluminium pourrait être surchauffé jusqu'à une température limite théorique $T_s^l = 1{,}38T_f$ soit 1 292 K (en l'absence des défauts que sont les trous, on obtiendrait une surchauffe beaucoup plus élevée avec $T_s^l = 3T_f$). On peut surfondre l'aluminium liquide jusqu'à la limite théorique $T_l^l = 0{,}24T_f$, soit 225 K.

3.2.4 Méthodes d'observation et de mesure

La transition solide-liquide, on le sait, est une transition de premier ordre à laquelle est associée une chaleur latente. **L'analyse thermique différentielle** (ATD) est une technique expérimentale classique qui permet de mettre en évidence une chaleur latente et donc la transition de phase associée.

Le principe de l'ATD est relativement simple : on compare la température d'un échantillon du matériau étudié (solide ou liquide) à celle d'un autre matériau de référence qui ne subit pas de changement de phase dans la zone de température étudiée et l'on enregistre sa variation lorsqu'on élève la température des deux matériaux à vitesse constante (Fig. 3.3). Si T_S est la température du matériau étudié et T_r celle du matériau de référence et si on les fait varier toutes à vitesse constante par chauffage on aura $T_S - T_r = C^{te}$. Si le matériau étudié subit une transition (par exemple, une fusion) on observera alors un pic de température car la fusion étant un phénomène endothermique, la chaleur fournie par le dispositif de chauffage est absorbée par ce matériau pour provoquer sa fusion à température constante alors que T_r continue à croître. On détecte $T_S - T_r$ à l'aide d'une méthode différentielle au moyen de deux thermocouples montés en opposition. Dans le cas de la solidification, la transformation étant exothermique, on observe un pic de température car le matériau étudié se solidifie à température constante, il cesse de se refroidir.

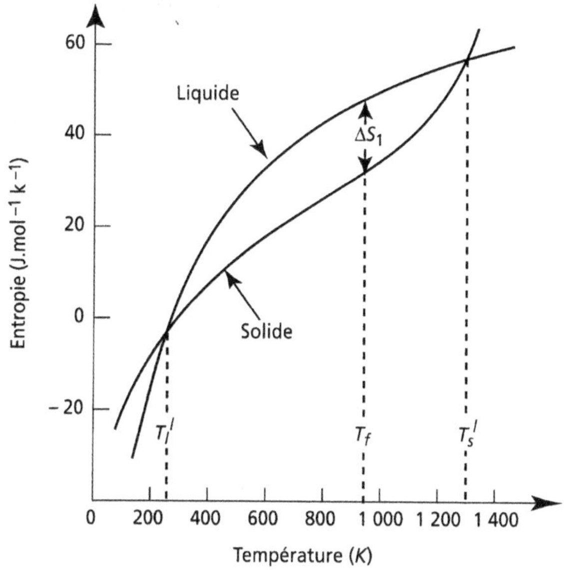

Figure 3.2 Entropie de l'aluminium liquide et cristallisé.

On représente sa variation en fonction de la température dans les régions d'équilibre stable et métastable. ΔS_f est l'entropie de fusion ; T_l^l et T_s^l sont les températures limites de stabilité (métastabilité) du liquide et du solide (d'après H.J. Fecht et W.L. Johnson, Nature 334, 50, 1988, copyright Macmillan Magazines limited).

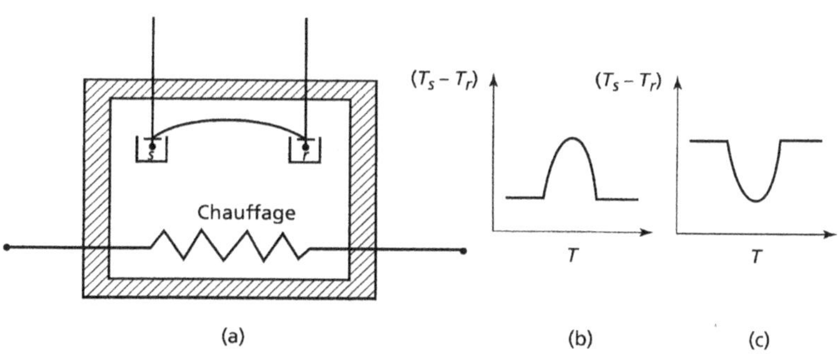

Figure 3.3 Analyse thermique différentielle.

a) on mesure $(T_s - T_r)$ en fonction de T_s (substance étudiée) et de T_r (température d'une substance de référence) ou de la température d'un four. On fait varier de façon linéaire la température par chauffage ;
b) pic de température dû à un phénomène exothermique ;
c) pic de température dû à un phénomène endothermique.

Il n'est pas toujours possible d'utiliser une méthode comme l'ATD qui suppose la mesure directe de la température de deux échantillons. On peut aussi utiliser une méthode pyrométrique qui permet de mesurer la température du matériau étudié en observant l'évolution de sa brillance au cours du temps lorsqu'on le refroidit (ou qu'on le réchauffe). C'est en particulier la méthode utilisée lorsqu'on met en évidence la surfusion sur des gouttelettes de métaux fondus (la brillance est mesurée à l'aide de photodiodes).

On peut aussi observer la fusion d'une phase solide sur des micro ou des nanoparticules (de diamètre de l'ordre de 100 nm) en utilisant des méthodes « indirectes » comme la diffraction des électrons et des rayons X, la microscopie électronique ou infrarouge. Avec ce type de technique, on met en évidence la disparition de la phase solide (et donc la fusion) en observant, par exemple, la modification de l'intensité d'un spectre ou d'une raie spectrale, lors d'une expérience de diffraction. Des expériences de diffraction des électrons et des rayons X ont ainsi été réalisées sur des gouttelettes métalliques de Pb, Sn, Ag, In et sur du bismuth. Une expérience de ce type effectuée sur des gouttelettes d'or jusqu'à un diamètre de 20 nm a permis de mettre en évidence un phénomène d'avance à la fusion (elles fondent à 600 K alors que la température de fusion de l'or est de 1 337 K (Fig. 3.4). La fusion est détectée par un changement de l'intensité du spectre d'électrons diffractés.

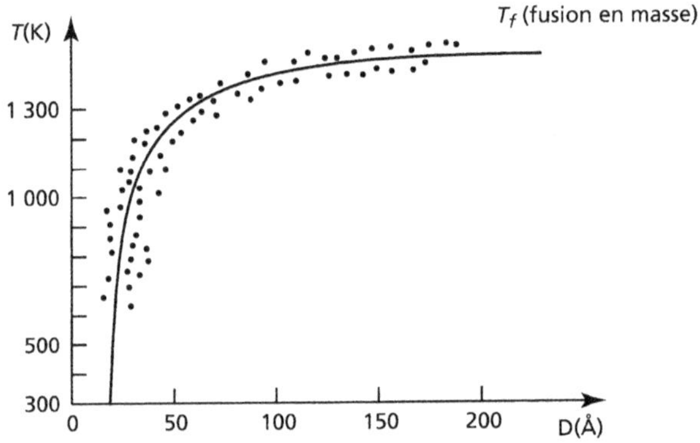

Figure 3.4 Fusion de particules d'or.

Les points représentent les valeurs expérimentales des températures de fusion pour différents diamètres de particules (exprimés en Angström). On détecte la fusion des particules par une expérience de diffraction des électrons. La courbe en traits pleins est déduite d'un modèle théorique où l'on calcule la température de fusion des particules en tenant compte de la modification de la pression d'équilibre induite par la tension superficielle (d'après Ph. Buffat and J.P. Borel, Phys. Rev. A 13, p. 2287-2297, 1976, copyright Am. Inst. Phys.).

Des expériences plus récentes ont été réalisées sur des nanoparticules de CdS de diamètre compris entre 2,4 et 7,6 nm : la température de fusion en grand volume de CdS et de 1 678 K, on peut abaisser celle des particules les plus petites jusqu'à 600 K.

De façon plus remarquable, on a pu mettre en évidence une dépendance très forte de la température de fusion de petits agrégats de sodium en fonction de leur taille. La température de fusion de ces agrégats (contenant de 70 à 200 atomes) peut être abaissée de près d'un tiers (120 K) par rapport à celle du sodium sous grand volume. On constate aussi, par mesure calorimétrique, que la température de fusion varie périodiquement avec le nombre d'atomes des agrégats, ceci pourrait s'expliquer par leur plus grande stabilité lorsque les électrons forment une couche électronique complète pour certaines formes géométriques (des icosaèdres et des décaèdres par exemple). L'intérêt de ces observations est loin d'être négligeable pour les applications des nanomatériaux dont on veut éviter un abaissement trop prononcé du point de fusion.

Des méthodes optiques ont aussi été utilisées pour mettre en évidence les transitions solide-liquide. Ainsi, on peut doper des agrégats d'argon (une centaine d'atomes) avec des molécules de benzène et étudier leur spectre d'absorption dans l'U.V ; celui-ci subit une modification à la fusion de l'agrégat dont on peut ainsi mesurer la température de fusion.

Pour les matériaux transparents dans l'IR, on peut détecter le changement de phase en suivant l'évolution d'une raie du spectre d'absorption Raman. Des expériences de ce type ont été réalisées à très haute pression (plusieurs Mbar) sur des solides moléculaires en particules par H.K. Mao. On utilise à cette fin des cellules à enclume de diamant (Fig. 3.5). Le diamant est le matériau qui permet à la fois de transmettre une pression élevée au système étudié et d'observer par effet Raman, la transition de phase. Les transformations de l'hydrogène et de l'hélium solides ainsi que celles de la glace ont été étudiées par cette méthode.

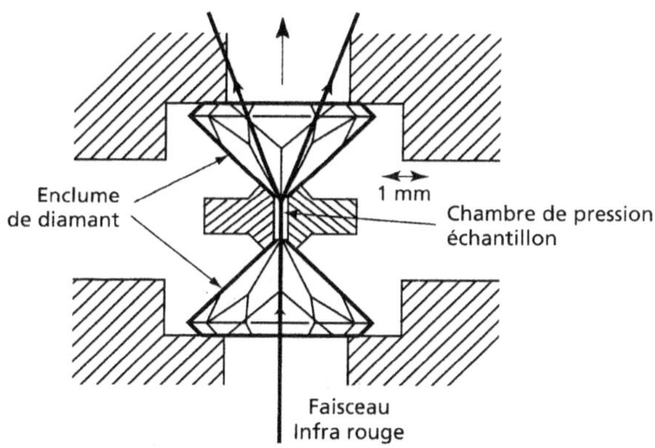

Figure 3.5 Schéma d'une cellule à enclume de diamant.

Le diamant permet d'exercer une pression élevée (jusqu'à environ 2,5 Mbar) sur le matériau étudié et de faire des mesures optiques, par exemple, par diffusion Raman (d'après Laboratoire de physique de la matière condensée, Université Pierre et Marie Curie, CNRS).

3.3 LE PHÉNOMÈNE DE FUSION

La courbe de coexistence liquide-solide dans le plan (p, T), pour une substance pure ou un mélange, nous donne la variation de la température de fusion T_f avec la pression (Fig. 3.1. par exemple). Cette courbe classique a une pente positive pour la quasi-totalité des substances (l'eau est l'exception la plus notable) et ($\mathrm{d}p/\mathrm{d}T$) obéit a la relation de Clapeyron (Éq. 3.2). Le chimiste R. Tammann avait proposé, en 1903, un diagramme de phases général pour la fusion dans le plan (p, T) ; la courbe de fusion (T_f en fonction de p) sépare la phase cristalline de la phase liquide (le solide fondu). Cette phase se divise elle-même en deux regions correspondant au véritable état liquide d'une part, et à l'état amorphe, d'autre part (Fig. 3.6.). Dans la grande majorité des situations, on opère sur la partie I de la courbe de coexistence (($\mathrm{d}T_f/\mathrm{d}p$) > 0). La partie II correspond a des systèmes comme la glace. Au sommet de la courbe, on a : $\mathrm{d}T_f/\mathrm{d}p = 0$ et la relation de Clapeyron impose $\Delta V = 0$. Tammann a montré qu'au point ou la courbe de coexistence a une tangente verticale on a : $\Delta H = \Delta S = 0$ (absence de chaleur latente). La région III correspondrait a un phénomène de fusion inversée : le cristal fondrait (ou passerait à l'état amorphe) lorsqu'on abaisse la température. Comme nous le verrons, ce type de phénomène n'a été observé que très récemment.

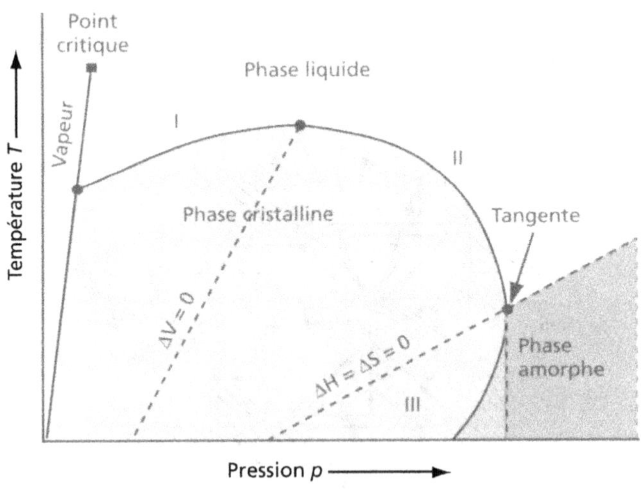

Figure 3.6 Diagramme de phases universel de Tammann.

Tammann a donné un diagramme de phases universel dans le plan (p, T) en 1903. Celui-ci représente en particulier la température de fusion en fonction de la pression. La quasi-totalité des phénomènes de fusion correspondent à la partie (I) du diagramme : la temperature de fusion croît avec la pression. Pour certains systèmes tels que la glace et le silicium, la temperature T_f diminue lorsqu'on augmente la pression (partie II du diagramme). La partie III du diagramme correspondrait à un phénomène de fusion inversée : le solide fondrait lorsqu'on abaisse la température. La courbe $\Delta S = 0$ délimite, on le verra (Chapitre 5) la transition vitreuse idéale. On pourrait, en principe, observer une phase amorphe (en grisé) et une phase liquide (partie hachurée).

À l'équilibre thermodynamique, les températures et les pressions de fusion et de cristallisation d'une substance sont rigoureusement identiques. On pourrait donc penser *a priori* que les modèles théoriques rendant compte de ces phénomènes et permettant de les prévoir devraient s'appliquer indifféremment aux phases liquide et solide. En réalité, la situation est loin d'être aussi simple, ne serait-ce que du fait de l'intervention du mécanisme de la nucléation qui joue un rôle particulièrement important dans la transition liquide-solide lorsqu'on se trouve proche des conditions de cristallisation. Il n'existe d'ailleurs, à l'heure actuelle, aucune théorie satisfaisante permettant de prévoir de façon la plus générale les phénomènes de fusion et de cristallisation.

3.3.1 Le modèle de Lindemann

Les premiers travaux sur la fusion, du moins au début du XXe siècle, avaient notamment pour objectif de trouver un critère physique simple pour déterminer la condition de perte de stabilité d'un solide et donc de fusion. F. A. Lindemann a proposé un modèle simple de la fusion en 1910 qui conduit à un tel critère. Le modèle de Lindemann repose sur le constat empirique que lorsqu'on élève la température d'un solide, l'amplitude de vibration de ses atomes autour de leur position d'équilibre, croît avec la température. Lindemann a fait l'hypothèse que lorsque cette amplitude du déplacement des atomes atteint une certaine fraction de la distance interatomique dans le réseau, le solide fond. Ce modèle est évidemment très simple, voire simpliste, et l'on peut penser qu'il s'applique à des solides monoatomiques comme les métaux.

On peut partir d'ailleurs de la description d'un solide à l'aide du modèle d'Einstein qui permet de calculer la chaleur spécifique d'un solide à l'aide de la physique statistique. Si les atomes vibrent indépendamment des autres dans le réseau à la même fréquence ν, supposant $kT > h_\nu$, l'énergie moyenne $<\varepsilon_x>$ de vibration dans la direction x donnée par la relation de Planck est $<\varepsilon_x> = kT$.

Si l'on désigne par A l'amplitude de vibration des atomes autour de leur position d'équilibre et par K_ν la constante de rappel qui caractérise les atomes dans un modèle d'oscillateur harmonique on sait que :

$$<\varepsilon_x> = K_\nu A^2 \tag{3.5}$$

Si l'on suppose avec Lindemann que le solide fond à la température T_f telle que $A = f a_0$, où a_0 est la distance interatomique dans le réseau et f une constante caractéristique du solide, on a alors la condition pour la fusion du solide :

$$kT_f = K_\nu f^2 a_0^2 \tag{3.6}$$

Si Θ_E est la température d'Einstein du solide, m la masse des atomes, sachant que $h\nu = k\,\Theta_E$ et $\nu = 1/2\pi(2\,K_\nu/m)^{1/2}$, la condition (3.6) se récrit :

$$f^2 = 2\left(\frac{h}{2\pi}\right)^2 \frac{T_f}{k\Theta_E^2 m a_0^2} \tag{3.7}$$

Lindemann a formulé l'hypothèse que le facteur f doit être constant pour tous les solides ayant la même structure cristalline. On a représenté sur le tableau 3.2 des données pour des solides cristallins monoatomiques de symétrie c.f.c. ; on constate que f est pratiquement constant et l'on peut prendre pour f la valeur moyenne 0,07.

Le critère de Lindemann a l'avantage de la simplicité et il semble bien s'appliquer à des systèmes cristallins monoatomiques. Cependant, il ne fournit aucune explication

TABLEAU 3.2 PARAMÈTRE DE LINDEMANN.

On a porté sur ce tableau pour des solides monocristallins la distance interatomique, les températures de fusion T_f et d'Einstein Θ_E. On constate que $f \sim 0{,}07$.

Élément	a_0 (10^{-10}m)	T_f (K)	Θ_E (K)	$f\ 10^{-2}$
Ne	3,16	24	50	6,8
Ar	3,76	84	60	6,3
Xe	4,34	161	40	6,3
Pb	3,50	600	58	8,2
Al	2,86	933	326	6,2
Cu	2,56	1 356	240	7,4
Pt	2,77	2 044	149	7,7

fondamentale au phénomène de fusion : pourquoi la structure solide perd-elle sa stabilité brutalement à une température T_f qui est celle de la fusion ? Ce phénomène, il faut le rappeler, est pratiquement « instantané » car la fusion se produit souvent sur une plage de température relativement étroite au voisinage de T_f. Bien évidemment le modèle de Lindemann simplifie considérablement la description de l'état physique du solide en supposant que chaque atome a la même énergie kT_f à la fusion.

Il faut cependant souligner, qu'en dépit de son caractère simplificateur, le critère de Lindemann est utile car il permet de tester les théories modernes de la fusion dont aucune d'ailleurs n'est satisfaisante. M. Born a proposé, en 1939, un autre critère simple de nature voisine : la fusion serait déclenchée lorsque le module de cisaillement du solide s'annulerait. Le solide serait alors incapable de résister à des forces de cisaillement infinitésimales qui lui imposeraient des déformations importantes : le solide « coulerait » et ne serait donc plus stable. En fait, on n'a jamais mis en évidence expérimentalement un comportement anormal des modules élastiques d'un solide au voisinage immédiat de la fusion. Ce comportement pourrait s'imaginer si la fusion était une transition de phase du second ordre, ce qui n'est pas le cas. Le modèle de Born n'est donc pas pertinent. Toutefois, on a pu montrer, à l'aide d'une méthode de simulation, que la fusion d'un cristal survenait lorsque le module de cisaillement était proche de zéro.

3.3.2 Le rôle des défauts

D'autres modèles ont été proposés pour tenter d'expliquer le phénomène de fusion. Plusieurs d'entre eux reposent sur l'hypothèse que ce sont des défauts dans la structure cristalline qui constituent en quelque sorte les noyaux ou les centres de déclenchement de la fusion du solide. L'un de ces modèles dû à N.F. Mott et J.K. Mackenzie, proposé en 1957, fait ainsi jouer un rôle privilégié aux **dislocations** existant dans le solide (des défauts dans l'alignement périodique des atomes ou des molécules dans le cristal). Selon ce modèle, la densité de dislocation croît avec la température et au-delà d'une certaine température (correspondant à T_f) cette densité dépasse un seuil critique qui provoque la rupture de la stabilité du cristal et donc sa fusion. Ce modèle ne permet pas de prévoir T_f avec précision et sa valeur prédictive est donc limitée.

Un autre modèle théorique plus satisfaisant et plus ancien, dû à J. Frenkel, explique la fusion d'un cristal par l'existence de trous dans la structure cristalline. Au-delà d'une concentration critique de trous dans sa structure, le solide perdrait sa stabilité et il fondrait. Ce modèle est cohérent avec la théorie des liquides de Frenkel : celle-ci assimile un liquide à un quasi-réseau cristallin constitué par des cellules que peuvent occuper les atomes ou les molécules mais où de très nombreuses cellules restent vacantes, les atomes se déplaçant d'une cellule à l'autre.

Les modèles de Frenkel et de Mott pour la fusion ont été généralisés récemment par H.F. Fecht. Celui-ci suppose que les défauts ponctuels (trous, dislocations, etc.) sont parties intégrantes de la structure cristalline et qu'ils vont la déstabiliser lorsqu'on élève la température. Ces défauts peuvent être introduits par des contraintes mécaniques ou par irradiation.

La thermodynamique des changements de phases permet de mettre en évidence de façon simple le rôle des défauts. Poursuivant le calcul amorcé dans le paragraphe 2.2.3 (Éq. 2.20 et suivantes), on peut montrer que ΔG, la différence d'enthalpie libre entre le liquide et le solide idéal sans défauts, s'écrit, en bonne approximation, dans les métaux purs :

$$\Delta G = 7\Delta S_f \frac{\Delta T T}{T_f + 6T} \tag{3.8}$$

et dans les liquides d'alliages métalliques pouvant former des verres

$$\Delta G = 2\Delta S_f \frac{\Delta T T}{T_f + T} \tag{3.9}$$

ΔS_f est l'entropie de fusion (en général $\Delta S_f = 1{,}1\ k$ par atome pour les métaux purs et 1,5 k pour les composés bimétalliques). $\Delta T = T_f - T$ est le degré de surfusion de liquide et T_f la température de fusion.

Si c est la concentration des défauts dans le solide, la variation ΔG^V d'enthalpie libre du solide associée à ces défauts est alors donnée par l'expression :

$$\Delta G^V = c(\Delta H^V - T\Delta S^V) + kT[c\ln c + (1-c)\ln(1-c)] \tag{3.10}$$

le dernier terme dans cette expression est l'entropie de mélange ; ΔH^V et ΔS^V sont les variations d'enthalpie et d'entropie associées aux défauts.

Si les défauts sont des trous, on peut prendre en général $\Delta H^V = 9{,}28\ kT_f$ par atome ou molécule et $\Delta S^V = 2k$.

On a représenté sur la figure 3.6 les variations de ΔG et de ΔG^V pour différentes concentrations en fonction de T/T_f pour un alliage métallique pouvant former un verre en phase solide. La courbe $\Delta G(T)$ en trait plein correspond à la transition du liquide surfondu avec le solide (à $T = T_f$ $\Delta G = 0$ par définition). La condition thermodynamique pour que l'on obtienne la fusion du cristal avec des trous ne s'écrit plus $\Delta G = 0$ mais :

$$\Delta G^* = \Delta G - \Delta G^V = 0 \tag{3.11}$$

On obtient directement sur le diagramme la température de fusion pour chaque concentration : elle correspond au point d'intersection de $\Delta G(T)$ avec chacune des courbes $\Delta G^V(c)$. Avec ce diagramme, on met tout de suite en évidence le fait que la température de fusion est considérablement abaissée par la présence de défauts ponctuels dans le réseau d'un cristal.

Ce constat est effectué par l'observation des effets des irradiations (en particulier par des rayons γ) sur des métaux : celles-ci abaissent leur température de fusion en créant des défauts ponctuels dans la structure cristalline.

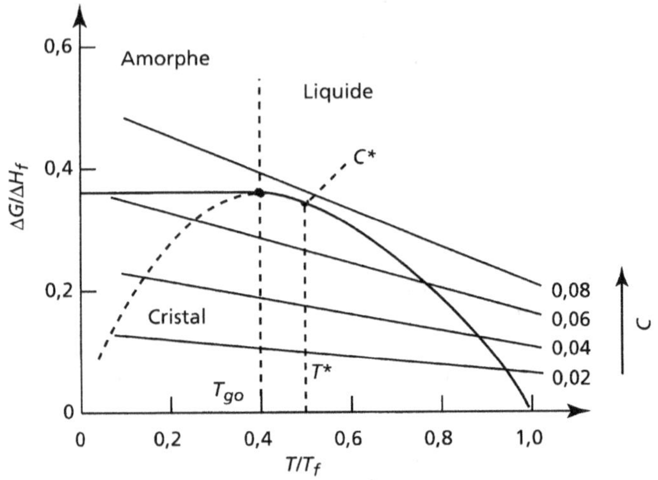

Figure 3.7 Fusion d'un solide avec défauts.

La courbe en traits pleins représente la variation d'enthalpie libre à la fusion du solide idéal, les droites les variations d'enthalpie libre correspondant à la formation de défauts dans le cristal solide pour différentes concentrations c. Le sommet de la courbe est la limite de surfusion du liquide. À T^* on a la limite de surchauffe du solide. On a pris comme référence le solide cristallin idéal ($G = 0$). T_f est la température de fusion en l'absence de défauts. Au-dessous de T_{g0}, le liquide passe à l'état amorphe qui garde les valeurs de l'entropie et de l'enthalpie à T_{g0}. ΔG reste constant et est représenté par une droite horizontale (d'après H.J. Fecht, Nature 356, p. 133-135, 1992, copyright Macmillan, Magazines limited).

On peut calculer les différences d'entropie ΔS et de ΔS^* entre le liquide et le cristal d'une part, et entre le liquide et le cristal avec des défauts d'autre part, à l'aide des relations thermodynamiques :

$$\Delta S = -\frac{\partial \Delta G}{\partial T} \; ; \; \Delta S^* = -\frac{\partial \Delta G^*}{\partial T} \tag{3.12}$$

La limite de surfusion du liquide est atteinte lorsque son entropie devient égale à celle du solide idéal, donc pour $\Delta S = 0$. La température limite T_{g0} correspond sur la figure 3.7 au sommet de la courbe ΔG où la tangente est horizontale. Ce point est la limite de la transition vitreuse. Pour $T < T_{g0}$ le liquide aurait une entropie inférieure à celle du solide. Cette situation n'aurait pas de sens physique, c'est le **paradoxe de Kauzmann**. Pour l'éviter, le liquide surfondu « doit » se solidifier en passant à l'état de verre.

Si l'on considère maintenant la situation inverse, celle du solide avec des défauts, la limite de stabilité du solide (en fait la limite de surchauffe) sera atteinte lorsque les conditions $\Delta G^* = 0$ et $\Delta S^* = 0$ sont simultanément remplies. Sur le diagramme de la figure 3.6, cette situation correspond à la température T^* et à la concentration en défauts c^* pour lesquelles les courbes ΔG^v et ΔG sont tangentes. Les solides correspondant à $c > c^*$ ne sont plus stables. Ce modèle fait l'hypothèse implicite que la concentration des défauts est « gelée » dans le cristal, créant ainsi un état métastable qui peut être comparé à l'état liquide à la même température.

Le point de coordonnées T^*, c^* correspondrait à une transition de phase pour laquelle on aurait $\Delta G^* = 0$ et $\Delta S^* = 0$ et donc $\Delta H^* = 0$. Ce serait une transition sans chaleur latente et donc l'équivalent d'un changement de phase du second ordre. Le diagramme de la figure 3.7 correspondrait à une concentration critique $c^* = 0{,}077$ relativement élevée et difficile à atteindre expérimentalement, y compris par irradiation. Pour un solide « normal » on a plutôt $c \approx 10^{-5}$ au voisinage de T_f.

La partie III de la courbe de fusion de Tammann (Fig. 3.6) met en évidence un phénomène de fusion inversée qui correspondrait à une fusion de solide par abaissement de la température. Ce phénomène a été observé, en l'an 2000 pour la premiere fois semble-t-il, sur un polymère semi-cristallin, le poly-4-méthyl-pentène-l ; il a été mis en évidence par une expérience de diffraction des rayons X réalisée à l'ESRF à Grenoble. Le cristal s'est transformé en une phase amorphe à 4,5 kbar par refroidissement à une température au-dessous de l °C ; en sens inverse (réchauffement), la phase amorphe s'est transformée en solide cristallin. Ce phénomène ne contrevient qu'en apparence au deuxième principe de la thermodynamique selon lequel la phase à basse température est plus ordonnée et possède donc une entropie plus basse que la phase à haute température. En effet, l'augmentation d'entropie correspondant à la fusion inverse du cristal ne concerne que l'entropie de configuration qui est associée à l'ordre de position des molécules dans le réseau. Le système moléculaire possède d'autres degrés de liberté décrits par des observables et qui contribuent aussi à la variation d'entropie (sa diminution lorsqu'on abaisse la température). Il semble ainsi qu'un ordre d'orientation des chaînes de polymères soit maintenu dans la phase amorphe. Le phenomène de « fusion inverse » a été également mis en évidence sur des alliages métalliques, comme par exemple $Nb_{45}Cr_{55}$, par microscopie électronique à transmission à haute résolution (on observe une amorphisation de l'alliage). Les phases amorphes ont été obtenues à pression ordinaire par trempe rapide de la phase cristalline.

3.3.3 Fusion et surface des matériaux

Ni le critère de Lindemann, ni le modèle thermodynamique précédent faisant intervenir la densité de défauts dans le réseau cristallin, n'expliquent réellement pourquoi un solide perd brutalement sa stabilité et fond en passant à l'état liquide. Il semble que tous ces modèles sont compatibles avec le fait que la surface du solide devrait jouer un rôle essentiel dans le processus de déclenchement de la fusion. En effet, les expériences de fusion de petites particules (en particulier celles réalisées par Ph. Buffat et J.P. Borel sur des particules d'or) mettent toutes en évidence un abaissement très important de leur température de fusion (elle peut être abaissée de 30 % environ). On peut interpréter simplement ce phénomène par le fait que l'amplitude de vibration des atomes à la surface d'un solide étant de 1,5 à 2 fois plus élevée que dans sa masse, le critère de Lindemann pour la fusion du solide se trouve *ipso facto* plus vite satisfait.

On peut aussi admettre que l'augmentation de la concentration de défauts (des trous par exemple) dans un solide crée de la surface (les défauts peuvent d'ailleurs se concentrer à la surface du matériau) ce qui favorise sa déstabilisation.

Une série d'évidences expérimentales tendent à conforter l'hypothèse selon laquelle la surface du solide jouerait un rôle essentiel dans la fusion. Ainsi, de petites particules d'argent enrobées d'une couche d'or ont pu être surchauffées jusqu'à une température de 24 K au-dessus de leur point de fusion. De l'argon solide inséré dans une matrice d'aluminium a également été porté à l'état de surchauffe jusqu'à 730 K (ce qui correspond à une surchauffe de près de 650 K) ; dans ce cas, on suit la persistance de la phase solide par son spectre de diffraction d'électrons. Une surchauffe transitoire de l'aluminium a même pu être réalisée sur près de 1 000 K mais pendant une période inférieure à 10^{-9} s. Cette expérience a été réalisée sur des films d'aluminium solide chauffés par des impulsions laser ; la transition était suivie par diffraction d'électrons picoseconde. Dans ce cas, la surchauffe correspond à un état transitoire plutôt qu'à un état métastable.

Ces expériences montrent d'une part que l'on peut obtenir des surchauffes relativement importantes, et d'autre part que la surface joue un rôle important dans le mécanisme qui conduit à la fusion d'un solide. En effet, contrairement à la situation que l'on rencontrait sur des petites particules où l'on observait une « avance » à la fusion, les vibrations des atomes à la surface d'un solide inséré dans une matrice solide sont contraintes et leur amplitude est plus faible que dans le solide totalement libre. Le critère de stabilité de Lindemann n'est donc satisfait qu'à une température plus élevée ; c'est ce que traduit l'observation d'un phénomène de surchauffe sur une plage relativement importante. On peut d'ailleurs estimer le carré moyen des amplitudes de vibration des atomes à partir de l'intensité des spectres de vibration ainsi que la température correspondante. Celle-ci est plus élevée pour un matériau inséré dans une matrice qu'à l'état libre. On déduit immédiatement de (3.7) que T_f est plus élevée et l'on pourra observer une surchauffe.

L'observation de la fusion en surface d'un cristal de plomb plaide en faveur de l'intervention des effets de surface comme facteurs déclenchant la fusion. Dans une expérience de diffusion ionique à la surface du plomb on peut observer que la fusion du métal s'amorce 40 K en-dessous de T_f : la surface commence à fondre et l'épaisseur de la couche fondue s'accroît lorsqu'on se rapproche de T_f, elle atteint une vingtaine de couches à 1 K au-dessous de T_f. Tout se passe comme si la fusion était un phénomène quasi-continu à la surface et dans les couches proches.

L'acquis expérimental actuel et le critère de Lindemann lui-même confortent donc l'hypothèse selon laquelle la fusion est amorcée par une instabilité des vibrations à la surface d'un solide où à l'interface solide-solide.

3.4 LA SOLIDIFICATION

Pas plus que la fusion d'un solide, la solidification d'un liquide n'est justiciable d'une approche théorique satisfaisante susceptible d'expliquer les mécanismes qui sont en jeu et de prévoir les conditions physiques (pression et température) de la transition de phase, les diagrammes de phases pour un très grand nombre de matériaux ainsi que la variation à la transition de variables d'état comme la densité.

La cristallisation d'un liquide est un phénomène d'autant plus complexe qu'elle se traduit par une **brisure de symétrie** : le solide cristallin qui se forme à partir d'un liquide a une certaine symétrie (cubique, cubique à faces centrées, hexagonale, etc.) alors que le liquide isotrope est, lui, invariant par translation. On peut modéliser les cristaux les plus simples en assimilant les atomes qui les constituent à des **sphères**

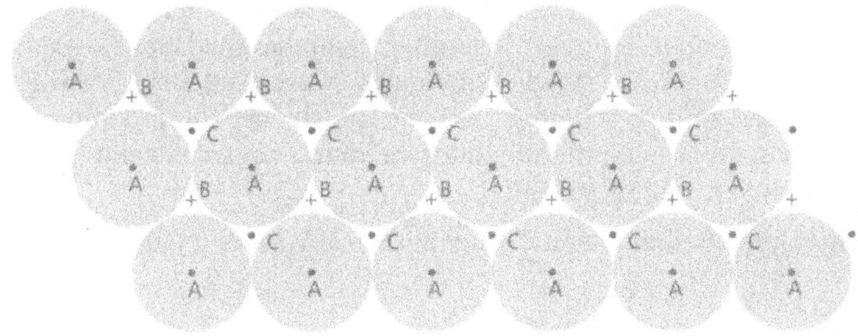

Figure 3.8 Empilement compact de couches de sphères.

On constitue ainsi une phase solide. La première couche correspond aux sphères de centre A. Si la deuxième couche est centrée sur B, la troisième peut l'être sur A ou C, dans le premier cas on aura une symétrie hexagonale compacte, dans le second une structure c.f.c.

dures et en supposant que l'on a empilé ces sphères de façon compacte pour constituer le réseau cristallin. Les « trous » entre points de contact des sphères (Fig. 3.8) sont des sites pour poser une deuxième couche d'atomes et ainsi de suite. On trouve beaucoup de structures cristallines compactes constituées de la sorte dans les solides. Ainsi, 25 % des éléments cristallisent sous forme c.f.c. (la plus compacte), 20 % sous forme hexagonale compacte. On doit noter que ce n'est qu'en 1998 que l'on a pu montrer, grâce à un calcul fait à l'aide d'un ordinateur, que c'est un empilement de sphères dures correspondant à la symétrie c.f.c. qui permet d'obtenir la densité maximum en remplissant 74 % de l'espace. Cette conjecture a été faite par Kepler en 1611.

Dans le cas des métaux qui sont des éléments relativement simples, on a une grande variété de formes cristallines et il est difficile de prévoir le type de cristal que l'on va former à partir de la phase liquide sur la seule base de considérations prenant en compte la taille ou la masse des atomes.

Ainsi, le fer, comme nous l'avons vu, cristallise à pression atmosphérique d'abord sous forme cubique centrée (c.c.), puis il subit une transition dans une phase c.f.c., enfin il repasse à plus basse température en phase cc. Les énergies libres correspondant à ces différentes structures sont très voisines et l'on conçoit que la situation est encore plus complexe pour des matériaux moléculaires, en particulier organiques. On doit tenir compte aussi, bien entendu, du phénomène de nucléation qui amorce la solidification dans un état thermodynamique instable.

3.4.1 Approche théorique de la cristallisation à l'aide des potentiels intermoléculaires

Les progrès enregistrés par les méthodes de la dynamique moléculaire et de Monte-Carlo appliqués aux liquides depuis le début des années 1970 ont permis de tenter une approche de la transition liquide-solide sur cette base. La plupart des traitements théoriques reposent sur le calcul de l'énergie libre du système, la phase stable étant celle à énergie libre la plus basse. À la transition de phase, les potentiels F des deux phases doivent être égaux.

Il est nécessaire, bien sûr, d'introduire une forme de potentiel intermoléculaire pour calculer cette énergie libre. Si Φ est l'énergie potentielle totale des N atomes ou molécules du matériau, elle est une fonction de toutes leurs coordonnées $\boldsymbol{r}$. Si l'on assimile ces particules à des **sphères rigides**, on peut choisir une forme simple du potentiel d'interaction binaire $u_2(r)$ qui interdit toute pénétration des sphère entre elles : $u_2(r) = 0$ si $r > r_0$, $u_2(r) = \infty$ si $r < r_0$, (Fig; 3.9).

On peut aussi prendre un potentiel du type Lennard-Jones donné par Éq. 3.4.

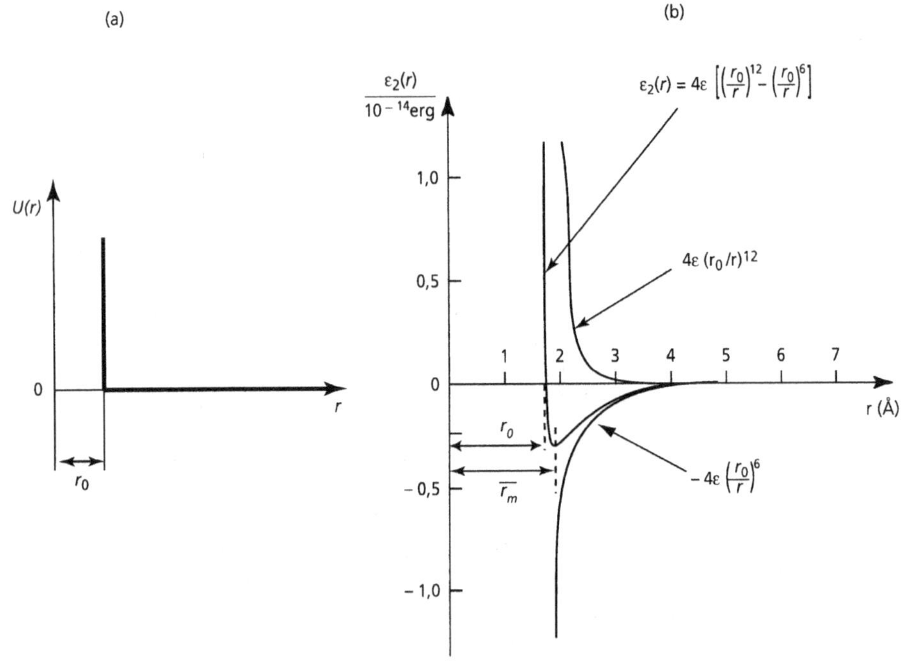

Figure 3.9 Potentiels intermoléculaires.

a) sphères rigides. Pour $r < r_0$ le potentiel d'interaction entre deux molécules est infini, celles-ci se repoussent. Pour $r > r_0$, le potentiel est nul ; **b)** Lennard-Jones donné par Éq. 3.4.

Les approches théoriques les plus récentes pour rendre compte de la solidification consistent en fait à réaliser un calcul de perturbation en partant d'une phase liquide de densité fixée. La densité moyenne d'un solide qui n'est pas uniforme localement est traitée comme si elle correspondait à celle d'un liquide homogène. On considère alors l'énergie libre du système comme une fonction de la densité qui, elle-même, dépend de $\boldsymbol{r}$: on dit que c'est une fonctionnelle de la densité. Cette méthode s'appelle en physique statistique l'approche par la **fonctionnelle de la densité** ; elle a été introduite initialement par Kohn et Hohenberg pour décrire le comportement des électrons dans un cristal.

On calcule les énergies libres des phases liquide et solide. Les conditions thermodynamiques qui permettent d'avoir l'égalité de ces potentiels déterminent le point de solidification. Il est également nécessaire d'introduire dans ce calcul les fonctions d'autocorrélation de la densité des phases et les fonctions de structure S associées (Paragraphe 1.3.3). Ces développements sont dus initialement (pour l'étude des liquides) à Kirkwood, puis à Haymet, Oxtoby, Ramakrishnan et Yussouf. Nous nous contenterons de donner les grandes lignes de ce modèle.

Pour un système de N particules (atomes ou molécules) classiques de masse m, dans un volume V, l'Hamiltonien H_N représentant l'énergie s'écrit :

$$H_N = \sum_{i=1}^{N} \frac{\boldsymbol{p}_i^2}{2m} + V(\boldsymbol{r}_1 \ldots \boldsymbol{r}_N) + \int \rho_m(\boldsymbol{r})\, U(\boldsymbol{r})\, \mathrm{d}\boldsymbol{r} \tag{3.13}$$

où $\boldsymbol{r}_i$ et $\boldsymbol{p}_i$ sont les cordonnées de position et de moment des particules, $U(\boldsymbol{r})$, un potentiel extérieur et

$$\rho_m = \sum_{i=1}^{N} \delta(\boldsymbol{r} - \boldsymbol{r}_i) \tag{3.14}$$

la densité macroscopique.

On introduit la distribution grand canonique et la fonction de grand partition Ξ associée. Le grand potentiel J de la physique statistique est :

$$J = -\,kT \ln \Xi \tag{3.15}$$

avec

$$\left(\Xi = \sum_{N=0}^{\infty} \frac{1}{N!} \int \exp[-\,\beta(H_N - \mu N)] \prod_{i=1}^{N} \frac{\mathrm{d}\boldsymbol{r}_i\, \mathrm{d}\boldsymbol{p}_i}{h^3} \right) \tag{3.16}$$

On a une correspondance entre ces grandeurs et celles de la thermodynamique :

$$J = -\,pV \qquad \frac{pV}{kT} = \ln \Xi = -\,W \tag{3.17}$$

On définira la densité du système inhomogène (solide ou pseudo-liquide) $\rho(\boldsymbol{r})$ comme la valeur moyenne de $\rho_m(\boldsymbol{r})$ calculée avec l'ensemble grand canonique soit

$$\rho(\boldsymbol{r}) = \langle \rho_m(\boldsymbol{r}) \rangle \tag{3.18}$$

On peut alors montrer en calculant la moyenne d'ensemble que $\rho(\boldsymbol{r})$ se met sous la forme :

$$\rho(\boldsymbol{r}, \mu, T) = \frac{e^{\beta\mu}}{\Lambda^3} \exp C(\boldsymbol{r}, \mu, T) \tag{3.19}$$

μ est le potentiel chimique et $\Lambda = h/(2\pi mkT)^{1/2}$ la longueur d'onde thermique de de Broglie.

Dans (3.19), le terme $e^{\beta\mu}/\Lambda^3$ correspond à l'approximation du fluide idéal sans interactions entre particules (gaz parfait), le terme exp $C(\boldsymbol{r}, \mu, T)$ tient compte, lui, de toutes les interactions entre 2, 3..., n particules. $C(\boldsymbol{r}, \mu, T)$ est ici sans dimension (il est rapporté à kT).

Si μ_L, μ_S et T_L, T_S, désignent respectivement les potentiels chimiques et les températures des phases liquide et solide, on peut alors écrire :

$$\rho_L(\mu_L, T_L) = \frac{e^{\beta\mu_L}}{\Lambda^3} \exp\, C_L(\mu_L, T_L) \tag{3.20}$$

$$\rho_S(\mu_S, T_S) = \frac{e^{\beta\mu_S}}{\Lambda^3} \exp C(\boldsymbol{r}, \mu_S, T_S)$$

C_L correspondant à un système homogène, le liquide, ne dépend pas de $\boldsymbol{r}$.

$$\ln \frac{\rho_S}{\rho_L} = \beta(\mu_S - \mu_L) + C(\boldsymbol{r}, \mu_S, T_S) - C_L(\mu, T) \tag{3.21}$$

Sur la courbe de coexistence liquide/solide on a nécessairement $\mu_L = \mu_S$ et $T_L = T_S = T$, d'où :

$$\ln \frac{\rho_S}{\rho_L}(r, \mu, T) = C(\boldsymbol{r}, \mu, T) - C_L(\mu, T) \tag{3.22}$$

$C(\boldsymbol{r}, \mu, T)$ est une fonction de la densité, on peut donc la développer autour de sa valeur C_L correspondant au liquide homogène de densité ρ_0. Elle s'écrit alors :

$$C(r_1) = C_L + \int C(\boldsymbol{r}_1, \boldsymbol{r}_2)\,[\rho(\boldsymbol{r}_2) - \rho_0]\,\mathrm{d}\boldsymbol{r}_2$$
$$+ \frac{1}{2}\int C^{(3)}(\boldsymbol{r}_1, \boldsymbol{r}_2, \boldsymbol{r}_3)\,[\rho(\boldsymbol{r}_2) - \rho_0]\,[\rho(\boldsymbol{r}_3) - \rho_0]\,\mathrm{d}\boldsymbol{r}_2\,\mathrm{d}\boldsymbol{r}_3 \tag{3.23}$$

$C(\boldsymbol{r}_1, \boldsymbol{r}_2)$ est la fonction de corrélation directe du liquide. Pour un liquide homogène et isotrope, elle est invariante par translation et l'on peut écrire :

$$C(\boldsymbol{r}_1, \boldsymbol{r}_2) = C(|\boldsymbol{r}_1 - \boldsymbol{r}_2|)$$

$C^3(\boldsymbol{r}_1, \boldsymbol{r}_2, \boldsymbol{r}_2)$ est la fonction de corrélation directe à trois particules. Les termes $C^2(\boldsymbol{r})$, C^3 et leur suite, tiennent compte de toutes les interactions entre particules, ils dépendent de la structure de la phase liquide.

Au premier ordre on peut écrire :

$$\ln\left[\frac{\rho(\boldsymbol{r}_1)}{\rho_0}\right] = \int C(|\boldsymbol{r}_1 - \boldsymbol{r}_2|)\,[\rho(\boldsymbol{r}_2) - \rho_0]\,\mathrm{d}\boldsymbol{r}_2 \tag{3.24}$$

$\rho_L = \rho_0$ étant la densité du liquide homogène.

Un résultat-clé de la théorie de l'état liquide établit que la transformée de Fourier

$$c(\boldsymbol{k}) = \rho\int e^{i\boldsymbol{kr}}\,C(\boldsymbol{r})\,\mathrm{d}\boldsymbol{r}$$

est directement liée à la fonction de structure $S(\boldsymbol{k})$ du liquide par la relation d'**Ornstein-Zernike** (Annexe 4.B).

$$c(\boldsymbol{k}) = 1 - \frac{1}{S(\boldsymbol{k})} \tag{3.25}$$

On peut atteindre $S(\boldsymbol{k})$, et donc $C(\boldsymbol{k})$, par des expériences de diffraction des rayons X et des neutrons ou par des calculs de simulation.

Introduisant la fonction W donnée par (3.17), reliée au grand potentiel J, la différence ΔW des potentiels thermodynamiques par particule, pour les systèmes non-uniforme W (le solide équivalent à un pseudo-liquide) d'une part, et uniforme W_l d'autre part, s'écrit sous forme d'un développement limité :

$$\Delta W = W - W_1 = \int [\rho(\boldsymbol{r}_1) - \rho_0]\,\mathrm{d}\boldsymbol{r}_1$$
$$+ \frac{1}{2}\int C(\boldsymbol{r}_1, \boldsymbol{r}_2)\,[\rho(\boldsymbol{r}_2) - \rho_0]\,[\rho(\boldsymbol{r}_1) + \rho_0]\,\mathrm{d}\boldsymbol{r}_1\,\mathrm{d}\boldsymbol{r}_2 \tag{3.26}$$

On a négligé dans cette expression les termes du troisième ordre en C^3.

Si l'on suppose que la phase non-uniforme correspond au solide, la densité $\rho(\boldsymbol{r})$ est une fonction de $\boldsymbol{r}$ et on peut la développer en série de Fourier sous la forme :

$$\rho(\boldsymbol{r}) = \rho_0\left[1 + \eta + \sum_n \mu_n\, e^{i\boldsymbol{k}_n\boldsymbol{r}}\right] \tag{3.27}$$

les vecteurs d'onde $\{\boldsymbol{k}_n\}$ correspondant au réseau cristallin réciproque associé au solide, μ_n sont les composantes de Fourier et l'on a posé $\eta = (\rho_S - \rho_0)/\rho_0$, ρ_S étant la densité de la phase solide, η est la variation relative de densité à la transition liquide-solide.

Pour chaque série de vecteurs $\{\boldsymbol{k}_n\}$ on a une structure cristalline spécifique. La forme la plus stable correspond à un minimum des potentiels thermodynamiques (on choisira par exemple $\{\boldsymbol{k}_n\}$ pour un cristal c.f.c., b.c.c., h.c., etc.).

Utilisant les expressions (3.18) et (3.24) et sachant que $\rho_0 = \exp(\beta\mu + C_L)/\Lambda^3$ pour le liquide homogène, on obtient directement :

$$\rho(\boldsymbol{r}_1) = \rho_0\, e^{c_0\eta} \exp\left[\sum_n \mu_n c_n e^{i\boldsymbol{k}_n\boldsymbol{r}_1}\right] \tag{3.28}$$

où $c_n = \rho_0 \int C(\boldsymbol{r})\, e^{i\boldsymbol{k}_n\boldsymbol{r}} d\boldsymbol{r} = c(\boldsymbol{k}_n)$ et $c_0 = \rho_0 \int C(\boldsymbol{r})\, d\boldsymbol{r}$

soit :

$$\ln\left[\frac{\rho(\boldsymbol{r}_1)}{\rho_0}\right] = c_0\eta + \sum_n c_n \mu_n\, e^{i\boldsymbol{k}_n\boldsymbol{r}_1} \tag{3.29}$$

On aura de même :

$$\Delta W = (c_0 - 1)\eta + \frac{1}{2}c_0\eta^2 + \frac{1}{2}\sum_n c_n \mu_n^2 \tag{3.30}$$

On a négligé la contribution du troisième ordre en C^3.

On peut montrer que $c_0 - 1 = -\rho_0 kT\kappa_T^{-1} < 0$. Remarquons que les valeurs $\eta = 0$ et $\mu_n = 0$ sont toujours solutions des équations, en particulier de (3.30), elles correspondent à l'état liquide.

À la transition liquide-solide, on doit avoir $\Delta W = 0$; si $\Delta W < 0$ le solide est alors la phase stable en application du critère de Gibbs-Duhem.

Pour calculer les paramètres de la phase solide (η, μ_n), il faut résoudre l'équation (3.28) de façon self-consistante.

On peut la récrire d'une part en intégrant les deux membres, d'autre part en les multipliant chacun par $\exp(i\, \boldsymbol{k}_j \boldsymbol{r})$ et en les intégrant, ce qui donne :

$$1 + \eta = e^{c_0\eta} V^{-1} \int \exp\left[\sum_n c_n \mu_n \exp(i\boldsymbol{k}_n\boldsymbol{r})\right] d\boldsymbol{r}$$

$$\mu_j = e^{c_0\eta} V^{-1} \int \exp(i\boldsymbol{k}_j\, \boldsymbol{r}) \exp\left[\sum_n c_n \mu_n \exp(i\boldsymbol{k}_n\boldsymbol{r})\right] d\boldsymbol{r} \tag{3.31}$$

Le calcul, pour être mené à son terme, nécessite que l'on détermine $C(\boldsymbol{r})$ en se fixant la forme de potentiel intermoléculaire. On peut faire les calculs en utilisant un potentiel d'interaction $V(\boldsymbol{r}_1, \boldsymbol{r}_2, \boldsymbol{r}_3, \ldots \boldsymbol{r}_n) = 1/2\sum_{i,j}\mu(r_{ij})$ où les potentiels binaires $u(\boldsymbol{r}_{ij})$ peuvent être, par exemple, des potentiels du type sphère rigide ou Lennard-Jones.

On peut aussi déterminer $C(\boldsymbol{r})$ à partir d'une connaissance expérimentale de la fonction de structure $S(\boldsymbol{k})$ (Éq. 3.25) déterminée, par exemple, par diffraction des rayons X et des neutrons (Fig. 3.10).

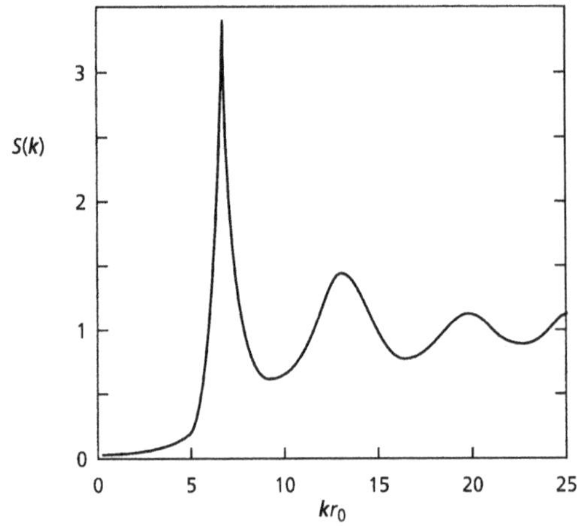

Figure 3.10 Fonction de structure pour un liquide.

On a représenté la fonction de structure $S(\boldsymbol{k})$ pour un liquide calculé par une méthode de simulation en prenant un potentiel de sphères rigides ($u(r) = 0$ pour $r > r_0$). On peut obtenir $S(\boldsymbol{k})$ par une expérience de diffraction des rayons X ou des neutrons (d'après A.D.J. Haymet, J. Chem. Phys. 78, p. 4644, 1983, copyright Am. Inst. Phys.).

On peut calculer $C(\boldsymbol{r})$ en utilisant la méthode de **Percus-Yevick** (Annexe 4.B). Pour un potentiel de sphères rigides on a :

$$-C(r) = \lambda_1 + 6\xi\,\lambda_2\,r + \frac{1}{2}\xi\,\lambda_2\,r^3 \tag{3.32}$$

avec $\lambda_1 = (1+2\xi)(1-\xi)^4$, $\lambda_2 = -\left(1+\frac{1}{2}\xi\right)^2(1-\xi)^{-4}$ et $\xi = \frac{\pi}{6}\rho\,r_0^3$

On en déduit c_0 et c_n par transformation de Fourier. On obtient aussi l'équation d'état :

$$p\rho\beta^{-1} = \frac{1+\xi+\xi^2}{(1-\xi)^3} \tag{3.33}$$

Sur cette base A.D.J. Haymet a déterminé les paramètres pour la solidification d'un liquide de sphères rigides sous la forme d'un cristal de symétrie (c.f.c.). Pour ce faire, il faut résoudre les équations (3.30) et (3.31) avec $\Delta W = 0$ pour la transition et connaissant $C(r)$, et donc c_n, par (3.32). On peut procéder par itération en se donnant une valeur pour la densité ρ_0 du liquide et un jeu de départ pour $\{k_n\}$ et μ_n. Un bon choix pour k_n

consiste à prendre la valeur de k correspondant au vecteur d'onde pour lequel la fonction de structure $S(k)$ possède un pic maximum. La constante a du réseau est choisie de façon à ce que la densité du solide $\rho_S = 4\ a^3$ (pour un réseau c.f.c.) coïncide avec la valeur prédite $\rho_S = \rho_0 (1 + \eta)$.

On a représenté sur la figure (3.11a) les résultats du calcul. La transition solide-liquide à l'équilibre intervient lorsque $\Delta W = 0$ qui correspond dans l'exemple choisi à $\rho = 0{,}976$ (en unité de r_0^3) avec une discontinuité de densité de 6 % à la transition. On ne trouve plus de solution aux équations (c'est-à-dire des valeurs de μ_n) pour $\rho_0 r_0^3 < 0{,}93$, ce qui correspondrait à la limite de métastabilité du solide.

On peut utiliser ce modèle en prenant un potentiel intermoléculaire du type Lennard-Jones. On introduit dans ce cas les variables réduites $T^* = kT/\varepsilon$ et $\rho^* = \rho\ r_0^3$ pour décrire le système. Le diagramme obtenu est représenté sur la figure (3.11b).

Si l'on compare ce résultat avec les mesures sur l'argon ($r_0 = 0{,}34$ nm et $\varepsilon/k = 119$ K), on constate que la variation relative prévue de densité à la transition η est trop faible : elle varie de 13 à 11 % alors que dans la pratique elle est de 18 %.

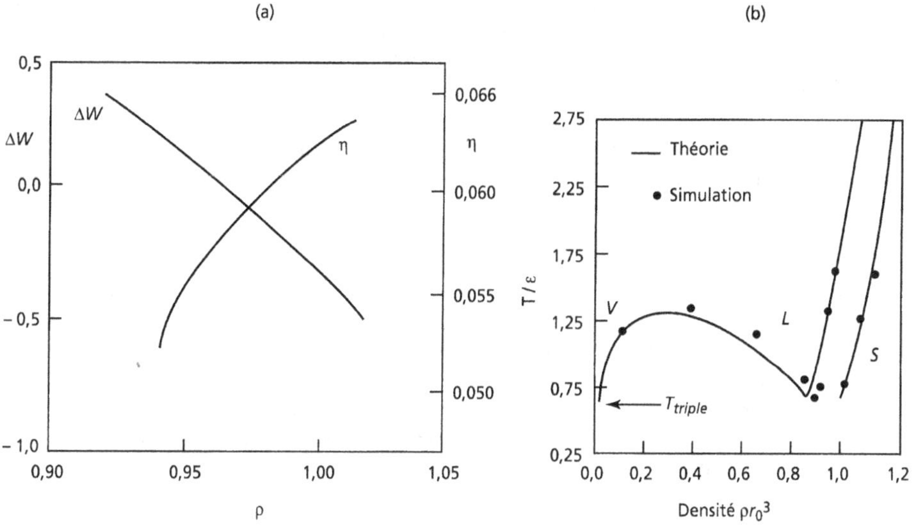

Figure 3.11 Transition liquide-solide.

a) Résultat du calcul en appliquant le modèle de la fonctionnelle de la densité à un système de molécules avec un potentiel de sphères rigides, η donne la discontinuité de densité à la transition liquide-solide (en unités de $\rho\, r_0^3$) (d'après A.D.J. Haymet, J. Chem. Phys. 78, p. 4646, 1983).
b) Résultat d'un calcul pour un potentiel intermoléculaire du type Lennard - Jones. Les points sur le diagramme représentent les résultats d'un calcul de simulation (d'après W.A. Curtin, N.W. Aschcroft, Phys. Rev. Let. 56, p. 2777, 1986, copyright Am. Inst. Phys.).

On peut calculer le paramètre de Lindemann (Éq. 3.7) introduit dans le modèle pour étudier la fusion.

Par définition, on a :

$$f^2 = a_0^{-2} \int r^2 \rho(r) \mathrm{d}r \tag{3.34}$$

Avec un potentiel de sphères dures, on trouve $0{,}059 < f < 0{,}065$, des valeurs assez proches du résultat théorique $f = 0{,}07$ de Lindemann.

En revanche, pour un potentiel de Lennard-Jones, on trouve des valeurs plus élevées : $0{,}075 < f < 0{,}009$. Globalement, la concordance avec le modèle de Lindemann pour la fusion est satisfaisante.

Tous ces modèles fondés sur des calculs de perturbation en choisissant des formes particulières de potentiels d'interaction binaires ont le mérite de prévoir certains types de transition liquide-solide. Toutefois, ils ont échoué jusqu'à récemment dans la tentative de prévision de solidification sous la forme d'un cristal de symétrie c.c. Ils ont le défaut de ne pas donner d'information sur le type de mécanisme déclenchant la cristallisation mais ils mettent bien en évidence le fait que deux phénomènes rentrent en compétition. On voit bien en effet sur la relation (3.30) que lorsqu'on veut abaisser ΔW à partir d'un état liquide (l'état solide correspondant à $\Delta W < 0$) on peut jouer sur les deux premiers termes qui sont négatifs ($c_0 < 0$ et $\eta > 0$) car ils tendent à abaisser W lorsque la température diminue, en revanche le troisième terme est défavorable à la solidification si $c_n > 0$. La solidification apparaît bien comme une compétition entre deux phénomènes : – contraction du liquide – formation d'une structure périodique amorçant la phase solide. Encore une fois, il apparaît que l'eau est un cas particulier ($\eta < 0$) qu'il faut traiter à l'aide d'un autre modèle.

3.4.2 Cas des colloïdes

Les phases colloïdales sont des milieux diphasiques (cf. par exemple 1.4.3) où l'une des phases est dispersée au sein de l'autre. Le modèle théorique précédent où l'on a représenté les interactions entre particules par un potentiel de sphères dures décrit bien un colloïde. On peut obtenir une phase colloïdale, par exemple, avec une émulsion de polyméthyl-méthacrylate produite par polymérisation et stabilisée avec de l'acide poly 12-hydroxystéarique. Une émulsion colloïdale est constituée par des petites particules sphériques d'une taille inférieure au micron et dispersées dans le solvant.

On peut observer la cristallisation d'une phase colloïdale si sa polydispersité est faible (la distribution de la taille des sphères ne doit pas dépasser 10 % de la taille moyenne). Si la fraction volumique du colloïde est suffisamment importante on a une séparation de phase avec d'une part une phase fluide constituée par le solvant, et d'autre part, une phase de microcristaux. Ceux-ci possèdent une distribution spatiale périodique analogue à celle d'un cristal classique que l'on peut mettre en évidence par diffraction de la lumière, car la périodicité du cristal est du même ordre de grandeur que la longueur d'onde de la lumière visible. Ceci explique notamment le phénomène d'irisation observé dans une suspension de silice colloïdale et dans des cristaux d'opale (qui sont une variété de silice).

Les particules colloïdales sont des micro ou des nano-objets et l'on doit choisir une forme du potentiel d'interaction entre les particules rendant compte des forces physiques existant dans le milieu. Pour que le système colloïdal se transforme en cristal stable, il est nécessaire que les charges électriques portées par la surface des particules soient faibles afin que les forces de Coulomb à longue portée le soient elles-mêmes. Si ce n'était pas le cas, les forces de répulsion de nature coulombienne entre les charges électriques s'opposeraient à l'apparition d'un ordre cristallin dans la structure. On a pu montrer que des particules sphériques pouvaient subir une transition désordre/ordre dans un fluide pour une fraction volumique $\phi \approx 0{,}50$. Cette transition a été prévue par des calculs de simulation utilisant un potentiel de sphères dures : c'est la **transition de Kirkwood-Alder.** On a des particules ordonnées dans l'espace au sein d'un fluide (leur espacemant est de l'ordre de leur taille). Cette transition a été observée sur des particules de polystyrène de 720 nm de diamètre ainsi que sur des microbilles de silice sur lesquelles on greffe une molécule fluorescente. Les phases colloïdales constituent de véritables modèles pour étudier la formation de cristaux et de verres.

Le potentiel le plus simple pour décrire ces forces d'interaction a la forme :

$$V(r) = \frac{V_0}{r}\exp(-Kr) \tag{3.35}$$

C'est un potentiel de Yukawa avec la constante d'écran K^{-1} qui donne une bonne description d'un système colloïdal stabilisé par des charges. Toutefois, il perd sa validité si les charges électriques sont trop faibles ou si K^{-1} est trop court car les effets de taille des particules deviennent très importants.

On peut déterminer les diagrammes de phases avec cette forme de $V(r)$ soit par dynamique moléculaire, soit par le calcul des énergies libres des phases. On peut ainsi montrer que la phase fluide cristallise sous forme d'un solide de symétrie c.c. si la charge est élevée ou la longueur d'écran grande. En revanche, si K^{-1} est petit, on forme un cristal de symétrie c.f.c. ; dans ce cas là, le potentiel est à longue portée et équivalent à un potentiel de sphères rigides.

Les cristaux colloïdaux stabilisés par des charges ont des densités de particules très faibles et leur stabilité mécanique est elle-même très faible : leurs modules de cisaillement sont bien plus petits que ceux des cristaux normaux. Ces solides colloïdaux peuvent être aisément détruits par une simple agitation mécanique et ils subissent alors une transition vers une phase liquide métastable.

Ces phénomènes de cristallisation-déstabilisation de systèmes colloïdaux peuvent s'observer par diffusion de la lumière. Les temps de cristallisation caractéristiques des cristaux colloïdaux stabilisés par les charges sont de l'ordre de 1 à 10 s pour les cristaux c.c. ; en revanche, ils sont de plusieurs semaines pour les solides de symétrie c.f.c.

On peut obtenir aussi des structures analogues à des cristaux dans des plasmas au sein desquels on a introduit des particules colloïdales constituées de sphères de mélanine et de formaldéhyde de 7 μ de diamètre. Ces **cristaux plasmatiques** constituent un véritable modèle expérimental pour étudier la transition solide-liquide.

3.4.3 Cristallisation et fusion des polymères

Les polymères sont des molécules géantes, ou macromolécules, formées de plusieurs centaines d'unités individuelles, appelées monomères. Un polymère a la forme d'une chaîne **linéaire** ou **branchée**.

Le polyéthylène, $-(CH_2)_n-$, est l'exemple type du polymère linéaire. On peut également obtenir par synthèse chimique un polyéthylène branché, la chaîne polymérique comportant des groupements latéraux (quelques groupements pour une centaine d'atomes de carbone de la chaîne linéaire). Matériaux de synthèse ou produits naturels (comme les protéines par exemple), les polymères ont connu un développement considérable de leurs applications depuis une cinquantaine d'années.

On a observé depuis longtemps l'existence de phases cristallines dans les polymères. Ainsi constate-t-on qu'une bouteille de lait en plastique (fabriquée avec du polyethylène) est opaque ou tanslucide alors que certains gobelets de plastique (fabriqués en polystyrène) sont, eux, transparents. Cette différence tient à la présence d'une cristallinité dans un matériau en polyéthylène, alors qu'un matériau en polystyrène n'est pas cristallin mais amorphe. La taille des cristaux formés dépend de la nature chimique du polymère, de sa conformation moléculaire et des microstructures qui s'y sont formées. En fait, les polymères se distinguent des structures cristallines habituelles par le caractère semi-cristallin de leurs phases solides : ils sont partiellement à l'état cristallin et en partie à l'état amorphe.

La vitesse de refroidissement d'un polymère fondu est un facteur important qui va déterminer la nature de la phase solide formée : amorphe ou cristalline. Lorsque le polymère passe de l'état liquide à l'état amorphe, il subit une **transition vitreuse** qui se produit à la **température de transition vitreuse** T_g.

La cristallisation d'un polymère comme le polystyrène est un processus en deux étapes : – dans un premier temps les chaînes $(CH_2)_n$ prennent toutes une conformation plane sous la forme d'un zig-zag (les liaisons C-C forment toutes le même angle de 112 °) – dans un second temps les chaînes polymériques se regroupent pour former un jeu de bâtonnets parallèles avec un alignement périodique (Fig 3.13). La structure du cristal peut être plus complexe ; c'est le cas, par exemple, lorsque la chaîne carbonée possède une conformation hélicoïdale, les hélices se regroupent parallèlement les unes aux autres pour former un cristal à trois dimensions (situation rencontrée avec le polytétrafluoroéthylène $(CF_2)_n$.

En fait, dans un polymère semi-cristallin, les phases cristalline et amorphe s'interpénètrent : une même chaîne polymérique qui peut comporter plusieurs milliers d'atomes de carbone appartenant à la fois à des régions amorphes et cristallines (Fig. 3.12).

Comme nous l'avons déjà indiqué (Paragraphe 2.2.5 et Fig. 2.9), la cristallisation d'un polymère à partir d'une phase fondue se produit à partir de noyaux sphériques les **sphérolites**.

On peut mettre en évidence ces structures par microscopie optique en observant un film de matériau plastique non-orienté (par exemple, du polyéthylène ou du polystyrène) entre polariseurs et analyseur croisés (Fig. 3.13). Le diamètre des sphérolites, variable d'un matériau à un autre, est de l'ordre de grandeur de la longueur d'onde de la lumière visible. Par observation au microscope électronique, les sphérolites apparaissent constituées par un ensemble de lamelles disposées autour d'un noyau central. La nucléation du polymère est en général hétérogène car elle se produit à partir d'impuretés présentes dans le polymère fondu.

Le taux de cristallinité (c'est-à-dire la concentration de la phase solide en cristallites) a une grande importance pratique puisque certaines propriétés (mécaniques et optiques notamment) en dépendent fortement. On peut le mesurer en déterminant le volume spécifique des phases ou par diffraction des rayons X.

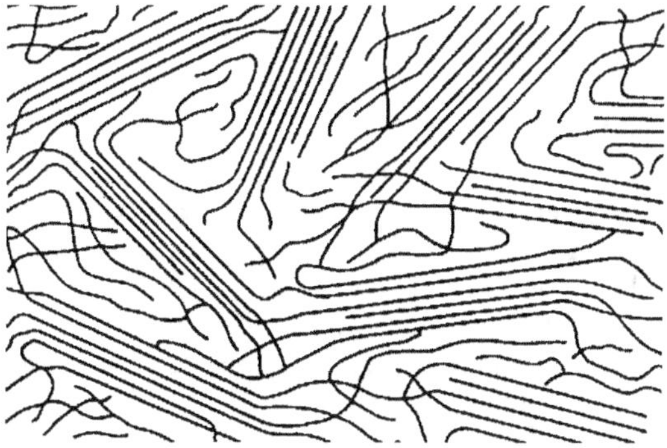

Figure 3.12 Structure d'un polymère solide.

Le solide consiste en un mélange de phases cristallines et amorphes. Les chaînes polymériques sont alignées parallèlement les unes aux autres dans les phases cristallines, elles sont structurées de façon aléatoire dans les phases amorphes. Une même chaîne polymérique peut appartenir à une phase cristalline et à une phase amorphe assurant ainsi la cohésion du solide. On a globalement un état semi-cristallin.

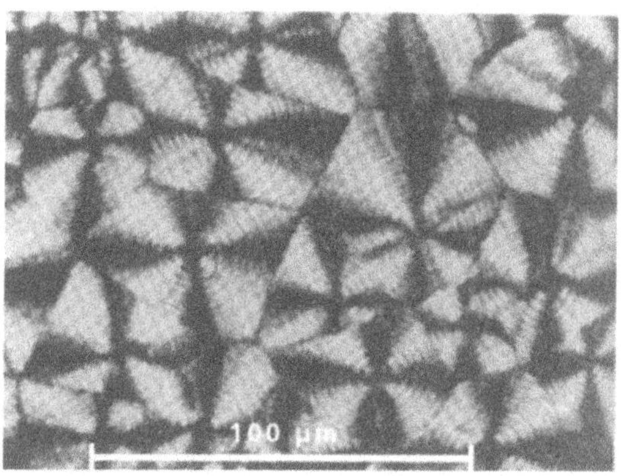

Figure 3.13 Sphérolites dans un polymère.

On observe ces sphérolites qui sont des structures microcristallines dans un film de polymère par microscopie optique entre polariseur et analyseur croisés (échelle 100 μm d'après L. Monnerie, in *La Juste Argile*, p. 228, Les Éditions de Physique, 1995).

La cristallisation d'un polymère s'effectue en général en deux étapes comme dans un processus classique de solidification : – nucléation de germes cristallins – croissance des germes. Ceux-ci sont en général des sphérolites de rayon r qui est une fonction linéaire du temps : $dr/dt = G$ (Éq. 2.51). Si W_l est la masse du polymère restant à l'état liquide à l'instant t et W_0 sa masse initiale. Alors on peut montrer à l'aide du **modèle d'Avrami** que de façon générale :

$$\frac{W_l}{W_0} = \exp(-Kt^n) \tag{3.36}$$

où n est l'**exposant d'Avrami** (Éq. 2.58).

L'équation (3.36) permet de suivre la cristallisation du polymère en mesurant son changement de volume avec le temps. On peut en déduire l'exposant d'Avrami n en déterminant la pente de l'expression $\log(W_l/W_0)$ en fonction de $\log t$. On voit sur la figure 3.14 que dans le cas de la cristallisation du polypropylène son comportement est donné par une équation d'Avrami, du moins au stade initial, avec $2{,}2 < n < 3$. Comme nous l'avons noté antérieurement, cet exposant correspondrait à une nucléation de sphérolites avec un mode diffusionnel ($n = 5/2$).

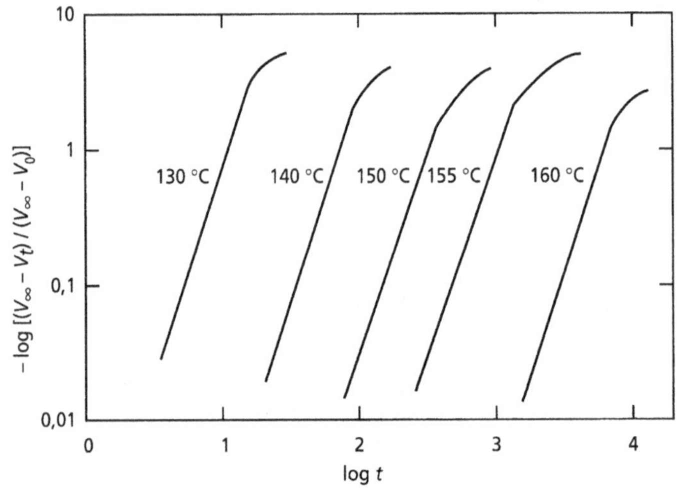

Figure 3.14 Exposant d'Avrami pour la cristallisation d'un polymère.

On a mesuré les volumes V_l, V_t, V_∞ du polymère, le polypropylène, à l'état initial (liquide) à l'instant t (solide et liquide) et pour $t = \infty$ lorsqu'il est entièrement cristallisé. La phase solide est formée de sphérolites dont la nucléation suit une loi d'Avrami avec $2{,}2 < n < 3$ (d'après Parrini et Carrieri, Makromol. Chem. 62, p. 83, 1963).

Un modèle comme celui d'Avrami ne donne évidemment aucune information sur les processus moléculaires mis en jeu dans la cristallisation d'un polymère. Toute théorie de la cristallisation des polymères doit permettre d'expliquer un certain nombre de phénomènes : – les cristaux sont en général lamellaires – les chaînes polymériques sont souvent repliées sur elles-mêmes – les vitesses de croissance des cristaux sont fonctions de la température de la cristallisation et de la masse moléculaire des polymères.

La théorie cinétique la plus élaborée est celle de Hoffman et de Lauritzen ; elle est une extension du modèle de Volmer pour la nucléation. Elle part de l'hypothèse d'un déroulement en deux temps du processus : nucléation-croissance. La croissance du cristal s'opère à partir de la surface préexistante des noyaux (sphérolites) sur laquelle s'agrègent les chaînes polymériques en couches successives (Fig. 3.15). Les chaînes flexibles peuvent se replier sur elles-mêmes ; elles se disposent perpendiculairement à l'axe de la sphérolite.

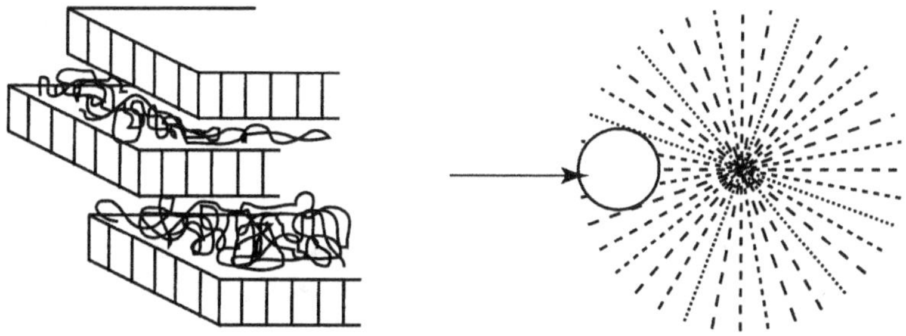

Figure 3.15 Sphérolite de polymère.

Celle-ci est formée de lamelles organisées et de zones amorphes intercalées. Les chaînes sont repliées à l'intérieur des lamelles (Fig. 3.16) perpendiculairement à la direction radiale de la sphérolite.

Si Δg_V est le changement d'enthalpie libre par unité de volume lors de la nucléation d'un cristal initial, γ_e et γ_S étant respectivement les énergies de surface des chaînes de polymères repliées et de chaque lamelle déposée sur une sphérolite (Fig. 3.16), on pourra écrire la variation totale d'enthalpie libre :

$$\Delta G_n = 2b\,l\gamma_s + 2n\,a\,b\,\gamma_e + n\,abl\,\Delta g_v \qquad (3.37)$$

On a déposé n chaînons accolés les uns aux autres sur une longueur l, chaque brin ayant une section droite de surface ab.

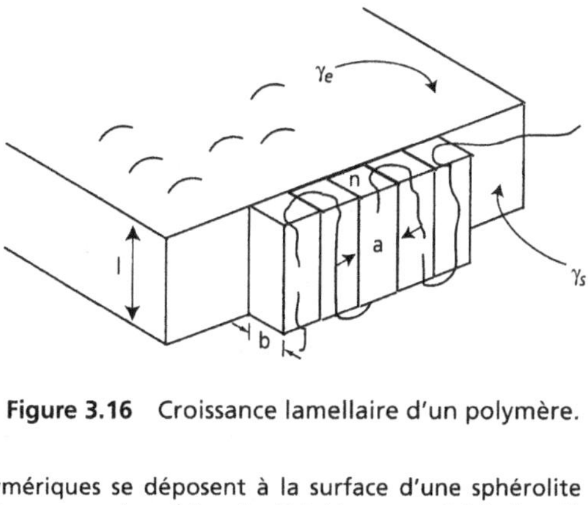

Figure 3.16 Croissance lamellaire d'un polymère.

Les chaînes polymériques se déposent à la surface d'une sphérolite en formant des couches lamellaires successives (d'après, R.J. Young and P.A. Lovell, Introduction to polymers, Chapman and Hall, 1995).

On peut réutiliser pour Δg_V l'expression calculée au paragraphe 2.2.3. Si T_f^0 désigne la température de fusion d'un cristal de polymère en l'absence de surface, L_f, la chaleur de fusion et posant $\Delta T = T_f^0 - T$, $\Delta g_V = - L_f \Delta T / T_f^0$, (3.37) se récrit :

$$\Delta G_n = 2b\,l\gamma_s + 2n\,a\,b\,\gamma_e - n\,abl\,L_f\,\frac{\Delta T}{T_f^0} \tag{3.38}$$

n étant en général grand, on peut négliger le premier terme dans (3.38), on obtient alors une valeur « critique » l_0 de l pour laquelle $\Delta G_n = 0$; le cristal est alors stable pour $l = l_0$:

$$l_0 = \frac{2\gamma_e T_f^0}{L_f\,\Delta T} \tag{3.39}$$

L'épaisseur des lamelles cristallines du polymère est inversement proportionnelle à ΔT, ce qui est bien vérifié expérimentalement.

La fusion d'un polymère se distingue assez nettement de celle des autres cristaux : – on ne peut pas définir une température de fusion unique pour un même matériau dans la mesure où la fusion se produit sur une plage assez large de température ; – la fusion dépend de l'histoire thermique du matériau et en particulier de sa température de cristallisation. On conçoit que ces observations compliquent singulièrement le choix de la température T_f^0 qui intervient dans le modèle précédent de la cristallisation. En fait, on peut estimer T_f^0 par extrapolation en mesurant successivement les températures de fusion d'un cristal solidifié à différentes températures, et donc à des vitesses différentes de refroidissement. T_f^0 correspond à la température de fusion d'un cristal que l'on aurait solidifié infiniment lentement.

En utilisant un modèle analogue au précédent on peut montrer (Exercice 3.4) que :

$$T_f = T_f^0 - 2\gamma_e\,\frac{T_f^0}{lL_f}$$

Comme $L_f > 0$, la température de fusion du cristal sera toujours inférieure à T_f^0 et l'écart par rapport à la température de fusion T_f^0 du cristal idéal, en l'absence de surface (pour $l = \infty$) est inversement proportionnel à son épaisseur ce qui est bien vérifié expérimentalement.

Outre l'histoire thermique du matériau, de nombreux facteurs affectent la fusion d'un polymère. Les facteurs structuraux jouent en particulier un rôle important. Ainsi, la présence de branchements sur la chaîne polymérique tend à abaisser la température de fusion T_f : dans le cas du polyéthylène linéaire $T_f = 138$ °C alors que $T_f = 115$ °C pour le polyéthylène branché. Ces branchements latéraux jouent un rôle analogue à la présence d'impuretés ou de défauts dans une structure cristalline qui tendent à abaisser le point de fusion. On observe par ailleurs des différences relativement importantes dans le comportement à la fusion d'un polymère cristallisé : – le polyéthylène linéaire a une fusion franche : 70 % de la cristallinité disparaît sur une intervalle de température de 3 à 4 °C; – le polyéthylène branché fond sur une plage de température beaucoup plus étalée : 60 % de l'état cristallin disparaît sur une intervalle de près de 40 °C. Le polyéthylène branché subit un phénomène de préfusion 20 à 30 °C au-dessous de son point de fusion ce qui constitue évidemment un sérieux handicap pour l'utilisation technique de ce matériau.

Il faut noter enfin que certains polymères peuvent cristalliser sous l'action de contraintes. Ainsi, le caoutchouc naturel ne cristallise que lentement à la température ambiante ($T_f \approx 35$ °C) mais la cristallisation est très rapide s'il est étiré. Dans ce cas les chaînes polymériques tendent à s'aligner dans la direction de la force appliquée et cet alignement favorise la croissance de cristallites car elle tend à diminuer la variation d'entropie à la cristallisation.

3.4.4 Le cas particulier des métaux de transition

Les métaux de transition forment une famille de la classification périodique des éléments importante par ses applications. On trouve ainsi que la plupart des métaux des trois séries de transition ont une température de fusion très élevée ; c'est le cas, en particulier du tantale (3 017 °C), du tungstène (3 422 °C), du rhénium (3 186 °C) et de l'osmium (3 033 °C) dont les températures de fusion sont toutes supérieures à 3 000 °C. Cette propriété est associée à une valeur relativement élevée de l'énergie de cohésion ; celle-ci est la différence entre l'énergie des atomes du métal, assimilés à un gaz dilué sans énergie cinétique, et celle de ces mêmes atomes constituant un solide. On peut calculer l'énergie de cohésion ε_{coh} dans un métal ; elle est constituée de deux termes : – une contribution de l'élargissement des états atomiques pour former une bande – l'énergie répulsive des atomes. Pour les métaux de transition, la très grande majorité de leurs propriétés physiques s'explique par l'existence d'une bande d'énergie dite bande *d* qui est constituée par des électrons issus des niveaux de symétrie *d* des atomes du solide et qui sautent de site en site. La bande *d* des métaux de transition est relativement étroite. Si Z_d designe le nombre d'électrons de la bande *d* (dix au maximum pour chaque série de transition), on peut montrer que l'énergie de cohésion ε_{coh} est une fonction quadratique de Z_d : $Z_d(1 - Z_d/10)$. Cette fonction a un maximum pour $Z_d = 5$ qui correspond précisément aux cas du rhénium et du tungstène. La température de fusion T_f est elle-même proportionnelle à ε_{coh} et l'on retrouve bien, par la théorie des bandes, le fait que ces deux métaux ont le plus haut point de fusion.

3.5 CRISTALLISATION, FUSION ET INTERFACE

Une transition de phase liquide-solide se déroule en deux étapes comme nous l'avons montré (Paragraphes 2.2.3 et 2.2.4) :

- la formation de germes de la nouvelle phase (la nucléation) ;
- la croissance de ces germes.

Celles-ci font intervenir la surface des noyaux de la nouvelle phase : il faut créer de l'interface pour faire germer des noyaux et leur croissance se produit par l'adjonction d'atomes ou de molécules sur l'interface entre la phase mère et la nouvelle phase. L'exemple des polymères montre que ce processus peut être complexe. La vitesse de croissance des germes (des cristallites par exemple) est une fonction de la probabilité pour les atomes ou les molécules de pouvoir se fixer sur une interface, et la vitesse ou le taux de nucléation *I* est donnée par l'équation (2.33). Les phénomènes interfaciaux jouent donc un rôle essentiel dans la cristallisation et la fusion.

3.5.1 Fusion en surface

On a observé depuis fort longtemps qu'il pourrait exister des films liquides à la surface d'un solide, à des températures très inférieures à celles de son point de fusion (les premières observations ont été faites par Tammann en 1910). Ces phénomènes ont été mis en évidence sur une très grande variété de matériaux (gaz rares à l'état solide, métaux et semi-conducteurs, solides moléculaires) et pour des températures $T \approx 0{,}9T_f$, où T_f est la température de fusion du solide en masse. On suppose aussi que c'est l'existence d'un film liquide très mince à la surface de la glace qui expliqueront que ce solide soit quasiment auto-lubrifié et propice ainsi à la glisse des skis et des patins. La fusion des joints de grains à l'interface entre deux solides est un phénomène analogue.

La **préfusion** d'un solide peut être mise en évidence par des expériences de rétrodiffusion des protons, de diffraction des rayons X, des électrons et des neutrons. Des expériences de ce type ont été réalisées sur le plomb et plus récemment sur de la glace jusqu'à – 183 °C ; elles ont permis de montrer qu'un film liquide d'eau subsiste à la surface de la glace jusqu'à cette température.

Du point de vue thermodynamique, si l'interface entre un solide et sa vapeur est mouillée par la phase liquide, par suite de la préfusion, l'enthalpie libre de cette couche interfaciale est plus basse qu'en l'absence de liquide : celle-ci tend donc à rester en équilibre thermodynamique jusqu'à une température plus basse que le point de fusion du solide. On peut dire que le solide peut abaisser son enthalpie libre en « convertissant » une couche solide en film liquide. L'épaisseur du film liquide qui permet ce nouvel état d'équilibre est celle qui minimise l'enthalpie libre du système. L'enthalpie libre G_f par unité de surface pour l'interface du solide mouillée par un film liquide d'épaisseur d s'écrit :

$$G_f(T, p, d) = \rho_l \mu_l(T, p) d + \gamma(d) \tag{3.41}$$

μ_l et ρ_l sont le potentiel chimique et la densité du liquide en masse (en négligeant la surface) et $\gamma(d)$ la tension superficielle.

Pour $d = 0$, $\gamma = \gamma_{SV}$ (il n'y a plus de liquide) et pour $d = \infty$, $\gamma = \gamma_{LV} + \gamma_{LS}$ (le solide est totalement recouvert de liquide). γ_{LS}, γ_{LV}, γ_{SV} sont des tensions superficielles liquide/solide, liquide/vapeur et solide/vapeur. Posant $\Delta\gamma = \gamma_{LV} + \gamma_{LS} - \gamma_{SV}$ on peut représenter la situation de l'interface par l'équation :

$$\gamma(d) = \Delta\gamma\, f(d) + \gamma_{SV} \tag{3.42}$$

La fonction $f(d)$ qui caractérise les énergies interfaciales varie de 0 à 1 lorsque $0 < d < \infty$.

À l'équilibre thermodynamique, les potentiels chimiques μ_f et μ_S de la couche fondue et du solide doivent être égaux :

$$\mu_f(T, p, d) = \frac{1}{\rho_l}\left(\frac{\partial G_f}{\partial d}\right)_{T,P} = \mu_l(T, p) + \left(\frac{\Delta\gamma}{\rho_1}\right)\left(\frac{\partial f}{\partial d}\right) = \mu_S(T, p) \tag{3.43}$$

(μ_f s'obtient en différentiant G_f par rapport à $\rho_l\, d$).

On retrouve un résultat classique : le terme de surface déplace la courbe d'équilibre liquide-solide. Si (p_0, T_0) désignent les conditions d'équilibre normales des phases liquide et solide en l'absence de surface, on peut alors écrire un développement limité au premier ordre pour $\Delta\mu = \mu_S - \mu_l$:

$$\Delta\mu\,(T,p) = \frac{l_f}{T_0}(T-T_0) - \left(\frac{1}{\rho_l} - \frac{1}{\rho_S}\right)(p_s - p_0) \qquad (3.44)$$

l_f est la chaleur latente de fusion et p_s la nouvelle pression d'équilibre en présence d'un film interfacial.

Utilisant la relation de Clapeyron et introduisant les pentes des courbes de sublimation et de fusion du matériau on en déduit :

$$\Delta\mu = \alpha\, l_f \frac{T-T_0}{T_0} \qquad (3.45)$$

avec :

$$\alpha = \left[1 - \left(\frac{\mathrm{d}p}{\mathrm{d}T}\right)_{SV} \Big/ \left(\frac{\mathrm{d}p}{\mathrm{d}T}\right)_{SL}\right] \qquad (3.46)$$

Comme la pente de la courbe de fusion est très supérieure à celle de sublimation, $\alpha \approx 1$ et l'on peut récrire (3.43) et (3.45) :

$$\Delta\mu = l_f \frac{T-T_0}{T_0} = \frac{\Delta\gamma}{\rho_l}\left(\frac{\partial f}{\partial d}\right) \qquad (3.47)$$

Sachant que les potentiels d'interaction moléculaire qui interviennent dans les énergies interfaciales sont des fonctions qui décroissent de façon quadratique avec l'épaisseur d du film, on peut prendre $f(d) = d^2/(d^2 + \sigma^2)$ où σ est une constante dont l'ordre de grandeur est celui du diamètre des molécules. Posant $t = (T_0 - T)/T$ et supposant $d >> \sigma$, on obtient alors :

$$d = \left(-2\sigma^2 \frac{\Delta\gamma}{\rho_l l_f}\right)^{1/3} t^{-1/3} \qquad (3.48)$$

Si les interactions entre molécules étaient à courte portée, on devrait choisir une loi de variation exponentielle pour $\partial f/\partial d \propto \exp(-cd)$. On obtiendrait alors $d \propto |\ln t|$.

Les deux lois de variations de d montrent que l'épaisseur du film tend à être très importante au voisinage de la température de fusion T_0 et qu'elle diminue selon un loi exponentielle ou logarithmique lorsqu'on s'en éloigne, ce qui est physiquement compréhensible.

Des mesures de chaleur spécifique sur des films de gaz rare absorbés sur un substrat en graphite mettent en évidence le phénomène de préfusion avec l'existence d'une couche liquide en-dessous de la température de fusion T_0.

3.5.2 Effet de taille sur les petites particules

Gibbs a montré que la température de fusion de petites particules solides immergées au sein du liquide est abaissée. C'est l'**effet Gibbs-Thomson** qui résulte de la contribution de l'énergie de surface à l'enthalpie libre qui dépend fortement de la courbure de l'interface.

L'enthalpie libre G d'un solide d'aire A en équilibre avec sa phase liquide mère est donnée par :

$$G = N_S\,\mu_S + N_l\,\mu_l + A\gamma_{Sl} \qquad (3.49)$$

μ_S et μ_l et sont les potentiels chimiques du solide et du liquide, γ_{SL} est la tension superficielle solide/liquide, N_s et N_l le nombre de molécules des phases liquide et solide. Tenant compte de la conservation du nombre total de molécules ($\mathrm{d}N_S + \mathrm{d}N_l = 0$) à l'équilibre on aura un minimum de G par rapport aux variations des nombres de particules :

$$\Delta\mu = \mu_S - \mu_l + \gamma_{Sl}\frac{\mathrm{d}A}{\mathrm{d}N_S} = 0 \tag{3.50}$$

$$\Delta T = \left(\frac{1}{r_1} + \frac{1}{r_2}\right)\frac{\gamma_{SL}\,T_0}{\rho_S\,l_f} \tag{3.51}$$

On peut effectuer un développement limité de $\Delta\mu$ comme dans (3.44). Si r_1 et r_2 sont les rayons de courbure de la surface $dA/dN_S = (1/r_1 + 1/r_2)/\rho_S$, posant $\Delta T = T_0 - T$ on a alors pour une surface sphérique :

$$\Delta T = \frac{2\gamma_{LS}\,T_0}{\rho_S\,l_f\,r} \tag{3.52}$$

(r est positif pour les concavités dirigées vers le solide). On a bien un abaissement du point de fusion mais le nouvel état est métastable. En effet, supposons qu'une particule ait une taille supérieure à celle correspondant à l'équilibre, celle-ci doit alors fondre pour retrouver cette situation mais la fusion requiert l'absorption de chaleur qui va abaisser la température du milieu et du solide et écarter ainsi davantage la particule de son état d'équilibre. La situation est strictement l'inverse pour des particules dont la taille est inférieure à celle de l'équilibre.

Les phénomènes interfaciaux interviennent de façon très importante dans les milieux poreux dans lesquels ils modifient les conditions thermodynamiques de la transition liquide/solide. La température de solidification d'un liquide est abaissée dans un milieu poreux. On peut calculer $|\Delta T|$ à l'aide de Éq. 3.51, mais en tenant compte d'une part de la complexité de la géométrie et d'autre part, du mouillage des parois du système poreux par le liquide. Ces phénomènes interfaciaux jouent également un rôle très important dans les sols où l'on trouve de l'eau à l'état liquide à des températures inférieures à 0 °C.

3.5.3 Le cas singulier de la glace

L'eau, nous l'avons déjà souligné, est une substance dont les phases liquide et solide, la **glace,** ont des propriétés « anormales » :

- l'eau liquide a un maximum de densité à 4 °C ;
- la densité de la glace est inférieure à celle de la phase liquide ($\rho_g = 0{,}920$ g cm^{-3} et $\rho_l = 0{,}997$ g cm^{-3} à 0 °C, $\rho_l = 1$ g cm^{-3} à 4 °C) ;
- la chaleur spécifique C_V de l'eau liquide est particulièrement élevée ($C_V = 75{,}24$ J.K^{-1} mole^{-1} pour H_2O, $C_V = 32$ J.K^{-1} mole^{-1} pour le sodium liquide, $C_V = 22{,}57$ J.K^{-1} mole^{-1} pour le benzène) ;
- la compressibilité isotherme de l'eau liquide a un minimum à 46 °C ;
- la courbe de fusion de la glace a une pente négative (Fig. 1.1).

Les anomalies du comportement des grandeurs thermodynamiques de l'eau s'expliquent par sa structure microscopique très particulière. Les molécules d'eau H_2O ont une forme en « V » avec un angle de 109,5 ° pour H–O–H et elles sont engagées dans des liaisons hydrogène avec leurs voisines : chaque molécule peut participer à quatre liaisons H et former ainsi une structure tridimensionnelle préfigurant celle de la glace. Dans la glace, on a une structure tétraédrique où les atomes d'oxygène sont situés au centre d'un tétraèdre composé de quatre autres atomes d'oxygène dont ils occupent les sommets et à une distance de 0,276 nm (Fig. 3.17). Cette structure caractéristique de l'eau, que l'on ne retrouve pas dans des composés moléculaires à liaison hydrogène comme HF, HCl, pour C_2H_5OH, etc. a été mise en évidence par spectroscopie Raman et par diffusion des neutrons. Les liaisons hydrogène de la phase liquide ne sont pas stables, leur durée de vie est de l'ordre de la picoseconde.

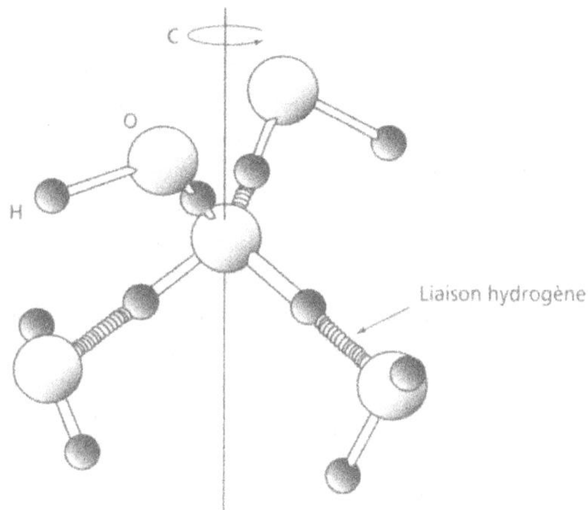

Figure 3.17 Structure de l'eau.

Les molécules H_2O forment une structure tétraédrique : une molécule occupe le centre d'un tétraèdre dont les sommets sont occupés par les atomes d'oxygène. Des liaisons hydrogène sont établies entre la molécule centrale et celles occupant les quatre sommets.

Les liaisons hydrogène tendent à « structurer » la phase liquide de l'eau et peuvent expliquer ses anomalies. On peut faire l'hypothèse que ces liaisons tendent à former un réseau tridimensionnel labile au sein du liquide dont la stabilité tend à s'accroître au voisinage de 0 °C et dans l'état surfondu. Des expériences de diffusion de la lumière, réalisées par J. Leblond et J. Teixeira, ont ainsi mis en évidence une forte croissance de la compressibilité de l'eau surfondue : tout se passe comme s'il existait une limite de métastabilité vers – 45 °C correspondant à un point sur la **spinodale** à l'approche de laquelle les grandeurs thermodynamiques comme la chaleur spécifique C_p et la compressibilité divergeraient.

Le comportement de l'eau au voisinage de 0 °C et dans la phase surfondue a été interprété par J. Teixeira et E. Stanley à l'aide d'un modèle de **percolation** (Paragraphe 2.5.2) : la transition liquide/solide est assimilée à une **gélification**, les liaisons hydrogène jouent le rôle des liaisons dans un modèle de percolation. Ce modèle permet de prévoir les anomalies de densité, de compressibilité et du coefficient de dilatation thermique. Les liaisons hydrogène étant relativement rigides, elles s'opposent dans la glace à la formation d'une structure plus compacte par entassement des molécules, laissant subsister des espaces vides entre celles-ci ; ceci explique que la glace ait une densité plus faible que le liquide. Lorsque la glace fond, une partie du réseau de liaisons hydrogène se disloque, et les contraintes qui permettaient de maintenir une structure plus ouverte et moins compacte dans la glace disparaissent petit à petit ; les espaces vides sont partiellement occupés par des molécules d'eau, ce qui provoque un accroissement de la densité.

D'autres modèles ont été proposés pour expliquer les propriétés anormales de l'eau en faisant intervenir les structures du liquide. L'un deux suppose l'existence de microstructures dans l'eau constituées par des cubes dont les sommets sont occupés par huit molécules d'eau ou par des anneaux formés par quatre molécules reliées les unes aux autres par des liaisons hydrogène (l'énergie de sublimation de la glace 11,7 kcal.mole^{-1} peut être raisonnablement attribuée à la rupture de deux liaisons), on retrouve avec ce modèle la valeur de la chaleur spécifique de l'eau et son comportement. Un troisième modèle suppose l'existence de plusieurs types de populations d'atomes d'oxygène dans l'eau liquide : une molécule est entourée de premiers voisins situés au sommet de la structure tétraédrique (Fig. 3.17), une couche de seconds voisins est à une distance de 0,34 nm et 0,45 nm. Lorsque la température croît, la population des seconds voisins situés à 0,34 nm croît au détriment de celle des autres, augmentant ainsi la densité : on a des structures tétraédriques avec des défauts et avec cinq voisins pour la molécule d'eau occupant le centre du tétraèdre (le nombre de coordination moyen est 4,5).

La glace, quant à elle, existe sous plusieurs formes cristallines (Fig. 1.1) : onze variétés de glace cristalline au total. La forme la plus récente la glace XII, métastable, a été obtenue à une pression de 2 - 6 kbar ; elle serait métastable par rapport à la glace V. Des calculs semblent montrer que la glace XI resterait stable jusqu'à 2 000 K à 4 Mbar, elle a une symétrie hexagonale compacte. On peut aussi obtenir deux variétés de glace amorphe :

- par déposition en phase solide à partir de la phase vapeur ;
- à partir de la glace que l'on fait fondre à haute pression et que l'on solidifie.

Les premiers travaux sur la glace amorphe ont été réalisés en 1984 par O. Mishima, L.D. Calvert et E. Whalley à partir de la glace I à 77 K que l'on fait fondre à 10 kbar, l'eau surfondue se resolidife sous forme de glace amorphe que l'on peut étudier à la pression atmosphérique. La glace amorphe obtenue dans ces conditions a une densité plus élevée ($\rho = 1{,}31$ g cm^{-3} à 77 K et 10 kbar) que celle formée par dépôt en phase vapeur. Réchauffée jusqu'à 125 K et à 1 bar, la glace amorphe à haute densité se transforme irréversiblement en glace amorphe à faible densité ($\rho = 1{,}17$ g cm^{-3}). On peut aussi produire de la glace amorphe en procédant à une hypertrempe de l'eau liquide ($> 10^6$ K s^{-1}), par exemple, en accélérant des gouttelettes d'eau dans une tuyère supersonique et en les projetant sur une plaque de cuivre à 77 K. La température de transition vitreuse de l'eau est d'environ 136 K.

E. Stanley a suggéré, sur la base de calculs de simulation par dynamique moléculaire, que l'existence de variétés de glace amorphe de densités différentes et les anomalies constatées dans l'eau surfondue (en particulier la forte croissance de la compressibilité) ne seraient que la traduction de la coexistence de deux formes différentes d'eau surfondue (à haute et basse densité), la ligne de transition entre ces deux phases liquides se terminant par un point critique. Ceci reste à prouver expérimentalement.

Les transitions structurales du premier ordre sont très fréquentes dans les solides, elles sont, en revanche, extrêmement rares dans les liquides purs. Une transition liquide-liquide a, toutefois, été signalée dans le carbone. Elle a été aussi observée, en l'an 2000, dans le phosphore liquide par diffraction des rayons X (en utilisant une machine pour le rayonnement synchrotron). La transition d'une phase liquide à l'autre a été obtenue à une pression supérieure à 1 GPa. En étudiant les transitions de phase induites par la pression dans le silicium, on a mis en évidence, en 2001, par des mesures de spectroscopie Raman et de diffraction des rayons X, l'existence de deux phases amorphes du silicium (à haute et à basse densités) à des pressions supérieures à 10 GPa. Cette observation suggère l'existence de deux variétes liquides du silicium (de densités différentes) comme pour l'eau.

Les travaux sur l'eau, sous forme liquide et de glace, ont aussi une dimension biologique. L'eau a, en effet, l'inconvenient de se solifidier à 0 °C en se transformant en glace, un materiau avec lequel il est difficile de vivre en permanence. Beaucoup de plantes et d'animaux ont trouvé une parade pour éviter que l'eau, qui est un constituant majeur de leurs cellules, ne gèle avec les conséquences catastrophiques que ce phenomène pourrait representer pour eux (risque d'eclatement des vaisseaux). Ils produisent des cryoprotecteurs qui sont des antigels naturels, ce sont des protéines qui se fixent sur les microcristaux primitifs empêchant l'adhésion de nouvelles molecules d'eau à ces cristaux. La recherche de traces d'eau, en particulier sous forme de glace, sur les planètes du système solaire ou de leurs satellites, est un objectif important de la recherche spatiale. L'existence d'eau pourrait être, en effet, un indice de l'existence de formes de vie primitive sur d'autres planètes. Si l'existence de glace sur Mars semble encore controversée, il est très probable, en revanche, que de la glace existe sur Europe, l'un des satellites de Jupiter.

3.6 DE TRÈS NOMBREUSES APPLICATIONS

De très nombreux processus industriels mettent en œuvre des phénomènes de solidification ou de fusion. On trouve aussi dans la nature des phénomènes naturels impliquant une transition liquide/solide, en particulier les transitions mettant en jeu l'eau sous forme liquide (y compris surfondue), ou solide (glace ou neige), qui jouent un rôle important en météorologie. Dans la croûte terrestre, la fusion ou la cristallisation de nombreuses espèces minérales interviennent aussi dans de nombreux phénomènes géologiques. Ces questions seront abordées spécifiquement dans le dernier chapitre.

3.6.1 Fusion - Solidification en métallurgie

Le traitement thermique d'un matériau joue un rôle clé dans la science des matériaux car il conditionne très largement la relation entre les propriétés et les structures. La trempe des aciers est l'exemple typique du traitement thermique qui permet d'obtenir un métal avec une grande dureté : on passe de la phase austénite à la martensite qui est une phase métastable sursaturée en carbone (Paragraphe 2.4.2).

Dans nombre de traitements métallurgiques, on fait subir au matériau (un métal ou un alliage) une transition de phase dans un état métastable par une opération de trempe à partir d'une haute température et d'une phase solide (c'est le cas pour la martensite). On obtient un résultat analogue par irradiation.

La vitesse de refroidissement de la phase liquide ou solide du matériau est le paramètre-clé de tout processus métallurgique car c'est elle qui va largement déterminer les propriétés physiques du solide, en particulier à travers la taille des microstructures. Elle joue évidemment un rôle essentiel dans toutes les opérations de trempe.

Jusqu'au début des années 1960, on était limité par les traitements classiques qui ne permettaient guère de dépasser des vitesses de 10^3 Ks^{-1}. Aujourd'hui, celles-ci peuvent varier de 17 ordres de grandeur : de 10^{-3} Ks^{-1} à 10^{-4} Ks^{-1} pour de grands lingots en fonte ou en acier à environ 10^{10}–10^{13} Ks^{-1} pour les procédés de fusion-solidification en surface mettant en œuvre un faisceau laser (pour fabriquer des films minces métalliques amorphes par exemple).

Aux deux extrémités de l'échelle des vitesses, la taille des dendrites qui se forment lors de la solidification varie de 5 000 à 200 µ avec des trempes lentes à 5 - 0,01 µ pour les trempes les plus rapides. Les procédés métallurgiques à vitesse de solidification moyenne (1 à 10^3 Ks^{-1}) conduisent à la formation de dendrites de 5 à 50 µm dont on peut homogénéiser la taille par recuit. Ce sont des procédés mis en œuvre dans des opérations de moulage sous pression, et de déposition sur des surfaces.

Au début des années 1960, Duwez a mis au point la technique de trempe dite du « canon ». Elle permet de procéder à la trempe rapide de petites quantités d'alliages liquides en projetant des gouttes de métal fondu à travers un orifice à l'aide d'une onde de choc. Le métal est pratiquement atomisé, il se refroidit puis se solidifie sous forme d'un film mince au contact d'une plaque métallique (méthode du « splat cooling »). Cette technique a permis pour la première fois d'obtenir des vitesses de refroidissement très élevées (de 10^4 Ks^{-1} à 10^{10} Ks^{-1}). Il existe de nombreuses variantes à cette technique notamment toutes les méthodes dites par jet où l'on projette le métal fondu sur un substrat refroidi :

- jet obtenu par centrifugation ;
- jet obtenu sous forme d'un plasma.

Le refroidissement et la trempe peuvent être obtenus par impact de particules de métal fondu sur la surface d'un cylindre refroidi (procédé Alcoa qui permet des vitesses de refroidissement de 10^6 Ks^{-1} – Fig. 3.18a).

L'utilisation des lasers de puissance a permis de faire de nouveaux progrès dans les méthodes de trempe rapide en s'affranchissant de la nécessité de faire fondre complètement le matériau avant la trempe. On peut, en effet, procéder à la fonte locale de la surface d'un matériau (sur une épaisseur de 10 à 1 000 µ) en l'irradiant à l'aide d'un faisceau laser ; celle-ci se resolidifie presque instantanément une fois que l'irradiation a cessé (Fig. 3.18c). Le faisceau laser a une très forte densité d'énergie (de l'ordre de 10^6 W cm^{-2}) concentrée sur un spot de 0,1 à 1 mm de diamètre à la surface (on utilise soit des lasers à impulsions verre-néodyme, soit des lasers continus à CO_2). Cette méthode permet d'obtenir des vitesses de trempe de 10^6 à 10^{13} Ks^{-1}, elle est utilisée pour fabriquer des films métalliques à l'état amorphe (la trempe rapide permet de « court-circuiter » l'étape de la nucléation des cristallites). Une nouvelle méthode utilisant simultanément plusieurs faisceaux de lasers de puissance permet de durcir des revêtements d'alliages métalliques. Le faisceau laser provoque une vaporisation des atomes de la surface créant un plasma de fer (si l'on traite un acier) qui retombent en « pluie » à la surface du métal traité produisant ainsi un réarrangement des atomes à l'échelle du nanomètre. C'est en quelque sorte une « trempe sans-trempe ». L'alternative à ces

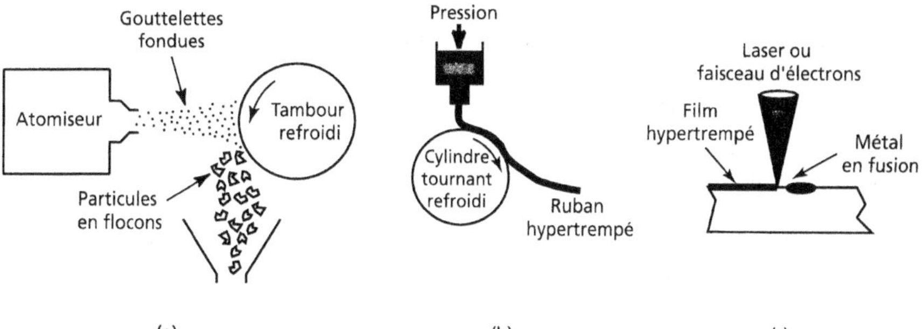

Figure 3.18 Procédés de trempe rapide.

a) Procédé Alcoa : le jet de particules est refroidi au contact d'un tambour, elles forment des flocons solidifiés.
b) Fabrication d'un film mince par projection du métal liquide sous pression sur un cylindre refroidi.
c) Fusion rapide de la surface d'un métal par impact de faisceaux laser ou d'électrons.

procédés consiste à utiliser un faisceau d'électrons pour réaliser la fusion de la surface du matériau. Tous ces procédés ont l'avantage de créer peu de défauts en surface.

On peut s'affranchir aussi d'une part du contact entre le liquide en cours de solidification et une surface extérieure, et d'autre part de la gravitation. C'est l'objectif des expériences de **lévitation** réalisées sur des gouttes métalliques sur lesquelles on peut obtenir une surfusion importante. On peut réaliser la lévitation :

- par une technique électromagnétique (la goutte métallique est suspendue dans un champ électromagnétique) ;
- par ultra-sons ;
- par une technique aérodynamique (la goutte est suspendue dans un écoulement gazeux à grande vitesse).

Dans le champ de pesanteur terrestre il existe toujours un micro-gradient de gravité au sein d'un matériau. On peut s'en affranchir soit en utilisant une tour dans laquelle on laisse tomber une goutte surfondue soit en réalisant une expérience dans une navette spatiale où l'on a une microgravité. Les perspectives d'applications de ces techniques sont probablement très faibles compte tenu, en particulier, de leur coût élevé. La spectroscopie optique et la diffraction des rayons X résolues sur des échelles de temps de l'ordre de la femtoseconde (10^{-15} s) permettent d'étudier des phénomènes de fusion ultrarapide tels ceux obtenus par irradiation laser. Les mesures effectuées sur les semi-conducteurs montrent, en particulier, que plusieurs phénomènes s'enchaînent : – une partie des électrons de la bande de valence sont transférés dans la bande de conduction – les phonons longitudinaux optiques sont excités par transfert d'énergie à partir des electrons. Ces processus déstabilisent le réseau et provoquent sa fusion. La première expérience de ce type a été réalisée sur InSb, dans le cadre d'un programme de recherche européen, avec des rayons X émis par un plasma produit par une puissante impulsion laser (A. Rousse *et al.*).

Notons qu'à l'inverse on a observé l'effet de champs de gravitation élevés sur la croissance cristalline : des cristaux peuvent croître plus rapidement et avec des tailles plus élevées lorsque la gravitation est supérieure à g. Ce phénomène mis en évidence en particulier sur des cristaux de nitrate de plomb reste encore mal compris.

La vitesse de refroidissement du liquide en cours de solidification conditionne aussi l'écoulement du flux de chaleur entre le liquide et son environnement. Quand la solidification s'est amorcée la chaleur est alors transportée du sommet des dendrites vers la phase liquide. Le degré de surfusion conditionne la vitesse de croissance des dendrites et les propriétés de la phase solide.

3.6.2 Mise en forme des polymères

La possibilité de fondre relativement aisément les polymères (leurs points de fusion sont plus bas que celui de la plupart des métaux) facilite toutes les opérations pour leur mise en forme à partir de la phase liquide. Les deux opérations importantes de mise en forme sont l'**extrusion** et le **moulage par injection**. Dans ces deux techniques, le polymère est porté au-dessus de son point de fusion pour le faire passer à l'état liquide.

L'extrusion est le procédé utilisé pour la mise en forme de polymères en continu ; elle permet de fabriquer des matières plastiques ayant une faible section sur une grande longueur (tubes, films, gaines pour câbles, etc.). Le polymère est introduit dans une extrudeuse sous forme de granulés ou de poudre, et acheminé à l'aide d'une vis d'Archimède vers une zone chauffée (Fig. 3.19a). Le polymère fond sous l'effet de cisaillement et de l'apport de chaleur extérieur. La tête de l'extrudeuse est reliée à une filière dont la forme dépend de l'objet à fabriquer (tube, gaine, etc.). La température à l'intérieur de l'extrudeuse varie de 150 °C à 370 °C selon les polymères utilisés (PVC, polyuréthanes, etc.). Le plastique solide obtenu est en général semi-cristallin.

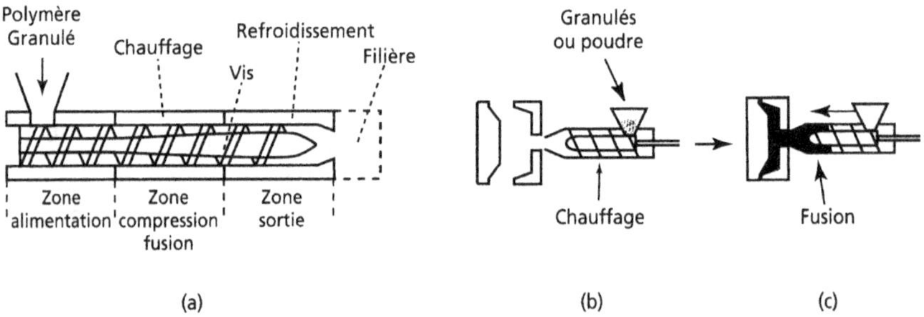

Figure 3.19 Mise en forme de polymères.

a) Procédé par extrusion, le polymère est introduit sous forme de granulés et acheminé par la vis d'Archimède vers une zone chauffée où il fond. La tête de l'extrudeuse est reliée à un filière et la matière plastique est tirée à sa sortie.
b) - c) Moulage par injection. Le polymère est d'abord chauffé et poussé par une vis d'Archimède, il est ensuite injecté dans le moule sous pression.

Le moulage par injection est le procédé le plus utilisé pour la mise en œuvre des polymères. Il consiste à injecter un polymère fondu à l'intérieur d'un moule (Fig. 3.19b-c), il permet de fabriquer des objets de dimensions très variées en grande série (jouets, chaussures de ski, articles de ménage, pare-chocs de voiture, etc.). Comme dans l'extrusion, le polymère est fondu dans le moule, la matière fondue s'accumulant à l'avant de la vis qui agit comme un piston pour injecter le polymère fondu dans le moule. La pièce se forme dans le moule sous une pression pouvant atteindre quelques centaines de bars.

3.6.3 Production des céramiques-frittage

Les céramiques constituent aujourd'hui une vaste catégorie de matériaux aux utilisations multiples. À l'origine, les pièces en céramique étaient fabriquées par cuisson d'une pâte d'argile (l'argile se dit *keramikos* en grec) qui est un composé de silicate d'alumine hydraté et d'autres matériaux. Les céramiques sont utilisées depuis longtemps pour leur dureté, leurs propriétés réfractaires et leur résistance chimique (en particulier à la corrosion). Leur fragilité a cependant constitué un handicap sérieux pour leur utilisation. Les céramiques sont en effet sensibles aux petits défauts et aux fissures qui tendent à se propager au sein du matériau car il est en général formé par des **structures polycristallines**. Il existe aussi des céramiques transparentes qui sont des phases vitreuses, les **vitrocéramiques,** à faible cristallinité.

On a donc tenté de pallier cet inconvénient en élaborant de nouvelles céramiques en particulier avec de nouvelles textures qui améliorent leurs performances mécaniques (résistance à la rupture). On a ainsi réalisé des structures composites :

- associations céramiques/métal (**cermet**) ;
- phases dispersées renforcées par des fibres ou des particules.

Les textures Al_2O_3 (matrice) + ZrO_2 (phase dispersée) et Si_3N_4 (matrice) + SiC (fibres) sont des exemples de ces structures composites.

Toutes les céramiques sont fabriquées à haute température et leur point de fusion est élevé (près de 2 700 °C pour la zircone ZrO_2, 1 500 °C environ pour la porcelaine).

Le caractère polycristallin des céramiques fait jouer un rôle essentiel aux microstructures existant au sein du matériau car leur taille conditionne largement ses propriétés. C'est un problème que nous aborderons dans le chapitre 9.

La porcelaine est fabriquée à partir d'une pâte d'argile que l'on cuit. Celle-ci est hydroplastique, c'est-à-dire que l'eau se fixe entre les particules d'argile, agissant ainsi comme un lubrifiant ce qui facilite leur mise en forme et donc le moulage. À la cuisson, l'un des constituants fond et enrobe les autres assurant ainsi la solidification du matériau. À l'exception de ce type de matériau, la plupart des céramiques sont fabriquées à partir de poudres par une opération de frittage. Celle-ci permet de transformer une poudre en un matériau polycristallin massif dont tous les microcristaux sont en quelque sorte soudés les uns aux autres.

Le frittage met en œuvre une série de phénomènes physiques, mais son mécanisme de base est la diminution de l'énergie libre totale du matériau par abaissement de l'énergie libre associée aux interfaces solide/gaz qui sont réduites par compaction et chauffage. En effet, les particules de la poudre initiale sont compactées sous pression puis portées à haute température (à une température $T \approx 2/3\ T_f$). Dans ces conditions, les atomes diffusent d'une particule à l'autre provoquant la formation de « cols » entre les grains et réduisant ainsi la porosité : c'est le frittage (Fig. 3.20). Les atomes diffusent essentiellement à partir des joints de grains localisés aux cols entre les particules ; les atomes comblent les pores diminuant ainsi les interfaces et l'énergie qui leur est associée.

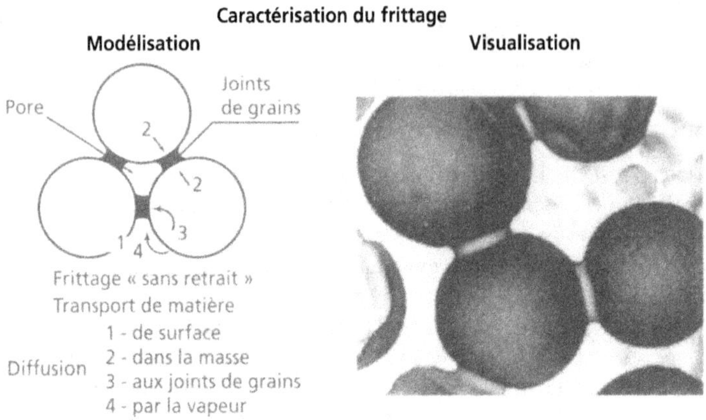

Figure 3.20 Opération de frittage d'une céramique.

On a représenté les mécanismes en jeu dans le frittage d'une céramique fabriquée à partir des grains d'une poudre. **a)** modèle de la structure ; **b)** image microscopie électronique (d'après A. M. Anthony, Laboratoire des Hautes Températures, CNRS).

Le frittage peut également être effectué en présence d'une phase liquide : une petite quantité d'additifs permet de former une phase liquide lorsqu'on élève la température ; on favorise alors la diffusion des atomes et la formation des joints de grains et donc le frittage. Si les matériaux produits sont plus denses, ils sont moins résistants aux températures élevées.

Il existe d'autres techniques d'élaboration des céramiques, par exemple, les procédés de dépôt chimique en phase vapeur (ou CVD, chemical vapor deposition). Le nitrure de silicium Si_3N_4 est aussi fabriqué par réaction chimique en phase vapeur, la céramique se déposant sur un substrat.

Les céramiques à usage technique se sont beaucoup développées ces vingt dernières années car elles peuvent supporter des températures élevées (1 200 - 1 400 ° C) et ainsi être utilisées dans les parties chaudes des moteurs et des turbines à gaz fonctionnant à haute température (1 300 °C). Des matériaux en céramique sont également utilisés comme bouclier thermique pour les engins spatiaux (les navettes spatiales par exemple). La zircone ZrO_2, le nitrure de silicium Si_3N_4 le nitrure de bore, BN, le carbure de silicium SiC, des alliages du type Al_2O_3 - Si_3N_4 (SiAlon) sont des exemples de ces céramiques techniques à hautes performances thermiques et mécaniques (conductivité thermique et coefficient de dilatation thermique faibles).

EXERCICES

3.1 Règle de Richard et Trouton pour la fusion.

On suppose que l'on peut décrire une phase liquide à l'aide d'un modèle de trous : N atomes ou molécules de masse m peuvent occuper tout le volume V du solide en se déplaçant librement, la présence de cellules inoccupées dans la structure (trous) facilite ces déplacements. Dans la phase solide, en revanche, les atomes occupent tous des postions fixées (les sites du réseau) sans permutations possibles. On suppose que le potentiel d'interaction entre atomes est binaire et du type sphère rigide : $u(\boldsymbol{r}_{ij}) = \infty$ si $r_{ij} < r_0$, $u(r_{ij}) = 0$ si $r > r_0$.

1° Calculer les fonctions de partition du solide et du liquide.

2° En déduire la variation d'énergie libre à la transition solide/liquide ainsi que celle de l'enthalpie. On supposera que les potentiels d'interaction sont identiques dans les deux phases. On utilisera la formule de Stirling pour $N\,!$.

3° Trouver une relation simple entre L_f et T_f.

3.2 Sublimation.

On étudie l'équilibre solide/vapeur dans un système constitué par N atomes. Le solide est un cristal où chaque site est occupé par un atome. On désigne par N_s le nombre d'atomes à l'état solide et N_g celui des atomes en phase vapeur. On utilise le modèle d'Einstein pour décrire les vibrations des atomes du cristal : chaque atome oscille dans chaque direction avec une fréquence ν. On désigne par φ l'énergie nécessaire pour extraire un atome du solide.

1° Écrire l'énergie du solide et sa fonction de partition à la température T.

2° Calculer la fonction de partition de la phase vapeur en supposant que c'est un gaz parfait.

3° En déduire l'énergie libre totale puis N_g à l'équilibre. Calculer la pression p du gaz.

3.3 Fusion d'un solide avec des défauts.

On se place dans la situation décrite au paragraphe 3.3.2 d'un solide avec une concentration c de défauts (des trous) au voisinage de la limite de stabilité correspondant à une concentration critique c^* à la température T^*. Les défauts accroissent le désordre dans la structure cristalline et tout se passe comme si on avait une phase hétérogène solide/liquide associée à des fluctuations locales de densité.

1° Calculer Δs^* associée à ces fluctuations et la probabilité de fluctuation w associée en fonction de c.

2° En déduire la variation de w. Comment w se comporte-t-il à T^*, c^* ? Qu'en déduit-on pour le solide ?

3.4 Fusion d'un polymère.

On reprend le modèle de la cristallisation d'un polymère développé au paragraphe 3.4.3 (Fig. 3.15) et l'on étudie la fusion d'une lamelle de polymère. T_f^0 étant la température de fusion lorsqu'on néglige les effets de surface, γ_e étant l'énergie superficielle d'une chaîne repliée de longueur l et L_f la chaleur de fusion par unité de volume.

1° Calculer la variation d'enthalpie libre à la fusion.

2° En déduire la température de fusion T_f. Que peut-on en conclure ?

Chapitre 4

Transitions de phases dans les fluides

4.1 L'APPROCHE PAR LES ÉQUATIONS D'ÉTAT

On a pendant très longtemps, au début de la Physique, considéré qu'existaient trois phases, ou états de la matière : le gaz, le liquide et le solide. La transition d'une phase à l'autre se produit à une température et à une pression données correspondant à un état physique qui possède l'énergie libre F la plus basse.

Dans le cas de fluides simples il existe trois transitions de phases : – la transition liquide/vapeur (ébullition et condensation) ; – la transition liquide/solide (fusion et solidification) ; – la sublimation qui correspond à une transition solide/vapeur. Si l'on considère un mélange de liquides on observe aussi une transition de démixtion : les différentes phases liquides se séparent. Si plusieurs phases sont présentes à la même température et à la même pression on dit qu'il il y a **coexistence de phases.** La règle des phases de Gibbs permet de déterminer le nombre possible de phases en coexistence.

Dans le cas d'un fluide (liquide ou gaz) on peut décrire son état physique à l'aide des variables pression et température et d'une équation d'état $p = p(V, T)$ qui exprime la pression en fonction du volume et de la température. Cette fonction peut être représentée par une surface dans un espace à trois dimensions (Fig. 4.1). On a représenté sur cette figure plusieurs sections droites de la surface pour différentes températures. La température la plus élevée, T_6, correspond à l'équation d'état la plus simple, celle pour un gaz parfait :

$$pV = nNkT \tag{4.1}$$

N est le nombre d'Avogadro, k la constante de Boltzmann ($R = kN$ est la constante des gaz parfaits) et n le nombre de moles. La relation entre p et V à T fixée, dans l'équation précédente (4.1), représente une hyperbole. En général la relation entre p et V à une température donnée s'appelle une **isotherme** ; on l'obtient par des coupes verticales de la surface par des plans parallèles à l'axe V. À des températures inférieures à T_3, les isothermes ne correspondent plus à un comportement du type gaz parfait et elles comportent une partie rectiligne. Ainsi l'isotherme correspondant à T_2 comporte trois segments. Celui du milieu en pointillés est une ligne droite qui indique que le système va passer entièrement de la phase vapeur à la phase liquide lorsqu'on diminue le volume.

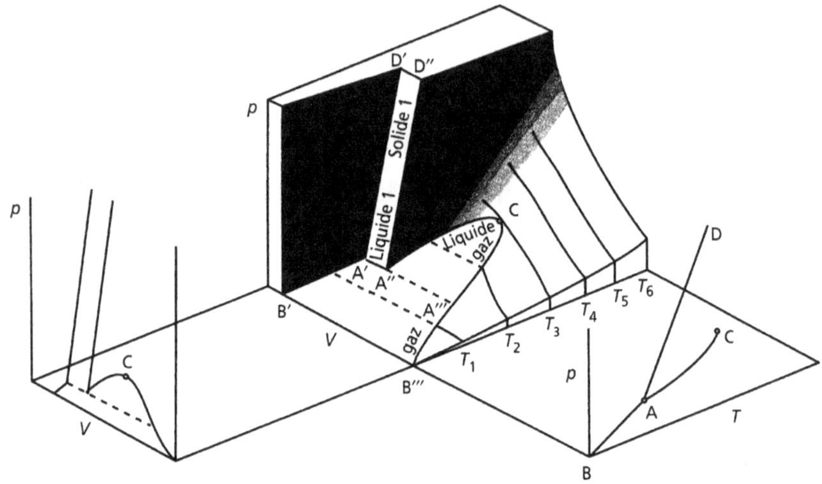

Figure 4.1 Diagramme p, V, T pour une substance pure.

Les surfaces représentent l'équation d'état $p = p(V, T)$. On a représenté plusieurs sections droites pour des températures T_1, T_2, ... ainsi que des projections des courbes de coexistence sur les plans (p, T) et (p, V).

Par projection de la surface qui représente l'équation d'état sur le plan (p, T) on observe que la ligne de coexistence liquide-gaz se projette suivant une ligne qui se termine au **point critique** C. Au point A on obtient une autre branche qui représente la projection de la surface de coexistence liquide-solide. Le point D sur la figure n'est pas un point terminal pour la coexistence liquide-solide (contrairement au point C pour le liquide et le gaz), cette branche s'étend à l'infini. Les coordonnées de pression et de température du point A sont fixes, c'est le **point triple** utilisé comme référence en thermométrie. Au point A on observe trois densités : celles du gaz, du liquide et du solide. Dans la plupart des matériaux la densité du solide est supérieure à celle du liquide, l'eau étant l'une des exceptions (Chapitre 1).

On peut se poser plusieurs questions importantes à propos des fluides comme pour les solides :

1. Pourquoi observe-t-on la coexistence de deux phases pour une pression et une température données ? La raison en est que l'énergie libre est identique pour les deux phases bien que les arrangements spatiaux des molécules soient différents.
2. Comment la transition se produit-elle dans les faits ? On constate la formation de « noyaux » initiaux d'une phase sous la forme de bulles ou de gouttelettes ou de cristallites et il faut donc expliquer leur formation.

3. Peut-on simuler, par exemple avec un ordinateur, des transitions de phases ? Nous donnerons le principe de la méthode.

L'étude des phénomènes de transitions de phases dans les fluides est rendue plus complexe par la présence de plusieurs constituants et donc l'intervention d'une **démixtion,** mais aussi par l'existence de transitions dans des situations de non-équilibre où il peut se former des verres et des gels auxquels sont consacrés spécifiquement les chapitres cinq et six. La polymérisation au sein d'une phase liquide est un autre sujet en soi, que nous n'abordons pas directement dans ce livre.

Il est clair que les transitions de phases dans les fluides, en particulier dans les liquides, ont de très nombreuses applications industrielles dans des secteurs aussi variés que l'industrie chimique, la métallurgie, l'agro-alimentaire et le génie pétrolier. Nous serons conduits à les évoquer lorsqu'elles ont un caractère spécifique.

4.2 LA TRANSITION LIQUIDE-GAZ DANS LES FLUIDES SIMPLES

4.2.1 Équation d'état de van der Waals

C'est van der Waals qui a proposé le premier, en 1881, une équation d'état susceptible de décrire la transition d'un gaz à un liquide. Il a modifié l'équation (4.1) en y remplaçant V par $V - Nb$ et p par $p + N^2 a/V^2$. La première modification tient compte du fait que le volume disponible pour chaque molécule doit être diminué du volume qu'occupent déjà les $N - 1 \cong N$ molécules présentes dans le volume V, en raisonnant ici sur une mole, $n = 1$ (en fait van der Waals a montré que b est quatre fois le volume d'une molécule individuelle). La seconde modification provient de la prise en compte de l'attraction à longue portée des autres molécules. Pour les molécules d'un liquide contenu dans un récipient, les forces d'attraction se compensent et s'annulent pour les molécules situées au sein du volume de liquide, mais celles qui sont situées à la surface du liquide ne sont soumises qu'à des forces de la part des molécules qui sont au-dessous de cette surface. Ces forces non compensées ont une résultante dirigée vers l'intérieur du liquide qui donne une contribution supplémentaire à la pression.

D'où l'équation dite de van der Waals :

$$\left(p + \frac{N^2 a}{V^2}\right)(V - Nb) = RT \tag{4.2}$$

Celle-ci comporte deux constantes : b qui est de l'ordre du volume des molécules individuelles et a représentant l'interaction attractive.

Cette équation a trois caractéristiques essentielles : – elle permet de représenter les isothermes que l'on peut trouver expérimentalement, bien que cette représentation ne soit pas totalement conforme à la réalité expérimentale ; – du point de vue mathématique c'est une équation du troisième degré qui permet d'obtenir la transition de phase liquide/gaz ; – elle permet d'obtenir, notamment, la loi des **états correspondants** comme nous le montrerons.

L'équation de van der Waals ne représente que de façon incomplète la réalité, elle ne saurait être comparée, de ce point de vue, à d'autres lois de la physique comme les équations de Newton ou de Maxwell. Dans l'ancienne littérature technique, on trouve plusieurs équations d'état empiriques avec des polynomes (comportant vingt paramètres pour l'éthylène) traduisant le résultat de nombreuses mesures. On doit constater que l'équation de van der Waals reproduit remarquablement bien cette surface, en utilisant le point critique pour déterminer a et b sauf, toutefois, au voisinage du point critique et à basse température. La règle de Maxwell complète l'équation de van der Waals et permet d'obtenir la région de coexistence des phases (*cf.* section 4.2.2).

Rappelons que l'on détermine la composition des phases du fluide dans la zone de coexistence à l'aide de la règle de Maxwell (Paragraphe 4.3.2). C'est surtout au voisinage du point critique et à basse température que les formes des surfaces diffèrent le plus.

4.2.2 Loi des états correspondants

On peut récrire l'équation (4.2) sous la forme d'une équation cubique en V :

$$pV^3 - N(pb + kT)V^2 + aN^2V - abN^3 = 0 \tag{4.3}$$

Cette équation peut avoir trois racines pour une valeur donnée de la pression p. Celles-ci peuvent être confondues pour donner une racine triple si on récrit (4.3) sous la forme :

$$p_c(V - V_c)^3 = 0 \tag{4.4}$$

pour $p = p_c$ et $T = T_c$. Ceci est possible si :

$$V_c = 3Nb\,, \quad p_c = \frac{1}{27}\frac{a}{b^2}\,, \quad kT_c = \frac{8}{27}\frac{a}{b}$$

L'isotherme critique est une parabole cubique qui a une tangente horizontale au point (p_c, V_c) qui est aussi un point d'inflexion.

Éliminant les constantes a et b, qui sont caractéristiques d'un fluide, l'équation de van der Waals prend alors la forme simple :

$$\frac{p}{p_c} = \frac{8(T/T_c)}{3\left(\frac{V}{V_c}\right) - 1} - \frac{3}{\left(\frac{V}{V_c}\right)^2} \tag{4.5}$$

Introduisant alors les **variables réduites**, $p_r = p/p_c$, $T_r = T/T_c$, $V_r = V/V_c$ définies par référence aux coordonnées critiques p_c, T_c, V_c (4.5) s'écrit alors :

$$p_r = \frac{8T_r}{3V_r - 1} - \frac{3}{V_r^2} \tag{4.6}$$

Cette équation s'interprète simplement : si l'on utilise les coordonnées critiques, l'équation d'état est la même pour tous les fluides et toutes les isothermes coïncident. C'est la situation représentée sur la figure 4.2. C'est ce qu'on appelle la **loi des états correspondants.** Cette loi avait été utilisée par van der Waals pour prévoir la température critique de l'hélium avant même que l'on ait pu atteindre cette basse température ($T_c = 5{,}2$ K, $p_c = 2{,}275$ bar) mais alors que le physicien hollandais Kamerlingh Onnes avait pu déjà tracer les isothermes au-dessus du point critique. Kamerlingh Onnes en comparant les isothermes critiques de l'hélium et de l'hydrogène, en 1907, les avait utilisées pour estimer les températures critiques.

La loi des états correspondants ne s'applique pas uniquement à l'équation de van der Waals, c'est une loi générale que l'on peut déduire par la physique statistique comme

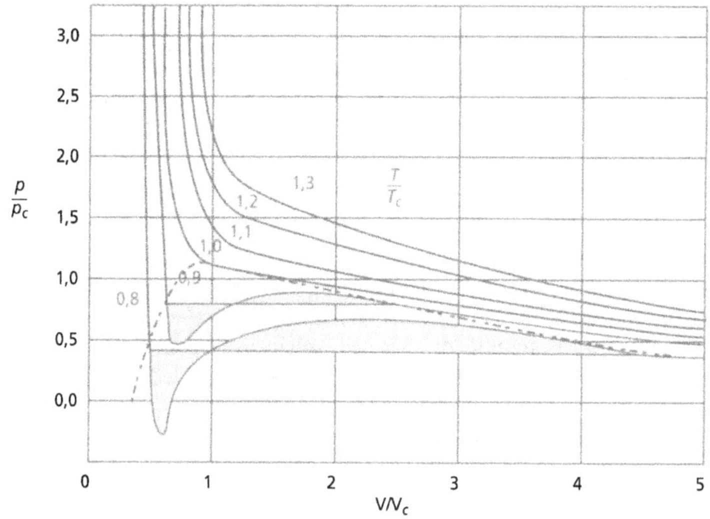

Figure 4.2 Loi des états correspondants.

On a représenté un réseau d'isothermes pour des fluides obéissant à l'équation de van der Waals. On a utilisé des coordonnées réduites p/p_c, T/T_c, V/V_c pour écrire l'équation d'état. Les isothermes sont identiques pour tous les fluides dans la mesure où décrit leur comportement à l'aide de l'équation de van der Waals.

l'ont fait de Boer et Michels en 1938. On suppose pour cela que le potentiel d'interaction moléculaire a la forme $\varepsilon(r) = \varepsilon_0 f(r/r_0)$. ε_0 est une énergie et r_0 une longueur caractéristiques des molécules du milieu, r_0 est par exemple le rayon de répulsion dans un modèle de sphères rigides où la distance à laquelle s'annule le potentiel de Lennard-Jones (Fig. 3.9). Si l'on calcule la fonction de partition correspondant à un système de molécules avec un potentiel tel que $\varepsilon(r)$, on peut montrer que celle-ci s'écrit sous la forme d'une intégrale qui ne dépend que des deux paramètres sans dimension $T^* = kT/\varepsilon_0$ et $V^* = V/(r_0^3 N)$. La pression s'exprime alors aisément à l'aide de la pression réduite $p^* = pr_0^3/\varepsilon_0$ et l'on obtient une équation d'état unique pour tous les fluides dont le potentiel intermoléculaire est décrit par la même fonction f et exprimée à l'aide des variables réduites (Exercice 4.2) : c'est la loi des états correspondants.

Il existe des extensions de la loi des états correspondants. L'une d'elles a été introduite par Lunbeck et de Boer et elle prend en compte, à l'aide d'un troisième paramètre, les corrections introduites par la mécanique quantique en utilisant une méthode de perturbation. L'autre tient compte de la difficulté de décrire les propriétés de la plupart des molécules à l'aide de potentiels sphériques.

Si la loi des états correspondants s'appliquait rigoureusement à une famille de fluides, on devrait trouver que leurs coordonnées critiques exprimées en variables réduites :

$$p_c^* = \frac{r_0^3}{\varepsilon_0} p_c, \quad T_c^* = \frac{kT_c}{\varepsilon_0} \quad \text{et} \quad V_c^* = \frac{V_c}{N_0 r_0^3}$$

où V_c est le volume d'une mole et N_0 le nombre d'Avogadro, devraient être strictement identiques pour tous les fluides. Or, on constate que ceci n'est pas vraiment vérifié même pour une série de fluides relativement simples dont les atomes ou les molécules sont de forme approximativement sphérique ; ainsi : – T_c^* est égal à 0,90 pour H_2, 1,25 pour Ne, 1,29 pour CH_4, 1,31 pour Xe et 1,33 pour N_2 ; – p_c^* est égal à 0,064 pour H_2, 0,111 pour Ne, 0,126 pour CH_4, 0,132 pour Xe et 0,131 pour N_2 ; – V_c^* est égal à 4,30 pour H_2, 3,33 pour Ne, 2,96 pour CH_4, 2,90 pour Xe et 2,96 pour N_2. On observe donc une dispersion relativement importante des valeurs de ces coordonnées critiques.

Ces écarts par rapport à la loi des états correspondants sont encore plus importants pour des molécules non sphériques et polaires comme H_2O et C_2H_5OH, et pour des molécules ayant la forme de chaînes comme les hydrocarbures. Dans ces cas là, comme on peut s'y attendre, les potentiels de symétrie sphérique ne décrivent pas bien la réalité, de même ne peut-on pas bien décrire le comportement de molécules comme CCl_4 par un potentiel de Lennard-Jones fonction de deux paramètres ε_0 et r_0. Une meilleure approximation consiste à ajouter un terme ar au potentiel de Lennard-Jones, ce qui déplace la position du minimum par rapport à r_0. Ceci a conduit Pitzer, en 1955, à introduire un paramètre supplémentaire pour décrire un fluide qui est le **facteur acentrique** ω qui prend en compte le caractère non sphérique du champ de force associé à chaque molécule.

Il est défini par la relation :

$$\omega = -\log_{10}(p^s/p_c) - 1 \qquad (4.7)$$

où p^s est la pression de saturation du fluide à la température T telle que $T/T_c = 0{,}7$ (valeurs choisies qui sont aisément accessibles).

Pitzer avait remarqué que l'on pouvait exprimer la pression de la phase vapeur à la saturation p_r^s en fonction de la température (en variables réduites) à l'aide de la relation empirique suivante qui fait intervenir ω :

$$-\log p_r^s = A - \frac{B}{T_r} + \frac{C}{T_r^2} - \frac{D}{T_r^3} + \omega\,\Delta(T_r) \qquad (4.8)$$

où A, B, C, D sont des constantes et Δ un facteur correctif fonction de $1/T_r$.

Pour les fluides monoatomiques ω est toujours très petit ($\omega = 0{,}001$ pour l'argon), de même pour ceux dont les molécules sont sphériques ($\omega = 0{,}011$ pour CH_4), il est relativement élevé pour des fluides polaires ($\omega = 0{,}344$ pour H_2O et 0,644 pour C_2H_5OH) et les hydrocarbures ($\omega = 0{,}3978$ pour le n-octane).

On détermine le facteur acentrique empiriquement à partir des mesures des pressions de saturation des fluides. Il intervient, comme on le montrera, comme facteur correctif dans les équations d'état.

4.2.3 Comportement près du point critique

La description de la transition de phase liquide-vapeur serait incomplète si l'on ne s'intéressait pas spécifiquement au comportement du fluide au voisinage du point critique C. On introduit, en général, de nouvelles variables réduites :

$$p = (p - p_c)/p_c\,, \qquad V = (V - V_c)/V_c \qquad \text{et} \qquad T = (T - T_c)/T_c$$

qui permettent d'exprimer l'équation d'état de van der Waals sous la forme :

$$\tilde{p}(2+3\tilde{V}) = 8\tilde{T} - \frac{3\tilde{V}^3}{(1+\tilde{V})^2} \tag{4.9}$$

pour étudier le comportement du fluide au voisinage du point critique.

Les études de transitions liquide-gaz près d'un point critique ont conduit à une meilleure compréhension des transitions de phases. Au plan expérimental on observe ainsi qu'un système liquide/gaz devient « laiteux » au voisinage du point critique, c'est le phénomène de l'**opalescence critique** qui est provoqué par la diffusion de la lumière par les inhomogénéités de constante diélectrique au sein du fluide induite par les fluctuations de densité. Ce phénomène a été observé pour la première fois dans CO_2 par Andrews en 1869. On peut calculer ces fluctuations de densité à l'aide de la physique statistique (Exercice 1.4). L'étude expérimentale du comportement d'un fluide au voisinage d'un point critique s'est beaucoup développée à partir des années 1960, en particulier à l'aide des techniques de diffusion de la lumière en utilisant des lasers. Elle a permis de montrer que les isothermes et des courbes analogues déterminées au voisinage immédiat d'un point critique n'obéissaient pas à une équation d'état de van der Waals, par exemple écrite sous la forme (4.9). On ne peut les représenter que par des développements en série mais avec des exposants non entiers. Ce comportement non analytique des grandeurs thermodynamiques est représenté par ce que l'on appelle les **lois d'échelle**. Celles-ci ont conduit à un grand nombre de développements théoriques qui ont permis de mieux comprendre le comportement au voisinage d'un point critique pour une transition de phase.

Ainsi, par exemple, on trouve que l'isotherme critique ($T = T_c$) est beaucoup plus aplatie que ne l'indique le résultat obtenu à partir d'un modèle classique comme (4.9), on l'écrit sous la forme :

$$\tilde{p} = D|\tilde{\rho}|^{\delta} \qquad \tilde{\rho} = (\rho - \rho_c)/\rho_c \quad \rho \text{ étant la densité} \tag{4.10}$$

L'exposant δ, que l'on appelle **exposant critique**, a la valeur $4{,}80 \pm 0{,}02$, alors que l'équation de van der Waals conduit à la valeur 3 comme on peut le constater sur l'équation (4.9). Cet écart entre les valeurs théorique et expérimentale a été mis en évidence pour la première fois, en 1900, par Verschaffelt. On justifie ces lois de puissance par les théories dites de **lois d'échelle**.

Le principe de base de ces lois d'échelle est de substituer à l'énergie libre pour un système à N particules une expression fonction uniquement des paramètres physiques relatifs à $N/2$ particules en changeant les constantes de couplage entre celles-ci et le champ dans lequel elles sont placées. Cette transformation s'appelle une **renormalisation**. Elle peut être répétée un nombre infini de fois. À chaque étape on renormalise les constantes ou les paramètres de couplage entre les particules du système afin que l'énergie libre conserve la même valeur. On peut déduire de ces opérations la valeur des exposants critiques, comme δ, près du point critique. Les valeurs trouvées par cette méthode sont très proches de celles obtenues expérimentalement. Ces méthodes dites du **groupe de renormalisation** ont été introduites initialement par Kadanoff, Widom, Domb et Wilson dans les années 1970. Nous en expliciterons le principe dans le chapitre 7.

Pour conclure sur ce point, on doit souligner que l'étude des lois de comportement critique avec la détermination des exposants critiques est étroitement liée à celle du comportement « coopératif » des molécules du fluide près du point critique. Dans cette zone l'interaction indirecte effective entre les molécules devient à très longue portée en dépit du fait que les potentiels d'interaction directs, comme le potentiel de Lennard-Jones, sont à courte portée. Ceci se traduit dans le comportement de la fonction de corrélation spatiale $\boldsymbol{S(k)}$ qui tend vers l'infini au point critique si $\boldsymbol{k} \to 0$ comme le montrent les lois critiques.

4.3 CONDITIONS THERMODYNAMIQUES DE L'ÉQUILIBRE

4.3.1 Équilibre liquide-gaz

Rappelons qu'il existe trois conditions formelles classiques pour l'équilibre entre différentes phases d'un système : les températures, les pressions et les potentiels chimiques doivent être égaux. Ces trois conditions déterminent la courbe de coexistence, par exemple dans le plan (p, T) qui est la projection de la surface (p, V, T). Chaque phase a un volume spécifique différent (sauf au point critique) : la transition est du premier ordre (Paragraphe 1.2.3).

Si un gaz est enfermé dans un cylindre et que l'on diminue le volume par compression à l'aide d'un piston à température constante, à un certain moment des gouttelettes vont apparaître dans le cylindre : c'est le **point de rosée**. Ce phénomène ne se produit que si la température est suffisamment basse, c'est-à-dire si l'on se trouve au-dessous du point critique. En réduisant davantage le volume, la quantité de gaz va décroître et la quantité de liquide augmenter. Ce processus se déroule à pression constante et le mouvement du piston ne requiert aucun travail. Quand l'espace au-dessous du piston est totalement rempli de liquide, il faudra appliquer une très forte pression pour diminuer le volume de liquide. Le volume pour lequel la vapeur disparaît s'appelle le **point de bulle** car, en relâchant la pression, c'est en ce point que les dernières bulles disparaissent. Cette description d'une expérience de condensation suppose que l'isotherme dans le plan (p, V) a une partie horizontale entre le point V_1 (point de bulle) et le point V_2 (point de rosée) comme indiqué sur la figure 4.3. La condensation se produisant à température et pression constantes, le potentiel thermodynamique $G(p, T, N)$ doit rester constant. Si l'on désigne par N_l le nombre de molécules dans l'état liquide et par N_v le nombre de molécules en phase vapeur, on a alors :

$$G = N\mu = N_l \mu_l + N_v \mu_v \tag{4.11}$$

Ce potentiel reste constant pendant la condensation si :

$$\mu_l = \mu_v \tag{4.12}$$

Cette condition exprime le fait que si une molécule est enlevée de la phase gazeuse et intégrée à la phase liquide (ou inversement), aucune énergie de Gibbs n'est gagnée ou perdue. Tandis que l'énergie dans le liquide est plus basse, l'entropie, en revanche, est plus élevée. Cette condition peut être aisément vérifiée en utilisant la relation $G = F + pV$:

$$F_1 + pV_1 = F_2 + pV_2 \tag{4.13}$$

soit

$$\frac{F_1 - F_2}{V_1 - V_2} = -p = \frac{\partial F}{\partial V} \tag{4.14}$$

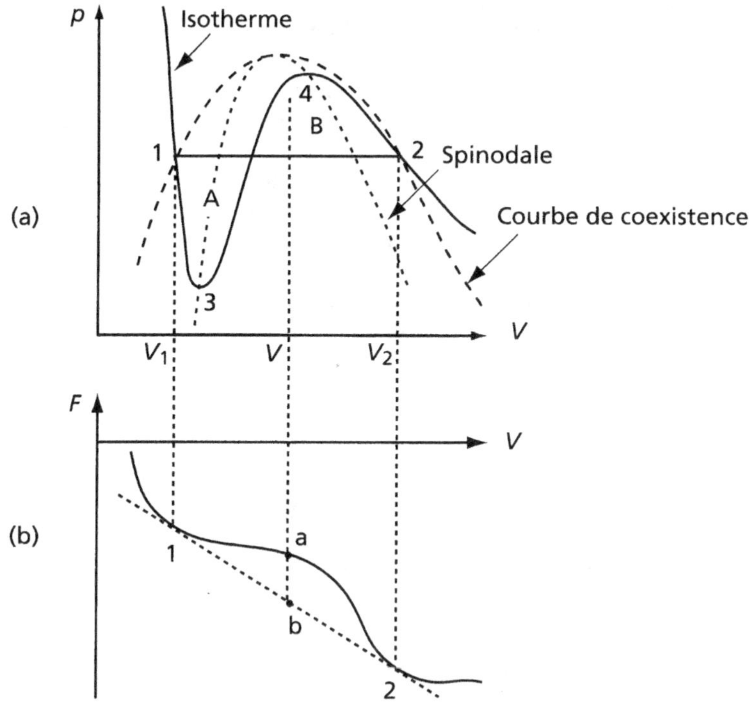

Figure 4.3 Règle de Maxwell et construction de la double tangente.

a) Les points 1 et 2 sont sur la courbe de coexistence, avec l'isobare celle-ci délimite deux surfaces A et B qui ont des aires égales, les points 3 et 4 correspondent à la limite de métastabilité du liquide et de la vapeur, ils sont sur une courbe qui est la spinodale.
b) On obtient l'énergie libre F par intégration $F = -\int p dv$, les points 1 et 2 correspondant à une isobare, ils ont une tangente commune.

Les conditions thermodynamiques pour l'équilibre entre phases liquide et vapeur dans un système à un constituant sont bien les suivantes : les pressions, les températures et les potentiels chimiques doivent être égaux.

4.3.2 La règle de Maxwell

On peut utiliser ces conditions d'équilibre avec l'équation (4.3) de van der Waals qui permet de déterminer la valeur du volume sur une isotherme à une pression donnée. L'équation (4.3) étant du troisième degré en V, elle admet trois racines pour certaines valeurs de la pression et pour $T < T_c = 8a/(27bk)$ comme cela apparaît sur la figure (4.3). Sur une isotherme la pression p à laquelle se produit la transition liquide-vapeur est déterminée par une ligne horizontale disposée de façon à ce que les aires des surfaces comprises entre l'isotherme et l'isobare à p soient égales (Fig. 4.2 aires en grisé) : c'est la **règle de Maxwell** (Exercice 4.5).

Les points 1 et 2 sur l'isotherme représentée sur la figure 4.3 sont sur la courbe de coexistence des phases liquide et gaz que l'on appelle la **binodale**. Les portions d'isotherme comprises respectivement entre les points 1 et 3 et 2 et 4 correspondent à un état thermodynamique métastable, 3 et 4 sont sur une courbe qui est la **spinodale** : c'est le lieu des points représentant les états à la limite de métastabilité ; la tangente à l'isotherme en ces points est horizontale (Paragraphe 1.2.1). La portion de l'isotherme comprise entre les points 3 et 4 ne correspond à aucune réalité physique : le système est instable. Le diagramme de la figure (4.3.b) est la version intégrée $F_T(V)$ du diagramme (4.3.a) : la règle de l'égalité des aires est remplacée par la règle de la tangente commune : pour toute valeur de V située entre V_1 et V_2 le système peut se trouver dans un état à énergie libre plus basse (F_b au lieu de F_a) située sur la tangente commune aux points 1 et 2. Cette ligne (en pointillée sur la figure (4.3.b)) représente une combinaison linéaire du volume V_1 du liquide et du volume V_2 de la vapeur.

4.3.3 Relations de Clausius-Clapeyron et d'Ehrenfest

Quand deux phases d'une substance pure sont en équilibre entre elles, il existe une relation utile et intéressante entre deux situations d'équilibre voisines. Supposons ainsi qu'on est en présence de deux phases liquide et vapeur, α et β, séparées par une interface plane. Les conditions d'équilibre s'écrivent :

$$p^\alpha = p^\beta = p, \qquad T^\alpha = T^\beta = T \tag{4.15}$$

et

$$\mu^\alpha(p, T) = \mu^\beta(p, T) \tag{4.16}$$

Si l'on change la pression et la température de δp et δT, le potentiel chimique peut être développé en série de Taylor au voisinage du point d'équilibre (p_0, T_0) :

$$\begin{aligned}\mu(p, T) &= \mu(p_0, T_0) + \frac{\partial \mu}{\partial p}\,\delta p + \frac{\partial \mu}{\partial T}\,\delta T + \frac{1}{2}\,\frac{\partial^2 \mu}{\partial p^2}\,\delta p^2 \\ &+ \frac{\partial^2 \mu}{\partial p \partial T}\,\delta p\,\delta T + \frac{1}{2}\,\frac{\partial^2 \mu}{\partial T^2}\,\delta T^2\end{aligned} \tag{4.17}$$

où l'on a $\delta p = p - p_0$, $\delta T = T - T_0$. L'équation (4.17) doit s'appliquer à μ^α et μ^β dans les deux membres de (4.16) et à tous les ordres.

Au premier ordre on obtient ainsi :

$$\frac{\partial \mu^\alpha}{\partial p}\,\delta p + \frac{\partial \mu^\alpha}{\partial T}\,\delta T = \frac{\partial \mu^\beta}{\partial p}\,\delta p + \frac{\partial \mu^\beta}{\partial T}\,\delta T \tag{4.18}$$

équation que l'on peut récrire sous la forme :

$$\frac{\delta p}{\delta T} = \frac{s^\alpha - s^\beta}{v^\alpha - v^\beta} \tag{4.19}$$

où $\left(\frac{\partial \mu}{\partial p}\right)_T = v$ est le volume molaire et $\left(\frac{\partial \mu}{\partial T}\right)_p = -s$ l'entropie molaire.

Introduisant la chaleur de transition molaire d'une phase à l'autre $L = T\,(s_\alpha - s_\beta)$, on déduit de l'équation (4.19) la relation de **Clausius-Clapeyron** qui détermine la pente, dans le plan (p, T), de la ligne de coexistence des phases :

$$\frac{\delta p}{\delta T} = \frac{L}{T(v_\alpha - v_\beta)} \tag{4.20}$$

Près du point critique les différences entre les dérivées du premier ordre s'annulent : $s_\alpha \to s_\beta$ et $v_\alpha \to v_\beta$. Cependant, la relation (4.20) demeure valable et la pente $\delta p/\delta T$ reste donc finie. Cette relation s'applique à des situations métastables au-delà du point triple jusqu'à ce que le système devienne instable.

Dans des systèmes binaires liquide-gaz et dans l'hélium superfluide on a affaire à une ligne de points critiques plutôt qu'à un point critique isolé car on a plus d'un degré de liberté. Dans ce cas, on déduit du deuxième terme de la série de Taylor de (4.17) des conditions supplémentaires le long de la ligne critique :

$$\frac{\partial \mu^\alpha}{\partial p} = \frac{\partial \mu^\beta}{\partial p} \tag{4.21}$$

$$\frac{\partial \mu^\alpha}{\partial T} = \frac{\partial \mu^\beta}{\partial T} \tag{4.22}$$

Remplaçant les dérivées du second ordre par la notation $\mu_{pp} = \dfrac{\partial^2 \mu}{\delta p^2}$, etc. et reportant ces équations (4.21 et 4.22) dans (4.17) la condition d'équilibre s'écrit alors :

$$(\Delta\mu_{pp})\,\delta p + (\Delta\mu_{pT})\,\delta T = 0 \tag{4.23}$$

$$(\Delta\mu_{pT})\,\delta p + (\Delta\mu_{TT})\,\delta T = 0 \tag{4.24}$$

où l'on a $\Delta\mu_{pp} = \mu^\alpha{}_{pp} - \mu^\beta{}_{pp}$, etc. Introduisant les coefficients de dilatation : $\alpha = V^{-1}(\partial V/\partial T)_p$, la compressibilité $\kappa_T = -V^{-1}(\partial V/\partial p)_T$ on obtient alors :

$$\frac{\delta p}{\delta T} = \frac{\alpha^\alpha - \alpha^\beta}{K_T^\alpha - K_T^\beta} \tag{4.25}$$

$$\frac{\delta p}{\delta T} = (V_m T)^{-1} \cdot \frac{c_p^\alpha - c_p^\beta}{\alpha^\alpha - \alpha^\beta} \tag{4.26}$$

Ce sont les **équations d'Ehrenfest** pour une transition de phase du second ordre. En identifiant (4.25) et (4.26) on obtient la relation de Prigogine-Defay (Exercice 5.3).

4.4 GRANDES CLASSES D'ÉQUATIONS D'ÉTAT POUR LES FLUIDES

4.4.1 Principes généraux

Les équations d'état pour les fluides sont importantes pour prévoir certaines de leurs propriétés en particulier les conditions thermodynamiques dans lesquelles se produisent des transitions de phases. Leur intérêt n'est pas purement académique, ces équations sont, en effet, utilisées pour prévoir le comportement de fluides dans des systèmes industriels qu'il s'agisse d'une installation en génie chimique, en génie pétrolier ou nucléaire.

4.4.2 Fluide à un constituant

L'équation d'état de van der Waals se trouve, en quelque sorte, à mi-chemin entre le souhait des physiciens « puristes » spécialistes de la physique statistique qui voudraient obtenir une équation d'état en partant du calcul de la fonction de partition, et les partisans d'un traitement heuristique qui partent d'un développement limité sous forme d'un polynôme avec de très nombreux coefficients ajustables (une vingtaine dans le cas de fluides comme l'éthylène) donnant de meilleurs résultats.

De façon très classique, introduisant le **facteur de compressibilité** pour un fluide $Z = pV/RT$ on peut écrire Z sous la forme d'un développement en série :

$$Z = 1 + \frac{B}{V} + \frac{C}{V^2} + \dots \tag{4.27}$$

où B, C, … ne sont, pour un corps pur (une seule substance), que des fonctions de la température et sont appelés deuxième, troisième, … **coefficients du viriel**.

On peut déterminer de façon empirique ces coefficients du viriel et l'on constate que pour des molécules de forme sphérique ils obéissent à la loi des états correspondants. Ils représentent des interactions entre deux, trois, etc. molécules, le calcul devenant très complexe à partir du troisième coefficient.

Strictement parlant, des équations du type (4.27) ne peuvent être considérées comme des équations d'état puisqu'elles comportent un nombre infini de termes dont la plupart ne sont pas calculables, la série ne convergeant pas simplement, Z ne peut pas se mettre sous la forme d'une fonction analytique.

Si l'on se contente, en revanche, d'un nombre limité de coefficients, la série tronquée correspond alors à une **équation d'état du viriel**. Il faut souligner qu'une équation de ce type, limitée au second terme, ne permet de décrire que la phase vapeur et ne rend donc pas compte de la transition vapeur/liquide. Quant à l'équation limitée au troisième terme, si elle permet de décrire les phases liquide et vapeur, elle ne rend pas compte de façon satisfaisante, en revanche, de la transition liquide/vapeur : elle représente une approximation analogue à l'équation de van der Waals.

Si l'on utilise l'équation de van der Waals comme modèle de référence, on constate que celle-ci contient deux ingrédients fondamentaux permettant de prévoir le phénomène de condensation (ou de vaporisation) : le terme de répulsion à courte distance et celui d'attraction aux grandes distances. Le terme répulsif de la forme $RT/(V - b')$ a été introduit à l'aide de l'argument simple selon lequel une partie du volume n'était pas accessible à chaque molécule.

Pour obtenir ce résultat avec le développement du viriel on a besoin d'une série infinie. Le terme attractif, de la forme a'/V^2, introduit par van der Waals pour tenir compte de l'existence de forces non compensées au voisinage de la surface (il est équivalent aussi à une pression interne), conduit avec le précédent à une équation cubique (Éq. 4.3). On trouvera avec l'exercice 4.3 la base statistique du calcul de l'équation de van der Waals. Dans cette équation, le paramètre a', représentant l'attraction entre les molécules, ainsi que le covolume b', sont supposés indépendants de sa température.

Le covolume b' correspond dans un potentiel d'interaction au cœur rigide, à $V = b'$, la pression est infinie et le système est totalement compacté.

L'énergie libre F et la pression p apparaîtront aussi sous la forme de la contribution de deux termes : l'un décrivant la répulsion à courte distance, l'autre l'attraction à grande distance.

4.4.3 Variantes de l'équation de van der Waals

Il existe plusieurs variantes pour traiter la contribution du terme répulsif (la partie sphère rigide du potentiel d'interaction). Scott a testé les différentes équations qui ont été proposées avec un potentiel de sphère rigide en les comparant aux développements du viriel obtenus pour des fluides avec une interaction du type sphère rigide à l'aide d'un ordinateur. Il a ainsi montré que le deuxième coefficient du viriel est toujours le même mais que le troisième coefficient du viriel que l'on obtient à partir de l'équation de **Carnahan-Starling** est bien plus satisfaisant que celui obtenu à partir de l'équation de van der Waals.

Carnahan et Starling, sur la base d'un modèle de sphères rigides pour le potentiel d'interaction et utilisant l'équation de Percus-Yevick (Annexe 4.B) pour le calcul de physique statistique, ont proposé, en 1969, l'expression suivante pour la contribution de sphère rigide à cette forme de potentiel au facteur de compressibilité :

$$Z = 1 + \frac{4\eta - 2\eta^2}{(1-\eta)^3} \quad \text{avec} \quad \eta = \frac{b}{4v} = \frac{v^0}{v} \tag{4.28}$$

v^0 étant le volume propre d'une mole de sphères dures et v le volume molaire du fluide. Si l'on ajoute à cette expression (4.28) celle proposée pour le terme d'attraction, par exemple de la forme a/V^2 (van der Waals), on obtient alors une forme complète pour Z que l'on peut comparer à celle obtenue avec l'équation de van der Waals.

On a pu montrer que les résultats obtenus étaient équivalents à condition de déterminer les paramètres intervenant dans les deux types d'équations sur les mêmes bases empiriques. Néanmoins, les coordonnées critiques calculées par ces équations ne sont pas satisfaisantes.

Ainsi l'équation de **Redlich-Kwong** introduit-elle une dépendance en fonction du volume différente pour le terme attractif :

$$p = \frac{RT}{V-b} - \frac{a/T^{0,5}}{V(V+b)} \tag{4.29}$$

Cette équation a été étudiée en détail par Deiters pour tester son comportement global, c'est-à-dire les différentes formes de diagrammes de phases auxquelles elle conduit lorsqu'on modifie les paramètres a et b. Berthelot a proposé une autre forme d'équation assez semblable :

$$p = \frac{RT}{V-B} - \frac{a}{TV^2} \tag{4.30}$$

Comme on avait constaté que les résultats obtenus à partir d'équations comme (4.29) conduisaient à des écarts importants lorsqu'elles étaient utilisées pour prévoir le comportement d'hydrocarbures légers, des fluides importants dans l'industrie, Soave a remplacé le facteur $a/T^{0,5}$ de (4.29) par le facteur $a\alpha(T)$ avec :

$$\alpha = [1 + (0{,}48 + 1{,}57\omega - 0{,}176\omega^2)(1 - T_r^{0,5})]^2 \tag{4.31}$$

où $T_r = T/T_c$ est la température réduite et ω le facteur acentrique introduit précédemment ; il tient compte du caractère non sphérique des molécules. Le paramètre a est une constante dépendant des coordonnées critiques[1]. C'est l'équation de **Soave-Redlich-Kwong**. Dans l'industrie l'équation d'état la plus utilisée avec la précédente est celle de **Peng-Robinson** :

$$p = \frac{RT}{V-b} - \frac{a(T)}{V(V+b)+b(V-b)} \tag{4.32}$$

Celle-ci donne une meilleure estimation du deuxième coefficient du viriel. Les prévisions qu'elle donne pour les tensions de vapeur et les masses en phase liquide sont bien meilleures que celles obtenues à partir des équations de van der Waals et Soave-Redlich-Kwong. À côté de ces équations cubiques, il existe des équations qui ont une forme tout à fait différente, comme, par exemple, l'équation d'état de Dieterici :

$$pe^{[a/(RT)]} = \frac{RT}{V-b} \tag{4.33}$$

Le facteur de compressibilité critique associé à cette équation a la valeur $Z_c = 0{,}2706$ qui est plus proche de celle observée pour la plupart des hydrocarbures, soit 0,29 (pour l'équation de van der Waals $Z_c = 0{,}375$ comme on peut le voir avec 4.4). C'est une amélioration considérable.

Les ingénieurs, dans la plupart des situations rencontrées, utilisent des équations d'état cubiques qui sont, dans une certaine mesure, des généralisations de l'équation de van der Waals. Soulignons de nouveau que ces équations ne rendent pas compte de manière satisfaisante du comportement du fluide au voisinage d'un point critique, mais cette situation n'a, en général, pas d'inconvénient pour le génie chimique car on opère assez loin du point critique (sauf, bien sûr, lorsqu'on met en œuvre des procédés d'extraction critique décrits au paragraphe 4.7.6). Une question pratique demeure néanmoins non résolue : existe-t-il une règle simple permettant de trouver une relation entre les coordonnées critiques réelles et celles qui sont prédites de façon incorrecte par une équation analytique ? On sait que l'utilisation des données (p, V, T) pour le liquide et la vapeur et celles du point critique donnent des résultats différents pour les calculs des paramètres intervenant dans les équations d'état.

Il existe d'autres types d'approches pour obtenir une équation d'état. Pour certaines d'entre elles on ne sépare plus les contributions des termes de répulsion (partie sphère rigide du potentiel) et d'attraction (partie à longue portée) dans l'énergie libre et la pression. On dit que ce sont des modèles de type **non-séparable**. L'une de ces méthodes est dérivée du modèle de réseau de **Bethe** où les particules sont supposées occuper les nœuds d'un réseau, cette méthode est une amélioration des modèles de champ moléculaire car on tient compte des corrélations existant entre particules. Sandler a utilisé un potentiel du type puits carré ($u(r) \neq 0$ pour $r_0 < r < r_1$) pour décrire les interactions entre molécules. Nous reviendrons sur ce type de description en traitant du cas des mélanges. Un autre type d'équations a été obtenu par J. P. Hansen qui a utilisé une méthode de simulation à l'aide d'un ordinateur pour des molécules avec un potentiel de Lennard-Jones comme celui de l'équation 3.4. :

$$p/(kT\rho) = 1 + B_1 x + B_3 x^3 + B_4 x^4 + B_{10} x^{10} \tag{4.34}$$

1. On trouvera leurs valeurs dans R.C. Reid, J.M. Prausnitz and B.E. Poling, *The properties of gases and liquids*, Mac Graw Hill, 1987.

avec $x = \rho^*/(T^*)^{1/4}$, $\rho^* = \rho\ r_0^3$ et $T^* = kT/\varepsilon_0$, ε_0 et r_0 étant les paramètres usuels du potentiel de Lennard-Jones. Le terme du 10e ordre en x a été introduit afin de tenir compte du très fort accroissement de la pression à très haute densité.

4.5 ÉTATS MÉTASTABLES : SOUS-REFROIDISSEMENT ET SURCHAUFFE

4.5.1 Retour sur la métastabilité

Si l'on refroidit un système en partant d'une température qui se trouve juste au-dessus d'une transition de phase, la phase qui est stable à haute température peut subsister au-dessous de la température de transition en dépit du fait que c'est la nouvelle phase qui a l'énergie libre la plus basse et qui est donc stable : c'est le phénomène général de **métastabilité**. On dit que le système est **sous-refroidi** (pour la transition liquide/solide on parle de surfusion).

Inversement, il est souvent possible de maintenir la phase stable à basse température au-dessus de la température de transition : elle est **surchauffée**. Pour décrire ce phénomène en détail, on suppose, utilisant, par exemple, le cas d'une vapeur, qu'au-dessus du point de condensation des petites gouttelettes se sont déjà formées dans la phase homogène : leur dimension fluctue, elles apparaissent et disparaissent car elles ne sont pas stables. Au-dessous de la température de condensation, elles ont une chance de subsister et elles peuvent coalescer, provoquant ainsi la condensation.

Les états stable et instable sont appelés des propriétés locales de l'énergie libre ou de la surface $F(V, T)$ qui la représente car ils dépendent des valeurs spécifiques des coordonnées (V, T) d'un minimum (ou du maximum) de F. Par ailleurs, on se trouve dans un état métastable quand deux états situés en deux points différents de cette surface correspondent à des minima, l'un correspondant à une valeur plus petite de F que l'autre (Paragraphe 1.2.1) : le minimum le plus bas est stable, l'autre est métastable. Entre ces deux états il existe une barrière dont la hauteur sera responsable de la difficulté rencontrée pour passer d'un état métastable à un état stable. On doit à Ostwald la distinction entre ces trois types d'états.

4.5.2 Formation de gouttes et de bulles

Lorsqu'on se trouve avec deux phases en présence, le système est inhomogène et la théorie des transitions de phases nous conduit à prendre en compte l'énergie libre de la surface de séparation entre les phases, c'est le principe de la nucléation (Paragraphe 2.2.3).

Supposons que l'on étudie le phénomène de condensation d'une vapeur et que les gouttes qui se forment soient des sphères de rayon r. Comme on l'a montré précédemment (Éq. 2.15 et 2.16), les gouttes qui se forment ne sont stables que si la vapeur est métastable (sous-refroidie $\Delta g_v < 0$). Introduisant alors le grand-potentiel Ω (parfois appelé aussi J) et désignant par p la pression de la phase vapeur métastable et par p_1 celle à l'intérieur d'une goutte de surface S et de volume $V_l = 4\pi r^3/3$, Ω s'écrit :

$$\Omega = -p_1 V_1 - pV_2 + \gamma S \tag{4.35}$$

V_2 est le volume de la phase vapeur, γ est la tension superficielle. Comme le volume total $V_1 + V_2$ reste constant, la condition d'équilibre s'écrit :

$$d\Omega = -(p_1 - p)\,dV_1 + \gamma\,dS = 0 \tag{4.36}$$

soit

$$r^* = 2\gamma/(p_1 - p) \tag{4.37}$$

Ceci donne la différence de pression entre l'extérieur et l'intérieur de la goutte.

Le rayon r^* (solution de 4.36) correspond au rayon critique défini dans (Éq. 2.24). Les gouttelettes de rayon $r < r^*$ vont s'évaporer, celles de rayon $r > r^*$ vont grossir. L'expression (4.37) donne la valeur de la surpression existant dans la goutte.

La probabilité w pour qu'une fluctuation donne naissance à une goutte de taille r^* peut être calculée en utilisant la théorie de la nucléation (2.2.3) :

$$w \propto \exp\left\{-\frac{16\pi\gamma^3 T_0}{3L_v^2\,k\Delta T^2}\right\} \tag{4.38}$$

T_0 est la température de condensation, $\Delta T = T_0 - T$, l'écart par rapport à cette température et L_v, la chaleur latente de vaporisation par unité de volume.

Cette description n'est valable que pour des gouttelettes en suspension dans la vapeur, on n'observera pas de sous-refroidissement si la vapeur sursaturée est en contact avec une surface solide qui est complètement mouillée par le liquide. On retrouve alors une situation de nucléation hétérogène (Éq. 2.29 et 2.30).

4.6 SIMULATION DES TRANSITIONS DE PHASES

4.6.1 Principes

La nucléation homogène au sein d'une vapeur pour former un liquide ou au sein d'un liquide pour former une vapeur ou un solide est un phénomène qui se produit en l'absence d'impuretés ou de tout contact avec une paroi. Pour cette raison ce phénomène de transition de phase se prête bien à un calcul de simulation à l'aide d'un ordinateur.

Ces calculs consistent à simuler le comportement d'un système macroscopique en étudiant l'évolution d'un grand nombre de particules du matériau (de l'ordre de 10^6). L'étude complète des méthodes de simulation sortirait du cadre de ce livre. Cependant, comme celles-ci ont contribué à améliorer la compréhension du comportement des liquides, nous allons donner une description schématique du principe de ces méthodes. Il existe en fait deux catégories très différentes de techniques : la **dynamique moléculaire** et la méthode de **Monte-Carlo**.

4.6.2 Dynamique moléculaire

La dynamique moléculaire est l'une de méthodes de simulation utilisée en physique des transitions de phases, principalement dans les fluides. Elle est basée sur la solution des équations du mouvement pour un nombre fini de particules. Celles-ci sont en général placées dans une boîte en utilisant des conditions aux limites périodiques afin d'accroître artificiellement le nombre de particules.

On suppose également que les particules sont soumises à un champ de force $f(\mathbf{r}_{ij})$ qui représente les forces d'interaction entre particules voisines (i) et (j) et qui dérive d'un potentiel $u(\mathbf{r}_{ij})$.

La méthode la plus communément utilisée est celle de « prévision-correction » de Gear.

Pour une trajectoire continue, on obtient une estimation des positions $\boldsymbol{r}$, des vitesses $\boldsymbol{v}$, etc. à l'instant $t + \delta t$ pour chaque particule en utilisant un développement de Taylor à partir de l'instant t :

$$\boldsymbol{r}^p(t + \delta t) = \boldsymbol{r}(t) + \delta t\, v(t) + \delta t^2 \boldsymbol{a}(t) + 1/6\, \delta t^3 \boldsymbol{b}(t) + \dots$$
$$\boldsymbol{v}^p(t + \delta t) = \boldsymbol{v}(t) + \delta t\, \boldsymbol{a}(t) + \delta t^2 \boldsymbol{b}(t) + \dots$$
$$\boldsymbol{a}^p(t + \delta t) = \boldsymbol{a}(t) + \delta t\, \boldsymbol{b}(t) + \dots$$
$$\boldsymbol{b}^p(t + \delta t) = \boldsymbol{b}(t) \qquad (4.39)$$

où $\boldsymbol{a}$ est l'accélération et $\boldsymbol{b}$ la dérivée d'ordre trois de $\boldsymbol{r}^p$ par rapport au temps. L'exposant p signifie qu'il s'agit ici de valeurs prévues qui doivent être corrigées. C'est dans l'étape de correction que l'on introduit l'équation du mouvement, c'est-à-dire l'accélération corrigée $\boldsymbol{a}^c$ qui, à partir des forces à l'instant $t + \delta t$, détermine l'« erreur » :

$$\Delta\boldsymbol{a}(t + \delta t) = \boldsymbol{a}^c(t + \delta t) - \boldsymbol{a}^p(t + \delta t) \qquad (4.40)$$

On utilise cette « erreur » pour déterminer les positions et les vitesses corrigées à l'aide des relations suivantes :

$$\boldsymbol{r}^c(t + \delta t) = \boldsymbol{r}^p(t + \delta t) + c_0\, \Delta\boldsymbol{a}(t + \delta t)$$
$$\boldsymbol{v}^c(t + \delta t) = \boldsymbol{v}^p(t + \delta t) + c_1\, \Delta\boldsymbol{a}(t + \delta t)$$
$$\boldsymbol{a}(t + \delta t) = \boldsymbol{a}^p(t + \delta t) + c_2\, \Delta\boldsymbol{a}(t + \delta t)$$
$$\boldsymbol{b}^c(t + \delta t) = \boldsymbol{b}^p(t + \delta t) + c_3\, \Delta\boldsymbol{a}(t + \delta t) \qquad (4.41)$$

Les coefficients c_0, c_1, c_2, c_3 sont tabulés dans la littérature spécialisée, et l'on trouve des algorithmes basés sur cette méthode pour faire les calculs.

Il existe une autre méthode d'intégration des équations du mouvement dite de Verlet. On calcule la position de chaque particule à l'aide de l'équation :

$$\boldsymbol{r}^p(t + \delta t) = 2\boldsymbol{r}(t) - \boldsymbol{r}(t - \delta t) + \delta t^2 \boldsymbol{a}(t) \qquad (4.42)$$

Avec cet algorithme on se passe du calcul de la vitesse. Cette méthode a aussi l'avantage de permettre le renversement du sens du temps.

Il faut noter que si l'on veut améliorer la précision dans la détermination de la trajectoire des particules, on doit alors prendre dans les équations (4.39) des termes d'ordre supérieur à 3 ce qui permet de prendre des intervalles δt plus grands mais présente l'inconvénient d'allonger les temps de calcul.

Toute la difficulté de la méthode de la dynamique moléculaire réside dans le fait que les trajectoires des particules dans l'espace des phases (au sens de la physique statistique, ici à $6N$ dimensions) sont très sensibles à de petits changements des conditions initiales (vitesses et coordonnées), ce qui rend, par essence, instable le processus d'intégration des équations du mouvement par une méthode des différences finies. Changer le pas de calcul revient d'ailleurs à modifier les conditions initiales. Plus δt sera petit, meilleure sera la validité de calcul, mais il est nécessaire que l'intervalle de temps total $n\delta t$ (si n est le nombre de pas) sur lequel celui-ci est effectué, soit supérieur au temps de relaxation des grandeurs physiques caractéristiques du matériau.

Si l'on veut, par exemple, calculer l'équation d'état pour un fluide, on peut utiliser le théorème du viriel (Exercice 4.1) qui permet d'écrire :

$$pV = NkT - 1/6 \left\langle \Sigma_{i \neq j} \boldsymbol{f}_{ij} \cdot \boldsymbol{r}_{ij} \right\rangle \qquad (4.43)$$

où < > représente une moyenne d'ensemble et où l'on a supposé que l'énergie cinétique était purement de translation.

Plus l'on prend de particules dans l'échantillon, plus la simulation a de chances de bien représenter la réalité, mais plus le temps de calcul est long. On est ainsi guidé par des considérations d'économie de temps de calcul. En général, on effectue une simulation en dynamique moléculaire avec quelques milliers de particules.

Le choix du potentiel $u(\boldsymbol{r}_{ij})$ est évidemment essentiel pour effectuer les calculs puisqu'il intervient naturellement dans l'équation du mouvement qui donne $\boldsymbol{a}$; un mauvais potentiel donnera de mauvais résultats. C'est un problème sur lequel nous reviendrons à de multiples reprises.

Le premier calcul de dynamique moléculaire a été réalisé sur un système d'une centaine de sphères rigides par Alder et Wainwright en 1957. Le potentiel classique dans ce cas est relativement simple : il consiste à prendre un potentiel $u(r)$ et donc une force infinie pour $r < r_0$ et un potentiel nul pour $r > r_0$. Il représente donc une loi pour des forces entre particules rigides sans attraction : lorsqu'elles sont séparées par une distance supérieure à r_0, elles n'interagissent pas. Pour $r = r_0$ la force devient infinie et elles se repoussent.

Ce potentiel de sphères rigides n'est pas très réaliste et la forme la plus utilisée correspond au potentiel de **Lennard-Jones**.

Celui-ci comporte une partie attractive qui varie en r^{-6} et une partie décrivant les forces répulsives qui sont supposées varier en r^{-12}. On écrit donc le potentiel de Lennard-Jones sous la forme :

$$u(r) = 4\varepsilon_0\,[(r_0/r)^{12} - (r_0/r)^6] \tag{4.44}$$

Pour des atomes d'Argon, par exemple, on a $\varepsilon_0/k = 120$ K et $r_0 = 0{,}34$ nm. On a représenté sur la figure (3.8), l'allure générale de la courbe représentant le potentiel de Lennard-Jones.

Hansen et Verlet sont parmi les premiers à avoir développé des calculs d'équation d'état avec la méthode de la dynamique moléculaire à l'aide d'un potentiel de Lennard-Jones.

Cette méthode n'est pas limitée à l'étude du comportement des fluides. Ainsi, récemment, des calculs de dynamique moléculaire ont été faits sur la glace dans des conditions de haute pression. Alors que la glace a été étudiée expérimentalement jusqu'à des pressions de l'ordre de 1 Mbar, ces calculs prévoient l'existence d'une nouvelle forme cristalline de glace, la glace XI, qui serait stable jusqu'à 4 Mbar et une température de 2 000 K.

4.6.3 Méthode de Monte-Carlo

La méthode de la dynamique moléculaire permet, par définition, de simuler le comportement dynamique du système sur des courts intervalles de temps. En général, on peut s'abstenir de toute considération dynamique (en particulier lorsqu'on s'intéresse à l'aspect macroscopique d'une transition de phase), et seul le comportement à l'équilibre est donc intéressant.

Les méthodes de simulation dites de Monte-Carlo évitent précisément de simuler le comportement dynamique d'un système. Elles ont été introduites en 1953, lorsque l'informatique était à ses débuts et elles consistent à produire des états $i, j, k\ldots$ par un processus stochastique de telle façon que la probabilité d'obtenir l'un des ces états soit la fonction de distribution statistique appropriée.

L'un des objectifs de la physique statistique est de calculer la valeur moyenne $<X>$ de grandeurs thermodynamiques caractéristiques d'un système (l'énergie, la pression, l'aimantation, etc.). $<X>$ s'écrit à l'aide d'une sommation sur tous les états dans l'espace des phases :

$$<X> = \Sigma_i X_i \exp(-\beta \mathcal{H}_i) / \Sigma_i \exp(-\beta \mathcal{H}_i) \qquad (4.45)$$

où $\mathcal{H}_i$ est l'Hamiltonien du système dans la configuration i. Si l'on prend, par exemple, un matériau magnétique représenté à l'aide du modèle d'Ising (deux valeurs pour les spins) et pour un réseau avec N sites, on doit effectuer, en principe, une sommation dans (4.45) sur 2^N états. Ce nombre d'états, ou de configurations, est une fonction rapidement croissante de N. Pour $N = 9$, on a $2^9 = 512$ états possibles et pour $N = 100$ le nombre de configurations possibles est de $2^{100} \cong 10^{30}$, etc. Le calcul numérique des valeurs moyennes dépasse très vite les possibilités des calculateurs modernes les plus puissants et il est pratiquement infaisable.

En fait, on peut tourner cette difficulté si l'on prend en considération le fait que l'on sait, en physique statistique, que le système va passer la majeure partie de son temps dans des états auxquels on peut associer des valeurs des grandeurs thermodynamiques qui seront proches de celles à l'équilibre. On peut donc imaginer une stratégie de calcul qui permette de limiter le nombre des états que l'on prend pour réaliser les opérations de moyenne (Éq. 4.45).

On utilise en général l'algorithme de Metropolis pour les calculs de simulation de Monte-Carlo. On peut décrire le principe de ce calcul sur un modèle de spins du type d'Ising à l'aide des étapes suivantes :

1) On part d'un état initial pour les N spins représentant un certain état (i), en effectuant le basculement d'un ou plusieurs spins au hasard, on obtient un nouvel état (f). Si E_i et E_f désignent les énergies des états, initial et final, $\Delta E = E_f - E_i$ est le changement d'énergie associé à ce basculement de spin, on calcule $w = \exp(-\Delta E/kT)$.

2) On choisit au hasard un nombre r tel que $0 < r < 1$.

3) On compare r et w.

4) – Si $w < r$, on rejette l'état final (f) obtenu par le renversement de spin et l'on recommence l'opération de sélection d'un nouvel état.
   – Si $w > r$, on conserve l'état final (f) et il est accepté avec une probabilité égale à 1 si $\Delta E < 0$ et une probabilité égale à $\exp(-\Delta E/kT)$ si $\Delta E > 0$, puis on recommence l'opération en basculant d'autres spins.

5) On calcule les valeurs moyennes des grandeurs thermodynamiques sur les états (f) obtenus dans le processus.

Cette méthode est de nature stochastique, d'où son nom, et elle génère des états dans une chaîne de **Markov**.

Rappelons qu'un processus de Markov est une chaîne d'événements qui se produisent de façon aléatoire, de manière telle qu'une nouvelle configuration de système ne dépend que de l'état dont on part, et non des configurations antérieures.

La méthode de Monte-Carlo et l'algorithme de Metropolis permettent de simuler le comportement d'un système en utilisant la fonction de distribution de Gibbs. Les probabilités de transition d'un état à l'autre doivent satisfaire le principe de microréversibilité, c'est-à-dire du bilan détaillé :

Si $P(i \to f)$ est la probabilité de transition d'un état à l'autre, et w_i et w_f, les probabilités de se trouver dans les états (i) et (f), on doit avoir :

$$w_i P(i \to f) = w_f P(f \to i) \quad (4.46)$$

Pour effectuer un calcul par la méthode de Monte-Carlo, il est prudent de ne pas utiliser pour le calcul des valeurs moyennes (étape 5) les premiers états obtenus par le processus stochastique à partir de l'état initial du système, ils vont conserver, en effet, une certaine mémoire de cet état.

La principale différence entre la méthode de Monte-Carlo et un calcul de dynamique moléculaire est le fait que les mouvements moléculaires dans une simulation de Monte-Carlo ne correspondent pas à l'évolution « naturelle » dans le temps du système. On ne peut donc pas retirer d'information dynamique d'une telle simulation qui ne permet d'obtenir que des grandeurs statiques, à l'équilibre (par exemple la pression), et de calculer l'équation d'état.

La méthode de Monte-Carlo a été utilisée et perfectionnée par Panagiotopoulos pour simuler l'équilibre liquide/vapeur en introduisant deux boîtes où sont confinées les particules avec des pressions et des potentiels chimiques identiques. On commence le calcul avec des températures et des densités différentes et l'on aboutit à un équilibre à une température donnée avec des densités différentes.

On a également appliqué les méthodes de Monte-Carlo pour déterminer des diagrammes de phases d'alliages métalliques. Dans ces cas-là, on prend généralement un système cristallin avec 10^4 à 10^5 sites, en ne prenant en compte que les interactions entre plus proches voisins.

4.7 MÉLANGE BINAIRE DE DEUX COMPOSANTS

Les systèmes gaz/liquide à plusieurs composants, du type de ceux que l'on trouve dans l'industrie pétrolière, peuvent être observés sous la forme de plusieurs phases en coexistence. L'étude des changements de phases pour de tels systèmes a donc des applications pratiques indéniables. Pour simplifier les choses on traitera d'abord le cas de systèmes binaires qui peuvent coexister sous la forme de trois phases.

4.7.1 Conditions d'équilibre des phases dans un mélange binaire

Les règles générales d'équilibre des phases dans les mélanges ont été données par Gibbs. À température fixée, la pression et les potentiels chimiques des constituants des phases doivent être égaux :

$$T^\alpha = T^\beta \quad \textit{et} \quad \mu_i^\alpha = \mu_i^\beta \quad (4.47)$$

où α et β sont les deux phases avec des constituants i (i = 1,2 pour un mélange binaire). Des conditions supplémentaires doivent être remplies pour assurer la stabilité de l'équilibre. Comme la fonction de Gibbs est le potentiel thermodynamique qui dépend de toutes les variables du système on a aussi :

$$G(p^\alpha, T^\alpha, \mu_1^\alpha, \mu_2^\alpha) = G(p^\beta, T^\beta, \mu_1^\beta, \mu_2^\beta) \quad (4.48)$$

Si N est le nombre total de moles, N_1 et N_2 le nombre de moles des constituants (1) et (2), désignant par x la concentration de (2) $x_2 = N_2/N$, x_1 la concentration de (1) s'écrit $x_1 = N_1/N = 1 - x$.

Introduisant la fonction de Gibbs molaire $G_m = G/N$, on obtient alors (Annexe 4.B) :

$$\mu_1 = \frac{\partial G}{\partial N_1} = G_m - x\frac{\partial G_m}{\partial x} \tag{4.49}$$

$$\mu_2 = \frac{\partial G}{\partial N_2} = G_m + (1-x)\frac{\partial G_m}{\partial x}$$

Soit
$$\mu_2 - \mu_1 = \frac{\partial G_m}{\partial x} = \frac{\partial F}{\partial x} \tag{4.50}$$

où F est l'énergie libre. Utilisant la définition de G :

$$G = NF + pV = N_1\mu_1 + N_2\mu_2$$

ou
$$G_m = F - V\frac{\partial F}{\partial V} = (1-x)\mu_1 + x\mu_2 \tag{4.51}$$

soit
$$\mu_1 = F - V\frac{\partial F}{\partial V} - \frac{\partial F}{\partial x} \tag{4.52}$$

La condition que cette grandeur soit la même pour chaque phase est équivalente à la règle de Maxwell pour un système à un constituant. Ceci se traduit par la condition que le plan tangent à la surface $F_T(V, x)$, dont l'équation est (4.52), doit contenir la ligne de connexion entre les deux points de contact (on a l'équivalent de la figure 4.3.b pour un système à un composant). Les conditions d'égalité des pressions et des différences de potentiel chimique $\mu_2 - \mu_1$ requièrent que les plans tangents à la surface en ces deux points de contact soient confondus.

La condition générale de stabilité de l'équilibre des phases de Gibbs-Duhem impose une conditions de stabilité simple :

$$\frac{\partial^2 G_m}{\partial x^2} \geq 0 \tag{4.53}$$

4.7.2 Systèmes au voisinage d'un point critique

Rappelons que la règle de la variance de Gibbs (Éq. 1.3) appliquée à un système binaire ($c = 2$) pouvant se trouver en équilibre sous trois phases différentes ($\varphi = 3$), correspond à une variance $v = 1$. Dans ce cas on trouvera non plus un point critique isolé mais une ligne de points critiques dans le plan (p, T).

On a représenté sur la figure 4.4 une série de diagrammes de phases dans le plan (p, T) correspondant au mélange N_2–CH_4 pour différentes concentrations x (on appelle ces courbes à $x = C^{te}$ des isoplèthes (*cf.* figure 4.4)). Les lignes pour les systèmes purs ($x = 0$ et $x = 1$) correspondent aux parties gauche et droite du diagramme. Ces courbes ne sont pas à strictement parler des lignes de coexistence liquide/gaz car la vapeur et le liquide coexistent à des concentrations différentes. En chaque point du plan (p, T) se croisent une branche d'une courbe correspondant aux points de rosée avec une concentration x_V et une courbe correspondant aux points de bulle et à la concentration x_L. Les courbes avec leurs deux branches (rosée et bulle) sont tangentes à la ligne critique

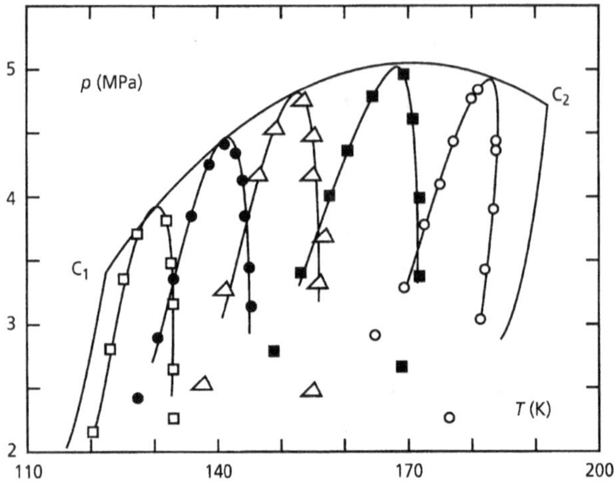

Figure 4.4 Ligne critique pour un mélange binaire.

On a cinq lignes liquide/gaz pour un mélange N_2–CH_4 à des concentrations (de gauche à droite) 0,1002-0,2897-0,5088-0,697-0,8422 (isoplèthes). On a une ligne de points critiques qui est la courbe supérieure C_1C_2. Les lignes isoplèthes ont été calculées à l'aide d'un modèle.

C_1C_2. La condition d'équilibre des phases suppose que les potentiels chimiques de chacun des constituants soient égaux dans chacune des phases.

Dans un mélange binaire, trois phases peuvent coïncider le long d'une ligne de points triples. Au voisinage de ces points on peut avoir trois phases : une phase vapeur, et deux phases liquides. On observe aussi des lignes de points triples. Si l'on essaye de mélanger deux liquides A et B, on peut obtenir soit un mélange complètement homogène, soit un mélange incomplet avec deux phases liquides séparées par un ménisque. Dans ce dernier cas le fluide consiste en un mélange avec d'un côté une phase fortement concentrée en A et faiblement en B et de l'autre une situation inverse. En général, on obtient un mélange homogène aux pressions et températures élevées et des mélanges inhomogènes à basse température.

Les diagrammes (du type VI sur la Fig. 4.7) sont des projections dans les plans (p, x), (T, x) et (p, T) de la surface (p, T, x) représentant le système à l'équilibre. Celui-ci peut se trouver sous la forme d'un gaz G, de phases liquides L_1 et L_2 ou d'un mélange homogène de deux liquides L_1 et L_2. On a deux lignes critiques séparées et un phénomène de démixtion le long de la ligne CED. Au point E, trois phases coexistent, représentées dans le plan (x, T) par les points : G (gaz), H (liquide L_1 à faible concentration), K (liquide L_2 à forte concentration). Les points A et B correspondent respectivement aux fluides A pur $(x = 0)$ et B pur $(x = 1)$. On a toute une série de lignes critiques. Le point C est le point critique terminal basse température et le point D le point critique terminal haute température, ils sont reliés par la ligne critique CFWD (associée à des points critiques liquide/gaz) dont la projection dans le plan (x, T) est la ligne NFWR. La démixtion commence et s'arrête aux points C et D. La ligne critique PQ, totalement séparée de la ligne CFWD, relie les points critiques des fluides purs A et B, les points critiques sur cette ligne sont du type liquide/gaz. Le point critique W correspond à une démixtion, le mélange homogène L_1-L_2 se séparant en deux phases liquides L_1 et L_2. La partie basse CED du diagramme est une ligne de points triples (gaz, L_1, L_2) ; au-dessous (en pointillés) on a une ligne de points critiques métastables, elle est projetée en pointillés au-dessous de la ligne NFWR dans le plan (x, T). On voit sur la figure 4.5.b, qui est une section droite de la surface (p, V, T) à une température T_E, qu'à cette température on a trois phases avec des concentrations x_G, x_H et x_K coexistant à la pression p_{GHK}.

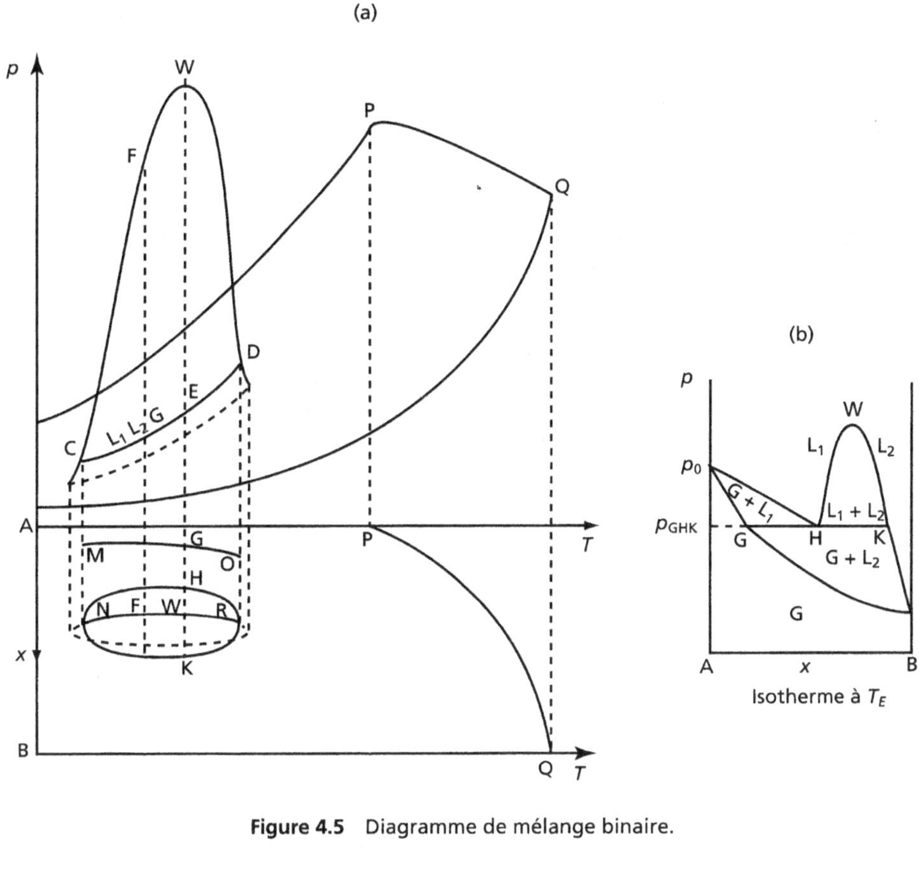

Figure 4.5 Diagramme de mélange binaire.

a) Diagrammes binaires (p, T) et (x, T), la ligne *PQ* est une ligne de points critiques, CD une ligne de coexistence de trois phases L_1 (liquide 1), L_2 (liquide 2), G (gaz), la ligne CWD correspond à des points critiques liquide/liquide.
b) Diagramme de phase $p(x)$ qui est une coupe verticale du diagramme a) à la température correspondant aux points W, E, G, H, K (T_E). La ligne en pointillés au-dessous de CED correspond à des points métastables. La ligne NWR est la projection de CED sur le plan (x, T).

4.7.3 Équation d'état des mélanges

C'est dans le génie chimique que l'on trouve les applications pratiques les plus importantes des équations d'état. Pour décrire les mélanges de fluides que l'on utilise dans ce domaine, il est nécessaire de généraliser les équations d'état usuelles pour les fluides purs.

Van der Waals a été le premier à le faire (1890) :

$$\left(p + \frac{N^2}{V^2} a(x)\right)(V - Nb(x)) = NkT \tag{4.54}$$

avec
$$a(x) = (1 - x)^2 a_{11} + x(1 - x) a_{12} + x^2 a_{22} \tag{4.55}$$

où x est la concentration du second constituant du mélange dans le premier, celui-ci étant, en général, le moins volatil. On choisit aussi souvent pour $b(x)$ une expression linéaire ou bilinéaire en x.

On doit introduire dans l'énergie libre F un terme correspondant à l'entropie de mélange.

$$F = F_0 + NkT\,[(1 - x)\ln(1 - \mathrm{x}) + x\ln x] \tag{4.56}$$

Au début du XXe siècle on déterminait expérimentalement a_{11} et a_{22} à partir des températures et des densités critiques du solvant pur (composant 1) et du soluté pur (composant 2) et l'on prenait pour a_{12} l'expression :

$$a_{12} = \sqrt{a_{11}a_{22}}$$

(règle de Lorentz-Berthelot). Ce choix était justifié par le fait que cette quantité provient des moments dipolaires induits mutuellement dans les molécules (ils correspondent aux **forces de van der Waals**). La prévision des diagrammes de phases que l'on peut réaliser à l'aide de cette méthode est de fait très sensible à la valeur précise de a_{12}. On remplace l'expression précédente pour a_{12} par la forme :

$$a_{12} = (1 - k)\sqrt{a_{11}a_{22}} \tag{4.57}$$

le facteur k est un coefficient empirique.

On peut s'intéresser au comportement global d'une équation d'état, c'est-à-dire à son comportement pour les différentes valeurs des paramètres d'interaction a. On a ainsi représenté sur les figures 4.6 et 4.7 les différentes situations que l'on peut obtenir pour des molécules de taille équivalente ($b(x)$ = constante). Ce type d'étude a été entreprise pour la première fois par Scott et Van Konynenburg à partir d'équations d'état du type van der Waals, résolues à l'aide de l'ordinateur pour des systèmes binaires A-B. Les situations que l'on trouve dépendent de deux paramètres pour b constant :

$$\zeta = \frac{(a_{22} - a_{11})}{a_{11} + a_{22}} \quad \text{et} \quad \Lambda = \frac{a_{11} + a_{22} - 2a_{12}}{a_{11} + a_{22}}$$

utilisés dans le diagramme 4.6. Les portions de plan labélisées I et I – A correspondent au diagramme de type I de la figure 4.7. On trouve un tel diagramme pour les mélanges Argon/Krypton. La ligne lg(A) correspond à la courbe de coexistence liquide/gaz du système A pur (Argon pur $x = 0$) et la ligne lg(B) est associée à la coexistence liquide/gaz pour le système B pur (Krypton pur $x = 1$) ; ces lignes se terminent aux points critiques C_A et C_B. Ces lignes de coexistence se retrouvent sur les six diagrammes. La ligne en pointillés l = g est la ligne de points critiques liquide/gaz ($0 < x < 1$) qui correspond à des concentrations intermédiaires dans le mélange.

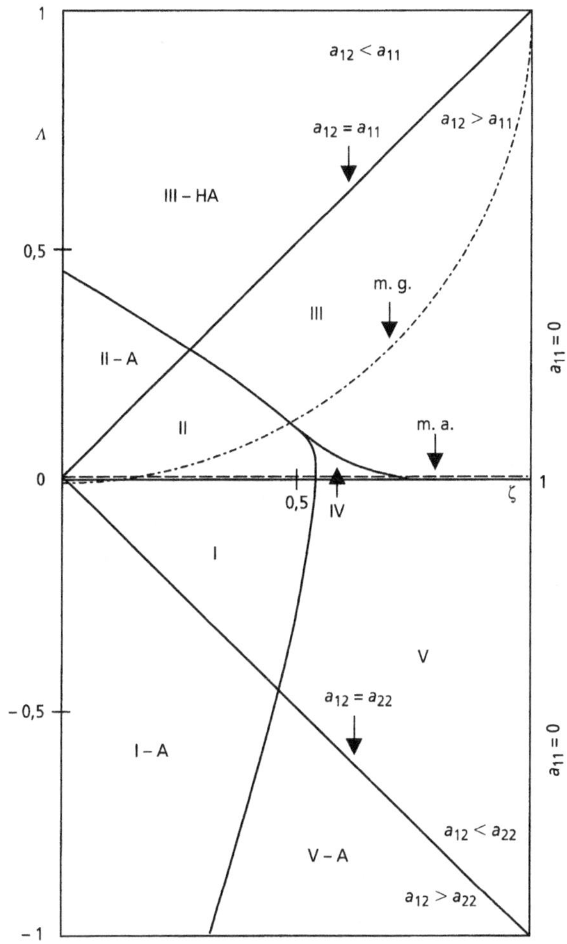

Figure 4.6 Mélanges binaires et équation de van der Waals.

Ces diagrammes décrivent le comportement d'un fluide binaire de molécules de même dimension en fonction des paramètres

$$\zeta = \frac{a_{22} - a_{11}}{a_{11} + a_{22}} \quad \text{et} \quad \Lambda = \frac{a_{11} + a_{22} - 2a_{12}}{a_{11} + a_{22}}$$

On a neuf régions correspondant à différentes formes de diagrammes (p, T) séparées par des lignes en traits pleins (d'après Scott et van Konynenburg).

Lorsque $\Lambda > 0$, l'attraction intermoléculaire a_{12} est plus faible que l'interaction intramoléculaire moyenne $(a_{11} + a_{22})/2$, ce qui provoque aux basses températures la séparation de phase liquide 1/liquide 2. On a donc une ligne critique liquide/ liquide $l_1 = l_2$ qui commence à très haute pression p^{∞} et se termine en un point critique terminal supérieur $T_{CTS}(\Delta)$, et continue sous la forme d'une ligne de coexistence de trois phases jusqu'à un

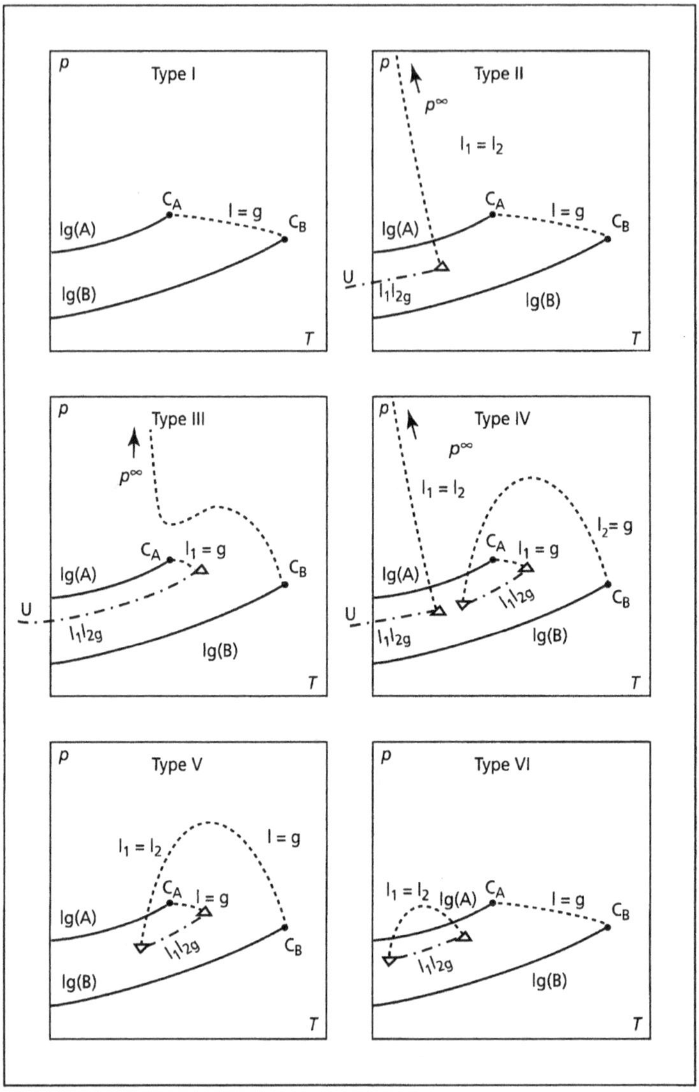

Figure 4.7 Typologie des diagrammes de phases.

Les types de diagrammes correspondent aux régions de la figure 4.6. Les lignes lg(A) et lg(B) se réfèrent à la coexistence liquide/gaz respectivement pour les composés purs A et B. Elles se terminent en des points critiques C_A et C_B. Les lignes en pointillés correspondent à des lignes critiques spécifiques l = *g*, l_1l_2g, etc. Les triangles sont des points critiques terminaux de ces lignes critiques. Les lignes en traits et pointillés sont associées à la coexistence de trois phases. Le type VI correspond à la figure 4.6 (R.L. Scott, P.H. van Konynenburg, Philos. Trans. R. Soc., 298, p. 495-594, 1980).

point terminal U à température négative. En ce point le système se sépare en trois phases : liquide l_1 à forte concentration en Argon, gaz, liquide l_2 à faible concentration en Argon. On a la ligne de coexistence l_1l_2g. En chaque point de ces lignes on a une concentration x différente. On peut considérer les diagrammes de type I comme un cas particulier du type II où la branche l_1l_2g se situerait dans les régions à $T < 0$ qui n'ont pas de sens physique.

Les lignes $l_1 = l_2$ et l_1l_2g ont un point critique terminal supérieur représenté par un triangle Δ, et inférieur par ∇.

Si l'on considère le quadrant supérieur droit de la figure 4.6 (correspondant à $a_{22} > a_{11}$), on rentre dans une région de type III. Les diagrammes correspondants diffèrent de ceux de type II dans la mesure où les points terminaux C_A, C_B, p^∞ et U sont reliés différemment. C_A est relié à U et C_B à p^∞. Cette dernière branche peut se déplacer vers la droite et ces lignes critiques représentent alors des séquences de points critiques gaz/gaz. Cela fut découvert par Kamerlingh Onnes et avait été prévu par van der Waals. En fait, il n'y a pas de distinction marquée entre un gaz et un liquide comme cela ressort clairement des situations dans les systèmes à un constituant au-dessus du point critique. On peut aussi rencontrer une situation où une bulle de gaz s'enfonce dans le liquide. Sur la figure 4.6 la courbe notée « m.g » correspond à la moyenne géométrique dans l'expression (4.57) du coefficient a_{12}, c'est-à-dire à $k = 0$, celle notée <m.a> correspond à la moyenne arythmétique $a_{12} = 1/2\ (a_{11} + a_{22})$.

Pour les diagrammes du type IV, la ligne critique $l_2 = g$ partant de C_B s'insère dans la ligne l_1l_2g et le point U (le point terminal installé à $T < 0$) est maintenant relié au point p^∞. En revanche, l'autre ligne critique va de C_A à C_B par l'intermédiaire d'une ligne à trois phases l_1l_2g qui commence au point critique à haute température (triangle pointant vers le haut) et se termine au point critique basse température (triangle pointant vers le bas).

On retrouve un diagramme de type II lorsque le segment reliant ces deux points critiques terminaux disparaît. La figure 4.8 représente un diagramme (p, T) où l'on a indiqué le point critique, ce diagramme représente de façon schématique une expérience. On a enfermé un mélange à concentration constante dans un tube fermé de Toricelli avec du mercure au fond (représenté en noir) de telle façon que l'on puisse modifier le volume et mesurer la pression. Le tube est enfermé dans une enceinte thermostatée. À l'intérieur de la boucle, on a différentes situations de coexistence de la vapeur (V) et du liquide (L). Le point noir correspond au point critique. La partie droite correspond à la courbe de bulle. Les deux figurines de gauche mettent en évidence le comportement le plus répandu : en accroissant la pression, on forme une goutte et, à la fin, au sommet du tube, toute la vapeur a disparu et il reste une bulle. Les figurines à droite du point critique correspondent à la condensation « rétrograde ». Lorsqu'on augmente la pression, une goutelette se forme et, ensuite, la phase liquide, mais celle-ci disparaît de nouveau à une pression plus élevée. L'expression rétrograde signifie que l'on change le sens de la transformation, elle a été proposée, en 1982, par Kuenen qui le premier à avoir observé le phénomène. Celui-ci se produit lorsque la ligne critique $C_B p^\infty$, partant du point C_B, a initialement une pente positive avant de dévier vers la gauche, au lieu de partir avec une pente négative comme sur la figure 4.7. Il en résulte qu'on peut avoir deux points critiques à une température donnée, légèrement au-dessus de T_{CB}. Ainsi, sur la figure 4.8 qui correspond à une concentration x donnée, on observera sur la partie droite qu'en accroissant la pression, le liquide apparaîtra et disparaîtra.

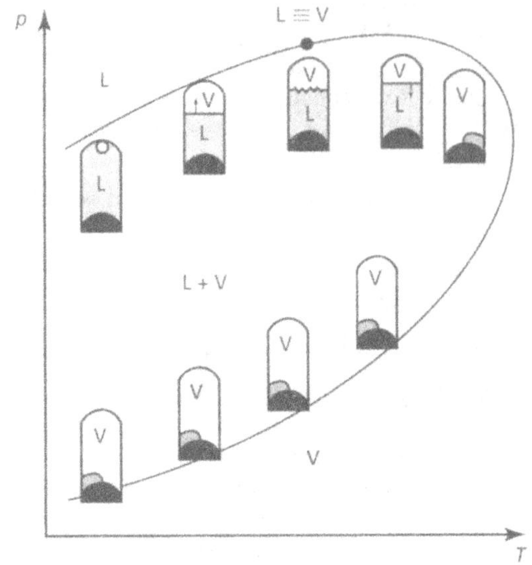

Figure 4.8 Comportement d'un mélange binaire.

Le diagramme représente les différentes phases du mélange coexistant à x fixé. Le point noir est le point critique liquide/gaz. Les phases liquide et gaz sont des mélanges des deux constituants.

Pour les diagrammes de type V, la ligne l_1l_2 s'est déplacée vers les températures négatives. Quant aux diagrammes de type VI, ils ne peuvent être obtenus qu'à l'aide d'un modèle plus complexe ; ils correspondent typiquement à ceux de la figure 4.5.

4.7.4 Mélanges de polymères ou de molécules linéaires

Les alcanes sont typiques des molécules linéaires que l'on rencontre dans l'industrie chimique et dans le génie pétrolier. Il faut faire appel à des équations d'état spécifiques pour prévoir leur comportement. Les polymères peuvent être aussi considérés comme une suite de n chaînons, correspondant chacun à un monomère.

La théorie classique des polymères en solution et des mélanges de polymères est celle de Flory et Huggins qui est une généralisation du modèle de Bragg-Williams (Équations 1.15 et 1.20). Dans la théorie de Flory-Huggins, la structure de la solution est assimilée à celle d'un réseau dans lequel chaque site est occupé, par exemple, par une molécule du solvant ou par un segment du polymère ; chaque molécule occupe donc plusieurs cellules adjacentes au sein du liquide. Dans le cas simple d'un polymère dissous dans un solvant, le comportement du mélange homogène dépend des interactions énergétiques entre les constituants du mélange que l'on caractérise à l'aide d'un paramètre d'interaction ou de mélange χ défini par :

$$\chi = \frac{z_m(\varepsilon_{11} + \varepsilon_{22} - 2\varepsilon_{12})}{2kT} \qquad (4.58)$$

où ε_{21}, ε_{11} et ε_{22} représentent respectivement les énergies d'interaction entre les molécules du solvant (1) et du polymère (2), les molécules du solvant entre elles et du polymère entre elles, z_m est le nombre de coordination du réseau (nombre de plus proches voisins pour un site). Si N_1 et N_2 désignent les nombres de molécules du solvant et du polymère, sachant qu'une macromolécule occupe M sites (de 10^3 à 10^4), on définit les fractions volumiques ϕ_1 et ϕ_2 par :

$$\phi_1 = \frac{N_1}{N_1 + MN_2}, \quad \phi_2 = \frac{MN_2}{N_1 + MN_2}, \quad \phi_1 + \phi_2 = 1 \tag{4.59}$$

Le nombre total de sites étant $M_0 = N_1 + MN_2$. L'énergie d'interaction entre les molécules contribue à la variation de la fonction de Gibbs totale lorsqu'on effectue le mélange par un terme

$$\Delta E = kT\chi M_0 \phi_1 \phi_2 \,.$$

On distingue : – les bons solvants ($\chi < 0$, les molécules du solvant et du polymère ont tendance à s'attirer), – les mauvais solvants ($\chi > 0$), la solution va se séparer en deux phases de compositions différentes. On peut alors montrer en étudiant les conditions de stabilité du mélange et en transposant les raisonnements du modèle de Bragg-Williams, que l'on a un phénomène de démixtion avec un point critique correspondant aux conditions critiques suivantes :

$$\phi_{2c} = \frac{1}{1 + M^{1/2}}, \quad \chi_c = \frac{(1 + M^{1/2})^2}{2M} \tag{4.60}$$

Lorsque $M = 1$, on retrouve le modèle de Bragg-Williams ($\phi_{2c} = 1/2$). Si M tend vers l'infini, ϕ_{2c} tend vers $1/M^{1/2}$ et χ_c tend vers 1/2. Lorsqu'on a un mélange de deux polymères de degrés de polymérisation p_1 et p_2, et dont le paramètre d'interaction est désigné par χ_m, on peut généraliser le formalisme précédent ; le point critique de démixtion est alors caractérisé par les coordonnées critiques suivantes :

$$\chi_{mc} = \frac{1}{2[p_1^{1/2} + p_2^{1/2}]^2}, \quad \phi_{1c} = \frac{p_2^{1/2}}{[p_1^{1/2} + p_2^{1/2}]} \tag{4.61}$$

Ces coordonnées ne dépendent que des degrés de polymérisation. Pour des degrés de polymérisation élevés, χ_{mc} est proche de zéro, la condition de miscibilité correspondra à $\chi_m < 0$. Dans le cas où l'on est en présence de copolymères aléatoires, $A_{1-x}B_x$ et $C_{1-y}D_y$, on peut appliquer une théorie du type champ moyen et obtenir ainsi les conditions de miscibilité. Des considérations analogues ont été appliquées, en particulier par P.G. de Gennes, au cas où les copolymères sont des molécules pouvant former des phases cristal-liquides. On peut aussi avoir besoin d'une équation d'état pour des polymères.

L'équation d'état la plus utilisée pour les molécules en forme de chaîne est dérivée de la théorie dite de la chaîne rigide perturbée. On la met sous la forme suivante :

$$p = \frac{RT}{V} + c\frac{RT}{V}\frac{4\eta - 2\eta^2}{(1-\eta)^3} - \frac{RT}{V} z_m \frac{cV^* Y}{V + V^* Y} \tag{4.62}$$

avec

$$\eta = \pi \frac{r_0^3 N}{6V} = \frac{\pi}{6}\frac{\sqrt{2}V^*}{V} = \tau \frac{V^*}{V}, \quad \left(V^* = \frac{Nr_0^3}{\sqrt{2}} \text{ et } \tau = \frac{\pi\sqrt{2}}{6} \right)$$

et

$$Y = \exp\left(\frac{\varepsilon q}{2ckT}\right) - 1, \ z_m = 18$$

Le cœur rigide est de taille r_0 ; il est entouré par un potentiel de puits carré pour $r_0 < r < 1{,}5r_0$ et de profondeur ε. Au-delà de la distance $1{,}5r_0$ il n'y a plus d'interaction. Le paramètre q est proportionnel au nombre de monomères n de la molécule. Le second terme dans le membre de droite de (4.62) est l'expression de **Carnahan-Starling** pour l'interaction de répulsion (Annexe 4.B). Le paramètre c a été introduit par Prigogine, il est égal au nombre de degrés de liberté.

On peut généraliser les développements précédents pour les appliquer à des mélanges ternaires, quaternaires, etc. Ceux-ci ont une grande importance dans l'industrie pétrolière.

On généralisera, par exemple, les équations (4.54) et (4.55) pour le paramètre $a(x)$ en les écrivant :

$$a = \sum_{i,j} a_{ij}\, x_i\, x_j \quad \text{avec} \quad a_{ij} = (1 - k_{ij})\sqrt{a_i a_j} \tag{4.63}$$

et l'on écrira de même :

$$b(x) = \sum_i b_i x_i$$

x_i et x_j sont les concentrations des constituants (i) et (j) dans le mélange.

4.7.5 Mélanges binaires loin du point critique

Les mélanges qui se sont séparés (c'est le phénomène de démixtion), sont sous la forme de deux états en coexistence. L'équation d'état associée $p = p(T, V, x)$ est une surface dans un espace à quatre dimensions que l'on ne peut décrire que par projection sur des sous-espaces à 2 ou 3 dimensions. On utilise, en général, des représentations dans les plans (p, T) et (V, x). La figure 4.8 est ainsi un diagramme (p, T) où l'on a fait figurer au sommet de la courbe de coexistence le point critique liquide/gaz. On a aussi représenté de façon schématique une expérience de transition de phase. On a enfermé dans un tube, du type Toricelli, un mélange binaire de concentration fixée ; du mercure a été placé au fond du tube (celui-ci est retourné sur une cuve contenant du mercure) et l'on peut ainsi faire varier le volume et mesurer la pression. Le tube est thermostaté. À l'intérieur de la courbe de coexistence on a l'équilibre liquide (L)/vapeur(V). La courbe à droite du point critique (L ≡ V) correspond à la courbe de rosée, la partie gauche à la courbe de bulle. Les deux tubes représentés à l'extrême gauche de la figure (haut et bas) mettent en évidence le comportement le plus usuel : une croissance de la pression, à température constante, provoque la formation d'une goutte et en phase finale toute la vapeur a pratiquement disparu et il reste une bulle. Des expériences semblables ont été faites à bord d'une navette spatiale (D. Beysens).

Les tubes à droite du point critique mettent en évidence le phénomène dit de condensation rétrograde : si l'on accroît la pression une gouttelette se forme, puis un peu de liquide, mais à plus haute pression celui-ci disparaît. Ce phénomène a été observé par Kuenen en 1892.

La situation du point critique sur la courbe va dépendre de la nature des constituants du mélange. Le point critique peut aussi se trouver sur la partie inférieure de la courbe.

C'est le cas pour le gaz naturel. Dans ce cas la condensation rétrograde signifie que de la vapeur se forme d'abord lorsqu'on baisse la pression, puis, lorsque celle-ci continue à baisser, le liquide réapparaît. On observe ce phénomène dans les conduites de gaz naturel.

Les courbes de rosée et de bulle sont souvent tracées dans le plan (p, x) (Fig. 4.9 et 4.10). Sur la figure 4.9a on a des courbes pour une température inférieure à celle des températures critiques des constituants. Si un mélange de composition x est décomprimé à partir du point a, il se forme une bulle au point l de composition y : la vapeur est plus riche en constituant 2. Au point a′ le liquide a la composition x' et la vapeur y' (points l′ et v′ sur le diagramme), la concentration de la vapeur diminue. À partir de ces concentrations et utilisant la **règle dite du levier**, on peut en déduire le nombre de molécules de chaque phase et le volume des phases liquide et vapeur. Enfin, lorsque la pression correspond au point v″, il reste une petite goutte de liquide avec la concentration l″. Ces séquences répétées pour différentes valeurs de x correspondent au principe de la distillation fractionnée, on enrichit peu à peu le mélange avec le constituant le moins volatil.

La figure 4.9b est celle d'un diagramme où deux branches se touchent en un point A appelé point azéotropique (les courbes de bulle et de rosée ont des maxima identiques) ; en son voisinage la distillation est impossible car il n'y a pas de différences de concentration entre le liquide et la vapeur. Le diagramme 4.9c est encore plus complexe, il correspond à une température T comprise entre les deux températures critiques T_{C_1} et T_{C_2} des composants du mélange ($T_{C_1} < T < T_{C_2}$) ; il ne touche plus l'axe $x = 0$ et il présente un point critique liquide/gaz.

On a représenté sur la figure 4.10.a un diagramme à trois dimensions dans l'espace (p, T, x) décrivant un fluide binaire correspondant au type IV de la figure 4.7.

La première courbe à T_1 est semblable à celle de la figure 4.9a.

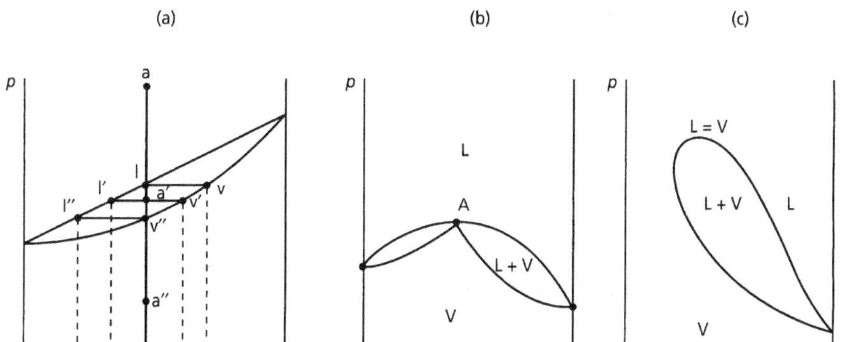

Figure 4.9 Courbes de rosée et de bulle.

Diagramme $p(x)$ à différentes températures pour **a)** $T < T_{C_1} < T_{C_2}$. **b)** $T < T_{C_1} < T_{C_2}$ avec un point azéotropique. **c)** $T_{C_1} < T < T_{C_2}$.

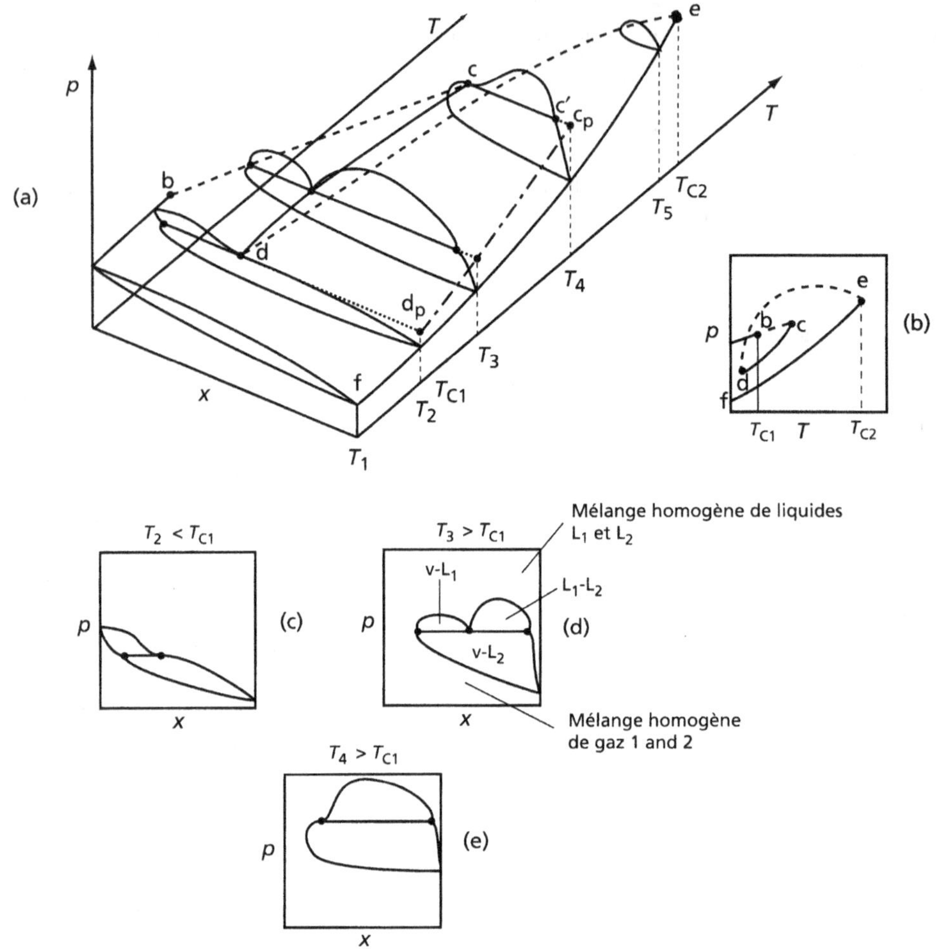

Figure 4.10 Diagramme p, T, x d'un message binaire.

a) Diagrammes dans l'espace *p, T, x* avec des sections droites correspondant à différentes températures. **b), c), d), e)** Sections droites pour ces températures. Les diagrammes sont du type IV (d'après V.J. Krukonis, M.A. McHugh, Supercritical fluid extraction, figure 3.5, Butterworths, Boston, 1986).

À T_2 (cette section droite est montrée sur la figure 4.10.c), la partie supérieure de la courbe en forme de « banane » s'est déformée et il s'est formé un point d'inflexion avec une tangente horizontale, noté (*d*) sur la figure principale comme sur la figure 4.10b. C'est le début de la formation de la seconde « bosse » et c'est, par définition, le point critique basse température de la ligne de coexistence des trois phases. À l'extrême gauche de cette section droite, la région à deux phases est encore attachée à l'axe $x = 0$ par une courbe en forme de coin. À plus haute température, on atteint T_{C_1} et la courbe se détache de l'axe (on le voit sur la figure 4.9.c). Cela est le départ de la ligne critique V-L_1 correspondant à *bc* sur la figure (b) qui traverse les pics de la bosse de gauche de la figure 4.10.d. À la température T_3 on a trois phases correspondant à une ligne horizontale. La projection de cette ligne sur le plan $x = 1$ correspond à une ligne en pointillés qui commence au point d_p et qui se termine en c_p (la projection de *c*), le point terminal haute température. À la température T_4 (section droite sur la figure 4.10.e), la ligne de séparation de phase V-L1 s'est réduite à un point correspondant encore à un point d'inflexion avec une tangente horizontale. C'est au voisinage de ce point que la solubilité est très sensible aux petits changements de pression et qu'il faut donc se placer pour procéder à une extraction supercritique. À T_5 la ligne critique L_1-L_2 qui commence au point (*d*) continue encore et arrive sur le plan $x = 1$ au point (*e*) à la température T_{C_2}. La courbe *f-e* représente l'équilibre liquide/vapeur pour le liquide pur $x = 1$ et est utilisée comme référence sur la figure 4.10.b. Cette courbe est semblable à celle du type de la figure 4.7.V où elle est notée lg(B).

4.7.6 Dissolution supercritique

La dissolution supercritique est un processus très utilisé dans l'industrie chimique. Elle consiste à utiliser la propriété qu'ont les fluides de dissoudre de très nombreux composés dans une phase se trouvant au-dessus d'un point critique.

Rappelons qu'un fluide, au-delà de son point critique, est en quelque sorte dans un état intermédiaire entre un gaz et un liquide (au **point critique** on ne peut plus distinguer le liquide du gaz) : sa densité est élevée, environ le tiers de celle d'un liquide, mais sa viscosité est faible et proche de celle d'un gaz. Un fluide supercritique a des propriétés de solvant remarquable.

Supposons que l'on ait un diagramme de phases du type V comme celui de la figure 4.10.b. À la température T_2 correspondant au point critique terminal basse température (ligne l_1-l_2 sur la figure 4.7.V) sur la ligne de coexistence des trois phases l_1, l_2, g, une « bosse » commence à se former sur la droite et elle se termine au point T_{C_2} (correspondant au point C_B du diagramme V). Sur la figure 4.10.d, on voit que pour $T_3 > T_{C_1}$, on a un diagramme avec une séparation L_1-L_2 (liquide/liquide) ; on observe des mécanismes de séparation liquide 1/liquide 2 (L_1-L_2) et gaz/liquide 2 (V-L_2). À une température supérieure T_4, la partie gauche du diagramme (4.10.d) représentant la séparation de phase gaz/liquide disparaît pour former un point critique, le point critique terminal haute température (le point terminal de l_1l_2g). Ces point terminaux ont une caractéristique importante : la solubilité varie rapidement avec des petits changements de pression.

Des mélanges maintenus au voisinage de T_4 vont démixer très rapidement lorsqu'on abaisse la pression. C'est un **point supercritique**.

C'est le dioxyde de carbone CO_2 qui est le fluide le plus utilisé dans les procédés d'extraction supercritique car son point critique est relativement bas (301,4 K), il est peu coûteux et non toxique. Son seul inconvénient est la valeur relativement élevée de sa pression critique (72,8 bars). Les procédés d'extraction utilisant CO_2 exigeant des appareils haute pression aux joints étanches au CO_2 qui sont relativement coûteux, ils sont donc utilisés pour extraire des substances à haute valeur ajoutée. Le principe d'un procédé d'extraction supercritique est simple : il suffit de faire passer le fluide supercritique (CO_2 par exemple) sur un mélange complexe dont on veut extraire un constituant qu'il va dissoudre. On récupère la substance en opérant une détente.

Ce type de procédé est utilisé en particulier pour extraire des arômes de substances naturelles (comme la caféine du café, l'essence de rose), la pectine (un polysaccharide extrait des fruits utilisé comme gélifiant dans les confitures), certaines vitamines, des flavonoïdes. On l'utilise aussi pour retirer l'amertume du houblon. L'eau dans l'état supercritique a également des propriétés de solvant particulièrement importantes ; on sait, par exemple, que l'eau à haute pression et à haute température dissout de façon notable la silice du verre. Cependant les valeurs relativement élevées des coordonnées critiques de l'eau (p_0 = 218 bar, T_0 = 374 °C) sont un handicap pour son utilisation dans des procédés d'extraction. On envisage toutefois l'utilisation supercritique de l'eau comme solvant pour la fabrication de poudres ultrafines par détente rapide de solutions supercritiques, ainsi que pour le traitement des déchets organiques à haute pression et à haute température (450 °C et 220 bar, conditions dans lesquelles la densité de l'eau est de 100 gl^{-1}, c'est-à-dire le dixième de celle aux conditions normales). L'eau supercritique est également un fluide important dans les phénomènes géologiques. Ainsi l'eau qui sort des sources hydrothermales par grande profondeur au fond des océans à très haute température (T > 300 °C) est dans un état proche des conditions supercritiques, elle dépose près de ces sources des composés minéraux (des sulfures en particulier) qui ont été dissous dans les couches géologiques.

Il faut noter enfin que les techniques analytiques de chromatographie utilisent aussi le CO_2 supercritique comme fluide éluant dans les colonnes pour la chromatographie, le fluide dissout les composés que l'on veut analyser et qui se déposent sur le support solide qui remplit la colonne (en général de la silice). Cette méthode est beaucoup plus rapide que la chromatographie classique.

4.7.7 Points tricritiques

Un point critique en thermodynamique des changements de phases est le point terminal d'une ligne de coexistence de deux phases pour lequel ces deux phases (un liquide et un gaz par exemple) deviennent identiques. Par analogie on pourra définir un **point tricritique** comme le point terminal d'une ligne de coexistence de trois phases (une ligne triple) où trois phases deviennent identiques (on ne peut plus les distinguer) ; cette situation impose une condition : les potentiels chimiques des trois phases doivent être les mêmes ($\mu_1 = \mu_2 = \mu_3$ soit deux relations). Si l'on applique la règle des phases de Gibbs, elle s'écrit dans ces conditions particulières $v = c + 2 - \varphi - 2$ (avec $\varphi = 3$). On voit qu'il est nécessaire que $c \geq 3$ pour que $v \geq 0$. Avec trois constituants ($c = 3$), $v = 0$, le système est invariant et on peut avoir un point tricritique.

On rencontre une telle situation dans des mélanges d'hélium (^{3}He et ^{4}He) et les systèmes métamagnétiques. On peut alors tracer un diagramme de phase $T(x)$ pour l'hélium, où x est la concentration de l'^{3}He dans ^{4}He (Fig. 4.11). On y observe trois régions : une région pour le fluide normal, une région correspondant à une phase superfluide séparée de la première par la ligne $T_\lambda(x)$ (les points λ correspondent aux points critiques de la transition liquide normal/liquide superfluide), une troisième où le système se sépare en deux phases à forte et faible concentrations en ^{3}He. La ligne T_λ a un point terminal P correspondant au sommet de la zone de coexistence. Ce point P peut être considéré comme la jonction de trois lignes critiques, deux d'entre elles correspondant, comme l'a proposé Griffiths en 1970, à un paramètre d'ordre fictif relié

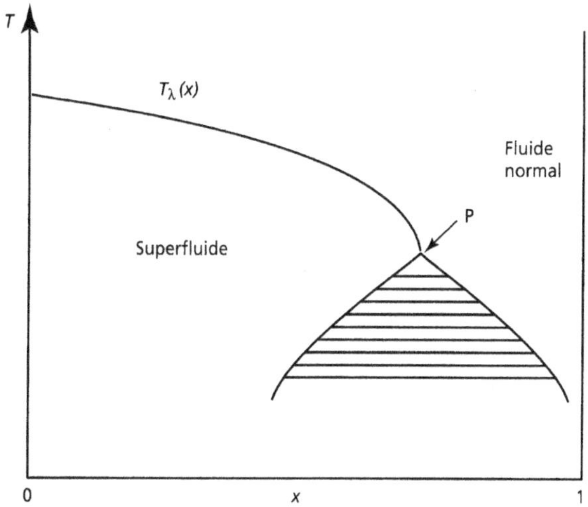

Figure 4.11 Mélange binaire ^3He–^4He.

On a tracé le diagramme de phases $T(x)$ où x est la concentration de l'^3He dans l'^4He. Les points λ correspondent aux points critiques liquide normal/liquide superfluide. $T_\lambda(X)$ est une ligne de points critiques. P est le point terminal ($x = 0{,}67$), c'est aussi le sommet de la courbe de séparation ^3He–^4He.

au paramètre d'ordre caractéristique de la phase superfluide qui, dans ce cas, est la fonction d'onde complexe de la phase superfluide.

On trouve une situation analogue dans les solides métamagnétiques qui sont des systèmes à deux sous-réseaux qui, à basse température, subissent une transition de phase du premier ordre par application d'un champ magnétique élevé $\boldsymbol{H}$, on passe d'un état faiblement aimanté à un état à forte aimantation. Il existe dans ces matériaux un couplage ferromagnétique entre les spins à l'intérieur d'un plan d'une part et un couplage antiferromagnétique entre spins de plans voisins d'autre part ; ces deux interactions sont donc en compétition. Un diagramme de phase $H(T)$ présente deux régions : dans l'une, le système se comporte comme un système paramagnétique, dans l'autre il a un comportement antiferromagnétique ; elles sont séparées par une zone de coexistence. La ligne de séparation est partiellement une ligne de points critiques et partiellement une ligne de points triples qui se rejoignent en un point tricritique. On peut comprendre ce comportement en introduisant un champ fictif H_s (ou champ « basculé ») qui agit dans une direction sur un sous-réseau et dans la direction opposée sur l'autre sous-réseau. On a alors un diagramme à trois dimensions $H(H_s, T)$ avec trois lignes critiques qui se rencontrent au point tricritique. On observe expérimentalement des situations de ce type dans un cristal présentant un état mixte où des domaines paramagnétiques et antiferromagnétiques coexistent (grenats DyAl).

C'est Kohnstamm qui a suggéré, en 1926, la possibilité d'observer des points tricritiques alors qu'il étudiait les mélanges binaires liquide/gaz. Comme on l'a vu, il faut remplir une série de conditions pour qu'une telle observation soit possible ; elles ne seront pas remplies pour des mélanges binaires de liquides normaux (c'est le cas par contre avec l'Hélium superfluide). On peut observer aussi un point tricritique lorsque les points critiques terminaux supérieur et inférieur des diagrammes pour trois phases coïncident ; cette situation se produit à la limite des diagrammes II et IV de la figure 4.7. En ce point les deux ménisques séparant trois phases α, β, γ disparaissent simultanément, à une certaine pression et à une certaine température.

On a représenté sur la figure 4.12 la séquence des événements qui se produisent lorsque le système évolue du point critique terminal supérieur T_{CTS}, à partir duquel les phases β et γ ($l_1 + l_2 = g$) commencent à se séparer, vers le point critique terminal infé-

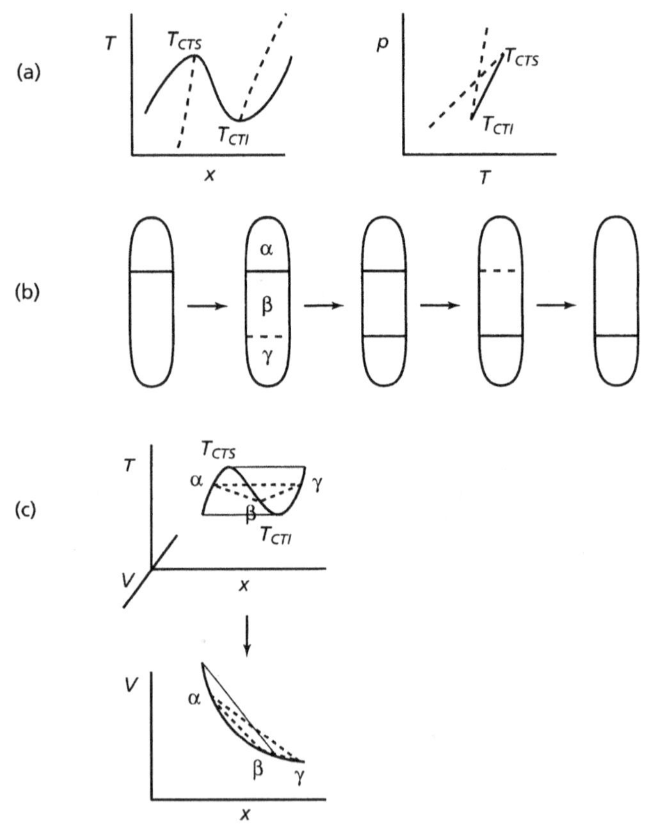

Figure 4.12 Approche du point tricritique.

a) Les points T_{CTS} et T_{CTI} désignent les points critiques terminaux à haute et basse températures sur des lignes de coexistence de trois phases (en pointillés).
b) Lorsqu'on atteint T_{CTS} les phases β et γ se séparent (apparition d'un ménisques à T_{CTI} les phases α et β se confondent.
c) À T fixé les trois phases sont représentées par trois points dans l'espace (T, V, x). On observera un point tricritique lorsque T_{CTS} et T_{CTI} coincideront : les deux ménisques disparaissent simultanément.

rieur T_{CTI} où les phases α et β (g + l_1 = l_2) deviennent identiques. Sur un diagramme $T(V, x)$ l'état à 3 phases α, β, γ est représenté par un triangle (Fig. 4.12.c). En élevant la température le côté αβ du triangle disparaît, en abaissant la température c'est la distance βγ qui s'annule.

Si l'on suppose que l'interaction entre les molécules peut être contrôlée, on peut se demander ce qu'il advient lorsqu'on passe des diagrammes de type IV à ceux du type II (ou de type V à I) par contraction de la ligne de coexistence des trois phases ce qui conduit à faire coïncider les deux points critiques terminaux T_{CTS} et T_{CTI}. En ce point les deux ménisques disparaissent simultanément et les trois phases deviennent identiques ($l_1 = l_2 = g$).

La règle des phases, nous l'avons vu, requiert la présence d'au minimum trois composants pour que l'on puisse observer ce phénomène. L'un des moyens pour ajouter un degré de liberté à un système binaire est d'utiliser des molécules de taille différente. Ainsi pour un mélange de propane et de n-alcanes la région, où l'on peut avoir trois phases entre les points T_{CTS} et T_{CTI}, s'étale sur 20 K si $n = 50$. Si l'on diminue n, on trouve par extrapolation que pour $n < 30$, la distance $T_{CTH} - T_{CTI}$ s'annule et que le système a un point tricritique. En utilisant un mélange de C_{29} et C_{30}, on peut atteindre un point tricritique.

Du point de vue thermodynamique on peut déterminer les coordonnées de ces points par les relations suivantes :

$$\left(\frac{\partial^i G}{\partial x^i}\right)_{p,\,T} = 0 \qquad \text{pour i} = 2, 3, 4, 5 \tag{4.64}$$

avec la condition de stabilité locale :

$$\left(\frac{\partial^6 G}{\partial x^6}\right)_{p,\,T} > 0 \tag{4.65}$$

On peut démontrer ces relations en étudiant les conditions d'équilibre d'un système ternaire.

ANNEXE 4.A
CONDITIONS D'ÉQUILIBRE DES PHASES

Pour écrire les conditions d'équilibre entre des phases, il faut faire intervenir des potentiels thermodynamiques (les potentiels chimiques par exemple) et des contraintes qui dépendent des variables utilisées pour décrire le système. Celles-ci dépendent, bien sûr, du type des expériences que l'on réalise.

Ainsi, pour décrire un mélange de plusieurs constituants, trois par exemple, on introduira les fractions molaires n_1, n_2, n_3 et les concentrations correspondantes x_2, x_3. n étant le nombre total de moles on a :

$$\begin{aligned} n_1 &= n\,(1 - x_2 - x_3) \\ n_2 &= n\,x_2 \\ n_3 &= n\,x_3 \end{aligned} \tag{4.A.1}$$

avec $n = n_1 + n_2 + n_3$

soit aussi

$$x_2 = \frac{n_2}{n_1 + n_2 + n_3} \tag{4.A.2}$$

$$x_3 = \frac{n_3}{n_1 + n_2 + n_3}$$

La différentielle d'une fonction f, par exemple par rapport à n_1 s'écrira :

$$\frac{\partial f}{\partial n_1} = \frac{\partial f}{\partial n}\frac{\partial n}{\partial n_1} + \frac{\partial f}{\partial x_2}\frac{\partial x_2}{\partial n_1} + \frac{\partial f}{\partial x_3}\frac{\partial x_3}{\partial n_1} \tag{4.A.3}$$

On a des relations analogues pour $\frac{\partial}{\partial n_2}$ et $\frac{\partial}{\partial n_3}$.

Ceci conduit à la suite de relations différentielles en utilisant (4.A.2) :

$$\begin{aligned} \frac{\partial f}{\partial n_1} &= \frac{\partial}{\partial n} - \frac{x_2}{n}\frac{\partial}{\partial x_2} - \frac{x_3}{n}\frac{\partial}{\partial x_3} \\ \frac{\partial f}{\partial n_2} &= \frac{\partial}{\partial n} + \frac{(1 - x_2)}{n}\frac{\partial}{\partial x_2} - \frac{x_3}{n}\frac{\partial}{\partial x_3} \\ \frac{\partial f}{\partial n_3} &= \frac{\partial}{\partial n} - \frac{x_2}{n}\frac{\partial}{\partial x_2} + \frac{(1 - x_3)}{n}\frac{\partial}{\partial x_3} \end{aligned} \tag{4.A.4}$$

Appliquant ces équations à la définition des potentiels chimiques μ_i ($i = 1, 2, 3$) pour un mélange ternaire, on obtient les expressions suivantes :

$$\begin{aligned} \mu_2 &= \frac{\partial G}{\partial n_2} = G_m + (1 - x_2)\frac{\partial G_m}{\partial x_2} - x_3\frac{\partial G_m}{\partial x_3} \\ \mu_2 - \mu_1 &= \frac{\partial G_m}{\partial x_2} \\ \mu_3 &= \frac{\partial G}{\partial n_3} = G_m - x_2\frac{\partial G_m}{\partial x_2} + (1 - x_3)\frac{\partial G_m}{\partial x_3} \end{aligned} \tag{4.A.5}$$

$$G_m = \frac{G}{n} = \frac{\partial G}{\partial n} \text{ est la fonction de Gibbs molaire.}$$

Des relations (4.A.5) on déduit facilement :

$$\mu_2 - \mu_1 = \frac{\partial G_m}{\partial x_2},\ \mu_3 - \mu_1 = \frac{\partial G_m}{\partial x_3} \tag{4.A.6}$$

En fonction du choix des variables indépendantes (4.A.1) ou (4.A.2) on peut écrire les conditions d'équilibre entre phases soit à l'aide des équations (4.A.5), $\mu_1 = \mu_2 = \mu_3$, soit à l'aide des égalités (4.A.6).

ANNEXE 4.B ÉQUATION DE PERCUS-YEVICK

On devrait pouvoir déterminer complètement l'équation d'état d'un fluide si l'on était à même de calculer la fonction de partition d'un système à un très grand nombre de particules (les molécules du fluide). Celle-ci est une intégrale multiple sur des variables de position et de moment qui dépend de la pression et de la température. Ce calcul ne peut aboutir qu'en utilisant une méthode d'approximation. Les méthodes utilisées sont de trois types : développements en série de la densité, équations intégrales et méthodes de perturbation.

Les développements de la densité ont l'avantage de donner des expressions exactes pour les coefficients du viriel que l'on peut comparer aux résultats expérimentaux, si l'on connaît les forces d'interaction. Ils ne permettent pas, en revanche, de prévoir des transitions de phases car des développements en série tronqués n'ont aucune singularité. La méthode des approximations dite de Padé permet toutefois d'achever le calcul du reste de la série. Kirkwood d'une part et Born-Green-Yvon d'autre part ont proposé des équations intégrales pour la fonction de distribution radiale $g(\boldsymbol{r})$ qui est ensuite utilisée pour obtenir l'équation d'état. On établit à cette fin une hiérarchie de fonction G^n ($n = 2, 3\ldots$) qui sont en nombre fini. Une nouvelle classe d'équations intégrales a été proposée par la suite sur la base d'un calcul réalisé par Ornstein et Zernike (1914) pour rendre compte du phénomène d'opalescence critique.

On peut écrire la fonction de distribution à n particules pour un système de N particules sous la forme :

$$\rho_N^{(n)}(\boldsymbol{r}_1 \ldots \boldsymbol{r}_n) = \frac{N!}{(N-n)!}\int \ldots \int e^{-\beta U_N}\mathrm{d}\boldsymbol{r}_{n+1} \ldots \mathrm{d}\boldsymbol{r}_N / Z_N \tag{4.B.1}$$

Dans un système ouvert (avec un nombre variable de particules) la probabilité d'observer n molécules dans un volume $\mathrm{d}\boldsymbol{r}_1 \ldots \mathrm{d}\boldsymbol{r}_n$ au point $(\boldsymbol{r}_1 \ldots \boldsymbol{r}_n)$ est donnée par :

$$\rho^{(n)} = \sum_{N \geq n} \rho_N^{(n)} P_N \tag{4.B.2}$$

Cette fonction est indépendante de N. La probabilité P_N s'écrit de façon classique en mécanique statistique :

$$P_N = \frac{z^N Z_N}{N!\,\Xi} \tag{4.B.3}$$

Z_N est la fonction de partition pour N particules et Ξ la fonction de grand-partition avec

$$z = e^{\beta\mu}\left(\frac{2\pi mkT}{h^2}\right)^{3/2}$$

Reportant (4.B.3) dans (4.B.2) pour $n = 2$ et après intégration sur $\boldsymbol{r}_1$ et $\boldsymbol{r}_2$ on obtient :

$$\iint \rho^{(2)}(\boldsymbol{r}_1\boldsymbol{r}_2)\,\mathrm{d}\boldsymbol{r}_1\,\mathrm{d}\boldsymbol{r}_2 = \left\langle\frac{N!}{(N-2)!}\right\rangle = \langle N(N-1)\rangle = \overline{N^2} - \bar{N} \qquad (4.B.4)$$

De même pour $n = 1$, on a :

$$\iint \rho^1(\boldsymbol{r}_1)\rho^1(\boldsymbol{r}_2)\,\mathrm{d}\boldsymbol{r}_1\,\mathrm{d}\boldsymbol{r}_2 = (\bar{N})^2 \qquad (4.B.5)$$

Par soustraction de ces deux équations on a la relation :

$$\iint [\rho^{(2)}(\boldsymbol{r}_1,\boldsymbol{r}_2) - \rho^{(1)}(\boldsymbol{r}_1)\,\rho^{(1)}(\boldsymbol{r}_2)]\,\mathrm{d}\boldsymbol{r}_1\,\mathrm{d}\boldsymbol{r}_2 = \overline{N^2} - \bar{N}^2 - \bar{N} \qquad (4.B.6)$$

où $\langle N\rangle = N$ et $\overline{N^2} = \langle N^2\rangle$. Or on sait que :

$$\overline{\Delta N^2} = \langle (N-\bar{N})^2\rangle = kT\kappa_T\frac{N}{V} = \overline{N^2} - \bar{N}^2 \qquad (4.B.7)$$

avec $\rho = \frac{N}{V}$ et $\kappa_T = \rho^{-1}\left(\frac{\partial\rho}{\partial p}\right)_T$.

Posant $\rho^{(2)}(\boldsymbol{r}_1, \boldsymbol{r}_2) = \rho^2 g(\boldsymbol{r}_1, \boldsymbol{r}_2)$ et $\rho^{(1)} = \rho^{(2)} = \rho$

Supposant le fluide invariant par translation et utilisant (4.B.7), l'équation (4.B.6) se récrit :

$$\rho^2 V\int [g(\boldsymbol{r}) - 1]\,\mathrm{d}\boldsymbol{r} = \langle\Delta N^2\rangle - \bar{N} \qquad (4.B.8)$$

soit

$$\rho kT\kappa_T = 1 + \rho\int [g(\boldsymbol{r}) - 1]\,\mathrm{d}\boldsymbol{r} \qquad (4.B.9)$$

La fonction $h(\boldsymbol{r}) = g(\boldsymbol{r}) - 1$ s'appelle la **fonction de corrélation de paire** et on peut l'obtenir à partir d'expériences de diffusion (lumière, neutrons). Elle est une mesure de l'influence de la molécule 1 sur la molécule 2.

On définit également la **fonction de structure** $S(\boldsymbol{k})$ à l'aide de la transformée de Fourier de $g(r)$ (Fig. 4.13) par la relation :

$$S(\boldsymbol{k}) = 1 + \rho\int \exp(-i\boldsymbol{k}\boldsymbol{r})\,g(\boldsymbol{r})\,\mathrm{d}\boldsymbol{r} \qquad (4.B.10)$$

On peut l'obtenir à partir d'expériences de diffusion (lumière, neutrons).

Ornstein et Zernike ont proposé de séparer en deux l'influence exercée par chaque molécule. Un premier terme représente l'interaction directe d'une molécule avec ses voisines, le second est la contribution de l'influence indirecte qui est la force propagée grâce à une molécule intermédiaire. La corrélation directe correspondant au premier terme est la fonction $c(\boldsymbol{r}_{12})$, la seconde contribution à $h(\boldsymbol{r}_{12})$ est une moyenne sur toutes les positions de la molécule intermédiaire $\boldsymbol{r}_3$:

$$h(\boldsymbol{r}_{12}) = c(\boldsymbol{r}_{12}) + \int c(\boldsymbol{r}_{13})\,h(\boldsymbol{r}_{32})\,\mathrm{d}\boldsymbol{r}_3 \qquad (4.B.11)$$

Cette équation définit en fait la fonction $c(\boldsymbol{r})$. On peut la résoudre en prenant une transformée de Fourier et en utilisant les propriétés des convolutions.

$$H(\boldsymbol{k}) = c(\boldsymbol{k}) + \rho\,H(\boldsymbol{k})\,c(\boldsymbol{k}) \qquad (4.B.12)$$

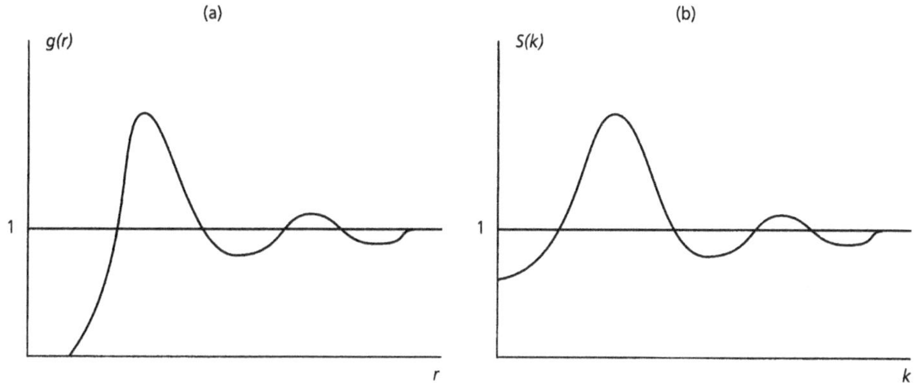

Figure 4.13 Fonction de corrélation de paire **a)** et de structure **b)** pour un liquide dans des conditions normales.

soit

$$H(\boldsymbol{k}) = \frac{c(\boldsymbol{k})}{1 - \rho\, c(\boldsymbol{k})} \tag{4.B.13}$$

Substituant $H(k)$ dans (4.B.9), on a alors :

$$kT\left(\frac{\partial \rho}{\partial p}\right)_T = 1 + \rho\, H(0) = \frac{1}{1 - \rho\, c(0)} = \frac{1}{1 - \rho \int c(r)\, \mathrm{d}r} \tag{4.B.14}$$

Il reste à déterminer $c(r)$. On peut le faire en prenant une approximation qui décrit les interactions à courte distance. $c(r)$ est la différence entre la fonction $g_{total}(r)$, correspondant à l'interaction effective représentée par un potentiel $w(r)$ ($g(r) = e^{-\beta\, w(r)}$), et l'interaction indirecte qui est la partie restante du potentiel quand on lui enlève l'interaction directe :

$$c(r) = g_{total}(r) - g_{indirect}(r) = e^{-\beta\, w(r)} - e^{-\beta\, [w(r) - u(r)]} \tag{4.B.15}$$

C'est l'approximation de Percus-Yevick pour la fonction $c(r)$. Utilisant la méthode d'Ornstein-Zernicke, on peut alors résoudre le système d'équations.

Posant $y(r) = e^{\beta\, u(r)} g(r)$, on peut récrire (4.B.11) :

$$y(\boldsymbol{r}_{12}) = 1 + \rho \int [e^{-\beta u(r_{13})} - 1]\, y(\boldsymbol{r}_{13})\, h(\boldsymbol{r}_{32})\, \mathrm{d}\boldsymbol{r}_3 \tag{4.B.16}$$

C'est l'équation de Percus-Yevick. Comme $h = g - 1 = e^{-\beta\, u}\, y - 1$, cette équation détermine $y(\boldsymbol{r})$ et donc $g(\boldsymbol{r})$. Elle a été résolue pour des sphères rigides. L'équation pour p, et donc l'équation d'état, n'est pas la même suivant qu'on la détermine à l'aide de la compressibilité (Éq. 4.B.14) ou par un calcul direct utilisant l'équation du viriel (Exercice 4.1) :

$$\frac{p}{kT} = \rho - \frac{\rho^2}{6kT} \int_0^\infty r u(r)\, g(r)\, 4\pi r^2\, \mathrm{d}r \tag{4.B.17}$$

L'équation de Carnahan-Starling est établie à l'aide de la première méthode.

Tableau des équations d'état

1) van der Waals (mélange)

$$\left(p + \frac{N^2 a(x)}{V^2}\right)(V - Nb(x)) = NkT$$

avec

$$a(x) = (1-x)^2 a_{11} + x(1-x)a_{12} + x^2 a_{22}$$

2) Soave-Redlich Kwong

$$p = \frac{RT}{V-b} - \frac{a/T^{0,5}}{V(V+b)}$$

3) Peng-Robinson

$$p = \frac{RT}{V-b} - \frac{a(T)}{V(V+b)+b(V-b)}$$

4) Dieterici

$$pe^{[a/RT]} = \frac{RT}{V-b}$$

5) Équation pour les chaînes moléculaires (ou *Perturbed Hard Chain Theory* PHCT)

$$p = \frac{RT}{V} + \frac{cRT}{V}\frac{4\eta - 2\eta^2}{(1-\eta)^3} - \frac{RT}{V}\frac{z_m c V^* Y}{V + V^* Y}$$

avec

$$\eta \equiv \frac{\pi r_0^3 N}{6V} = \frac{\pi}{6}\frac{\sqrt{2}V^*}{V} = \tau V^*/V \ ; \ (V^* \equiv N r_0^3/\sqrt{2}) \ \text{ et } \ \tau \equiv \frac{\pi\sqrt{2}}{6}$$

EXERCICES

4.1 Théorème du viriel.

On va déterminer une équation d'état générale pour un gaz de N particules de volume V supposant l'énergie de la forme $E = \sum_i \frac{\boldsymbol{p}_i^2}{2m} + \frac{1}{2}\sum_{i \neq j} u(\boldsymbol{r}_{ij})$ où $u(\boldsymbol{r}_{ij})$ est un potentiel binaire d'interaction entre les particules. La grandeur $\sum_i (\boldsymbol{p}_i \cdot \boldsymbol{r}_i)$ est, par définition, le viriel. Le moment total étant conservé, la valeur moyenne du viriel, à l'équilibre, est invariante au cours du temps. On considère que chaque particule subit deux forces : – une force extérieure due à la pression exercée par les parois ; – une force interne $\boldsymbol{f}_i$ due à l'interaction avec les autres particules.

1° Écrire la relation existant entre T et l'énergie cinétique moyenne.

2° Utilisant la conservation du viriel, écrire la relation existant entre les forces à l'équilibre.

3° Introduisant la force f_{ij} exercée par la particule j sur la particule i, en déduire l'équation d'état.

4° $g(r)$ étant la fonction de distribution pour une paire et $n(r) = \left(\frac{N}{V}\right)^2 g(r)$, la densité de probabilité pour une paire, en déduire une nouvelle forme de l'équation d'état exprimée à l'aide de u.

4.2 Loi des états correspondants.

On a supposé que dans un fluide le potentiel intermoléculaire est de la forme $u(r) = \varepsilon_0 f\left(\frac{r}{r_0}\right)$. On suppose que l'énergie cinétique des N molécules est purement de translation.

1° Calculer la fonction de partition du système et montrer que l'on peut l'exprimer à l'aide d'une intégrale fonction de f.

2° Introduisant les coordonnées réduites du fluide, montrer que la pression s'exprime à l'aide d'une fonction qui ne dépend que de ces variables et de la forme de f. En déduire la pression réduite.

3° Quelles conclusions en tire-t-on pour les équations d'état ?

4.3 Équation d'état de van der Waals.

On suppose que l'énergie totale d'un fluide de N particules se met sous la forme $E = E_c + U_N^0 + U_N^1$ où E_c est l'énergie cinétique, U_N^0 l'énergie potentielle non perturbée et U_N^1 une perturbation. U_N^0 sera représentée par un potentiel de sphères rigides et U_N^1 sera une perturbation correspondant à une interaction attractive. V est le volume total du fluide.

1° Calculer la fonction de partition totale Z_N et montrer qu'elle s'exprime à l'aide d'une moyenne $< \exp -\beta U_N^1 >_0$ de la fonction $\exp -\beta U_N^1$ sur le système non perturbé.

2° Supposant $U_N^1 << kT$, écrire de façon simple $< \exp -\beta U_N^1 >$ et donner son expression en fonction de l'énergie d'interaction d'une paire $u^1(\boldsymbol{r})$ et de la densité de probabilité de présence de paires $n_2(|\boldsymbol{r}_1 - \boldsymbol{r}_2|) = \frac{N^2}{V^2} g(|\boldsymbol{r}_1 - \boldsymbol{r}_2|)$ où g est la fonction de distribution.

3° Calculer $< \exp -\beta U_N^1 >_0$ à l'aide du potentiel de sphères rigides. On posera $a = -2\pi \int_{r_0}^{\infty} u^1(r)\, r^2 \mathrm{d}r$, r_0 étant la distance d'exclusion pour ce potentiel.

4° Écrire l'énergie libre du fluide et en déduire son équation d'état.

4.4 Spinodale pour un fluide.

En utilisant l'équation d'état de van der Waals écrire l'équation de la spinodale sous la forme $p(V)$.

4.5 Règles de Maxwell et de la tangente commune.

L'état thermodynamique d'un fluide est représenté par une isotherme dans le plan (p, V) (Fig. 4.3.a).

1° Montrer que la transition liquide/gaz à la pression p correspond à l'égalité des aires comprises entre l'isotherme et l'isobare.

2° Montrer que sur la courbe $F(T)$ (Fig. 4.3.b) les points 1 et 2 correspondant aux volumes V_1 et V_2 ont une tangente commune.

Chapitre 5

La transition vitreuse

5.1 LA FORMATION DES VERRES

La plupart des éléments et des composés minéraux solides forment, en fondant, des liquides dont la viscosité est faible (quelques centipoises) et, par abaissement de température, ceux-ci se solidifient de nouveau pour former un solide cristallin. Il existe, en revanche, des matériaux qui, fondus, sont des liquides dont la viscosité est très élevée (10^5 à 10^7 poises). Lorsqu'on les refroidit au-dessous de leur point de fusion, ces liquides ne se solidifient pas instantanément, ils restent dans un état de surfusion, la viscosité du liquide croissant fortement lorsqu'on abaisse la température, puis ils se « figent » sous la forme d'un **verre** qui est un état solide non-cristallin. On dit que le liquide a subi une **transition vitreuse** et que l'on a formé un **état vitreux**.

On sait, depuis des millénaires, que de nombreux liquides se transforment en verres lorsqu'on les refroidit. On peut ainsi former des verres à partir de liquides dont les structures correspondent à des liaisons covalentes fortes (typiquement des oxydes comme SiO_2, GeO_2, B_2O_3, le verre à vitre est un mélange SiO_2–CaO–Na_2O), mais aussi à des liaisons hydrogène comme le glycérol et des liaisons ioniques comme certains sels fondus comme KNO_3–$Ca(NO_3)_2$.

On ne comprend pas encore très bien pourquoi certaines molécules peuvent conduire à la formation de verres. C'est une question qui a été abordée, pour la première fois, en profondeur par Zachariasen (1932). On peut dire d'abord que certaines structures de liquides correspondent à des topologies qui favorisent la formation de verres. On sait aussi que l'addition d'un élément, même à l'état de trace, peut empêcher la cristallisation d'un autre élément : c'est le cas, par exemple, avec As et Cl qui sont ajoutés pour stabiliser les films vitreux (ou amorphes), de Se utilisés en xérographie et qui conduisent ainsi à la formation d'un verre. On peut aussi éviter la cristallisation par dépôt d'une substance à l'état de vapeur sur un substrat solide ou par trempe rapide suivie d'un choc.

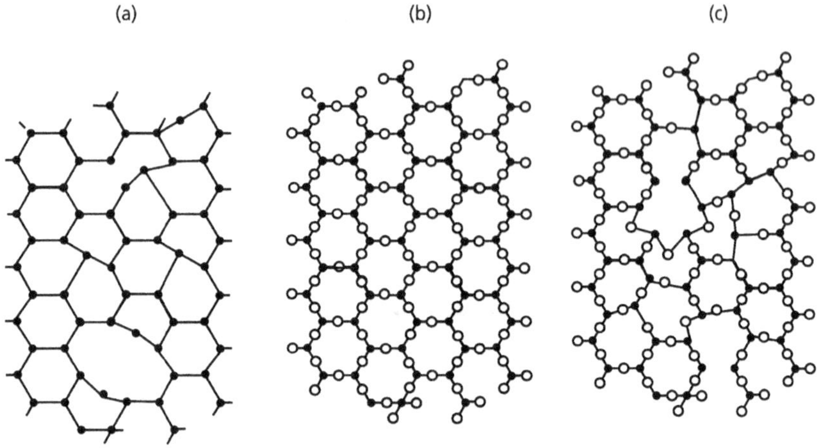

Figure 5.1 Réseau aléatoire à deux dimensions.

a) Verre constitué par un élément avec une coordination égale à trois. **b)** Composé cristallin du type A_2B_3. **c)** Verre du type A_2B_3. L'atome A qui a une coordination de deux est lié par des liaisons plus souples aux atomes B voisins.

On désigne du terme de réseau continu aléatoire la topologie d'un verre et on l'a représentée sur la figure 5.1.a pour un système à deux dimensions formé à partir d'un élément. On observe, contrairement à la situation dans un cristal, une dispersion significative dans les angles formés par les liaisons. La plupart des verres simples sont du type A_nO_m, où A est un élément comme Si, Ge, B, As, P. On a représenté sur la figure (5.1.c) un réseau correspondant à A_2O_3 où les cercles vides sont les atomes d'oxygène qui sont divalents et forment des ponts au centre d'un triangle. Une telle structure permet l'introduction d'un désordre sans trop rapprocher les cations A. Dans une structure tridimensionnelle A doit être tétravalent pour former des structures tétraédriques, on ne peut la former que si l'on admet que les angles soient un peu différents de ceux correspondant à la structure cristalline parfaite. Zachariasen a souligné que ceci requiert une énergie interne légèrement supérieure à celle du cristal.

Schématiquement, on peut dire que la **structure vitreuse et le cristal présentent deux différences essentielles** :

- il existe une dispersion des angles de liaison dans le verre qui n'est pas permise dans le cristal ;
- l'ordre à longue distance n'existe pas dans le verre.

Cette dernière propriété se manifeste par le caractère diffus des spectres de rayons X dans les verres.

Lors de la fusion qui va aboutir à une vitrification, le réseau initial de SiO_2 se trouve morcelé, « dépolymérisé » en quelque sorte, et l'on assistera à la formation d'un réseau plus désordonné favorable à l'apparition d'un verre.

En dépit de son ubiquité et du très grand nombre d'observations et de données expérimentales, la nature de la transition vitreuse est loin d'être comprise. On peut l'étudier de plusieurs points de vue. On peut s'intéresser d'abord aux échelles de temps. Il existe, schématiquement, deux constantes de temps différentes qui contrôlent la transition. La première, désignée par τ_1 caractérise le temps nécessaire à la cristallisation d'un volume donné de phase liquide. Celle-ci va d'abord décroître lorsque le liquide est surfondu puis croître en fonction de la température. Ceci s'observe sur les courbes *TTT* (Temps-Température-Transformation, Fig. 2.8) qui représentent le taux de cristallisation en fonction du temps et de la température. La forme de ces courbes résulte de deux phénomènes en compétition (Fig. 5.2). La partie supérieure (haute température) montre que la « force thermodynamique » provoquant la cristallisation tend à s'accroître, tandis que la partie inférieure correspondant à un abaissement de la température traduit le fait que la cinétique de transport à travers les interfaces ralentit la cristallisation. Cette courbe permet de déterminer la vitesse critique de formation d'un verre, c'est-à-dire la vitesse de refroidissement ou de trempe nécessaire pour éviter de cristalliser une fraction donnée du liquide. Si cette vitesse est suffisamment grande (trempe rapide) on peut passer au-dessous de la courbe de cristallisation et former un verre. Cette vitesse de trempe critique est en général faible pour les oxydes du type SiO_2 et GeO_2 (10^{-4}–10^{-1} Ks^{-1}), elle est relativement plus élevée pour les verres organiques, H_2O et les métaux (10^2–10^{10} K s^{-1}).

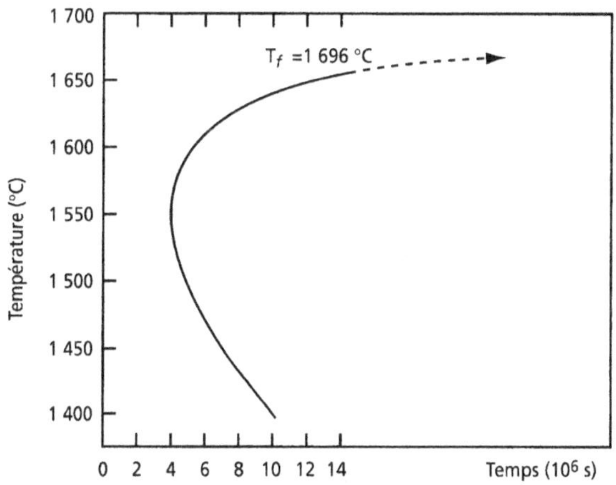

Figure 5.2 Courbe Temps-Température-Transformation.

Cette courbe est tracée pour SiO_2 ; elle correspond ici à une fraction cristallisée de 10^{-6}. Cette courbe représente le temps nécessaire pour cristalliser une fraction donnée en fonction de la température (d'après D.R. Uhlmann, J. Non. Cryst. Solids, 7, p. 337, 1972).

Soulignons au passage que la trempe rapide n'est pas le seul procédé utilisé pour obtenir un verre. On peut provoquer une transition vitreuse par dépôt d'une vapeur sous-refroidie sur un substrat, par pulvérisation cathodique et par implantation d'ions (procédé utilisé aussi pour fabriquer des électrets). On peut aussi réaliser une compression rapide à température fixée au lieu d'une trempe rapide : c'est le procédé de compression froide d'un solide.

La seconde constante de temps τ_2 est le temps de relaxation interne, appelé également temps de relaxation structurale. Il caractérise le temps nécessaire aux réarrangements des molécules dans le matériau pour tenter de retrouver l'équilibre.

Si l'on assimile le liquide à un ensemble de « cages » occupées par des molécules, le volume de ces cages diminue lorsqu'on abaisse la température et une coopération accrue entre molécules voisines est nécessaire pour que l'une d'elles puisse s'échapper de sa cage initiale et diffuser entre ses voisines ce qui prend un temps plus long qui est le temps de relaxation interne. Lors de la surfusion τ_2 s'accroît très fortement et atteindrait même des valeurs astronomiques. Cette constante de temps est plus ou moins proportionnelle à la viscosité, mais n'est pas rigoureusement définie car elle suppose que le phénomène varie exponentiellement avec le temps, ce que l'on n'observe qu'au stade initial : on a en fait une combinaison linéaire de termes exponentiels. Il faut noter que l'on distingue souvent un verre d'une phase **amorphe** par le fait qu'une phase amorphe (en général un film mince non cristallisé) cristallise rapidement lorsqu'on la réchauffe, alors qu'un verre va repasser progressivement dans un état liquide lorsqu'on élève sa température. On obtient souvent des phases amorphes à partir de dépôts en couches minces d'alliages métalliques ou de mélanges métal-metalloïde à partir d'une phase vapeur.

Les verres sont des matériaux connus depuis les temps préhistoriques où l'on utilisait déjà l'obsidienne pour fabriquer des outils tranchants comme des couteaux. Les premiers verres ont été sans doute fabriqués en Mésopotamie, environ 4 500 avant J.C., puis en Égypte. Les émaux utilisés pour recouvrir des poteries ont dû être également produits dans les débuts de la métallurgie (10 000 - 12 000 avant J.C.). Les procédés de fabrication des verres, sur lesquels nous reviendrons, ont connu de multiples évolutions et perfectionnements depuis lors, surtout depuis la fin du XIXe siècle.

5.2 LA TRANSITION VITREUSE

5.2.1 Caractéristiques thermodynamiques

Un grand nombre de liquides prennent une allure sirupeuse lorsqu'on les surfond et finissent même par se figer, leur viscosité s'accroît très fortement dans la phase surfondue si bien que l'on ne peut plus détecter le moindre mouvement en leur sein : ils ont formé un verre. La viscosité η peut atteindre $10^{12} - 10^{13}$ poises. Le liquide peut rester dans cet état figé pendant des décennies, voire des millénaires, on n'a pas à proprement parler un état solide et la thermodynamique classique ne s'applique pas strictement car le système n'est pas dans un état d'équilibre thermodynamique en ce qui concerne les changements de configuration, on dit qu'il constitue un système **hors d'équilibre**. On peut néanmoins considérer que le verre est partiellement dans un état d'équilibre thermodynamique **métastable** car l'énergie vibrationnelle est équilibrée dans le verre dont la température est uniforme, la conduction thermique assurant la redistribution locale de la température. On peut assigner une entropie au verre, même si celle-ci n'est pas identique à celle d'un liquide dans les mêmes conditions (p, v, T). On peut calculer l'entropie d'un verre en intégrant la chaleur spécifique à pression constante et comparer le résultat avec l'entropie du cristal à la même température. Comme on doit s'y attendre le verre n'a pas l'entropie la plus basse, il a un excès d'entropie ΔS par rapport à l'état cristallin mais cet écart entre les deux entropies diminue quand on abaisse la température.

$$\Delta S = S(liq\ ou\ verre) - Scrist$$

$$\Delta S = L_f/T_f - \int_T^{T_f} (C_{pl} - C_{ps})\,\mathrm{d}T/T \qquad (5.1)$$

L_f est la chaleur latente de fusion du solide à T_f, C_{pl} et C_{ps} les chaleurs spécifiques du liquide et du solide. On peut constater (Fig. 5.3) qu'à la transition vitreuse à T_g, il subsiste une entropie qui correspond au désordre configurationnel subsistant dans le liquide figé lors de la formation du verre.

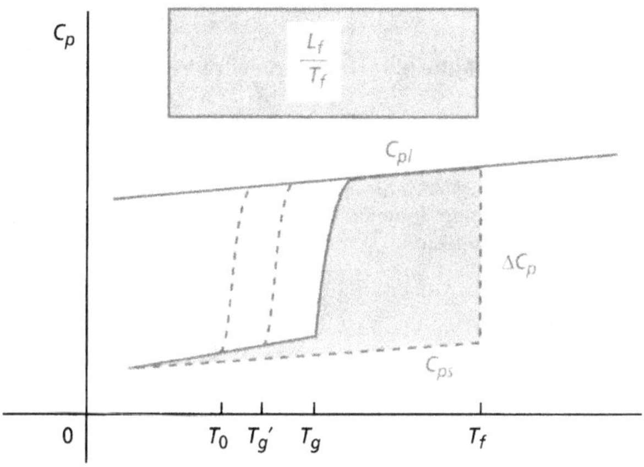

Figure 5.3 Calcul de l'entropie excédentaire d'un verre.

C_{pl} représente la chaleur spécifique du liquide pour différentes vitesses de refroidissement, C_{ps} est la chaleur spécifique du cristal. L'aire du rectangle hachuré représente l'entropie de fusion du cristal. La température est portée avec une échelle logarithmique.

On peut caractériser la transition vitreuse en observant le comportement de plusieurs grandeurs thermodynamiques. Ainsi, si l'on refroidit un liquide à pression constante on observe que le volume décroît et cette contraction se poursuivra dans l'état surfondu à moins que l'on ne provoque sa cristallisation (par exemple par ensemencement avec des germes cristallins). Puis, soit le liquide surfondu cristallisera spontanément, soit la diminution de volume changera brutalement de rythme : à une température T_f on a une rupture de la pente de la courbe *V*(*T*) (Fig. 5.4.a) qui correspond à une discontinuité du coefficient d'expansion thermique α_p, T_g est la température de la **transition vitreuse**. On doit noter qu'aux très basses températures les coefficients α_p sont les mêmes pour le verre et le cristal (Fig. 5.4.b). On constate aussi que la valeur de T_g dépend de la vitesse de refroidissement du liquide. La transition vitreuse se produit plus tôt si la vitesse de trempe est élevée et si celle-ci était très faible on pourrait passer directement à l'état cristallin en évitant la formation d'un verre, ce qui est en accord avec les principes de la thermodynamique. Il est clair que la transition vitreuse n'est pas abrupte contrairement à la cristallisation et à la fusion. Elle n'est accompagnée d'aucune chaleur latente.

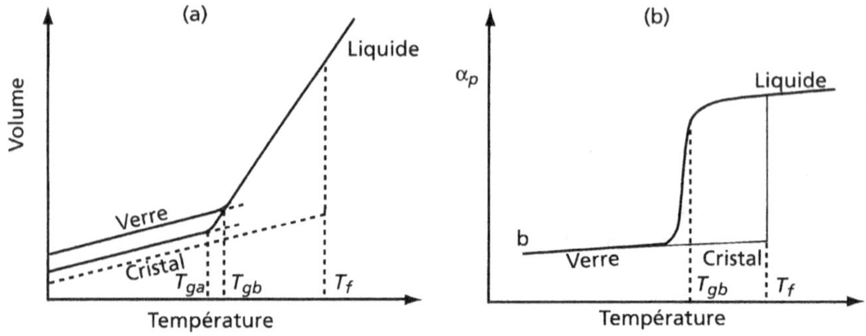

Figure 5.4 Transition vitreuse.

a) Variation du volume en fonction de la température dans le liquide, les états vitreux et cristallin. T_{ga} et T_{gb} correspondent à des températures de transition vitreuse obtenues pour des vitesses de refroidissement élevées et faibles.
b) Coefficient de dilatation thermique dans les différentes phases. Celui-ci est discontinu à T_g. T_f est la température de fusion.

Le comportement de l'enthalpie est parallèle à celui du volume à pression constante : on observe un changement brutal de l'allure de la variation de la fonction $H(T)$ avec une discontinuité de la pente T_g (c'est-à-dire de la chaleur spécifique). Comme précédemment cette variation se produit dans une région étroite et la valeur de T_g dépend de la vitesse de trempe (Fig. 5.5). La variation de C_p est associée à la diminution du nombre de degrés de liberté du système, certains étant figés. Aussi la différence entre C_p dans le liquide et dans le verre est-elle toujours positive. On a une situation différente pour les coefficients d'expansion thermique où les différences entre les états liquide et vitreux ont un signe quelconque. On n'a pas la possibilité de dire, en revanche, quels sont les degrés de liberté qui sont figés (c'est-à-dire bloqués pendant un temps très long).

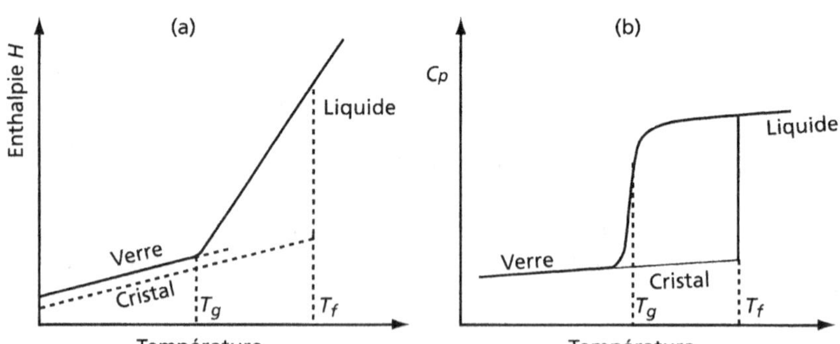

Figure 5.5 Grandeurs thermodynamiques à la vitrification.

a) Enthalpie isobare. **b)** Chaleur spécifique isobare. Elle présente une discontinuité à la transition vitreuse.

La décroissance brutale de C_p lorsqu'on abaisse la température et la croissance brutale inverse lorsqu'on élève la température, sont, en général, considérées comme la signature d'une transition vitreuse. On définit souvent, d'ailleurs, la température de transition vitreuse T_g comme celle à laquelle apparaît, lors d'un réchauffement, un pic de chaleur spécifique (on choisit une vitesse de réchauffement de 10 Ks^{-1}).

Comme on l'a souligné plus haut, l'écart ΔS entre les entropies du liquide surfondu (ou du verre) et du cristal diminue continûment ce qui conduit à se poser la question suivante, appelée **paradoxe de Kauzmann** : qu'advient-il lorsque ces entropies deviennent égales ? La température T_0 à laquelle ce phénomène se produirait est parfois appelée température de vitrification idéale. En deçà de T_0, ΔS serait négatif : le liquide (ou le verre) aurait une entropie inférieure à celle du cristal, qui est la phase la plus ordonnée, ce qui est physiquement impossible. La température T_0 pourrait être considérée comme la limite thermodynamique de la transition vitreuse impossible à atteindre expérimentalement. Notons qu'en ce point l'enthalpie du liquide étant encore supérieure à celle du cristal, l'enthalpie libre $H - T_0 S$ le sera aussi, ce qui exclut la coexistence en équilibre du liquide surfondu et du cristal, une transformation, par exemple dans un état vitreux, doit donc nécessairement survenir entre T_f et T_0.

On peut résumer la situation en constatant que la transition vitreuse est mal définie. Le critère le plus usuel (utilisé en particulier par C. A. Angell) pour définir la température de vitrification ou de transition vitreuse est l'observation d'un accroissement rapide de la viscosité ($\eta \approx 10^{13}$ poises). Cette température dépend légèrement de la vitesse de refroidissement. Presque simultanément, mais pas rigoureusement à la même température, le coefficient d'expansion thermique et l'enthalpie subissent un changement rapide de même que la polarisabilité diélectrique et d'autres grandeurs caractéristiques de la relaxation.

On peut noter au passage la règle empirique suivante : les liquides moléculaires dont le point de fusion T_f est moins de deux fois leur point d'ébullition T_V ($T_f/T_V < 2$) sont, en général, très visqueux à la température de solidification T_f si bien que le taux de nucléation pendant une trempe réalisée à basse température est insuffisant pour provoquer la cristallisation. Ces liquides forment plus facilement des verres.

Les températures de vitrification T_g (ou de transition vitreuse) sont en général élevées pour les oxydes ou les mélanges d'oxydes (500 - 1500 K). Elles sont plus basses pour les verres préparés à partir d'éléments (244 K pour S, 302 - 308 K pour Se) et pour les substances organiques (180 - 190 K pour le glycérol, 90 - 96 K pour l'éthanol).

La grandeur qui est la plus directement liée à la relaxation interne est la viscosité, qui exprime la durée de la résistance au cisaillement. Celle-ci semble infiniment longue dans un solide, mais elle tend vers zéro rapidement dans un liquide normal. On caractérise habituellement la viscosité de cisaillement à basse fréquence par un temps de relaxation défini par :

$$\eta = G_\infty \tau \tag{5.2}$$

En estimant G_∞, le module de cisaillement instantané, à partir des solides, on peut en déduire τ. τ est infiniment long dans les solides, très court dans les liquides normaux ($\tau \approx 10^{-13}$ s) ; dans les verres τ est estimé de l'ordre de 10^{32} années à température ordinaire et donc quasiment équivalent à celui d'un solide.

5.2.2 Comportement de la viscosité

La viscosité joue un rôle central dans le comportement d'un verre. Elle est liée au temps de relaxation interne exprimant la durée de la résistance au cisaillement. On a fait de nombreuses expériences pour mesurer la viscosité des verres. La viscosité η d'un liquide visqueux suit une loi classique d'**Arrhenius** du type $\log\eta = A + B/T$, mais on constate que la viscosité des verres ne suit ce type de comportement que dans un intervalle limité de températures. On peut décrire la plupart des résultats à l'aide de la formule empirique de **Vogel-Tammann-Fulcher** :

$$\eta^{-1} = A\exp[-a/(T-T_{0\eta})] \tag{5.3}$$

Celle-ci décrit la fluidité, l'inverse de la viscosité, au voisinage de la température de transition vitreuse. $T_{0\eta}$ est la température à laquelle la fluidité s'annule, qui peut être voisine de celle à laquelle l'excès d'entropie ΔS disparaît. On peut trouver cette expression en établissant une relation entre la décroissance de la capacité calorifique C_p près de la transition vitreuse à l'aide de la théorie semi-empirique d'Adams et Gibbs.

Rappelons la définition élémentaire de la viscosité à l'aide de la loi macroscopique de Newton pour un écoulement visqueux :

$$\boldsymbol{F} = -\eta\,\mathrm{grad}\,\boldsymbol{u} \tag{5.4}$$

où $\boldsymbol{F}$ est la force et $\boldsymbol{u}$ la vitesse.

On a la relation générale entre le taux de déformation $(\partial u_l/\partial x_k)$ et le tenseur de la pression :

$$p_{ij} = \sum_{k,l}\alpha_{ij}^{kl}\left(\frac{\partial u_1}{\partial x_k}\right) \tag{5.5}$$

Le tenseur α a 81 coefficients. Supposant le milieu isotrope et en soustrayant la rotation et la translation pures, il ne reste plus que les deux coefficients κ et η qui sont respectivement les viscosités de volume et de cisaillement. Ces grandeurs insérées dans l'équation de Navier Stokes de la mécanique des fluides nous donnent :

$$m\rho\left(\frac{\partial \boldsymbol{u}}{\partial t}\right) = -\nabla p + \nabla^2\mathbf{u} + \left(\frac{1}{3}\eta + \kappa\right)\nabla(\nabla\mathbf{u}) \tag{5.6}$$

Par transformation de Fourier de (5.6), on obtient pour la composante perpendiculaire à $\boldsymbol{k}$ du courant $\boldsymbol{J}_\perp$ l'équation suivante du mouvement :

$$m\rho\left(\frac{\partial \boldsymbol{J}_\perp}{\partial t}\right) = -k^2\eta\,\boldsymbol{J}_\perp(\mathbf{k}, t) \tag{5.7}$$

On peut récrire cette équation en introduisant une fonction de corrélation dépendant du temps et en utilisant une moyenne d'ensemble. On aboutit ainsi à l'équation simple qui définit la viscosité η

$$\eta = \frac{1}{VkT}\int_0^\infty < J(t)\,J(0) > \mathrm{d}t \tag{5.8}$$

où

$$J = \sum_{j=1}^{n}\left(\frac{p_{xj}\,p_{zj}}{m} + z_j F_{jx}\right) \tag{5.9}$$

On peut calculer η à partir de (5.9) en utilisant la théorie dite du couplage des modes sur laquelle nous reviendrons ultérieurement. Ceci aboutit à un comportement de la viscosité caractérisée par deux temps de relaxation. Cependant, il est difficile de trouver un comportement divergent pour la viscosité à l'aide de ce calcul (de type de 5.3 par exemple) mais on peut trouver une méthode, dite self-consistante, qui permet de faire apparaître cette divergence.

5.2.3 Relaxation et autres modes de comportement temporel

C'est une théorie de Debye qui conduit à l'hypothèse de l'existence d'un temps de relaxation : elle suppose que la viscosité représente un terme de friction dans l'équation du mouvement. De nombreuses expériences indiquent, cependant, que le comportement d'un liquide au cours du temps est beaucoup plus compliqué, en particulier, au voisinage de T_g. En fait, au lieu de manifester un comportement avec une relaxation simple purement exponentielle (ou avec deux exponentielles), les fonctions du type (5.8) peuvent être représentées à l'aide d'exposants caractéristiques de la fonction de relaxation de Kohlraush-Williams-Watts :

$$f(t) = \exp(-(t/\tau)^{\beta}) \tag{5.10}$$

où $\beta < 1$ est une constante ajustable qui dépend de la nature des phases liquides mais qui aussi décroît lorsque la température est abaissée.

Il existe des modèles théoriques qui permettent de reproduire un comportement temporel de ce type.

Un autre type de comportement en fonction du temps est donné par une loi de puissance que l'on trouve avec la théorie du couplage des modes :

$$f(t) = A(t/\tau)^{-a} \qquad (t/\tau) \ll 1 \tag{5.11}$$

$$f(t) = -B(t/\tau)^{b} \qquad (t/\tau) \gg 1$$

où $B > 0$. De telles lois ont pu être obtenues aussi par simulation informatique sur des liquides de Lennard-Jones.

5.3 LA STRUCTURE DES VERRES

Le fait que les verres soient des liquides surfondus implique qu'ils ne sont pas dotés d'une structure périodique : c'est une caractéristique de l'état vitreux. Cependant, on n'observe pas de distribution totalement aléatoire des positions des particules dans le milieu comme dans le cas d'un gaz parfait pour deux raisons. En effet, les atomes, ou les molécules, ont une taille du type sphère rigide, ce qui implique qu'ils sont plus ou moins à la même distance les uns des autres, la seconde est que ceux-ci ont un nombre de coordination (ou une valence) qui est fixé. En fait, ceci n'est pas toujours strictement le cas, car on peut aussi avoir ce que l'on appelle des liaisons pendantes. Utilisant les deux restrictions précédentes, on peut ainsi engendrer un réseau aléatoire continu (avec un nombre de coordination égal à 3) analogue à celui de la figure 5.1.c. Un décompte statistique sur un tel réseau montre qu'il y a beaucoup d'anneaux avec six liaisons, mais peu à 3 ou 9 liaisons. Les angles entre les liaisons sont proches de 120 °. Si la structure avait été périodique, le réseau aurait été du type nid d'abeille avec des anneaux à six liaisons et des angles entre liaisons égaux exactement à 120 °. La structure locale dans le verre n'est donc pas strictement différente de celle d'un solide microcristallin. Ceci est aussi mis en évidence sur la fonction de corrélation spatiale $g(r)$ et la fonction de structure $S(\boldsymbol{k})$ (Annexe 4.B). Il est difficile de distinguer la forme exacte de ces fonctions pour le verre et le solide cristallin même si elles diffèrent dans leurs détails. En revanche, les réflexions de Bragg n'apparaissent que dans les solides cristallins car elles résultent d'une stricte périodicité du réseau cristallin. On peut mettre en évidence l'existence d'un ordre local à moyenne distance (< 1 nm) par des techniques expérimentales comme la microscopie électronique à haute résolution et la diffusion des rayons X aux petits angles.

On doit à Zachariasen (1932) les idées de base pour interpréter la structure des verres. Considérons ainsi le cas du verre de silice SiO_2, qui est formé à partir de tétraèdres constitués par un atome de silicium occupant le centre de tétraèdres (SiO_4) et de quatre atomes d'oxygène situés sur les sommets. Les atomes d'oxygène des sommets sont liés entre eux de façon telle qu'ils forment des ponts entre les atomes de silicium sur des tétraèdres voisins. Alors que les angles O–Si–O correspondant aux liaisons tétraédriques (≈ 109 °) restent identiques, l'angle Si–O–Si correspondant à une liaison entre deux tétraèdres voisins est relativement variable, il est compris entre 120 ° et 180 °, cette variation coûtant peu d'énergie.

On observe d'ailleurs par diffraction des rayons X et des neutrons des petites régions microcristallines au sein d'un verre de silice qui correspondent à des micro-cristaux de tridymite ou de cristobalite avec des interfaces comportant des atomes d'oxygène doublement liés à des silicium (Fig. 5.6). Le modèle dit du réseau aléatoire continu avec des angles de liaison inter-tétraédriques Si–O–Si rend bien compte, en première approximation, de la structure des verres de silice. Lorsqu'on ajoute à la silice SiO_2 un oxyde non-formateur de verre, par exemple Na_2O, les atomes d'oxygène supplémentaires introduits s'intercalent dans le réseau en provoquant la rupture de certaines liaisons Si–O–Si.

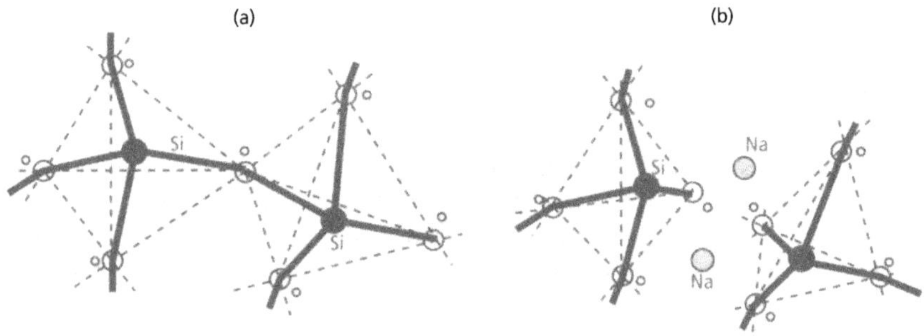

Figure 5.6 Réseau de silice.

a) Réseau de silice intact, les tétraèdres SiO_4 ont un sommet commun, mais il y a un désordre dans les liaisons Si–O–Si
b) Introduction d'un oxyde Na_2O, on a formé une paire d'atomes d'oxygène non-pontants dans le verre.

On a donné un exemple d'interprétation de la fonction de structure $S(\boldsymbol{k})$ obtenue par une expérience de diffusion dans le cas d'une transition vitreuse dans un mélange métal/métalloïde $Ni_{76}P_{24}$. Le facteur de structure est particulièrement simple (Fig. 5.7.a), il possède un pic très marqué pour $k \approx 0{,}23$ nm^{-1} qui peut être représenté par une gaussienne (courbe en pointillés). On a représenté sur la figure 5.7.b la transformée inverse de $S(k)$ correspondant ici à $G(r)$ que l'on ne peut obtenir que si l'on connaît une plage relativement large de valeurs de k ; toute coupure dans le spectre de $S(k)$ se traduit par des fluctuations parasites de la fonction $G(r)$. On a porté en pointillés la contribution de la gaussienne. Dans ce cas, on peut extraire la longueur de la liaison entre plus proches voisins ce qui est plutôt une exception car les spectres de $S(\boldsymbol{k})$ sont une superposition de plusieurs longueurs de liaisons différentes correspondant aux plus proches voisins et aux plus proches voisins suivants ce qui rend leur interprétation difficile.

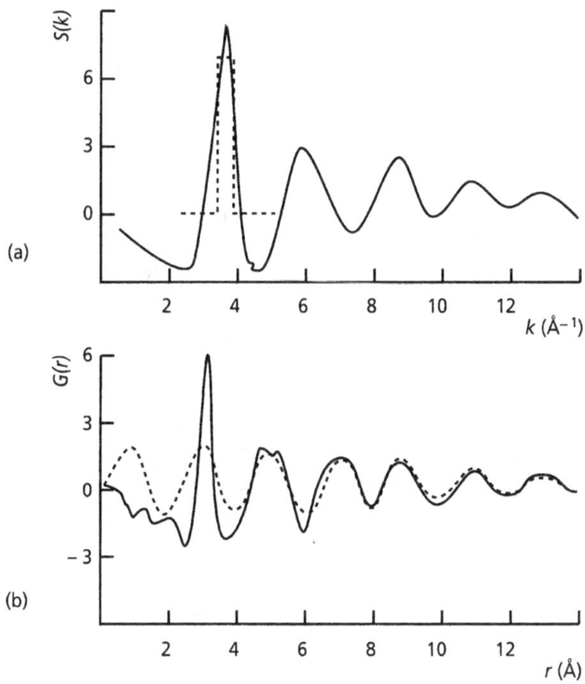

Figure 5.7 Fonction de structure pour un verre métallique.

a) La fonction de structure $S(k)$ a été représentée pour un alliage $Ni_{76}P_{24}$, le pic correspondant au premier maximum a été remplacé par une gaussienne (courbe en pointillés). **b)** Fonction $G(r)$ transformée de Fourier inverse de la précédente.

Bien qu'un verre soit, en quelque sorte, l'équivalent d'une photographie instantanée d'un liquide dont le mouvement aurait été figé, il subsiste encore un mouvement en son sein qu'il est trop difficile de décrire précisément. L'image la plus commune serait celle d'atomes qui pourraient se déplacer emprisonnés dans une cage. C'est celle qui est donnée par la théorie du **volume libre** (Hirschfelder, Turnbull et Cohen) et qui a connu quelques succès. On peut ainsi obtenir une équation simple pour la viscosité (calcul de Doolittle). La lenteur des transports moléculaires dans les liquides de forte viscosité est ainsi attribuée davantage à la diminution du volume libre qu'à l'existence de barrières énergétiques s'opposant au mouvement. La théorie dite des cages de Cohen et Grest a été utilisée pour expliquer la transition vitreuse de la façon suivante :

- on assimile le liquide à un ensemble de cellules au sein desquelles les atomes peuvent se déplacer librement ;
- on suppose l'existence de cages où sont piégés des atomes correspondant au solide.

Si l'on parvient à calculer l'énergie libre en fonction de la concentration de ces deux types de structures et si elle possède un second minimum, qui s'abaisse en dessous de son premier minimum, la substance subira une transition vitreuse du premier ordre associée à des discontinuités de volume, d'entropie et d'enthalpie. Bien que cette description ait quelque mérite, elle donne malheureusement une description incomplète de la transition (celle-ci s'effectue sans chaleur latente, ni discontinuité de volume rappelons-le).

5.3.1 La théorie des modes couplés

On peut considérer la vitrification comme une transition d'un état où la dynamique de relaxation des fluctuations de densité a un comportement **ergodique** à un autre état où celui-ci est **non-ergodique**. Dans le premier cas toutes les configurations microscopiques (au sens de la physique statistique) sont accessibles, dans le second des régions entières de l'espace des phases deviennent inaccessibles car des relaxations de structure sont bloquées. Ceci est la traduction statistique du passage d'un système liquide où les mouvements des particules sont complètement libres à un système où ceux-ci sont « figés ». C'est le principe de la théorie des modes couplés, appliquée initialement aux liquides surfondus (Leutheusser, Bengtzelius, 1984).

Plus précisément Geszti a décrit les phénomènes physiques, qui sont à l'origine de la transition vitreuse, à l'aide d'une équation self-consistante pour la viscosité. Il suppose que la relaxation a, à la fois, une origine vibrationnelle et structurelle. Le second terme contribue à la relaxation sur le temps long, le premier contribue aux effets transitoires à courte durée de vie qui ne dépendent pas de la partie structurelle. La contribution du second terme est inversement proportionnelle au coefficient de diffusion D car c'est la diffusion qui contrôle la relaxation structurelle. Introduisant une relation du type Stokes-Einstein pour la diffusion (Éq. 2.6) :

$$\eta = \eta_0(T) + B(T)\eta \tag{5.12}$$

où $B(T)$ est une fonction à déterminer et η_0 représente la « viscosité pure » qui correspond à la partie purement vibrationnelle. On peut récrire (5.12) sous la forme :

$$\eta = \frac{\eta_0(T)}{1 - B(T)} \tag{5.13}$$

qui exprime le fait que η_0 est accru par le mécanisme de rétroaction. On peut estimer que $B(T) \propto b/T$. η diverge pour $T = T_0$ tel que $B(T_0) = 1$. Développant en série $B(T)$, (5.13) donne la loi de Batchinski-Hildebrand pour la viscosité :

$$\eta = \frac{A}{T - T_0} \tag{5.14}$$

où $A = \eta_0(T_0)/|B'(T_0)|$; (5.14) décrit la croissance de la viscosité dans la région de pré-vitrification. Ce résultat diffère de la formule empirique de Vogel-Tammann-Fulcher (Éq. 5.3). Cette description semi-phénomènologique a été complétée par des approches plus sophistiquées fondées aussi sur l'idée des mécanismes de rétroaction : la viscosité contrôle le temps de relaxation lié au cisaillement qui réagit à son tour sur la viscosité. La relation (5.14) prévoit un accroissement de la viscosité lorsque la température décroît, la divergence à T_0 s'interprète comme la manifestation de la transition vitreuse.

Dans la théorie des verres, la fonction d'auto-corrélation densité-densité de van Hove joue un rôle important. Cette fonction $G(\boldsymbol{r}, t)$ s'écrit :

$$G(\boldsymbol{r}, t) = N^{-1} < \sum_i \sum_j \int \delta[\boldsymbol{r}' + \boldsymbol{r} - \boldsymbol{r}_i(t)]\, \delta[\boldsymbol{r}' - \boldsymbol{r}_j(0)]\, \mathrm{d}\boldsymbol{r}' > \tag{5.15}$$

< > représente une moyenne d'ensemble. L'équation (5.15) se récrit :

$$G(\boldsymbol{r}, t) = N^{-1} < \sum_i \sum_j \delta[\boldsymbol{r} + \boldsymbol{r}_j(0) - \boldsymbol{r}_i(t)] > \tag{5.16}$$

On a donné une définition plus générale de $G(\boldsymbol{r}, t)$ avec (5.15). La fonction de van Hove $G(\boldsymbol{r}, t)\, \mathrm{d}\boldsymbol{r}$ est proportionnelle à la probabilité d'observer une particule i à $\boldsymbol{r} \pm \mathrm{d}\boldsymbol{r}$ à l'instant t sachant qu'il y avait une particule j à l'instant $t = 0$ à l'origine.

La fonction de corrélation peut prendre deux formes. Si l'on somme à la fois sur i et j, on obtient la fonction « totale », si la sommation est restreinte à i, on dit que la fonction est « incohérente ». Des expériences de diffusion des rayons X permettent de mesurer la première fonction, la seconde est atteinte par des mesures de diffusion des neutrons (si la substance contient des atomes d'hydrogène). C'est aussi la fonction incohérente que l'on peut obtenir par des calculs de simulation à l'aide des méthodes de dynamique moléculaire, par exemple, qui sont d'ailleurs plus rapides.

On peut aussi introduire la densité $\rho(\boldsymbol{r})$ à $\boldsymbol{r}$ (nombre de molécules par unité de volume) et l'on a une nouvelle définition de $G(\boldsymbol{r}, t)$:

$$G(\boldsymbol{r}, t) = \rho^{-1} < \rho(\boldsymbol{r}, t)\, \rho(0, t) > \tag{5.17}$$

On désignera par $F_{\boldsymbol{k}}(t) = N^{-1} < \rho_{\boldsymbol{k}}(t)\, \rho_{-\boldsymbol{k}}(0) >$ sa transformée de Fourier.

Celle-ci couple les deux modes de fluctuation de densité. Cette fonction F_k divisée par sa valeur à $t = 0$

$$S_k = N^{-1} < \rho_k(0)\, \rho_{-k}(0) >$$

$$\Phi_k = F_k/S_k = \frac{< \rho_k(t)\, \rho_{-k}(0) >}{< \rho_k(0)\, \rho_{-k}(0) >} \tag{5.18}$$

joue un rôle crucial dans la théorie des verres. En effet, son évolution au cours du temps, en particulier sa valeur limite lorsque $t \to \infty$, permet de déterminer si l'on est en présence d'un verre ou d'un liquide.

Un liquide est un système ergodique au sens de la physique statistique. Par définition, une moyenne sur un temps très long de toute grandeur physique $g(t)$ associée au système est égale à sa moyenne d'ensemble :

$$< g(t) > = \frac{1}{T}\int_0^T g(t)\,\mathrm{d}t \qquad (5.19)$$

lorsque $T \to \infty$. On obtient cette identité lorsque l'espace des phases a la métrique appropriée. En utilisant la métrique des fluctuations (c'est-à-dire la métrique associée aux fluctuations de densité caractérisées par la fonction Φ_k), on peut noter que le comportement pour les temps longs de la fonction Φ_k est inversement proportionnelle au temps et donc que celle-ci tend éventuellement vers zéro. Dans les verres, les fluctuations de densité sont bloquées car les relaxations de structure ne se produisent plus et la fonction Φ_k garde une valeur non nulle.

On peut donc présenter schématiquement la situation de la façon suivante :

$$\lim_{t \to \infty} \Phi_k(t) = 0 \qquad \text{état liquide}$$

$$\lim_{t \to \infty} \Phi_k(t) \neq 0 \qquad \text{état vitreux}$$

On a observé ce comportement par le biais de calculs de simulation.

On peut également montrer que la fonction Φ_k obéit à une équation du mouvement qui a une forme intégro-différentielle :

$$\ddot{\Phi}_k(t) + v_0\,\dot{\Phi}_k(t) + \Omega_k^2\Phi_k(t) + \Phi_k^2\int_0^t \Gamma_k(t-t')\,\dot{\Phi}_k(t')\,\mathrm{d}t' = 0 \qquad (5.20)$$

avec les conditions initiales suivantes :

$$\dot{\Phi}_k(0) = 0 \text{ et } \Phi_k(0) = 1 \qquad (5.21)$$

$$v_0 = (kT/m)^{1/2}, \quad \Omega_k^2 = (kv_0)^2 S_k^{-1} \qquad (5.22)$$

Ω_k est une fréquence caractéristique, m étant la masse d'une molécule et v_0 une constante d'amortissement. L'équation (5.20) décrit un oscillateur harmonique amorti et contient un terme de mémoire Γ dans la dernière intégrale qui correspond à un mécanisme de rétroaction. Il reste à préciser la dépendance de Γ en fonction de Ω_k par l'intermédiaire du couplage des deux modes de relaxation. Le taux de relaxation instantanée des densités de fluctuation va dépendre de sa propre histoire à travers ce terme de rétroaction.

On peut résoudre l'équation (5.20) en utilisant l'approximation à deux modes pour le terme de mémoire de la forme

$$\Gamma_k(t) = (2\pi)^{-3}\int V^2(\boldsymbol{k}, \boldsymbol{k}')\,\Phi_k(t)\,\Phi_{|k-k'|}(t)\,\mathrm{d}\boldsymbol{k}' \qquad (5.23)$$

où la fonction $V^2(\boldsymbol{k}, \boldsymbol{k}')$ est une fonction de $S(\boldsymbol{k})$.

On a représenté sur la figure (5.8) des résultats obtenus sur un fluide avec un potentiel d'interaction intermoléculaire du type Lennard-Jones pour deux valeurs de $\boldsymbol{k}$ et différentes valeurs de la densité pour la fonction $\Phi_k(t)$ en fonction du temps. On suppose la température fixée et égale à $kT/\varepsilon = 0{,}6$ où ε est la constante énergétique du potentiel. Les courbes en traits pleins correspondent à $k = 7/r_0$ et la courbe en pointillés à $k = 6/r_0$ où r_0 est la distance intermoléculaire à laquelle le potentiel intermoléculaire s'annule. Dans tous les cas, l'évolution des courbes en fonction du temps atteint un plateau sur lequel elles se maintiennent pendant un certain temps avant de décroître à nouveau vers zéro. Cette allure est la plus prononcée pour la courbe correspondant à

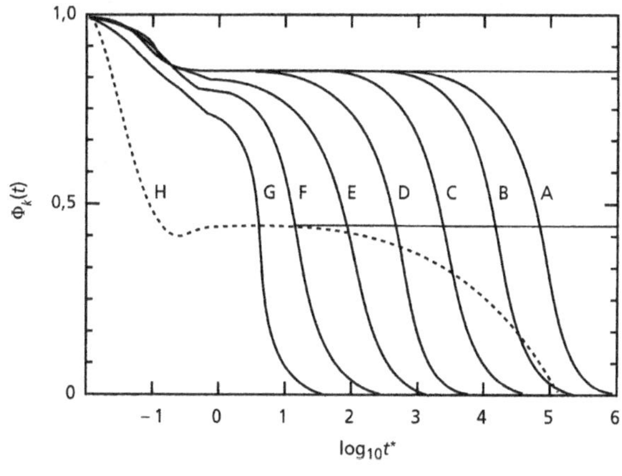

Figure 5.8 Modèle des modes couplés.

On a représenté les résultats du calcul de la fonction $\Phi_k(t)$ pour la relaxation d'un liquide surfondu de Lennard-Jones pour une température $kT/\varepsilon = 0,6$. Le temps t^* est en unité $r_0(m/\varepsilon)^{1/2}$. Les courbes en traits pleins sont pour $kr_0 = 7$, celle en pointillés est pour $kr_0 = 6$. Les courbes A, B, C, D, E, F, G, H sont calculées pour $\Delta = (\rho_x - \rho)/\rho_x$ = 0,00031-0,00073-0,0023-0,0054-0,0106-0,021-0,052-0,00031. ε et r_0 sont les paramètres du potentiel de Lennard-Jones (d'après U. Bengtzelius, Phys. Rev. A. 34, p. 5059, 1986, copyright Am. Inst. Phys.).

$\Delta = (\rho_x - \rho)/\rho_x = 0,00031$, où ρ_x est la densité à laquelle le blocage structurel se produit ou, de façon équivalente, à laquelle l'auto-diffusion s'arrête.

Des calculs de simulation sur des mélanges de liquides surfondus de Lennard-Jones aboutissent à un même profil de courbes : la relaxation se produit en deux étapes au cours desquelles la fonction Φ_k semble atteindre un palier stationnaire avant de décroître à nouveau. Il resterait à prouver que ceci représente bien une transition vitreuse.

La théorie des modes couplés permet aussi de prévoir le comportement du coefficient d'auto-diffusion D, donc de la viscosité. On trouve ainsi :

$$D \text{ (ou } \eta^{-1}) \propto \Delta^{\gamma} \tag{5.24}$$

où $\gamma > 0$ et $\Delta = (\rho_x - \rho)/\rho_x$ ou $(T_x - T)/T_x$, T_x est la température où se produit le blocage structurel.

L'un des résultats les plus importants de la théorie des modes couplés est l'existence d'un changement de régime de la dynamique pour une température T_C, supérieure à la température de transition vitreuse T_g. Ce changement apparaît si l'on étudie la variation du temps de relaxation structurale τ en fonction de la température, on observe ainsi, par exemple, une modification très nette de la variation de $d\log\tau/dT$ sur le salol (Fig. 5.9) à une température $T_C = 1,15T_g$. Ce changement de régime survient à plus haute température pour des verres de structure covalente comme SiO_2.

Il semble donc qu'au-dessus de la température T_C les systèmes formant des verres tendent à se comporter encore comme des liquides normaux, et qu'à T_C ils subissent une transition vers un état du type « solide » avec des hétérogenéités spatiales et dynamiques qui commencent à apparaître.

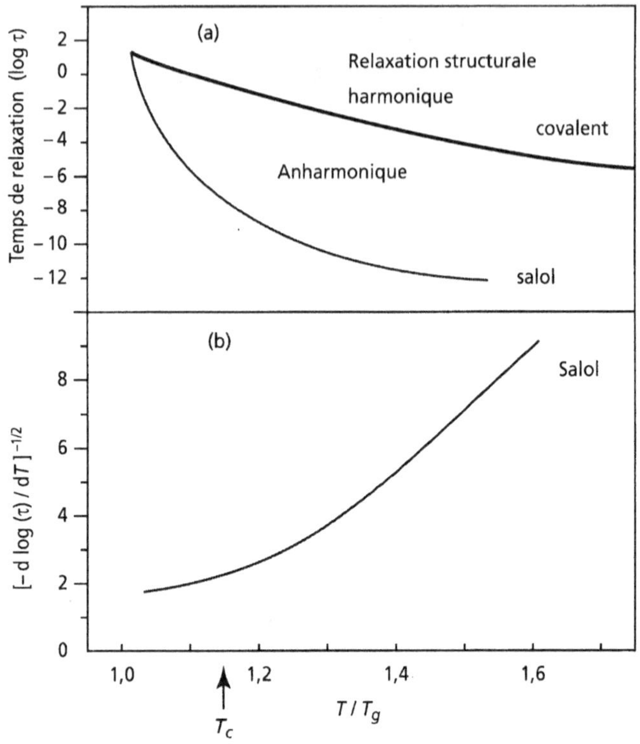

Figure 5.9 Dynamique des verres.

a) Variation avec la température du temps de relaxation structurale pour un liquide du type de van der Waals comme le salol d'une part et de type covalent d'autre part. La relaxation de type harmonique correspond à des vibrations quasi-locales, celle de type anharmonique à des mouvements dans un potentiel à deux puits à fréquence plus élevée.
b) Cette courbe fait apparaître un changement de régime pour la relaxation à une température $T_C \cong 1{,}15\ T_g$ pour le salol (T_g = 220 K) (d'après A.P. Sokolov, Science, p. 273, 1675, 1996, copyright Am. As. Ad. Sci).

Même si on laisse de côté le fait que T_g dépend de la vitesse de refroidissement, la question demeure de savoir quel coefficient de transport il faut utiliser pour définir la température de transition vitreuse. La plupart des travaux en sciences de l'ingénieur utilisent la viscosité, et c'est ce que nous avons fait au début de ce chapitre, tandis que les travaux théoriques récents raisonnent sur la fonction de corrélation densité-densité. Malheureusement, il n'existe pas de moyen théorique permettant de relier les singularités d'un coefficient de transport à celles d'autres coefficients. Ceci contraste évidement avec la situation en physique statistique de l'équilibre, où l'on comprend aisément qu'une transition dans une propriété physique se manifeste aussi sur toutes les autres propriétés car elles ne font que traduire toutes le comportement de l'énergie libre.

La théorie des modes couplés, nous venons de le voir, a l'avantage de montrer qu'un phénomène important survient à une température juste au-dessus de T_g. La fonction Φ_k en décroissant semble approcher une singularité. On a pu montrer aussi, ultérieurement, que ce comportement pourrait s'interpréter de la façon suivante : le mécanisme de diffusion change de nature, il passe d'un mode à longue portée à un mode local. On peut comprendre ce comportement si l'on décrit la dynamique des liquides surfondus à l'aide de deux processus (Stillinger 1995) : – des mouvements collectifs lents associés à des minima très profonds de l'énergie de configuration (des puits de potentiel) ; – des mouvements plus rapides correspondant à des mouvements individuels des particules associés à des minima locaux de l'énergie au voisinage d'un minimum profond de l'énergie libre et qu'« explorent » en quelque sorte les particules (Fig. 5.10). La relaxation due aux mouvements collectifs s'appelle le mode α, les relaxations de caractère individuel, beaucoup plus rapides correspondent au mode β (ou processus de Johari-Goldstein). Même si ce modèle est très attrayant, il n'est pas certain qu'il puisse conduire à une théorie de l'état vitreux. Des calculs de simulation sur des liquides surfondus conduisent bien, en effet, à prévoir une croissance de la viscosité et, pour des valeurs encore faibles de la viscosité, ils représentent bien un état qui ressemble à un verre ; celui-ci n'aurait qu'une durée de vie limitée car il finirait par « couler » au bout de quelques heures. Au-delà de ce point, et de la température correspondante, les simulations deviennent très difficiles et prennent beaucoup de temps si bien que l'on ne peut pas entreprendre la détermination réelle de la température de transition vitreuse.

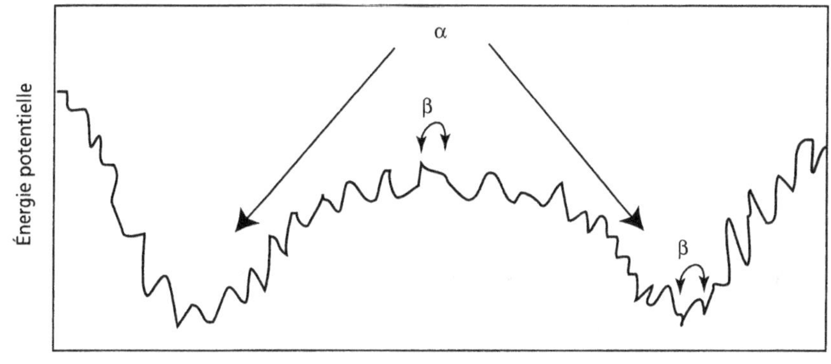

Figure 5.10 Processus de relaxation dans un verre.

On a représenté l'énergie potentielle en fonction des coordonnées des particules pour un verre faible. Les transitions à grande distance de caractère collectif correspondent au mode de relaxation α, les transitions locales par saut entre deux minima voisins correspondent au mode β, elle sont plus rapides (d'après F.H. Stillinger, 1995).

Les simulations plus récentes, réalisées en utilisant des potentiels de Lennard-Jones, sur des mélanges de liquides que l'on refroidit avec des vitesses de trempe différentes, mettent en évidence trois régimes différents lorsqu'on abaisse la température. Tout d'abord le système va avoir un comportement avec une relaxation non-exponentielle du type KWW (Éq. 5.10). Ensuite, lorsqu'on continue à abaisser la température, l'énergie potentielle du système présente des minima de plus en plus accentués et, finalement, il se bloque dans l'un de ces minima ; ceci correspond au comportement que nous avons décrit plus haut.

Ce sont ces considérations qui ont conduit Angell à proposer une classification des verres (1985) fondée aussi sur l'étude du comportement de la viscosité d'un très grand nombre de liquides surfondus qui forment des verres. Angell a appelé **liquides forts** des liquides dont la viscosité suit une loi du type Arrhenius sur toute la gamme des températures ; ceux dont le comportement est différent correspondent à des **liquides dits faibles ou « fragiles »**. SiO_2, GeO_2 sont typiquement des liquides forts avec des structures en réseau tetra-coordonnées. Ils résistent en général à des dégradations thermiques. Les systèmes ioniques ou avec des liaisons hydrogène (glycérol, éthanol, etc.) sont des liquides faibles ou fragiles ; ils sont beaucoup plus fragiles thermiquement : réchauffés au-dessus de T_g, toutes les microstructures figées dans le milieu tendent à disparaître.

Les liquides forts correspondent à des systèmes où l'énergie potentielle possède un nombre limité de minima (Fig. 5.11.a) séparés par des barrières de potentiel relativement élevées. Les liquides fragiles, quant à eux, seraient caractérisés par un nombre très grand de minima coexistant avec des minima « locaux » séparés par des « pics » relativement peu élevés (Fig. 5.11.b). Des liquides avec des liaisons hydrogène, tels que les alcools, présentent une fragilité thermodynamique associée à l'existence de nombreux minima séparés par des barrières élevées de potentiel (Fig. 5.11.c). Quand la barrière de potentiel séparant les maximum de la surface du potentiel représentée sur la figure 5.11 est plus grande que kT, les modes de relaxation sont activés par des sauts peu fréquents

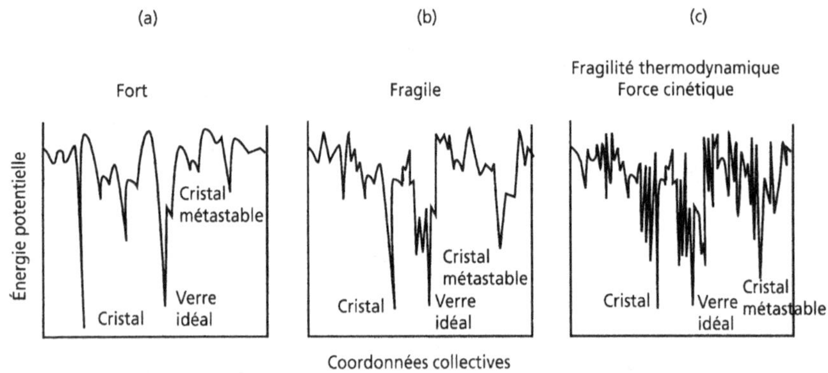

Figure 5.11 Énergie potentielle de liquides surfondus.

a) Liquides forts avec un nombre restreint de minima du potentiel séparés par des barrières de potentiel élevées.
b) Liquides fragiles avec un grand nombre de minima.**c)** Les liquides à liaison hydrogène ont de nombreux minima (fragilité thermodynamique) séparés pas de hautes barrières de potentiel (force cinétique) (d'après C.A. Angell NATO ASIE, 188, 133, Kluwer Academic Publishers, 1990).

d'un minimum à l'autre. La théorie des modes couplés s'applique donc aux liquides faibles pour $T > T_g$ correspondant aux relaxations de type α et β définies plus haut, qui sont donc caractéristiques de ce type de liquide. Cette classification des verres en deux grandes catégories repose sur un concept intéressant, il reste à savoir si elle débouchera sur une théorie unificatrice des liquides surfondus et des verres.

On peut utiliser comme modèle de la transition vitreuse un système de particules colloïdales en suspension dans un solvant. La transition de la phase colloïdale surfondue à l'état vitreux est induite, dans ce système, par accroissement de la fraction volumique ϕ des particules ; celle-ci joue le rôle de la variable thermodynamique température dans le cas des verres de substances moléculaires. Lorsque $\phi = 0{,}58$, on obtient alors la formation d'un verre. On peut observer et suivre une telle transition à l'aide d'un microscope confocal, en utilisant des particules de poly-(méthylméthacrylate) stabilisées par un film mince d'acide poly-12-hydroxystéarique en suspension dans un mélange décaline/bromure de cycloheptyl ; on peut suivre par microscopie le déplacement des particules individuelles de diamètre 1,18 micron (E.R. Weeks et col. Science 287, p. 627-631, 2000). On met ainsi en évidence le fait que la relaxation structurale (correspondant au mode α) met en œuvre le réarrangement coopératif de noyaux ou de cages formées par une cinquantaine de particules dans la phase surfondue ; leur taille s'accroît jusqu'à la transition vitreuse. Celle-ci s'accompagne d'une forte diminution de cette taille : dans le verre, on observe que seules subsistent des petites cages, mais en très grand nombre, qui sont sans doute associées aux mouvements individuels locaux correspondant au mode de relaxation β. Des résultats analogues peuvent être obtenus par une méthode de simulation de type Monte-Carlo : les molécules sont simulées par des sphères ou des disques interagissant par un potentiel répulsif de sphères rigides. En accroissant la densité des sphères, on simule la décroissance de la température dans un liquide réel. On peut montrer pour un système à deux dimensions qu'un accroissement de cette densité est équivalent à une baisse rapide de température, une trempe, dans un système réel et que dans ce cas, on n'obtient pas de transition de phase liquide/cristal mais l'analogue d'un verre et une transition vitreuse (Santen, L. and Krauth, W. Nature 405, p. 550-551, 2000). Cette simulation a l'avantage de bien mettre en évidence le fait que l'une des caractéristiques de la transition vitreuse est l'absence de transition de caractère thermodynamique : il n'y a pas de discontinuité de dérivées premières d'un potentiel thermodynamique comme le montrent les figures 5.4 et 5.5.

5.3.2 Applications industrielles

Ce sont leurs propriétés optiques qui confèrent leur importance technique et industrielle aux verres classiques, obtenus en particulier à partir d'oxydes. Matériaux transparents à la lumière, on peut les utiliser pour fabriquer des récipients pour divers usages ou des dispositifs comme les fibres optiques pour transmettre un signal lumineux sur un long trajet sans perte. On peut réaliser à l'aide de verres aussi bien une fibre de 100 μ de diamètre qu'un miroir de télescope dont les dimensions peuvent atteindre plusieurs mètres.

La qualité des propriétés optiques des verres va dépendre de l'homogénéité de leur indice de réfraction (et donc de l'absence d'impuretés ou de bulles au sein du matériau) et donc de leur mode d'élaboration. Ainsi, si l'on veut éviter la présence de contraintes dans un miroir qui sont à l'origine de défauts, il faut passer très lentement à l'état vitreux avec une vitesse de refroidissement très faible de l'ordre de 10^{-5} Ks^{-1}.

Les verres d'oxydes sont particulièrement importants du point de vue pratique. Les verres industriels sont en particulier des verres de silicates ayant la composition approximative 70 % SiO_2, 20 % Na_2O, 10 % CaO. Le verre Pyrex contient, lui, de l'oxyde B_2O_3. Les fibres optiques qui connaissent un développement considérable, stimulé par les télécommunications et les technologies de l'information (elles permettent la transmission de signaux dans l'infrarouge), sont des mélanges SiO_2–B_2O_3. L'âme de la fibre est en général constituée par un mélange SiO_2–GeO_2–B_2O_3. On a aussi mis au point des verres fluorés à base de ZrF_4 et ThF_4 qui ont la propriété de posséder une bonne transmission dans l'infrarouge jusqu'à environ 9 µ ce qui est intéressant pour les télécommunications optiques dans des fibres. Les verres industriels à base d'oxydes sont obtenus à partir de températures élevées (1 500 - 2 000 K pour SiO_2, 800 - 820 K pour le verre à vitre Si O_2–Na_2O–CaO).

Si les verres classiques industriels peuvent être obtenus par simple refroidissement d'un liquide à l'air à partir d'installations produisant plusieurs centaines de tonnes, il faut, en revanche, utiliser des méthodes de refroidissement plus draconiennes pour fabriquer certains verres spéciaux c'est-à-dire une trempe très rapide.

La méthode la plus brutale dite du « splat cooling » (ou méthode du canon – Paragraphe 3.6.1) consiste à projeter le liquide refroidi par une onde de choc sur un support en cuivre. On peut ainsi utiliser des lasers de puissance pour réaliser une opération de fusion - vitrification superficielle (ou glaçage) qui correspond à une trempe très rapide avec une vitesse $\approx 10^{14}$ K s^{-1}.

Le domaine des verres n'est pas limité, nous l'avons dit dans l'introduction de ce chapitre, à des substances du type des oxydes. L'eau, H_2O, est d'ailleurs un cas particulier d'oxyde que l'on peut obtenir sous forme d'un verre, soit à partir d'une phase vapeur par dépôt sur une plaque refroidie à basse température, soit à partir de la glace à très haute pression (Paragraphe 3.5.3). La température limite de vitrification de la glace T_g demeure encore controversée : estimée être proche de 136 K, des mesures publiées en 2001, semblent indiquer qu'elle serait plus élevée et de l'ordre de 175 K. De très nombreux polymères à l'état solide sont des structures amorphes (le Plexiglas est ainsi un polymère organique utilisé pour ses propriétés optiques), on trouve aussi des semi-conducteurs à l'état amorphe (le silicium par exemple) et des alliages métalliques. Rappelons que des systèmes amorphes, contrairement aux verres classiques, passent à l'état cristallin lorsqu'on élève leur température.

Les matériaux métalliques amorphes sont particulièrement intéressants pour leurs propriétés magnétiques, électriques et mécaniques. Il en existe deux catégories :

- les alliages métal/métalloïde ;
- les alliages métal/métal.

Dans la première catégorie on trouve, en général dans un rapport 80/20 des métaux de transition (Au, Pd, Pt, Ni, Mn) et un métalloïde (Si, Ge, P, C, B). Dans la seconde, on a des composés du type $Mg_{65}Cu_{35}$, $Zr_{72}Co_{28}$, $Ni_{60}Nb_{40}$. Ces verres, ou amorphes métalliques, ont une résistance mécanique plus élevée que celle des phases analogues cristallisées. Ils sont en général plus résistants à la corrosion du fait de la faible densité de joints de grains et de dislocations. Nombre d'entre eux sont ferromagnétiques ou ferrimagnétiques. On les utilise sous forme de films et de rubans dans les transformateurs et les moteurs électriques. Ces matériaux sont sensibles au phénomène de dévitrification qui modifie leurs propriétés. Quant au silicium amorphe, il a des propriétés semi-conductrices et il est utilisé dans les photopiles. Les disques DVD pour l'enregistrement du son et de l'image sont constitués d'alternances de zones amorphes et cristallisées d'un matériau (par exemple de la famille des chalcogénures : Ge, Tb, Te). Avant enregistrement, tout le matériau est à l'état cristallisé et l'on convertit une zone cristallisée en zone amorphe en la chauffant avec un faisceau laser à la température de 65 °C. L'interruption du faisceau provoque une trempe qui maintient à l'état amorphe la zone chauffée : on a ainsi enregistré une information. Pour lire les informations inscrites sur le DVD, on éclaire celui-ci avec un faisceau laser de faible intensité, la réflexion dépendant de l'état amorphe ou cristallisé de la surface.

Dans le cas des polymères à l'état vitreux ou amorphe, le phénomène du vieillissement est particulièrement important par ses conséquences. Un premier type de vieillissement est celui provoqué par la cristallisation qui provoque la nucléation de microcristaux au sein du polymère, en particulier lorsqu'il est chauffé au-dessus de T_g. Un second type correspond au vieillissement physique qui a pour origine la relaxation structurale du verre vers un état d'équilibre métastable sur une très longue période de temps (cette relaxation prend un temps quasiment infini dans les verres inorganiques).

Les propriétés mécaniques et optiques des polymères vitreux ou amorphes sont modifiés par ce phénomène de vieillissement physique alors que ceux-ci sont largement utilisés dans l'industrie (composites pour l'automobile, films plastiques, emballages, etc.).

Il faut aussi éviter les phénomènes de démixtion dans les verres qui sont des mélanges, en particulier des mélanges d'oxydes comme SiO_2-B_2O_3. La séparation de phase par démixtion modifie la texture d'un verre à une échelle de 1 à 100 nm, et donc ses propriétés optiques, du fait de l'apparition d'hétérogénéités. Il faut donc éviter ces phénomènes et en particulier, la décomposition spinodale (Paragraphe 2.3). La démixtion est cependant utilisée dans la fabrication des émaux qui sont des émulsions vitreuses avec des phases de composés métalliques dispersées.

Il faut signaler, pour terminer, l'utilisation de la vitrification pour stocker des déchets radioactifs. L'intérêt du stockage sous forme vitrifiée de matériaux radioactifs, produits du retraitement des combustibles nucléaires, provient de la stabilité des matières vitreuses réalisées à partir de solutions liquides de ces déchets, celles-ci ne sont pas sensibles aux fluctuations thermiques engendrées par la décomposition des déchets. Cette solution serait intéressante pour le stockage des déchets à vie longue.

5.3.3 Des modèles pour les systèmes biologiques

Les phénomènes de transition vitreuse sont loin d'être totalement compris, même si des progrès importants ont été réalisés ces vingt dernières années dans la physique des verres. Cependant la théorie des verres et les modèles utilisés pour expliquer la transition vitreuse peuvent être transposés dans des domaines voisins comme la biophysique.

Ainsi, des macromolécules d'intérêt biologique, comme l'ADN, les protéines et des polypeptides ont des comportements individuels qui se rapprochent de ceux des verres. Les protéines, par exemple, peuvent se trouver sous différentes conformations d'énergie très proches (correspondant, par exemple aux formes hélice ou pelote). La transition hélice/pelote du collagène joue, nous le verrons (Paragraphe 6.4.1) un rôle important dans le phénomène de gélification (un gel est un matériau différent d'un verre) qui est de caractère collectif puisqu'il implique des polymères en solution.

Si l'on s'intéresse à une molécule biologique individuelle, celle-ci comporte de nombreuses unités (des acides aminés par exemple) qui peuvent réarranger leurs conformations les unes par rapport aux autres (passer d'une forme pelote à une forme hélice par exemple), la dynamique de ces réarrangements, et donc le type de relaxation, va dépendre de la température. C'est à ce stade qu'intervient l'analogie avec le comportement des verres et la transition vitreuse. À un instant donné, une protéine individuelle, par exemple, se trouve dans un état avec une conformation spécifique, elle ne reste pas en général dans cet état mais elle va « sauter » dans d'autres états d'énergie très voisine explorant ainsi son spectre d'énergie.

Ces transitions sont d'autant plus importantes et fréquentes que la température est élevée. On peut décrire, par analogie, ce spectre d'énergie potentielle par une hypersurface dans l'espace des conformations qui est analogue à la surface représentant l'énergie potentielle pour les verres (Fig. 5.11). Dans un processus de relaxation, le système va subir des transitions d'un état de non-équilibre vers un état d'équilibre. Pour une protéine on aura donc, comme dans un verre, une relaxation de type α impliquant des mouvements de grands segments du polymère et des relaxations de type β correspondant à des mouvements locaux (réorientation locale d'unités) avec des temps caractéristiques très différents. Le passage du mode α (à température élevée) au mode β (à température plus basse) est équivalent à la transition vitreuse et on l'observe à une température équivalente à T_g. On peut dire aussi que la transition vitreuse sur une protéine correspond au blocage des mouvements collectifs de la chaîne, associé à des changements de conformation.

On a mis en évidence ce type de comportement sur des protéines à l'état natif (elles ont une conformation du type hélice par exemple) ou dénaturée (elles ont perdu leur conformation hélicoïdale et sont sous forme de pelote) par des mesures de chaleur spécifique, en présence ou en l'absence d'eau. La transition est nettement plus marquée sur la protéine dénaturée. Ces expériences ont été réalisées sur la légumine, le gluten et le poly-L-asparagine.

L'intérêt de ces modèles n'est pas purement académique car il existe une relation étroite entre la conformation des molécules biologiques, comme les enzymes par exemple, et leur fonction.

EXERCICES

5.1 Démixtion dans un verre.

On considère un verre constitué par un mélange binaire (par exemple SiO_2–Na_2O) dans lequel on constate sur la base de micrographies électroniques la présence de microstructures hétérogènes fortement connectées.

1° Quelle pourrait être l'origine de ces hétérogénéités ?

2° Donner un modèle simple permettant d'expliquer leur présence.

5.2 Paradoxe de Kauzmann.

On va se placer dans les conditions limites d'existence d'une phase liquide surfondue correspondant à la température T_0 de vitrification idéale (Paragraphe 5.2.1).

1° Calculer la différence d'entropie entre les phases liquide et cristal à T_g.

2° Calculer l'entropie spécifique du verre à $T = 0$.

5.3 Relation de Prigogine-Defay.

On considère une transition du deuxième ordre entre une phase α et une phase β et l'on désigne par $\Delta\kappa_T$, Δc_p et $\Delta\alpha_p$ les variations de compressibilité, de chaleur spécifique et de coefficient de dilatation entre les deux phases à la transition.

1° Utilisant les relations d'Ehrenfest (Paragraphe 4.3.3) trouver une relation entre ces grandeurs.

2° On suppose que la phase α est un liquide surfondu et β un verre et l'on constate que

$$\frac{\mathrm{d}T_g}{\mathrm{d}p} < \frac{\Delta\kappa_T}{\Delta\alpha_p}.$$

Que devient la relation précédente dite de Prigogine-Defay ? T_g est la température de transition vitreuse. Que peut-on en conclure pour la transition vitreuse ?

5.4 Surfusion et transition vitreuse.

On suppose que l'on peut décrire un liquide par un ensemble de cellules : certaines de volume v_0 par molécule sont occupées, d'autres v_f sont vides. La viscosité η peut alors s'écrire :

$$\eta^{-1} = A\exp\left(-\frac{bv_0}{v_f}\right)$$

1° À partir de cette équation écrire une relation entre $\eta(T)$ et $\eta(T_g)$ les viscosités à une température T et la température de transition vitreuse T_g, que l'on exprimera à l'aide de

$$f = \frac{v_f}{v_0}$$

2° Supposant que

$$f = f_g + \Delta\alpha_p(T - T_g)$$

où $\Delta\alpha_p$ est la différence des coefficients d'expansion thermique du liquide et du verre, calculer $\eta(T)/\eta(T_g)$.

Chapitre 6

La gélification et les transitions dans les biopolymères

6.1 L'ÉTAT GEL ET LA GÉLIFICATION

L'apparence et la consistance du solide très particulier qu'est la gélatine sont bien connues car son utilisation dans l'agro-alimentaire est universellement répandue. La gélatine constitue une phase solide qui a des propriétés spécifiques, elle se déforme facilement sous l'action d'une faible pression mais la déformation cesse avec la pression, et elle est homogène : c'est un **gel**. On peut dire que c'est une phase désordonnée ou de la **matière molle**. Il existe de très nombreux exemples de phases gel plus ou moins semblables à la gélatine. On trouve ainsi des laits gélifiés, en agro-alimentaire, des peintures et des cosmétiques qui sont des gels. Les applications des gels, on le verra, sont très nombreuses. Il ne faut pas oublier, par exemple, que la gélatine reste le matériau de base des films photographiques puisqu'elle constitue le support de l'émulsion sensible à la lumière.

6.1.1 Caractérisation d'un gel

Pour obtenir un gel, on doit partir d'au moins deux constituants distincts : un solvant et un soluté. La phase initiale est en effet constituée par un liquide (l'eau par exemple) dans lequel on dissout un composé moléculaire qui est le plus souvent un polymère (une protéine dans le cas de la gélatine). L'état initial fluide est le **sol**. Dans certaines conditions de température, de *pH* et de concentration, le sol subit une transition de phase : il passe à l'état de **gel**. C'est la **transition sol/gel** ou **gélification**. On dit aussi que la transition est une **prise en gel**.

Le solvant et le soluté forment dans l'état gel un réseau tridimensionnel. C'est la constitution de ce réseau qui est caractéristique de la gélification. On ne peut pas distinguer le solvant et le soluté dans la phase gel qui est homogène.

On peut aussi former des gels à partir de particules minérales (oxydes métalliques hydratés, argiles etc.) ayant la forme de sphères ou de bâtonnets.

La « consistance » d'un gel, caractérisée par une grandeur mécanique comme le module élastique E, varie beaucoup en fonction de sa composition chimique et de facteurs comme la température et le pH de la solution initiale : on a toute une gamme de gels allant des fluides très visqueux au solide élastique.

En général, on réserve le terme de gels aux systèmes dans lesquels le solvant est le composant dominant.

L'état gel a été décrit pour la première fois, en 1861, par T. Graham dans un ouvrage sur les phases colloïdales mais, depuis lors, de nombreux travaux ont été consacrés aux gels et à la gélification. On peut caractériser un gel de la façon suivante (caractérisation proposée par P.H. Hermans en 1949) :

- Un gel constitue une phase homogène à deux composants : un soluté solide dissous dans une phase liquide.
- Le constituant dissous (ou dispersé) et le solvant occupent tout le volume de la phase gel : ils sont interconnectés sous forme d'un réseau tridimensionnel (il ne reste plus de phase liquide au sein du gel proprement dit).
- La phase gel a le comportement d'un solide sous l'action de forces microscopiques.

Les travaux de J. Flory dans les années cinquante ont également contribué à clarifier les propriétés des gels et les concepts qui permettent de les expliquer.

6.1.2 Les différents types de gels

Les molécules de la phase dispersée au sein du solvant peuvent être minérales ou organiques. On obtient ainsi des gels minéraux à partir de solutions d'hydroxydes métalliques colloïdales (cristallines ou amorphes) dont la taille est de l'ordre de 5 à 10 nm. Les gels organiques, quant à eux, sont obtenus à partir de solutions de polymères comme le polyacrylamide, le polystyrène ou des biopolymères comme le collagène (qui forme la gélatine).

On a représenté sur la figure 6.1 plusieurs types de structures possibles pour les gels. Les gels formés à partir de particules colloïdales (lait, silice, hydroxydes métalliques) correspondent à la figure 6.1.a. Ces particules sphériques sont en général des agrégats cristallins ou amorphes de petites molécules, leur taille peut varier de 5 à 10 nm. La figure 6.1.b correspond à des particules ayant la forme de fibres ou de bâtons. Les figures 6.1.c et 6.1.d représentent respectivement des gels polymériques, soit avec des liaisons physiques faibles, soit avec des liaisons covalentes fortes. Les propriétés des gels dépendent de la nature des liaisons entre les particules ou les chaînes polymériques. Il existe en fait deux grandes catégories de gels : les **gels physiques** d'une part et les **gels chimiques** d'autre part.

Dans le cas des gels physiques, les interactions ou les liaisons entre les chaînes constituant le matériau sont de nature physique (interactions de type van de Waals, liaisons hydrogène ≈ 2 kcal/mole). Ces liaisons sont faibles, elles mettent en jeu une énergie de l'ordre de kT, et pour que le système soit stable, elles ne doivent pas être localisées,

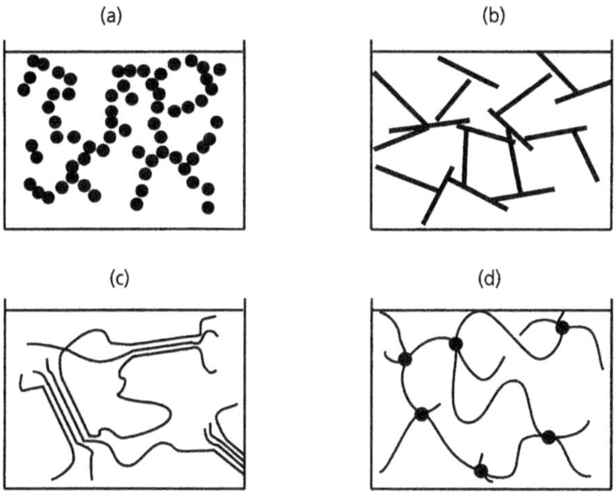

Figure 6.1 Différents types de structures de gels.

a) agrégats de particules colloïdales sphériques ; **b)** particules sous formes de bâtonnets ; **c)** gel physique polymérique avec des jonctions cristallines ; **d)** gel polymérique chimique avec des liaisons covalentes.

c'est-à-dire ponctuelles, mais avoir une extension spatiale. L'énergie des liaisons étant faible la gélification est thermiquement réversible. Dans cette catégorie, on trouve la gélatine, la caséine (une protéine du lait qui forme des agrégats sphériques de diamètre de 20 à 300 nm), les gels d'agarose et de pectines, les carraghénanes (des polysaccharides extraits d'algues).

Dans les **gels chimiques**, le réseau tridimensionnel est formé par une réaction chimique : il s'établit, par exemple, des liaisons covalentes entre les chaînes polymériques. La zone de liaison peut être considérée dans ce cas comme ponctuelle. Les gels chimiques sont formés de façon irréversible car la destruction des liaisons covalentes entraîne une dégradation des chaînes polymériques constitutives du gel qui ne permet plus sa reconstitution. Les gels de polyacrylamide et de polystyrène, ainsi que le caoutchouc (polyisoprène) vulcanisé en solution avec du soufre, sont des exemples de gels chimiques. Dans le procédé de vulcanisation, on crée des ponts entre les chaînes polymériques par des atomes de soufre (Fig. 6.2).

Les gels de silice appartiennent également à la catégorie des gels irréversibles. En effet, lorsqu'on fait passer en solution du métasilicate de sodium, il se forme de l'acide monosilicique suivant la réaction :

$$Na_2SiO_3 + 3\,H_2O \Leftrightarrow H_4SiO_4 + 2\,NaOH$$

L'acide monosilicique peut se polymériser en libérant de l'eau :

$$HO-\underset{\substack{|\\OH}}{\overset{\substack{OH\\|}}{Si}}-OH + HO-\underset{\substack{|\\OH}}{\overset{\substack{OH\\|}}{Si}}-OH \longrightarrow HO-\underset{\substack{|\\OH}}{\overset{\substack{OH\\|}}{Si}}-O-\underset{\substack{|\\OH}}{\overset{\substack{OH\\|}}{Si}}-OH + H_2O$$

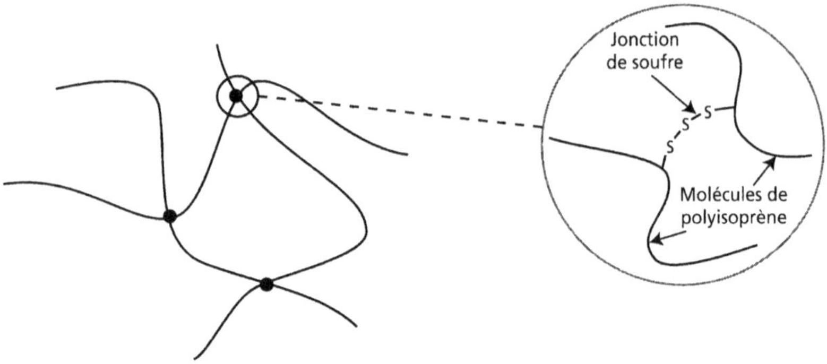

Figure 6.2 Structure du caoutchouc vulcanisé.

Les atomes de soufre créent des ponts entre les chaînes polymériques.

Cette réaction peut se poursuivre et l'on forme ainsi un réseau tridimensionnel de liaisons Si–O qui est un gel. Les chaînes Si–O peuvent être reliées entre elles par l'intermédiaire de liaisons hydrogène qui renforcent la structure du gel que l'on appelle un **hydrogel de silice**. Au fur et à mesure que le processus de polymérisation se déroule, l'eau s'accumule à la surface du gel : c'est la synérèse. La transition sol/gel dans la silice est très sensible au *pH*. La gélification est un processus graduel qui devient irréversible dès que des liaisons Si–O sont formées.

Si dans certains systèmes, comme la gélatine obtenue à partir d'un polymère d'origine biologique, et que nous traiterons plus en détail, la situation est relativement simple (on est avec le solvant en phase sol ou en phase gel), il n'en va pas de même avec de nombreux gels constitués à partir de polymères. En effet, de nombreux polymères ont tendance à former des phases cristallines à partir de leurs chaînes repliées. Ils peuvent ainsi former dans un solvant des cristaux de forme lamellaire ou des sphérolites (Chapitre 3). La gélification est un phénomène qui, dans ce cas, peut entrer en compétition avec la cristallisation.

C'est la tacticité, c'est-à-dire la manière dont les monomères sont reliés les uns aux autres dans une chaîne de polymère, qui va déterminer les microstructures que celui-ci peut former car elle a une influence directe sur la rigidité de la chaîne.

Ainsi, par exemple, le polystyrène isotactique (tous les groupes latéraux se trouvent du même côté de la chaîne polymérique) forme-t-il des cristaux lamellaires à haute température dans un solvant, la cis-décaline, alors qu'il ne se forme une phase gel qu'à basse température. En fait, c'est la capacité d'un polymère à former une chaîne rigide qui est déterminante dans le processus de gélification. L'agarose, un polymère naturel rigide, forme ainsi aisément un gel.

6.2 PROPRIÉTÉ DES GELS

6.2.1 Propriétés thermiques

La gélification est un processus complexe (il peut être en compétition avec la cristallisation comme nous l'avons vu) et les conditions dans lesquelles elle se produit dépendent de la nature du solvant, de la concentration du soluté (un polymère par exemple) mais aussi du traitement thermique que l'on a fait subir au système.

Ainsi, pour nombre de gels, il n'existe pas de température de gélification fixe et unique pour un système donné (une concentration fixée du soluté dans le solvant), la température de gélification dépend de l'histoire thermique du matériau (de la vitesse de refroidissement par exemple). C'est le cas, par exemple, de la gélatine. Par ailleurs, lorsque celle-ci est à l'état gel et qu'on la réchauffe, elle ne repasse pas en phase sol à la température à laquelle s'était produite la gélification : on a un **hystérésis thermique**, ou « effet de mémoire », comme si le système se « rappelait » ses états structuraux antérieurs. Dans ce cas, on a donc une certaine analogie avec les verres : le gel ne se trouve pas dans un **état d'équilibre thermodynamique**.

On remarque sur la figure 6.3 que pour la gélatine le taux de conformation en hélice du polymère, qui influence fortement la gélification, dépend de la température de trempe.

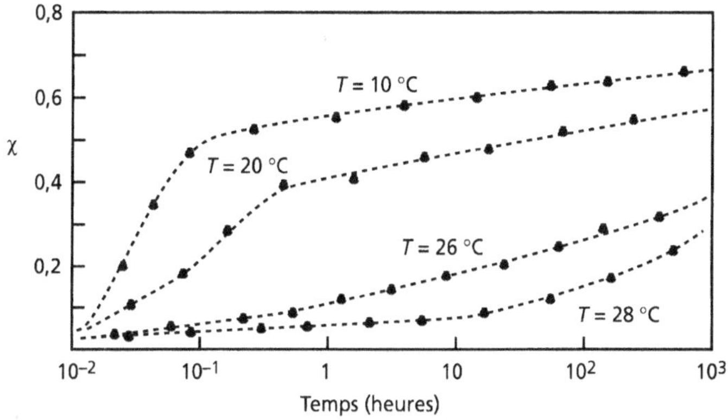

Figure 6.3 Cinétique de la formation des hélices dans les gels de gélatine.

On a représenté la fraction d'hélices χ qui est formée en fonction du temps. Chaque courbe correspond à une isotherme. χ dépend de la température de trempe (d'après M. Djabourov, Contemp, Phys, 29, p. 286, 1988).

On peut étudier la gélification et la fusion d'un gel par analyse thermique différentielle sur différents systèmes, bien que cette méthode donne des résultats dont l'interprétation est délicate dans le cas des gels.

On peut aussi mesurer une enthalpie de formation d'un gel constitué par du polystyrène isotactique et la cis-décaline (elle est de l'ordre de 1 cal/g), celle-ci dépend fortement de la concentration du polymère dans le solvant. Ces mesures montrent qu'il y a formation d'un composé polymère-solvant.

On a généralement étudié le phénomène de fusion d'un gel par calorimétrie, en particulier de la gélatine (Fig. 6.4). Ces mesures montrent bien que la température de fusion et la valeur de l'enthalpie de fusion dépendent fortement, pour un gel donné, de la température et de la vitesse de gélification et, par conséquent, de l'histoire thermique du matériau.

Pour certains gels, ceux préparés par exemple à partir du PVC (chlorure de polyvinyle), on ne peut pas suivre la gélification par analyse thermique différentielle car on n'observe pas de pic exothermique au point de gel et donc d'enthalpie de gélification.

Les études des propriétés thermiques des gels tendent à montrer, au moins pour les gels physiques, que les gels ne se forment pas dans un état d'équilibre thermodynamique.

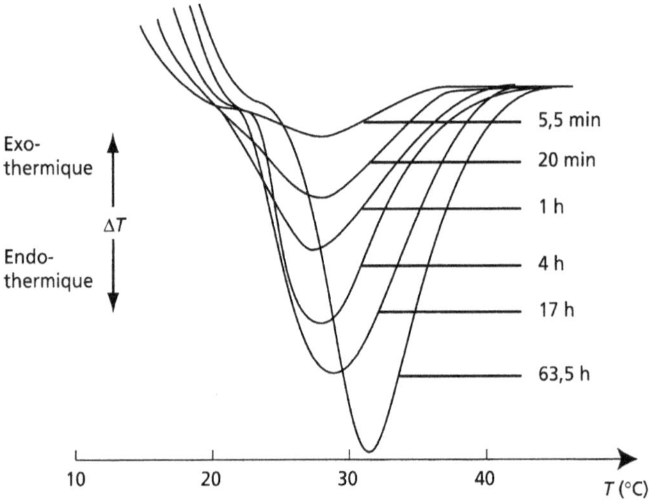

Figure 6.4 Courbes de fusion de gel de gélatine.

On a mesuré les pics de fusion de gel de gélatine par une méthode d'analyse thermique différentielle pour différents temps de gélification. La température de gélification est de 15 °C et l'on a fait un balayage à la vitesse de 2,5 °C min^{-1}. On observe ici un pic endothermique (d'après P. Godard *et al.*, J. of Polymer Science, Polymer Phys. Ed. 16, p. 1823, 1978).

6.2.2 Propriétés mécaniques

L'état gel présente de fortes analogies avec l'état solide et on caractérise un gel par ses propriétés rhéologiques : la viscosité et l'élasticité. Pour étudier les propriétés mécaniques des gels, on évalue leur réponse élastique (en mesurant un module élastique) ainsi que leur comportement viscoélastique. Les mesures sont en général effectuées par deux méthodes : en comprimant le gel ou en le soumettant à des perturbations mécaniques périodiques.

En mécanique, on définit de façon générale un module élastique de cisaillement G par la relation :

$$G = \frac{\sigma}{e} \tag{6.1}$$

où σ est la contrainte appliquée au matériau et e la déformation associée (G est en fait le rapport entre une contrainte par unité de surface et un angle de cisaillement). On suppose que l'on se trouve dans un régime linéaire.

Pour les liquides très visqueux, les gels en cours de prise ou un liquide surfondu avant la vitrification, pour lesquels les temps caractéristiques des mouvements moléculaires sont longs (temps de relaxation longs), il faut tenir compte de ces phénomènes de relaxation : on a un comportement viscoélastique. Le module de cisaillement dépend du temps ou de la fréquence d'expérimentation.

On impose, par exemple, une déformation périodique au matériau (Fig. 6.5). Le système en cours de gélification est placé entre une surface plane et un cône qui sont pratiquement en contact et l'on impose un mouvement oscillatoire à la plaque inférieure ; la plaque supérieure, maintenue avec une barre de torsion, sera animée d'un mouvement oscillatoire d'une plus faible amplitude. On enregistre les deux mouvements.

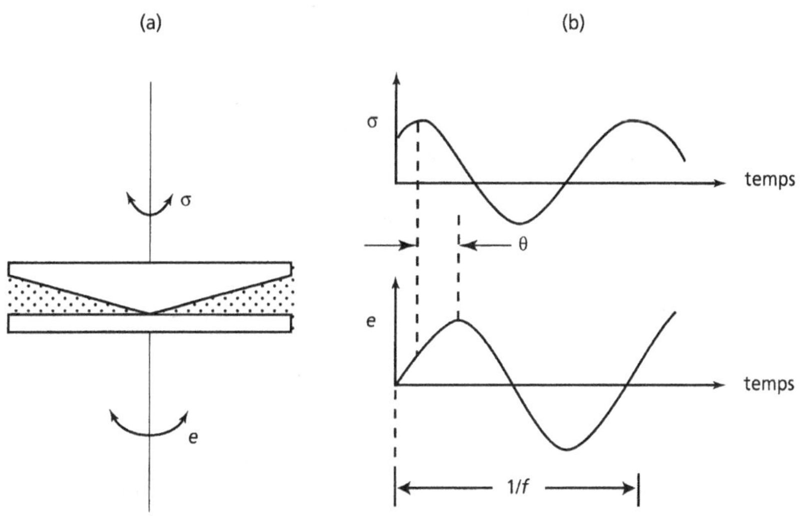

Figure 6.5 Mesure du module de cisaillement d'un gel.

a) Le gel est placé dans l'intervalle entre la surface plane et le cône et l'on impose un mouvement oscillatoire à la plaque inférieure. Lorsque la plaque supérieure est maintenue en place par une barre de torsion, son mouvement oscillatoire est de plus faible amplitude.
b) On enregistre les deux mouvements, le mouvement de la plaque inférieure est proportionnel à la déformation, celui de la plaque supérieure est proportionnel à la contrainte σ. Le rapport des amplitudes et leur déphasage θ s'expriment à l'aide de $|G|$ et φ donnés par (6.2) (d'après M. Djabourov, Contemp. Phys., 1988, 29, N°3 273-297).

On peut estimer que le mouvement de la plaque inférieure est proportionnel à la déformation e, tandis que celui de la plaque supérieure est proportionnelle à la contrainte σ. C'est le principe d'une mesure rhéologique.

On définit alors un module élastique de cisaillement complexe G^* si les déformations sont petites par :

$$G^* = \frac{\sigma}{e} = G' + \mathrm{i}G'' = |G|(\sin\varphi + \mathrm{i}\ \cos\varphi) \tag{6.2}$$

$G'(\omega)$ est une fonction de la pulsation ω, c'est le module élastique ; il correspond à l'énergie élastique stockée et restituée à chaque cycle. $G''(\omega)$ qui est aussi fonction de la fréquence est le module visqueux ou module de perte ; il correspond à l'énergie visqueuse dissipée à chaque cycle.

Pour un liquide newtonien $G' = 0$, et on le caractérise par sa viscosité :

$$\eta = \lim(\omega \to 0)\frac{G''}{\omega} \tag{6.3}$$

De même on caractérise un solide par son module élastique de cisaillement :

$$E = \lim(\omega \to 0)\,G' \tag{6.4}$$

$tg\varphi = G''(\omega)/G'(\omega)$ est la tangente de l'angle de perte.

Pour la gélification, il est important de caractériser les propriétés rhéologiques dans les limites des basses fréquences ($\omega \to 0$).

Pour les gels physiques, tout comme pour les gels chimiques, on observe un accroissement très important des modules G' et G'' au voisinage de la transition sol/gel. On a représenté sur la figure (6.6) la variation du module de cisaillement G pendant la gélification en fonction du temps à différentes températures. On constate ainsi que ce module varie très rapidement quand le gel est formé à la température T = 24 °C, et que la vitesse d'accroissement de G est divisée par un facteur dix lorsque la température de gélification n'est élevée que de 4 °C seulement. On observe ce type de comportement sur la plupart des gels.

S'agissant des propriétés mécaniques des gels tout se passe comme si, en quelque sorte, des grandeurs comme la viscosité de la phase sol et le module élastique de cisaillement avaient un **comportement critique** au voisinage de la transition sol/gel.

S.B. Ross-Murphy a proposé de classer le comportement rhéologique d'un gel en fonction de celui des grandeurs G' et G''. On distingue ainsi : – les gels forts (ou élastiques) pour lesquels $G' > G''$ et sont tous deux indépendants de ω – les gels faibles pour lesquels G' est légèrement supérieur à G'', les deux modules dépendant alors faiblement de ω.

6.3 UN MODÈLE POUR LA GÉLIFICATION : LA PERCOLATION

Lors de la gélification de la gélatine, il se forme un réseau tridimensionnel par association des chaînes polymériques entre elles et avec le solvant (l'eau). Les mesures rhéologiques (Fig. 6.6) montrent que les propriétés physiques, en particulier mécaniques, du gel sont directement liées à l'existence de ce réseau. Cette propriété n'est pas propre à la gélatine car on la retrouve dans tous les gels, y compris les gels chimiques. Il est donc nécessaire de trouver un modèle rendant compte du changement progressif des propriétés

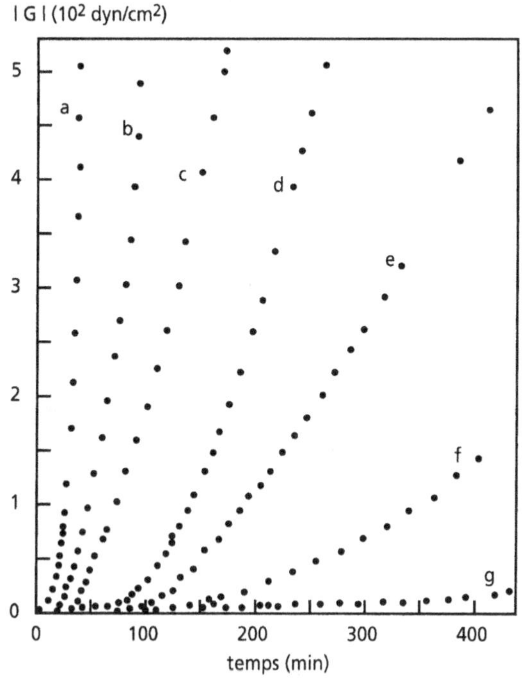

Figure 6.6 Évolution du module de cisaillement pendant la gélification.

On a mesuré le module de cisaillement $|G|$ de la gélatine en cours de gélification pour différentes températures ; **a)** $T = 24$ °C ; **b)** $T = 25$ °C ; **c)** $T = 28$ °C ; **d)** $T = 26,5$ °C ; **e)** $T = 27$ °C ; **f)** $T = 27,5$ °C ; **g)** $T = 26$ °C. On constate une variation très rapide de $|G|$ pour des gélifications à $T < 26$ °C (d'après M. Djabourov *et al.*, J. Phys., 49, 333-343, 1988).

lorsqu'on passe de la phase liquide (sol) à la phase gel mais aussi qui permette de répondre à la question suivante : existe-t-il des lois universelles qui rendent compte du phénomène de gélification indépendamment des processus microscopiques et de la nature des gels ? Des progrès importants ont été enregistrés dans cette voie au cours des années soixante-dix.

6.3.1 Le modèle de percolation

Une nouvelle approche théorique du problème de la gélification a été proposée par P.G. de Gennes et D. Stauffer en 1976, elle consiste à appliquer la théorie dite de la **percolation** à la transition sol/gel (Paragraphe 2.5.2). Cette théorie due à J.M. Hammersley (1957) permettait initialement de décrire une situation géométrique statistique : le passage d'un fluide à travers un réseau de canaux répartis au hasard au sein d'un solide et dont certains sont bouchés. Le fluide « percole » à travers ce réseau plus ou moins filtrant en essayant de se frayer un chemin à travers les canaux ouverts (Fig. 2.21.a).

On peut décrire cette situation à l'aide d'un schéma (Fig. 2.21b-c) où les canaux ouverts (permettant l'écoulement du fluide) sont représentés par une liaison symbolisant une connexion entre sites voisins. Un chemin de percolation complet permettant le passage du fluide de part en part du système est représenté par une série infinie de sites connectés (ces sites connectés sont l'équivalent d'un amas ou d'un noyau avec s branchements).

On peut aussi faire une analogie directe entre ce système de canaux dans lequel un fluide percole et un réseau de sites qui seraient connectés par une résistance électrique : on remplace les liaisons entre sites de la figure 6.7 par des résistances électriques. Si l'on applique une tension entre les deux côtés opposés du rectangle, un courant électrique commence à circuler lorsque la fraction p de sites occupés et connectés atteint un seuil critique p_C. Si l'on établit de nouvelles connections électriques dans le réseau, l'intensité du courant s'accroît rapidement pour $p > p_C$.

On peut transposer ce modèle de la percolation pour décrire les effets liés à l'augmentation du nombre de connexions dans un milieu désordonné (un solvant et un soluté) qui forme petit à petit un réseau tridimensionnel lors de la gélification. Ce modèle prévoit une transition brutale lorsque le nombre de connexions entre les particules ou ensembles moléculaires dépasse un seuil critique.

On peut représenter un phénomène de percolation et le simuler numériquement en imaginant que l'on a un réseau régulier plan constitué de carrés ou de rectangles de traits ou de liaisons joignant les nœuds du réseau constitué par les sites. On se donne la probabilité p d'occupation d'un site (c'est-à-dire la proportion de sites occupés). p est la variable du problème. Si l'on a formé un nombre faible de liaisons, on aura des « amas » de petite taille constitués par s liaisons (s petit). Si p augmente, un nombre croissant de sites vont se trouver connectés (on a l'équivalent d'une réaction de polymérisation)

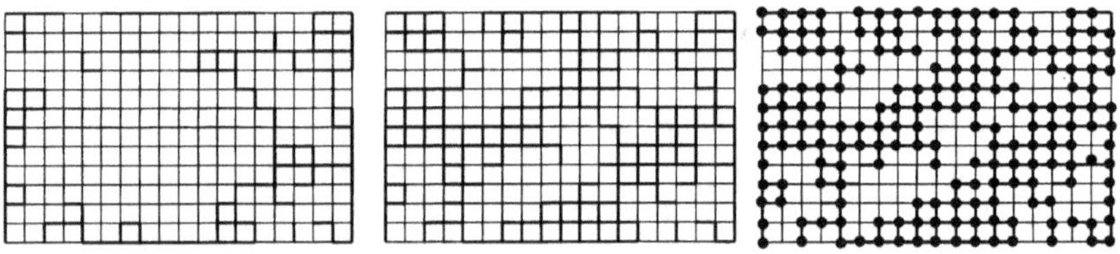

(a) $p < p_c$ (b) $p > p_c$ (c) $p = 0{,}75$

Figure 6.7 Percolation.

On a simulé un phénomène de percolation sur un réseau rectangulaire à deux dimensions.
a) Tous les sites sont supposés occupés (par exemple par une particule) sur le réseau et l'on crée progressivement des liaisons entre les voisins. Si $p < p_C$, seuls des noyaux de taille finie apparaissent.
b) $p > p_C$ un réseau infini apparaît connectant les quatre côtés du réseau.
c) On suppose ici que seule une fraction p de sites est occupée et l'on établit progressivement des liaisons entre eux. On a ici $p = 0{,}75$, un amas infini s'est formé. p_C est le seuil de percolation.

et au-delà d'un certain **seuil critique** ($p > p_C$) on forme un amas « infini » qui relie les quatre bords du réseau (Fig. 6.7c).

On peut simuler par le calcul cette situation de percolation en se donnant une loi pour le nombre de noyaux de taille s (s = 1,2,3 ...) c'est-à-dire du nombre de sites connectés, soit $n_S(p)$ qui est fonction de la probabilité d'occupation d'un site. Par exemple, si l'on a un réseau carré et que l'on choisit un site, il a 4 voisins occupés avec une probabilité p donc $n_2(p) = 4p$. On peut représenter la taille moyenne d'un amas avec des sites connectés par la relation (Éq. 2.90) :

$$< S_m > = \frac{\sum_{s=1}^{\infty} s^2 n_S(p)}{\sum_{s=1}^{\infty} s n_S(p)} \qquad \text{pour } p > p_c \; S_m \to \infty$$

Un gel peut être considéré comme équivalent au réseau de sites connectés décrit précédemment : les molécules du soluté (le polymère) occupent des sites avec une probabilité p et établissent des liaisons chimiques ou physiques avec leurs voisines.

Les sites connectés appartiennent à des amas de taille variable mais croissante. Lorsqu'on atteint le seuil de percolation on forme un amas qui occupe tout le volume : le point de gel est alors dépassé.

Si l'on désigne par p la fraction de liaisons dans le réseau (Fig. 6.7), la taille moyenne des agrégats croît avec p. Il existe une fraction critique p_C à partir de laquelle ($p > p_C$) on forme l'amas occupant tout le réseau : le système a formé un gel.

P.G. de Gennes et D. Stauffer ont développé une théorie de la gélification par analogie à la fois avec les transitions de phases du second ordre et les phénomènes de percolation. Pour les transitions du second ordre, on sait que l'on peut définir un paramètre d'ordre P qui est, par exemple, l'aimantation M pour un matériau magnétique. Le paramètre d'ordre est une fonction de la température T, et celle-ci est l'une des variables d'état sur laquelle on peut agir pour provoquer la transition de phase.

On a :

$$\begin{aligned} &P \neq 0 \text{ pour } T < T_C \\ &P = 0 \text{ pour } T > T_C \\ &P \to 0 \text{ si } T \to T_C \text{ avec } T < T_C \end{aligned} \tag{6.5}$$

T_C est la température de transition appelée souvent température de Curie. Le paramètre d'ordre varie continûment à la transition.

On définit un exposant critique pour la transition tel que : $P \propto \varepsilon^{\beta}$ avec $\varepsilon = |T - T_C| / T_C$. De même dans le cas d'un système magnétique, la susceptibilité $\chi = (\partial M/(\partial H)_{T, H=0}$ obéit-elle à une loi critique avec un exposant γ : $\chi \propto \varepsilon^{-\gamma}$. Quant à la longueur de cohérence ξ caractéristique des fluctuations du paramètre d'ordre, elle suit une loi critique avec un exposant ν : $\xi \propto \varepsilon^{-\nu}$.

Par analogie, dans le cas du phénomène de gélification, on définit **un paramètre d'ordre *P* qui est la probabilité qu'une liaison intermoléculaire inter-chaîne ayant réagi appartienne à un amas infini. On l'appelle aussi la fraction de gel**. P est la fraction de particules ou de molécules qui sont attachées à l'agrégat macroscopique au fur et à mesure que celui-ci se forme.

Une fois l'agrégat macroscopique formée, P s'accroît avec la fraction de liaisons ou de molécules attachées en suivant une loi avec un exposant critique β :

$$\begin{aligned} P &\propto (p-p_C)^{\beta} \quad p>p_C \\ P &= 0 \quad\quad p<p_C \end{aligned} \tag{6.6}$$

Le paramètre p, la fraction de liaisons dans le réseau, est ici l'équivalent de la variable thermodynamique T.

En approchant le point de gel, le poids moléculaire moyen des amas gélifiés M_W s'accroît et il suit aussi une loi avec un exposant critique :

$$M_W \propto (p_C-p)^{\nu} \quad p<p_C \tag{6.7}$$

$M_W \to \infty$ si $p \to p_C$ (on n'a jamais évidemment un amas infini, le volume V restant fini). De même le rayon moyen $<R>$ d'un amas obéit-il à la loi suivante :

$$<R> = (p_C-p)^{-\gamma} \quad p<p_C \tag{6.8}$$

$<R>$ est ici l'équivalent de la longueur de corrélation ξ d'une transition du second ordre.

En utilisant le modèle de percolation, on peut relier les grandeurs mécaniques E et η au paramètre p avec les lois « critiques » suivantes :

$$\begin{aligned} \eta &\propto (p_C-p)^{-k} \quad p<p_C \\ E &\propto (p-p_C)^{t} \quad p>p_C \end{aligned} \tag{6.9}$$

L'accroissement de la viscosité près du point de gel est dû à la très forte augmentation de la taille des amas.

En utilisant une méthode de simulation pour décrire une transition de percolation on trouve les résultats suivants :

- Pour un réseau carré : $p_C = 0{,}5$.
- Pour un réseau simple à trois dimensions : $p_C = 0{,}247$ avec $\beta = 0{,}4$, $\gamma = 1{,}7$, $\nu = 0{,}85$.

Plusieurs modèles ont été proposés pour évaluer les exposants k et t. Les différentes évaluations conduisent à une valeur de k comprise entre 0,75 et 1,35.

Par analogie avec un modèle de percolation décrivant un réseau de résistances électriques, on trouve une valeur de l'exposant t comprise entre 1,8 et 2. Une théorie de champ moyen prévoit, en revanche, $t = 3$.

Les mesures près du point de gel sont très délicates à réaliser car le phénomène de gélification y est très rapide. On trouve ainsi $t = 1{,}9$ pour la transition sol/gel dans le mélange mono-bisalcrylamide (gel chimique) tout comme dans la gélatine (gel physique).

6.4 LES GELS DE BIOPOLYMÈRES

Les gels obtenus à partir de polymères d'origine biologique constituent une catégorie importante car ils ont l'avantage d'utiliser l'eau comme solvant et de ce fait, ils ont de nombreuses applications dans l'industrie agro-alimentaire. Ce sont des gels physiques car le processus de gélification est réversible.

Deux types de gels de biopolymères sont particulièrement important : les gels de **gélatine** et les gels de **polysaccharides**.

6.4.1 Un gel important : la gélatine

La gélatine est probablement le gel physique le plus connu, sans doute parce qu'elle a de très anciens et nombreux usages dans l'alimentation. La gélatine est une protéine qui est préparée par dégradation par hydrolyse du collagène, qui est lui-même la principale protéine que l'on trouve dans les tissus animaux comme la peau mais aussi dans les tendons et les os. On dit aussi que la gélatine est du collagène dénaturé.

La formule chimique de base de la gélatine est complexe et dépend de son origine (l'espèce animale) et de son mode de préparation. Toutefois, la chaîne polymérique est constituée par la succession de trois monomères de base qui sont des acides animés : la proline, l'hydroxyproline et la glycine (de formule chimique NH_2-CH_2-COOH). Le polymère comporte environ 1 000 monomères (appelés résidus).

Le collagène à l'état natif se présente sous la forme de fibres constituées par des hélices enroulées par trois, les **triples hélices**. Chaque chaîne de l'hélice tourne dans le sens inverse des aiguilles d'une montre. La triple hélice a une longueur de 300 nm et la chaîne qui la constitue a une masse moléculaire d'environ 10^5. Les triples hélices sont stabilisées par des liaisons hydrogène inter chaînes (Fig. 6.8) ; elles forment des bâtonnets alignés parallèlement les uns aux autres et attachés par des liaisons covalentes localisées à leurs extrémités.

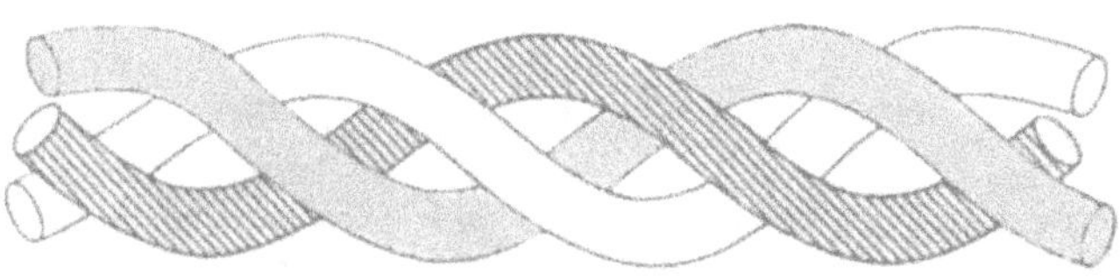

Figure 6.8 Structure du collagène.

Trois chaînes de conformation hélicoïdale (hélice gauche) sont enroulées ensemble et forment une triple hélice (hélice droite) qui est le collagène à l'état natif. Le pas de l'hélice est de 8,6 nm ; il est constant et elle est stabilisée par des liaisons hydrogène entre chaînes.

L'opération de dénaturation du collagène provoque la séparation des bâtonnets et, par destruction des liaisons hydrogène, la séparation totale ou partielle des chaînes et donc la disparition de la conformation en triple hélice. Les polymères sont alors sous la forme **pelote**, les gélatines industrielles sont des mélanges de différents composés : la gélatine α (une chaîne polymérique), la gélatine β (deux chaînes polymériques), la gélatine γ (trois chaînes polymériques).

En solution, à température élevée, les chaînes de gélatine sont sous la forme de la conformation dite **pelote**. Lorsqu'on abaisse la température (au-dessous de 36 °C) et que la concentration est supérieure à 0,5 % en poids, les chaînes de gélatine subissent progressivement un changement de conformation en reformant des hélices : c'est la **transition pelote ⇔ hélice**. La solution perd ses propriétés de liquide pour devenir un solide mou qui garde sa forme : c'est l'état gel. La transformation de conformation est associée à la transition sol/gel. Les protons du solvant, l'eau en l'occurrence, jouent un rôle essentiel dans la gélification car ils contribuent à former les liaisons hydrogène entre les chaînes (Fig. 6.9) qui forment un réseau très enchevêtré (Fig. 6.10).

On peut mesurer la fraction d'hélices présente dans le sol ou dans le gel, le **taux d'hélices**, par polarimétrie optique : le pouvoir rotatoire (l'angle de rotation de la polarisation d'un rayon lumineux incident) est directement lié au taux d'hélices χ, défini par χ = nombre de résidus en conformation hélice/nombre total de résidus en solution.

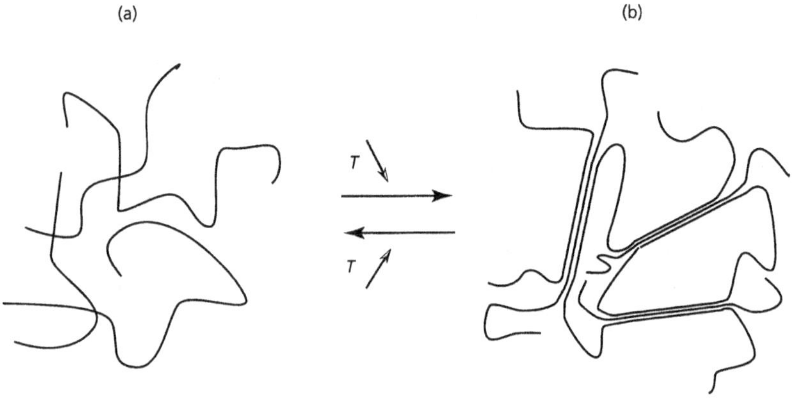

Figure 6.9 Formation d'un gel de gélatine.

a) On part de chaînes polymériques en pelote ; **b)** Si la concentration est suffisamment élevée et si l'on abaisse la température on reforme des triples hélices : un gel de gélatine apparaît. Le gel n'est pas en équilibre thermodynamique car le nombre de liaisons entre chaînes augmente avec le temps. La gélification dans ce cas est réversible.

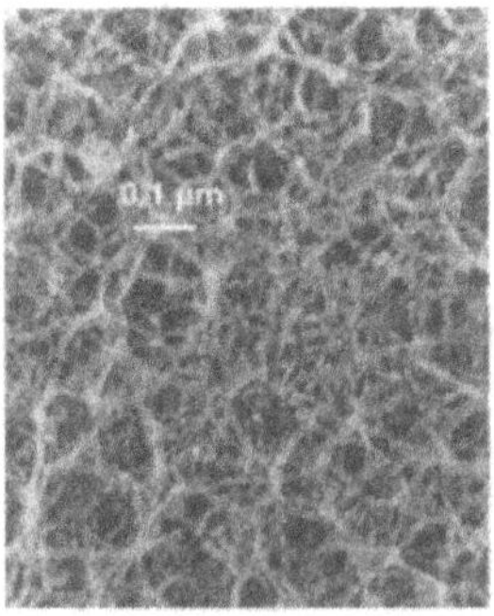

Figure 6.10 Microscopie électronique du réseau de gel de gélatine.

Les chaînes sont constituées de triples hélices de longueur variable (10-100 nm). La concentration de gélatine est de 2 %. Échelle 1 cm = 100 nm (d'après M. Djabourov, J.P. Lechaire, N. Favard et N. Bonnet).

On peut suivre l'évolution de χ au cours de la gélification et pour différentes températures de gélification (Fig. 6.11).

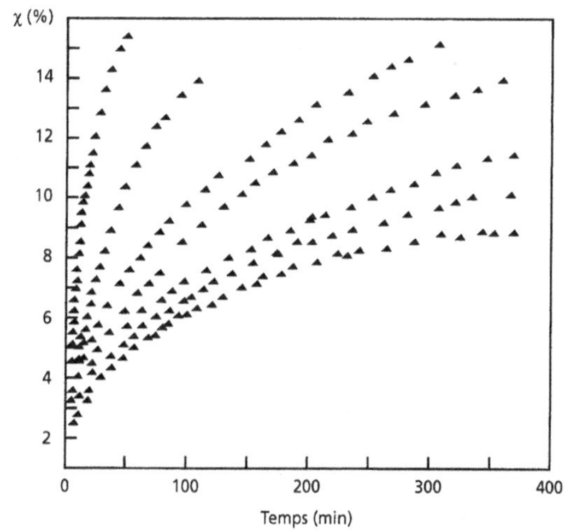

Figure 6.11 Variation du taux d'hélices pendant la gélification.

On mesure le taux d'hélices χ et sa variation au cours du temps pendant la gélification de la gélatine à différentes températures (les mêmes que pour la figure 6.6) (d'après M. Djabourov *et al.*, J. Phys, 49, p. 333-343, 1988).

L'état d'équilibre n'est atteint qu'au bout d'un temps très long ; il correspondrait en fait à la renaturation complète des triples-hélices de collagène, c'est-à-dire à la forme native. On constate aussi que la transition pelote ⇔ hélice associée à la gélification présente un hystérésis thermique : le gel de gélatine retourne à l'état sol par réchauffement (il « fond ») mais la fraction d'hélices mesurée n'est pas la même, pour une température donnée, au réchauffement et au refroidissement.

Enfin, on peut montrer que χ peut être considéré comme la variable thermodynamique associée au phénomène de gélification (l'équivalent de la variable p des expressions 6.6 à 6.9).

Il y a une relation directe entre le module de cisaillement G et la grandeur χ.

La température de fusion et la vitesse de gélification d'une gélatine dépendent de façon critique de la nature du collagène et donc de son origine. Il semble que ce soit le taux d'hydroxyproline (un acide aminé) dans la chaîne qui soit le facteur clé en la matière.

Ainsi, par exemple, les moules produisent-elles une sécrétion de nature protéique, le byssus, qui leur permet de se fixer sur un solide comme un rocher. Ce byssus est constitué de collagène qui a une température de fusion relativement élevée d'environ 90 °C (la dimension de ce collagène est de l'ordre de 130 nm). Par ailleurs, les problèmes que posent pour la santé publique l'utilisation de collagènes extraits de mammifères (veaux, moutons) à la suite de l'épidémie dite de la « vache folle » (ancéphalopathie bovine spongiforme) ont conduit à de fortes restrictions des usages alimentaires et pharmacologiques des gélatines fabriquées à partir de cette matière première. On produit maintenant des gélatines à partir de collagènes provenant de poissons dont les conditions de gélification ne sont pas strictement les mêmes que celles des gélatines provenant de collagènes de mammifères. Les températures de gélification des gélatines préparées à partir des peaux de poissons sont plus basses et leur teneur en hydroxyproline plus faible ; ces températures sont d'autant plus élevées que les poissons vivent dans des mers chaudes (ce qui est le cas, par exemple, des thons). C'est une question encore très largement ouverte.

6.4.2 Les gels de polysaccharides

Les polysaccharides sont des polymères naturels que l'on trouve dans les plantes, les algues, les animaux et les bactéries ; certains sont neutres électriquement, d'autres sont chargés. Ce sont des composés macromoléculaires de nature glucidique dont les monomères sont constitués d'un ou plusieurs sucres reliés entre eux selon une séquence plus ou moins régulière.

L'**agarose**, l'**amylose** et l'**amylopectine** sont des polysaccharides neutres formant des gels thermiquement réversibles. L'agarose est l'un des constituants de **l'agar-agar**, un agent gélifiant extrait d'algues rouges du type gélidium. L'amylose et l'amylopectine (qui doivent leur nom au mot grec *amylos* qui signifie amidon) forment des gels qui jouent un rôle important dans les propriétés texturantes des produits alimentaires à base d'amidon. On ne peut obtenir une solution d'amylose qu'à température relativement élevée (90-100 °C). Quant à la gélification de l'amylopectine, elle ne se produit que par trempe, à basse température (autour de 1 °C), et la cinétique est en général très lente (les temps de gel se mesurent en semaines).

Il faut signaler que des dérivés de la cellulose, en particulier la méthylcellulose, possèdent aussi des propriétés gélifiantes mais qui sont assez particulières : ils forment des gels réversibles par chauffage et qui « fondent » lorsqu'on les refroidit. Ce sont les seuls gels connus avec cette caractéristique. Cette propriété serait due à l'existence de chaînes de méthylcellulose en solution à température ambiante, mais celles-ci formeraient des petits paquets ; à température plus élevée, les radicaux méthyls des chaînes se débarasseraient de l'eau de structure à laquelle ils sont liés pour former un réseau tridimensionnel hydrophobe par couplage inter-chaîne.

Un certain nombre de polysaccharides formant des gels sont électriquement chargés, ce sont des **polyélectrolytes**. Les carraghénanes et les alginates extraits respectivement d'algues rouges et brunes sont des exemples typiques de tels gels physiques. La formation de ces gels est fortement influencée par la présence d'ions, en particulier d'ions Ca^{++}. En effet, la répulsion électrostatique due aux groupements carboxyles empêche le rapprochement des chaînes de polymères et l'insertion de cations, comme Ca^{++}, diminue l'ionisation et permet d'effectuer des pontages entre les chaînes ; on obtient une structure du type « boîte à œufs » (modèle de Rees, Fig. 6.12). Les gels de carraghénanes sont thermoréversibles alors que ceux d'alginates ne le sont pas.

Les pectines, qui sont des composants structurels de la peau des fruits, sont également des polysaccharides formant des gels dont on peut contrôler la formation par l'ajout d'ions calcium et le *pH*. Le monomère de base des pectines est l'acide galactu-

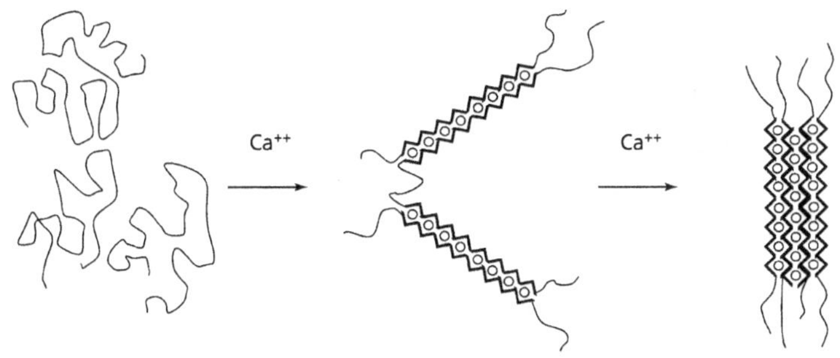

Figure 6.12 Modèle de formation d'un gel d'alginate.

Les cations Ca^{++} favorisent le rapprochement des chaînes de polymères, ils se placent en position interstitielles entre les chaînes de polysaccharides. Ils forment ainsi une structure dite en « boîte à œufs » (modèle de Rees).

ronique. À *pH* faible on obtient des gels thermoréversibles. Les gels de pectine interviennent dans la fabrication de confitures du type gelées.

Il faut signaler enfin que des mélanges de polysaccharides ont également des propriétés gélifiantes intéressantes. Ainsi, les **galactomannanes** et le **xanthane** qui, individuellement ne forment pas de gels, gélifient lorsqu'on les mélange. Le xanthane est extrait d'une bactérie, *xanthomas campestris*, ses molécules ayant une très faible affinité pour s'associer entre elles, elles forment un épaississant. Les galactomannanes sont extraits de graines de guar et de caroube ; les monomères sont des sucres, le galactose et le mannose. La gélification est fortement influencée par la présence de sel. Elle semble se produire alors que le xanthane est sous forme d'hélice.

6.4.3 La modélisation de la transition pelote ⇔ hélice

Comme on vient de le voir un changement de conformation moléculaire est le mécanisme qui déclenche la transition sol/gel dans de nombreux biopolymères. Dans le cas de la gélatine, la gélification est ainsi amorcée par une transition pelote ⇔ hélice.

Une transition de conformation dans un biopolymère est un phénomène que l'on rencontre dans de nombreux systèmes ; elle joue, en général, un rôle très important pour modifier ses propriétés. On trouve ainsi de telles transitions dans l'ADN (qui forme une double hélice) et dans une protéine, le prion, qui joue un rôle-clé dans la maladie dite de la vache folle (dans ce cas, on a une transition d'une conformation en hélice à une conformation en forme de feuille). Ces transitions se produisent dans des conditions bien définies de température ou si l'on modifie la qualité du solvant (*pH*, concentration ionique). Elles sont souvent considérées comme des transitions du premier ordre car elles sont associées à une variation d'enthalpie.

De façon générale, l'apparition d'une conformation hélicoïdale stable en solution pour les protéines ou les polypeptides est liée à la formation de liaisons hydrogène qui consolident la structure hélice ; ces liaisons s'établissent entre les groupements voisins (par exemple N–H et O=C) d'une même chaîne, parallèlement à l'axe de l'hélice

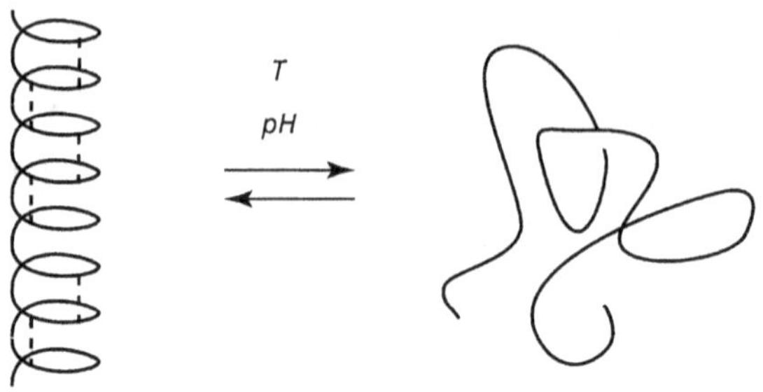

Figure 6.13 Transition hélice – pelote.

Les liaisons hydrogène (en pointillés) parallèles à l'axe de l'hélice stabilisant la conformation hélicoïdale. Si on élève la température ou si l'on modifie le pH, l'hélice est déstabilisée et l'on forme une pelote. La protéine est dénaturée.

(Fig. 6.13). Dans le cas du collagène, on l'a vu, celui-ci est à l'état natif sous forme d'une triple hélice et la rupture des liaisons hydrogène qui stabilisent cette conformation provoque son passage sous forme pelote (les brins sont disposés de façon aléatoire) : c'est la dénaturation. Celle-ci peut être provoquée par une modification des charges des groupements latéraux, par variation de pH ou de la concentration ionique en solution, ou par l'élévation de température.

La transition pelote $\Leftrightarrow$ hélice, d'origine thermique ou ionique, est en principe réversible. Il existe des modèles simples permettant d'en rendre compte : on peut prévoir quelles fractions de monomères (ou de résidus) vont se trouver sous forme de pelote ou d'hélice en fonction, par exemple, de la température.

6.4.4 Modèle statistique

Pour décrire de façon statistique le comportement d'une chaîne et sa transition de conformation, on considérera une chaîne avec n monomères qui se trouvent – soit sous forme **pelote *p*,** – soit sous forme **hélice *h***. On connaît en principe la conformation de chaque résidu (hélice ou pelote, Fig. 6.14). On peut considérer, par exemple, qu'il faut un minimum de trois résidus pour accomplir un tour d'hélice.

On pourra ainsi représenter une configuration globale, à une température T donnée par une séquence du type, par exemple, *hhppppphhhpphhhh...*

Pour simplifier, on peut envisager deux hypothèses statistiques :

- on a un mélange au sein d'une chaîne des états p et h en proportions variables (cf. la séquence précédente) : chaque chaîne est composée de n unités (monomères) sous forme hélice ou sous forme pelote (Fig. 6.14.b) ;
- chaque chaîne macromoléculaire se trouve soit entièrement sous forme d'unités pelote (p) soit entièrement sous forme d'unités hélice (h). On représentera alors symboliquement sous les deux seules formes possibles (Fig. 6.14.a).

$$...hhhhh... \text{ ou } ...ppppp...$$

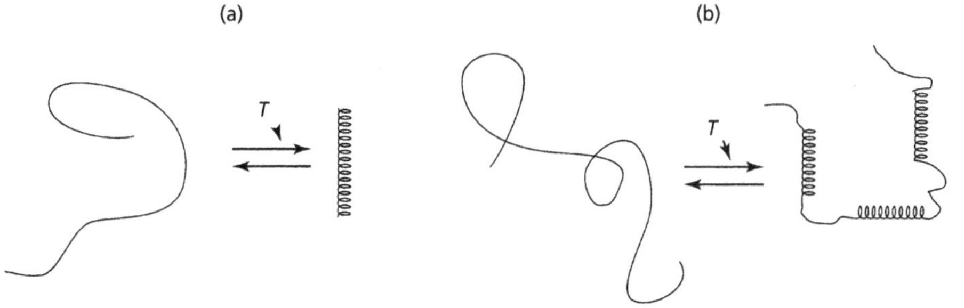

Figure 6.14 Transition pelote – hélice.

a) Chaîne à deux états conformationnels pelote et hélice ; **b)** Mélange aléatoire des états pelote et hélice dont les proportions sont fonctions de la température.

On définira pour une unité de la chaîne à l'état pelote p la probabilité de se trouver dans cet état par :

$$u = e^{-G(p)/kT}/z \qquad (6.10)$$

et pour une unité dans l'état hélice h par :

$$w = e^{-G(h)/kT}/z \qquad (6.11)$$

avec $$z = e^{-G(p)/kT} + e^{-G(h)/kT}$$

$G(h)$ et $G(p)$ étant les enthalpies libres correspondant aux configurations h et p.

Le rapport :

$$s = w/u = e^{-\{G(p) - G(h)\}/kT} \qquad (6.12)$$

définit la « constante d'équilibre » de la « réaction » de transformation d'une unité pelote en unité hélice : $p \Leftrightarrow h$.

Le poids statistique u d'une unité sous forme pelote, et donc désordonné, est essentiellement de nature entropique (l'entropie S est liée aux conformations de rotation) : $u \propto e^{S/k}$. En revanche, le poids statistique w de la forme hélice dépend essentiellement de l'énergie potentielle E de stabilisation des hélices : $w \propto e^{-E/kT}$.

s est un paramètre dont la valeur détermine l'état le plus probable pour un élément de la chaîne à la température T :

- $s < 1$ la forme pelote est favorisée ;
- $s = 1$ les deux configurations sont équiprobables ;
- $s > 1$ la forme hélice est favorisée.

Introduisant la variation d'enthalpie ΔH associée à la transition pelote $\Leftrightarrow$ hélice que l'on peut mesurer par calorimétrie, on peut alors supposer que s est une fonction de la température obéissant à une loi de type Van't Hoff :

$$\frac{d\ln s}{dT} = \frac{\Delta H}{kT^2} \qquad (6.13)$$

On définira la température de transition T_t par $s = 1$.

Par intégration on a :

$$\int_{T_t}^{T} \mathrm{d}\ln s = -\left.\frac{\Delta H}{kT}\right|_{T_t}^{T} \tag{6.14}$$

soit :

$$\ln s = \frac{\Delta H}{kTT_t}[T - T_t] \tag{6.15}$$

Posant $\Delta T = T - T_t$, on a donc :

$$\ln s = \frac{\Delta H}{kTT_t}\Delta T \tag{6.16}$$

Pour la transition pelote ⇔ hélice, $\Delta H < 0$; en effet si $\Delta T > 0$ c'est la forme pelote qui apparaît et qui est stable à haute température ($T > T_t$)

Dans le cas de la première hypothèse, celle d'un mélange **aléatoire des états pelote et hélice**, la fonction de partition totale de la chaîne s'écrit :

$$Z(n, T) = \sum_{n_p, n_h} e^{-G_{tot}(n_p, n_h)/kT} \tag{6.17}$$

$G_{tot}(n_p, n_h)$ est l'enthalpie totale de la chaîne dans une configuration avec n_p résidus à l'état pelote et n_h à l'état solide ($n = n_p + n_h$).

Utilisant les expressions (6.10) et (6.11) on récrit (6.17) sous la forme :

$$Z(n, T) = \sum_{n_h=0}^{\infty} \frac{n!}{n_h!(n - n_h)!} w^{n_h} u^{n-n_h} \tag{6.18}$$

soit encore :

$$Z(n, T) = u^n\left(1 + \frac{w}{u}\right)^n = (w + u)^n \tag{6.19}$$

Le taux d'hélice χ (Paragraphe 6.4.1) est donné par : $\chi = \langle n_h \rangle / n$, comme :

$$\langle n_h \rangle = \frac{1}{Z}\sum_{n_h} n_h w^{n_h} u^{n-n_h} \frac{n!}{n_h!(n - n_h)!} \tag{6.20}$$

on a :

$$\langle n_h \rangle = \frac{w}{Z}\frac{\partial Z}{\partial w} = w\frac{\partial \log Z}{\partial w} \tag{6.21}$$

et :

$$\chi = \frac{w}{n}\frac{\partial \log Z}{\partial w} = \frac{s}{s + 1} \tag{6.22}$$

Dans ce modèle simple χ est indépendant de la longueur n de la chaîne. On a représenté sur la figure 6.15.a la variation de χ en fonction de s. Pour $s = 1$, $\chi = 1/2$.

Si $s < 1$ (correspondant à $\Delta T > 0$) la forme pelote est favorisée. En revanche, pour $s > 1$ on a la solution inverse : la forme hélice est favorisée $\chi \to 1$.

Si maintenant on adopte la seconde hypothèse, celle de **la chaîne à deux états**, la forme de $Z(n, T)$ est extrêmement simplifiée ; celle-ci s'écrit en effet :

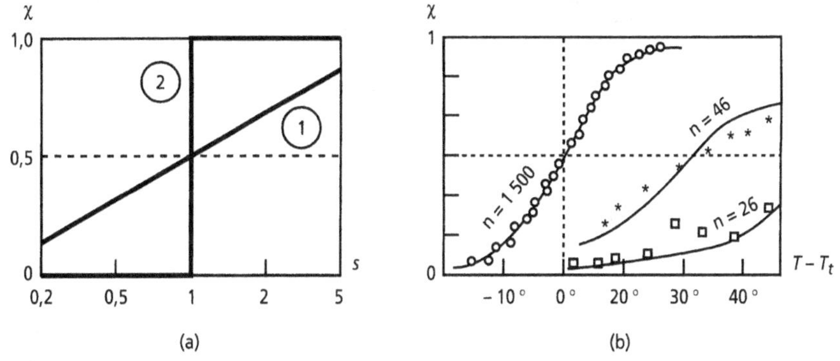

Figure 6.15 Transition de conformation.

a) Fraction d'hélices χ en fonction du paramètre s (échelle logarithmique) ; 1) mélange aléatoire des états pelote et hélice ; 2) chaîne à deux états.
b) Résultat expérimental sur du glutamate de poly-γ-benzyle-L dans un solvant qui est un mélange d'acide dichloracétique (80 %) et de dichlorure d'éthylène (20 %). La transition est d'autant plus marquée que le nombre d'unités n de la chaîne est plus grand (d'après B.H. Zimm et al., 1959).

$$Z(n, T) = u^n + w^n = u^n(1 + s^n) \tag{6.23}$$

soit :

$$\chi = \frac{<n_h>}{n} = \frac{1}{n}\frac{nw^n}{u^n + w^n} = \frac{w^n}{u^n + w^n} = \frac{s^n}{1 + s^n} \tag{6.24}$$

χ dépend ici de n. Si $n \to \infty$ χ varie brutalement comme une fonction échelon de 0 à 1 autour de $s = 1$ (courbe b sur la figure 6.15).

Pour $s < 1$, $\chi = 0$ si $n \to \infty$ et pour $s > 1$, $\chi = 1$ si $n \to \infty$.

Pour de petites valeurs de n, on peut réécrire (6.24) sous la forme :

$$\chi = \frac{e^{n\frac{\Delta H}{kT_t}\frac{\Delta T}{T}}}{1 + e^{n\frac{\Delta H}{kT_t}\frac{\Delta T}{T}}} \propto e^{n\frac{\Delta H}{kT_t}\frac{\Delta T}{T}} \tag{6.25}$$

Si $\Delta T > 0$ on a une croissance exponentielle du taux d'hélice au voisinage de la transition. On a représenté sur la figure 6.15.b la variation de $\chi(T)$ pour la transition pelote ⇔ hélice dans un polypéptide le poly-γbenzyle-L-glutamate dans un solvant, pour différentes longueurs de la chaîne. La transition est d'autant plus franche que la chaîne est plus longue (ΔH est ici > 0 car il existe des liaisons entre le solvant et la chaîne).

Dans le cas des polypeptides, on fait intervenir, en général, un paramètre supplémentaire qui est le poids statistique des résidus en conformation hélicoïdale située aux extrémités des séquences.

Ces résidus n'ont pas la possibilité d'établir des liaisons hydrogène avec leurs voisins, ils sont énergétiquement défavorisés mais ils contrôlent de fait la longueur de la séquence des hélices. Plus ce poids statistique est faible, plus la transition est marquée.

Les considérations précédentes s'appliquent au cas de la gélatine moyennant un certain nombre de modifications. Les hélices se forment dans la gélatine le long des chaînes individuelles. Les séquences riches en proline sont des sites favorables à la nucléation à cause de leur rigidité locale. Les liaisons hydrogène confèrent une rigidité hélicoïdale aux chaînes de gélatine, les zones hélicoïdales formant les jonctions interchaînes. On suppose qu'une chaîne est impliquée dans deux fonctions.

La probabilité f pour qu'une chaîne possède h unités dans une conformation hélicoïdale à la température T s'écrit :

$$f(T, h) \propto \Omega \exp\left(-\frac{\varepsilon h}{kT}\right) \tag{6.26}$$

ε est l'énergie de liaison correspondant à une unité hélicoïdale, Ω est le nombre de configurations microscopiques, c'est une grandeur difficile à calculer. On calcule la valeur de h à l'équilibre $h_{eq}(T)$ en cherchant le maximum de $f(T, h)$. On en déduit $\chi_{eq}(T) = h_{eq}/N$, si N est le nombre total d'unités dans la chaîne.

On a porté sur la figure 6.16 le résultat d'un calcul numérique de χ_{eq} en fonction de T. La figure 6.16.a représente la formation d'un réseau lâche mais avec des fonctions hélicoïdales fixées ; la cinétique de cette formation est rapide, c'est la première étape de la gélification. Ensuite, les contraintes, qui maintenaient les fonctions fixées, se relâchant, des séquences hélicoïdales continues se forment, c'est un processus lent qui aboutirait, en théorie, à la restauration complète du collagène (Fig. 6.16.b). On a développé des modèles analogues pour l'ADN.

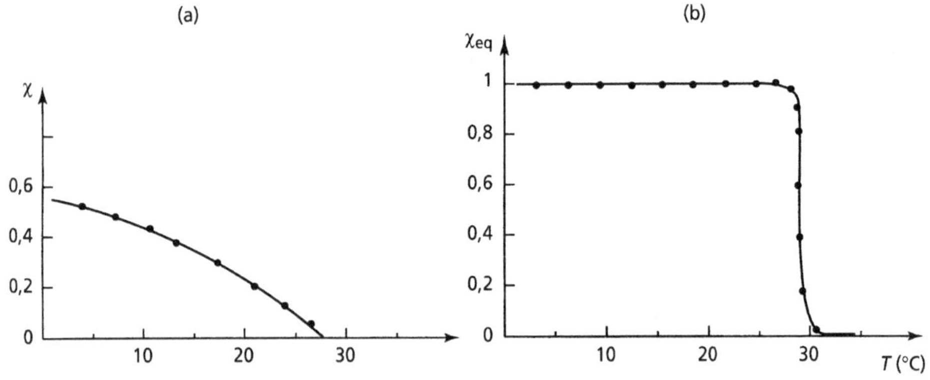

Figure 6.16 Gélification de la gélatine.

La gélification se réalise en deux étapes : **a)** Un réseau lâche est formé très rapidement (quelques minutes) ; **b)** Passée cette étape une évolution lente se poursuit (variation logarithmique). Elle pourrait conduire à une dénaturation complète des bâtonnets de collagène en triple hélice (d'après M. Djabourov Contemp. Phys., 1988, 29, 273-297).

La transition pelote/hélice dans les biopolymères peut être étudiée par diffusion de la lumière Rayleigh. On peut aussi mesurer le coefficient de diffusion moléculaire D dans le solvant (la largeur de la raie Rayleigh lui est proportionnelle) et ainsi le rayon moyen $<R>$ des pelotes ($D = kT/(6\pi\eta<R>)$, où η est la viscosité du solvant). La transition se manifeste par un accroissement brutal de $<R>$ associé à un rétrécissement de la largeur de la raie spectrale de la lumière diffusée.

6.5 LES PRINCIPALES APPLICATIONS DES GELS ET DE LA GÉLIFICATION

Les gels ont de très nombreuses applications industrielles et domestiques. Les applications de la gélatine dans l'industrie agro-alimentaire sont ainsi très anciennes.

On utilise des gels dans l'agro-alimentaire pour fabriquer des gelées et des épaississants : ce sont des **agents texturants**, c'est-à-dire qu'ils modifient la structure d'un aliment (une gelée ou une crème sont une matière molle). On emploie des gels et l'on utilise la gélification dans la fabrication de gelées (charcuterie, confitures), des yaourts, des crèmes glacées et de certaines sauces. Parmi les systèmes moléculaires utilisés en agro-alimentaire, on citera la gélatine, les pectines (acide polygalacturonique) qui forment des gels avec le sucre et confèrent leur texture aux confitures, des polysaccharides comme les carraghénanes et le xanthane.

La gélatine a également un usage traditionnel dans l'industrie photographique où elle est utilisée dans la fabrication des films. Son rôle est de piéger la chlorure d'argent de l'émulsion photographique et d'éviter une dispersion des microcristaux de sel d'Ag^+ qui se forment après exposition à la lumière, ce qui serait au détriment de la netteté de l'image.

Les gels sont utilisés dans l'industrie des cosmétiques (crèmes hydratantes) et dans celle des peintures (fabrication des peintures laquées). Ils jouent un rôle essentiel dans les dispositifs d'électrophorèse utilisés couramment en biologie. L'électrophorèse sur gel permet en effet de séparer, par exemple, des fragments d'ADN que l'on peut ainsi identifier. On applique un champ électrique sur la plaque où l'on a étalé le gel qui provoque une séparation des fragments chargés d'une fraction d'ADN en fonction de leur taille.

Le phénomène de gélification implique la formation d'un réseau tridimensionnel associant, un soluté (en général un polymère) et un solvant. Une quantité importante de solvant peut être absorbée par le soluté : le réseau gonfle en formant un gel (le phénomène inverse d'expulsion d'une partie du solvant par le gel s'appelle la **synérèse**). Les taux de gonflement, ou le rapport des volumes, peuvent atteindre des valeurs importantes, ce qui permet aux gels d'absorber un solvant organique ou aqueux. C'est le principe mis en œuvre dans les « grains d'eau » (de l'amidon greffé avec du polyacrylonitrile), utilisés pour les cultures ou le jardinage, pour fixer des quantités importantes d'eau dans la terre, ainsi que dans les couches-culottes pour bébés où le gel est un polyélectrolyte séché et broyé (1 g de poudre peut absorber 1 kg d'eau en gonflant rapidement).

Les gels sont aussi utilisés pour leurs propriétés mécaniques dans des applications très diverses : fluides pour forages pétroliers, lentilles oculaires souples par exemple.

Enfin, la propriété que possèdent les gels de pouvoir se contracter ou se gonfler en réaction à des modifications de leur environnement physique ou chimique (la présence de sels et de molécules tensioactives par exemple) ouvre des perspectives nouvelles d'application : un gel de polyacrylamide se contracte lorsqu'il est soumis à un champ électrique (c'est un polyélectrolyte et les chaînes polymériques sont chargées électriquement), il peut donc jouer le rôle de « muscle artificiel ». On pourrait donc utiliser ces gels pour transformer leur énergie chimique en énergie mécanique, ce qui pourrait être intéressant dans le génie biomédical ou pour réaliser des capteurs et des dispositifs mécaniques pour robots. Les gels ont déjà une utilisation classique en pharmacologie (encapsulation de médicaments) mais ils pourraient en avoir d'autres. En effet, certains gels étant sensibles au *pH* du corps humain, ils pourraient libérer le médicament dans le milieu dont le *pH* est approprié : ces gels se contractent dans le milieu alcalin de l'intestin où ils libèrent alors le médicament. On pourrait aussi utiliser des gels absorbant sélectivement des cations métalliques.

La transition sol ⇔ gel a elle-même beaucoup d'applications en synthèse des matériaux. En géologie certains cristaux peuvent se former à partir d'une phase gel ; ce serait, par exemple, le cas du quartz qui se formerait dans certaines conditions au sein d'un gel de silice (la question est encore controversée). De façon plus générale, une phase gel est un milieu favorable à la croissance cristalline, car d'une part elle élimine la convection (la croissance cristalline s'opère uniquement par diffusion des molécules), et d'autre part elle diminue la nucléation (on a un nombre limité de microcristaux). Ces propriétés d'un gel permettent donc d'obtenir la croissance de monocristaux avec un nombre limité de défauts. C'est le principe des **procédés sol/gel** qui sont utilisés dans de nombreux domaines de synthèse des matériaux. Ces procédés sont d'ailleurs utilisés dans de nombreux domaines (Fig. 6.17) : fabrication de films, d'aérogels, de xérogels et de céramiques.

Les xérogels sont préparés par séchage d'un gel : on expulse le solvant par évaporation. L'évaporation induit une pression de capillarité qui provoque le rétrécissement du réseau tridimensionnel du gel qui tend à s'effondrer sur lui-même. Le gel est réduit en volume d'un facteur 5 à 10.

Un aérogel est fabriqué à partir d'un gel humide (avec du solvant dans le réseau) que l'on place dans une autoclave pour y être séché à la chaleur dans des conditions où le solvant passe à l'état supercritique. Il n'y a ainsi pas d'interface liquide/vapeur et donc pas de forces capillaires : le gel ne s'effondre pas et garde son réseau tridimensionnel développé. Les aérogels sont ainsi des structures légères (« aérées ») où la fraction volumique solide peut atteindre 1 % du total. C'est une situation analogue à celle que l'on trouve avec de la boue séchée et craquelée.

Pour réaliser un aérogel, on peut prendre comme solvant du méthanol, voire du CO_2 supercritique. On peut obtenir des aérogels de silice de densité 200 kg m^{-3} avec des pores de 1 à 10 nm de diamètre. Ces aérogels peuvent être utilisés comme isolants thermiques, matériaux de flottaison ou pour construire des panneaux solaires. Des aérogels encore plus légers ($\rho \approx 5$ kg m^{-3}) peuvent être utilisés comme isolants acoustiques.

Dans un procédé sol/gel de synthèse de matériaux, on part de précurseurs pour préparer un colloïde : un métal ou un métalloïde entouré d'un ligand organique (un alcool) ou inorganique. Ainsi, par exemple, pour un composé d'aluminium part-on de $Al(C_4H_9)_3$ de sels comme $Al(NO_3)_3$. Pour les composés du silicium on peut partir de $Si(OC_2H_5)_4$.

Il faut enfin signaler l'existence du phénomène de thixotropie qui est une transition gel/sol ou de fluidisation d'un gel en présence d'une contrainte (un cisaillement). Le gel

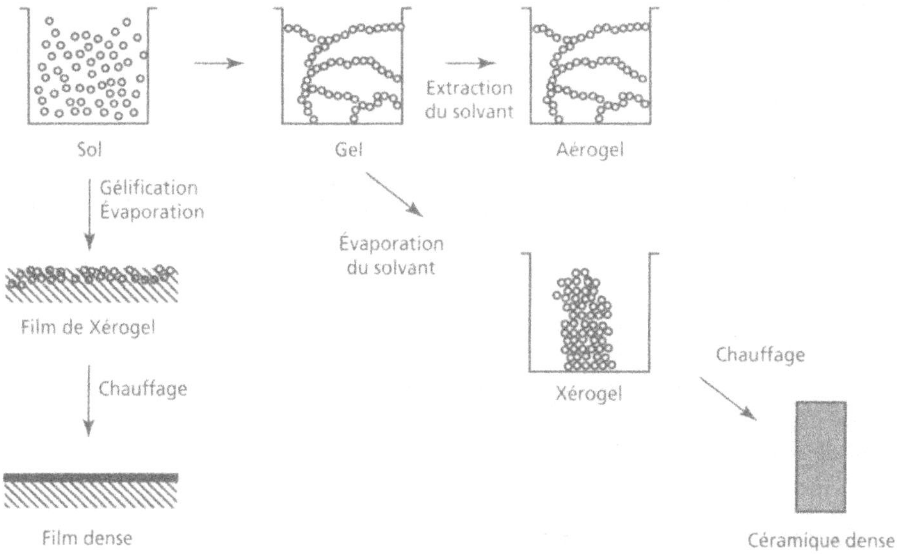

Figure 6.17 Procédés sol-gel.

On prépare un gel qui : – par évaporation ou extraction du solvant se transforme en aérogel ; – par chauffage se transforme en xérogel. À partir d'un xérogel on peut fabriquer un matériau plus dense comme une céramique.

se fluidifie et donc passe en phase sol en présence de la contrainte. De façon générale, un matériau thixotrope est un matériau dont la viscosité dépend de la vitesse de variation de la contrainte : elle diminue fortement si cette vitesse s'accroît.

Un système thixotrope est formé d'agrégats moléculaires, comme un gel, et la thixotropie est une propriété structurelle du matériau. L'application d'une contrainte rompt les liaisons entre les microstructures tridimensionnelles.

La thixotropie se manifeste dans un très grand nombre de gels physiques, dans les argiles, les cires, certains cristaux liquides et certains pétroles très visqueux. La présence de paraffines à l'état microcristallin dans certains pétroles bruts est un handicap provoquant l'équivalent d'une prise en gel. On constate, toutefois, qu'en présence d'une contrainte de cisaillement (ce qui est le cas dans de nombreuses situations dans la production pétrolière) la viscosité n'est que faiblement accrue. De même, les boues de forage injectées dans un puits de pétrole, qui sont très visqueuses, redeviennent-elles fluides lorsque l'on fait tourner le trépan. On rencontre également des phénomènes de thixotropie lors de la prise des bétons et dans les sables mouvants.

Des tremblements de terre particulièrement violents peuvent provoquer un phénomène de thixotropie dans des terrains argileux. Si des immeubles ont été construits sur ces terrains, leurs fondations peuvent être déstabilisées lors d'un tremblement de terre et ils peuvent s'effondrer. C'est un phénomène qui s'est probablement produit dans certaines zones touchées, en bord de mer, lors du tremblement de terre de Kobé au Japon en 1995.

EXERCICES

6.1 Conformation en pelote.

On va calculer la longueur d'une chaîne de polymères constituée de n segments qui sont des monomères. On désigne par $\boldsymbol{r}$ la distance entre les deux extrémités de la chaîne, l'une des extrémités étant prise pour origine. On suppose que la probabilité $w(r)$ pour que le vecteur $\boldsymbol{r}$ ait un module compris entre $\boldsymbol{r}$ et $\boldsymbol{r} + \boldsymbol{dr}$ est donnée par :

$$w\,\mathrm{d}\boldsymbol{r} = \left(\frac{3}{2n\,l^2\pi}\right)^{3/2} \exp\left(\frac{-3\boldsymbol{r}^2}{nl^2}\right) 4\pi\boldsymbol{r}^2\mathrm{d}\boldsymbol{r}$$

où l est la longueur d'un segment.

1° Calculer la longueur quadratique moyenne de la chaîne et la comparer à celle de la chaîne supposée linéaire. Quelle conclusion en tirez-vous ?

2° Application : $n = 10^3$ et $l = 0{,}3$ nm – $n = 10^4$, $l = 0{,}3$ nm.

6.2 Conformation d'une protéine.

Un polymère biologique est constitué de N segments qui sont des monomères pouvant prendre 2 conformations α ou β d'énergie E_α et E_β et correspondant respectivement à des longueurs a et b. On applique une tension X aux deux bouts de la chaîne.

1° Calculer la fonction de partition de la chaîne.

2° En déduire sa longueur en fonction de X. On fera un développement limité au premier ordre en X.

6.3 Transition sol/gel et percolation.

On modélise le phénomène de gélification à l'aide d'un processus de percolation (Paragraphe 6.3.1). Supposant que l'on a une percolation de site on désignera par p la probabilité pour qu'un site appartienne à un amas quelconque c'est-à-dire pour qu'un site soit occupé. $n_s(p)$ est la probabilité d'avoir des amas à s sites. On suppose qu'au voisinage du seuil critique p_c correspondant à la gélification $n_s(p_c) \propto s^{-\tau}$ avec $\tau = 2{,}5$ et l'on a $n_s(p) / n_s(p_c) \propto \exp(-cs)$ où $c = (p - p_c)^2$.

1° Calculer p et la grandeur caractéristique S_m de la taille d'un amas.

2° Montrer que S_m diverge à p_c et donner la valeur de l'exposant critique.

6.4 Gélification et propriété de l'eau.

On assimile l'eau liquide au sein de laquelle existe un réseau de liaisons hydrogène entre les molécules à un système en cours de gélification. Montrer de façon très simple qu'à l'aide de ce modèle on peut expliquer l'anomalie de la densité de l'eau.

Chapitre 7

Transitions et phénomènes collectifs dans les solides. Propriétés nouvelles

7.1 DES TRANSITIONS AUX CARACTÉRISTIQUES COMMUNES

La fusion et la sublimation d'un solide sont deux transitions de phases importantes mais celles-ci ne se limitent pas, dans les solides, à ces changements d'état. En effet, l'apparition d'une phase magnétique dans un solide non-magnétique, lorsqu'on abaisse sa température en dessous d'une certaine température (appelée température de Curie), est un autre type de transition de phase importante (transition paramagnétique/ferromagnétique) étudiée, en particulier, par P. Curie et P. Weiss. La transition d'un état conducteur à un état supraconducteur (supraconductivité) et le ferromagnétisme traduisent, par ailleurs, l'apparition de propriétés nouvelles de l'état solide impliquant le couplage des électrons.

De façon générale, rappelons que deux concepts jouent un rôle majeur dans les transitions de phases : le paramètre d'ordre et la brisure de symétrie (Paragraphe 1.2.3). Le paramètre d'ordre est la moyenne thermodynamique d'une observable qui, dans des conditions données, peut prendre plusieurs valeurs. Si l'on décrit, par exemple, l'aimantation d'un système à l'aide du **modèle d'Ising**, au-dessous de la température critique T_C (correspondant à la température de Curie), l'aimantation peut avoir deux valeurs $\pm \boldsymbol{M}$ en l'absence de champ magnétique. L'énergie libre du système ou son enthalpie libre, possèdent deux minima de même hauteur séparés par un maximum en son centre pour les deux valeurs du paramètre d'ordre $\pm \boldsymbol{M}$; celui-ci correspond à l'aimantation et il est la valeur moyenne du spin S_i^z associé à chaque nœud du réseau (à chaque spin correspond une aimantation microscopique individuelle) et qui prend, dans ce modèle les valeurs $\pm$ 1/2 (Fig. 7.1.b).

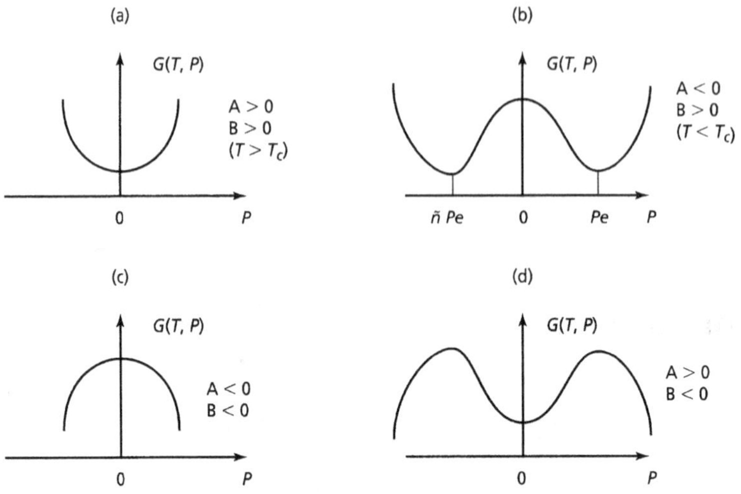

Figure 7.1 Enthalpie libre *G(T, P)*.

G est exprimée en fonction d'un paramètre d'ordre *P*, l'aimantation *M* par exemple (en l'absence de champ). Les diagrammes a et b correspondent à une transition de phase du second ordre. On peut obtenir ces courbes à l'aide d'un développement de Landau du type (7.53).

Lorsqu'on abaisse la température d'un système magnétique, en champ nul, à partir d'une température $T > T_C$, le système aboutira pour $T < T_C$, dans un état où l'aimantation est encore nulle. Celui-ci ne correspond pas à l'enthalpie libre la plus basse et il est donc totalement instable : la moindre perturbation va provoquer la réorganisation des spins d'une façon telle qu'ils se retrouvent tous orientés soit vers le « haut » (partie droite du puits de l'enthalpie libre), soit vers le « bas » (partie gauche). Comme des orientations partielles des spins (vers le haut/vers le bas) correspondent à la formation des domaines magnétiques qui requièrent des énergies d'interface supplémentaires accroissant l'enthalpie libre, cet état n'est pas possible. Le choix définitif d'une orientation déterminée de l'aimantation est le fruit du hasard (ou d'une petite perturbation sur le système), le résultat final n'est plus symétrique en dépit du fait que l'enthalpie libre le soit. L'aimantation est invariante par rapport à une rotation autour d'un axe ayant son orientation : on dit qu'il y a une **brisure de symétrie**.

Par analogie on peut utiliser ce concept de paramètre d'ordre pour la transition liquide/gaz, mais la situation est quelque peu différente car le liquide et le gaz n'ont pas la même symétrie. Le nombre des particules est en général fixé et constitue une contrainte imposée au système qui va se trouver dans un état mixte avec un ménisque séparant les phases liquide et vapeur. En fonction du volume disponible il va passer d'une phase homogène à une autre.

Dans le cas d'un système binaire liquide/gaz, on travaille à l'aide de deux variables, la densité (ou le volume) et la concentration. On détermine les états en coexistence à l'aide d'un plan tangent commun aux deux surfaces représentant l'énergie libre qui fixe la ligne de connexion entre ces deux états caractérisés par deux points de coordonnées (v_1, x_1), (v_2, x_2). On peut choisir comme paramètre d'ordre dans ce cas la longueur de la ligne de connexion entre ces deux points, ou la concentration $x = v_{Gaz}/(v_{Liq} + v_{Gaz})$. Près du point critique liquide/gaz, un autre choix possible est le rapport $(\rho_{Liq} - \rho_{Gaz})/\rho_C$, ρ_{Liq} étant la densité du liquide et ρ_{Gaz} celle de la phase gazeuse, ρ_C étant la densité au point critique liquide/gaz.

Rappelons que l'on classe les transitions de phases en deux grandes catégories (Paragraphe 1.2.3), les transitions du premier ordre (associées à une chaleur latente) d'une part, les transitions du second ordre (sans chaleur latente) d'autre part. Si l'on s'intéresse plus spécifiquement aux transitions du second ordre, celles-ci sont caractérisées par des propriétés particulières de leurs potentiels thermodynamiques au point de transition : certaines dérivées secondes de potentiels thermodynamiques par rapport à des variables d'état tendent vers l'infini ou vers zéro au point de transition. On observe aussi que des grandeurs thermodynamiques comme les chaleurs spécifiques, la compressibilité κ_T pour un fluide, la susceptibilité magnétique χ_T pour un ferromagnétique et la constante diélectrique pour un ferroélectrique tendent vers l'infini lorsqu'on se rapproche du point critique (Fig. 7.2). Quant aux paramètres d'ordre associés à ces transitions (l'aimantation, la polarisation électrique, $(\rho_{Liq} - \rho_{Gaz})/\rho_C$ pour la transition liquide/gaz) ils tendent vers zéro au point critique. On trouve d'ailleurs que les lois de comportement de grandeurs thermodynamiques homologues caractérisant ces systèmes (par exemple κ_T *et* χ_T) sont souvent très semblables, ce qui était loin d'être le cas pour les transitions de phases du premier ordre. On dit que les phénomènes critiques (au voisinage d'une transition du second ordre) ont un **caractère d'universalité**.

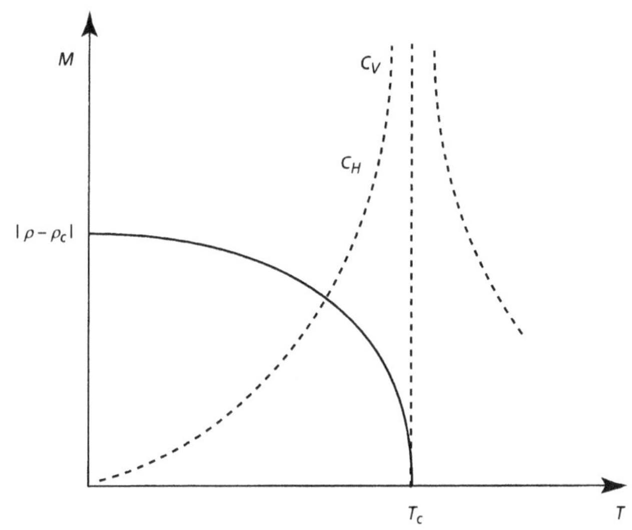

Figure 7.2 Variation de paramètres d'ordre.

On a représenté les variations en fonction de *T*, de l'aimantation *M* et de $|\rho - \rho_C|$ ainsi que celles des chaleurs spécifiques C_V et C_H au voisinage de T_C.

7.2 LA TRANSITION ORDRE - DÉSORDRE DANS LES ALLIAGES

En 1934 Bragg et Williams ont décrit une transition qui est observée dans des alliages du type Cu-Zn (le laiton) qui se traduit par l'existence d'un état où ces groupes d'atomes sont ordonnés dans un réseau cristallin. Sur la base de spectres de rayons X, ils ont pu montrer qu'au-dessous d'une certaine température de transition les atomes s'ordonnent sur deux sous-réseaux qui s'interpénètrent : tous les atomes de zinc se trouvent sur un réseau, tous les atomes de cuivre sur un autre. Le réseau ordonné a une symétrie cubique. À la température de transition on observe un pic de chaleur spécifique caractéristique des transitions de phases du second ordre. La description théorique qu'ils ont donnée de ce phénomène a servi, en quelque sorte, de standard pour l'étude de nombreux phénomènes de transitions : magnétisme, supraconductivité, cristaux liquides, etc.

Supposons que l'on ait un nombre égal d'atomes différents A et B d'une part, avec deux types de sites α et β d'autre part. Chaque site α est entouré uniquement par des sites β et inversement (Fig. 7.3). Les sites identiques (α ou β) sont les plus proches voisins suivants. Si l'énergie d'interaction entre deux atomes voisins différents V_{AB} est plus basse que l'énergie moyenne d'interaction entre atomes de la même espèce $(V_{AA} + V_{BB})/2$ on doit s'attendre à trouver le système complètement ordonné à très basse température, tous les atomes A occupant les sites α et tous les atomes B occupant les sites β car cette disposition correspond à l'énergie la plus basse pour le système. À température élevée le système devient de plus en plus désordonné.

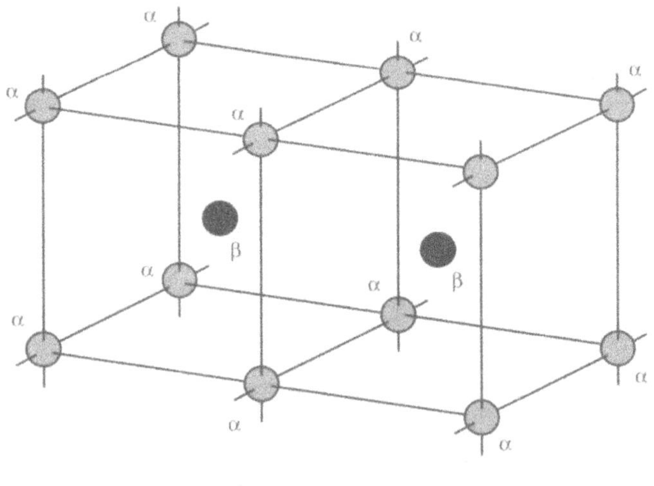

Figure 7.3 Transition ordre - désordre dans un alliage.

Un alliage binaire AB (50% A- 50% B) forme un système ordonné à basse température : tous les atomes A occupent un site donné (α par exemple) et les atomes B un autre site (β). À haute température le système est désordonné, chaque site est occupé indifférement par un atome ou un autre.

On désignera par : p_α, la probabilité pour qu'un site α soit occupé par un atome A ; $w_\alpha = 1 - p_\alpha$, la probabilité pour qu'ils soit occupé par un atome B ; p_β, w_β, les probabilités associées aux sites β. On introduira alors un paramètre d'ordre P représentant l'ordre à grande distance :

$$P = \frac{p_\alpha - \frac{1}{2}}{\frac{1}{2}} \tag{7.1}$$

(P serait défini de façon identique sur les sites β). Dans l'état de désordre complet $p_\beta = p_\alpha = w_\alpha = w_\beta = 1/2$ et $P = 0$; en revanche dans un état complètement ordonné $p_\beta = p_\alpha = 1$ et $P = 1$.

Si N est le nombre total de sites et supposant qu'il y a $N/2$ sites α et $N/2$ sites β, les nombres respectifs d'atomes A sur un site α, $N_A{}^\alpha$ et d'atomes B sur un site β, $N_B{}^\beta$ s'écrivent à l'aide de (7.1) :

$$N_A^\alpha = (1+P)\frac{N}{4} \quad N_B^\beta = (1+P)\frac{N}{4} \tag{7.2}$$

De même les nombres d'atomes A sur un site β, $N_A{}^\beta$ et d'atomes B sur un site α, $N_B{}^\alpha$ s'écrivent :

$$N_A^\beta = (1-P)\frac{N}{4} \quad N_B^\alpha = (1-P)\frac{N}{4} \tag{7.3}$$

Si l'on désigne par z le nombre de coordination, c'est-à-dire le nombre de sites β entourant un site α et si l'on suppose que la probabilité d'avoir des paires AA, BB, AB sur des sites voisins est le produit des probabilités d'occupation de ces sites, alors on aura :

$$N_{AA} = z p_\alpha (1 - p_\beta) N/2 = z N(1 - P^2)/8 = N_{BB} \tag{7.4}$$

N_{AA} et N_{BB} étant les nombres de paires AA et BB. Prenant $z = 8$ pour un réseau c.c., on a alors :

$$N_{AA} = N_{BB} = N(1 - P^2) \tag{7.5}$$

De même le nombre des paires AB et BA est donné par :

$$N_{AB} = [p_\alpha p_\beta + (1 - p_\alpha)(1 - p_\beta)]\, z\, (N/2) \tag{7.6}$$

soit :

$$N_{AB} = 2N(1 + P^2) \tag{7.7}$$

L'énergie interne U du système est déterminée par le nombre des plus proches voisins que nous avons calculé.

On suppose que seules les interactions entre plus proches voisins comptent et que celles-ci sont indépendantes de l'état de l'environnement des atomes. Alors :

$$U = N_{AA}V_{AA} + N_{BB}V_{BB} + N_{AB}V_{AB} \tag{7.8}$$

U s'écrit :

$$U = U_0 + NP^2 V \tag{7.9}$$

où

$$U_0 = N(2V_{AB} + V_{AA} + V_{BB}) \tag{7.10}$$

$$V = 2V_{AB} - V_{AA} - V_{BB} \tag{7.11}$$

Cette méthode s'apparente à la théorie du ferromagnétisme de Weiss où l'on a fait l'hypothèse de l'existence d'un champ moléculaire ; elle exclut toute espèce de corrélation avec l'environnement global de chaque atome.

Il nous faut ensuite calculer l'énergie libre F du système, en calculant d'abord l'entropie. Pour cela on dénombre le nombre de configurations, c'est-à-dire le nombre de façons de répartir les atomes A et B sur les sites α et β. Le nombre de configurations W est donné par :

$$W = \frac{(N/2)!}{N_A^\alpha!\ N_B^\alpha!}\ \frac{(N/2)!}{N_A^\beta!\ N_B^\beta!} \tag{7.12}$$

soit :

$$W = \frac{(N/2)!}{\left[\frac{(1+P)}{4}N\right]!\ \left[\frac{(1-P)}{4}N\right]!}\ \frac{(N/2)!}{\left[\frac{(1-P)}{4}N\right]!\ \left[\frac{(1+P)}{4}N\right]!} \tag{7.13}$$

L'entropie de configuration S du solide est reliée à W par la relation de Boltzmann : $S = k \log W$. En utilisant la formule de Stirling pour N ! dans la relation 7.13, S s'écrit :

$$S = kN\left\{\log 2 - \frac{1}{2}[(1+P)\log(1+P) + (1-P)\log(1-P)]\right\} \tag{7.14}$$

L'énergie libre $F = U - TS$ s'écrit alors :

$$\begin{aligned} F = {} & U_0 + VNP^2 \\ & - kTN\left\{\log 2 - \frac{1}{2}[(1+P)\log(1+P) + (1-P)\log(1-P)]\right\} \\ & - TNS_0 \end{aligned} \tag{7.15}$$

où S_0 représente l'entropie des atomes A et B sur leur réseau.

À l'équilibre thermodynamique F doit être minimum. Ce minimum correspond aux valeurs de P qui sont solutions de l'équation :

$$\frac{\partial F}{\partial P} = 2VNP + \frac{1}{2}NkT \log\frac{1+P}{1-P} = 0 \tag{7.16}$$

Outre la solution évidente $P = 0$, l'équation (7.16) a encore deux autres solutions réelles que l'on peut obtenir graphiquement à l'aide d'un développement limité :

$$2VNP + NkT\left[P + \frac{1}{3}P^3 + \ldots\right] = 0 \tag{7.17}$$

Définissant une température T_C par $kT_C = -2V$, on voit que pour $T > T_C$, $P = 0$ est la seule solution possible. Pour $T < T_C$ on a les deux solutions possibles suivantes au voisinage de T_C.

$$P = \pm\sqrt{3\frac{T_c - T}{T}} \approx \pm\sqrt{3\frac{T_c - T}{T_c}} \tag{7.18}$$

Le paramètre d'ordre $P(T)$ à une pente infinie à T_C.

Ce calcul n'est valable que si $P \ll 1$ pour que l'on puisse faire un développement en série de (7.16) (c'est-à-dire pour $(T_C - T)/T_C \ll 1$). Ce traitement correspond à la méthode de Bragg-Williams.

Le paramètre d'ordre P est une fonction simple de $(T_C - T)$ au voisinage de la température T_C, il s'annule à T_C. Il est représenté par une parabole avec une tangente verticale à T_C qui à l'allure de la figure 7.2. On peut vérifier en calculant la variation d'entropie à la transition (à $T = T_C$) qu'il n'y a pas de chaleur latente associée à la transition : celle-ci est du second ordre.

Il est possible également de développer directement en série la fonction F à partir de l'équation 7.15 ; celle-ci s'écrit :

$$\frac{F}{Nk} = \frac{F_0}{Nk} + (T - T_c)\frac{P^2}{2} + T\frac{P^4}{12} \tag{7.19}$$

Ceci suppose encore $P << 1$ et donc $|T_C - T|/T_C << 1$. F_0 est la contribution à l'énergie libre des degrés de liberté qui ne sont pas liés aux configurations et aux interactions des atomes A et B. Un développement en fonction de paramètre d'ordre P d'un potentiel thermodynamique tel que F s'appelle un **développement de Landau**.

On a mis en évidence expérimentalement des transitions de phases du second ordre dans des alliages, en particulier par des mesures de chaleur spécifique. C'est le cas de l'alliage Cu-Zn où la chaleur spécifique tend à diverger à T_C ($T_C = 742$ K), la loi de variation de P s'écarte de (7.18).

Dans certains alliages du type A_3B (par exemple l'alliage $AuCu_3$ où $T_C = 640$ K) la transition est du premier ordre.

7.3 LE MAGNÉTISME

7.3.1 Caractérisation des états magnétiques

On distingue, en général, trois types de magnétisme : le **diamagnétisme**, le **paramagnétisme** et le **ferromagnétisme**. On trouve également plusieurs états ferromagnétiques : le ferromagnétisme proprement dit, l'antiferromagnétisme, le ferrimagnétisme et l'hélimagnétisme. Seul le ferromagnétisme est véritablement associé à des transitions de phases.

Le diamagnétisme apparaît lorsqu'il existe une boucle de courant dans un matériau qui est en fait formée par les électrons qui tournent autour du noyau. Il résulte directement de la loi de Lenz qui nous dit que le moment indirect tend à s'opposer au champ magnétique. Ceci se traduit par le fait que la susceptibilité χ_T définie par $\boldsymbol{M} = \chi_T \boldsymbol{H_0}$ (où $\boldsymbol{M}$ est l'aimantation et $\boldsymbol{H_0}$ le champ magnétique appliqué), est négative. L'effet est petit et indépendant de la température.

Le paramagnétisme, quant à lui, a pour origine les spins des électrons du système. Les spins, auxquels sont associés des moments magnétiques individuels μ, ont tendance à s'aligner dans une certaine direction mais cette tendance est contrariée par l'agitation thermique. Cette forme de magnétisme va donc dépendre de la température. Dans des champs magnétiques élevés la susceptibilité, à température fixée, n'est plus constante car l'aimantation tend à se saturer même si tous les spins, et donc les moments magnétiques individuels, sont alignés.

Dans des systèmes ferromagnétiques, on peut avoir un moment magnétique macroscopique (c'est-à-dire une aimantation) même en l'absence de champ magnétique.

Ils possèdent une aimantation spontanée, du moins dans certaines conditions de température ; celle-ci provient du couplage des spins qui sont localisés sur les différents sites du réseau solide. Le couplage entre les spins et la structure du cristal va déterminer le type d'état magnétique que l'on observe.

Ainsi, on peut trouver un état où tous les spins sont alignés dans une même direction qui correspond au **ferromagnétisme**. Ils peuvent aussi former deux groupes de spins répartis chacun d'eux sur un sous-réseau mais alignés dans des directions antiparallèles, l'aimantation macroscopique résultante étant nulle : c'est l'**antiferromagnétisme**. On peut aussi trouver la situation où les spins sur chacun des sous-réseaux n'ont pas la même valeur, s'ils sont tous orientés dans des directions antiparallèles, l'aimantation macroscopique n'est pas nulle : c'est le **ferrimagnétisme**. Les spins peuvent aussi être orientés dans la même direction mais être disposés en hélices : c'est l'**hélimagnétisme** (Fig. 7.4).

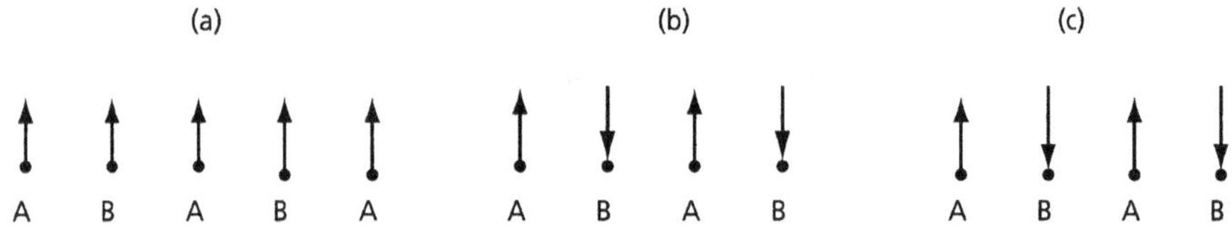

Figure 7.4 Réseaux magnétiques.

On a indiqué les trois types de réseaux magnétiques :
a) solide ferromagnétique : tous les aimants individuels ont la même orientation ;
b) solide antiferromagnétique : les aimants individuels sont antiparallèles sur les sites A et B ;
c) solide ferrimagnétique : les moments individuels sont antiparallèles mais inégaux, le moment résistant est nul.

Les métaux comme Fe, Ni, Gd sont typiquement des systèmes ferromagnétiques, un composé comme $CrBr_3$ l'est également. La température de transition ferromagnétique/paramagnétique est la température de Curie. On désigne en général par température de Néel la température de transition antiferromagnétique/paramagnétique. Ces températures sont en général plus basses que les températures de Curie (610 K pour MnO, 24 K pour $FeCl_3$). Les ferrites dont la formule générale est $MO\text{-}Fe_2O_3$, où M est un métal divalent, sont les composés types du ferrimagnétisme ; Fe_3O_4 est l'exemple le plus connu. Il faut noter que seuls les ions qui possèdent un moment magnétique permanent peuvent donner des composés magnétiques. Les ions concernés sont ceux qui ont une couche électronique incomplète (couche 3 d pour la série Fe, Co, Ni... 4 f pour les terres rares comme Gd, Dy...).

7.3.2 Le modèle du champ moléculaire

Le modèle le plus simple pour décrire un système ferromagnétique et la transition de phase magnétique est celui du **champ moléculaire**. Il présente une forte analogie avec la méthode utilisée en physique des liquides pour obtenir une équation d'état, comme l'équation de van der Waals : il consiste à remplacer toutes les interactions subies par une particule dans le solide (atomes, molécules, électrons) par un champ unique appelé champ moléculaire.

Il existe plusieurs modèles quantiques permettant de traiter le magnétisme. Dans le cas d'un système ferromagnétique le modèle de **Heisenberg** est le plus général. On suppose que sur chaque site (i) du réseau est localisé un spin S_i. Aux observables quantiques S_i on associe une énergie d'interaction représentée par l'**hamiltonien** suivant :

$$\mathcal{H} = -\sum_{<i,j>} J_{ij}\mathbf{S}_i\mathbf{S}_j \tag{7.20}$$

J_{ij} est la constante de couplage entre spins voisins ou énergie d'échange. En fait, on simplifie ce modèle en supposant que chaque atome possède un spin S_i auquel on associe un moment magnétique $\mu_0 = geh/4\pi\ mc$ (g est le facteur de Landé) qui peut prendre deux valeurs ± 1, c'est-à-dire dans deux directions seulement vers le haut ou vers le bas. On désignera par σ_i cette variable de spin pour chacun des N sites du réseau (i = 1,2 ... N). ($\sigma_i = +1$ correspond à une orientation du spin vers le haut, $\sigma_i = -1$ à une orientation vers le bas). On posera $J_{ij} = J$. La situation où tous les spins pointent dans la même direction correspond à $J > 0$, celle où les spins sont antiparallèles correspondant à $J < 0$. L'énergie d'interaction du système s'écrit :

$$\mathcal{H} = -\sum_{<i,j>} J\sigma_i\sigma_j \tag{7.21}$$

La notation $<i,j>$ signifie que l'on prend la sommation uniquement sur des sites voisins. Ce modèle s'appelle le **modèle d'Ising**. Pour $J > 0$ on aura un système ferromagnétique, pour $J < 0$ on obtiendra un état antiferromagnétique.

Si l'on veut calculer complètement les potentiels thermodynamiques du système et en déduire l'aimantation, il faut introduire l'expression donnant $\mathcal{H}$ dans la fonction de partition totale en prenant la somme sur toutes les configurations. Le calcul complet sans approximations n'a été fait que dans le cas uniquement d'un système à deux dimensions par Onsager. On peut procéder en utilisant une approximation qui avait déjà été proposée par P. Weiss, appelée méthode du champ self-consistant : on remplace dans l'expression de $\mathcal{H}$ les spins σ_j par leur valeur moyenne $<\sigma>$, puis on calcule celle-ci en utilisant la fonction de partition. En présence d'un champ magnétique extérieur $\boldsymbol{H}$, on récrit :

$$\begin{aligned}\mathcal{H} &= -\sum_{<i,j>} J\sigma_i <\sigma_j> - \mu_0 \boldsymbol{H}\sum_i \sigma_i \\ &= -zJ<\sigma>\sum_i \sigma_i - \mu_0\boldsymbol{H}\sum_i\sigma_i \qquad (7.22)\\ &= -[zJ<\sigma> + \mu_0\boldsymbol{H}]\sum_i \sigma_i \qquad (7.23)\end{aligned}$$

où z est le nombre de plus proches voisins. Tout se passe comme si on avait un système de spins indépendants soumis à un champ effectif $\boldsymbol{H}_{ef} = zJ < \sigma >/\mu_0 + \boldsymbol{H} = \boldsymbol{H}_W + \boldsymbol{H}$ où $\boldsymbol{H}_W$ est souvent appelé le **champ de Weiss** (on doit à P. Weiss la première théorie du magnétisme). On est donc ramené au calcul classique de l'aimantation d'un système de spins indépendants en présence du champ effectif $\boldsymbol{H}_{ef}$. Chaque spin pouvant prendre les deux valeurs ± 1, la fonction de partition Z pour les spins individuels s'écrit :

$$Z = e^{\mu_0 H_{ef}/kT} + e^{-\mu_0 H_{ef}/kT} \tag{7.24}$$

On calcule facilement $<\sigma_i> = <\sigma>$ avec cette fonction de distribution ou, ce qui est équivalent, $\boldsymbol{M} = N\mu_0 <\sigma>$ qui est l'aimantation totale du réseau. C'est l'étape cruciale de la méthode.

Sachant que $F = -kT \ln Z$, $M = -(\partial F/\partial H)_T$, on en déduit :

$$\boldsymbol{M} = N\mu_0 \tanh\left\{\frac{\mu_0}{kT}(H + zJ <\sigma> / \mu_0)\right\} \tag{7.25}$$

On peut poser $M_\infty = N\mu_0$, cette grandeur représente l'aimantation à saturation. (7.25) se récrit donc :

$$\boldsymbol{M} = \boldsymbol{M}_\infty \tanh\left(\frac{\mu_0 H}{kT} + \frac{zJ\boldsymbol{M}}{kT\boldsymbol{M}_\infty}\right) \tag{7.26}$$

On dit que (7.26) est une équation self-consistante car elle exprime $\boldsymbol{M}$ ou $<\sigma>$ à l'aide d'une équation qui est une fonction de $\boldsymbol{M}$.

La solution générale de (7.26) peut être obtenue graphiquement. Si le champ magnétique est nul ($\boldsymbol{H} = 0$) on obtiendra $\boldsymbol{M}$ en cherchant les intersections des deux courbes :

$$X = \frac{\boldsymbol{M}}{\boldsymbol{M}_\infty} = \tanh x \qquad X = \frac{kT}{zJ}x = \frac{T}{T_c}x$$

où l'on a posé $T_C = zJ/k$. Les solutions obtenues sont indiquées sur la figure 7.5.

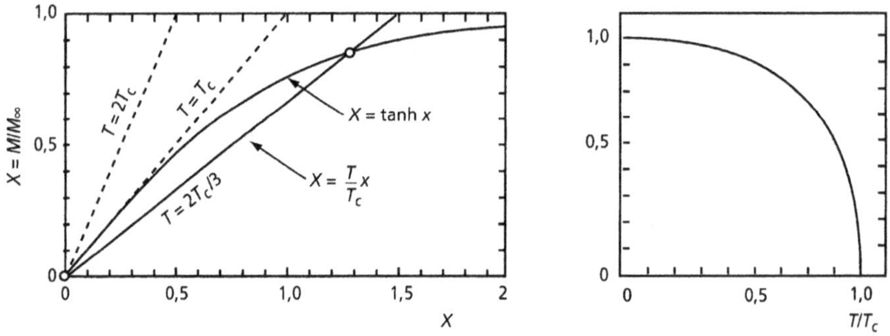

Figure 7.5 Aimantation.

On a représenté la solution graphique de l'équation 7.26 pour $H = 0$. Pour $T < T_C$ la solution M est l'intersection de la droite $X = xT/T_C$ avec la courbe tanh x.

On constate que pour $T < T_C$ il existe une solution $x \neq 0$ (outre $x = 0$ qui est toujours solution) qui dépend de la température. Si T tend vers zéro, x tend vers 1, ce qui correspond à l'aimantation à la saturation. Cette solution disparaît à $T = T_C$. Si le champ extérieur n'est plus nul, on peut constater que l'on n'a plus l'apparition d'une aimantation à $T = T_C$ et il n'existe plus de température critique car on a toujours une aimantation permanente. À la température T_C (température de Curie) on a une **transition de phase ferromagnétique/paramagnétique**.

On peut aussi récrire l'équation (7.25) en la résolvant pour calculer les exponentielles de la fonction tanh et en prenant les logarithmes. On obtient alors la nouvelle équation :

$$\frac{1}{2}kT\log\frac{1+<\sigma>}{1-<\sigma>} = zJ<\sigma> + \mu_0 H \tag{7.27}$$

En l'absence de champ extérieur on retrouve une équation analogue à (7.16) obtenue dans le traitement de la transition ordre/désordre. $zJ = -2V$ est la constante de couplage et $<\sigma>$ joue le rôle du paramètre d'ordre. On posera $zJ/k = T_C$.

On peut aussi trouver une solution pour $<\sigma>$ et donc pour M, en procédant à un développement limité de (7.27) au voisinage de T_C. On retrouvera pour $<\sigma>$ une expression analogue à celle de P donnée par (7.19). L'aimantation $M(T)$ qui est le paramètre d'ordre s'annule avec une pente infinie à T_C.

Si l'on revient à l'expression (7.26) qui donne l'aimantation et qu'on la dérive par rapport à H au voisinage de T_C (donc pour $M \approx 0$) et prenant la limite pour $H = 0$, on trouve aisément la forme de la susceptibilité magnétique $\chi_T = (\partial M/\partial H)_T$:

$$\chi_T \propto \frac{1}{T - T_C} \tag{7.28}$$

Cette expression n'est rien d'autre que la loi de Curie-Weiss pour un ferromagnétique. Elle n'est valable qu'au voisinage du point de Curie.

7.3.3 Méthode de Bethe

Le modèle du champ moléculaire ne prend pas en compte les corrélations entre sites voisins. Bethe a introduit une méthode qui permet de tenir compte de l'ordre à courte distance, c'est-à-dire du nombre de spins voisins d'un spin localisé sur un site et qui ont la même orientation que lui. Il a trouvé que cet ordre à courte distance existait au-dessus du point critique contrairement à l'ordre à grande distance (l'aimantation macroscopique) qui n'est différent de zéro qu'au-dessous du point critique. La méthode de Bethe (appelée aussi de Bethe-Peierls) est équivalente à la méthode dite quasi-chimique de Guggenheim et l'on peut considérer qu'elle constitue la première approximation de la méthode dite de « cluster variation » de Kikuchi.

Cette approximation revient, en quelque sorte, à considérer un sous-réseau du système de spins qui est « immergé » dans l'ensemble des spins et qui est constitué par un spin donné et ses plus proches voisins γ ($\gamma = 2$ pour un système linéaire, $\gamma = 4$ pour un réseau carré plan, etc.).

On désigne donc par x_1 la fraction des spins orientés vers le haut et par x_2 celle correspondant à une orientation vers le bas. On a donc $x_1 + x_2 = 1$. On va introduire ici un second jeu de probabilités pour une paire de spins : y_1 est la probabilité pour que les deux spins soient orientés vers le haut, y_2 celle pour que l'un des spins soit orienté vers le haut et l'autre vers le bas, y_3 celle correspondant aux deux spins orientés vers le bas. La probabilité totale étant normalisée à un, on a : $y_1 + 2y_2 + y_3 = 1$. Le facteur 2 tient compte du fait que l'on a deux situations possibles pour des spins d'orientation opposée. La probabilité pour que l'un des spins soit orienté vers le haut, indépendamment de l'orientation de l'autre, est $x_1 = y_1 + y_2$. On a de même $x_2 = y_2 + y_3$, pour la probabilité d'orientation vers le bas. La somme de ces deux probabilités est normalisée et leur différence correspond à l'aimantation moyenne, ou à l'ordre à grande distance : $s = x_1 - x_2$. On assignera à chacun des trois états de la paire une énergie : $\varepsilon_1 = -J$ correspond à la paire où tous les spins sont orientés vers le haut, $\varepsilon_2 = J$ est l'énergie pour la paire où les spins sont antiparallèles, $\varepsilon_3 = -J$ l'énergie pour la paire où tous les spins sont orientés vers le bas. J est la constante de couplage. Pour $J > 0$, on favorise les orientations parallèles.

Pour obtenir une expression simple de l'entropie, on peut remarquer que le nombre total W de façons de placer les paires de spins sur le réseau est donné par le nombre de combinaisons :

$$W = \frac{N_p!}{[N_p y_1]!\ [N_p y_2]!^2\ [N_p y_3]!} \tag{7.29}$$

où $N_p = N\gamma/2$ est le nombre de paires, N étant le nombre de sites du réseau et γ le nombre de plus proches voisins.

Utilisant la relation $S = k\ln W$ et la formule de Stirling, on en déduit :

$$S_{paire}/k = -\frac{N\gamma}{2}(y_1 \ln y_1 + 2y_2 \ln y_2 + y_3 \ln y_3) \tag{7.30}$$

On doit tenir compte aussi de l'entropie des sites individuels :

$$S_{site}/k = -N(x_1 \ln x_1 + x_2 \ln x_2) \tag{7.31}$$

Cependant, une fraction de cette dernière entropie a déjà été intégrée à l'entropie des paires et il faut donc corriger cette surestimation. L'énergie interne U est donnée par l'expression :

$$U = \frac{\gamma N}{2}(\varepsilon_1 y_1 + 2\varepsilon_2 y_2 + \varepsilon_3 y_3) \tag{7.32}$$

D'où l'expression complète de l'énergie libre par site rapportée à $\beta = 1/kT$:

$$\begin{aligned}\Phi &= \beta F/N \\ &= \frac{\gamma\beta}{2}(\varepsilon_1 y_1 + 2\varepsilon_2 y_2 + \varepsilon_3 y_3) + \frac{\gamma}{2}(y_1 \ln y_1 + 2y_2 \ln y_2 + y_3 \ln y_3) \\ &\quad + (1-\gamma)(x_1 \ln x_1 + x_2 \ln x_2) - \beta\lambda(y_1 + 2y_2 + y_3 - 1)\end{aligned} \tag{7.33}$$

On a introduit le multiplicateur de Lagrange λ pour maintenir la condition de normalisation. Minimisant (7.33) par rapport aux trois variables y en tenant compte des conditions $x_1 = y_1 + y_2$ et $x_2 = y_2 + y_3$ on va trouver pour les y_i des équations du type :

$$y_1 = (x_1 x_1)^{\bar{\gamma}}\, e^{-\beta\varepsilon_1} C_1 \tag{7.34}$$

où C_1 est une constante. On peut mettre y_i sous la forme générale $y_i = E_i/Z$ ($i = 1, 2, 3$), où :

$$\begin{aligned}E_1 &= (x_1 x_1)^{\bar{\gamma}} \exp(-\beta\varepsilon_1) \\ E_2 &= (x_1 x_2)^{\bar{\gamma}} \exp(-\beta\varepsilon_2) \\ E_3 &= (x_2 x_2)^{\bar{\gamma}} \exp(-\beta\varepsilon_3)\end{aligned} \tag{7.35}$$

où les constantes C_1, C_2, C_3, sont obtenues en écrivant la condition de normalisation $y_1 + 2y_2 + y_3 = 1$ et avec

$$Z = E_1 + 2E_2 + E_3 \qquad \bar{\gamma} = (\gamma - 1)/\gamma \tag{7.36}$$

on peut utiliser les expressions (7.35) pour exprimer les variables locales x_1 et x_2 en fonction d'elles-mêmes. On a encore un problème de self-consistance. On a ainsi :

$$x_1 = \frac{E_1 + E_2}{Z} \quad \text{et} \quad x_2 = \frac{E_2 + E_3}{Z} \tag{7.37}$$

On peut introduire par commodité le rapport :

$$\frac{x_1}{x_2} = \frac{E_1 + E_2}{E_2 + E_3} \tag{7.38}$$

utilisant les équations (7.35) et posant :

$$z = \left(\frac{x_1}{x_2}\right)^{\bar{\gamma}} \quad \text{et} \quad t = \exp(-2\beta J) \tag{7.39}$$

l'équation (7.38) peut s'écrire :

$$z^{1/\bar{\gamma}} = \frac{z^2 + zt}{zt + 1} \tag{7.40}$$

divisant les deux membres par z on en déduit :

$$z^{1/(\gamma - 1)} = \frac{z + t}{zt + 1} \quad \text{ou} \quad z = \left(\frac{z + t}{zt + 1}\right)^{\gamma - 1} = f(z) \tag{7.41}$$

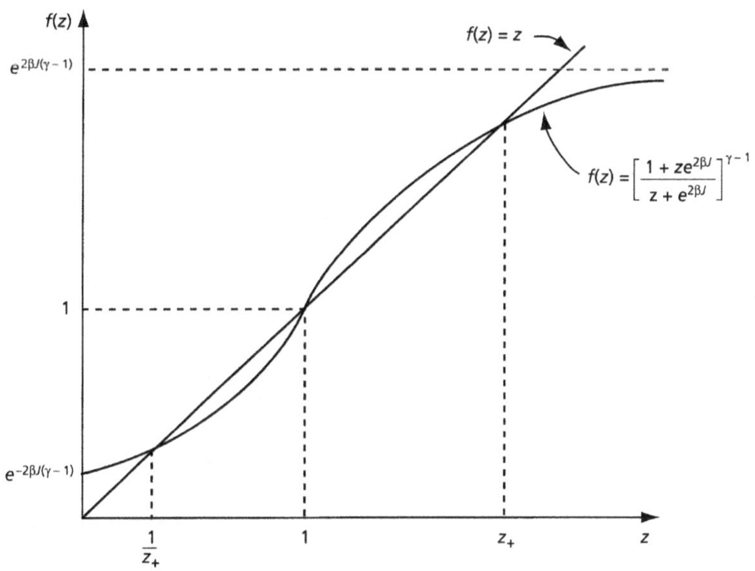

Figure 7.6 Modèle de Bethe.

On a représenté la solution graphique de l'équation 7.41. Les intersections de $f(z)$ et de la droite z donnent les solutions z_+ et $z_- = 1/z_+$ correspondant à des orientations des spins opposées.

Cette équation doit être résolue à l'aide d'une méthode graphique comme celle de Weiss (Fig. 7.6). La courbe représentant la fonction $f(z)$ à une forme en S, son intersection avec la droite z nous donne les solutions de l'équation. À basse température il existe trois intersections correspondant aux racines z_-, $z_0 = 1$ et z_+. La symétrie de la fonction $f(z)$ impose $z_- = 1/z_+$ qui correspond à la même solution mais où l'orientation de tous les spins est inversée. Ces deux solutions n'existent que si la pente de la tangente à la fonction $f(z)$ pour $z = 1$ est supérieure à 1. La pente c de la tangente à $f(z)$ est égale à :

$$c = (\gamma - 1)\left(\frac{t+z}{zt+1}\right)^{\gamma-2} \frac{1-t^2}{(zt+1)^2} \tag{7.42}$$

Pour $z = 1$:

$$c = (\gamma - 1)\frac{1-t^2}{(1+t)^2} \tag{7.43}$$

La température critique T_C correspond à $z = 1$, soit :

$$kT_C = \frac{2J}{\ln(\gamma/(\gamma-2))} \tag{7.44}$$

Ce résultat montre qu'un système à une dimension ($\gamma = 2$) n'a pas de point critique. Pour $T > T_C$ la seule solution correspond à $z = 1$. Il n'y a pas d'ordre à grande distance. À très haute température, la distribution des paires est donnée par $y_1 = y_3 = 1/4$ et $y_2 = 1/4$.

Au voisinage de T_C on peut prendre $z = 1$ et calculer y_1 qui va correspondre à l'ordre à courte distance :

$$y_1 = \frac{E_1}{E_1 + 2E_2 + E_3} = \frac{z^2}{z^2 + 2zt + 1} = \frac{1}{2(t+1)} \tag{7.45}$$

L'ordre à grande distance n'existe pas (l'aimantation macroscopique est nulle) mais il commence à apparaître un ordre local lorsqu'on s'approche de T_C qui est proportionnel à y_1. Pour $z \neq 1$, il faut prendre les solutions graphiques.

Il faut signaler enfin que l'on trouve aussi des situations intermédiaires où les spins sont couplés par une interaction d'échange mais où, cependant, il n'existe pas d'ordre à grande distance : ce sont des **verres de spin**. Les spins sont figés dans des directions aléatoires et l'on a l'équivalent d'un verre moléculaire (Chapitre 5). On peut décrire un tel système à l'aide d'un modèle de type Ising. De tels comportements sont caractéristiques d'alliages métalliques avec une faible concentration d'impuretés magnétiques comme les alliages : $Au_{1-x}\,Fe_x$, $Eu_x\,Sr_{1-x}$ et $Cu_{1-x}\,Mn_x$. Expérimentalement on observe un maximum très net de la susceptibilité et plus étalé de la chaleur spécifique. Un atome magnétique peut être couplé avec ses voisins à la fois par une interaction magnétique et antiferromagnétique, dans ce cas, on dit qu'il y a **frustration**.

7.3.4 Résultats expérimentaux

Les théories des transitions de phases du second ordre permettent d'exprimer les grandeurs thermodynamiques X au voisinage d'un point de transition (appelé **point critique**) à l'aide de lois de forme générale :

$$X \propto \varepsilon^x \tag{7.46}$$

où l'on a posé $\varepsilon = |T - T_C| / T_C$, x s'appelle l'**exposant critique** de la grandeur considérée.

Lorsqu'on peut définir un paramètre d'ordre, comme dans le cas d'une transition ordre/désordre et du magnétisme, l'exposant critique qui lui est associé est désigné par β : $M \propto \varepsilon^{\beta}$ (en l'absence de champ magnétique extérieur).

De même associe-t-on :

- à la susceptibilité magnétique χ_T (et à la compressibilité κ_T pour un fluide) les exposants γ (pour $T > T_C$) et γ' ($T < T_C$) ; $\chi_T \propto \varepsilon^{-\gamma}$;
- à la chaleur spécifique C_H et C_V les exposants α ($T > T_C$) et α' ($T < T_C$), $C_V \propto \varepsilon^{-\alpha}$.

En présence d'un champ magnétique extérieur et sur l'isotherme critique ($\varepsilon = 0$), on a aussi un exposant critique défini par $H \propto M^{\delta}$.

Les modèles de champ moléculaire (du type Weiss ou Bethe) prévoient pour les transitions magnétiques $\beta = 1/2$, $\gamma = 1$, $\delta = 3$ et une discontinuité pour la chaleur spécifique (correspondant à $\alpha = 0$).

La transition magnétique a fait l'objet de très nombreux travaux expérimentaux depuis plus d'un siècle. J. Hopkinson fut le premier à observer, en 1890, la disparition de l'aimantation du fer à température élevée et les premières études systématiques de la transition au voisinage de la température de transition ont été réalisées par Pierre et Jacques Curie à la fin du XIXe siècle. On peut faire des mesures directes de l'aimantation et de la susceptibilité magnétique d'un matériau ou des mesures indirectes. On peut ainsi mesurer l'aimantation d'un système magnétique par RMN (Résonance Magnétique Nucléaire) et la susceptibilité magnétique par diffusion des neutrons ; ceux-ci possèdent un moment magnétique qui peut se coupler à celui du matériau magnétique ; ils sont sensibles aux fluctuations de l'aimantation au voisinage de T_C qui sont reliées directement à κ_T. On peut, de la même façon, faire une expérience de diffusion de la lumière dans des matériaux transparents (MnF_2 qui est antiferromagnétique par exemple).

On s'est aperçu, dans les années 1960, que les prévisions des modèles de champ moléculaire n'étaient plus vérifiées dans les matériaux magnétiques au voisinage immédiat de T_C (on a fait un constat analogue pour les fluides au voisinage du point critique liquide/gaz). L'ensemble des résultats expérimentaux convergent vers les valeurs suivantes des exposants critiques : $\beta = 0{,}36$, $\gamma = 1{,}33$, $\alpha = 0{,}003$, $\delta = 4{,}5$. On trouve des valeurs très voisines pour les exposants critiques dans les fluides au voisinage du point critique liquide/gaz.

On constate ainsi que les écarts par rapport aux prévisions des modèles classiques sont relativement importants. La validité des modèles de champ moléculaire est donc très limitée.

7.4 LA FERROÉLECTRICITÉ

7.4.1 Caractéristiques du phénomène

Dans certains cristaux une polarisation électrique spontanée P apparaît au-dessous d'une température spécifique du matériau. Ce phénomène s'appelle la **ferroélectricité** par analogie avec l'apparition d'une aimantation permanente dans un ferromagnétique.

Un solide ferroélectrique possède, par définition, un moment dipolaire électrique macroscopique permanent en l'absence de champ électrique. À température élevée les dipôles électriques individuels des ions sont orientés de façon aléatoire dans le solide (phase paraélectrique) puis, lorsqu'on abaisse la température, ils subissent une transition à une température appelée aussi température de Curie : en l'absence du champ électrique les dipôles individuels s'orientent dans une direction commune, le solide devient ferroélectrique ; il a subi une transition paraélectrique/ferroélectrique. Pour qu'un matériau puisse être ferroélectrique, il est nécessaire que les centres de gravité des charges électriques positives et négatives soient distincts et donc que le cristal ne possède pas de centre de symétrie.

La transition de phase ferroélectrique/paraélectrique est indifféremment du premier ou du second ordre. L'application d'un champ électrique peut modifier l'ordre de la transition : celle-ci est toujours du premier ordre en présence d'un champ électrique.

Il faut noter l'existence également de matériaux appelés électrets qui sont des substances organiques, en général des cires, qui possèdent un moment dipolaire électrique permanent qui s'est formé lorsqu'on les a solidifiées en présence d'un champ électrique. Les molécules de cire possèdent, en effet, un moment électrique dipolaire que l'on peut orienter par un champ électrique. Cette polarisation peut subsister pendant des années après solidification, mais le système est métastable. On peut aussi obtenir des électrets par implantation d'ions.

Dans certains cristaux, la répartition des charges électriques et la grandeur des dipôles électriques individuels des cellules du réseau sont très sensibles à une variation de température, par exemple un échauffement, et il peut apparaître une polarisation électrique permanente P lors d'une variation de température : c'est la **pyroélectricité**. Tout ferroélectrique est un pyroélectrique mais la réciproque n'est pas vraie (la tourmaline est, par exemple, un pyroélectrique non ferroélectrique).

On peut aussi obtenir une polarisation diélectrique en comprimant un cristal : sous l'effet de l'application d'une contrainte extérieure C, il apparaît une polarisation électrique P. Par ailleurs, l'application d'un champ électrique E engendre une déformation élastique e. C'est le phénomène de la **piézoélectricité**. Celle-ci a été mise en évidence, en 1880, par Pierre et Jacques Curie sur un cristal de quartz. La théorie phénoménologique de la piézoélectricité a été donnée par Voigt. Il existe une relation linéaire entre les grandeurs :

$$P = \varepsilon E + dC \qquad e = dE + LC \tag{7.47}$$

ε est la constante diélectrique, d le coefficient piézoélectrique et L un coefficient d'élasticité.

Il faut souligner que si tous les ferroélectrique sont piézoélectriques, un solide peut être piézoélectrique sans être nécessairement ferroélectrique (c'est le cas du quartz par exemple). C'est l'application d'une contrainte extérieure qui, provoquant le déplacement des centres de gravité des charges électriques, induit une polarisation électrique dans le cristal.

On trouve également une situation analogue à celle rencontrée dans les matériaux magnétiques où chacun des sous-réseaux possède une polarisation électrique, mais de signe opposé : la polarisation macroscopique résultante est nulle. Le solide est **antiferroélectrique**.

Soulignons, pour terminer, qu'il existe une différence essentielle entre le ferroélectricité et le ferromagnétique : le ferromagnétisme a pour origine l'interaction entre des dipôles magnétiques individuels distincts, tandis que l'existence de la polarisation d'un ferroélectrique est un effet inhérent à la structure du cristal tout entière.

7.4.2 Les grandes catégories de ferroélectriques

Il existe deux grandes catégories de matériaux ferroélectriques :

- ceux pour lesquels le changement de phase ferroélectrique/paraélectrique est associé à une **transition ordre/désordre** ;
- ceux pour lesquels la transition est induite par une **transition displacive** (ou déplacive) qui change la structure cristalline.

Le phosphate de potassium di-hydrogéné KH_2PO_4 (KDP) est l'exemple classique d'une ferroélectricité associée à une transition ordre-désordre à une température de 123 K (la transition est dite faiblement du premier ordre car la chaleur latente est très faible). La transition ordre/désordre y est déclenchée par les mouvements des atomes d'hydrogène qui, insérés dans le réseau des tétraèdres PO_4^-, peuvent occuper deux positions d'équilibre au voisinage de chacun des tétraèdres (Fig. 7.7). À haute température, ces deux positions sont occupées avec une probabilité égale : on a un état désordonné sans polarisation. Au-dessous de la température critique T_C les hydrogène se « bloquent » de façon privilégiée sur un site : un ordre apparaît avec une polarisation électrique non nulle.

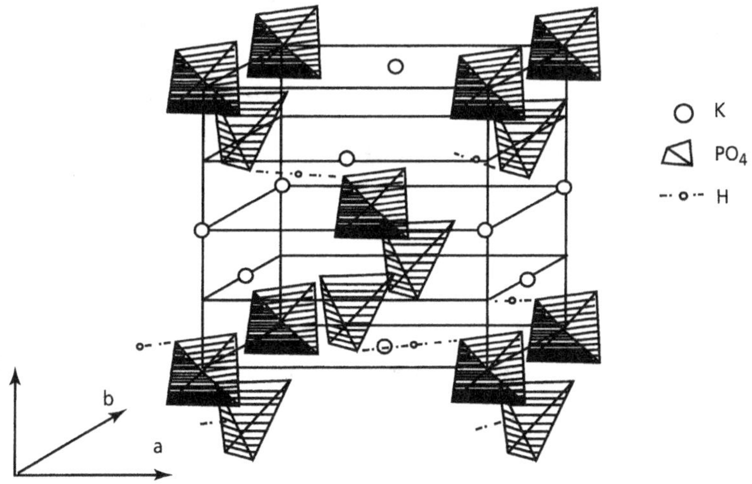

Figure 7.7 Ferroélectrique ordre/désordre.

On a représenté le réseau de KH_2PO_4. La transition paraélectrique /ferroélectrique est déclenchée par des mouvements des atomes d'hydrogène qui peuvent occuper deux positions d'équilibre entre deux tétraèdres voisins.

Les transitions displacives sont caractéristiques des pérovskites, de formule générale ABO_3 (Paragraphe 1.4.1). Ainsi, le titanate de baryum $BaTiO_3$ a une structure pérovskite. Au-dessus de 120 °C, l'ion Ti^{4+} est à la fois au centre du cube dont les sommets sont occupés par les ions Ba^{2+} et d'un octaèdre formé par les ions O^{2-} (Fig. 7.8). Dans cette structure le cristal est paraélectrique car les centres de gravité des charges négatives et positives coïncident. Mais, si l'on abaisse la température, au-dessous d'une température T_C les ions Ti^{4+} vont se déplacer dans une même direction, celle de l'axe z provoquant l'apparition d'une polarisation électrique spontanée P, les ions O^{2-} se déplaçant dans le sens contraire. Le cristal a subi une transition structurale cubique/quadratique à $T_C = 120$ °C (la transition est du premier ordre) associée à une transition paraélectrique/ferroélectrique. Le cristal $BaTiO_3$ subit à plus basse température d'autres transitions structurales mais qui conservent sa propriété d'être ferroélectrique.

On a en fait des transitions displacives plus complexes qui peuvent aussi être associées, dans les pérovskites, à des rotations des oxygènes et des octaèdres associés. C'est le cas dans $SrTiO_3$ mais la transition n'est pas associée à l'apparition de ferroélectricité ($T_C = 99{,}5$ K).

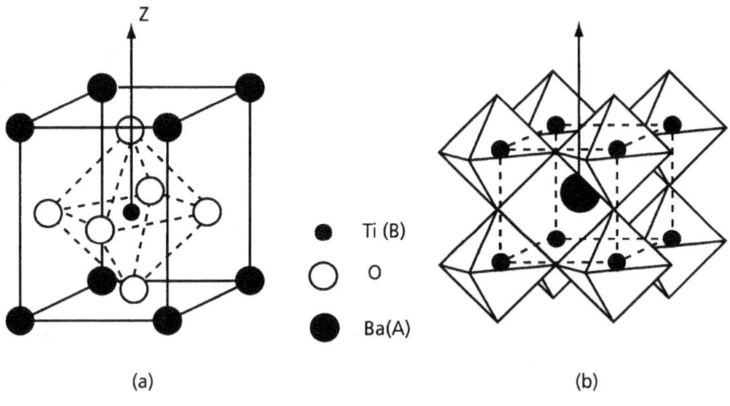

Figure 7.8 Ferroélectrique du type pérovskite.

Ces solides ont la formule générale ABO_3. On a représenté :
a) la cellule unité de $BaTiO_3$;
b) le réseau tridimensionnel des octaèdres BO_6. La transition est déclenchée par le déplacement des ions Ti^{4+} dans la direction z, les ions O^{2-} se déplaçant en sens contraire.

Les températures de transition T_C varient dans une plage relativement large : 760 K pour $KNbO_3$, 271 K pour $CaB_3O_4(OH)_3\ 3H_2O$ (la transition est du second ordre), 123 K pour KH_2PO_4, 794 K pour $NaNbO_3$ et 148 K pour $NH_4H_2PO_4$ qui sont des antiferroélectriques.

Des mesures de potentiel électrique sur des films minces de glace cristalline déposés entre 40 et 150 K sur des surfaces de platine ont mis en évidence l'existence de la ferroélectricité dans la glace.

7.4.3 Les modèles théoriques - Modèle de Landau

Si l'on revient à la situation d'un cristal comme $BaTiO_3$, au voisinage de sa température de transition ($T > T_C$), on a noté que les ions Ti^{4+} se déplaçaient sur une petite distance. À ces déplacements sont associés des modes de vibration, le système vibrant avec une pulsation ω ; ces vibrations sont les modes normaux de vibration du réseau (Paragraphe 2.4.1). Lorsque la température décroît et se rapproche de T_C, on constate que la fréquence d'un certain mode décroît progressivement et s'annule à T_C. On dit que c'est un **mode mou**. L'existence d'un mode mou est caractéristique des transitions structurales. Le carré de la pulsation ω^2 de ce mode (qui est un mode correspondant à des phonons optiques) est proportionnelle à la force de rappel des ions Ti^{4+}, on conçoit que celle-ci s'annule lorsqu'on a une transition de phase, la déformation du réseau due au déplacement des ions devenant permanente.

Dans le cas de la ferroélectricité, qui est associée à une transition ordre/désordre, on doit considérer, nous l'avons vu, que l'ion positif H^+ pouvait occuper deux positions énergétiques équivalentes situées à la distance d du centre de la maille qui possède donc un moment dipolaire local électrique $\pm P$ selon la position de l'ion. L'énergie potentielle a la forme d'un double puits représenté sur la figure 7.9. La polarisation moyenne $<p>$ est donnée par la relation :

$$<p> = \frac{pe^{pE_l/kT} - pe^{-pE_l/kT}}{e^{pE_l/kT} + e^{-pE_l/kT}} \tag{7.48}$$

où E_l est le champ local qui est la somme de deux termes : le champ électrique extérieur E et le champ interne créé par la polarisation $\lambda P/\varepsilon_0$ où ε_0 est la constante diélectrique, P la polarisation et λ une constante de polarisation. Supposant que l'on a N cellules dans le cristal, on a $P = N<p>$.

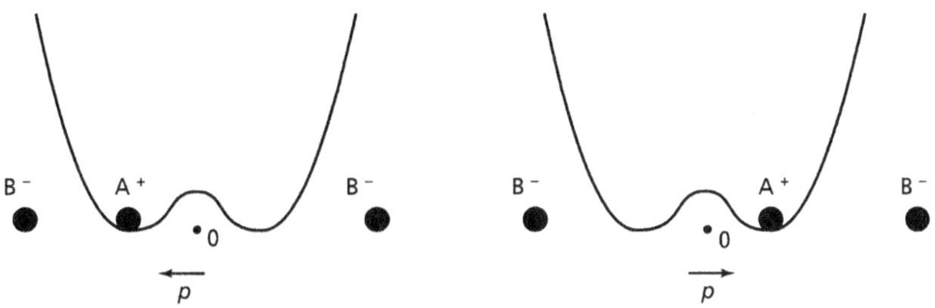

Figure 7.9 Polarisation associée à une transition ordre/désordre.

L'ion positif A^+ (un proton par exemple) peut occuper deux positions d'équilibre entre deux ions voisins B^-. Ils correspondent à une polarisation $\pm$ p à chacune de ces positions.

La polarisation électrique maximum, à saturation, étant $P_S = Np$, on obtient facilement à partir de (7.48) :

$$\frac{P}{P_S} = \tanh x \quad \text{avec} \quad x = \frac{pE}{kT} + \frac{T_C}{T}\frac{P}{P_S} \tag{7.49}$$

ayant posé $kT_C = \lambda Np^2/\varepsilon_0$. Cette équation est encore du type self-consistant et elle est équivalente aux équations trouvées pour la transition ordre/désordre (7.16) ou magnétique (7.26). On peut en trouver une solution numérique en traçant la courbe tanh$x$ en fonction de x et en recherchant son intersection avec la droite représentant :

$$\frac{P}{P_S} = \frac{T}{T_C}x - \frac{pE}{kT_C} \tag{7.50}$$

Pour $E = 0$, $x = 0$ est toujours une solution, c'est la seule lorsque $T > T_C$. Pour $T < T_C$ on a une seconde solution $x \neq 0$ qui donne la polarisation P. Pour $E \neq 0$ il y a toujours une solution (on a un graphique strictement analogue à celui de la figure 7.5). On peut montrer facilement, en effectuant un développement limité au premier ordre au voisinage de T_C que :

$$\frac{P}{P_S} \approx x = \frac{pE}{kT} + \frac{T_C}{T}\frac{P}{P_S} \tag{7.51}$$

Ce qui conduit à :

$$P = \frac{Np^2}{k(T - T_C)}E \tag{7.52}$$

On retrouve une loi de Curie pour la constante diélectrique :

$$\varepsilon = P/E = \frac{C\varepsilon_0}{T - T_C}$$

où $C = Np^2/\varepsilon_0\, k$ est la constante de Curie.

On a observé que l'on pouvait développer en série du paramètre d'ordre (Éq. 7.17) l'énergie libre d'un système obtenue à l'aide d'un modèle de champ moléculaire, soit pour la transition ordre/désordre, soit pour la transition magnétique. Landau, en 1936, puis Tisza, ont généralisé des expressions de ce type. Le modèle de Landau s'applique particulièrement bien à la transition ferroélectrique.

On suppose avec Landau qu'il existe un paramètre d'ordre P pour le système étudié qui est, dans le cas d'un ferroélectrique la polarisation électrique. L'enthalpie libre, en l'absence de champ extérieur E, est une fonction $G(T, p, P)$. Au voisinage du point critique on suppose, et c'est la seconde hypothèse, que l'on peut développer $G(T, p, P)$ en série de Taylor en fonction de P au voisinage de T_C. Pour des raisons de symétrie dans le cas d'un ferroélectrique (mais aussi d'un ferromagnétique et de la transition ordre/désordre) le développement ne contient que des termes pairs en P (aucune des situations $\pm P$ n'est favorisée). On peut alors écrire :

$$G(T, p, P) = G_0 + \frac{1}{2}A(p, T)P^2 + \frac{1}{4}B(p, T)P^4 + \ldots \tag{7.53}$$

G_0 dépend de la contribution des autres degrés de liberté, mais aussi de T et p. Les coefficients A, B... du développement sont des fonctions de p, T mais que l'on supposera, ici, varier faiblement avec p. On peut étudier la variation du potentiel $G(T, p, P)$ en fonction de P en fonction du signe des coefficients A et B dans (7.53). On voit sur la figure 7.1 que les diagrammes a et b correspondent à une transition de phase de second ordre. Pour $T > T_C$ le paramètre d'ordre à l'équilibre qui correspond au minimum du potentiel G est nul, il est non nul pour $T < T_C$ ($\pm P_e$).

On constate que l'on aura une transition de phase correspondant à une variation continue de P pour une température T_C telle que $A(T_C) = 0$. À $T = T_C$ la concavité de la courbe change de signe. La solution $P = 0$ n'est plus stable, elle correspond à un maximum de G. On n'obtient une telle transition que si B est positif. Landau fait le choix simple de prendre $A = a\,(T - T_C\,)$. On supposera que B est constant au voisinage de T_C et l'on prendra $B = b$.

On peut donc récrire (7.53) :

$$G(T, p, P) \;=\; G_0 + \frac{a}{2}(T - T_C)\,P^2 + \frac{b}{4}\,P^4 \tag{7.54}$$

À l'équilibre le paramètre d'ordre est solution de l'équation $(\partial G/\partial P\,) = 0$. On trouve aisément les solutions suivantes :

$$P_e \;=\; 0 \text{ si } T \geq T_C\,,\; P_e \;=\; \pm\left[\frac{a(T_C - T)}{b}\right]^{\frac{1}{2}} \text{ si } T < T_C \tag{7.55}$$

Un calcul simple de l'entropie montre que la chaleur latente est nulle à la transition ce qui est bien la caractéristique d'une transition de phase du second ordre et que l'on a une discontinuité de la chaleur spécifique C_E à T_C (Fig. 7.10 et exercice 7.1).

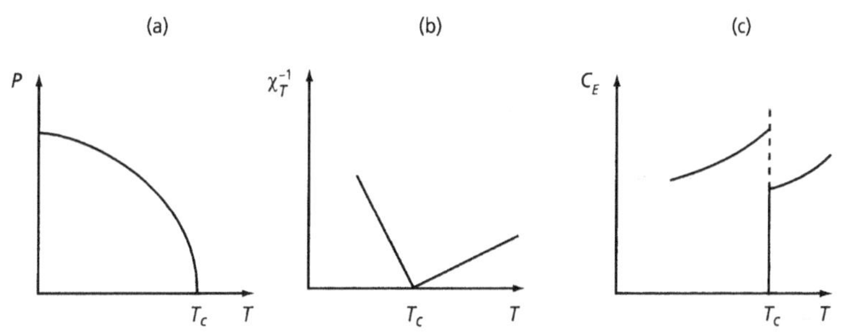

Figure 7.10 Prévisions du modèle de Landau.

Le modèle prévoit les exposants critiques a) $\beta = 1/2$, b) $\gamma = \gamma' = 1$, c) une discontinuité de la chaleur spécifique.

En présence d'un champ électrique extérieur E, le potentiel thermodynamique doit s'écrire $\psi = \mathrm{G} - \mathrm{EP}$ où G est donné par le développement de Landau (7.54). On définit la constante diélectrique ε_T par $1/\varepsilon_T = (\partial E/\partial P)_\mathrm{T}$. À l'équilibre la polarisation électrique P obéit à l'équation avec $E = 0$, on a donc, à partir de (7.54) et de (7.55) :

$$\varepsilon_T^{-1} \;=\; a(T - T_C) \text{ si } T \geq T_C\,, \qquad \varepsilon_T^{-1} \;=\; 2a(T_C - T) \text{ si } T \leq T_C \tag{7.56}$$

On retrouve bien une loi de Curie avec ce modèle.

Le modèle de Landau est de fait un modèle de champ moléculaire, puisqu'on peut obtenir un développement limité de G ou F du type (7.54) à partir des expressions de F calculées dans le cadre des modèles de Bragg-Williams et d'Ising.

Dans le cas des ferroélectriques, les résultats des mesures de paramètre d'ordre P, de la constante diélectrique ε et de la chaleur spécifique C_E sont compatibles avec les prévisions de ces modèles. On trouve bien ainsi des exposants critiques $\beta = 1/2$ et $\gamma = 1$ par l'expérience jusqu'à des valeurs $|T - T_C|/T_C$ de l'ordre $10^{-3} - 10^{-4}$. On trouve également une discontinuité de la chaleur spécifique.

7.5 LA SUPRACONDUCTIVITÉ

7.5.1 Un phénomène complexe

La supraconductivité est un phénomène qui se traduit par l'apparition dans un solide conducteur de l'électricité d'un nouvel état où la résistivité électrique s'annule (de façon équivalente la conductivité devient infinie) à une température T_C. Le phénomène a été découvert par Kamerlingh Onnes, en 1911, sur le mercure (la température de transition est de 4,15 K). Il a été mis en évidence ensuite sur un certain nombre de métaux comme l'aluminium puis des alliages à des températures très basses. $T_C = 15$ K pour Nb_3Sn et 23,2 K pour Nb_3Ge. La découverte de la supraconductivité sur des oxydes de cuivre du type Ba-La-Cu-O par Bednorz et Müller en 1986 a ouvert une nouvelle étape dans l'étude de ce phénomène (la température de transition est de 32 K). Très rapidement on a découvert la supraconductivité sur d'autres phases, des composés du type $YBa_2Cu_3O_{7-x}$ ($T_C = 91$ K), x étant un écart par rapport à la stoechiométrie, et des familles analogues.

Outre l'existence d'une résistivité électrique nulle, le supraconducteur est caractérisé par des propriétés magnétiques spécifiques : placé dans un champ magnétique, il se comporte comme un diamagnétique parfait, l'induction magnétique $\boldsymbol{B}$ est nulle à l'intérieur du solide dans l'état supraconducteur. Cette propriété est l'**effet Meissner** (Fig. 7.11).

Tout se passe comme si on avait une aimantation $\boldsymbol{M}$ dans le matériau supraconducteur telle que :

$$\boldsymbol{B} = \mu_0(\boldsymbol{H} + \boldsymbol{M}) \tag{7.57}$$

On constate également qu'un champ magnétique $\boldsymbol{H}$ peut détruire la supraconductivité s'il est supérieur à une valeur critique $\boldsymbol{H}_C$ qui est une fonction de la température. L'effet Meissner conduit à distinguer deux types de supraconducteurs :

- Les supraconducteurs de **première espèce ou de type I** : $\boldsymbol{B}$ est strictement nulle dans le solide pour $\boldsymbol{H} < \boldsymbol{H}_C(T)$. Si $\boldsymbol{H} > \boldsymbol{H}_C(T)$, le matériau cesse d'être supraconducteur, $\boldsymbol{B}$ y pénètre (Fig. 7.11).
- Dans les supraconducteurs de **deuxième espèce ou de type II** on a une structure hybride : a) pour $\boldsymbol{H} < \boldsymbol{H}_{C1}(T)$, $\boldsymbol{B} = 0$ et on a l'effet Meissner strict ; b) pour $\boldsymbol{H}_{C1}(T) < \boldsymbol{H} < \boldsymbol{H}_{C2}(T)$, le supraconducteur est dans un état mixte, l'induction n'y pénètre que partiellement sous forme de tubes de flux quantifiés, on a donc un état supraconducteur partiel c) si $\boldsymbol{H} > \boldsymbol{H}_{C2}$, l'état supraconducteur disparaît complètement (Fig. 7.12).

La valeur des champs magnétiques critiques dépend de la matière du matériau supraconducteur. En général $\boldsymbol{H}_C$ est relativement bas pour des supraconducteurs de type I (correspondant à des inductions toujours inférieures à 0,1 Tesla pour des éléments comme V, Pb, Hg, In, Ti, etc.). Ceci constitue un handicap sérieux pour leur utilisation

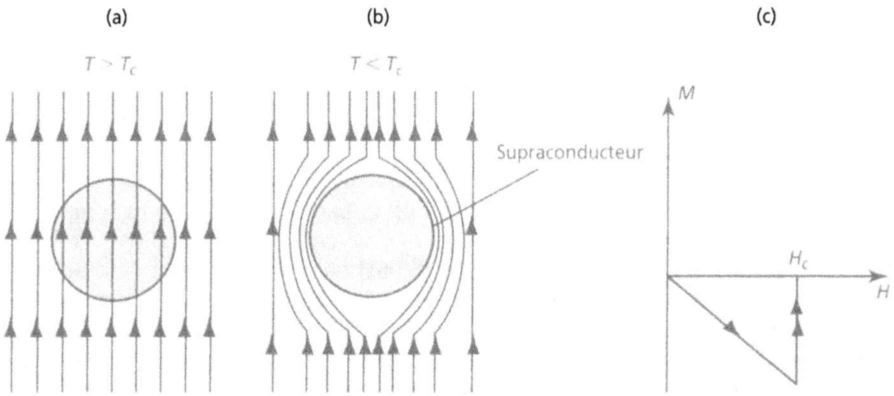

Figure 7.11 Supraconducteur de type I.

a) $T > T_C$ le solide est un conducteur normal, les lignes de flux y pénètrent.
b) Dans l'état supraconducteur ($T < T_C$) les lignes de flux ne pénètrent pas $B = 0$ dans le solide.
c) Si $H > H_C$, le solide cesse d'être supraconducteur.

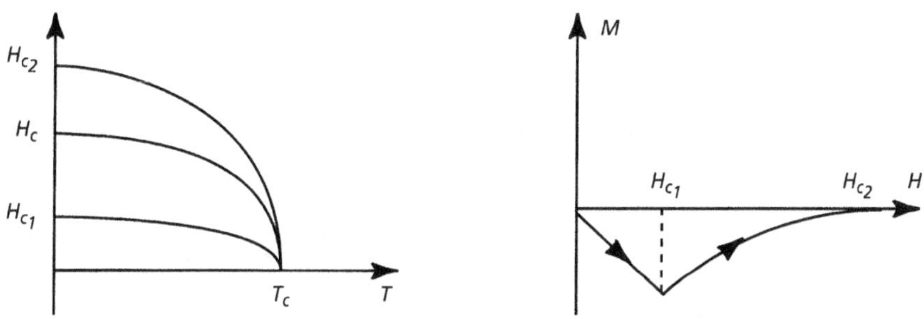

Figure 7.12 Supraconducteur de type II.

a) Si $H < H_{C1}(T)$, $B = 0$ dans le supraconducteur, on a une situation analogue à celle de la figure 7.11b.
b) Pour $H_{C1}(T) < H < H_{C2}(T)$ les lignes de flux ne pénètrent que partiellement.
c) Si $H > H_{C2}(T)$, le solide n'est plus supraconducteur.

pratique. En revanche, les champs critiques $\boldsymbol{H_{C2}}$ sont beaucoup plus élevés pour les supraconducteurs de type II (ils atteignent 25 T pour Nb_3Sn) qui sont, le plus souvent, des alliages métalliques. La transition état normal/état supraconducteur, ou supraconductrice, est du **second ordre**.

On peut aussi introduire une densité de courant critique J_C, c'est celle qui crée à la surface d'un fil supraconducteur, un champ magnétique égal au champ magnétique critique H_C. Les courants de densité supérieure à J_C détruisent l'état supraconducteur. Certaines applications technologiques requièrent des J_C élevés.

7.5.2 Les modèles théoriques

La première théorie pour décrire l'état supraconducteur a été proposée par London en 1935. De nature phénoménologique, elle consistait à ajouter une équation aux équations de Maxwell donnant la relation entre la densité de courant supraconducteur et le champ magnétique.

Landau et Ginzburg ont proposé, en 1950, une équation pour l'énergie libre en introduisant un paramètre d'ordre qui permettait de donner une description complète du phénomène en fonction de la température. Si n_S désigne le nombre d'électrons dans un état supraconducteur, n_S est associé à une fonction d'onde effective Ψ telle que $|\Psi|^2 = n_S$. Utilisant un développement en série de Taylor pour F_S analogue à (7.54) mais en introduisant un terme d'énergie qui tient compte de l'hétérogénéité du paramètre d'ordre dans le système (analogue au terme introduit par van der Waals dans la théorie de la capillarité et à celui que l'on trouve dans le modèle de la décomposition spinodale, Éq. 2.60) on a alors :

$$F_S = F_N + \frac{1}{2}\int_V \left[\alpha(T - T_C)|\psi|^2 + \frac{\beta}{2}|\psi|^4 + \gamma|\nabla\psi|^2\right]\mathrm{d}\boldsymbol{r} \qquad (7.58)$$

F_N correspond à l'énergie libre de la partie normale du solide.

En l'absence de champ magnétique extérieur et pour un supraconducteur homogène (7.58) se récrit :

$$F_S = F_N + V\left[\frac{\alpha(T - T_C)}{2}|\psi|^2 + \frac{\beta}{4}|\psi|^4\right] \qquad (7.59)$$

T_C est la température de transition état normal/état supraconducteur. α et β sont deux paramètres qu'on suppose indépendants de T.

À l'équilibre on retrouve les résultats classique du modèle de Landau :

$$|\psi|^2 = (T_C - T)\frac{\alpha}{\beta} \text{ si } T < T_C, \; |\psi|^2 = 0 \text{ si } T > T_C \qquad (7.60)$$

Reprenant l'équation (7.58), on peut montrer (à partir de l'équation de Schrödinger) que $\gamma = h^2/8\pi^2 m$ où m est la masse de l'électron et h la constante de Planck, et écrire la condition $(\partial F/\partial\psi) = 0$ qui est une dérivée fonctionnelle. La fonction $\Psi(r)$ varie dans l'espace. On a alors :

$$\alpha(T - T_C)|\psi| + \beta|\psi|^3 - \frac{h^2}{8\pi^2 m}\nabla^2\psi = 0 \qquad (7.61)$$

où l'on a imposé la condition $\boldsymbol{n}.\nabla\Psi = 0$ qui assure qu'il n'y a pas de flux de courant à travers la surface.

Prenant pour simplifier une fonction Ψ variant dans une seule direction z, (7.61) devient :

$$-\frac{h^2}{8\pi^2 m}\frac{1}{\alpha(T - T_C)}\frac{\mathrm{d}^2\psi}{\mathrm{d}z^2} + |\psi| + \frac{\beta}{\alpha(T - T_C)}|\psi|^3 = 0 \qquad (7.62)$$

Le coefficient du premier terme doit avoir les dimensions du carré d'une longueur $\xi^2(T)$. $\xi(T)$ est la **longueur de cohérence** de Landau-Ginzburg :

$$\xi(T) = \left(\frac{h^2}{8\pi^2 m\alpha T_C}\right)^{\frac{1}{2}}\left(\frac{T_C}{|T_C - T|}\right)^{\frac{1}{2}} = \xi(0)\left(\frac{T_C}{|T_C - T|}\right)^{\frac{1}{2}} \qquad (7.63)$$

La longueur de cohérence diverge à T_C. Pour $T > T_C$, $\xi(T)$ correspond à la longueur, ou à la distance, sur laquelle le paramètre d'ordre existe dans le matériau ; pour $T < T_C$, ξ est la distance sur laquelle on a une variation du paramètre d'ordre par rapport à sa valeur d'équilibre.

On pourrait calculer de la même façon une épaisseur de pénétration δ d'un champ extérieur dans un supraconducteur : tous les courants et les champs magnétiques extérieurs sont expulsés du solide, excepté dans une couche mince d'épaisseur δ au voisinage de la surface. Pour les supraconducteurs de type I on a $\delta < \xi$.

Le modèle de Landau-Ginzburg donne une bonne description du comportement d'un supraconducteur, en particulier dans ses aspects magnétiques.

En 1957, Bardeen, Cooper et Schrieffer ont donné une théorie microscopique de la supraconductivité, dite de BCS, qui est fondée sur l'hypothèse de l'existence dans l'état supraconducteur de paires d'électrons. Ces électrons appariés de spins opposés constituent des **paires de Cooper**. La théorie de BCS suppose qu'il existe une interaction attractive entre les électrons de conduction du solide qui compense la force de répulsion de Coulomb. Cette interaction est indirecte car elle transite par le réseau : un électron interagit avec le réseau et le déforme et un second électron est couplé au premier via cette déformation (on dit qu'il s'agit d'une interaction électron-phonon). Les paires de Cooper se déplacent dans le réseau cristallin sans échanges d'énergie avec les ions du réseau : la résistivité s'annule dans la phase supraconductrice. On peut penser que plus l'interaction électron-réseau est forte, plus le matériau a des chances d'être supraconducteur. Ceci explique que des métaux qui sont de bons conducteurs électriques (comme Cu et Ag) ne sont pas supraconducteurs alors que Pb et Sn le sont. Par ailleurs, on peut penser qu'à haute température, l'amplitude de vibration des ions du réseau est forte et qu'elle ne permet pas au couplage électron-réseau de s'effectuer et donc la création de paires de Cooper. Ceci peut expliquer que, si l'on excepte les nouveaux supraconducteurs à base d'oxydes de Cuivre, la supraconductivité se manifeste à basse température. Dans le cadre du modèle de BCS, on peut calculer la température critique T_C :

$$T_C = 1,14\Theta_D \exp\left[-\frac{1}{UD(\varepsilon_F)}\right]^{\frac{1}{2}} \qquad (7.64)$$

Θ_D est la température de Debye, U l'énergie d'interaction et $D(\varepsilon_F)$ la densité d'état des électrons au niveau de Fermi. T_C dépend par Θ_D de la masse isotopique du supraconducteur, un résultat vérifié expérimentalement. On retrouve également une longueur de cohérence $\xi(T)$ qui a la même forme que (7.63), mais on montre aussi que l'énergie d'une paire de Cooper et celle de deux électrons non-appariés sont séparées par un écart $\Delta(T)$ (*gap* en anglais) qui est une fonction de la température qui s'annule à T_C. Le gap $\Delta(T)$ varie comme le paramètre d'ordre pour $T < T_C$ il est nul pour $T > T_C$:

$$\Delta(T) \propto (T_C - T)^{\frac{1}{2}} \qquad (7.65)$$

Les nouveaux supraconducteurs du type YBaCuO ont l'avantage de posséder une température de transition relativement élevée (elle est supérieure à la température d'ébullition de l'azote liquide 77 K). Des composés supraconducteurs du type BiSrCaCuO et TlSrCaCuO ont été synthétisés avec des températures critiques voisines de 125 K. Le « record » pour T_C à l'heure actuelle, a été obtenu pour un oxyde de cuivre avec des atomes de Ba, Hg, Ca (T_C = 134 K à la pression athmosphérique). À très haute pression, T_C peut s'élever jusqu'à 164 K. Ces matériaux dits **supraconducteurs à haute température** sont du type II et ils ont une structure cristallographique particulière : des structures planes CuO alternent avec des couches où sont insérés des atomes comme Ba et Y (Fig. 7.13). La situation est beaucoup plus complexe dans ce type de matériaux et il n'est pas encore certain que le modèle de BCS soit pertinent pour expliquer l'existence de l'état supraconducteur. Les plans Cu_2O développent des corrélations antiferromagnétiques locales, et il existe donc dans ce type de matériaux une compétition entre un ordre magnétique et la supraconductivité qu'il est essentiel de comprendre pour expliquer de façon satisfaisante le mécanisme de couplage des électrons (et donc de la formation d'éventuelles paires de Cooper) et ainsi la transition supraconductrice.

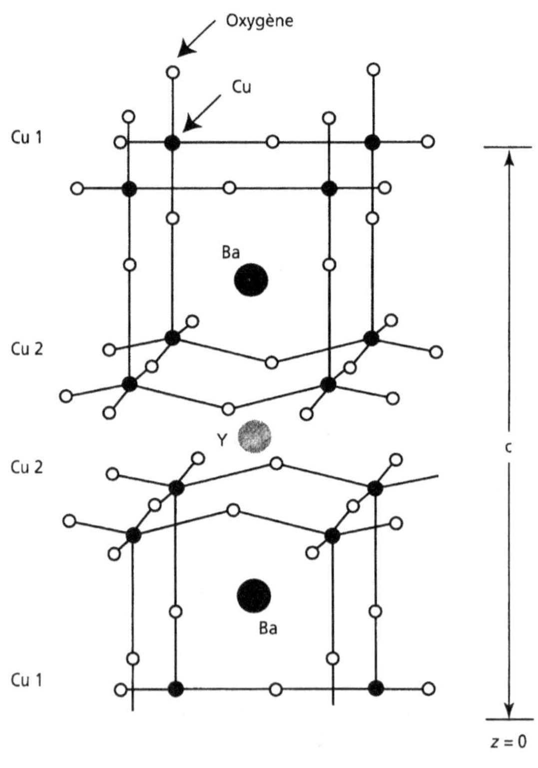

Figure 7.13 Structure cristalline d'un supraconducteur YBaCuO.

Les structure planes CuO jouent un rôle essentiel dans la propriété de supraconductivité de ces oxydes de cuivre (d'après Ourmazd *et col.* Nature, 327, p. 309, 1987, copyright Macmillan Magazines Limited).

Il faut noter enfin que la supraconductivité a été mise en évidence dans des composés du fullerène du type K_3C_{60} (T_C = 18 K).

Dans les supraconducteurs de type II le rôle des lignes de flux qui pénètrent le matériau semble important, en particulier dans les supraconducteurs à haute température. Nous aborderons ce problème dans le chapitre 9 (Paragraphe 9.2.5).

La supraconductivité a été mise en évidence dans de nouveaux composés. Ainsi, on a découvert, en 2001, que le diborure de magnésium MgB_2 était supraconducteur au-dessous de 39 K. Ce composé métallique est un supra-conducteur de type II, avec une densité de courant critique J_C relativement élevée (30 000 Acm^{-2} à 25 K dans 1 tesla), ce qui est intéressant pour des applications technologiques éventuelles. Presque simultanément, on a mis en évidence que le bore lui-même passait à l'état supraconducteur à la pression de 160 GPa avec T_C = 6 K. Des composés de type fullerène peuvent aussi passer à l'état supraconducteur. Ainsi, K_3C_{60} est-il supraconducteur avec T_C = 18 K. En dopant un réseau cristallin de C_{60} avec des molécules de tribromo-méthane, on a observé, en 2001, la supraconductivité de ce composé avec T_C = 117 K. On a également mis en évidence la supraconductivité dans des nanotube de carbone. L'origine de la supraconductivité dans ces composés non conventionnels n'est pas encore clairement expliquée.

7.6 UNIVERSALITÉ DES PHÉNOMÈNES CRITIQUES

7.6.1 Exposants critiques et lois d'échelle

Les théories des changements de phases, comme les modèles de van der Waals pour les fluides, de Bragg-Williams pour la transition ordre/désordre, de Weiss pour le magnétisme et la théorie générale de Landau sont des théories dites de champ moléculaire. On a remarqué que les exposants critiques (définis par exemple par 7.46) prévus par ces théories qui sont valables, bien sûr, pour des transitions du second ordre, sont identiques alors qu'ils mettent en jeu des états physiques différents. On trouve ainsi : $\beta = 1/2$ pour l'exposant critique du paramètre d'ordre que celui-ci soit l'aimantation, la polarisation électrique ou la grandeur $(\rho - \rho_C)/\rho_C$ dans un fluide au voisinage du point critique, $\gamma = 1$ pour l'exposant critique de la susceptibilité généralisée. Les forces d'interaction mises en jeu dans des systèmes physiques qui sont très différents ne sont évidemment pas de même nature mais les phénomènes critiques, c'est-à-dire le comportement des grandeurs physiques au voisinage d'un point critique, n'en n'ont pas moins un caractère d'universalité. Celui-ci s'explique par le mode de traitement théorique qui est appliqué : on remplace dans tous les systèmes considérés les interactions entre particules (atomes, molécules, ions, spins) par un champ moyen agissant localement sur chaque particule. Ceci distingue les transitions de phases du second ordre de celles du premier ordre qui ne présentent pas ce caractère d'universalité : lorsqu'on peut définir un exposant pour certaines grandeurs, comme le paramètre d'ordre (les cristaux liquides par exemple), ils sont très différents d'un système physique à l'autre.

La situation expérimentale est un peu moins claire, même si l'on observe encore que les valeurs des exposants trouvées expérimentalement pour des systèmes très différents sont très proches, voire identiques. Ainsi, l'exposant β est-il égal à 0,33 pour les transitions ferromagnétique/paramagnétique, Hélium état normal / état superfluide et liquide/gaz au voisinage du point critique. L'universalité est encore vérifiée mais avec des valeurs des exposants critiques différentes de celles prévues par les théories de champ moléculaire.

En fait, on constate que les théories de champ moléculaire donnent des résultats satisfaisants lorsque la température T est relativement éloignée de T_C, à l'exception toutefois des ferroélectriques et des supraconducteurs où elle reste valable jusqu'au voisinage immédiat de T_C. Le principal défaut des théories de champ moléculaire est d'occulter tous les effets de fluctuation sur les grandeurs macroscopiques et de ne pas tenir compte de l'existence d'un ordre à courte distance dans le matériau. Ainsi, dans un système magnétique, observe-t-on que la contribution magnétique à la chaleur spécifique C_H ne s'annule pas strictement à T_C, contrairement aux prévisions du modèle de Weiss (Fig. 7.14).

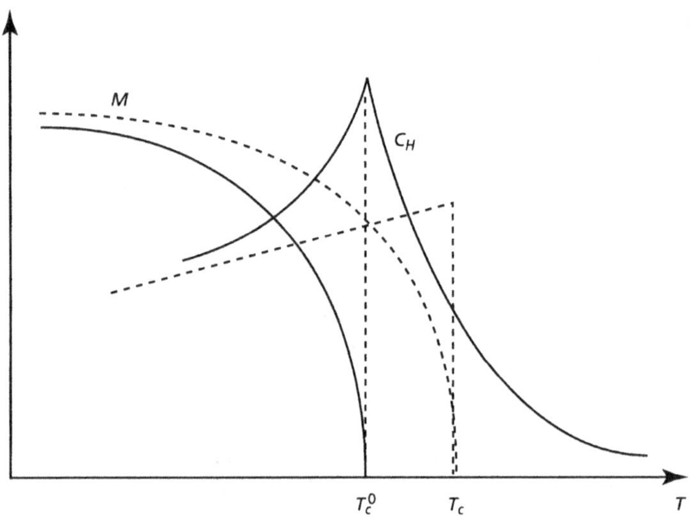

Figure 7.14 Incidences des fluctuations.

Les courbes en pointillés représentent les prévisions des théories de champ moléculaire pour l'aimantation M et la chaleur spécifique C_H, celles en traits pleins correspondraient aux résultats expérimentaux. C_H ne s'annule pas strictement à T_C°, il subsiste un ordre à courte distance pour $T > T_C$°.

L'interaction magnétique a une longueur de cohérence ξ qui permet de conserver une aimantation locale non nulle pour $T = T_C + \delta T$ $(\delta T > 0)$ et $\xi \to \infty$ lorsque $T \to T_C$, comme on l'a montré avec le modèle de Landau-Ginzburg qui tient compte, par construction, de ces fluctuations locales du paramètre d'ordre.

Le modèle de Landau traduisait bien cette universalité des phénomènes, puisqu'il supposait l'existence d'une forme unique pour le potentiel (on retrouve cette universalité avec la loi des **états correspondants** dans les fluides), mais il ne rend compte que très imparfaitement de la réalité. C'est ce constat qui a conduit les physiciens à chercher d'autres modèles pour rendre compte des phénomènes.

L'hypothèse qui a permis de progresser a été formulée par Domb, Kadanoff et Widom : ils ont supposé que, près d'un point critique, les grandeurs thermodynamiques obéissent à des **lois d'échelle**. Si l'on revient, par exemple, à l'équation (7.27), le paramètre d'ordre $<\sigma>$ est donné par l'expression :

$$\frac{1}{2}\log\frac{1+<\sigma>}{1-<\sigma>}-\frac{T_C}{T}<\sigma> = \frac{\mu_0 H}{kT} \tag{7.66}$$

Cette expression est l'équation d'état pour le système magnétique. En développant en série (7.66) et posant $\varepsilon = T - T_C/T_C$, $x = \mu_0 H/kT$ on a :

$$<\sigma>\varepsilon+\frac{<\sigma>^3}{3} = x \tag{7.67}$$

Cette équation a une **propriété d'échelle** par rapport à $<\sigma>$, ε et x car si l'on remplace ces grandeurs par $<\sigma>' = \lambda<\sigma>$, $\lambda^2\varepsilon = \varepsilon'$, $\lambda^3 x = x'$, on constate que (7.67) garde la même forme et s'écrit :

$$<\sigma>'\varepsilon'+\frac{<\sigma>'^3}{3} = x' \tag{7.68}$$

L'équation d'état est invariante par un changement d'échelle approprié. Cette propriété est généralisable à tous les systèmes physiques au voisinage d'une transition du second ordre. Elle est encore une manifestation du caractère d'universalité de ces transitions. Il faut rappeler que l'on trouve aussi des lois d'échelle en mécanique des fluides.

De façon générale, on admet qu'au voisinage d'une transition critique les potentiels thermodynamiques, G par exemple, peuvent se mettre sous la forme de la somme de deux termes : une partie G_S qui a une singularité à T_C et une autre qui n'en a aucune. Il faut rappeler que près du point critique, il apparaît un ordre à courte distance (la longueur de cohérence ξ (T) définie précédemment diverge à T_C) qui se traduit par l'existence de cette singularité dans G_S. On généralise donc la propriété d'échelle de (7.68) au potentiel G_S qui, en présence d'un champ extérieur $\boldsymbol{H}$, est une fonction de ε et $\boldsymbol{H}$:

$$\lambda\, G(\varepsilon, H) = G(\lambda^n\varepsilon, \lambda^m H) \tag{7.69}$$

G étant, par définition, une fonction homogène du premier degré par rapport aux variables, n et m sont deux nombres entiers.

Avec cette hypothèse, on peut calculer aisément tous les exposants critiques du système en fonction de n et m (Exercice 7.4). On montre ainsi que :

$$\beta = \frac{1-m}{n},\ \delta = \frac{m}{1-m},\ \gamma = \gamma' = \frac{2m-1}{n},\ \alpha = \alpha' = 2-\frac{1}{n} \tag{7.70}$$

Éliminant m et n entre ces relations, on obtient de nouvelles égalités entre les exposants critiques :

$$\alpha+2\beta+\gamma = 2 \text{ (Rushbrooke)},\ \alpha+\beta(\delta+1) = 2 \text{ (Griffiths)}$$
$$\gamma = \beta(\delta-1) \text{ (Widom)} \tag{7.71}$$

7.6.2 Théorie du groupe de renormalisation

Les considérations précédentes peuvent se résumer de la façon suivante : lorsqu'on s'approche d'un point critique, les fluctuations du paramètre d'ordre de grande longueur d'onde tendent à dominer les propriétés du système dans la région critique, et celles-ci peuvent se rapporter à une échelle qui est, schématiquement, celle de la portée de ces fluctuations. Toutes ces grandeurs obéissent à une loi d'échelle qui permet d'établir des relations du type 7.71 entre les exposants critiques. Une autre conséquence de ce constat est que les valeurs des exposants ne vont pas dépendre de la structure atomique détaillée du système mais vont être déterminées par les fluctuations à longue portée. Ceci est l'hypothèse de base de la théorie dite du **groupe de renormalisation**.

Kadanoff a émis l'hypothèse fondamentale que l'effet des fluctuations du paramètre d'ordre, au voisinage du point critique, ne sera pas modifié si l'on change l'échelle d'observation du phénomène, à condition de prendre une échelle plus grande que la distance entre les sites du réseau et inférieure à sa taille. Sur cette base, Wilson a introduit, en 1970, une technique de calcul dite du groupe de renormalisation, empruntée à la physique des particules, qui permet de calculer les exposants critiques. Nous ne donnerons ici que le principe de calcul, reportant en annexe les détails plus complets.

Si l'on reprend l'exemple du ferromagnétisme, l'Hamiltonien d'Ising qui représente l'énergie du système s'écrit :

$$\mathcal{H}_0 = -J_0 \sum_{i,j} \sigma_i \sigma_j - \mu_0 H_0 \sum_i \sigma_i \tag{7.72}$$

σ_i et σ_j sont les opérateurs de spin et H_0 le champ extérieur, J étant la constante de couplage. La première sommation est prise sur les plus proches voisins, la seconde sommation est prise sur tous les spins. Le principe de la méthode consiste à découpler, dans le calcul de l'énergie libre $F = F_S + F_R$, la partie singulière d'origine magnétique F_S qui a un comportement critique à T_C et F_R la partie régulière qui n'a aucune anomalie et qui correspond aux autres degrés de liberté d'énergie. On a :

$$e^{-F/kT} = \left[\sum_{(\Omega_0)} e^{-\beta\mathcal{H}_0}\right] \cdot e^{-F_R/kT} \tag{7.73}$$

(Ω_0) désigne toutes les complexions d'origine magnétique. On va ensuite procéder en appliquant l'hypothèse de Kadanoff : si l'on prend, par exemple, un système à deux dimensions dans la sommation Σ_{ij} de (7.72), on ne prendra en considération qu'un spin sur deux (les points en caractère gras sur la figure 7.15). Il faut alors recalculer les variables réduites J_0/kT et $\mu_0 H_0/kT$ et l'on obtient un nouvel Hamiltonien effectif avec une nouvelle partie régulière F_{R1}.

$$e^{-F/kT} = \left[\sum_{(\Omega_1)} e^{-\beta\mathcal{H}_1}\right] \cdot e^{-F_{R1}/kT} \tag{7.74}$$

(Ω_1) représente les nouvelles complexions.

On peut itérer ce processus en doublant l'échelle à chaque fois : c'est l'opération de renormalisation des variables. On conçoit que le point critique sera un point limite ou point fixe pour lequel aucun changement d'échelle ne modifiera l'Hamiltonien effectif ce qui permet de le définir. On retrouve alors une loi d'échelle pour le potentiel thermodynamique du type (7.69).

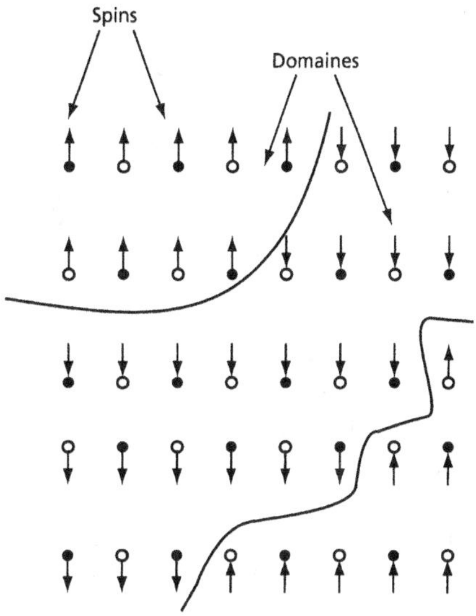

Figure 7.15 Groupe de renormalisation.

Chaque site i porte un spin associé à un moment magnétique. Au lieu de sommer sur tous les sites i dans (7.72) on ne fera la sommation que sur un site sur deux : c'est le principe de la théorie du groupe de renormalisation. On procède ensuite par itération.

On peut alors montrer que tous les exposants critiques du système peuvent se calculer à l'aide de développements limités en fonction des paramètres $y = 4 - d$ et $1/n$, où d est la **dimension du système** ($d = 3$ par exemple pour la plupart des systèmes) et n celle **du paramètre d'ordre** ($d = 2$ pour le modèle d'Ising).

La théorie de Wilson permet de calculer tous les exposants critiques en fonction de d et de n en utilisant différentes formes réalistes pour l'Hamiltonien. Les prévisions qu'elle donne (tableau 7.1) sont en très bon accord avec l'expérience et c'est donc une théorie à caractère universel.

TABLEAU 7.1 EXPOSANTS CRITIQUES PRÉVUS PAR LA THÉORIE DU GROUPE DE RENORMALISATION.

Exposants	α, α'	β	γ, γ'	δ
Théorie de champ moyen	0	0,5	1	3
Modèle d'Ising d = 2	0	1/8	7/4	15
Modèle d'Ising d = 3	0,12	0,31	1,25	5
Modèle d'Heisenberg d = 3	- 0,07	0,35	1,4	

7.7 APPLICATIONS TECHNOLOGIQUES

Les applications technologiques des phénomènes de transitions de phases dans les solides sont extrêmement nombreuses. Nous laisserons de côté ici toutes celle qui concernent directement la métallurgie et qui mettent en jeu la solidification ou des transitions solide/solide du type de celles que l'on rencontre avec les aciers martensitiques et que nous avons déjà abordées. Nous nous contenterons de donner un bref aperçu des perspectives ouvertes par de nouveaux matériaux.

Commençons d'abord par le magnétisme dont les applications technologiques sont connues depuis fort longtemps (la première étant la boussole inventée par les Chinois). Les usages de matériaux magnétiques en électrotechnique sont classiques, ils se sont étendus depuis une vingtaine d'années à l'imagerie par RMN (Résonance Magnétique Nucléaire) où l'on a besoin de champs magnétiques élevés. On a, schématiquement, deux types de matériaux magnétiques : – les magnétiques doux pour lesquels le champ coercitif nécessaire pour annuler l'induction dans le matériaux est faible et le cycle d'hystérésis étroit ; – les magnétiques durs qui ont des cycles d'hystérésis larges associés à un fort champ coercitif et une grande aimantation rémanente.

Des alliages du type Fe-Ni, appelés Permaloys, sont des magnétiques doux. Les matériaux magnétiques durs sont utilisés dans les aimants permanents, ce sont souvent des alliages de Fe, Co, Ni, Al (avec des ajouts de Cu, Nb, Ti). Ils sont formés par décomposition spinodale d'une phase magnétique forte (FeCo) et d'une phase faiblement magnétique (NiAl). D'autres types d'alliages magnétiques nouveaux ont également été mis au point, en particulier des alliages cobalt-terre rare, du type $SmCo_5$, ils sont utilisés dans des circuits miniaturisés. Les traitements thermiques pour réaliser tous ces alliages magnétiques jouent un rôle essentiel (on souhaite obtenir une taille uniforme des grains).

Des matériaux magnétiques nouveaux ont été élaborés ces dernières années, en particulier des alliages magnétiques amorphes du type $Fe_{80}B_{20}$, $Fe_{40}Ni_{40}B_{20}$, etc. La teneur en métalloïde est comprise entre 15 et 25 %. Ces alliages mis en général sous la forme de films minces et de rubans ont des champs coercitifs faibles et ils sont utilisés dans des dispositifs à faible puissance, notamment les systèmes d'enregistrement du son et de l'image. Ce sont des matériaux employés dans les disques DVD.

Les matériaux magnétiques possèdent la propriété de **magnétostriction** : ils peuvent changer de longueur en s'aimantant (on a un couplage entre énergie élastique et énergie magnétique).

L'aimantation provoque une distorsion du réseau. La magnétostriction est mise en œuvre dans des dispositifs pour la détection de déformations et les transconducteurs (pour transmettre des efforts). L'alliage $TbO_{0,3}Dy_{0,7}Fe_2$ est un exemple de matériau magnétostrictif. Plus récemment, on a mis au point des matériaux **magnétorésistifs** au sein desquels il existe un couplage non linéaire entre la résistance électrique et le champ magnétique. Cet effet peut être très important et conduire à une magnétorésistance géante comme, par exemple, dans des oxydes de métaux de transition du type $La_{1-x}Mn_{1-x}O_3$ qui est un ferromagnétique conducteur. Ces matériaux sont utilisés, en particulier, dans les dispositifs d'enregistrement et de lecture magnétiques (têtes de lecture de disques).

Les **ferroélectriques** sont utilisés de façon classique dans de nombreux dispositifs électriques et électromécaniques. Les condensateurs mettent en œuvre, par exemple, des ferroélectriques du type $BaTiO_3$. Les propriétés piézoélectriques de matériaux comme le quartz, des céramiques du type PZT ($PbZr_{1-x}Ti_xO_3$) ou des polymères comme PVF_2 (polyfluorure de vinylidène) sont utilisées dans des générateurs et des détecteurs d'ondes ultrasonores (sonars et hydrophones, dispositifs médicaux pour détruire des calculs rénaux par exemple) mais aussi des microphones et des accéléromètres. Les applications électro-optiques des matériaux ferroélectriques se sont aussi considérablement développées car ce sont des matériaux non linéaires : la fréquence d'une onde électromagnétique qui les traverse peut être changée (une onde lumineuse de couleur verte peut être transformée en une onde de couleur bleue), ainsi que la vitesse de propagation de la lumière. $NaNbO_3$ et des céramiques PZT, éventuellement dopée avec du lanthane, sont des matériaux utilisés pour leurs propriétés électro-optiques dans différents systèmes de télécommunication optique. Les matériaux pyroélectriques ont des applications importantes dans l'imagerie infrarouge (on détecte une variation locale de température qui modifie la polarisation).

Il faut noter enfin que l'on envisage l'utilisation de films ferroélectriques dans des mémoires pour le stockage d'information. L'on met à profit la capacité de micro-domaines ferroélectriques à changer l'orientation de leur polarisation très rapidement. Ce sont encore des pérosvkites du type PZT ou $SrBiO_2Ta_2O_9$ qui sont les meilleurs candidats.

L'intérêt technologique de la supraconductivité est évidemment potentiellement très grande puisqu'elle offre la perspective d'utilisation de fils conducteurs de l'électricité sans pertes par effet Joule. La construction de bobines magnétiques à enroulement supraconducteurs (Nb-Ti, Nb_3-Sn, et Nb-Zr) est déjà chose courante, en particulier en RMN car elles permettent d'obtenir des champs magnétiques intenses sans perte d'énergie (on peut obtenir des inductions de 20-30 Tesla). De tels enroulements magnétiques (des cryocâbles) sont aussi utilisés sur des accélérateurs de particules ou des machines du type tokamak pour la fusion contrôlée. On utilise des supraconducteurs de type II dont le champ critique $\boldsymbol{H}_{C2}$ est élevé et c'est lui qui limite l'utilisation des cryocâbles (de façon équivalente le facteur limitant est la densité de courant critique).

On envisage aussi l'utilisation de supraconducteurs dans des lignes de transport du courant sans perte, dans des moteurs électriques et des alternateurs. Dans ce dernier cas ce ne sont pas tant les gains sur le rendement énergétique qui seraient importants (quelques pour cent), que ceux en poids et en volume car l'encombrement des moteurs pourraient être réduit d'un facteur 3 à 5.

Les nouveaux supraconducteurs à haute température du type YBaCuO ouvrent aussi des perspectives très intéressantes mais l'un des obstacles, non résolu, pour leur utilisation demeure leur mise en forme : il faut pouvoir obtenir des fils capables de supporter des densités de courant élevées et ces matériaux, qui sont souvent des céramiques, sont fragiles car cassants. Les applications de ces matériaux sous forme de films, par exemple en micro-électronique ou dans des détecteurs de champ magnétiques (les Squid ou Superconducting quantum interference device) fondés sur l'effet Josephson, poseraient moins de problèmes et elle est sans doute une voie d'avenir.

La découverte d'un nouveau composé supraconducteur comme MgB_2 ne modifie pas fondamentalement les perspectives d'application de la supraconductivité. Toutefois la possibilité de réaliser des fils supraconducteurs dotés de densités de courant critique élevées avec ce type de matériau peut s'avérer intéressante. Quant aux matériaux du type fullerène, ils peuvent ouvrir des perspectives nouvelles d'application des supraconducteurs dans des dispositifs de dimension nanométrique.

ANNEXE
THÉORIE DU GROUPE DE RENORMALISATION

On reprend l'Hamiltonien d'Ising $\mathcal{H}_0$ pour un système magnétique

$$\mathcal{H}_0 = -J_0 \sum_{i,j} \sigma_i \sigma_j - \mu_0 H_0 \sum_i \sigma_i \tag{A.1}$$

L'énergie libre F est la somme de la partie singulière près du point critique F_S et de la partie régulière F_R correspondant aux contribution non magnétiques du réseau. Elle s'écrit (Éq. 7.74) :

$$e^{-F/kT} = \left[\sum_{(\Omega_1)} e^{-\beta\mathcal{H}_1}\right] \cdot e^{-F_{R1}/kT} \tag{A.2}$$

ayant pris dans la sommation Σ un spin sur deux, (Ω_1) représentant les nouvelles complexions.

$\mathcal{H}_1$ a la même forme que $\mathcal{H}_0$ mais avec deux fois moins de spins et avec de nouvelles valeurs de la constante d'échange J_1 et du champ appliqué H_0. Introduisant les variables réduites $K = J/kT$ et $b = \mu_0 H_0/kT$ on a :

$$K_1 = f(K_0) \quad \text{et} \quad b_1 = g(b_0) \tag{A.3}$$

On itère ce processus plusieurs fois en doublant l'échelle à chaque opération, on obtiendra la suite de nouvelles variables : $K_1, K_2 \ldots b_1, b_2$. Le point critique sera un point limite correspondant aux variables K_C et b_C telles que :

$$K_C = f(K_C) \qquad b_C = g(b_C) \tag{A.4}$$

car aucun changement d'échelle ne peut plus modifier l'Hamiltonien effectif.

Pour trouver T_C on se place au voisinage de cette température après n opérations de renormalisation $K_n = f(K_{n-1})$ et $K_C = f(K_C)$ soit :

$$\delta K_n = K_C - K_n = f(K_C) - f(K_{n-1}) = f'[K_C - K_{n-1}] = f'\delta K_{n-1} \tag{A.5}$$

À T_C, par définition $K_C = J_0/kT_C$ (la renormalisation ne change plus la forme de l'Hamiltonien). On aurait de même $b_n = g' b_{n-1}$ et au point critique $H = b_C = 0$ (A.5) se récrit :

$$K_n = K_C - \delta K_n = K_C - f'\delta K_{n-1} \tag{A.6}$$

sachant que

$$\delta K_0 = K_C - K_0 = J_0/kT_C - J_0/kT = \frac{J_0}{kT_C}\varepsilon \tag{A.7}$$

$$K_n = \frac{J_0}{kT_C}[1 - f'^n\varepsilon] \qquad b_n = g'^n \frac{\mu_0 H_0}{kT_C}$$

Après n renormalisations, si d est la dimension du système et n celle du paramètre d'ordre σ, le nombre total de spins restant pour N sites initiaux est $N/(2^d)^n$. L'énergie libre par spins F_{sn} est une fonction des variables réduites K_n et b_n et donc de $(f'^n)\,\varepsilon$ ainsi que de $g'^n H_0$. Comme J_0, T_C et H_0 sont des constantes, on a donc :

$$F_{Sn}\, 2^2 = F(f'^n \varepsilon, g'^n H) \qquad (A.8)$$

Si l'on pose $\lambda = 2^{dn}$, $f' = (2^d)^p$, $g' = (2^d)^q$ on retrouve une équation analogue à (7.69) :

$$\lambda F_{Sn} = F(\lambda^p \varepsilon, \lambda^q H) \qquad (A.9)$$

On a bien une loi d'échelle qui permet de calculer les exposants critiques. On introduit alors un Hamiltonien représentant l'énergie qui a une forme de type Landau :

$$\mathcal{H} = \int (tP(x)^2 + u_4 P^4(x) + a|\nabla P(x)|^2 + \ldots)\, \mathrm{d}^d x \qquad (A.10)$$

où t, u_4 et a sont des fonctions de T mais où t n'a pas nécessairement la forme qu'on lui donne dans le développement classique de Landau (t peut être différent de $(T - T_C)$). L'application de la renormalisation représentée par un opérateur R conduit a un Hamiltonien effectif et à un point fixe critique Π^*_C défini dans l'espace des paramètres (t, u_4, a) :

$$\Pi^*_C = R(\Pi^*_C) \qquad (A.11)$$

EXERCICES

7.1 Prévisions des modèles de champ moléculaire.

1° Calculer à l'aide d'un modèle de champ moléculaire, par exemple, le modèle de Landau, l'entropie à l'équilibre pour le système. En déduire la variation d'entropie ΔS à sa température T_c. Quelle conclusion en tirez-vous ?

2° Calculer la chaleur spécifique à champ constant C_E pour $E = 0$ pour un tel système. Montrer que l'on a une discontinuité pour C_E à T_C.

7.2 Transition ordre/désordre en présence de pression.

On étudie l'influence de la pression sur une transition ordre/désordre dans un alliage binaire de symétrie cristalline cubique simple. On suppose que l'énergie interne de l'alliage par site est de la forme

$$U = U_0(a) + P^2 V(a)$$

où a est la distance entre deux sites proches voisins. $U_0(a)$ est l'énergie potentielle du cristal, P le paramètre d'ordre. On applique une pression p au matériau.

1° Calculer le potentiel $G(T, p, P, a)$.

2° Écrire les conditions d'équilibre en présence de p. La transition étant toujours supposée du second ordre, calculer les coordonnées (p_c, T_c) de la transition.

3° Supposant que la transition reste du second ordre, on se place à p_c, $T \approx T_c$, et au voisinage de a_0 valeur de a à la transition. Posant :

$$U'(a) = U_0'(a_0) + U_0''(a_0)\,\delta a$$

et

$$V(a) = V(a_0) + V'(a_0)\,\delta a$$

déterminer δa et P à l'équilibre. Montrer qu'il existe une température T_c^* au delà de laquelle la transition cesse d'être du second ordre.

7.3 Modélisation d'une transition structurale.

On s'intéresse à une transition de phase displacive dans un solide amorcée par le mouvement d'un ion de masse m de coordonnée q dans une direction donnée. On suppose que cet ion est soumis à un potentiel

$$V(q) = V_0 + \frac{1}{2}\alpha q^2 + \frac{1}{4}\beta q^4 \quad \text{avec} \quad \alpha = a(T - T_c)$$

T_c est la température de transition.

1° Écrire l'équation du mouvement. On désignera par γ le coefficient d'amortissement.

2° Posant $q = q_e + \delta q(t)$, q_e étant la position d'équilibre, écrire l'équation à laquelle obéit $\delta q(t)$. En déduire q_e.

3° Négligeant m, calculer $\delta q(t)$. Donner l'expression du temps caractéristique d'amortissement. Que se passe-t-il à T_0 ?

7.4 Universalité et exposants critiques.

On suppose que la fonction de Gibbs G pour un système magnétique obéit à l'équation $\lambda G(\varepsilon, \boldsymbol{H}) = G(\lambda^n \varepsilon, \lambda^m \boldsymbol{H})$ (1), $\boldsymbol{H}$ étant le champ magnétique et

$$\varepsilon = \frac{T - T_c}{T_c}$$

n et m sont deux nombres entiers.

1° Dérivant l'équation (1) par rapport à $\boldsymbol{H}$ en déduire une loi d'échelle pour $M(\varepsilon, 0)$.

2° On choisira $\lambda^n \varepsilon = C^{te}$, exprimer β en fonction de m et n.

3° Trouver une loi d'échelle pour $M(o, \boldsymbol{H})$ à partir de la dérivée de (1) par rapport à $\boldsymbol{H}$, introduisant l'exposant critique δ défini par

$$\boldsymbol{H} \propto |M|^{\delta}$$

et choisissant $\lambda^m \boldsymbol{H} = C^{te}$, en déduire δ en fonction de m.

4° Dérivant deux fois par rapport à $\boldsymbol{H}$, en déduire une loi d'échelle pour χ_T prenant $\lambda^n \varepsilon = C^{te}$, en déduire l'exposant critique γ.

7.5 Piézoélectricité.

On étudie la transition de phase dans un cristal ferroélectrique. Celui-ci possède également la propriété d'être piézoélectrique : une déformation x est associée à la polarisation électrique et l'on supposera que l'énergie mécanique correspondante est

$$\frac{1}{2} c^P x^2 - \frac{1}{2} \gamma x P^2$$

où c^P est la constante élastique, γ la constante d'électrostriction et P la polarisation.
1° Écrire une équation donnant l'enthalpie libre G.

2° En déduire la contrainte X dans le solide ainsi que la valeur de x pour $X = 0$.

3° Récrire la forme de G en fonction de P et en déduire l'expression de la constante diélectrique.

Chapitre 8

Phénomènes collectifs dans les liquides : cristaux liquides et superfluidité

8.1 LES CRISTAUX LIQUIDES

8.1.1 Des phases liquides partiellement ordonnées

Un cristal fond lorsque l'énergie thermique qui tend à créer le désordre, devient supérieure à l'énergie d'interaction intermoléculaire qui stabilise la structure périodique du cristal, en assurant sa cohésion. La structure est alors brisée et l'ordre de positionnement moléculaire est détruit. Les molécules sont alors libres de se déplacer d'une manière aléatoire. En revanche, si les molécules ont une forme du type bâtonnet, on peut observer un processus différent. À une certaine température (température de fusion du cristal), l'énergie thermique peut être suffisante pour détruire l'ordre de positionnement, mais encore insuffisante pour s'opposer aux forces intermoléculaires responsables de l'ordre d'orientation. On obtient alors une **phase mésomorphe** : les molécules peuvent conserver une orientation privilégiée au sein du liquide. Enfin, à une température plus élevée (température de fusion de la phase mésomorphe), cette phase liquide ordonnée donnera naissance à la phase isotrope du liquide normal, lorsque l'énergie thermique sera suffisante pour supplanter la contribution de l'énergie potentielle qui favorise l'alignement des molécules. Dans les cristaux formés de molécules de forme quasi sphérique, chaque molécule occupe une place bien définie dans le réseau ; les centres de gravité des molécules sont situés sur un réseau périodique tridimensionnel – les molécules ont un ordre de positionnement. Dans un cristal, des molécules ayant une forme de bâtonnet auraient aussi un ordre de positionnement, mais, en plus, elles auraient en tout point la même direction ; il y aurait donc en plus un ordre d'orientation.

C'est la rupture de l'ordre de positionnement qui provoque l'apparition d'une phase cristal liquide.

Les phases mésomorphes, appelées communément cristaux liquides, sont donc des phases intermédiaires entre la phase liquide et la phase solide. Plusieurs milliers de composés organiques ont été identifiés aujourd'hui comme présentant des phases mésomorphes. Suivant la géométrie moléculaire, le système, initialement à l'état de cristal, peut passer par une ou plusieurs phases mésomorphes avant de se transformer en liquide isotrope. Les transitions peuvent s'effectuer, soit en faisant varier la température (mésomorphisme thermotropique), soit sous l'influence d'un solvant (mésomorphisme lyotropique). Nous ne nous intéresserons qu'aux cristaux liquides thermotropiques.

La découverte des cristaux liquides ne fut possible qu'à partir du moment où se furent développées les techniques d'analyse microscopique, c'est-à-dire au XIXe siècle. Le physicien allemand, Rudolph Virchow, fut sans doute le premier, en 1853, à observer une phase cristal liquide au microscope, la myéline, substance qui entoure le cylindre des nerfs et qui est contenue dans la gaine de Schwann.

Le physicien allemand Lehmann, qui travaillait sur la fusion, identifia, en 1888, l'état cristal liquide. Reinitzer avait commencé à caractériser ce produit en étudiant son point de fusion et il avait noté un phénomène inhabituel : ce composé semblait avoir deux points de fusion. En chauffant, le cristal fondait à 145,5 °C pour former un liquide trouble ; mais il fallait atteindre 178,4 °C pour que le liquide se clarifie subitement. Lors du refroidissement, les phénomènes inverses se produisaient. Alors que les cristaux qui ont une structure tridimensionnelle, bien définie à l'échelle atomique, sont souvent biréfringents, en revanche les liquides, dont les molécules sont distribuées aléatoirement, sont caractérisés par un indice de réfraction unique. Lehmann et Reinitzer, surpris d'observer de la biréfringence dans la phase liquide intermédiaire du benzoate de cholesteryl, décidèrent d'appeler cette phase, **cristal liquide**. Cette dénomination fut reprise, ultérieurement, par G. Friedel.

C'est Vorländer qui montra que les matériaux présentant une phase cristal liquide sont constitués de molécules ayant la forme de bâtonnets, alors que les molécules de forme ou de configuration plutôt sphérique ne donnent pas ce type de phase.

On a recensé jusqu'à ce jour une très grande variété de phases intermédiaires. Des phases mésomorphes sont observables lorsque les molécules ont une certaine rigidité et des formes allongées ou plates. On différencie généralement les cristaux liquides en prenant en compte l'ordre qui les caractérise. Rappelons que les **cristaux plastiques** sont aussi des phases intermédiaires entre les états cristallin et liquide (Paragraphe 1.4.1).

8.1.2 Définition de l'ordre dans l'état cristal liquide

Deux types d'ordre doivent être considérés : un ordre de positionnement et un ordre d'orientation.

➤ Ordre de positionnement

L'ordre de positionnement peut être caractérisé par la fonction de corrélation de densité de particules, définie par :

$$F(\boldsymbol{x} - \boldsymbol{x}') = \langle \rho(\boldsymbol{x})\rho(\boldsymbol{x}') \rangle \tag{8.1}$$

où $\rho(\boldsymbol{x})$ est la densité locale de particule, $\langle\ \rangle$ représentant une moyenne d'ensemble.

Dans une phase homogène, quelle qu'elle soit, $<\rho(\boldsymbol{x})\rho(\boldsymbol{x}')>$ ne dépend que de $\boldsymbol{x} - \boldsymbol{x}'$.

Dans un cristal, $<\rho(\boldsymbol{x})\ \rho(\boldsymbol{x}')>$ est une fonction périodique de $\boldsymbol{x} - \boldsymbol{x}'$, les périodes étant les vecteurs de base, $\{\boldsymbol{a}_i\}$ du réseau.

Dans un liquide isotrope, en revanche, $<\rho(\boldsymbol{x})\rho(\boldsymbol{x}')>$ ne dépend que de $|\boldsymbol{x} - \boldsymbol{x}'|$ et atteint une valeur constante, égale à $<\rho>^2$ dès que $|\boldsymbol{x} - \boldsymbol{x}'|$ devient supérieur à quelques distances intermoléculaires. La taille du domaine des valeurs de $|\boldsymbol{x} - \boldsymbol{x}'|$ sur lequel $<\rho(\boldsymbol{x})\rho(\boldsymbol{x}')> - <\rho>^2 \neq 0$ définit la *longueur de corrélation* ξ. Dans un liquide normal, ξ est indépendant de la direction considérée, le système étant isotrope. Dans une phase mésomorphe nous verrons que d'autres situations peuvent se rencontrer.

➤ Ordre d'orientation

Pour des molécules en forme de bâtonnet la direction d'orientation d'une molécule, $\boldsymbol{a}$, est celle de l'axe du bâtonnet qui la schématise. Si celles-ci ont un axe d'orientation préférentiel $\pm\,\boldsymbol{n}$, la fonction de distribution d'orientation peut être définie par $f(\theta, \varphi)$ où θ et φ sont les angles d'Euler dans le référentiel (x, y, z) où l'axe z est parallèle à $\boldsymbol{n}$. L'axe $\boldsymbol{a}$ d'une molécule est alors défini par :

$$a_x = \sin\theta\cos\varphi \qquad a_y = \sin\theta\sin\varphi \qquad \text{et} \qquad a_z = \cos\theta \tag{8.2}$$

$f(\theta,\varphi)\,d\Omega$ est alors la probabilité de trouver des molécules avec une orientation $\boldsymbol{a}$ dans un angle solide élémentaire $d\Omega = \sin\theta\, d\theta\, d\varphi$, au voisinage de la direction (θ, φ).

Compte tenu de la symétrie cylindrique, $f(\theta,\varphi)$ doit être indépendant de φ, de sorte que $f(\theta,\varphi) = f(\theta)$. Par ailleurs, l'équivalence entre $\boldsymbol{n}$ et $-\boldsymbol{n}$ implique que $f(\theta) = f(\pi - \theta)$.
Si les axes moléculaires sont distribués au hasard (orientation isotrope), $f(\theta) = \dfrac{1}{4\pi}$.

On peut caractériser le degré d'orientation par le paramètre $<s>$ défini par l'expression suivante :

$$<s> \;=\; \frac{1}{2} < 3\cos^2\theta - 1 > \tag{8.3}$$

où $<\ >$ représente une moyenne d'ensemble sur toutes les molécules et θ l'angle de déviation de l'axe principal de la molécule considérée, par rapport à $\boldsymbol{n}$, axe d'orientation préférentielle des molécules environnantes. Il s'en suit que :

$$<s> \;=\; \frac{1}{2}\int(3\cos^2\theta - 1)f(\theta)\sin\theta d\theta \tag{8.4}$$

Notons que dans un système où il n'y a pas d'orientation préférentielle (orientation isotrope), $<s> = 0$. Alors que si les molécules sont toutes orientées suivant $\boldsymbol{n}$ (alignement parfait), $<s> = 1$.

8.1.3 Classement des phases mésomorphes

Les phases cristal liquide obtenues dépendent évidemment du motif moléculaire. On distingue en général les phases dont les molécules ont des formes allongées d'une part, et celles obtenues avec des molécules discoïdes d'autre part.

a) Molécules allongées et rigides

On distingue trois grandes classes : **les nématiques, les cholestériques, les smectiques.**

Les ***phases nématiques*** sont constituées de molécules du type bâtonnet, qui sont identiques à leur image dans un miroir (molécules achirales) ; deux exemples de molécules sont présentés figure 8.1 : le 4,4′-diméthoxyazoxybenzène (para-azoxyanisol, PAA) et le N-(4méthoxybenzylidène)-4′-butylaniline (MBBA).

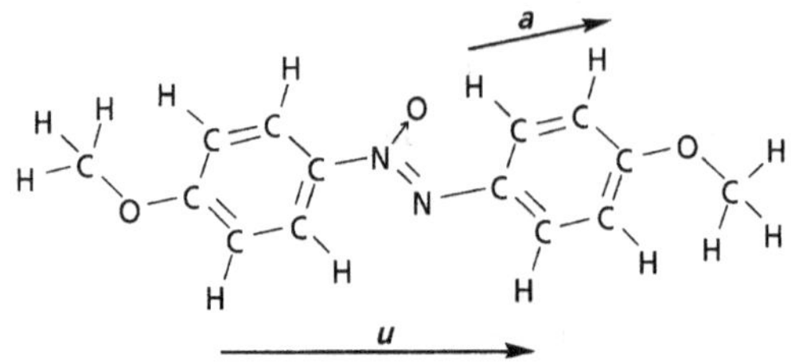

4,4′-diméthoxyazoxybenzène (para-azoxyanisol, PAA)
T_{KN} = 118 °C ; T_{NI} = 135,5 °C

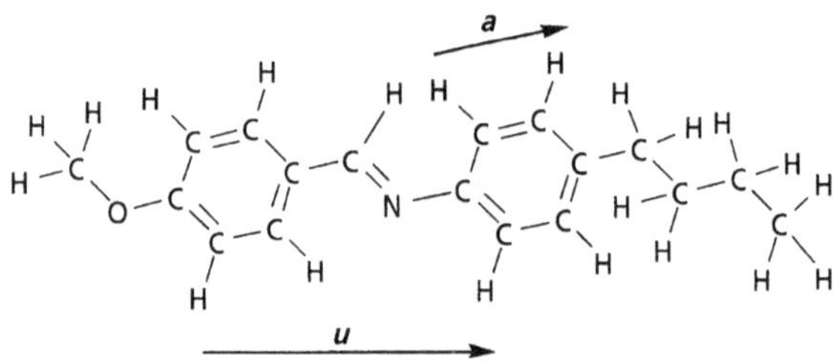

N-(4-méthoxybenzylidène)-4′-butylaniline (MBBA)
T_{KN} = 22 °C ; T_{NI} = 47 °C

Figure 8.1 Deux exemples de molécules nématogènes.

T_{KN} est la température de transition solide-nématique. T_{NI} est la température de transition nématique-liquide isotrope. On distingue deux types de groupes de protons dans ces molécules : – les protons du type I, liés à la partie rigide de la molécule (couples de protons liés aux cycles), – les protons du type II appartenant aux groupes méthyle dont les mouvements de réorientation sont quasiment libres.

En absence de contrainte, le nématique devrait être monodomaine avec un vecteur directeur ***n*** constant et arbitraire. Mais, en pratique, une phase nématique est constituée de **domaines**, chacun d'eux étant caractérisé par un vecteur directeur ***n***, imposé par les contraintes extérieures (effets des parois ou des interfaces).

Dans chaque domaine, l'alignement moléculaire est mis en évidence dans toutes les propriétés tensorielles macroscopiques : indice, perméabilité, susceptibilité magnétique. Du point de vue optique, un domaine nématique est un milieu uni-axial avec l'axe optique suivant ***n***. La différence entre les indices de réfraction mesurés avec des polarisations parallèle et perpendiculaire à ***n*** est importante ($n_{\parallel} - n_{\perp} = 0{,}2$ pour le PAA). Dans tous les cas rencontrés, les domaines des cristaux liquides nématiques semblent avoir une symétrie de rotation d'axe ***n***.

Figure 8.2 Phase nématique.

Dans chaque monodomaine, les molécules sont orientées suivant une direction privilégiée *n*, mais l'ordre de positionnement des molécules est proche de celui existant dans un liquide normal.

Le degré d'alignement des molécules suivant $\boldsymbol{n}$ est caractérisé par le paramètre d'ordre d'alignement $<s>$ défini par (8.4). Les états du directeur $\boldsymbol{n}$ et $-\boldsymbol{n}$ sont indiscernables. Si les molécules portent un moment dipolaire permanent, il y aura autant de moments dipolaires orientés dans une direction que dans la direction opposée, de sorte que le milieu n'est pas ferroélectrique. L'ordre de positionnement des molécules est proche de celui d'un liquide isotrope ; il est donc caractérisé par une corrélation de densité, à très courte portée. Toutefois, on peut constater par analyse de la diffraction de rayons X aux petits angles que la longueur de corrélation $\xi_{\parallel}$ suivant l'axe d'orientation $\boldsymbol{n}$, est sensiblement différente de la longueur de corrélation $\xi_{\perp}$ suivant une direction perpendiculaire à $\boldsymbol{n}$.

Les nématiques coulent comme des liquides, la viscosité sous cisaillement ne dépasse guère 10 fois la viscosité de l'eau ; c'est ainsi que pour le para-azoxyanisole (PAA), la viscosité est de 10^{-2} décapoise, (10^{-3} décapoise pour l'eau).

Les ***phases cholestériques*** sont constituées de molécules du type bâtonnet, qui ne sont pas identiques à leur image dans un miroir (molécules chirales) ; la désignation « cholestérique » est due au fait que les premières mises en évidence d'une telle phase ont été faites sur les dérivées du cholestérol (Fig. 8.3a) ; des cristaux liquides cholestériques non dérivés du cholestérol ont par la suite été mis en évidence, par exemple, le act-amyl p-(4-cyanobenzylidèneamino)-cinnamate (Fig. 8.3b). Dans un monodomaine d'une telle phase, l'axe d'orientation des molécules n'est pas constant ; il évolue de manière hélicoïdale dans le matériau (Fig. 8.4), de sorte que, si nous notons $\boldsymbol{Oz}$, l'axe de l'hélice, $\boldsymbol{n}$ est défini dans un référentiel O*xyz* par :

$$n_x = \cos(q_0 z + \varphi) \qquad n_y = \cos(q_0 z + \varphi) \qquad n_z = 0 \tag{8.5}$$

Notons qu'à la fois, l'axe de l'hélice, **O***z*, et l'angle φ sont arbitraires ; en pratique ils sont imposés par les contraintes extérieures (effets des parois ou des interfaces). La structure est donc périodique le long de **O***z*, mais, comme dans un nématique, les états $\boldsymbol{n}$ et $-\boldsymbol{n}$ sont équivalents. De ce fait, Λ, la période spatiale de la structure hélicoïdale, est égale à la moitié du pas de l'hélice :

$$\Lambda = \frac{\pi}{|q_0|} \tag{8.6}$$

Les valeurs typiques de Λ sont très supérieures à la taille des molécules ; elle est de l'ordre de 3 000 Å. Par contre Λ est de l'ordre de grandeur des longueurs d'onde optiques,

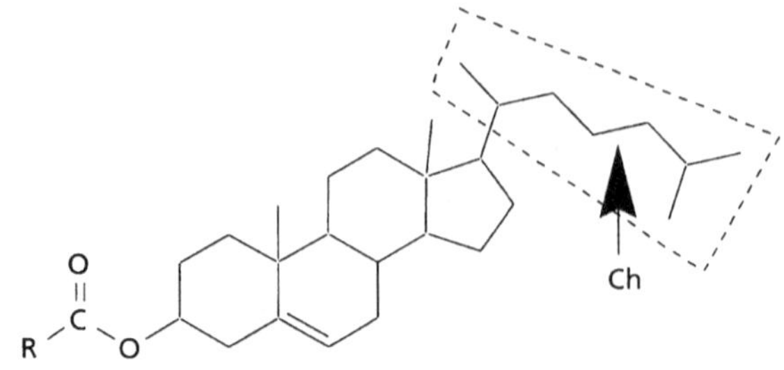

(a)

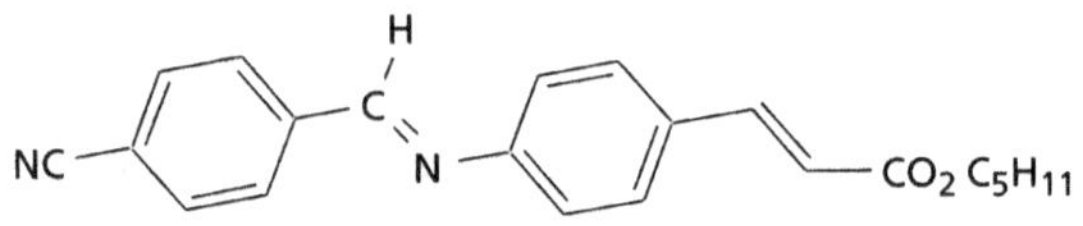

(b)

Figure 8.3 Deux exemples de molécules présentant une phase cholestérique.

a) Esters de cholestérol donnant naissance à une phase cholestérique où Ch représente une chaîne d'hydrocarbure saturée ; le nonanoate de cholesteryl, obtenu pour $R = CH_3(CH_2)_7$ et $Ch = C_8H_{17}$, présente une phase cholestérique entre 78,5 °C et 91 °C ; **b)** act-amyl p-(4-cyanobenzylidèneamino)-cinnamate, formant une phase cholestérique entre 95 °C et 105 °C.

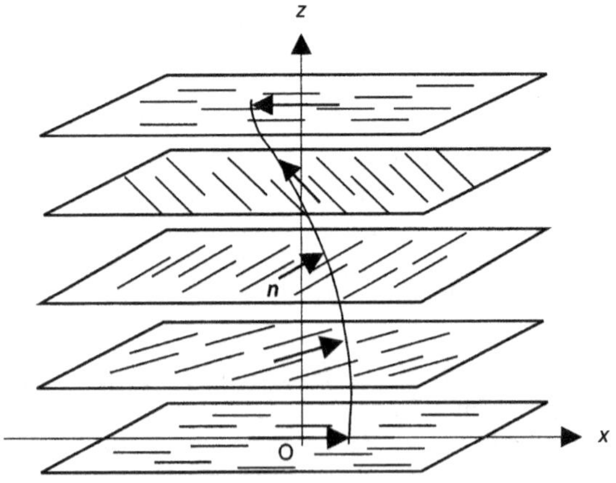

Figure 8.4 Arrangement des molécules dans une phase cholestérique.

Le vecteur directeur ***n*** décrit une hélice d'axe Oz.

de sorte qu'il est possible de faire interagir ce milieu uniaxial avec un faisceau lumineux et obtenir en étudiant la diffusion de Bragg la valeur de Λ. q_0 peut être positif ou négatif (hélice droite ou hélice gauche) ; sa valeur dépend de la température.

Les **smectiques** regroupent une vaste famille de mésophases ayant des structures en couches. Les molécules qui les composent ont là encore une structure en forme de bâtonnet ; elles possèdent un axe d'orientation préférentiel. L'épaisseur des couches est bien définie et mesurable par diffraction des rayons X ; elle est approximativement égale, soit à une, soit à deux fois la longueur des molécules. Il a déjà été mis en évidence un nombre impressionnant de structures smectiques différentes et il est d'ailleurs vraisemblable qu'à ce jour nous ne connaissions qu'une partie des groupes de cette famille. Nous ne considérerons ici que deux types de smectiques : les smectiques A et les smectiques C, mais bien d'autres catégories intéressantes ont été répertoriées (smectiques B, F, I, H, ...). La figure 8.5 présente deux types de molécules donnant des phases smectiques.

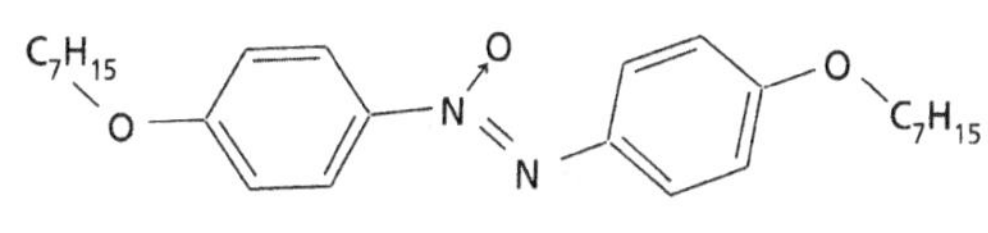

4,4'-diheptoxyazoxybenzène (HOAB)
T_{KSC} = 74,5 °C ; T_{SCN} = 95,5 °C ; T_{NI} = 124 °C

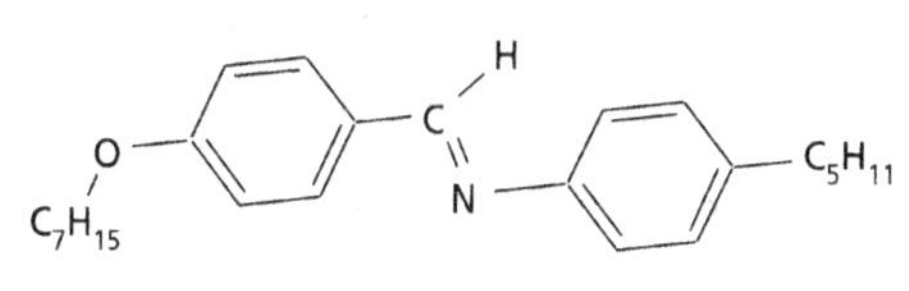

N-(4-heptoxybenzylidène)-4'-butylaniline (HBBA)
T_{KSG} = 23 °C ; T_{SGSB} = 58 °C ; T_{SBSC} = 64 °C ; T_{SCSA} = 68 °C ;
T_{SAN} = 80 °C ; T_{NI} = 83 °C

Figure 8.5 Deux exemples de molécules donnant des phases smectiques.

T_{KSG} est la température de transition « solide-smectique G », T_{SGSB}, la température de transition « smectique G-smectique B », T_{SBSC}, la température de transition « smectique B-smectique C », T_{SCSA}, la température de transition « smectique C-smectique A », et, T_{SAN}, la température de transition « smectique A-liquide isotrope ».

L'arrangement moléculaire dans un **smectique A** est représenté figure 8.6.a. Sa structure se caractérise de la manière suivante :

- Les molécules sont disposées en couches successives de même épaisseur. Leurs centres de gravité ne présentent aucun ordre à grande distance de sorte que chaque couche peut être considérée comme un liquide à deux dimensions.
- L'épaisseur de chaque couche est, suivant le type de molécule, voisine d'une ou deux fois la longueur d'une molécule.
- Dans chaque couche, les molécules ont une orientation préférentielle ***n***, perpendiculaire au plan de la couche.

(a) (b)

Figure 8.6 Arrangements moléculaires dans les phases smectiques.

Les molécules sont disposées en couches de même épaisseur. Dans les phases smectiques A (**a**), l'axe d'orientation préférentielle des molécules est perpendiculaire aux couches. Dans les phases smectiques C (**b**), l'axe d'orientation préférentielle est incliné d'un angle θ par rapport à la normale aux couches.

Le système est uniaxial, l'axe étant **O*z***, perpendiculaire au plan des couches avec les directions **O*z*** et – **O*z*** équivalentes comme dans le cas d'un nématique. En principe aucune polarisation électrique permanente ne devrait être observable.

L'arrangement moléculaire dans un **smectique C** est représenté figure 8.6.b. Il possède les deux caractéristiques suivantes :

– Comme dans le cas des smectiques A, les molécules sont disposées en couches successives de même épaisseur, et les centres de gravité des molécules ne présentent aucun ordre à grande distance, de sorte que chaque couche peut être considérée comme un liquide à deux dimensions.

– Dans chaque couche, les molécules ont la même orientation préférentielle ***n***, qui, cette fois, fait un angle θ avec la perpendiculaire au plan de la couche ; il s'en suit que le milieu est biaxial et correspond à une symétrie monoclinique (groupe de symétrie d'orientation C_{2h}).

Considérons un référentiel orthogonal *Oxyz*, tel que **O*z*** est perpendiculaire aux plans des couches et **O*y***, perpendiculaire au directeur ***n***. Le milieu est invariant :

– par réflexion sur un miroir O*zx* ;

– par rotation d'un angle π autour de l'axe O*y*,

et il existe un point d'inversion *i*. Un tel milieu ne peut être ferroélectrique compte tenu de sa symétrie.

L'arrangement moléculaire qui vient d'être décrit et qui correspond à une phase smectique C, n'est obtenu que si les molécules sont inactives du point de vue optique (molécules achirales ou mélange racémique).

Si les molécules sont chirales ou si l'on ajoute dans une phase smectique C des molécules chirales (optiquement actives), on observe alors une distorsion de la structure. Bien que dans chaque couche, le vecteur directeur garde toujours une direction constante, d'une couche à l'autre, il subit un petit déplacement angulaire autour de **O*z***, de sorte que globalement on obtient une configuration hélicoïdale, appelée C*. Dans ce nouveau milieu, la symétrie monoclinique est évidemment perdue puisqu'il n'est plus possible de trouver une invariance par réflexion sur un miroir et qu'il n'y a plus de centre d'inversion.

Cependant, au niveau de chaque couche, la symétrie C_2 s'applique (invariance par réflexion sur un miroir Ozx, et invariance par rotation d'un angle π autour de l'axe **Oy**) ; elle conduit à l'annulation de la polarisation électrique suivant **Oz** et **Ox**, mais ne permet pas son annulation suivant **Oy** ; un moment électrique est donc attendu suivant **Oy**, c'est-à-dire, dans une direction qui est perpendiculaire, à la normale de la couche, et à la direction d'orientation préférentielle dans la couche.

Dans la phase smectique C^*, d'une couche à l'autre, le moment électrique subit le même déplacement angulaire autour de **Oz** que le directeur $\boldsymbol{n}$; on obtient ainsi une polarisation électrique hélicoïdale, l'axe de l'hélice étant perpendiculaire aux plans des couches. Dans les cristaux liquides smectiques, il y a donc une remarquable relation entre chiralité et ferroélectricité.

b) Molécules discotiques

Les deux classes principales sont les phases en colonnes (D) et les nématiques (N_D).

Depuis 1961, on sait qu'il est possible d'obtenir des phases mésomorphes à partir de molécules discotiques (molécules plates en forme de disque). En fait, les premiers systèmes étudiés étaient des mélanges obtenus par pyrolyse de brais de pétrole. Ce n'est qu'en 1978 que l'on a pu obtenir des molécules discotiques bien caractérisées, capables de produire des phases mésomorphes (exemple figure 8.7). La synthèse d'une grande variété de molécules a permis de mettre en évidence l'existence de plusieurs phases.

Dans les phases en colonnes (D), les molécules discotiques sont empilées plus ou moins régulièrement de manière à former des colonnes qui sont, soit sans corrélation de position entre elles (phase D), soit disposées suivant un réseau géométrique régulier, ce réseau pouvant être hexagonal (phase D_h), rectangulaire (phase D_r), etc. Pour rendre compte du caractère plus ou moins régulier de l'empilement des molécules dans les colonnes, on notera D_{ho} (avec o comme ordre) un réseau hexagonal de colonnes où l'empilement des molécules est assez régulier, et D_{hd} (avec d comme désordre), un réseau hexagonal de colonnes où l'empilement des molécules est irrégulier (corrélation

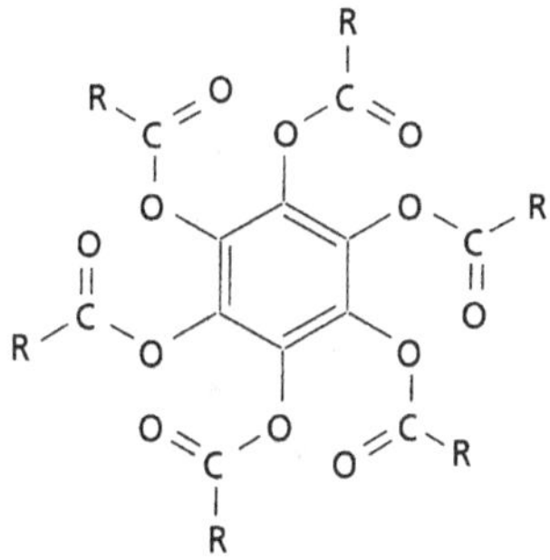

$T_{KND} = 80\ °C$; $T_{NDI} = 83\ °C$

Figure 8.7 Exemple de molécule en forme de disque (molécule discotique).

T_{KND} est la température de transition « solide-nématique D » ; T_{NDI} est la température de transition « nématique D-liquide isotrope ».

sur quelques molécules) . Notons que la distinction entre D_{ho} et D_{hd} est toujours délicate car la longueur de corrélation des positions le long des colonnes est toujours finie.

Dans les phases nématiques (N_D), les centres de gravité des molécules discotiques sont disposés aléatoirement, mais leur plan est orienté, d'une manière préférentielle, perpendiculairement à une direction privilégiée qui définit le directeur $\boldsymbol{n}$.

8.1.4 La phase nématique et ses propriétés

Nous ne considérerons ici que les phases nématiques constituées de molécules allongées.

La phase nématique a une symétrie plus faible que le liquide isotrope : – symétrie sphérique pour la phase isotrope (liquide normal) ; – symétrie axiale pour le liquide nématique. La phase nématique est *plus ordonnée* que la phase isotrope. Cette notion d'ordre peut être précisée en définissant :

- la direction de l'orientation préférentielle de l'axe des molécules $\boldsymbol{n}$;
- le degré d'alignement des molécules suivant $\boldsymbol{n}$, défini par le paramètre d'ordre d'alignement $\langle s \rangle$.

a) Mesure du paramètre d'ordre <s> dans la phase nématique

L'intérêt de la définition du paramètre d'ordre qui a été choisie, est de pouvoir le relier facilement aux anisotropies des grandeurs physiques mesurables.

➤ Anisotropie diamagnétique

Choisissons un référentiel cartésien fixe dans l'espace, $Oxyz$ avec l'axe des z parallèle à l'axe nématique, $\boldsymbol{n}$. Nous noterons n le nombre de molécules par unité de volume.

Les susceptibilités diamagnétiques principales d'une molécule, correspondant aux axes principaux de la molécule, seront notées η_1, η_2 et η_3, avec $\eta_2 = \eta_3$ pour prendre en compte la symétrie cylindrique de chaque molécule.

Considérons l'une des molécules de la phase nématique, représentée sur la figure 8.8. Son axe de révolution $\boldsymbol{i}$ fait un angle θ par rapport à l'axe $\mathbf{O}z$. Les autres axes orthonormés de la molécule, $\boldsymbol{j}$ et $\boldsymbol{k}$, seront choisis de telle sorte que $\boldsymbol{k}$ soit un vecteur perpendiculaire au plan ($\boldsymbol{i}$, $\mathbf{O}z$).

Si un champ magnétique H de faible amplitude est appliqué suivant l'axe d'orientation préférentielle, $\mathbf{O}z$, le moment magnétique dipolaire induit de cette molécule, μ, est :

$$\mu = H\,(\eta_1 \cos\theta\, \boldsymbol{i} + \eta_2 \sin\theta\, \boldsymbol{j}) \tag{8.7}$$

La composante suivant $\mathbf{O}z$ de μ, notée μ_z, est égale à :

$$\mu_z = H\,(\eta_1 \cos^2\theta + \eta_2 \sin^2\theta) = H\,[(\eta_1 - \eta_2)\cos^2\theta + \eta_2] \tag{8.8}$$

Considérons maintenant l'échantillon nématique ; sa composante d'aimantation (moment magnétique par unité de volume) sera :

$$M_z = n \langle \mu_z \rangle = n\,H\,[(\eta_1 - \eta_2)\langle \cos^2\theta \rangle + \eta_2] \tag{8.9}$$

Sachant que $\langle \cos^2\theta \rangle = \frac{1}{3}(2 \langle s \rangle + 1)$, on obtient finalement :

$$M_z = n\,H\,[(\eta_1 - \eta_2)\,\frac{1}{3}\,(2 \langle s \rangle + 1) + \eta_2] \tag{8.10}$$

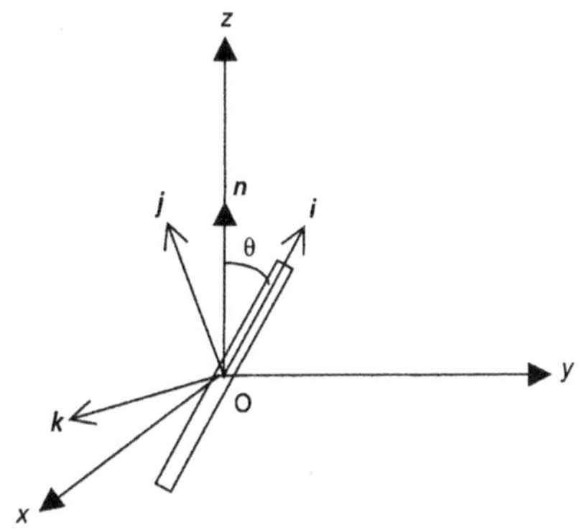

Figure 8.8 Molécule nématique dans le référentiel du laboratoire.

Le référentiel du laboratoire O*xyz* est choisi de telle sorte que O*z* soit parallèle au directeur ***n***. Le référentiel de la molécule, (*i*, *j*, *k*), est choisi de telle sorte que i soit l'axe du bâtonnet et que ***k*** soit perpendiculaire au plan (*i*, *n*).

soit :

$$M_z = \chi_{mz} H \tag{8.11}$$

où :

$$\chi_{mz} = n\left(\overline{\eta} + \frac{2}{3}\eta_a \langle s\rangle\right) \tag{8.12}$$

avec $\overline{\eta} = (\eta_1 + 2\eta_2)/3$ et $\eta_a = \eta_1 - \eta_2$.

Si le champ magnétique ***H*** est maintenant appliqué perpendiculairement à l'axe d'orientation préférentielle, **O*z***, par exemple suivant **O*y***, le moment dipolaire induit de cette molécule, μ, est :

$$\mu = H\,(\eta_1 \sin\varphi \sin\theta\, \boldsymbol{i} - \eta_2 \sin\varphi \cos\theta\, \boldsymbol{j} - \eta_2 \cos\varphi\, \boldsymbol{k}) \tag{8.13}$$

La composante suivant **O*y*** de μ, notée μ_y, est égale à :

$$\mu_y = H\,(\eta_1 \sin^2\varphi \sin^2\theta + \eta_2 \sin^2\varphi \cos^2\theta + \eta_2 \cos^2\varphi) \tag{8.14}$$

L'aimantation M_y suivant **O*y*** sera donc :

$$M_y = n\,H\,(\eta_1 \langle\sin^2\varphi\rangle \langle\sin^2\theta\rangle + \eta_2 \langle\sin^2\varphi\rangle \langle\cos^2\theta\rangle + \eta_2 \langle\cos^2\varphi\rangle) \tag{8.15}$$

et sachant que : $\langle\sin^2\varphi\rangle = \langle\cos^2\varphi\rangle = \frac{1}{2}$, on obtient :

$$M_y = n\,H\,[\,\frac{1}{3}\eta_1 + \frac{2}{3}\eta_2 - \frac{1}{3}(\eta_1 - \eta_2)\langle s\rangle\,] \tag{8.16}$$

soit :

$$M_y = \chi_{my} H \quad \text{avec} \quad \chi_{my} = n\,[\,\overline{\eta} - \frac{1}{3}\eta_a \langle s\rangle\,] \tag{8.17}$$

où l'on a posé :

$$\overline{\eta} = \frac{1}{3}(\eta_1 + 2\,\eta_2) \quad \text{et} \quad \eta_a = \eta_1 - \eta_2 \tag{8.18}$$

Un résultat analogue serait évidemment obtenu pour χ_{mx}. En combinant ces résultats, on obtient :

$$<s> = \frac{\chi_{my} - \chi_{mz}}{n(\eta_1 - \eta_2)} \tag{8.19}$$

$\eta_1 - \eta_2$ peut être obtenu à partir des mesures des susceptibilités du cristal solide, si sa structure est connue. Ainsi, une mesure de l'anisotropie $\chi_{mz} - \chi_{my}$ dans la phase nématique permet de calculer la valeur de $<s>$.

D'une manière tout à fait analogue, $<s>$ peut être relié à l'anisotropie optique : biréfringence et dichroïsme circulaire.

➤ Résonance magnétique nucléaire (RMN)

Le paramètre d'ordre $<s>$ peut également être obtenu par analyse par spectroscopie RMN des protons. À titre d'exemple, nous considérerons le cas du PAA dont la formule est donnée sur la figure 8.1 Dans cette molécule on doit distinguer :

- les protons du type I, quatre couples de protons liés à la partie rigide de la molécule (protons des cycles) ; chaque couple étant le siège d'une interaction dipolaire magnétique induite entre protons. Il est important de remarquer que les axes ***a*** des couples de protons en interaction sont approximativement parallèles à l'axe ***u*** de la partie rigide de la molécule.
- les protons du type II, deux trios de protons (groupes méthyle). Chaque trio est le siège d'interactions dipolaires induites modulées par le mouvement libre de réorientation de ces groupes.

Comme nous le verrons ultérieurement, en présence d'une induction magnétique ***B*** élevée (> 0,1 Tesla), l'axe ***n*** d'orientation préférentiel des molécules s'aligne suivant ***B***, sans modification sensible du paramètre d'ordre $<s>$. Dans la suite nous noterons **O*z*** la direction de ***B*** et de ***n***.

Prenant en considération l'interaction dipolaire magnétique entre les spins des deux protons de la molécule, on peut montrer que le système possède plusieurs transitions nucléaires associées à des raies de résonance magnétique. Si μ_0 est la perméabilité magnétique et γ le rapport gyromagnétique des protons ($\gamma = 2{,}6751\ 10^8\ T^{-1}s^{-1}$), elles correspondent aux fréquences ω, telles que :

$$\omega = \gamma\left[B \pm \frac{\mu_0}{4\pi}\frac{\hbar\gamma}{d^3}\frac{3}{2}<s>\right] \tag{8.20}$$

où d est la distance entre les protons d'un couple.

Dans la phase isotrope ($<s> = 0$), une raie de résonance unique est attendue, alors que dans une phase nématique, où $<s> \neq 0$, un doublet sera observé, l'écart de fréquence $\Delta\omega$ entre les deux raies étant égal à :

$$\Delta\omega = 3\frac{\mu_0}{4\pi}\frac{\hbar\gamma^2}{d^3}<s> \tag{8.21}$$

Le paramètre d'ordre $<s>$ peut donc être déduit directement de l'écart $\Delta\omega$.

Pour les protons de type II, une raie de résonance unique est attendue quel que soit l'ordre nématique : $\omega = \gamma B$.

Le spectre global se compose donc d'une raie centrale à la pulsation $\omega = \gamma B$ et d'un doublet dont les pulsations sont données par $\omega = \gamma\left[B \pm \frac{\mu_0}{4\pi}\frac{\hbar\gamma}{d^3}\frac{3}{2}<s>\right]$. L'écart de fréquence $\Delta\omega$ entre les deux composantes du doublet étant proportionnel au paramètre d'ordre :

$$\Delta\omega = 3\frac{\mu_0}{4\pi}\frac{\hbar\gamma^2}{d^3}<s> \qquad (8.22)$$

$<s>$ est donc directement déduit de $\Delta\omega$ si l'on connaît d la distance entre les protons du type I.

La figure 8.9 présente la simulation d'un spectre RMN de protons, attendu lorsque le PAA est en phase nématique. L'évolution de $<s>$ en fonction de la température peut être déduite de celle de $\Delta\omega$.

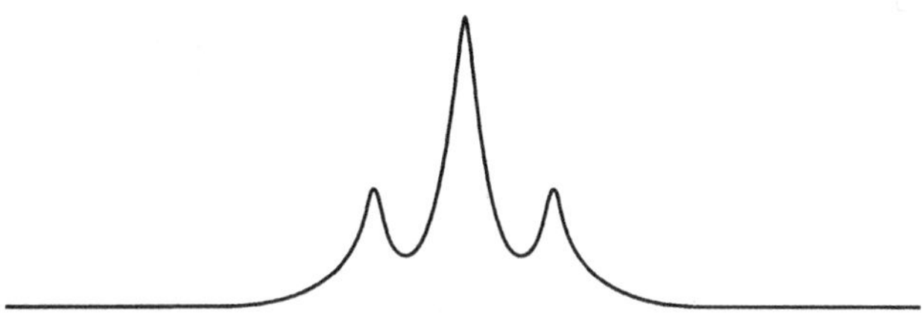

Figure 8.9 Raie RMN d'un nématique.

Le spectre global se compose d'une raie centrale correspondant aux protons du type I et d'un doublet, correspondant aux protons du type II, caractérisé par un écart de fréquence $\Delta\omega = 3\frac{\mu_0}{4\pi}\frac{\hbar\gamma^2}{d^3}<s>$.

Enfin la figure 8.10 présente les mesures du paramètre d'ordre $<s>$ effectuées dans le MBBA à l'aide de différentes techniques : Raman, RMN, biréfringence, anisotropie diamagnétique. Une très bonne cohérence des résultats est obtenue.

b) Modèles statistiques de l'ordre nématique - transition liquide isotrope-nématique

Nous présenterons un premier modèle qui est une théorie du type champ moyen avec une interaction en s^2 proposée par Maier et Saupe en 1960.

On suppose que les molécules ont la forme de bâtonnets rigides de symétrie cylindrique (Fig. 8.2). Au sein de la phase nématique caractérisée par un paramètre d'ordre $<s>$, l'énergie d'interaction d'une molécule i avec ses proches voisines est fonction : – de son orientation par rapport à la direction moyenne d'orientation des molécules environnantes ; – du paramètre d'ordre $<s>$ caractérisant les molécules environnantes. Les interactions à prendre en compte sont *a priori* : – des interactions dipolaires induites (forces attractives de van der Waals) ; – des interactions stériques répulsives.

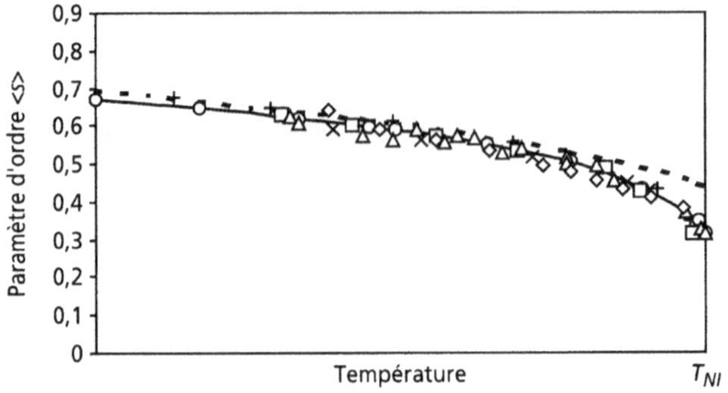

Figure 8.10 Mesures du paramètre d'ordre <s>, effectuées avec diverses techniques

o Raman, □ RMN, x et + biréfringence, Δ anisotropie diamagnétique) . La courbe - - - - correspond à la théorie de Maier et Saupe (1958 et 1960) exposée au paragraphe 8.4-2 ; la courbe —— correspond à une amélioration de cette théorie par Humphries, James et Luckhurst (1972).

Ces deux types d'interaction doivent évidemment tenir compte du caractère rigide et cylindrique de ces molécules.

Maier et Saupe ont proposé une modélisation simple des interactions intermoléculaires en supposant que l'effet conjoint des interactions répulsives (stériques) et des interactions attractives (dipolaires induites) maintient les molécules qui sont les plus proches voisines à une distance fixe, R, quelle que soit l'orientation relative des molécules, négligeant ainsi l'interdiction de certaines orientations relatives. Notons au passage que le fait de négliger la variation des répulsions stériques en fonction de l'orientation relative des molécules voisines est évidemment critiquable et doit expliquer en grande partie les limites de ce modèle.

Maier et Saupe ont montré que l'énergie des interactions dipolaires induites d'une molécule i avec ses m_i plus proches voisines s'écrit sous la forme suivante :

$$H_{int,\,i} = -\frac{b}{R^6} - \frac{a}{R^6}\sum_{k=1}^{m_i} s_k s_i \tag{8.23}$$

avec a et $b > 0$ et $s_i = \frac{1}{2}(3\cos^2\theta_i - 1)$. θ_i caractérise la déviation de l'orientation d'une molécule i par rapport à la direction d'orientation préférentielle dans la phase nématique (Fig. 8.8). Les interactions entre les molécules plus éloignées sont négligées dans ce modèle.

En faisant l'hypothèse simplificatrice dite de « champ moyen » $\sum_{k=1}^{m_i} s_k$, la somme des s_k sur les m_i molécules entourant la molécule i, sera remplacée par $< \sum_{k=1}^{m_i} s_k >$ où $< >$ représente ici une moyenne d'ensemble sur toutes les molécules. En notant m, le nombre moyen des plus proches voisins,

$$< \sum_{k=1}^{m_i} s_k > = m <s>$$

de sorte que :

$$H_{int,\,i} \cong - \frac{b}{R^6} - \frac{a}{R^6}\, m<s>s_i \tag{8.24}$$

le « champ moyen », conjugué de s_i, étant représenté par le terme $\frac{a}{R^6}\, m <s>$. En introduisant le volume molaire, V, proportionnel à R^3, l'énergie d'interaction prend la forme suivante :

$$H_{int,\,i} \cong - \frac{B}{V^2} - \frac{A}{V^2} <s>s_i \tag{8.25}$$

La fonction de partition, $Z_{int,i}$, relative à cette interaction, s'écrit alors :

$$Z(T,<s>)_{int,i} = \exp\left(\frac{1}{kT}\frac{B}{V^2}\right)\int_0^{\pi} d\theta_i\, \sin\theta_i\, \exp\left(\frac{1}{kT}\frac{A}{V^2}<s>s_i\right) \tag{8.26}$$

sachant que $<s_i>$ doit satisfaire à la contrainte suivante $<s_i> = <s>$.

En posant :
$$\alpha = \frac{1}{kT}\frac{A}{V^2} <s> \tag{8.27}$$

cette dernière condition s'écrit :

$$\frac{\int_0^{\pi} d\theta_i\, \sin\theta_i\, s_i\, \exp(\alpha\, s_i)}{\int_0^{\pi} d\theta_i\, \sin\theta_i\, \exp(\alpha\, s_i)} = \alpha\, \frac{kT\, V^2}{A} \tag{8.28}$$

et en posant $u = \cos\theta_i$ et :

$$I(\alpha) = \frac{\int_0^{1} du \frac{1}{2}(3u^2 - 1)\, \exp\left[\alpha \frac{1}{2}(3u^2 - 1)\right]}{\int_0^{\pi} du\, \exp\left[\alpha \frac{1}{2}(3u^2 - 1)\right]} = \alpha\, \frac{kT\, V^2}{A} \tag{8.29}$$

on a alors l'équation :
$$\frac{I(\alpha)}{\alpha} = \frac{kT\, V^2}{A} \tag{8.30}$$

Celle-ci permet d'obtenir la fonction $\alpha\,(T)$ et par conséquent de relier le paramètre d'ordre $<s>$ à la température T. On constate que $<s> = 0$ ($\alpha = 0$) est solution de cette équation quel que soit T.

Les solutions non nulles de l'équation (8.30) sont les abscisses des intersections de la courbe $y = \frac{I(\alpha)}{\alpha}$ avec la droite $y = \frac{kT\, V^2}{A}$ (Fig. 8.11).

Pour $\frac{kT\, V^2}{A} > 0{,}2228$, il n'existe qu'une seule solution, $\alpha = 0$.

Pour $\frac{kT\ V^2}{A} < 0{,}22283$, trois solutions sont obtenues dont celle correspondant à $\alpha = 0$.

Enfin, pour $\frac{kT\ V^2}{A} = 0{,}2228$, il n'existe que deux solutions : $\alpha = 0$ et $\alpha = 1{,}453$.

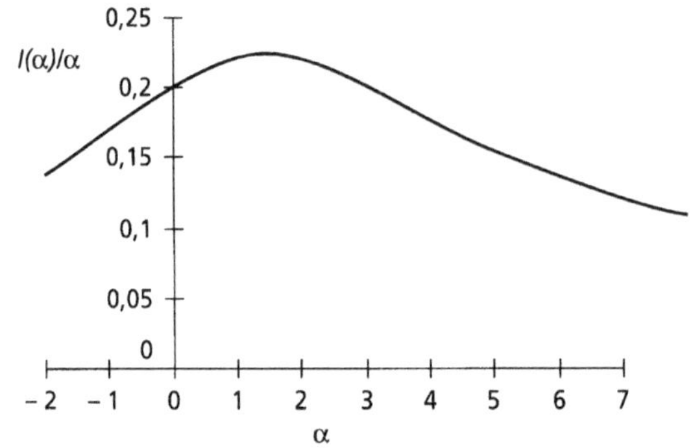

Figure 8.11 Évolution de $\frac{I(\alpha)}{\alpha}$ en fonction de α.

Les variations de l'énergie moyenne $<\Delta E>$, de l'énergie libre, ΔF, et de l'entropie, ΔS, associées à la variation du paramètre d'ordre de 0 à $<s>$, sont respectivement égales à :

$$<\Delta E> \ = -\frac{A}{V^2}<s>^2 \tag{8.31}$$

$$\Delta F = -kT\,\{\mathrm{Log}[Z\,(T, <s>)_{int}\,] - \mathrm{Log}[Z\,(T, 0)_{int}\,]\} \tag{8.32}$$

$$\Delta S = \frac{<\Delta E>}{T} - \frac{\Delta F}{T} = -\frac{A}{TV^2}<s>^2 + k\,\{\mathrm{Log}[Z\,(T, <s>)_{int}\,] - \mathrm{Log}[Z\,(T, 0)_{int}\,]\} \tag{8.33}$$

La détermination de la température de transition entre liquide nématique et liquide isotrope nécessite la connaissance des potentiels chimiques de ces deux phases, la température de transition correspondant à l'équilibre des pressions, des températures et des potentiels chimiques.

Considérons maintenant une mole de liquide nématique ; elle contient N_0 molécules avec mN_0 paires proches voisines en interaction.

Par mole, les variations d'énergie, $\Delta<E>$, d'entropie, ΔS, d'énergie libre, ΔF et d'enthalpie libre, ΔG, associées au paramètre d'ordre $<s>$, s'écrivent alors :

$$\Delta<E> \ = -\frac{1}{2}N_0<E> \ = -\frac{1}{2}N_0\frac{A}{V^2}<s>^2 \tag{8.34}$$

$$\Delta S = N_0\Delta S = N_0\left\{-\frac{A}{TV^2}<s>^2 + k\,\mathrm{Log}[z(T, <s>)_{int}]\right\} \tag{8.35}$$

avec :

$$z(T, <s>)_{int} = \frac{Z(T, <s>)_{int}}{Z(T, <0>)_{int}} = \frac{1}{2}\int_0^{\pi} d\theta_i \sin\theta_i \exp\left(\frac{1}{kT}\frac{A}{V^2} <s> s_j\right) \quad (8.36)$$

de sorte que :

$$\Delta F = \Delta<E> - T\Delta S = N_0\left\{\frac{A}{2V^2}<s>^2 - kT \,\mathrm{Log}[z(T, <s>)_{int}]\right\} \quad (8.37)$$

et :

$$\Delta G = N_0 \Delta\mu = \Delta F - p\Delta V \quad (8.38)$$

où ΔV est la variation de volume molaire, associée au paramètre d'ordre $<s>$.

À basse pression, on peut généralement négliger le terme en $p\,\Delta V$, de sorte que :

$$\Delta\mu \cong \frac{A}{2V^2}<s>^2 - kT\,\mathrm{Log}[z(T, <s>)_{int}] \quad (8.39)$$

À la température de transition « nématique-isotrope », la coexistence des phases nématique et isotrope, implique l'égalité des potentiels chimiques des deux phases ($\Delta\mu = 0$), soit, pour $\alpha \neq 0$, utilisant (8.27) et (8.39) :

$$2\frac{\mathrm{Log}[z(\alpha)_{int}]}{\alpha^2} = \frac{kTV^2}{A} \quad (8.40)$$

La valeur de α, solution du système d'équations précédent, doit satisfaire à l'équation suivante :

$$\frac{I(\alpha)}{\alpha} = 2\frac{\mathrm{Log}[z(\alpha)_{int}]}{\alpha^2} \quad (8.41)$$

Les équations (8.29),(8.36) et (8.41) permettent d'obtenir la température T_{NI} et la valeur du paramètre d'ordre dans la phase nématique à la transition, $<s>_{NI}$.

La résolution graphique de l'équation précédente est obtenue en recherchant le point d'intersection (différent de $\alpha = 0$) des courbes $y = \frac{I(\alpha)}{\alpha}$ et $y = 2\frac{\mathrm{Log}[z(\alpha)_{int}]}{\alpha^2}$.

La figure 8.12 montre que la solution correspond à $\alpha = 1{,}96$ et $y = 0{,}220$, soit :

$$\frac{A}{kT_{NI}V^2}<s_{NI}> = 1{,}96 \quad \text{et} \quad \frac{kT_{NI}V^2}{A} = 0{,}220$$

où T_{NI} est la température de la transition isotrope-nématique, et, $<s_{NI}>$, la valeur du paramètre d'ordre dans la phase nématique à la température T_{NI}. D'où :

$$<s_{NI}> = 0{,}429 \quad \text{et} \quad T_{NI} = 0{,}220\frac{A}{kV^2}.$$

À T et p constants, les limites d'existence des phases isotrope et nématique correspondent à :

$$\frac{\partial^2 G}{\partial <s>^2} = 0 \quad (8.42)$$

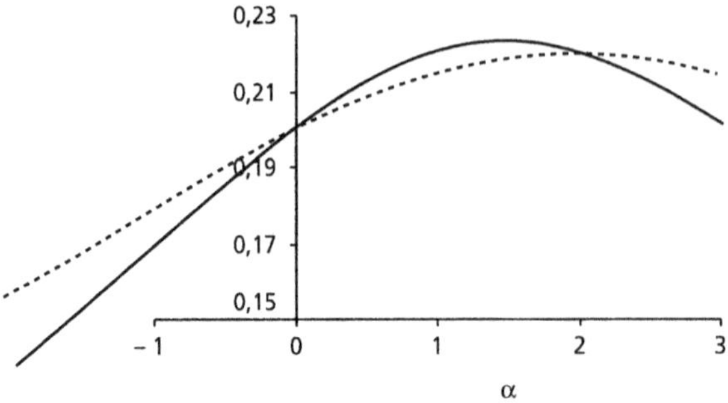

Figure 8.12 Résolution graphique de l'équation 8.41.

Les intersections des courbes $\frac{I(\alpha)}{\alpha}$ (en trait plein) et $2\text{Log}(z_{int})/\alpha^2$ (en trait interrompu) correspondent aux points ($\alpha = 0$; $\frac{I(\alpha)}{\alpha} = 0{,}2$) et ($\alpha = 1{,}96$; $\frac{I(\alpha)}{\alpha} = 0{,}220$).

G est approximativement égal à F, soit :

$$G = N_0\left\{-\frac{B}{V^2} + \frac{A}{2V^2}<s>^2 - kT\,\text{Log}[z(T, <s>)_{int}]\right\} \tag{8.43}$$

de sorte qu'à T et p constants, tenant compte de (8.27), la condition $\frac{\partial^2 G}{\partial^2 <s>} = 0$, qui définit la limite de stabilité, s'écrit :

$$\frac{kTV^2}{A} = \frac{\partial^2\,\text{Log}[Z(\alpha)_{int}]}{\partial\alpha^2} \tag{8.44}$$

La limite de stabilité de la phase nématique ($\alpha \neq 0$) est obtenue pour :

$$\alpha = \frac{A}{kTV^2}<s> = 1{,}45 \quad \text{et} \quad \frac{kTV^2}{A} = 0{,}22283$$

ce qui correspond à l'état physique suivant :

$$<s_N^*> = 0{,}323 \quad \text{et} \quad T_N^* = 0{,}2228\frac{A}{kV^2}.$$

Quant à la limite de stabilité de la phase isotrope ($\alpha = 0$), celle-ci est obtenue pour :

$$\frac{kTV^2}{A} = 0{,}2$$

L'état physique correspondant est défini par : $<s^*_I> = 0$ et $T_I^* \approx 0{,}2\frac{A}{kV^2}$.

La courbe 8.13 représente l'évolution du paramètre d'ordre $<s>$ au voisinage de la température de transition T^*_{NI}, dans le cas où $\frac{A}{V^2} = 2 \cdot 10^{-20}$ Joule.

On a donc la situation suivante :

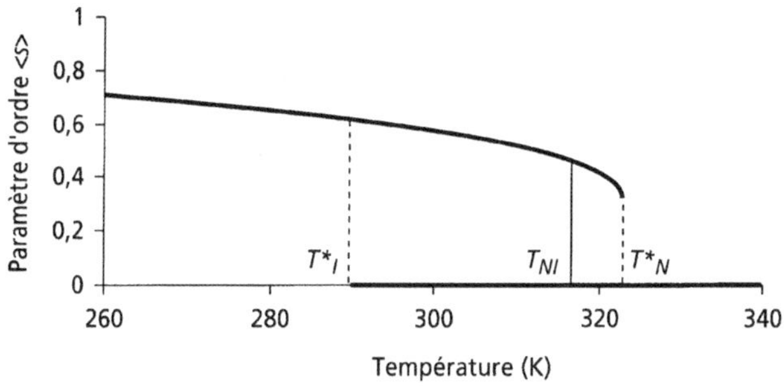

Figure 8.13 Évolution du paramètre d'ordre <s> avec la température.

Dans le cas où $\frac{A}{V^2} = 2\ 10^{-20}$, la température de coexistence des phases isotrope et nématique est égale à $T_{NI} = 318{,}8$ K, la température limite de surfusion de la phase isotrope est $T^*_I = 290$ K, et, la température limite de surchauffe de la phase nématique est $T^*_N = 323$ K. La surchauffe observée est, en fait, très faible (quelques degrés).

- pour $T < T^*_I$, la phase nématique est stable et la phase isotrope est instable ;
- pour $T^*_I < T < T_{NI}$, la phase nématique est stable et la phase isotrope est métastable ;
- pour $T^*_{NI} < T < T^*_I$, la phase isotrope est stable et la phase nématique est métastable ;
- pour $T > T^*_N$, la phase isotrope est stable et la phase nématique est instable.

Le modèle de Maier et Saupe est un modèle de champ moléculaire. On peut, en conclusion, résumer les résultats obtenus de la façon suivante :

- À la température T_{NI}, le paramètre d'ordre dans la phase nématique a une valeur indépendante du choix de $\frac{A}{V^2}$ et de la pression appliquée : $<s_{NI}> = 0{,}429$. Ce fait semble assez bien vérifié, même si les valeurs expérimentales trouvées pour $<s_{NI}>$ sont sensiblement moins élevées : $<s_{NI}>_{\text{exp}} \cong 0{,}3$. La figure 8.10 permet de comparer les résultats de cette théorie avec les résultats expérimentaux obtenus avec diverses techniques. Des améliorations substantielles de cette théorie, dues à Humphries, James et Luckhurst (1972) permettent d'obtenir un excellent accord.
- La température de transition de phase, $T_{NI} = 0{,}220\ \frac{A}{kV^2}$, est proportionnelle à $\frac{A}{V^2}$. Nous avons supposé $\frac{A}{V^2}$ constant, mais ce paramètre est vraisemblablement fonction de la température puisqu'il est sensé rendre compte non seulement des interactions de van der Waals, mais aussi des répulsions stériques qui dépendent de la température. Sa variation avec la température, difficile à prévoir, doit modifier de manière appréciable la variation de $<s>$ en fonction de la température.

On trouve, enfin, une chaleur latente de transition (Exercice 8.1) telle que :

$\frac{L}{T_{NI}} = 0{,}418\ R = 3{,}46\ \text{Jmole}^{-1}\text{K}^{-1}$. Cette valeur n'est pas en très bon accord avec les résultats expérimentaux obtenus comme le montre le tableau ci-joint.

Nématiques	T_{NI} (K)	L (joule/mole)	L/T_{NI}
PAA	408,6	570	1,39
CBOOA	373,13	1 100	2,95
4-4'-di-heptyloxyazoxybenzène	397,33	1 050	2,64
TBBA	509,63	750	1,47

Le modèle de Maier et Saupe repose sur des hypothèses simplificatrice : – il ne décrit les interactions intermoléculaires qu'en ne prenant que partiellement en compte la structure moléculaire ; – l'approximation de « champ moyen » conduit à négliger les fluctuations de chaque environnement moléculaire, chaque molécule étant supposée placée dans un même environnement moyen (Éq. 8.24).

Par ailleurs, il est souhaitable de disposer d'une modélisation générale de la transition « nématique-liquide isotrope » permettant de mettre en évidence les corrélations de comportement des matériaux présentant une telle transition, l'idéal étant de disposer d'une théorie phénoménologique simple, capable d'expliquer l'évolution générale des propriétés physiques de ces matériaux, sans avoir à prendre en compte, ni le détail des interactions moléculaires, ni celui de la structure moléculaire. Dans ce type de stratégie, un modèle simple a été proposé par de Gennes qui généralise la méthode proposée par Landau (7.4.3) pour prédire l'évolution d'un paramètre d'ordre au voisinage de la température de transition de phase : c'est le modèle de Landau-de Gennes.

On suppose que l'énergie libre F est une fonction analytique du paramètre d'ordre. Dans notre cas, ce paramètre d'ordre est $<s>$ qui caractérise le degré d'alignement des molécules. F peut donc être développée en série de Taylor en fonction du paramètre d'ordre $<s>$ au voisinage de $<s> = 0$. En absence de champ électrique ou magnétique extérieur, ce développement s'écrit a priori :

$$F = F_0 + K(T)<s> + \frac{1}{2}A(T)<s>^2 + \frac{1}{3}B(T)<s>^3 + \frac{1}{4}C(T)<s>^4 + O<s>^5 \qquad (8.45)$$

Mais nous n'avons aucune connaissance sur l'évolution des coefficients de ce développement, en fonction de la température ; toutefois en se référant aux théories moléculaires, on s'attend à une variation lente des coefficients.

Les états d'équilibre du système doivent satisfaire aux équations suivantes

$$\frac{\partial F}{\partial <s>} = 0 \quad \text{et} \quad \frac{\partial^2 F}{\partial^2 <s>} > 0 \qquad (8.46)$$

soit :

$$K(T) + A(T)<s> + B(T)<s>^2 + C(T)<s>^3 + O<s>^4 = 0$$

$$A(T) + 2B(T)<s> + 3C(T)<s>^2 + O<s>^3 > 0\ .$$

Pour que la phase isotrope, $<s> = 0$, soit stable pour toutes températures supérieures à T_{NI}, on doit supposer $K(T) = 0$. Par ailleurs, si l'on se limite dans l'expression de $F(<s>)$, à un développement du quatrième ordre, les conditions d'équilibre s'écrivent :

$$<s>[A(T) + B(T)<s> + C(T)<s>^2] = 0$$

$$A(T) + 2B(T)<s> + 3C(T)<s>^2 > 0 .$$

Il importe que $C(T) > 0$, pour que les valeurs d'équilibre trouvées soient stables. Nous avons éliminé le terme en $<s>$ dans le développement de F ; avons-nous des arguments pour éliminer le terme en $<s>^3$, comme dans le cas d'une transition « para-ferroélectrique » ou une transition « para-ferromagnétique » ?

Si $B(T)$ était nul, les conditions d'équilibre deviendraient :

$$<s>[A(T) + C(T)<s>^2] = 0$$

$$A(T) + 3C(T)<s>^2 > 0$$

Les solutions seraient : $<s> = 0$ pour $A(T) > 0$ et $<s>^2 = -\dfrac{A(T)}{C(T)}$ pour $A(T) > 0$. La transition pour $A(T) = 0$, serait du deuxième ordre (sans discontinuité de $<s>$ à la température de transition) et, dans la phase ordonnée ($<s> \neq 0$), les états $<s>$ et $-<s>$ seraient équiprobables ce qui est inacceptable. En effet, la solution $<s> > 0$, correspond à un alignement préférentiel des molécules suivant un axe, alors que celle correspondant à $<s> < 0$, correspond à un positionnement préférentiel des molécules perpendiculairement à un axe. Les états $<s>$ et $-<s>$ représentent donc des arrangements moléculaires différents, qui ne sont reliés par aucune symétrie. Il n'y a donc aucune raison pour que ces deux types d'alignement aient la même énergie libre. Il est donc nécessaire que $B(T)$ soit différent de 0, et pour privilégier la stabilité de la solution $<s> > 0$, correspondant à un alignement préférentiel des molécules suivant un axe, on doit avoir $B(T) < 0$.

On suppose que $C(T)$ et $B(T)$ ne dépendent pas de la température et on pose :

$B(T) = -B_0$, $C(T) = C_0$ avec B_0 et $C_0 > 0$. De même on prendra :

$$A(T) = \alpha(T - T^*) \quad \text{avec } \alpha > 0 \tag{8.47}$$

• Pour $A(T) < 0$, soit $T - T^* < 0$, les valeurs de $<s>$ correspondant à des états d'équilibre sont solutions des équations $\dfrac{\partial F}{\partial <s>} = 0$ et $\dfrac{\partial^2 F}{\partial <s>^2} > 0$, on obtient alors :

$$<s>_1 = \frac{B_0 + \sqrt{B_0^2 - 4\alpha(T - T^*)\,C_0}}{2C_0} \tag{8.48}$$

et,

$$<s>_3 = \frac{B_0 - \sqrt{B_0^2 - 4\alpha(T - T^*)\,C_0}}{2C_0} \tag{8.49}$$

En remarquant que $F(<s>_1) < F(<s>_3)$, on déduit immédiatement que $<s>_1$ correspond à un état stable et $<s>_3$, à un état métastable.

• Pour $0 < A(T) < \dfrac{B_0^2}{4C_0}$, soit $0 < T - T^* < \dfrac{B_0^2}{4\alpha C_0}$, les états d'équilibre correspondent à :

$$<s>_1 = \frac{B_0 + \sqrt{B_0^2 - 4\alpha(T - T^*)\,C_0}}{2C_0} \quad \text{et} \quad <s>_2 = 0 \tag{8.50}$$

– Pour $0 < T - T^* < \frac{2B_0^2}{9\alpha C_0}$, $F(<s>_1) < F(<s>_2)$: $<s>_1$ définit un état stable alors que $<s>_2$ correspond à un état métastable.

– Pour $\frac{2B_0^2}{9\alpha C_0} < T - T^* < \frac{B_0^2}{4\alpha C_0}$, $<s>_1$ correspond à un état métastable et $<s>_2$ correspond à un état stable.

– L'égalité, $F(<s>_1) = F(<s>_2)$, est obtenue pour une température T_{NI},

$$T_{NI} = T^* + \frac{2B_0^2}{9\alpha C_0} \tag{8.51}$$

température de coexistence de la phase nématique ($<s>_1 = \frac{2B_0}{3C_0}$) avec la phase isotrope ($<s>_2 = 0$).

Les températures $T_I^* = T^*$ et $T_N^* = T^* + \frac{B_0^2}{4\alpha C_0}$ correspondent respectivement aux limites de stabilité des phases isotropes et nématiques ($\frac{\partial^2 F}{\partial^2 <s>} > 0$).

• Pour $A(T) > \frac{B_0^2}{4C_0}$, soit $T - T^* > \frac{B_0^2}{4\alpha C_0}$, seule la phase isotrope ($<s>_2 = 0$), est stable.

On a représenté sur la figure 8.14 les évolutions de $F(s) - F_0$ pour différentes valeurs de $T - T^*$. La figure 8.15 représente la variation des valeurs d'équilibre de s en fonction de $T - T^*$.

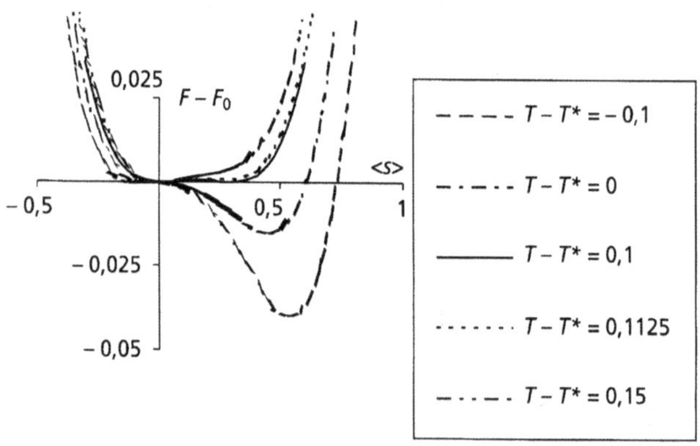

Figure 8.14 Évolution de $F(s) - F_0$ en fonction de <s> pour différentes températures $T - T^*$.

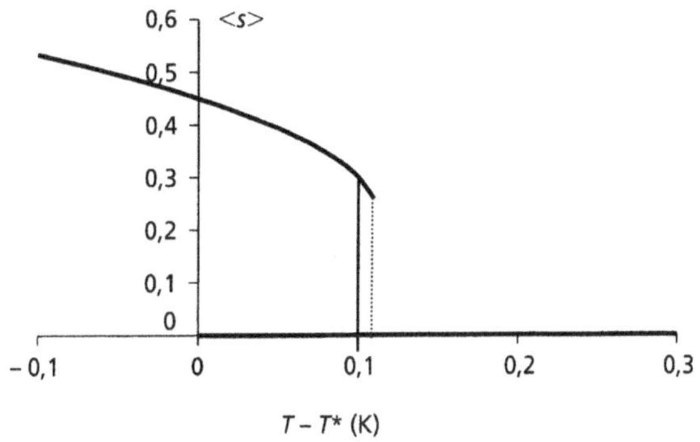

Figure 8.15 Variation des valeurs d'équilibre de $<s>$ en fonction de $T - T^*$.

Soulignons, pour conclure, que l'application de ce modèle est bien justifiée pour décrire les effets prétransitionnels dans la phase isotrope. Dans la phase nématique où $<s>$ est supérieur à 0,3, il faudrait en principe ne pas se limiter à un développement de F au quatrième ordre, pour prévoir convenablement l'évolution de $<s>$ dans cette phase.

c) Biréfringence magnétique dans la phase isotrope

Le modèle de Landau-de Gennes, en présence d'un champ extérieur, permet d'écrire l'énergie libre par mole dans la phase isotrope :

$$F - F_0 = \frac{1}{2}\alpha(T - T^*)<s>^2 + \frac{1}{3}B_0<s>^3 + \frac{1}{4}C_0<s>^4 + N_0 W(<s>) \quad (8.52)$$

où $W(<s>)$ est l'énergie potentielle moyenne d'orientation par molécule des molécules soumises au champ extérieur et N_0 est le nombre d'Avogadro.

Si on applique un champ magnétique extérieur suivant l'axe Oz, nous avons vu (Éq. 8.12) que la susceptibilité magnétique du milieu nématique dépendait du paramètre d'ordre $<s>$:

$$\chi_{mz} = n\left(\bar{\eta} + \frac{2}{3}\eta_a<s>\right) \quad (8.53)$$

L'énergie moyenne d'interaction magnétique par unité de volume s'écrit alors :

$$w(<s>) = -\frac{1}{2}\mu_0(1 + \chi_{mz})H^2 = -\frac{1}{3}\mu_0 n\,\eta_a<s>H^2 + K \quad (8.54)$$

où K est une constante, si le champ magnétique est fixé.

L'ordre induit par le champ magnétique dans ce matériau initialement isotrope, étant faible (typiquement : $<s> \approx 10^{-5}$), on peut écrire l'expression de l'énergie libre F en négligeant les termes en $<s>^3$, $<s>^4$, …, de sorte que :

$$F - F_0 = \frac{1}{2}\alpha(T - T^*)<s>^2 - \frac{1}{3}N_0\mu_0\eta_a<s>H^2 \quad (8.55)$$

À l'équilibre, $\dfrac{\partial F}{\partial<s>} = 0$, soit :

$$\alpha(T-T^*)<s>-\frac{1}{3}N_0\mu_0\eta_a H^2 = 0 \tag{8.56}$$

d'où :

$$<s> = \frac{1}{3}\frac{N_0\mu_0\eta_a H^2}{\alpha(T-T^*)} \tag{8.57}$$

Un tel matériau, isotrope en absence de champ magnétique, devient faiblement anisotrope et de symétrie cylindrique, lorsqu'il est soumis à un champ magnétique H.

L'indice optique et la susceptibilité diélectrique du matériau sont alors caractérisés par les tenseurs $\overline{\overline{n}}$ et $\overline{\overline{\chi}}_e$, dont les valeurs principales sont respectivement n_l et χ_{el}, suivant la direction du champ magnétique, et n_2 et χ_{e2}, suivant un axe perpendiculaire. n_i et χ_{ei} (i = 1 ou 2) obéissent à la relation de Clausius-Mosotti :

$$\frac{n_i^2-1}{n_i^2+2} = \frac{1}{3}\chi_{ei} = \frac{1}{3}\frac{N_0}{V_M}\alpha_i \tag{8.58}$$

où α_i est la polarisabilité moyenne des molécules suivant la direction i et V_M le volume molaire. On obtient alors :

$$\frac{3(n_1^2-n_2^2)}{(n_1^2+2)(n_2^2+2)} = \frac{1}{3}\frac{N_0}{V_M}(\alpha_1-\alpha_2)$$

soit, en posant : $n = \frac{n_1+n_2}{2}$ et $\Delta n = n_l - n_2$ et pour une faible anisotropie d'indice :

$$\frac{\Delta n}{n} = \frac{1}{2}\frac{(\alpha_1-\alpha_2)(n^2+2)^2}{9}\frac{N_0}{n^2 V_M} \tag{8.59}$$

Or, $(\alpha_1-\alpha_2)$ est relié à l'anisotropie de la molécule, α_a, et au paramètre d'ordre $<s>$, par la relation $\alpha_1-\alpha_2=\alpha_a<s>$, d'où :

$$\frac{\Delta n}{n} = \frac{(n^2+2)^2}{n^2}\frac{\alpha_a N_0^2\mu_0\eta_a}{54 V_M\alpha(T-T^*)}H^2 \tag{8.60}$$

À champ magnétique constant, Δn doit donc varier en $(T-T^*)^{-1}$; cette propriété est bien vérifiée expérimentalement.

d) Distorsions statiques dans un monocristal nématique

Dans le cas idéal d'un monocristal nématique, toutes les molécules ont tendance à s'aligner le long d'une même direction définie par le vecteur directeur $\pm\boldsymbol{n}$. Le milieu est uniaxial. En pratique la situation est plus complexe, car cette configuration idéale est en général incompatible, d'une part, avec les contraintes imposées aux interfaces qui limitent le milieu nématique, et d'autre part, avec les champs extérieurs appliqués qui agissent sur les molécules (champ magnétique, par exemple). Dans cette situation, on observe une déformation de l'alignement et le vecteur directeur n'est plus constant, mais varie de manière continue au sein du matériau ; dans ce cas, on définira le vecteur directeur par $\pm\boldsymbol{n}(\boldsymbol{r})$ où $\boldsymbol{r}(x,y,z)$ définit un point du matériau.

Dans la plupart des situations, $a\nabla \boldsymbol{n} << 1$ où a est la longueur d'une molécule. La variation de $\boldsymbol{n}(\boldsymbol{r})$ étant imperceptible à l'échelle moléculaire, on admet que le degré d'alignement des molécules suivant $n(\boldsymbol{r})$ n'est pas modifié par la déformation, et que l'on reste en régime linéaire de déformation.

Les trois déformations principales du vecteur directeur, susceptibles d'apparaître au sein d'un nématique, sont représentées figure 8.16 ; elles correspondent successivement à : – une ouverture en éventail ; – une courbure ; – une torsion.

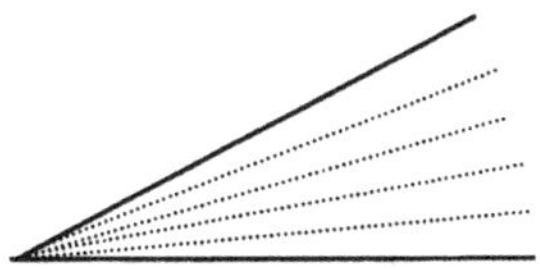

Ouverture en éventail de n
div$n \neq 0$

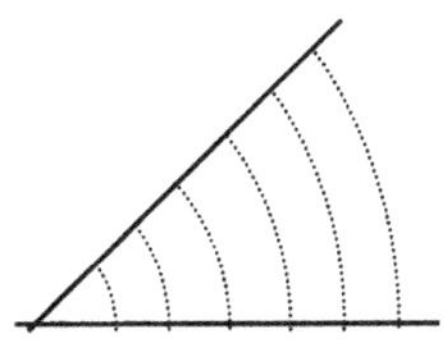

Courbure de n
$n(r) \times \mathrm{rot}\, n(r) \neq 0$

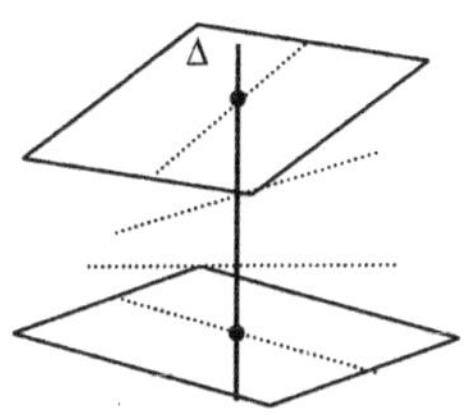

Torsion de n autour d'un axe Δ
$n(r) \cdot \mathrm{rot}\, n(r) \neq 0$

Figure 8.16 Les trois types principaux de déformation dans un monodomaine nématique.

Traitant le cas général, J.L. Eriksen (1966) a montré que, par unité de volume, l'énergie libre de déformation, F_d (appelée énergie libre de Frank), pouvait se mettre sous la forme suivante :

$$F_d(\boldsymbol{r}) = \frac{1}{2}K_1(\mathrm{div}\boldsymbol{n}(\boldsymbol{r}))^2 + \frac{1}{2}K_2(\boldsymbol{n}(\boldsymbol{r}) \cdot \mathrm{rot}\boldsymbol{n}(\boldsymbol{r}))^2 + \frac{1}{2}K_3(\boldsymbol{n}(\boldsymbol{r}) \times \mathrm{rot}\boldsymbol{n}(\boldsymbol{r}))^2 \quad (8.61)$$

où les trois termes correspondent respectivement aux trois types de déformation de base représentés par :

- $\frac{1}{2}K_1(\mathrm{div}\boldsymbol{n})^2$, pour l'ouverture en éventail de $\boldsymbol{n}$;
- $\frac{1}{2}K_2(\boldsymbol{n} \cdot \mathrm{rot}\boldsymbol{n})^2$, pour la torsion de $\boldsymbol{n}$;
- $\frac{1}{2}K_3(\boldsymbol{n} \times \mathrm{rot}\boldsymbol{n})^2$, pour la courbure de $\boldsymbol{n}$.

Les trois constantes élastiques K_i ($i = 1,2,3$) doivent être positives, pour que le minimum de F_d corresponde à un nématique non déformé (div$\boldsymbol{n} = 0$ et rot$\boldsymbol{n} = 0$). Si F_d est exprimé en Joule par m^3, les constantes, K_i, s'expriment en Joule par mètre, c'est-à-dire en Newton. Un ordre de grandeur de ces constantes peut être obtenu grâce à des arguments purement dimensionnels. On peut en effet s'attendre à ce que $K_i = \frac{U}{a}$ où U est l'énergie d'interaction entre molécules voisines, et a la longueur caractéristique de la partie rigide des molécules. L'énergie d'interaction étant de l'ordre de 2 kilocalories par mole, U est typiquement de l'ordre de 1,4 10^{-20} J par molécule avec $a \approx 2$ nm. Les valeurs attendues des K_i sont donc typiquement de l'ordre de 0,7 10^{-11} J/m (ou N). Ce résultat est en bon accord avec les valeurs mesurées dans les nématiques ; c'est ainsi que pour le para-azoxyanisole (PAA) à 120 °C, les constantes élastiques mesurées sont : $K_1 = 0{,}7\ 10^{-11}$ N ; $K_2 = 0{,}43\ 10^{-11}$ N ; $K_3 = 1{,}7\ 10^{-11}$ N.

On observe généralement une diminution des constantes élastiques lorsque la température augmente.

Au voisinage immédiat d'une interface, les molécules nématiques tendent à s'orienter suivant une direction préférentielle qui dépend de la nature de cette interface. Dans la plupart des cas, les forces de surface sont très fortes et imposent une orientation bien définie du vecteur directeur $\boldsymbol{n}$ à la surface ; on dit qu'il y a un « ancrage » solide des molécules.

➤ Orientation sur une paroi solide amorphe

Au voisinage d'une paroi amorphe non traitée, la direction d'orientation préférentielle des molécules nématiques est en général parallèle à la paroi ; toutes les directions parallèles à la parois doivent être considérées comme équivalentes. En revanche, si cette paroi amorphe a été finement rayée dans une direction particulière par frottement d'un papier, l'orientation s'effectue suivant le sens du frottement : les fines rayures produites par le frottement sont suffisantes pour imposer la direction d'orientation préférentielle des molécules à la paroi. Cette méthode d'ancrage des molécules à la paroi a été pratiquée dès 1948 par Chatelain. Enfin, si l'on incorpore en faible quantité dans la phase nématique certains détergents capables de fixer leur tête polaire sur la paroi amorphe, on constate qu'en se fixant à la paroi, ils imposent aux molécules une orientation perpendiculaire à la surface. Avec un tel procédé il est facile d'obtenir entre deux parois parallèles ainsi traitées un monocristal nématique avec un axe d'orientation préférentielle (axe optique) perpendiculaire aux deux parois.

➤ Orientation à la surface d'un monocristal

Lorsque la surface en contact avec le nématique correspond à un plan cristallographique bien défini du monocristal, une série de directions d'orientation préférentielles parallèles à la surface sont généralement mises en évidence. C'est ainsi que lorsque du para-azoxyanisole est déposé sur la face (001) du chlorure de sodium, il apparaît deux directions d'orientation préférentielle, parallèles au plan de la surface ; ces directions correspondent aux directions cristallographiques (1 1 0) et ($1\ \bar{1}\ 0$).

➤ Orientation à l'interface air-nématique

En général, la direction d'orientation préférentielle des molécules fait un angle ψ avec la surface libre de sorte que la directions d'orientation est sur un cône dont l'axe est perpendiculaire à l'interface et dont l'angle est $\pi - 2\psi$. L'angle ψ est fonction de la température et il est vraisemblablement très sensible à la présence de contaminants.

e) Effets d'un champ magnétique fort dans la phase nématique

La plupart des molécules organiques sont diamagnétiques et leur diamagnétisme est particulièrement fort lorsque les molécules comportent des cycles aromatiques. Considérons un cycle aromatique soumis à un champ magnétique $\boldsymbol{H}$; lorsque son plan est perpendiculaire au champ magnétique, le courant qui apparaît dans le cycle tend à réduire le flux qui le traverse et les lignes de champ au voisinage du cycle sont fortement perturbées : elles tendent à contourner le cycle et l'énergie d'interaction champ-cycle est maximale. Par contre, si le champ magnétique est dans le plan du cycle, aucun courant n'est induit et les lignes de champ ne sont que très faiblement perturbées ; dans ce cas l'énergie d'interaction est minimale : un cycle aromatique tend à s'orienter de telle manière que $\boldsymbol{H}$ soit dans le plan du cycle.

Les molécules qui forment des phases nématiques telles que le MBBA ou le PAA contiennent, dans leur partie rigide, deux cycles aromatiques dont les axes sont approximativement perpendiculaires à l'axe de la partie rigide des molécules (Fig. 8.1). Si un champ magnétique $\boldsymbol{H}$ est appliqué suivant $\boldsymbol{n}$, ce champ sera dans le plan des cycles ; l'énergie d'interaction des cycles avec le champ sera minimale et la configuration sera stable. En revanche, si le champ magnétique $\boldsymbol{H}$ est appliqué perpendiculairement à $\boldsymbol{n}$, beaucoup de molécules auront l'axe de leurs cycles dans une direction voisine de celle du champ et l'énergie globale d'interaction sera élevée ; cette configuration n'est pas stable et l'on assistera à une réorientation de $\boldsymbol{n}$ dans la direction de $\boldsymbol{H}$.

En pratique la phase nématique est limitée par des parois qui imposent des conditions limites incompatibles à une réorientation complète de $\boldsymbol{n}$ dans tout le milieu nématique. Il y aura compétition entre l'effet des parois, qui imposent un ancrage des molécules suivant une direction déterminée, $\boldsymbol{n}_s$, et l'effet du champ magnétique $\boldsymbol{H}$ qui favorise l'alignement de $\boldsymbol{n}$ suivant $\boldsymbol{H}$. On obtiendra alors des configurations déformées.

Pour analyser plus précisément ces effets et voir leur intérêt pour mesurer les constantes élastiques d'un nématique, il convient d'en faire une analyse quantitative.

Lorsqu'un champ magnétique $\boldsymbol{H}$ est appliqué à un nématique déformé, caractérisé par un vecteur $\boldsymbol{n}(\boldsymbol{r})$, l'aimantation induite en $\boldsymbol{r}$, $\boldsymbol{M}(\boldsymbol{r})$, s'écrit :

$$\boldsymbol{M}(\boldsymbol{r}) = \chi_{\perp}\boldsymbol{H} + (\chi_{\parallel} - \chi_{\perp})\,[\boldsymbol{H}.\boldsymbol{n}(\boldsymbol{r})]\,\boldsymbol{n}(\boldsymbol{r}) \tag{8.62}$$

où les susceptibilités principales, $\chi_{\parallel}$ et $\chi_{\perp}$, sont toutes deux négatives (diamagnétisme), avec dans la plupart des nématiques, $\chi_a = \chi_{\parallel} - \chi_{\perp} > 0$.

Le couple par unité de volume, agissant sur l'aimantation, est égal à :

$$\Gamma_M(\boldsymbol{r}) = \mu_0 \boldsymbol{M}(\boldsymbol{r}) \times \boldsymbol{H} = \mu_0 \chi_a [\boldsymbol{H}.\boldsymbol{n}(\boldsymbol{r})]\,\boldsymbol{n}(\boldsymbol{r}) \times \boldsymbol{H} \tag{8.63}$$

avec $\mu_0 = 4\,\pi\,10^{-7}$ H/m.

L'énergie libre par unité de volume, $F(\boldsymbol{r})$, s'écrit alors :

$$F(\boldsymbol{r}) = F_d(\boldsymbol{r}) + F_M(\boldsymbol{r}) \tag{8.64}$$

avec :

$$F_M(\boldsymbol{r}) = -\mu_0 \int_0^H \boldsymbol{M}(\boldsymbol{r})\,\mathrm{d}\boldsymbol{H} = -\frac{1}{2}\mu_0\chi_\perp H^2 - \frac{1}{2}\mu_0\chi_a[\boldsymbol{n}(\boldsymbol{r})\cdot\boldsymbol{H}]^2 \qquad (8.65)$$

Seul le dernier terme dépend de $\boldsymbol{n}(\boldsymbol{r})$; il est minimal lorsque $\boldsymbol{n}(\boldsymbol{r})$ est parallèle à $\boldsymbol{H}$.

Pour établir les conditions d'équilibre en présence d'un champ magnétique appliqué, deux méthodes équivalentes peuvent être utilisées :

- soit on minimise l'énergie libre $f = \int_V F(\boldsymbol{r})\,\mathrm{d}\boldsymbol{r}$;
- soit on écrit que, dans tout volume élémentaire de la phase nématique, le couple d'origine magnétique agissant dans le volume est contrebalancé par les couples exercés à sa surface par les régions voisines.

Considérons donc (Fig. 8.17) une phase nématique limitée par une paroi plane (plan Oxz), le nématique remplissant l'espace correspondant à $y > 0$. La paroi a été traitée de manière à imposer un ancrage des molécules suivant l'axe ± **O***z*. En absence d'autre contrainte, le vecteur directeur $\boldsymbol{n}$ est, à l'équilibre, dirigé suivant ± **O***z*. En tout point du nématique, on aura donc : $n_x = 0$, $n_y = 0$, $n_z = 1$.

Supposons maintenant qu'un champ magnétique $\boldsymbol{H}$ est appliqué suivant l'axe **O*x***. Si on se trouve suffisamment loin de la paroi , le vecteur directeur $\boldsymbol{n}$ sera dirigé suivant $\boldsymbol{H}$, c'est-à-dire suivant **O*x***, en revanche, près de la paroi, le vecteur directeur fera un angle θ, fonction de la distance y à la paroi, car celle-ci impose une contrainte.

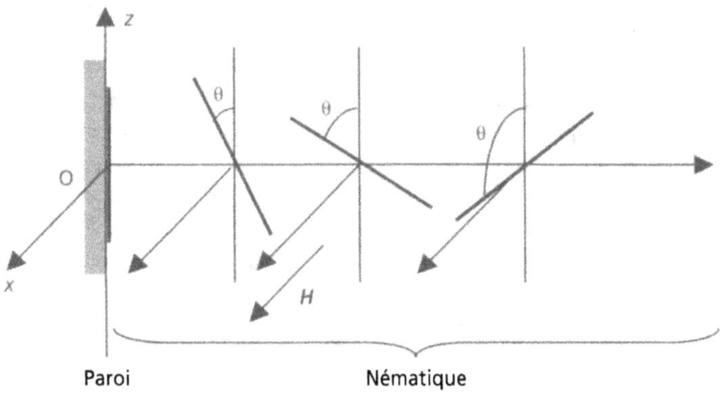

Figure 8.17 Effet d'un champ magnétique fort sur la phase nématique.

Compétition entre l'effet d'ancrage des molécules à la paroi dans la direction Oz, et l'effet du champ magnétique *H* qui tend à aligner les molécules de la phase nématique dans la direction Ox.

Le couple créé par unité de volume sera, d'après (8.63) :

$$\Gamma_M(y) = \mu_0\chi_a[\boldsymbol{H}\cdot\boldsymbol{n}(y)]\,\boldsymbol{n}(y)\times\boldsymbol{H} = \mu_0\chi_a \boldsymbol{H}^2 \sin[\theta(y)]\cos[\theta(y)] \qquad (8.66)$$

Si l'on considère une tranche fine [y ; y + dy] de surface unité, le couple d'origine magnétique agissant sur ce volume sera $\mu_0 \chi_a H^2 \sin[\theta(y)] \cos[\theta(y)]\, dy$ tandis que les couples d'origine mécanique agissant sur les surfaces y et y + dy seront respectivement, $-K_2 \frac{d\theta}{dy}$ en y, et, $K_2 \frac{d\theta}{dy}$ en y + dy ; soit globalement :

$$K_2 \frac{d\theta}{dy}_{(\text{en } y + dy)} - K_2 \frac{d\theta}{dy}_{(\text{en } y)} = K_2 \frac{d^2\theta}{dy^2} dy \tag{8.67}$$

L'équilibre est réalisé lorsque la somme des couples est nulle, soit :

$$K_2 \frac{d^2\theta}{dy^2} + \mu_0 \chi_a H^2 \sin[\theta(y)] \cos[\theta(y)] = 0 \tag{8.68}$$

Introduisons la longueur $\xi_2(H)$, définie par :

$$\xi_2(H) = \left(\frac{K_2}{\mu_0 \chi_a}\right)^{1/2} \frac{1}{H} \tag{8.69}$$

l'équation (8.68) devient :

$$\xi_2^2(H) \frac{d^2\theta}{dy^2} + \sin[\theta(y)] \cos[\xi(y)] = 0 \tag{8.70}$$

soit, par intégration :

$$\xi_2^2 \left(\frac{d\theta}{dy}\right)^2 = \cos^2\theta + C^{te} \tag{8.71}$$

Loin de la paroi ($y \to \infty$), on s'attend à ce que, θ soit égal à $\frac{\pi}{2}$, et $\frac{d\theta}{dy}$ à 0 ; la constante d'intégration est donc nulle, de sorte que :

$$\xi_2 \frac{d\theta}{dy} = +\cos\theta \quad \text{ou} \quad \xi_2 \frac{d\theta}{dy} = -\cos\theta$$

Ces deux équations correspondent à des torsions opposées au voisinage de la paroi ; ces deux solutions sont permises et aussi probables l'une que l'autre. En choisissant le premier cas et en posant $u = \frac{\pi}{2} - \theta$, l'équation s'écrit $dy = -\xi_2 \frac{du}{\sin u}$.

Posant $t = \text{tg}(u/2)$, on obtient $dy = -\xi_2 \frac{dt}{t}$, soit par intégration :

$$\text{Log}\, t = -\frac{y}{\xi_2} + C^{te} \tag{8.72}$$

En choisissant la constante de telle sorte que, $\theta = 0$ pour $y = 0$ (ce qui implique que $t = \text{tg}(\pi/4) = 1$, pour $y = 0$), on obtient finalement :

$$\text{tg}\left(\frac{\pi/2 - \theta}{2}\right) = \exp\left(-\frac{y}{\xi_2}\right) \tag{8.73}$$

Ce résultat montre que ξ_2 définit l'épaisseur de la zone de transition.

Pour une induction magnétique dans le vide B_0 de 1 Tesla, correspondant à un champ magnétique H d'environ 8 10^5 A/m, avec des valeurs typiques de K_2 et χ_a ($K_2 = 10^{-11}$ N et $\chi_a = 1{,}25\ 10^{-6}$), on trouve que $\xi_2 = 3\ 10^{-6}$ m = 3 μ.

Il est bien sûr possible d'envisager d'autres configurations correspondant à une compétition entre l'effet d'un ancrage à la paroi et l'effet d'un champ appliqué. D'une manière générale, dans ce type d'interaction, l'alignement des molécules depuis la paroi suit une loi exponentielle ; l'épaisseur ξ de la zone de transition est toujours une moyenne pondérée des trois longueurs de cohérence fondamentales, $\xi_i(H) = \left(\frac{K_i}{\mu_0\chi_a}\right)^{1/2}\frac{1}{H}$ ($i = 1,2,3$), le « poids » de chacune des longueurs caractéristiques variant d'une configuration à une autre.

➤ Transition de Frederiks

Considérons maintenant une tranche fine d'un nématique, limitée par deux parois solides. L'épaisseur d de la tranche est de l'ordre de 20 μ. À la surface de chaque paroi on suppose qu'il y a un parfait ancrage des molécules dans la direction $\boldsymbol{n}_0$. Initialement, en tout point de la tranche délimitée par deux parois solides, le vecteur directeur est uniforme : $\boldsymbol{n}(\boldsymbol{r}) = \boldsymbol{n}_0$. Un champ magnétique $\boldsymbol{H}$ est alors appliqué perpendiculairement à $\boldsymbol{n}_0$. La figure 8.18 présente les trois cas fondamentaux envisageables.

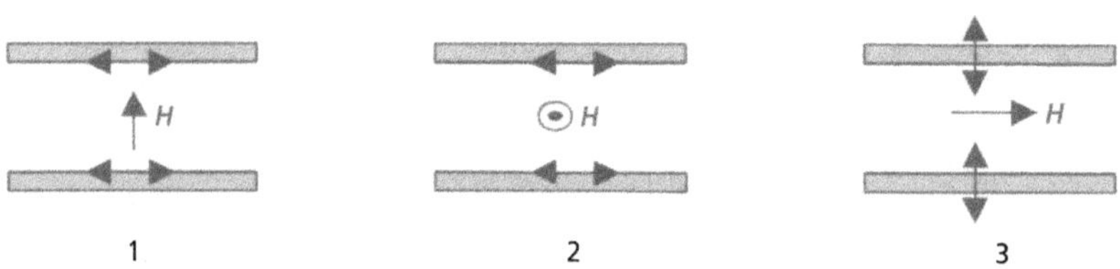

Figure 8.18 Transitions de Frederiks dans trois principales configurations.

Dans les trois cas, le champ magnétique $\boldsymbol{H}$ est appliqué perpendiculairement à la direction d'ancrage aux parois. Pour un champ magnétique faible, les molécules dans la tranche gardent une orientation préférentielle parallèle à la direction d'ancrage aux parois. Par contre, dès que le champ $\boldsymbol{H}$ dépasse un champ critique H_c, les molécules dans la zone centrale de la tranche subissent une rotation et tendent à s'orienter suivant $\boldsymbol{H}$.

Dans la tranche, le couple magnétique Γ_M agissant par unité de volume est donné par (8.63). Ainsi, dans la configuration initiale, qui correspond en tous points à $\boldsymbol{H} \cdot \boldsymbol{n}(\boldsymbol{r}) = 0$, nous pouvons affirmer que l'équilibre local est réalisé. Toutefois nous ne savons pas pour l'instant dans quelles conditions cet équilibre est stable ou instable. Pour répondre à cette question, nous devons étudier dans quelle mesure une faible perturbation de cet état d'équilibre est susceptible d'être amplifiée ou annulée.

Considérons d'abord le cas correspondant au schéma 2 de la figure 8.18. Les molécules sont ancrées parallèlement aux parois dans la direction **O*x***, alors que le champ magnétique $\boldsymbol{H}$, parallèle aux parois, est appliqué suivant l'axe **O*y*** perpendiculaire à **O*x***. Nous noterons **O*z*** l'axe perpendiculaire aux parois.

En absence de champ magnétique le vecteur directeur est orienté suivant ± **O*x*** en tout point de l'échantillon : $\boldsymbol{n}(\mathbf{r}) = \boldsymbol{n}_0$ et cette configuration est stable.

Pour étudier la stabilité du vecteur directeur en présence du champ magnétique $\boldsymbol{H}$, considérons une faible déflexion du vecteur directeur dans la direction du champ :

$$\boldsymbol{n}(\boldsymbol{r}) = \boldsymbol{n}_0 + \delta\boldsymbol{n}(\boldsymbol{r}) \tag{8.74}$$

avec $|\delta\boldsymbol{n}(\boldsymbol{r})| \ll 1$ et $|\boldsymbol{n}(\boldsymbol{r})| = |\boldsymbol{n}_0| = 1$. Le couple agissant par unité de volume s'écrit alors :

$$\Gamma_M = \mu_0\chi_a[\boldsymbol{H}\cdot\boldsymbol{n}(\boldsymbol{r})]\,\boldsymbol{n}(r)\times\boldsymbol{H} = \mu_0\chi_a[\boldsymbol{H}\cdot\delta\boldsymbol{n}(r)]\,\boldsymbol{n}_0\times\boldsymbol{H} \tag{8.75}$$

En effet, pour une faible déflexion du vecteur directeur vers la direction du champ, $\delta\boldsymbol{n}(\boldsymbol{r})$, dirigé suivant $\boldsymbol{H}$, est pratiquement perpendiculaire à $\boldsymbol{n}_0$ et le couple est proportionnel à la déviation $\delta\boldsymbol{n}(\boldsymbol{r})$. Par ailleurs, il est raisonnable de supposer que la distorsion ne dépend que de z.

Par unité de volume, l'énergie de distorsion F_d et l'énergie magnétique F_M, s'écrivent alors :

$$F_d = \frac{1}{2}K_2(\boldsymbol{n}\cdot\mathrm{rot}\boldsymbol{n})^2 = \frac{1}{2}K_2\left(\frac{\mathrm{d}\delta n}{\mathrm{d}z}\right)^2 \tag{8.76}$$

$$F_M = -\frac{1}{2}\mu_0\chi_\perp H^2 - \frac{1}{2}\mu_0\chi_a[\boldsymbol{n}(\boldsymbol{r})\cdot\boldsymbol{H}]^2 = \mathrm{C^{te}} - \frac{1}{2}\mu_0\chi_a\,\delta n(z)^2 H^2 \tag{8.77}$$

Supposant un ancrage parfait des molécules sur les parois, $\delta n(z)$ doit être nul aux parois situées en $z = 0$ et $z = d$; on doit donc imposer que $\delta n(0) = \delta n(d) = 0$. En développant $\delta n(z)$ en série de Fourier, on obtient :

$$\delta n(z) = \sum_{k=1}^{\infty}\delta n_k \sin kz \tag{8.78}$$

avec $k = n\dfrac{\pi}{d}$ et n, entier positif. F, l'énergie libre par unité de surface de la tranche, est égale à :

$$F = \int_0^d (F_M + F_d)\,\mathrm{d}z = \frac{d}{4}\sum_{k=1}^{\infty}\delta n_k^2(K_2k^2 - \mu_0\chi_a H^2) \tag{8.79}$$

L'état non perturbé correspondant à $\boldsymbol{n}(\boldsymbol{r}) = \boldsymbol{n}_0$ sera stable si F augmente quelles que soient les variations des δn_k^2 ; il faut donc que, quel que soit k :

$$K_2k^2 > \mu_0\chi_a H^2 \tag{8.80}$$

La plus petite valeur de k est $\dfrac{\pi}{d}$; elle correspond à une distorsion dont la demie longueur d'onde est égale à d. Ainsi, la valeur du champ magnétique H_{C2}, à partir de laquelle une distorsion apparaît est égale à :

$$H_{C2} = \frac{\pi}{d}\left(\frac{K_2}{\mu_0\chi_a}\right)^{1/2} \tag{8.81}$$

La transition d'un état où $\boldsymbol{n}$ est spatialement uniforme à une situation où ce vecteur s'aligne avec le champ s'appelle la **transition de Frederiks.** Pour chacune des 3 configurations présentées dans la figure 8.18 (cas i = 1, 2 et 3), les champs seuils sont respectivement :

$$H_{Ci} = \frac{\pi}{d}\left(\frac{K_i}{\mu_0\chi_a}\right)^{1/2} \qquad i = 1, 2 \text{ et } 3 \tag{8.82}$$

Dans une phase nématique, $K_i \approx 10^{-11}$ N et $\chi_a \approx 1{,}25\ 10^{-6}$. Pour $d = 20\ \mu$, l'induction magnétique critique $B_{Ci} = \mu_0 H_{Ci}$ est de l'ordre de 0,5 Tesla.

f) Effets d'un champ électrique dans la phase nématique - Transitions de Frederiks

Nous limiterons notre analyse aux nématiques parfaitement isolants. Dans ce cas, l'effet d'un champ électrique $\boldsymbol{E}$ est analogue à celui d'un champ magnétique.

Lorsqu'un champ électrique $\boldsymbol{E}$ est appliqué à un nématique déformé, caractérisé par un vecteur directeur $\boldsymbol{n}(\boldsymbol{r})$, la polarisation en $\boldsymbol{r}$, notée $\boldsymbol{P}_e(\boldsymbol{r})$, s'écrit :

$$\boldsymbol{P}_e(\boldsymbol{r}) = \varepsilon_0[\chi_{e\perp}\boldsymbol{E} + (\chi_{e\parallel} - \chi_{e\perp})\,[\boldsymbol{E}\cdot\boldsymbol{n}(\boldsymbol{r})]\,\boldsymbol{n}(\boldsymbol{r})] \qquad (8.83)$$

où les susceptibilités diélectriques principales, $\chi_{e\parallel}$ et $\chi_{e\perp}$, sont toutes deux positives (paraélectricité) ; l'écart $\chi_a = \chi_{e\parallel} - \chi_{e\perp}$ peut être positif ou négatif, suivant la structure chimique des molécules considérées, la constante diélectrique du vide ε_0 est égale à $\dfrac{1}{36\pi 10^9}$.

Tenant compte de la relation entre le vecteur déplacement $\boldsymbol{D}$, le champ $\boldsymbol{E}$ et la polarisation induite $\boldsymbol{P}_e$, $\boldsymbol{D} = \varepsilon_0\,\boldsymbol{E} + \boldsymbol{P}_e$ on a :

$$\boldsymbol{D}(\boldsymbol{r}) = \varepsilon_0[\boldsymbol{E} + \chi_{e\perp}\boldsymbol{E} + (\chi_{e\parallel} - \chi_{e\perp})\,[\boldsymbol{E}\cdot\boldsymbol{n}(\boldsymbol{r})]\,\boldsymbol{n}(\boldsymbol{r})] \qquad (8.84)$$

En introduisant les constantes diélectriques relatives principales

$$\varepsilon_\perp = 1 + \chi_{e\perp}\ ;\ \varepsilon_\parallel = 1 + \chi_{e\parallel} \text{ et } \varepsilon_a = \varepsilon_\parallel - \varepsilon_\perp = \chi_{e\parallel} - \chi_{e\perp}$$

on trouve :

$$\boldsymbol{D}(\boldsymbol{r}) = \varepsilon_0[\varepsilon_\perp\boldsymbol{E} + (\varepsilon_\parallel - \varepsilon_\perp)\,[\boldsymbol{E}\cdot\boldsymbol{n}(\boldsymbol{r})]\,\boldsymbol{n}(\boldsymbol{r})\,]$$

Le couple agissant sur la polarisation induite, par unité de volume, est égal à :

$$\Gamma_E(\boldsymbol{r}) = \boldsymbol{P}(\boldsymbol{r})\times\boldsymbol{E} = \varepsilon_0\varepsilon_a\,[\boldsymbol{E}\cdot\boldsymbol{n}(\boldsymbol{r})]\,\boldsymbol{n}(\boldsymbol{r})\times\boldsymbol{E} \qquad (8.85)$$

L'énergie libre par unité de volume, $F(\mathbf{r})$, s'écrit :

$$F(\boldsymbol{r}) = F_d(\boldsymbol{r}) + F_E(\boldsymbol{r}) \qquad (8.86)$$

avec :

$$F_E(\boldsymbol{r}) = -\int_0^E \boldsymbol{D}(\boldsymbol{r})\,\mathrm{d}\boldsymbol{E} = -\frac{1}{2}\varepsilon_0\varepsilon_\perp E^2 - \frac{1}{2}\varepsilon_0\varepsilon_a\,[\boldsymbol{n}(\boldsymbol{r})\cdot\boldsymbol{E}]^2 \qquad (8.87)$$

Le minimum de $F_E(\boldsymbol{r})$ correspond au maximum de $\varepsilon_a\ [\boldsymbol{n}(\boldsymbol{r}).\boldsymbol{E}]^2$.

Dans une phase nématique, si les molécules portent un moment dipolaire permanent approximativement parallèle à leur axe, l'application d'un champ électrique $\boldsymbol{E}$ suivant la direction d'orientation préférentielle, $\boldsymbol{n}$, conduira à une orientation préférentielle des dipôles suivant $\boldsymbol{n}$, sans modification appréciable du paramètre d'ordre. En revanche, un champ électrique $\boldsymbol{E}$, perpendiculaire à $\boldsymbol{n}$, n'aura que peu d'effet sur l'orientation préférentielle des dipôles. Ainsi, lorsque les molécules d'un nématique portent un moment dipolaire axial, on s'attend à ce que $\chi_{e\parallel} - \chi_{e\perp}$ soit positif (c'est le cas des molécules possédant un groupe –C≡N attaché à leur partie rigide). Si les molécules portent un moment dipolaire permanent approximativement perpendiculaire à leur axe, la situation est inversée et $\chi_{e\parallel} - \chi_{e\perp}$ est négatif (c'est le cas du PAA).

En appliquant un champ électrique $\boldsymbol{E}$ suffisamment fort, on peut en principe modifier la direction d'alignement d'un nématique. Les conditions d'équilibre en présence d'un champ électrique appliqué, peuvent être obtenues, soit en minimisant l'énergie libre du système, soit en écrivant que dans tout volume élémentaire de la phase nématique, le couple d'origine électrique agissant dans le volume, Γ_E, est équilibré par les couples exercés à sa surface par les régions voisines.

Considérons de nouveau une tranche fine de nématique, d'une épaisseur d de 20 µm, limitée par deux parois solides. Traitons un cas particulier où :

- à la surface de chaque paroi, il y a un parfait ancrage des molécules dans une direction $\boldsymbol{n}_0$, parallèle à la paroi ;
- initialement, en tout point de la tranche, le vecteur directeur est uniforme : $\boldsymbol{n}(\boldsymbol{r}) = \boldsymbol{n}_0$; nous noterons **O***z*, l'axe perpendiculaire aux parois, et, **O***x*, l'axe parallèle à $\boldsymbol{n}_0$;
- $\chi_{e\|} - \chi_{e\perp}$ est positif.

Si l'on applique un champ électrique $\boldsymbol{E}$, perpendiculairement à la paroi et donc à $\boldsymbol{n}_0$, le couple d'origine électrique Γ_E agissant par unité de volume est égal à :

$$\Gamma_E(\mathbf{r}) = \varepsilon_0 \varepsilon_a [\boldsymbol{E} \cdot \boldsymbol{n}(\boldsymbol{r})]\, \boldsymbol{n}(\boldsymbol{r}) \times \boldsymbol{E} \tag{8.88}$$

Ainsi, dans la configuration initiale, qui correspond en tous points à $\boldsymbol{E} \cdot \boldsymbol{n}(\boldsymbol{r}) = 0$, l'équilibre mécanique local est réalisé. Étudions la stabilité de cet équilibre. En absence de champ électrique, le vecteur directeur est orienté suivant $\pm$ **O***x* en tout point de l'échantillon : $\boldsymbol{n}(\boldsymbol{r}) = \boldsymbol{n}_0$ et cette configuration est stable.

En présence du champ électrique $\boldsymbol{E}$, considérons une faible déflexion du vecteur directeur dans la direction du champ :

$$\boldsymbol{n}(\boldsymbol{r}) = \boldsymbol{n}_0 + \delta \boldsymbol{n}(\boldsymbol{r}) \tag{8.89}$$

avec $|\delta \boldsymbol{n}(\boldsymbol{r})| << 1$ et $|\boldsymbol{n}(\boldsymbol{r})| = |\boldsymbol{n}_0| = 1$. Le couple agissant par unité de volume s'écrit alors :

$$\Gamma_E(\boldsymbol{r}) \approx \varepsilon_0 \varepsilon_a [\boldsymbol{E} \cdot \delta \boldsymbol{n}(\boldsymbol{r})]\, \boldsymbol{n}_0 \times \boldsymbol{E} \tag{8.90}$$

Par ailleurs, il est raisonnable de supposer que la distorsion ne dépend que de z. Par unité de volume, l'énergie de distorsion F_d et l'énergie électrique F_E, s'écrivent alors :

$$F_d = \frac{1}{2} K_1 (\mathrm{div}\boldsymbol{n})^2 = \frac{1}{2} K_1 \left(\frac{\mathrm{d}\delta n}{\mathrm{d}z}\right)^2 \tag{8.91}$$

$$F_E(\boldsymbol{r}) = -\frac{1}{2} \varepsilon_0 \varepsilon_\perp E^2 - \frac{1}{2} \varepsilon_0 \varepsilon_a [\boldsymbol{n}(\boldsymbol{r}) \cdot \boldsymbol{E}]^2 = \mathrm{C^{te}} - \frac{1}{2} \varepsilon_0 \varepsilon_a \delta n(z)^2 E^2 \tag{8.92}$$

Supposant un ancrage parfait des molécules sur les parois, $\delta n(0) = \delta n(d) = 0$. Par analogie avec la situation en présence d'un champ magnétique, développant $\delta n(z)$ en série de Fourier, on obtient :

$$F = \int_0^d (F_E + F_d)\,\mathrm{d}z = \frac{d}{4} \sum_{k=1}^{\infty} \delta n_k^2 (K_1 k^2 - \varepsilon_0 \varepsilon_a E^2) \tag{8.93}$$

L'état non perturbé, correspondant à $\boldsymbol{n}(\boldsymbol{r}) = \boldsymbol{n}_0$, sera stable si pour toutes les variations des $\delta \mathrm{n_k}^2$:

$$K_1 k^2 > \varepsilon_0 \varepsilon_a E^2 \tag{8.94}$$

La plus petite valeur de k est $\frac{\pi}{d}$; elle correspond à une distorsion dont la demie longueur d'onde est égale à d. Ainsi la valeur du champ électrique E_{C1}, à partir de laquelle une distorsion apparaît est égale à :

$$E_{C1} = \frac{\pi}{d}\left(\frac{K_1}{\varepsilon_0\,\varepsilon_a}\right)^{1/2} \tag{8.95}$$

C'est une transition de Frederiks.

Dans une phase nématique, $K_i \approx 10^{-11}$ N. Si les molécules possèdent un groupe polaire axial important et $\varepsilon_a \approx 5$, par exemple. Pour $d = 20\ \mu$, le champ électrique critique E_C est de l'ordre de 53 kV/m, correspondant à une tension entre parois, $V_C = E_C d$, de 1 V. La valeur relativement faible des tensions qu'il faut appliquer pour provoquer la rotation des molécules, rend possible des applications simples de cette transition sur laquelle sont basés les dispositifs d'affichage à cristaux liquides.

Des effets plus complexes apparaissent lorsque le nématique est suffisamment conducteur pour être le siège d'un transfert de charges. Dans ce cas, lorsque le champ est appliqué perpendiculairement au directeur initial $\boldsymbol{n}_0$ à l'aide d'électrodes planes, des déviations périodiques du directeur apparaissent par rapport à la direction initiale du directeur ; ces déformations sont associées à une répartition périodique des charges positives et négatives en mouvement dans la direction du champ ; cette ségrégation des charges est à l'origine de l'apparition d'une polarisation diélectrique spontanée perpendiculaire au champ. Enfin lorsque la différence de potentiel entre les électrodes devient suffisante, cette répartition périodique devient instable et donne naissance à des instabilités de convection.

g) Transition nématique - Smectique A

La phase nématique est, nous l'avons vu, caractérisée par l'existence d'une orientation préférentielle des molécules suivant une direction notée $\boldsymbol{Oz}$. Dans cette phase les centres de gravité des molécules sont distribués au hasard ; si l'on considère une tranche plane d'une épaisseur δe, voisine de la taille des molécules, la densité moyenne des molécules dans cette tranche est indépendante du choix de la tranche.

La transition nématique–smectique A correspond à l'apparition d'une modulation de la densité ρ le long de l'axe $\boldsymbol{Oz}$, et qui correspond à l'apparition des couches. Cette modulation peut être représentée sous la forme suivante :

$$\rho(z) = \rho_0 + \rho_1 \cos(q_s z - \phi_1) + \rho_2 \cos(2q_s z - \phi_2) + \ldots \tag{8.96}$$

où $\rho_1 \cos(q_s\, z - \phi_1)$ correspond à la première harmonique de la modulation de densité. ϕ_1 est une phase arbitraire qui dépend du référentiel choisi.

On admet aujourd'hui que cette transition se produit de manière continue ; autrement dit, la modulation de densité apparaît sans discontinuité (notons que dans la phase nématique, tous les ρ_i ($i = 1, 2, 3, \ldots$) sont nuls).

Dans la phase smectique A, au voisinage de la transition nématique-smectique A, il est raisonnable d'admettre que la première harmonique domine ; autrement dit :

$$\rho(z) = \rho_0 + \rho_1 \cos(q_s z - \phi_1) \tag{8.97}$$

ρ_1 apparaît alors comme un paramètre caractéristique de l'ordre smectique.

Au voisinage de la transition S_A-N, l'énergie libre par unité de volume, F_s, correspondant à l'apparition de l'ordre smectique peut être développée en puissances de ρ_1 (modèle de Landau) :

$$F_S(\rho_1) = \frac{1}{2} r \rho_1^2 + \frac{1}{4} u_0\, \rho_1^4 + \frac{1}{6} u_1\, \rho_1^6 + O(\rho_1^8) \tag{8.98}$$

Seuls les termes en puissances paires de ρ_1 sont retenus puisque le remplacement de ρ_1 par $-\rho_1$ ne correspond pas à deux états physiques différents, mais à une simple translation suivant **Oz**. En posant que $r \equiv \alpha\,(T - T_0)$ et en supposant que $\alpha > 0$ et $u_0 > 0$, la transition S_A-N attendue est du deuxième ordre et se produit à la température $T_{AN} = T_0$, avec dans la phase smectique,

$$<\rho_1> = \sqrt{\frac{\alpha(T_0 - T)}{u_0}} \tag{8.99}$$

On doit tenir compte, en fait, du couplage entre l'ordre smectique, défini par ρ_1, et le paramètre d'ordre nématique, $<s>$: l'apparition de l'ordre smectique due à la formation d'une structure périodique en couches, renforce les interactions entre les molécules d'une même couche. La valeur de s à l'équilibre ne coïncide plus avec la valeur $<s_0>$ que l'on obtiendrait en absence d'ordre smectique. Posant $\delta s = s - <s_0>$, on peut écrire le terme de couplage F_1 par unité de volume :

$$F_1(\rho_1, \delta s) = -C\rho_1^2\,\delta s \tag{8.100}$$

puisque seules les puissance paires de ρ_1 sont permises. C est une constante positive.

En absence d'ordre smectique, l'évolution de l'énergie libre F_N par unité de volume, au voisinage de la valeur d'équilibre $<s_0>$, peut s'écrire, au deuxième ordre en δs, sous la forme suivante :

$$F_N(s) = F_N(<s_0>) + \frac{1}{2\chi(T)}\,\delta s^2 \tag{8.101}$$

où $\dfrac{1}{\chi(T)} = \left(\dfrac{d^2F_N}{d^2s}\right)$ pour $<s_0>$. $\chi(T)$ peut être obtenu à partir du modèle de Maier-Saupe ou de celui de Landau-de Gennes.

Ce développement au deuxième ordre est d'autant mieux justifié que l'on s'éloigne de la transition isotrope-nématique T_{NI} au voisinage de laquelle χ augmente brutalement tout en restant fini.

Tenant compte de (8.100), on peut calculer l'énergie libre totale F près de la transition smectique A-nématique. Écrivant les conditions d'équilibre (Exercice 8.2), on trouve alors qu'à la transition :

$$<\rho_{1AN}>^2 = \frac{3C^2}{2u_1}\,\chi(T_{AN}) \tag{8.102}$$

$$T_{AN} = T_0 + \frac{3C^4}{4\alpha u_1}\,\chi(T_{AN})^2 \tag{8.103}$$

8.1.5 Les nombreuses applications des cristaux liquides

a) Technologie et instrumentation

Dès 1930, des physiciens avaient suggéré que les nématiques pourraient être utilisés pour réaliser des dispositifs d'affichage beaucoup plus économes en énergie que les tubes cathodiques. Mais les premières tentatives pour produire de tels systèmes échouèrent, parce que les composés disponibles à l'époque, n'étaient pas suffisamment stables lorsqu'ils étaient exposés à la chaleur ou à la lumière. Il fallut attendre 1960 pour qu'une famille de nématiques stables, les alkylcyanobiphenyls, soit synthétisée (Gray). Un exemple typique de dispositif d'affichage est constitué d'une mince tranche de nématique, monodomaine, emprisonnée entre deux polariseurs croisés. Les surfaces des polariseurs, coté nématique, sont préalablement recouvertes d'une très fine couche d'oxyde d'indium et de plomb, transparente et conductrice, puis d'une couche d'un polyimide – un matériau transparent qui, lorsque qu'il est frotté dans une direction, induit des forces qui alignent les molécules de nématique dans cette direction. En frottant les couches de polyimide dans des directions perpendiculaires, on force le nématique a subir une torsion de 90 ° dans la tranche (Fig. 8.19.a). Pour cette raison, les dispositifs de ce type sont appelés « twisted nematic device ». La lumière entrant dans la tranche de nématique est polarisée ; la torsion de 90 ° du cristal nématique impose une rotation de 90 ° de la direction de polarisation, de sorte que la lumière passe sans atténuation le second polariseur. Un champ électrique appliqué perpendiculairement à la tranche, (correspondant à une différence de potentiel de quelques volts) suffit pour aligner le vecteur directeur perpendiculairement aux plaques dans la majeur partie de celle-ci ; il permet de surpasser les effets résultant de l'ancrage des molécules à la surface des couches de polyimide (Fig. 8.19.b). Dans cette configuration, la lumière ne subit plus de rotation de sa polarisation durant la traversée de la tranche nématique et, de ce fait, elle n'est plus transmise par le second polariseur.

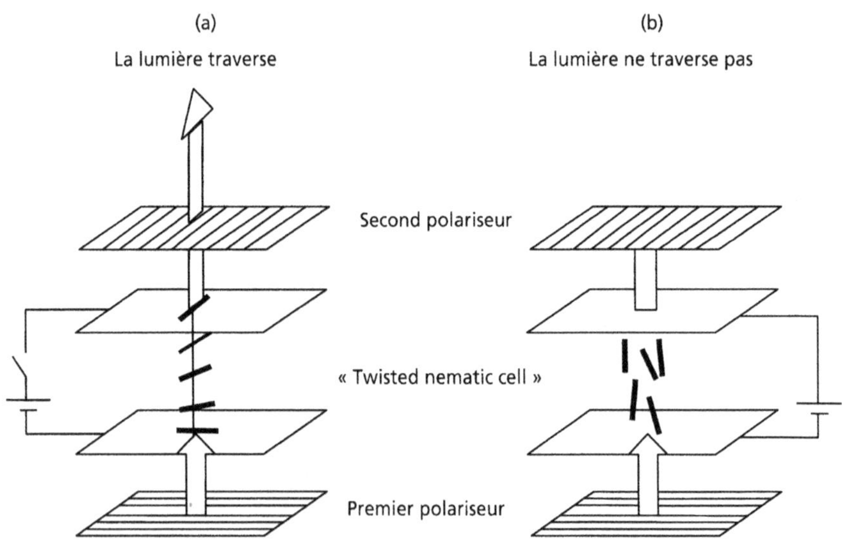

Figure 8.19 Principe d'une cellule d'affichage utilisant un cristal liquide nématique.

Au centre du dispositif, on a disposé un cristal liquide qui subit une rotation (twist) d'orientation.

Des dispositifs de ce type s'appliquent extrêmement bien à la réalisation d'afficheurs de petite dimension, tels que ceux des montres digitales. On peut penser que l'on parviendra à fabriquer, sur ce principe, des écrans de télévision haute résolution et de grande dimension. Certains types de cristaux liquides smectiques, qui travaillent différemment, ouvrent des possibilités plus intéressantes que les nématiques. Des chercheurs d'un laboratoire d'IBM ont montré, en 2001, qu'il était possible de remplacer la technique, relativement frustre, d'alignement des molécules d'un cristal liquide sur une plaque par frottement en procédant par une irradiation. Ce nouveau procédé consiste à irradier par un faisceau d'ions à basse énergie les molécules du cristal liquide déposées sur un film inorganique, par exemple du silicium amorphe. Les ions créent des sillons parallèles à la surface du film sur lesquels viennent se fixer les molécules de cristal liquide qui s'orientent ainsi dans la direction de ces sillons. Il est envisagé d'utiliser ce procédé pour la fabrication d'écrans d'affichage à cristaux liquides comme ceux de certains ordinateurs.

Les cristaux liquides cholestériques ont la propriété de réfléchir sélectivement la lumière en fonction de la température. Si on éclaire avec une lumière blanche, un cristal liquide cholestérique monodomaine suivant l'axe de son hélice, la réflexion s'effectue de manière sélective à une longueur d'onde correspondant au pas de l'hélice, caractéristique de leur structure. Comme le pas de l'hélice varie en fonction de la température, la longueur d'onde réfléchie suit cette variation. On obtient donc, par réflexion, une couleur déterminée pour une température déterminée. Ce phénomène est totalement réversible. Les cristaux liquides cholestériques, dits thermochromiques, réfléchissent toutes les couleurs du spectre visible, du rouge au violet en fonction de la température.

Ces matériaux ont trouvé de nombreuses applications :

- indication et mesure de température (thermomètres digitaux, indicateurs de chaleur) et thermographie médicale (détection du cancer du sein, diagnostic de maladies vasculaires, tests pharmacologiques, greffe de peau, etc.) ;
- tests non destructifs (détection des défectuosités de surface et de subsurface dans les métaux et de défauts dans les composants et les circuits électroniques), détermination de l'écoulement turbulent dans les modèles aérodynamiques, études de transferts thermiques, etc. ;
- détecteurs de radiation (thermographie, holographie des radiations infrarouges, micro-ondes et ultrasonores….) ;
- utilisation esthétique (publicité, décoration, revêtements muraux, bijouterie, tissus, etc.).

La possibilité de créer un fluide ferroélectrique à partir de molécules chirales est évidemment intéressante et dès que l'on eût démontré la possibilité d'obtenir, à partir de ce type de fluide, une commutation électro-optique bistable rapide, on prit immédiatement conscience du grand intérêt technologique de ces matériaux pour les systèmes d'affichage. Les cristaux liquides ferroélectriques devenaient la classe qui offrait les plus intéressantes applications. Des centaines de cristaux liquides du type smectique C^* furent alors synthétisés, et des écrans plats d'excellente définition furent conçus avec ces matériaux. Des écrans utilisant ces matériaux sont aujourd'hui commercialisés.

Comme on l'a expliqué, l'ordre polaire (ferroélectricité) dans une phase cristal liquide n'est possible que si les molécules sont chirales. On a fait cependant plusieurs tentatives pour obtenir un ordre polaire avec des molécules achirales : – en fabricant des molécules en forme de bol qui intrinsèquement s'empilent en colonnes polaires ; – au moyen de la ségrégation de sous-espèces chimiques distinctes ; – avec des systèmes plus complexes, tels que des polymères avec des chaînes branchées latéralement organisées dans une géométrie d'arêtes de poisson.

L'intérêt pour obtenir l'ordre polaire dans des fluides en absence de chiralité a été relancé (Nori 1996) par la mise en évidence de la commutation ferroélectrique en utilisant une phase smectique constituée **de molécules achirales en forme de bâtonnets courbes** (forme de banane).

Dans ce type de cristal liquide smectique (Fig. 8.20), la forme particulière des molécules, des bâtonnets rigides et courbes (en forme de bananes), impose une organisation moléculaire particulière. Comme dans une phase smectique C classique, l'axe d'alignement des molécules (directeur ***n***) est le même dans toutes les couches et fait un angle θ avec **O***z*, la normale aux couches, mais la structure de l'empilement moléculaire diffère dans chaque couche. À l'équilibre, cette structure correspond à une densité maximale dans chaque couche ; elle est atteinte lorsque les molécules, alignées suivant ***n***, pointent leurs « arcs » suivant une direction **O*y*** (ou – **O*y***) perpendiculaire à **O***z* et à ***n***, créant ainsi une polarisation spontanée parallèle au plan des couches. Cet arrangement moléculaire implique que, pour une direction donnée du directeur ***n***, deux structures équivalentes de couche existent avec des polarisations spontanées antiparallèles, ces deux structures étant images l'une de l'autre lorsqu'un miroir est placé dans le plan défini par la normale aux couches, **O***z*, et le directeur ***n***. Les molécules étant achirales, ces deux structures sont équiprobables. En pratique, il ne semble pas qu'il soit difficile d'obtenir de très larges domaines correspondant au même arrangement moléculaire et donc à la même polarisation.

Le plan O*zx*, suivant lequel les molécules sont inclinées, est en principe arbitraire en absence de champ électrique appliqué. Mais, puisqu'il existe une polarisation perpendiculaire au plan O*zx*, ce plan pourra être orienté par l'application d'un champ électrique ***E***, parallèle au plan des couches ; il deviendra alors perpendiculaire à ***E***. Ainsi, en exploitant la propriété ferroélectrique du matériau, un champ électrique ***E*** peut être utilisé pour contrôler l'orientation du vecteur directeur ***n*** autour de l'axe **O***z*. Les temps

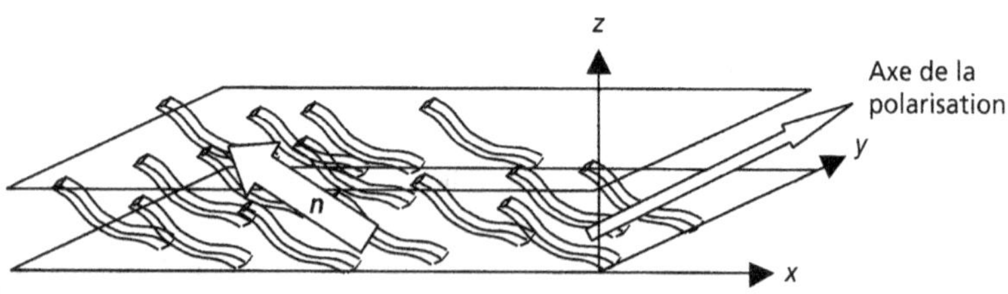

Figure 8.20 Représentation d'une couche chirale dans une phase smectique constituée de molécules achirales en forme de bâtonnets courbes.

L'axe *n* d'orientation préférentielle des molécules fait un angle θ par rapport à Oz. Les molécules alignées suivant *n*, pointent leurs « arcs » suivant la direction O*y* (ou – O*y*) perpendiculaire à Oz et à *n* ; on observe l'apparition d'une polarisation parallèle au plan des couche, suivant O*y*.

de commutation obtenus sont très courts, environ, 100 fois plus courts que ceux obtenus avec les mélanges de cristaux liquides nématiques conventionnels. Ces matériaux offrent donc les perspectives d'applications les plus intéressantes.

Il faut noter, enfin, que les cristaux liquides ont trouvé des applications comme matériaux structurels. Des fibres ont été fabriquées à partir de **polymères lyotropes** qui donnent, en solution concentrée, des phases mésomorphes. C'est le cas des fibres de kevlar obtenues à partir de solutions concentrées de poly(p-phenylène-térephtalamide), elles ont une résistance à la rupture supérieure à celle de l'acier. Le xydar est un autre copolymère aromatique présentant une phase cristal liquide ($T_f \approx 420$ °C) qui a une bonne résistance à la corrosion. Il est utilisé en aéronautique et dans l'industrie automobile.

8.1.6 Les phases mésomorphes en biologie

Nous ne pouvons terminer cette présentation des phases mésomorphes sans évoquer la place importante qu'elles ont dans les organismes vivants. Nous avons cité au paragraphe 8.1, la phase cristal liquide de la myéline, substance qui entoure les axones des nerfs blancs et de la substance blanche du cerveau, mais bien d'autres matériaux biologiques présentent des phases mésomorphes.

Une membrane cellulaire se présente sous la forme d'une surface fermée (sans bord libre). Elle est constituée d'un film liquide qui baigne dans un autre liquide non-miscible et qui est constitué essentiellement par une bicouche de phospholipides, au sein duquel sont intégrés du cholestérol, des protéines et des polysaccharides (Fig. 8.21). Les phospholipides sont des molécules amphiphiles constituées d'une tête polaire hydrophile schématisée par un cercle et d'une partie hydrophobe formée par

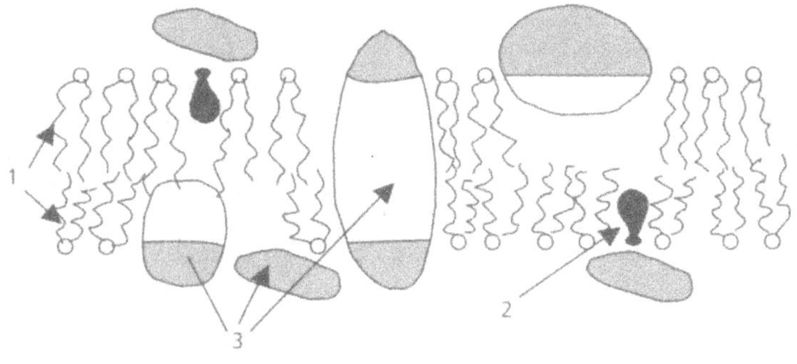

Figure 8.21 Modèle simple d'une membrane cellulaire.

On trouve : **1** - les molécules de phospholipide, avec leurs deux chaînes paraffiniques (représentées par des zigzags) et leur tête polaire (cercle) ; ces molécules disposées en bicouche forment la membrane ; elles se déplacent les unes par rapport aux autres en restant confinées dans leur monocouche, sauf quand elles inversent leur orientation (flip-flop) en passant dans la couche opposée ; **2** - les molécules de cholestérol ; **3** - les protéines avec régions polaires « hachurées » et partie non polaires « non hachurée » (d'après Singer et Nicholson dans Science, n° 75, 1972, copyright Am. As. Ad. Sc.)

une double chaîne schématisée par une épingle. Les chaînes paraffiniques hydrophobes sont dirigées vers l'intérieur du film, alors que les pôles hydrophiles tapissent les deux faces extérieures du film. Les phospholipides tendent donc ainsi à orienter leur chaîne perpendiculairement au film. Il s'agit d'un liquide ordonné bidimensionnel. Les protéines intégrées dans cette bicouche comportent elles-mêmes des parties plus ou moins hydrophiles ou hydrophobes suivant la nature des acides aminés de leur chaîne polypeptidique. Les parties hydrophobes sont en général enfouies dans la bicouche alors que les parties hydrophyles émergent du film. Les molécules de cholestérol, amphiphiles, sont intercalées ça et là entre les phospholipides. La membrane est une structure hautement dynamique ; les différentes molécules qui la composent se déplacent les unes par rapport aux autres tout en restant dans leur monocouche.

On a démontré que des nématiques légèrement torsadés forment des émulsions dans divers tissus normaux ou pathologiques. L'artériosclérose comporte souvent le dépôt d'une *bouillie graisseuse* dans la paroi des artères ; l'examen au microscope polarisant révèle qu'il s'agit d'une émulsion de gouttelettes cholestériques. Le développement de ces anomalies se manifeste surtout chez les personnes âgées.

Des émulsions mésomorphes ont été observées dans d'autres organes soumis à divers traitements expérimentaux. Les fils de soie qui sont filés par les araignées et certains insectes sont dotés d'une grande résistance mécanique ; ils sont constitués de protéines cristallisées. Le filage est en fait réalisé à partir d'une solution dans l'eau de cette protéine qui est un cristal liquide. Cette phase cristal liquide nématique est donc formée de molécules orientées dans une même direction, avant extrusion par l'animal, ce qui facilité la formation du fil de soie.

8.2 LA SUPERFLUIDITÉ DE L'HÉLIUM

Il existe deux isotopes distincts de l'hélium, hélium 3 et hélium 4 ; l'abondance naturelle de l'hélium 3 est de 1,3 10^{-4} %, donc très faible.

Le terme superfluide a été introduit par P. Kapitza (1937) pour qualifier le comportement hydrodynamique tout à fait surprenant de l'hélium 4 liquide à très basse température. En effet, en dessous de 2,17 K, l'hélium 4 liquide est susceptible de s'écouler sans perte de charge, et donc sans viscosité apparente, à travers des pores microscopiques. Grâce à des découvertes plus récentes, on sait aujourd'hui que la qualification de superfluide (superfluidité) peut s'appliquer aussi à l'hélium 3 liquide à très basse température et, par analogie, aux supraconducteurs.

On a découvert, en effet, en 1972, que les atomes dans l'hélium 3 au-dessous de 2,17 mK présentait plusieurs phases superfluides. L'interprétation de ce phénomène est basée sur l'association d'atomes ^{3}He par paires d'une manière analogue à l'association d'électrons par paires dans les supraconducteurs. On a vu aussi (Chapitre 7) que l'annulation de la résistance électrique observée dans les supraconducteurs est interprétée en considérant qu'une partie des électrons sont associés par paires et que ces paires sont capables de se déplacer à travers le réseau sans dissipation d'énergie. Quant aux neutrons des « étoiles à neutrons », ils sont considérés comme superfluides. Certes, les températures y sont très élevées, mais la densité en neutrons est suffisante pour que les effets quantiques y soient importants.

8.2.1 L'hélium 4

a) La découverte de la superfluidité

La découverte de la superfluidité est l'aboutissement d'un ensemble de recherches menées entre 1908 et 1937. Tout commença par la liquéfaction de l'hélium, réalisée par M. Kamerlingh Onnes en 1908 à Leyde : celui-ci parvint, pour la première fois, à liquéfier l'hélium 4 à 4,2 K sous pression atmosphérique ; la voie vers la découverte de la superfluidité était ouverte ; elle fut mise en évidence plusieurs années après. En 1924, M. Kamerlingh Onnes et J.D.A. Boks observèrent un phénomène inattendu : un maximum de densité de l'hélium liquide vers 2,3 K et en 1927 W.H. Keesom et M. Wolfke suggérèrent l'existence d'une transition de phase entre deux phases liquides distinctes, l'hélium I présent entre 4,2 K et environ 2,3 K, et l'hélium II, aux températures inférieures à environ 2,3 K. C'est la transition superfluide.

En 1930, W.H. Keesom et K. Clusius qui étudiaient l'évolution de la chaleur spécifique en fonction de la température, montrèrent que la chaleur spécifique présentait un pic à 2,19 K (2,172 K dans l'échelle de température actuelle). La forme de ce pic rappelant la forme de la lettre λ, ils décidèrent d'appeler cette transition, « transition λ » (Fig. 8.26). En 1935, E.F. Burton montra que la viscosité de l'hélium II est nettement inférieure à celle de l'hélium I, puis, en 1936, W.H. et A.P. Keesom observèrent que la conductivité thermique de l'hélium vers 1,5 K est très grande, deux cents fois supérieure à celle du cuivre à la température ambiante par exemple.

Enfin en 1937, P. Kapitza qui avait entrepris de mesurer la viscosité de l'hélium II, en étudiant son écoulement entre deux disques polis pressés l'un contre l'autre, observa que l'écoulement de l'hélium II s'effectuait sans frottement apparent ; il affirma que la viscosité était non mesurable, en tout cas au moins mille fois inférieure à celle de l'hélium I et il proposa tout naturellement de qualifier l'hélium II de « superfluide ». Un peu plus tard (1938), J.F. Allen et H. Jones mirent en évidence « l'effet fontaine » (Fig. 8.25) tandis que J.G. Daunt et K. Mendelssohn observaient un phénomène assez inattendu : l'hélium superfluide est capable de s'écouler hors d'un récipient par l'intermédiaire du film mince d'hélium superfluide qui recouvre les parois du récipient (Fig. 8.22) ; bien que le film recouvrant les parois soit très mince (quelques dizaines de nanomètres) l'absence de viscosité appréciable permet l'établissement d'un écoulement très rapide du superfluide dans le film, cet écoulement tendant à égaliser les niveaux d'hélium superfluide, intérieur et extérieur.

C'est F. London qui, en 1938, avança l'hypothèse que l'apparition de la superfluidité resultait de la condensation de Bose-Einstein d'atomes d'hélium. Cette idée fut reprise et développée par Tisza qui établit les bases du « modèle à deux fluides », mélange « d'atomes condensés » (au sens de la condensation de Bose-Einstein) et « d'atomes excités » (non condensés). Les fondements de la superfluidité de l'hélium 4 étaient établis.

b) Diagramme pression-température de l'hélium 4

La figure 8.23 représente le diagramme de phase de l'hélium 4. On observe que contrairement à la plupart des liquides l'hélium 4 ne se solidifie pas tant que la pression reste inférieure à 25 atmosphères. L'hélium 4 présente deux phases liquides séparées par une ligne de transition λ correspondant à $T_\lambda \approx 2$ K. La transition λ est du deuxième ordre (sans

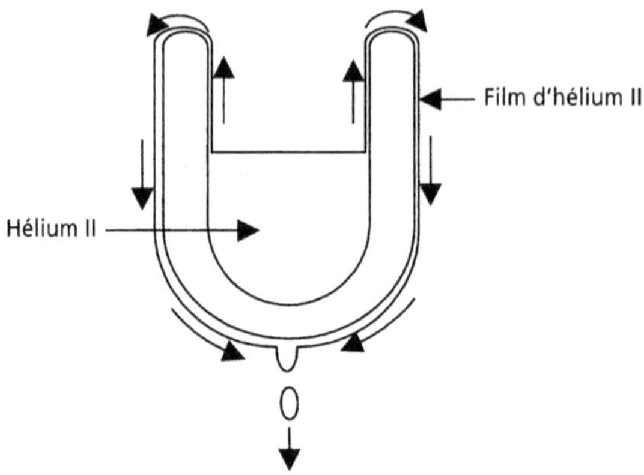

Figure 8.22 Effet Daunt-Mendelssohn.

Un dewar rempli d'hélium II se vide de lui-même grâce à l'écoulement qui s'établit dans le film d'hélium, de très faible épaisseur, qui s'est formé à sa paroi.

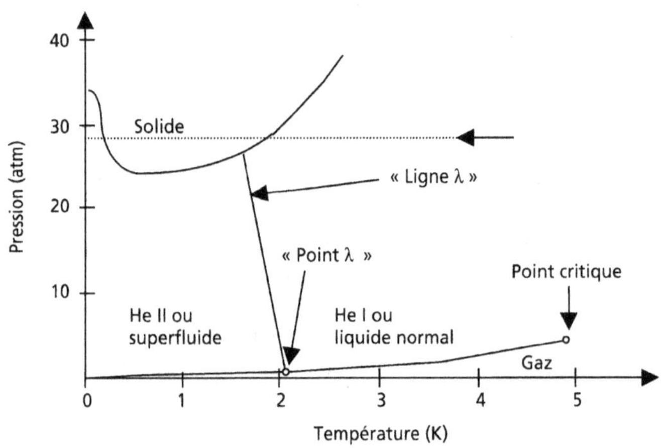

Figure 8.23 Diagramme de phases de l'hélium 4.

Contrairement aux liquides ordinaires, l'hélium 4, à une pression inférieure à 25 atmosphères, ne se solidifie pas lorsque sa température tend vers le zéro absolu ; si on le refroidit en maintenant sa pression à une valeur voisine de 30 atmosphères, il commence par se solidifier, puis si on le refroidit d'avantage, il se liquéfie à nouveau. Par ailleurs, à une pression inférieure à 25 atmosphères, il présente deux phases liquides distinctes : l'hélium I (liquide normal) et l'hélium II (superfluide).

chaleur latente, ni discontinuité de densité). Au passage de la transition, la phase liquide haute température ($T > T_\lambda$), appelée hélium I, se transforme en phase liquide superfluide, appelée hélium II. Il existe deux points triples : – le point de coexistence hélium I, hélium II, vapeur (appelé point λ) ; – le point de coexistence hélium I, hélium II, solide.

c) Les propriétés de l'hélium 4 superfluide

Dans de nombreuses situations la composante condensée de l'hélium II se comporte comme si elle n'existait pas ; elle peut couler sans viscosité aussi longtemps que les atomes qui la constituent restent dans l'état fondamental. Dans ce cas, la viscosité de l'hélium II (composante condensée + composante excitée) est nulle si seule la composante condensée est mise en mouvement. Cela ne se produit que si, d'une part, le liquide s'écoule à travers un milieu de dimension réduite (milieu poreux ou capillaire par exemple) de manière à empêcher tout déplacement de la composante non condensée, bloquée par sa viscosité, et d'autre part la vitesse de l'hélium est inférieure à la vitesse critique déjà évoquée plus haut. Au-delà de cette vitesse critique la superfluidité disparaît ; des transitions de l'état condensé vers un état excité peuvent en effet se produire par interaction entre l'écoulement du liquide et les irrégularités des parois.

L'existence de courants permanents est une première conséquence de cette propriété : si on lance un écoulement de la composante condensée dans un anneau poreux avec des vitesses inférieures à la vitesse critique, à température constante aucun ralentissement n'est observable au cours du temps. Une seconde conséquence a été mise en évidence avec l'expérience d'Andronikashvili (Fig. 8.24) : on mesure la fréquence d'oscillation d'un ensemble de disques dans l'hélium II et l'on observe que le mouvement des disques entraîne celui de la composante excitée sans effet sur la composante superfluide.

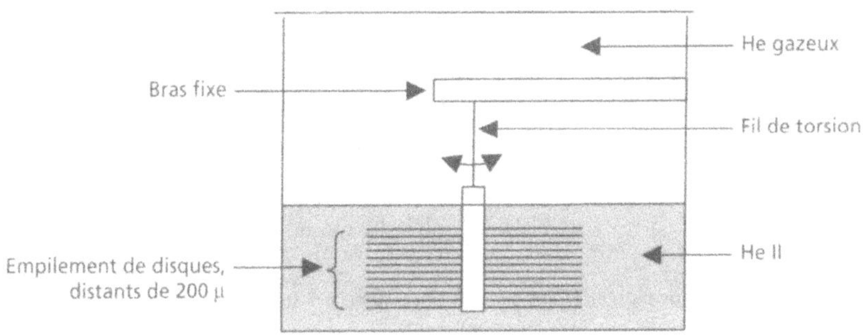

Figure 8.24 Expérience d'Andronikasvili.

En revanche, dans une expérience où l'ensemble des deux composantes est mis en mouvement une viscosité résultante peut être mise en évidence. C'est le cas lorsqu'on déplace un objet dans l'hélium II ; certes la composante superfluide n'exerce pas d'avantage de force de frottement pour s'opposer au mouvement, mais la composante normale est maintenant sollicitée (plus ou moins fortement suivant la forme de l'objet considéré) par le déplacement de l'objet. On mesure alors une viscosité non nulle qui est voisine de celle de l'hélium I.

Supposons que deux réservoirs d'He II, notés A et B, soient reliés par un milieu poreux dont les pores ouverts sont de très petite taille. Initialement, le réservoir A est plein et le réservoir B est à moitié plein. Par suite de la différence des niveaux dans les deux réservoirs et de la différence de pression qui résulte entre les sections extrêmes du poreux, un courant d'hélium superfluide s'établit entre A et B.

Puisque le superfluide n'a pas d'entropie, l'entropie par unité de masse dans le réservoir A va augmenter alors que l'entropie par unité de masse dans le réservoir B va décroître. La température du réservoir A va augmenter alors que celle du réservoir B va diminuer. C'est **l'effet mécanocalorique.**

Notons que si le filtre poreux n'est pas suffisamment fin, un écoulement de fluide normal, non négligeable, aura lieu dans le sens inverse du courant superfluide et sera responsable d'un transport de chaleur qui limitera l'effet mécanocalorique.

Inversement, si on chauffe l'un des réservoir, un courant superfluide apparaît, allant du réservoir froid vers le réservoir chaud et une différence de pression s'établit. En chauffant suffisamment, J.F. Allen et H. Jones réussirent en 1938 à créer un véritable jet d'hélium superfluide (Fig. 8.25). C'est pour cette raison que la création d'une différence de pression par chauffage d'un des réservoirs est appelé **effet fontaine.**

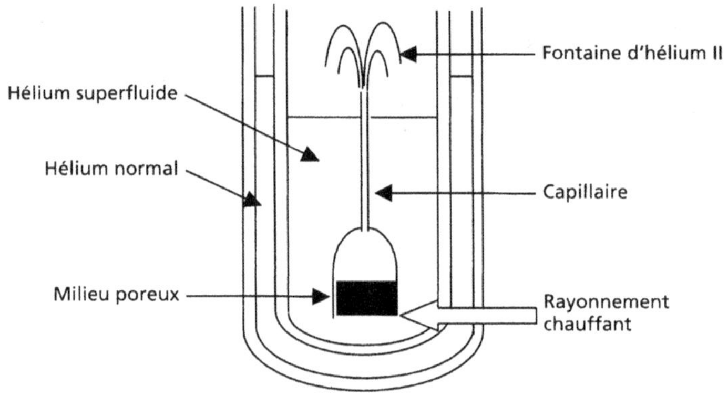

Figure 8.25 Effet fontaine.

Un échauffement local de l'hélium à la base du milieu poreux provoque un jaillissement d'hélium II.

d) Condensation de Bose-Einstein et superfluidité

La condensation de Bose-Einstein n'est pas comprise dans le cadre de la mécanique classique. C'est un phénomène quantique.

Rappelons brièvement qu'en mécanique quantique, les particules sans interaction mutuelle sont classées en deux catégories suivant la valeur de leur spin. Ces deux catégories sont soumises à des lois de distribution statistique différentes. Les particules libres de spin demi-entier, appelés fermions, obéissent à la statistique de Fermi-Dirac, alors que les particules libres de spin entier, ou bosons, à celle de Bose-Einstein.

Le traitement par la mécanique quantique s'impose dès que la longueur d'onde thermique de de Broglie, notée Λ, devient inférieure à d, la distance moyenne entre les particules. Sachant que $\Lambda^2 = \dfrac{h^2}{2\pi mkT}$ où m est la masse de la particule et h, la constante de Planck, le traitement quantique s'impose dès que la condition $\dfrac{h^2}{2\pi mkTd^2} << 1$ cesse d'être vérifiée. Dans l'hélium 4 liquide, $d \approx 3{,}76\ 10^{-10}$ m, $m = 0{,}665\ 10^{-26}$ kg ; pour $T = 2$ K, $\dfrac{h^2}{2\pi mkTd^2}$ est de l'ordre de 2,68 ; un traitement quantique s'impose donc.

L'hélium 4 de spin nul est un boson. Dans la mesure où l'on peut négliger les interactions entre particules, il doit satisfaire à la fonction de distribution de Bose-Einstein ; si l'on fixe arbitrairement l'énergie orbitale fondamentale d'une particule à 0, le nombre de particules $n(\varepsilon, T)$ dans un état d'énergie ε à la température T est alors donné par :

$$n(\varepsilon, T) = \frac{1}{e^{(\varepsilon-\mu)/kT} - 1} \tag{8.104}$$

où μ est le potentiel chimique.

On doit remarquer qu'il peut paraître inacceptable de négliger a priori les interactions entre atomes dans un milieu liquide, mais en analysant en détail la situation dans laquelle se trouve l'hélium 4 liquide, on constate que l'hélium liquide est loin d'avoir la structure d'un liquide classique. En effet, le volume molaire est très élevé, correspondant à une distance moyenne entre atome, $d_m \approx 3{,}76$ Å, anormalement élevée pour un liquide ; dans ce liquide à structure expansée, les atomes peuvent se déplacer librement sur des distances appréciables. Les propriétés de transport ne sont pas très différentes de celles d'un gaz classique. Enfin on constate que la température critique est très basse, $T_c = 5{,}2$ K ; l'énergie de liaison entre atomes voisins qui est proportionnelle à T_c, est donc très faible.

La densité des états d'énergie ε d'une particule libre, $D(\varepsilon)$, est égale à :

$$D(\varepsilon) = \frac{4\pi V}{h^3}(2m^3)^{1/2}\varepsilon^{1/2} \tag{8.105}$$

où V est le volume accessible de la particule (volume du gaz). À la température T, les nombres d'atomes d'hélium 4, $N_0(T)$, dans l'état fondamental et $N_e(T)$, dans les états excités, doivent être tels que $N = N_0(T) + N_e(T)$ où N est le nombre total des atomes dans le volume V.

$N_e(T)$, le nombres d'atomes d'hélium 4 dans les états excités, est donné par :

$$N_e(T) \cong \int_0^\infty d\varepsilon\, D(\varepsilon)\, n(\varepsilon, T) \tag{8.106}$$

On peut vérifier que cette intégrale donne uniquement le nombre de particules dans les états excités puisque $D(\varepsilon) = 0$ pour l'état fondamental ($\varepsilon = 0$). Les atomes situés dans l'état fondamental, dont le nombre est $N_0(T)$, doivent donc être comptés à part.

En reportant dans (8.106) les expressions de $D(\varepsilon)$ (8.105) et de $n(\varepsilon, T)$ (8.104) :

$$N_e(T) = \frac{2{,}612\ V}{V_Q} \tag{8.107}$$

où V_Q, le volume quantique est défini par : $V_Q = \left(\frac{h^2}{2\pi m k T}\right)^{3/2}$.

On trouve alors la fraction d'atomes excités :

$$\frac{N_e(T)}{N} \cong 2{,}612 \frac{V}{NV_Q} = \frac{2{,}612}{nV_Q} \qquad (8.108)$$

où $n = \frac{N}{V}$ est la densité numérique des atomes.

La température de condensation de Bose-Einstein, T_0, est la température au-dessous de laquelle $\frac{N_e(T)}{N}$ devient inférieur à 1. La température de condensation T_0 est donc la température pour laquelle $N_e(T) = N$ dans (8.108) ; on trouve ainsi :

$$T_0 = \frac{h^2}{2\pi k m}\left(\frac{N}{2{,}612\,V}\right)^{2/3} \qquad (8.109)$$

Pour $T \leq T_0$, l'équation (8.109) s'écrit alors :

$$\frac{N_e(T)}{N} \cong \left(\frac{T}{T_0}\right)^{3/2} \qquad (8.110)$$

Le nombre d'atomes dans l'état fondamental est alors :

$$N_0(T) = N - N_e(T) = N\left[1 - \left(\frac{T}{T_0}\right)^{3/2}\right] \qquad (8.111)$$

La chaleur spécifique à volume constant est alors égale à :

$$C_v = 1{,}92\,Nk\left(\frac{T}{T_0}\right)^{3/2} \qquad (8.112)$$

D'après l'équation (8.109), la température de condensation de Bose-Einstein de l'hélium 4 liquide, en absence d'interaction entre atomes, serait $T_0 = 3{,}14$ K ; cette température est très voisine de la température de la transition « hélium I-hélium II » observée expérimentalement dans l'hélium 4 (transition λ), $T_\lambda = 2{,}17$ K. Il est donc tentant de supposer que la transition λ est une condensation de Bose-Einstein, modifiée par la présence d'interactions moléculaires ; l'hélium II correspondrait à $N_0(T) > 0$ obtenu pour $T < T_0$, et l'hélium I, à $N_0(T) = 0$ obtenu pour $T > T_0$. Les interactions ont cependant quatre conséquences importantes :

- la température de transition est plus basse de 0,97 K et elle diminue faiblement avec la pression (Fig. 8.23) ;
- 10 % seulement des atomes sont condensés à température nulle, au lieu de 100 % prévus pour une condensation de Bose-Einstein (Éq. 8.110) ;
- la divergence de C_v, chaleur spécifique à volume constant, au voisinage de $T = T_\lambda$ (Fig. 8.26) ;
- le fait qu'au voisinage de T = 0, C_v ne varie pas en $T^{3/2}$, mais en T^3 comme pour les phonons dans un solide (Fig. 8.26) ;
- les excitations élémentaires sont des modes collectifs dont la vitesse de groupe présente un minimum. On sait depuis les travaux de L.D. Landau (1941), de N. Bogolyubov (1947) et de R.P. Feynman (1954) que c'est l'existence de ces modes collectifs qui est à l'origine de la superfluidité. Si un objet se déplace dans l'hélium à

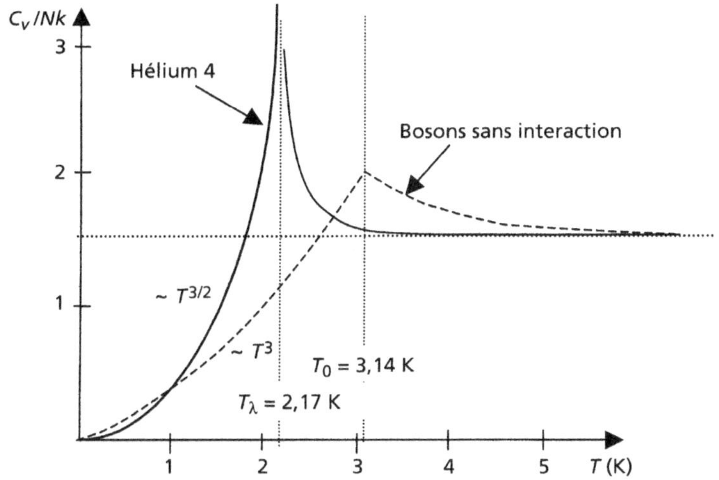

Figure 8.26 Variation de de la chaleur C_V/Nk en fonction de la température au voisinage de la transition lambda.

La courbe en trait plein correspond aux valeurs mesurées. La courbe en trait interrompu correspond aux variations théoriques attendues pour des bosons ; la transition He I-He II (transition lambda) est du second ordre (sans chaleur latente de transformation et sans discontinuité de la densité) ; pour $T >> T_\lambda$, la chaleur spécifique tend vers la valeur classique ($C_V/Nk = \frac{3}{2}$) et, à l'approche de T égal zéro, elle tend vers zéro, conformément au principe de Nernst ; cependant l'hélium se distingue d'un gaz de bosons sans interaction : – au voisinage de $T = T_\lambda$, C_V diverge ; – au voisinage de $T = 0$, C_V ne varie pas en $T^{3/2}$, mais en T^3 comme celle des phonons dans un solide.

la vitesse v, il ne peut ralentir qu'en créant une excitation élémentaire dans le fluide ; or un tel processus est interdit si v est inférieure à la vitesse de cette excitation. De nombreuses expériences ont démontré l'existence d'une telle vitesse critique ; elle est généralement inférieure à celle calculée par L.D. Landau, $v_{cr} = 50$ m/s.

e) Modèle à deux fluides de Tisza

Ce modèle permet d'interpréter les propriétés de l'hélium II (^{4}He au-dessous du point λ). Tisza a pu en effet interpréter une grande partie des résultats expérimentaux en supposant que la phase II est constituée de deux composants appelés « fluide normal » et « superfluide ». On suppose que l'on peut attribuer à ces deux composants une densité, ρ_n pour le « fluide « normal » et ρ_s pour le « superfluide ». C'est deux fluides, bien qu'indissociables, n'interagissent pas et peuvent se déplacer indépendamment. Lorsque le liquide coule à la vitesse $\boldsymbol{v}$, on suppose que les deux composants se déplacent à deux vitesses différentes, $\boldsymbol{v_n}$ pour le « liquide normal » et $\boldsymbol{v_s}$ pour le « superfluide ». Par ailleurs, on suppose que la densité et la quantité de mouvement du fluide à deux composants, notées respectivement ρ et $\rho\,\boldsymbol{v}$, sont telles que :

$$\rho = \rho_n + \rho_s \quad \text{et} \quad \rho \boldsymbol{v} = \rho_n \boldsymbol{v_n} + \rho_s \boldsymbol{v_s} \tag{8.113}$$

Le « liquide normal » est supposé se comporter comme un liquide normal : sa viscosité est non nulle.

Le « superfluide » a des propriétés inhabituelles : son entropie est nulle et il coule sans résistance à travers des canaux de très faibles diamètres.

À partir de ces hypothèses il est possible de comprendre les propriétés étranges de l'hélium II. On doit cependant noter que, bien que l'on ait supposé l'existence de deux composants de ce type dans le modèle de Bose-Einstein, la quantité $\frac{\rho_s}{\rho}$ n'est ici qu'un concept qui aide à décrire l'hélium 4 superfluide et qui ne doit pas être confondue avec la fraction des atomes effectivement condensés dans l'état fondamental.

Dans le cadre du modèle à deux fluides, E.L. Andronikashvili a proposé une méthode pour la détermination du rapport ρ_n dans l'hélium 4. Le dispositif utilisé pour cette mesure est représenté figure 8.24. Le réservoir contenant de l'hélium II est maintenu à une température uniforme $T \leq T_\lambda$. Un empilement de disques, distants de quelques dixièmes de millimètre, est solidaire d'un arbre suspendu à un fils de torsion. La fréquence d'oscillation des disques est fonction de la masse du fluide entraîné. Sachant que le mouvement des disques entraîne le « fluide normal », mais n'entraîne pas le « superfluide », il est possible de mesurer la densité du « fluide normal » en fonction de la température.

Les théories de Landau (1941) et de Feynman (1954) ont tenté d'établir une base théorique au modèle à deux fluides au voisinage du zéro absolu.

La propagation du son dans le liquide superfluide est également singulière. À partir du modèle à deux fluides, deux types d'onde sonore sont envisageables dans l'hélium II :

- nous pouvons imaginer tout naturellement une onde sinusoïdale où ρ_n et ρ_s oscillent en phase ; dans ce cas, la densité totale ρ varie de manière sinusoïdale et l'on retrouve le schéma classique de la propagation d'une onde acoustique ; on l'appelle « premier son » ;
- nous pouvons aussi considérer un nouveau mode d'oscillation où ρ_n et ρ_s oscillent en opposition de phase avec la même amplitude de sorte que la densité totale, ρ, demeure constante. Dans ce mode, l'entropie massique du fluide normale oscille alors que celle du superfluide reste nulle. Il ne s'agit donc pas d'une onde sonore puisque ρ est constant, mais d'une onde correspondant à une oscillation de l'entropie par unité de masse, à densité ρ constante. On peut donc espérer exciter un nouveau mode d'oscillation en produisant un choc thermique local dans l'He II. La perturbation produite localement ne devrait pas se propager par diffusion, mais se propager comme une onde avec une vitesse caractéristique. Ce phénomène est appelé le **deuxième son** ; il fut observé pour la première fois par V.P. Peshkov en 1946 ;
- lorsque l'hélium est confiné dans un milieu poreux dont les pores sont ouverts mais de très petite taille, le second son est modifié puisque les déplacements du fluide normal sont bloqués par l'effet de sa viscosité. On parle alors de **quatrième son ;**
- lorsqu'on tente de faire propager un onde capillaire le long d'un film mince superfluide, celui-ci oscille parallèlement au substrat, alors que le fluide normal est pratiquement figé par la viscosité. Aux sommets de l'onde, la concentration superfluide est, de ce fait, plus élevée qu'à l'équilibre alors qu'au creux de l'onde, on a la situation inverse : la température est plus élevée dans le creux qu'au sommet de l'onde.

Toutefois, ces fluctuation de température sont fortement atténuées par un mécanisme d'évaporation-condensation, la vapeur produite à la surface d'un creux se condensant sur les sommets voisins. On parle dans ce cas de troisième son. Les deuxième, troisième et quatrième sons sont des modes critiques : leurs vitesses tendent vers zéro à T_λ.

f) Les tourbillons quantiques

La mécanique quantique décrit l'ensemble de la composante superfluide par une fonction d'onde $\psi(\boldsymbol{r}) = \psi_0 e^{i\varphi(r)}$, solution de l'équation de Schrödinger. Le moment $\boldsymbol{p}$ de la composante superfluide est tel que :

$$\boldsymbol{p}\psi = -i\hbar\nabla\psi \tag{8.114}$$

de sorte que :

$$\boldsymbol{p} = \hbar\nabla\varphi \tag{8.115}$$

La vitesse de la composante superfluide $\boldsymbol{v}_s$ est donc proportionnel au gradient de la phase $\varphi(\boldsymbol{r})$, soit :

$$\boldsymbol{v}_s = \frac{\hbar}{m_4}\nabla\varphi \tag{8.116}$$

où m_4 est la masse de l'hélium 4 ; elle est donc irrotationnelle (rot $\boldsymbol{v}_s = 0$)

Considérons maintenant une composante superfluide occupant une région annulaire comprise entre deux cylindres coaxiaux. La circulation le long d'un cercle, centré sur l'axe des cylindres et situé dans la région annulaire, est égale à :

$$\kappa = \oint \boldsymbol{v}_s \mathrm{d}\boldsymbol{l} = \frac{\hbar}{m_4}\oint \nabla\varphi\, \mathrm{d}\boldsymbol{l} = \frac{\hbar}{m_4}(\Delta\varphi)_{\text{contour}} \tag{8.117}$$

Puisque la fonction d'onde est à valeur unique, un parcours sur un circuit fermé doit la laisser inchangée ; cela implique que $(\Delta\varphi)_{\text{contour}}$ doit être égal à un nombre entier de fois 2π ; par conséquent : $\kappa = n\dfrac{h}{m_4}$ avec n entier.

La région annulaire qui vient d'être considérée est un exemple particulier. Notons que la quantification de la circulation de$\nabla\varphi$ n'est possible qu'en présence d'un trou cylindrique central qui, dans le cas traité, est physiquement matérialisé par le cylindre intérieur.

En pratique les trous en forme de cylindre peuvent, soit être imposés par la surface d'un corps solide cylindrique (cas traité), soit apparaître spontanément dans le superfluide ; les courants stables de la composante superfluide s'inscrivent alors dans des cercles autour du trou cylindrique. Ces tourbillons, ou **vortex,** se forment très facilement dans la composante superfluide et sont d'une grande importance pour la compréhension de nombreuses propriétés.

Si l'on met en rotation un récipient contenant de l'hélium superfluide, la composante superfluide reste immobile à vitesse lente, puis lorsque la vitesse de rotation augmente, il apparaît un réseau de lignes de tourbillons quantifiés, en densité croissante, qui finissent par donner au fluide un aspect normal. Ces tourbillons sont susceptibles d'interagir avec des excitations élémentaires, ce qui donne naissance à un couplage exceptionnel entre le mouvement des deux composantes superfluide et normale et explique l'observation d'une vitesse critique inférieure à celle calculée par Landau.

8.2.2 La superfluidité dans l'hélium 3

La découverte de la superfluidité dans l'hélium 3 est beaucoup plus récente. Elle fut découverte en 1972 par D. D. Osheroff, R. C. Richardson et D. M. Lee. Pour des températures inférieures à 2,7 10^{-3} K, on trouve l'hélium 3 sous plusieurs phases superfluides distinctes. Ces phases sont anisotropes et magnétiques.

La superfluidité de l'hélium 3 est a priori inattendue puisque les noyaux d'hélium 3 ont un spin $\frac{1}{2}$ et sont donc des fermions, mais une faible attraction d'origine magnétique peut apparaître dans certaines conditions et leur permet de s'associer par paires. Pour ces paires d'atomes d'hélium 3, une condensation du type de Bose-Einstein peut donc être envisagée. La théorie de la superfluidité de l'hélium 3 est beaucoup plus complexe que celle de l'hélium 4. On a mis en évidence deux phases superfluides. L'une qui n'apparaît que si l'on applique une pression supérieure à 20 atmosphères, appelée superfluide A et l'autre, appelée superfluide B, qui apparaît à une température plus basse à la pression atmosphérique, mais qui peut être obtenue aussi à plus forte pression, jusqu'à 20 à 30 atmosphères (Fig. 8.27). Les transitions « superfluide A-fluide normal » et « superfluide B-fluide normal » sont du premier ordre. La transition « superfluide A- superfluide B » est du second ordre.

L'application d'un champ magnétique a une profonde influence sur le diagramme de phase *p*-*T* : elle permet de mettre en évidence une nouvelle phase nommée A_1. Les phases A et B ont des propriétés complexes et à vrai dire assez inattendues puisqu'elles sont anisotropes et magnétiques. Malgré tout, une modélisation rendant compte des phénomènes observés a pu rapidement être établie s'inspirant de la théorie de la supraconductivité.

Rappelons que dans un métal les électrons de conduction qui ont des charges électriques égales et négatives, se meuvent dans un réseau constitué d'ions positifs. Si l'on

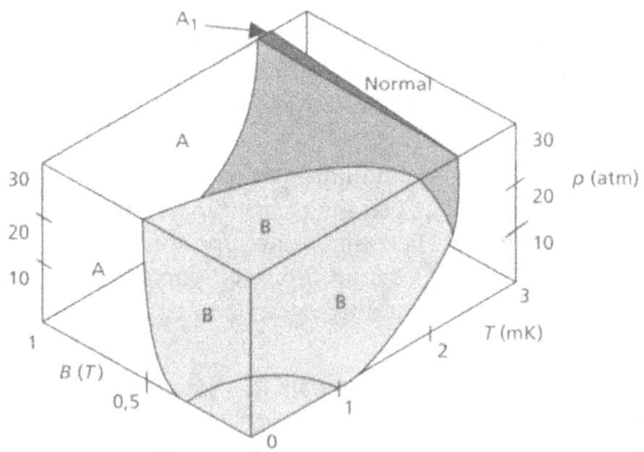

Figure 8.27 Diagramme de phases de l'hélium 3 à très basse température dans l'espace « pression-température-champ magnétique ».

Les phases A, B et A_1, sont superfluides ; la phase solide est présente au-delà de 34 atm.

faisait abstraction de l'effet du réseau, ils seraient donc soumis à des forces électrostatiques importantes qui les repousseraient les un des autres. Mais le réseau d'ions positifs constitue un écran électrostatique efficace et les électrons ne se repoussent pratiquement plus (Chapitre 7). À basse température, dans certains métaux ou alliages, les interactions résiduelles entre électrons de conduction peuvent devenir légèrement attractives, permettant aux électrons de se coupler par paires : les paires de Cooper ; c'est ce mécanisme microscopique qui est à l'origine de la supraconductivité. Dans une paire de Cooper supraconductrice, les spins $\frac{1}{2}$ des deux quasi-particules s'orientent tête-bêche – il en résulte un spin nul – et le mouvement des paires est le plus simple possible ; il correspond à un moment orbital nul (état orbital *s*). Ainsi, dans les supraconducteurs les paires de Cooper sont toutes dans un seul et même état fondamental de spin nul ; ces paires sont donc dans une situation analogue à celle des noyaux d'hélium 4 qui participent à la condensation (état fondamental de spin nul).

Une approche similaire peut être appliquée aux noyaux d'hélium 3, en les représentant par des quasi-particules en interaction faible ; l'interaction résiduelle attractive, capable de stabiliser des paires de quasi-particules est d'origine magnétique ; elle peut devenir suffisante pour permettre l'apparition, vers 2 mK, d'une nouvelle phase, dans laquelle les quasi-particules forment des paires (paires de Cooper).

Mais, lors de la condensation des atomes d'hélium 3, les paires de Cooper qui apparaissent ont un comportement nettement plus compliqué que les paires de Cooper dans le cas des électrons. Il existe une profusion d'arguments, notamment le fait qu'à l'état condensé ces phases soient anisotropes et magnétiques, pour affirmer que la formation de paire est du type « onde *p*, triplet de spin ». Cela signifie que, d'une part, la fonction d'onde spatiale de la paire de Cooper devrait être celle d'un orbitale atomique *p*, c'est-à-dire antisymétrique, et que d'autre part, la fonction d'onde de spin, symétrique, correspondrait à un spin total $S = 1$.

P.W. Anderson et P. Morel proposèrent, en 1961, un premier modèle avec formation de paire avec des spins parallèles, état $|\uparrow\uparrow>$ ou $|\downarrow\downarrow>$. Puis, R. Ballian et N.R. Werthamer montrèrent en 1963, grâce à un traitement complet, que la formation de paire incluait également la combinaison $|\downarrow\uparrow> + |\uparrow\downarrow>$. En tenant compte d'interactions simples entre particules, l'état $|\downarrow\uparrow> + |\uparrow\downarrow>$ semblait avoir une énergie plus faible que l'état $|\uparrow\uparrow>$ ou $|\downarrow\downarrow>$.

D'un autre coté, les résultats expérimentaux faisaient apparaître deux phases, A et B, et les études par RMN de ces deux phases suggéraient fortement que la phase A devait être identifiée à l'état $|\uparrow\uparrow>$ ou $|\downarrow\downarrow>$, et que la phase B devait être identifier $|\downarrow\uparrow> + |\uparrow\downarrow>$.

Enfin A.J. Legett, en tenant compte des interactions magnétiques et en s'appuyant sur l'analyse des propriétés magnétiques, montra en 1973 que les deux phases prévues correspondent bien aux phases A et B observées par D.D. Osheroff, R.C. Richardson et D.M. Lee.

Ces paires ne sont évidemment pas des molécules ; la distance entre quasi-particules d'une paire est de l'ordre de plusieurs dizaines d'Angström, donc très grande devant les distances inter-atomiques d'une molécule diatomique. Compte tenu de la densité des molécules dans l'hélium liquide, les différentes paires sont imbriquées les une dans les autres et il n'est pas possible de préciser de quelle paire fait partie un atome donné. Par ailleurs, compte tenu de l'encombrement des paires il n'est pas envisageable, en principe, de mettre en évidence la superfluidité de ce fluide dans des pores de taille inférieure à celle des paires.

Le fait d'avoir, pour les paires, un spin total et un moment orbital non nuls implique une anisotropie magnétique des paires, dont les effets sont particulièrement marqués dans la phase A où ont été mises en évidence des textures analogues à celles observées dans les cristaux liquides.

L'hélium 3, dans la région du milli-kelvin, est à la fois superfluide, magnétique et anisotrope ; de ce fait, il présente une très grande variété de propriétés physiques. Sa superfluidité a été vérifiée lors d'expériences analogues à celles qui ont été décrites pour l'hélium 4 : mesure de la viscosité du superfluide et de sa vitesse critique, mise en évidence des différents sons, etc.

EXERCICES

8.1 Chaleur latente de la transition nématique.

On décrit la transition de phase « cristal liquide nématique - liquide isotrope » à l'aide du modèle de Maier et Saupe.

1° Calculer la chaleur latente associée à la transition ;

2° Quelle conclusion peut-on tirer ?

8.2 Transition « nématique – smectique A ».

On va déterminer le paramètre d'ordre ρ_1 à la transition « cristal liquide nématique - smectique A » en calculant l'énergie libre totale F en tenant compte des ordres nématique s et smectique ρ_1. On utilisera un modèle de Landau pour décrire le matériau et on posera $\delta s = s - \langle s_0 \rangle$ où $\langle s_0 \rangle$ est le paramètre d'ordre nématique, à l'équilibre, en absence d'ordre smectique.

1° Calculer F ;

2° En déduire $\langle \delta s \rangle$ à l'équilibre ;

3° Récrire une nouvelle forme de F en tenant compte de $\langle \delta s \rangle$;

4° En déduire la valeur de $\langle \rho_1 \rangle$ à la transition et la température de transition. On prendra le terme du quatrième ordre en ρ_1 égal à 0.

8.3 Diffusion de la lumière dans un cristal liquide.

On considère un cristal liquide nématique dont l'axe d'orientation préférentielle est $\boldsymbol{n}_0$. Appliquons un champ magnétique $\boldsymbol{H}$ dirigé suivant $\boldsymbol{n}_0$ et notons $\delta \boldsymbol{n}(\boldsymbol{r})$ les fluctuations du vecteur directeur. Pour des fluctuations faibles, $\delta \boldsymbol{n}(\boldsymbol{r}) \perp \boldsymbol{n}_0$. Ces fluctuations seront représentées par leurs composantes de Fourier $\delta n_t(\boldsymbol{q})$, pour la composante parallèle à $\boldsymbol{q}$ et $\delta n_\perp(\boldsymbol{q})$, pour l'autre composante.

1° Calculer l'énergie libre totale associée aux fluctuations en fonction de $\delta \boldsymbol{n}(\boldsymbol{q})$;

2° Sachant que l'intensité de la lumière diffusée $I(\boldsymbol{q})$ est proportionnelle à $\langle \delta n(\boldsymbol{q})^2 \rangle$, calculer $I(\boldsymbol{q})$;

3° Quelles conclusions en tirez-vous ?

Chapitre 9

Microstructures, nanostructures et transitions de phases

9.1 L'IMPORTANCE DE L'APPROCHE MICROSCOPIQUE

À quelques exceptions près, celle des fluides polyphasiques notamment, nous avons toujours considéré jusqu'à présent que les matériaux étaient constitués par une **phase unique**, c'est-à-dire par un domaine, solide ou liquide, dont les propriétés étaient uniformes et indépendantes de la structure. Cette vision macroscopique de la structure des matériaux ne résiste pas à une observation plus fine des systèmes ; elle n'est en fait qu'une approximation qui ne permet pas de rendre compte de leurs propriétés.

Ainsi un solide, que l'on considère a priori comme monophasique, est-il le plus souvent une structure polycristalline qui a été formée à partir d'une phase liquide ou vapeur par un mécanisme de nucléation. La simple observation de flocons de neige ou de cristaux de glace déposés sur une vitre recouverte de givre, avec leurs arborescences caractéristiques, suffit pour mettre en évidence la nature polycristalline de la glace. Des microcristallites se développent au sein de la phase liquide lors de la transition liquide/solide par nucléation, elles sont à l'origine de la présence de **microstructures** au sein de la phase solide dont la taille dépend, en particulier, très fortement du traitement thermique que l'on a fait subir au matériau. Dans le cas des solides, les métaux par exemple, l'existence de ces microstructures modifie bon nombre de propriétés (mécaniques, magnétiques, électroniques etc.).

Il est donc essentiel de connaître les mécanismes de formation des microstructures et de comprendre leur influence sur les propriétés macroscopiques d'un matériau solide que ce soit un métal, un verre ou un polymère.

Par ailleurs, on sait bien que certaines phases sont intrinsèquement hétérogènes ; c'est le cas tout particulièrement des suspensions colloïdales et des émulsions. Dans le cas des colloïdes, on est en présence d'un système qui est constitué de particules microscopiques en suspension dans un liquide, un solide ou un gaz ; de fait c'est un matériau diphasique. On conçoit bien que les microstructures jouent un rôle essentiel dans les propriétés des matériaux particuliers que sont les systèmes colloïdaux.

Si l'on a souvent l'habitude de prendre en compte des microstructures dans un solide dont la dimension est de l'ordre du micron ou du dixième de micron, on possède depuis quelques années des techniques qui permettent d'élaborer des phases solides avec des microstructures dont la taille est de l'ordre du nanomètre (le millième de micron). Comme on le verra avec des matériaux solides de cette nature, les **nanomatériaux**, on entre dans un domaine tout à fait nouveau avec des perspectives technologiques très importantes.

9.2 MICROSTRUCTURES DANS LES SOLIDES

9.2.1 Solidification et formation des microstructures

La formation d'une phase nouvelle solide au sein d'un liquide est un phénomène dynamique qui se produit le plus souvent de manière discontinue. Nous avons consacré le chapitre 2 de ce livre à toutes ces questions de dynamique des transitions de phases. Si l'on s'intéresse spécifiquement à la formation d'un solide cristallin, on a montré que des germes croissent progressivement au sein de la phase solide pour former des **grains** qui, à la fin de la transition, occupent tout le volume disponible (Fig. 2.2). Ces grains sont des microcristaux dont la vitesse de croissance dépend notamment des facteurs thermiques. Dans la plupart des cas, par exemple pour les métaux, on obtient une structure polycristalline (la formation d'un monocristal est évidemment possible). La morphologie de ces microstructures dépend du type de matériaux comme on l'a vu : dans le cas des métaux ce sont des **dendrites** qui se forment, dans les polymères ce sont en général des **sphérolites**. Des formes de nature **fractale** peuvent aussi être observées.

Rappelons que la nucléation homogène d'une phase solide suppose une surfusion relativement importante de la phase liquide mais, qu'en général, la présence d'impuretés que sont des centres de nucléation dans le liquide facilite la cristallisation.

Après la formation d'un premier noyau solide au sein de la phase mère, la croissance de la nouvelle phase solide s'opère par adjonction d'atomes à l'interface entre le noyau solide, le grain, et la phase mère. La croissance de la phase cristalline va donc dépendre fortement de la nature de cette interface. Une interface très accidentée à l'échelle atomique, et par conséquent comportant de la rugosité, est ainsi favorable à la fixation d'atomes supplémentaires (Fig. 9.1).

Dans le premier cas, la vitesse de croissance cristalline est rapide et obéit à une expression de la forme $v = K\Delta T$ où ΔT est la surfusion du liquide. C'est en particulier la situation que l'on rencontre dans les métaux. Dans le deuxième cas, la vitesse de cristallisation est lente et l'on a $v = K'\exp - (\Delta E/k\Delta T)$, où ΔE est l'équivalent d'une énergie d'activation caractéristique de la surface (v n'est grande que si la surfusion ΔT est importante). Cette croissance est caractéristique des polymères.

Les grains formés au sein de la phase mère ne restent pas sans contact au cours de la phase de croissance, ils finissent par se toucher et s'ajuster les uns par rapport aux autres.

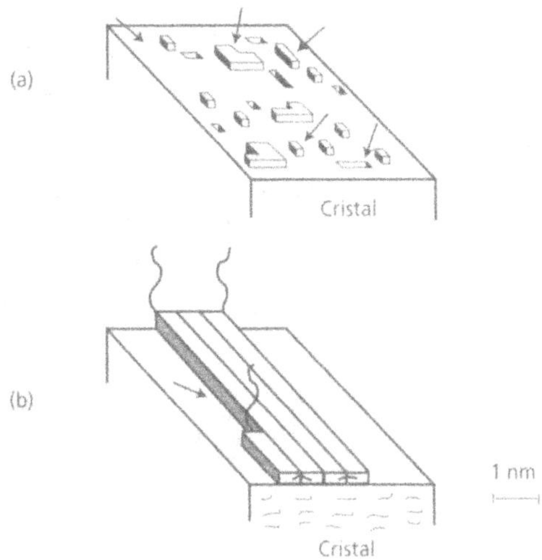

Figure 9.1 Cristallisation et structures d'interface.

a) L'interface rugueuse présente de nombreuses aspérités qui sont des sites de fixation des atomes au cristal.
b) Une interface lisse sans défauts requiert la croissance d'une nouvelle couche complète pour former le cristal, c'est le cas, en particulier, avec les polymères.

On appelle **joint de grains**, la région ou surface de contact entre deux grains. C'est une région où la structure cristalline est localement perturbée mais où les liaisons atomiques établies entre grains sont suffisamment nombreuses, par ailleurs, pour que cette perturbation n'affaiblisse pas globalement la structure solide (Fig. 2.5 et 9.2). Les joints de grains modifient très notablement les propriétés macroscopiques d'un matériau et en particulier ses propriétés mécaniques. L'énergie d'interface aux joints de grains va jouer un rôle important pour déterminer la structure d'équilibre du solide polycristallin.

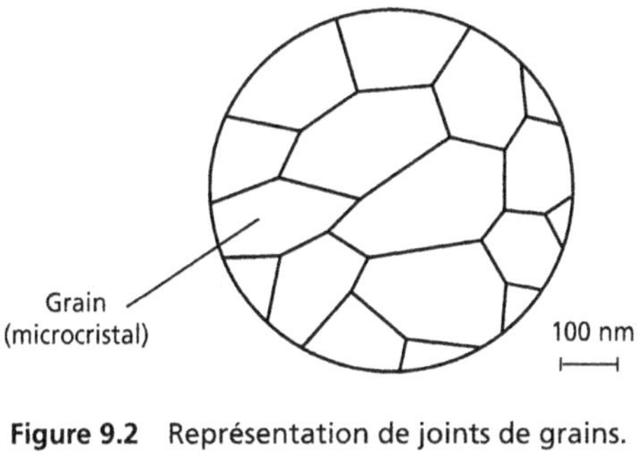

Figure 9.2 Représentation de joints de grains.

C'est la vue que l'on obtiendrait à l'aide d'un microscope optique d'un matériau polycristallin. Les joints de grains indiqués en traits continus sont à l'interface entre deux grains (ou microcristaux).

On peut prendre l'analogie avec un film de savon qui forme un ensemble de bulles. On constate que le film, pour minimiser son énergie totale, tend à former des bulles telles que trois films se rencontrent en formant des angles de 120 °, ce qui permet ainsi d'équilibrer les tensions de surface. Dans le cas d'un polycristal, qui est une structure à trois dimensions, si l'on transpose ce principe, on peut penser que les joints de grains tendent à constituer des plans qui se coupent suivant des dièdres de 120 ° et qui minimisent ainsi l'énergie de surface. De façon idéale, on pourrait remplir l'espace occupé par le matériau, afin de satisfaire cette condition de minimisation de l'énergie de surface, à l'aide de grains constitués par des polyèdres à quatorze faces appelés tetrakaïdécaèdres (Fig. 9.3).

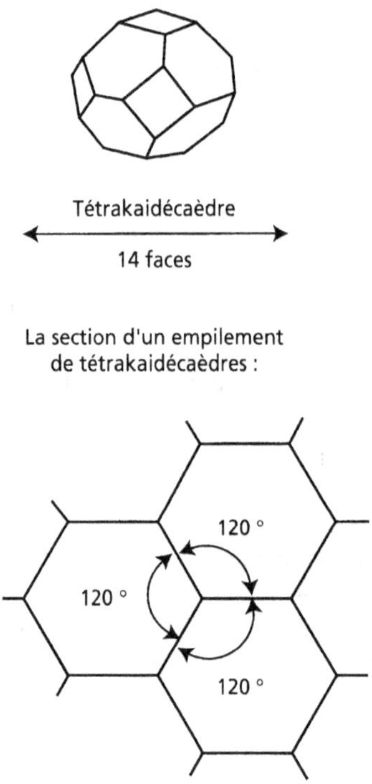

Figure 9.3 Polycristal tridimensionnel.

L'énergie de surface est minimum lorsque les joints de grains sont plans. L'équilibre des tensions de surface requiert que les angles aux arêtes des intersections des plans soient égaux à 120 °. Les grains des polycristaux tendent à former des tétrakaidécaèdres à quatorze faces.

On se trouve souvent dans des situations physiques plus complexes dans la mesure où certains matériaux, des métaux par exemple, sont constitués de plusieurs phases.

Si le métal polycristallin est diphasique et est donc formé par deux types de grains, on a deux cas de figures :

– le plus simple correspond à la nucléation d'un grain de l'une des phases au sein du grain d'une autre phase ;
– la seconde correspond à la nucléation de l'une des phases au joint de grains de l'autre phase (Fig. 9.4).

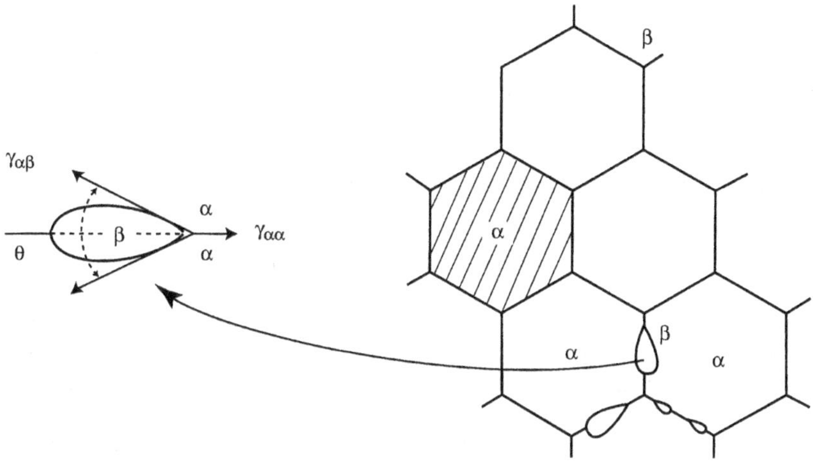

Figure 9.4 Nucléation d'un métal sous forme de deux phases.

La phase β apparaît par nucléation au joint de grains entre deux cristaux de la phase α ; $\gamma_{\alpha\beta}$ est la tension superficielle entre deux phases.

Si l'on peut supposer que l'énergie de l'interface est isotrope, les noyaux de l'une des phases tendront à prendre une forme sphérique ou lenticulaire afin de minimiser l'énergie d'interface. Désignant par θ l'angle de contact entre la calotte sphérique du grain de la phase β qui se forme au joint de grains de la phase α, par $\gamma_{\alpha\alpha}$ et $\gamma_{\alpha\beta}$ les tensions superficielles correspondant aux interfaces (αα) et (αβ), on peut écrire la condition d'équilibre sous la forme :

$$2\gamma_{\alpha\beta}\cos(\theta/2) = \gamma_{\alpha\,\alpha} \qquad (9.1)$$

On voit immédiatement sur cette relation que si $\gamma_{\alpha\beta} < \gamma_{\alpha\alpha}/2$, aucun angle θ ne peut satisfaire à (9.1) ; la seule solution d'équilibre possible correspond à θ = 0, c'est-à-dire au recouvrement du joint de grains par la phase β. Cette situation n'est pas sans risques pour le matériau car si cette phase est fragile, ou si elle renferme des défauts, elle est susceptible de favoriser la propagation de fissures en son sein. Notons au passage, en revanche, que dans le cas où l'on veut émailler une céramique, il est souhaitable que le liquide qui va former la couche d'émaille mouille complètement le solide et donc les grains qui sont à la surface.

Si l'énergie d'interface est anisotrope, et par conséquent la tension superficielle $\gamma_{\alpha\beta}$, les grains de la phase β tendent à former des petites plaquettes au sein de la phase α.

La morphologie des cristaux de polymères est, nous l'avons vu, très spécifique. L'observation au microscope optique et électronique révèle l'existence de **sphérolites** (Fig. 3.14) constituées en fait par des lamelles cristallisées, irradiant à partir d'un noyau central, dont l'épaisseur est d'un ordre de grandeur d'une dizaine de nm et la longueur de l'ordre de quelques centaines de nm. Ces lamelles sont reliées entre elles par des chaînes polymériques qui stabilisent la structure. Le polymère à l'état solide est polycristallin ; une phase amorphe subsiste entre les sphérolites. Le taux de cristallinité des polymères solides varie en général de 20 à 60 % ; il dépend de leur nature chimique et du traitement thermique subi par la phase liquide (en particulier de sa vitesse de refroidissement).

9.2.2 Un cas d'école : la transformation martensitique

Rappelons que le diagramme de phases des aciers qui sont des alliages fer-carbone sont complexes (Fig. 2.17). Ce diagramme est en fait celui d'un système Fe–Fe_3C puisque, pour une concentration en poids de 6,7 % de carbone, on a un composé intermétallique, la cémentite Fe_3C. Outre la phase liquide, on a quatre phases solides stables en tout pour ce système : la cémentite Fe_3C, l'austenite ou fer γ, le fer δ, la ferrite ou fer α. Les aciers à basse teneur en carbone (phases α et δ) correspondent aux aciers doux, ceux à haute teneur en carbone (concentration inférieure à 2 % en poids) correspondent aux aciers durs. Les fontes sont des alliages dont la teneur en carbone est supérieure à 2 %.

La nature et la morphologie des microstructures qui se forment dépendent fortement de la concentration en carbone de l'acier. Ainsi obtient-on une structure appelée lédéburite lorsqu'on solidifie la phase liquide en dessous de 1 130 °C avec une concentration en carbone de 4,3 % correspondant au point eutectique dans la partie supérieure du diagramme 2.17. Cette structure est en fait un composite formé de plaquettes de fer α alternant avec des plaquettes de cémentite. Si l'on refroidit la phase d'austénite γ correspondant à l'eutectoïde (0,8 % de carbone) en dessous de 723 °C, on obtient la perlite qui est une structure composite formée de plaquettes de phase α alternant avec des plaquettes de Fe_3C. La perlite se forme aux joints de grains de la phase γ (Fig. 9.5).

Si l'on effectue une trempe rapide sur la solution eutectoïde (avec une vitesse de refroidissement de l'ordre de 200 °C/s), on forme la martensite qui est une solution solide métastable de fer et de carbone. Les grains de martensite se forment et croissent aux joints de la phase intitiale d'austénite (de symétrie cubique à faces centrées, Fig. 9.6).

La martensite a globalement une structure tétragonale centrée comme la ferrite mais localement son réseau est déformé du fait d'un excès de carbone et possède une symétrie tétragonale centrée (Paragraphe 2.4.2).

On constate que la martensite obtenue à partir d'un acier eutectoïde a une dureté cinq fois plus élevée que la perlite qui est la forme stable de l'alliage à température ambiante. Les atomes de carbone ont en effet une taille inférieure de 40 % à celle des atomes de fer et quand on trempe l'acier pour fabriquer de la martensite, les atomes de fer se déplacent mais les atomes de carbone restent figés dans leurs positions initiales. La phase cubique centrée correspondant à la perlite n'est stable qu'avec une concentration en carbone qui est au maximum de 0,035 %, la martensite va donc être sursaturée en carbone. Ces atomes de carbone vont se placer en position interstitielle dans le réseau initial en

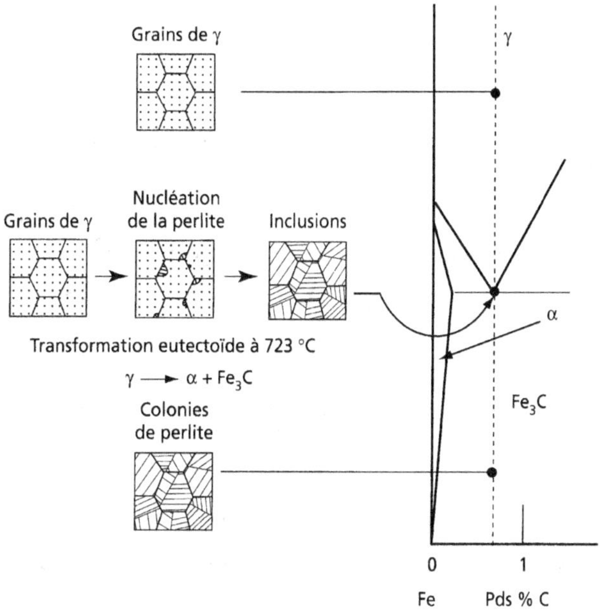

Figure 9.5 Microstructures dans un acier.

Lors du refroidissement lent d'un acier eutectoïde (correspondant à la composition eutectique de 0,8 % en carbone), en dessous de 723 °C, la perlite germe aux joints de grains de la phase γ (austénite). La perlite est une structure composite formée de plaquettes de la phase α alternant avec des plaquettes de cémentite Fe_3C (d'après M.F. Ashby, D.R.H. Jones, Matériaux, p. 107, Dunod, 1991).

distordant les mailles (une direction du cube est dilatée tandis que l'autre est contractée) et forment ainsi une structure locale tétragonale centrée (Fig. 9.6). Les dislocations dans le réseau, lorsqu'elles existent, ont beaucoup de difficultés à se propager dans une structure distordue et donc contrainte, ce qui accroît *ipso facto* la dureté de la martensite. Rappelons qu'une transition de phase de ce type, où l'on a un déplacement collectif d'atomes qui migrent au sein du réseau en provoquant des réarangements locaux, s'appelle une **transition déplacive** ou **displacive.**

Les transformations de ce type où se forme une phase métastable comme la martensite ne sont pas limitées au fer et à l'acier. Par généralisation, on appelle **transformations martensitiques** des transformations displacives (ou sans diffusion) où les déplacements occasionnés par la distorsion du réseau sont suffisamment importantes pour dominer la cinétique de la transition. On rencontre ces transformations dans des alliages métalliques, mais aussi dans des céramiques comme la zircone ZrO_2, par exemple. Elle sont souvent associées à un changement de forme du matériau avec la température. C'est une propriété qui est utilisée, notamment, dans les alliages à **mémoire de forme**. Ces transformations sont en général réversibles.

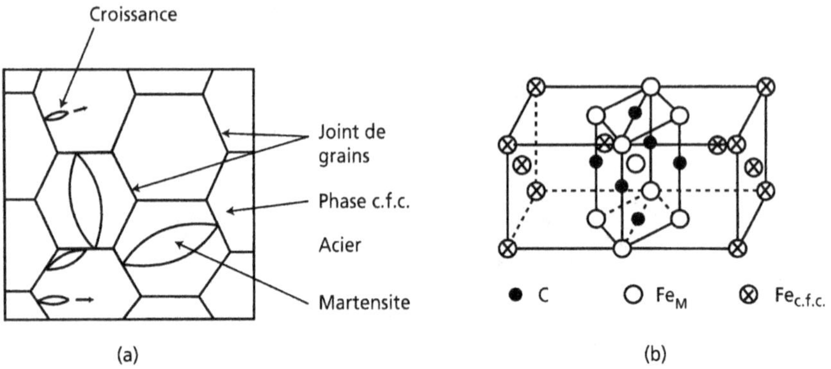

Figure 9.6 Formation de la martensite dans un acier.

a) Les grains de martensite se forment et croissent aux joints de grains de la phase initiale d'austénite c.f.c.
b) Lors de la trempe, des atomes de carbone vont se placer en position interstitielle dans le réseau initial, la martensite est sursaturée en carbone. La maille est localement distordue et de symétrie tétragonale centrée. Tous les sites interstitiels ne sont pas occupés par des atomes de carbone. Fe_M correspond aux atomes de fer de la martensite.

9.2.3 Des phases singulières : les quasicristaux

La découverte, en 1984, d'alliages avec une symétrie icosaédrique (par Schechtman, Blech, Gratias et Cahn) a ouvert la voie à des phases cristallines nouvelles baptisées **quasi-cristaux**.

Découvertes initialement sur un alliage Al–Mn, ces phases ont été par la suite mises en évidence dans des matériaux présentant d'autres symétries (dodecaédriques dans NiCr, octaédriques dans VNiSi). L'originalité de ces nouvelles phases réside dans le fait qu'elles violent le principe d'une périodicité tridimensionnelle du cristal. La non-périodicité de la structure cristalline a été mise en évidence par l'existence de tâches très intenses dans un diagramme de diffraction correspondant à une symétrie de rotation d'ordre 5 alors que les seules symétries compatibles avec un ordre cristallin à longue distance sont d'ordre 2,3,4 et 6. Des structures non périodiques de ce type avaient déjà été envisagées auparavant, en particulier par le mathématicien Penrose.

Une autre caractéristique de ces quasi cristaux est le fait qu'ils correspondent à des systèmes dans un état métastable. On les prépare d'ailleurs par une trempe rapide d'un alliage liquide ou à partir d'un état amorphe donc hors d'équilibre. Les méthodes de trempe rapide permettent d'éviter la nucléation des phases en équilibre thermodynamique. On a aussi utilisé une méthode d'implantation d'ions Mn déposés sur des films minces d'aluminium pour produire des quasi-cristaux d'AlMn.

La morphologie des microstructures qui se forment dans les quasi-cristaux dépend beaucoup de la méthode qui est utilisée pour la synthèse du matériau. On obtient souvent des formes dendritiques comme celles de la figure 9.7.

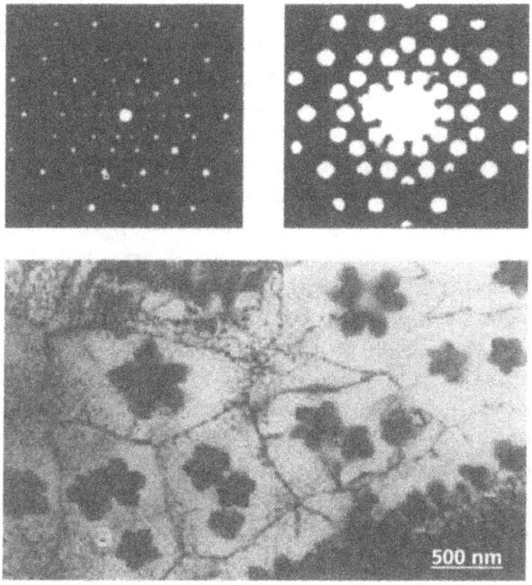

Figure 9.7 Quasicristaux.

a) Figure de diffraction d'électrons d'un alliage AlMn en solidification rapide. Le faisceau d'électrons est parallèle à un axe de symétrie d'ordre 5 ; les tâches correspondent à cette symétrie.
b) Micrographie électronique de dendrites d'une phase AlMn (6,8 % Mn) solidifiée par trempe rapide. On a une croissance le long d'axes de symétrie d'ordre 3. Ces phases solides (quasicristaux) « violent » le principe d'une périodicité tridimensionnelle du cristal (d'après P. Guyot, P. Kramer, M. de Boissieu, Rep. Prog. Phys, p. 1373-1425, 1991).

9.2.4 Le cas particulier du frittage dans les céramiques

Les céramiques sont des matériaux polycristallins à base d'oxyde (Al_2O_3, MgO, ZrO_2 etc.) ou des composés chimiques comme SiC et WC. Ce sont des matériaux à point de fusion élevé dont la mise en œuvre se fait par le procédé dit de frittage. Celui-ci consiste à chauffer des poudres à haute température, éventuellement sous pression, dont la coalescence conduit à la formation d'un solide macroscopiquement homogène.

On peut définir le frittage comme la consolidation d'un matériau initialement formé par une phase dispersée (une poudre) par l'action de la chaleur sans que l'on atteigne sa fusion. Le solide polycristallin est en général formé par un processus qui met en jeu la diffusion d'atomes entre particules en phase solide.

Dans un certain nombre de cas, les particules solides de la poudre subissent une fusion en surface et un film liquide se forme à l'interface entre les grains et favorise ainsi leur « soudure », on a alors un frittage en **phase liquide**. C'est le cas, par exemple, de la porcelaine dans laquelle les cristaux de silicate d'aluminium ($3\,Al_2O_3\,2\,SiO_2$) sont soudés entre eux par un verre de silice. C'est aussi le procédé utilisé pour fabriquer des outils de coupe à base de cobalt et de carbure de tungstène.

Dans la plupart des cas, la composition chimique du matériau après l'opération de frittage est identique à celle de la poudre initiale ; dans quelques cas exceptionnels, le traitement thermique conduit à un nouveau composé chimique par réaction solide-solide ou solide-gaz (il est utilisé, par exemple, pour la synthèse de céramiques à base de nitrure de silicium). La céramique qui se forme est toujours plus dense que la poudre initiale ; il y a donc un retrait volumique au sein du matériau. Ce retrait est provoqué par une réduction de la taille des pores existant entre les grains, voire par la disparition d'un certain nombre d'entre eux.

La température de frittage est toujours élevée (supérieure à 1 000 °C) mais elle dépend de la nature chimique des poudres et donc des matériaux utilisés. La taille des microstructures dépend du traitement thermique que l'on a fait subir au matériau, elle est en général d'une dizaine de microns mais elle peut être très inférieure pour les nano-matériaux comme on le verra.

Le frittage est un processus qui redistribue les atomes entre les grains d'une poudre en établissant des liaisons (Fig. 3.19). Cette redistribution de matière tend à minimiser l'énergie de surface du milieu divisé puisqu'une poudre (un oxyde métallique par exemple) a un excès d'enthalpie libre par rapport au monocristal parfait qui correspond à l'énergie superficielle des grains. Deux voies sont ouvertes aux grains pour qu'ils réduisent leurs interfaces :
- le grossissement qui diminue leur nombre ;
- leur soudure par frittage qui élimine les porosités présentes dans la poudre et augmente la densité (Fig. 9.8).

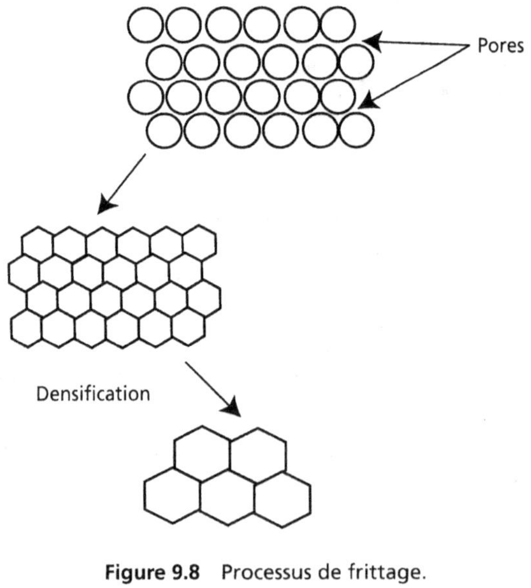

Figure 9.8 Processus de frittage.

Le frittage est le processus de base pour la fabrication d'une céramique. La céramique qui se forme est plus dense que la poudre initiale, le densification est obtenue par réduction de la taille des pores, voire par la disparition de certains d'entre eux.

Dans le cas du frittage, les interfaces solide-vapeur sont remplacées par de nouvelles interfaces, les joints de grains formés par soudure des grains. Si γ_{SS} désigne la tension superficielle des joints de grains et γ_{SV} la tension superficielle associée à l'interface solide-vapeur, la variation d'enthalpie libre dG lors de ce processus s'écrit :

$$\mathrm{d}G = \gamma_{SS}\,\mathrm{d}A_{SS} + \gamma_{SV}\,\mathrm{d}A_{SV} \qquad (9.2)$$

dA_{SS} représente la variation d'aire associée à la création d'interfaces entre les grains et l'on a d$A_{SS} > 0$. dA_{SV} est la variation d'aire correspondant à la diminution des interfaces solide-vapeur, on a donc d$A_{SV} < 0$. Les énergies des joints de grains étant beaucoup plus faibles que celles de l'interface solide-vapeur on a d$G < 0$ et le système atteint un nouvel équilibre par la formation de joints de grains.

Si l'on s'intéresse à l'évolution de deux grains sphériques en contact, l'angle de raccordement délimité par les tangentes au point de contact est initialement nul (Fig. 9.9). Au fur et à mesure du rapprochement des sphères, cet angle augmente jusqu'à atteindre une valeur θ d'équilibre telle que :

$$2\gamma_{SV}\cos(\theta/2) = \gamma_{SS} \qquad (9.3)$$

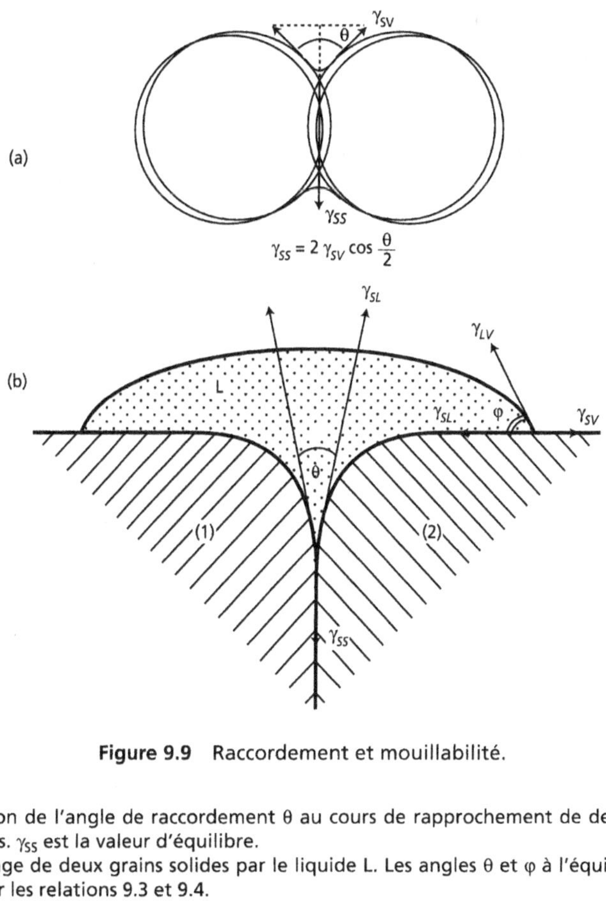

Figure 9.9 Raccordement et mouillabilité.

a) Évolution de l'angle de raccordement θ au cours de rapprochement de deux grains sphériques. γ_{SS} est la valeur d'équilibre.
b) Mouillage de deux grains solides par le liquide L. Les angles θ et φ à l'équilibre sont définis par les relations 9.3 et 9.4.

Cette relation est obtenue en écrivant de façon classique que la résultante des vecteurs tension superficielle dans la zone de contact est nulle (on les projette, par exemple, sur une droite dans le plan de contact). Pour la valeur de l'angle de raccordement correspondant à (9.3), on a $dG = 0$, le système de grains se trouve en équilibre.

L'angle de raccordement des deux grains augmentant au fur et à mesure de la progression du frittage, les possibilités de frittage seront d'autant plus importantes que θ sera grand, ce qui correspond à des valeurs élevées de γ_{SV} et faibles de γ_{SS}. Le frittage sera donc bien fortement commandé par les énergies de surface.

La diffusion de matière pendant le frittage, s'opère, quant à elle, sous l'influence de gradients de potentiels chimiques correspondant à des gradients de contraintes existant aux interfaces par suite de l'existence de courbures très importantes : par exemple, dans la phase gazeuse, la pression dans la partie convexe de la surface des grains est supérieure à celle qui existe très au-dessus de la zone de raccordement ; dans la phase solide, au centre du joint de grains, l'état du matériau correspond à de la matière sous une surface plane et donc exempte de contraintes. Plusieurs mécanismes de diffusion sont possibles sous l'action de ces gradients : – la matière peut diffuser vers le joint de grains par voie gazeuse à partir de la surface des grains ; – elle peut diffuser par la surface ou par l'intérieur des grains ; – elle peut migrer du centre d'un grain vers le joint de grains ou éventuellement à partir de dislocations. Chacun de ces mécanismes a une incidence sur l'évolution des microstructures et sur leur cinétique.

Le frittage en phase liquide est un procédé d'élaboration des céramiques qui met en œuvre une transition de phase à partir des poudres composées d'au moins deux constituants solides. L'un de ces constituants solides peut fondre à la température de frittage ce qui assure ainsi l'existence d'une phase liquide qui peut former un pont entre les particules solides. Cette interface liquide entre les grains favorise la formation des joints de grains et l'augmentation de densité du matériau par réduction de la taille des pores.

On utilise en particulier le frittage en phase liquide pour fabriquer certains alliages métalliques à partir de poudres (avec des mélanges comme tungstène-nickel, tungstène-nickel-fer, cuivre-étain etc.), des amalgames comme argent-étain-mercure et des céramiques à base d'oxydes.

Les ponts liquides, qui se forment entre les particules solides, créent des forces entre celles-ci qui sont d'origine capillaire. Elles peuvent être répulsives ou attractives selon la mouillabilité du solide par le liquide et donc les valeurs relatives des tensions superficielles du liquide, du solide et de la vapeur.

On a représenté sur la figure (9.9.b), le mouillage de deux grains solides par le liquide. L'angle de mouillage φ caractérise l'équilibre d'une ligne solide-liquide-vapeur et est défini classiquement par la relation de Young-Dupré par projection sur la surface du solide :

$$\gamma_{LV}\cos\varphi + \gamma_{SL} = \gamma_{SV} \tag{9.4}$$

Si $\gamma_{SV} > \gamma_{LV} + \gamma_{SL}$ la seule situation d'équilibre est celle qui correspond à l'étalage complet du liquide sur la surface du solide (mouillage parfait).

De même, définit-on l'angle θ qui correspond à l'équilibre solide (1)-liquide-solide (2) par la relation analogue à (9.3) :

$$2\gamma_{SL}\cos(\theta/2) = \gamma_{SS} \tag{9.5}$$

Si $2\gamma_{SL} > \gamma_{SS}$, on a $0 < \theta < \pi$; si $\gamma_{SL} = \gamma_{SS}$, $\theta = 2\pi/3$. En revanche, si $2\gamma_{SL} < \gamma_{SS}$ aucune valeur de θ ne peut satisfaire à la relation d'équilibre (9.5), le système solide(1)/liquide et solide(2)/liquide comportant deux interfaces solide/liquide est plus stable que celui comportant une seule interface solide/liquide et le liquide pénètre le long du joint de grains entre les deux grains solides. Si, enfin, $\varphi > \pi/2$, le liquide ne mouille pas le solide et il n'y a pas de frittage possible avec une phase liquide.

Les mécanismes mis en jeu dans le frittage en phase liquide sont encore loin d'être complètement élucidés.

Il faut signaler enfin que certaines céramiques sont constituées de phases mirocristallines dispersées au sein d'une phase vitreuse, c'est le cas, par exemple, de la porcelaine et des matériaux appelés vitrocéramiques. La matière première de base pour la fabrication de la porcelaine est un silicate d'alumine, le kaolin (mot d'origine chinoise qui signifie colline élevée, nom du lieu où était extrait le kaolin). Cette fabrication exige des températures élevées.

9.2.5 Microstructures dans les phases ferromagnétiques, ferroélectriques et supraconductrices

On sait qu'à une température inférieure à la température de Curie, les moments magnétiques électroniques individuels d'un matériau ferromagnétique sont tous alignés dans une même direction si l'on examine le matériau à une échelle microscopique. Cependant, la valeur du moment magnétique pour l'échantillon macroscopique est en général inférieure à celle du moment correspondant à la saturation ; il faut appliquer un champ magnétique extérieur pour obtenir cette saturation.

En fait, le matériau magnétique n'est pas strictement homogène, il est constitué d'un très grand nombre de petites régions aimantées appelées **domaines** (Fig. 9.10). Chaque domaine possède une aimantation correspondant à la saturation mais la direction de l'aimantation varie d'un domaine à l'autre et la résultante de toutes ces zones aimantées correspond à un moment magnétique global qui est très inférieur à sa valeur à la saturation et qui peut même être nul pour un matériau ferromagnétique.

C'est au physicien P. Weiss, l'un des fondateurs de la théorie moderne du magnétisme avec les Curie, que l'on doit cette notion de domaine, mais la première observation directe de domaines ferromagnétiques a été réalisée par F. Bitter en 1931. Celui-ci a déposé une goutte d'une suspension ferromagnétique colloïdale (un ferrofluide) à la surface d'un solide ferromagnétique et le dessin obtenu reproduisait la structure en domaines du matériau.

On trouve également des régions structurées en domaines dans les ferroélectriques ainsi que dans les supraconducteurs. L'analogie avec la situation rencontrée dans un matériau polycristallin est évidemment immédiate mais pour tous ces matériaux les domaines magnétiques, ferroélectriques ou dans un état supraconducteur, correspondent à des variations spatiales du paramètre d'ordre : chacun d'eux est associé à une orientation différente du paramètre d'ordre. L'existence des domaines affecte les propriétés d'un matériau, c'est un problème important sur lequel nous reviendrons.

La formation d'un domaine est gouvernée par l'énergie libre du système qui doit être minimisée. Comme dans un phénomène de nucléation au sein d'un liquide, d'un gaz ou d'un solide, la formation de domaines magnétiques ou ferroélectriques est associée à la

Figure 9.10 Domaines magnétiques.

Un matériau magnétique est constitué d'un grand nombre de régions aimantées appelées domaines. On a représenté ici les domaines d'un film mince (6 μ) de YGdTm. **a)** Phase non aimantée ; **b) c) d)** Aimantation dans un champ magnétique croissant, il se forme des bulles magnétiques (d'après A.H. Bobeck, E. Della Torre, in *Magnetic bubbles*, North Holland Publ, 1975).

création d'une interface qui coûte de l'énergie. Leur dimension est un optimum qui correspond à un minimum de l'énergie libre du matériau. Si l'on considère un ferromagnétique ou un antiferromagnétique, on ne passe d'ailleurs pas de manière abrupte d'un domaine à un autre. F. Bloch a le premier reconnu que cette transition était progressive. Deux domaines contigus sont en fait séparés par une paroi qui a une épaisseur finie et que l'on appelle une **paroi de Bloch**, dans un matériau ferromagnétique, et une **paroi de Néel** dans un antiferromagnétique. C'est au sein même de la paroi que l'orientation magnétique change de sens (Fig. 9.11).

On peut faire un calcul simple de l'énergie de la paroi. L'énergie d'interaction ou d'échange entre spins voisins (i) et (j) est donnée par un Hamiltonien d'Heisenberg et peut s'écrire sous la forme :

$$U = -2J\, S_i S_j \tag{9.6}$$

On peut montrer (Exercice 9.3) que pour une ligne de $N + 1$ spins, l'énergie totale d'échange est :

$$N\, W_e = JS^2\pi^2/N \tag{9.7}$$

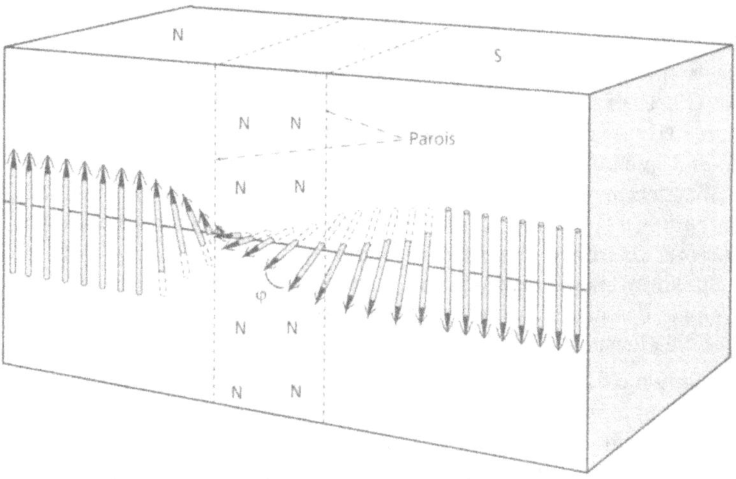

Figure 9.11 Paroi de Bloch.

Les parois de Bloch séparent les domaines magnétiques, elles ont une épaisseur finie. φ est l'angle entre spins voisins.

Plus N est grand, plus cette énergie est faible et l'épaisseur de la paroi de Bloch tendra donc à augmenter afin de minimiser cette énergie d'échange. Le phénomène est en fait limité par l'existence d'une énergie d'**anisotropie** ou **magnétocristalline**. L'origine de cette énergie est la suivante : il existe dans un cristal ferromagnétique, des axes cristallographiques qui sont des directions privilégiées pour l'aimantation et qui dépendent bien sûr de la structure cristalline, si bien que tout écart des spins par rapport à ces orientations privilégiées est associée à une énergie d'anisotropie.

Si l'on considère une paroi de Bloch, parallèle à la face du cube d'un cristal de symétrie cubique, qui contient en son sein N plans atomiques, l'énergie par unité de surface de la paroi U_p sera la somme de l'énergie d'échange U_e et de l'énergie d'anisotropie U_a. L'énergie d'échange pour chaque ligne d'atomes perpendiculaire au plan de la paroi est donnée par (9.8) et l'on peut considérer que l'énergie d'anisotropie U_a est proportionnelle à l'épaisseur de la paroi soit $U_a = KNa$ où K est la constante d'anisotropie caractéristique du matériau et a la constante du réseau. Comme il y a $1/a^2$ lignes par unité de surface $U_e = JS^2\pi^2/Na^2$, S étant la valeur du spin et l'on a donc :

$$U_p = U_e + U_a = JS^2\pi^2/Na^2 + KNa \qquad (9.8)$$

Cette énergie est minimum pour $\partial U_p/\partial N = 0$, soit :

$$-JS^2\pi^2/N^2a^2 + Ka = 0, \text{ et } N = (JS^2\pi^2/Ka^3)^{1/2} \qquad (9.9)$$

Dans le cas du fer, $N \cong 300$ ce qui correspond à une épaisseur de paroi de l'ordre de 100 nm.

Supposons maintenant que l'on applique un champ magnétique à un aimant parallèlement à une direction privilégiée d'aimantation facile. Les domaines qui sont orientés dans la direction du champ vont tendre à croître au détriment de ceux qui ont une aimantation orientée différemment et les parois de Bloch vont se déplacer de façon à favoriser cette croissance. Les impuretés et les défauts existant dans le matériau vont « accrocher » (le terme anglais correspondant est *pinning*) les parois de Bloch ou de Néel pour lesquelles elles constituent, en quelque sorte, l'équivalent de centres de nucléation. C'est la facilité avec laquelle s'opèrent ces déplacements qui va déterminer la **force coercitive** du matériau, c'est-à-dire le champ magnétique qu'il faut lui appliquer pour annuler l'induction. C'est une propriété caractéristique très importante pour les matériaux magnétiques. Ce champ magnétique peut varier de 0,03 A/m (0,0004 oersted) pour le permalloy, à 0,72 10^6 A/m (9000 oersted) pour les alliages Co_5 Sm. La valeur du champ coercitif détermine la forme de la courbe d'hystérésis d'un aimant. Ce champ coercitif dépend lui-même beaucoup de la taille des microstructures existant au sein du matériau. Ainsi, des matériaux magnétiques formés de poudres aux grains très fins ont une coercitivité élevée.

Si l'on augmente l'intensité du champ magnétique appliqué à un matériau, on constate que, dans certains cas, les domaines magnétiques évoluent en prenant une forme cylindrique (Fig. 9.10.c-d) et finissent par former des **bulles**. Le diamètre et la stabilité des bulles dépendent de l'intensité du champ magnétique. On peut les déplacer dans le matériau en appliquant un gradient de champ magnétique et ces microstructures peuvent être utilisées pour stocker des « bits » d'information dans une mémoire magnétique.

On trouve des situations comparables à celles des matériaux magnétiques dans les cristaux ferroélectriques. En l'absence de champ électrique un cristal ferroélectrique n'est pas polarisé uniformément dans une direction mais on y observe un très grand nombre de domaines qui possèdent chacun une polarisation électrique avec son orientation, la polarisation variant d'un domaine à l'autre. Comme dans les systèmes magnétiques, les domaines ferroélectriques sont séparés les uns des autres par des parois qui sont des régions au sein du cristal où l'on observe un changement d'orientation de la polarisation. Dans certains ferroélectriques, comme le TGS (sulfate de triglycine), on n'a que deux orientations antiparallèles possibles de la polarisation, si bien que les parois vont séparer des domaines dont les polarisations sont antiparallèles. Dans d'autres ferroélectriques, comme $BaTiO_3$, on a des structures plus complexes avec plusieurs orientations possibles pour les domaines (Fig. 9.12).

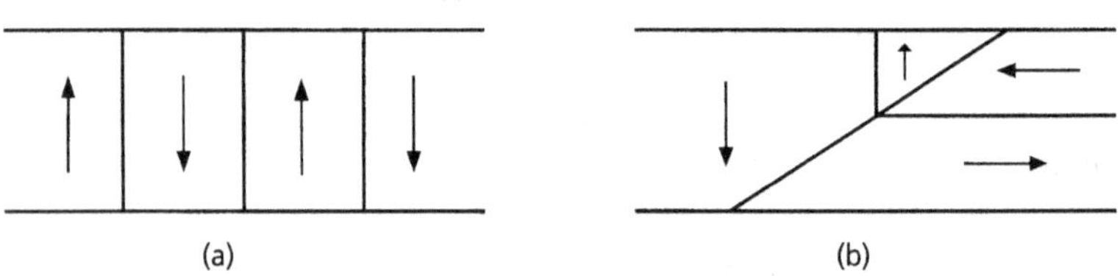

Figure 9.12 Domaines dans un ferroélectrique.

a) Parois à 180 °. **b)** Parois à 90 °. Elles délimitent les domaines à l'équilibre.

On peut mettre en évidence l'existence des domaines dans un ferroélectrique par une technique optique comme la biréfringence ; celle-ci est, en effet, induite par la polarisation spontanée du matériau. La polarisation variant d'un domaine à l'autre, la biréfringence est différente dans deux domaines adjacents et cette différence apparaît par observation du cristal en microscopie à lumière polarisée.

L'application d'un champ électrique à un ferroélectrique modifie le nombre et la taille des domaines : lorsqu'on applique un champ électrique à un cristal ferroélectrique, des domaines se forment à la surface (c'est l'équivalent d'un phénomène de nucléation), puis ils grandissent à l'intérieur du matériau et finissent par coalescer pour former un domaine unique correspondant à la polarisation maximum.

Si l'on s'intéresse à l'ordre à grande distance qui est associé aux paires de Cooper dans un **supraconducteur,** on peut constater qu'il existe des analogies avec la situation qui caractérise un matériau magnétique. Dans un ferromagnétique, en effet, l'interaction entre les spins, qui est un phénomène coopératif, provoque un alignement dans une même direction de tous les spins en dessous de la température de Curie, tandis que dans un supraconducteur l'ordre à grande distance est associé à la fonction d'onde complexe ψ des paires de Cooper (que l'on écrit sous la forme $\psi = |\psi| e^{i\varphi}$, où $= |\psi|$ est son amplitude et φ sa phase), la direction de ψ (la phase φ) jouant le rôle de l'orientation du spin. Les paires de Cooper doivent conserver une cohérence de phase à longue distance dans le matériau. Par analogie avec la mécanique du solide, on définit un « module de rigidité » de la phase de l'état supraconducteur ρ_S qui s'annule à T_C. Toutefois dans les supraconducteurs à deux dimensions (du type des oxydes de cuivre) , on peut avoir des paires de Cooper sans cohérence de phase à grande distance. Par ailleurs, l'une des caractéristiques d'un supraconducteur est « d'expulser » un champ magnétique qu'on lui applique, c'est **l'effet Meissner**.

En effet, dans les supraconducteurs de **type I**, les champs magnétiques ne peuvent pénétrer qu'en détruisant la supraconductivité. Dans les supraconducteurs de **type II**, on a une situation intermédiaire : les champs faibles sont expulsés, alors qu'un champ dont l'intensité est supérieure à H_{C1} pénètre dans le matériau de façon non uniforme en formant des **vortex**, lorsque l'intensité du champ magnétique dépasse une valeur critique H_{C2}, la supraconductivité disparaît. Plus on augmente l'intensité du champ magnétique au-dessus de Hc_1, plus on forme de vortex au sein du matériau ; c'est l'équivalent d'un phénomène de nucléation. Les valeurs des champs critiques Hc_1 et Hc_2 dépendent du supraconducteur. Dans les nouveaux supraconducteurs à haute température (la famille des oxydes de cuivre), $\mu_0 Hc_2$ atteint 15 Tesla à 77 K mais peut s'élever jusqu'à 50 Tesla à 4 K.

Les vortex sont en fait des lignes de flux magnétique qui pénètrent dans le solide comme des tubes (Fig. 9.13). On peut les mettre en évidence par une méthode dite de décoration magnétique : les grains d'une poudre ferromagnétique placée à la surface du matériau vont être attirés par les lignes de flux et vont localiser ainsi les vortex. Ces grains peuvent être formés en provoquant, par exemple, leur nucléation en phase vapeur et être mis en évidence par microscopie électronique à transmission. On remarque aussi que les vortex sont disposés à la surface du supraconducteur en formant un **réseau triangulaire**.

Le flux magnétique est quantifié, chaque ligne de flux transporte n quanta de flux ϕ_0, où le quantum individuel est $\phi_0 = h/2e$. Si l'on considère un vortex individuel, on constate que le diamètre d'une ligne de flux est une longueur caractéristique λ qui est la longueur de pénétration du champ magnétique dans le supraconducteur. La région dans laquelle l'amplitude de la fonction d'onde ψ est nulle ou quasi-nulle a un diamètre ξ qui est la longueur de cohérence du supraconducteur (Fig. 9.14).

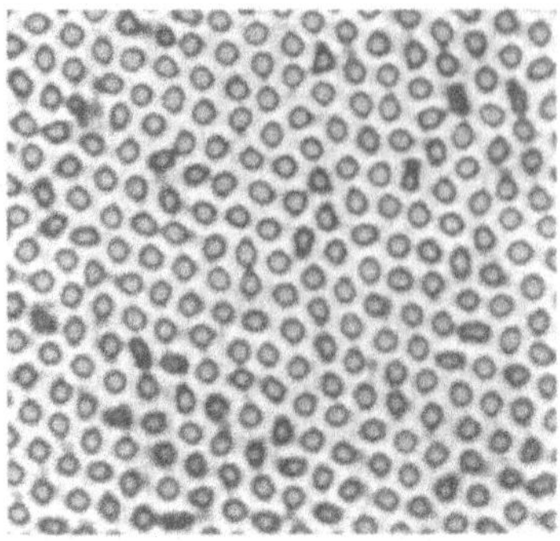

Figure 9.13 Vortex dans un supraconducteur.

Les vortex sont des lignes de flux magnétique pénétrant un matériau supraconducteur comme des tubes. Cette image représente des lignes de flux dans un cristal du type BiSrCaCuO ; elles sont mises en évidence par une méthode de décoration magnétique. Les vortex forment un quasi-réseau, la séparation des tâches est de l'ordre de 1 μ (d'après K. Harada et al., Phys. Rev. Lett. 71, 3371, 1993, copyright Am. Inst. Phys.).

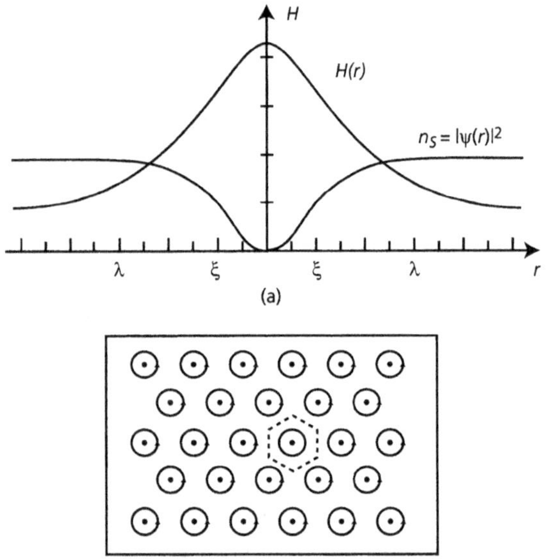

(a)

(b)

Figure 9.14 Structure d'un vortex dans un supraconducteur.

a) On a représenté la variation du champ magnétique H(r) à l'intérieur d'un vortex (r est la distance par rapport au centre) et celle du carré de l'amplitude de la fonction d'onde d'une paire de Cooper à l'intérieur d'un vortex d'un supraconducteur de type II. **b)** Réseau de vortex : le noyau central est entouré par un courant circulaire ; les pointillés indiquent les cellules unités du réseau.

Dans les supraconducteurs de la famille des oxydes de cuivre ξ est de l'ordre de 1 à 2 nm à basse température tandis que λ est de l'ordre de 100 nm.

Les vortex sont « accrochés » par des défauts de structure dans le matériau (ceux-ci peuvent résulter de la précipitation d'une phase dans une autre) ou par des impuretés. Le déplacement des lignes de vortex au sein du matériau supraconducteur peut être considéré comme une nuisance car il est un facteur de dissipation de l'énergie et il provoque une chute du potentiel électrique (le déplacement des lignes de courant autour des vortex peut être comparé, toutes proportions gardées, à un champ de vitesses autour de l'œil d'un cyclone). Dans la pratique, pour développer les applications des supraconducteurs, on souhaite donc « accrocher » les vortex pour éviter les déplacements des lignes de flux ; des défauts ponctuels sont donc un facteur de stabilisation du supraconducteur.

Dans les nouveaux supraconducteurs à haute température, l'accrochage des vortex est lié à la structure plane des matériaux : deux plans d'oxyde de cuivre, Cu_2O, où sont localisés la plupart des électrons dans l'état supraconducteur, définissent la configuration des vortex, ils sont séparés par des couches isolantes, ou de conductivité métallique, qui s'opposent à la circulation des électrons entre plans supraconducteurs par effet tunnel. Dans ces supraconducteurs il est important de parvenir à stabiliser les vortex en renforcant le couplage entre les plans Cu_2O adjacents, par exemple en réduisant la distance entre plans et en métallisant les couches intermédiaires par substitution chimique.

On peut également considérer que le réseau de vortex dans la phase supraconductrice est analogue à un réseau cristallin à trois dimensions classique (les vortex constituant les nœuds du réseau péridodique du cristal), et que celui-ci subit l'équivalent d'une transition de phase solide/liquide, lorsqu'on augmente la température et qu'on s'approche de la température critique T_C. Dans le « pseudo état liquide » associé aux vortex, le supraconducteur de type II a une résistance non nulle qui finit par détruire l'état supraconducteur. On peut décrire cette situation par un diagramme de phases solide/liquide (Fig. 9.15) : lorsqu'on franchit la ligne de transition vortex solide/vortex liquide, le réseau de vortex « fond » et l'état supraconducteur tend à disparaître (le courant critique qu'il peut supporter tend vers zéro). Par analogie avec un vrai solide, ou un vrai liquide, on peut décrire le système par des interactions entre vortex et celles-ci déterminent la transition. On a pu mettre en évidence une chaleur latente de transition associée à cette transition solide-liquide dans un composé supraconducteur de type YBaCuO à l'aide d'une méthode de calorimétrie différentielle, cette transition est donc du premier ordre. La compréhension de ce type de phénomènes est importante car la structure des vortex et leurs interactions déterminent les propriétés des supraconducteurs de type II et leur capacité à supporter des courants critiques élevés, ce qui est évidemment déterminant pour leurs applications technologiques, en électrotechnique notamment.

Il apparaît, enfin, que ce sont les joints de grains constituant les interfaces entre les microcristaux d'un matériau supraconducteur à haute température qui déterminent la valeur du courant critique J_C alors que cela ne semble pas être le cas pour les supraconducteurs conventionnels métalliques. J_C est, en général, bien moins élevé pour les supraconducteurs à haute température que pour les supraconducteurs classiques (en particulier pour un nouveau supraconducteur comme MgB_2). On a observé expérimentalement que J_C est fonction de l'angle de désalignement entre deux microcristaux voisins au joint de grains (l'angle θ de la figure 9.4). J_C est d'autant plus élevé que cet angle est petit. On a pu améliorer la situation par un dépôt épitaxial de films monocristallins de supraconducteur

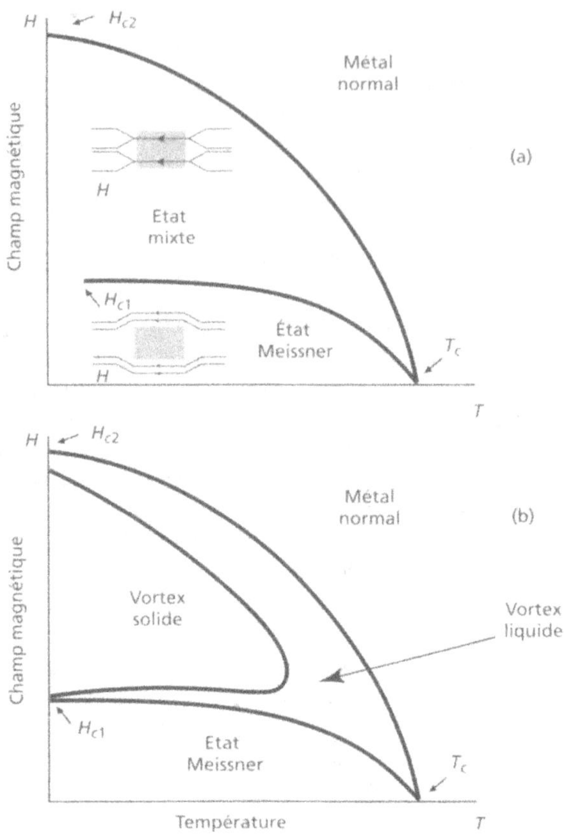

Figure 9.15 Diagramme de phases d'un supraconducteur.

a) Supraconducteur de type II avec pénétration par des lignes de vortex dans l'état mixte. **b)** Supraconducteur de type II à haute température avec un état dit de vortex liquide, dans cette région le matériau a une résistance non nulle qui limite son intérêt pratique. Dans l'état Meissner, les lignes de champ sont rejetées à l'extérieur du matériau (D'après D. Bishop, Nature, 382, p. 360, 1996, copyright Macmillan Magazines Limited).

haute température du type YBaCuO sur un substrat macrocristallin de $SrTiO_3$. Cette technique permet d'envisager l'utilisation des supraconducteurs haute température dans des applications mettant en œuvre des squids (*cf.* paragraphe 7.7).

La cohérence de phase à grande distance est détruite par la présence de vortex qui, lorsqu'ils existent à basse température, sont fortement corrélés entre eux. Dans les systèmes à deux dimensions, la **transition de Kosterlitz-Thouless** met en jeu, précisément, la destruction de la cohérence de phase et la destructuration de ce réseau de vortex, c'est un phénomène que l'on trouve dans les supraconducteurs bidimensionnels, les films d'hélium superfluide et les monocouches de cristaux liquides. Pour un supraconducteur la température de transition correspondante est $T_{KT} = 8\rho_S/\pi$.

9.3 MICROSTRUCTURES EN PHASES FLUIDES

Le lait, la peinture à l'eau, une vinaigrette ou un brouillard ont une caractéristique commune : ce sont des phases constituées par des microstructures en équilibre dans un fluide (des liquides et un gaz). Ce sont en fait des systèmes diphasiques qui sont dans un équilibre précaire qu'il est facile de perturber : une transition de phase produit la rupture d'équilibre entre les microstructures et la phase hôte provoquant leur précipitation. Les propriétés de surface jouent un rôle essentiel dans le maintien en équilibre de ces phases qui sont des **émulsions** ou des **systèmes colloïdaux**.

9.3.1 Les microémulsions

Les émulsions, et donc les microémulsions, sont des systèmes dans lesquels le milieu dispersant et la phase dispersée sont tous les deux des liquides non miscibles. Le cas le plus fréquent et le plus connu est celui des microémulsions d'eau dans l'huile ou, inversement, d'huile dans l'eau. Le mélange qui forme l'émulsion, peut être stabilisé par l'addition de molécules tensio-actives ayant une partie hydrophile et une autre hydrophobe et qui s'absorbent aux interfaces eau-huile (pour des émulsions avec ces deux constituants). Ces mélanges sont très fluides et leur viscosité est comparable à celle de l'eau. En fait, les molécules ne sont pas dispersées à l'échelle moléculaire et l'on a un système diphasique constitué de petites gouttelettes d'eau (ou d'huile) dont le diamètre est en général de l'ordre de 10 nm.

Pour créer une émulsion à partir d'un système eau-huile, il faut fournir une énergie mécanique (par agitation, par exemple) au moins égale à l'énergie de l'interface que l'on souhaite créer. Le système n'est pas stable sur une longue durée et il retourne à sa situation initiale, les deux phases liquides, après un temps plus ou moins long. Le rôle des tensioactifs que l'on ajoute au mélange des deux liquides est de stabiliser les émulsions, d'une part en renforçant la stabilité mécanique des gouttelettes, et d'autre part en créant des barrières qui s'opposent à leur coalescence (Fig. 9.16).

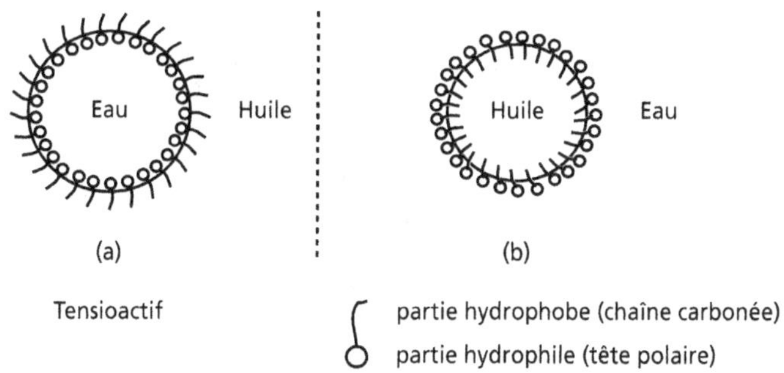

Figure 9.16 Microémulsions.

On a représenté des gouttelettes de microémulsions : **a)** Eau dans l'huile ; **b)** Huile dans l'eau. Les molécules de tensioactif se fixent à la surface des gouttelettes dont elles renforcent la stabilité mécanique.

Les tensioactifs, ou surfactants, sont des molécules qui ont tendance à s'absorber aux surfaces libres ou aux interfaces entre deux liquides ou entre un liquide et un solide. Ce sont des molécules composées de deux parties qui présentent des affinités très différentes (par exemple une chaîne hydrophobe et une tête hydrophile parce qu'elle est ionisable), comme dans le cas du dodécylsulfate de sodium, $CH_3\,(CH_2)_{11}SO_4^-\,Na^+$.

De manière générale, on désigne sous le nom d'amphiphiles, des molécules comportant deux partie différentes. Ce sont des surfactants lorsque s'absorbant sur des surfaces libres, elles modifient les énergies de surface.

L'abaissement de tension superficielle à l'interface entre les deux liquides (gouttes d'huile dans l'eau, par exemple) est obtenu par l'absorption du tensioactif à la surface des gouttelettes qui forme ainsi un film bidimensionnel. La situation sera d'autant plus favorable que la tension interfaciale sera proche de zéro. Si γ désigne la tension superficielle huile/eau en l'absence de tensioactif et $\pi(A)$, la tension de surface due à la couche monomoléculaire du tensioactif, la tension superficielle des gouttes est $\gamma = \gamma_0 - \pi(A)$, A étant l'aire d'une molécule de tensioactif.

On gagnera en entropie de dispersion si la tension superficielle γ est proche de zéro et la microémulsion sera stable pour une valeur A telle que $\pi(A) = \gamma_0$ (le milieu s'émulsionne). En général, on utilise des tensioactifs qui sont des alcools. On peut calculer le rayon R d'une gouttelette recouverte d'un film monomoléculaire tensioactif. Si φ est la fraction volumique de la phase dispersée, et n_S le nombre de molécules de tensio-actif par unité de volume, on a :

$$R = \frac{3\varphi}{n_s A} \tag{9.10}$$

On trouve des applications des microémulsions dans de nombreux domaines de la vie pratique et dans de nombreux secteurs industriels : l'industrie agroalimentaire et la cosmétologie utilisent de très nombreux systèmes qui sont des émulsions (le lait est une émulsion). Les microémulsions sont aussi utilisées dans l'industrie chimique. Elles sont en particulier d'excellents catalyseurs en raison de leur grand degré de division ; ces catalyseurs peuvent être stéréospécifiques car le film de tensioactif à l'interface est capable d'orienter les substrats de la réaction. Enfin, les microémulsions ont un intérêt pour l'opération dite de récupération assistée du pétrole. En effet, lorsqu'on injecte de l'eau dans un forage pétrolier, pour déplacer le pétrole emprisonné dans les porosités de la roche, une partie du pétrole reste piégée par les forces capillaires qui sont inversement proportionnelles au rayon des pores. En diminuant la tension superficielle eau/huile, en injectant un surfactant, on diminue *ipso facto* ces forces capillaires et donc la pression d'eau nécessaire pour chasser le pétrole. On injecte en fait une microémulsion qui contient le tensioactif. Ce procédé qui permettrait de récupérer théoriquement 100 % du pétrole n'est aujourd'hui rentable que dans un nombre limité de gisements, compte tenu du coût relativement élevé des surfactants. On envisage également d'utiliser des carburants (en particulier pour moteurs Diesel) qui sont des émulsions d'eau dans le gazole, stabilisées par un surfactant. Ceux-ci auraient l'avantage de diminuer les émissions de polluants (particules solides et NO_x).

9.3.2 Les colloïdes

Les Chinois avaient observé, dès l'Antiquité, qu'une fine suspension aqueuse de noir de carbone ne décantait plus, en se séparant de la solution, lorsqu'on lui ajoutait de la gomme arabique (un polymère naturel). Ce mélange, qui constitue l'encre de Chine, ne subissait plus de transition de phase (une démixtion en quelque sorte), il était stabilisé par un additif ; il constitue un **système colloïdal**. On a un phénomène physique strictement inverse lorsque, constatant que le vin contenu dans un fût devient trouble, un vigneron provoque la séparation des particules organiques en suspension en ajoutant un polymère (du blanc d'œuf qui est de l'albumine ou de la gélatine) dans le vin. C'est l'opération de **collage** du vin qui est associée à une séparation de phase, la **floculation**.

De façon générale, on appelle **état colloïdal**, un système formé par une substance dispersée dans un solvant et dont les molécules sont groupées en **micelles** portant une charge électrique de même signe. Une micelle est elle-même un agrégat globulaire dont le diamètre est typiquement de 3 à 5 nm. La stabilité du système colloïdal est conditionnée par l'existence d'une charge électrique et d'une enveloppe de solvatation dans les particules qui sont dispersées. Les particules colloïdales absorbent une certaine espèce d'ions ; le système est globalement neutre puisque les charges des particules sont compensées par celles des ions de signe opposé présents dans la solution (Fig. 9.17).

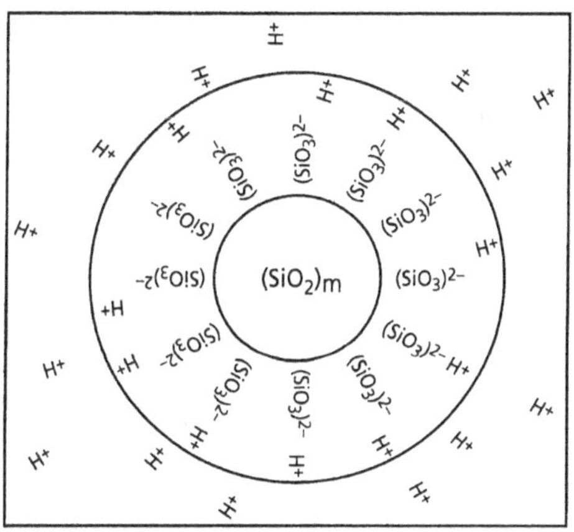

Figure 9.17 Structure d'une micelle.

La micelle est constituée par un noyau $(SiO_2)_m$. La surface de ce noyau réagit avec l'eau pour former de l'acide silicique H_2SiO_3 qui est ionisé. L'ensemble est globalement électriquement neutre, les charges SiO_3^{--} étant équilibrées par les ions H^+ qui forment ensemble une double couche électrique.

Il est clair que le fait que les particules d'un système colloïdal soient chargées joue un rôle essentiel dans sa stabilité : leurs charges s'opposent à la coagulation du système. On constate d'ailleurs que si l'on applique un champ électrique à un système colloïdal, toutes les particules en suspension se déplacent en direction de l'une des électrodes.

Dans les systèmes colloïdaux constitués de particules d'hydroxyde de fer, d'aluminium ou de chrome, celles-ci portent une charge positive, tandis que les particules colloïdales d'or, d'argent, de silice, d'amidon et de gomme arabique sont chargées négativement.

On trouve de très nombreux systèmes colloïdaux avec des dimensions de particules comprises entre 1 et 200 nm. Certains sont naturels comme le lait et le sang (le solvant est un milieu liquide), l'agate et les opales correspondent à un système solide. D'autres sont d'origine industrielle et on les trouve dans des suspensions fluides utilisées dans l'industrie chimique et pétrolière, ou dans la métallurgie. On rencontre également des systèmes colloïdaux dans des aérosols, des brouillards ou des mousses, systèmes où le milieu dispersant est un gaz.

La stabilité d'un système colloïdal est déterminée par les forces d'interaction qui existent entre les particules au sein du milieu. La théorie de Derjaguin, Landau, Verwey et Overbeek rend compte de cette stabilité en faisant intervenir des forces attractives (les forces de van der Waals) d'une part, et des forces répulsives d'origine électrostatique d'autre part. Les particules colloïdales en suspension sont chargées, mais elles attirent des charges de signe opposé (contre-ions) à leur surface ; elles forment ainsi une **double couche** à leur surface. C'est l'origine de la force électrostatique de répulsion qui décroît exponentiellement en fonction de la distance d entre particules dans le milieu et qui dépend de sa force ionique. Le terme attractif de van der Waals est, lui, à courte portée et varie en $-d^{-n}$ (Fig. 9.18).

La situation d'équilibre thermodynamique correspond au minimum de l'énergie d'intercation totale $E(d)$. On constate sur la figure 9.18 que l'on peut rencontrer toute une série de structures correspondant à différentes formes de la fonction $E(d)$. On met ainsi en évidence sur ces courbes l'existence, en général, d'une barrière énergétique W, qui correspond au maximum de la fonction $E(d)$, et d'un minimum pour l'énergie potentielle qui est la position d'équilibre thermodynamique stable (la distance d correspondante peut être de l'ordre de 2 à 3 nm).

Lorsque $d > d_{max}$, si les particules ne possèdent pas de source extérieure d'énergie suffisante (une agitation mécanique par exemple), elles ne peuvent pas franchir la barrière de potentiel W pour passer dans la zone attractive ; elles restent alors séparées les unes des autres dans un état métastable.

On a une situation analogue lorsqu'il existe un second minimum pour $E(d)$, dans cet état métastable les particules forment des agrégats qui peuvent être dispersés, par exemple, par agitation. On peut également abaisser W en diminuant les charges de surface, par exemple, par une addition de sel qui augmente la force ionique. Lorsque la barrière énergétique a disparu, les particules tendent à s'agglomérer dans la position correspondant au minimum unique de $E(d)$: on dit qu'il y a **floculation**.

On peut former des matériaux cristallins à partir de suspensions colloïdales. Ainsi une opale diffracte la lumière visible (un phénomène qui a donné son nom au terme opalescence) car elle est constituée d'un très grand nombre de particules colloïdales qui ont formé un réseau régulier tridimensionnel comme dans un cristal moléculaire. Les particules colloïdales se maintiennent en équilibre grâce au jeu des forces d'attraction et de répulsion dont on vient de décrire le rôle. On peut aussi modéliser des structures cristallines et la transition liquide/solide à l'aide de systèmes colloïdaux car ils imitent un cristal idéal constitué par un ensemble de sphères dures presque parfaites. Lorsque la densité de la suspension colloïdale est faible, la phase fluide est stable, mais lorsque les

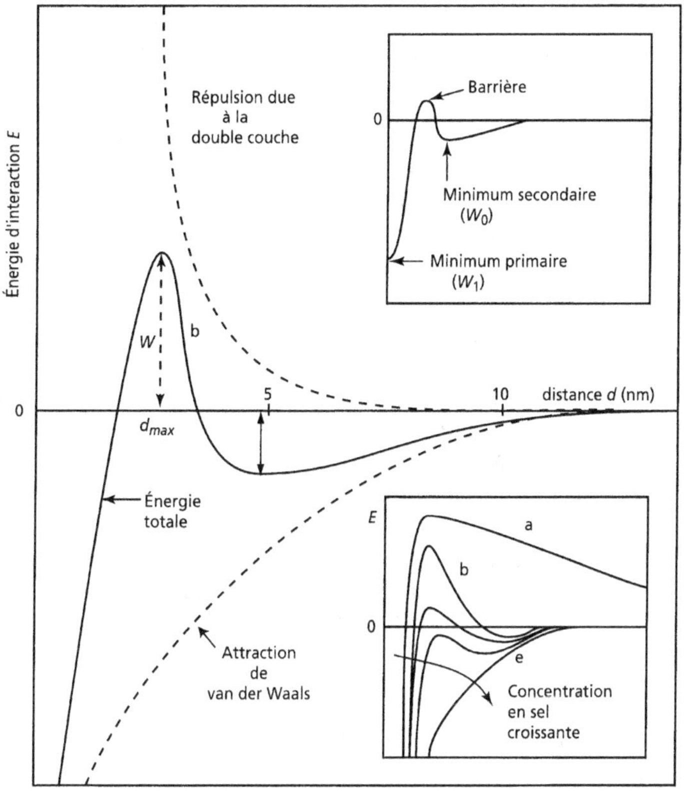

Figure 9.18 Stabilité d'un système colloïdal.

La stabilité d'un système colloïdal est déterminée par les forces d'interaction entre particules au sein du milieu. L'énergie totale $E(d)$ est une fonction de la distance d entre particules : elle est la somme de la partie attractive du potentiel de van der Waals et de l'énergie de répulsion due à la double couche . Il existe une barrière énergétique W correspondant au maximum de $E(d)$ et un minimum Wo. Si $d > d_{max}$ (2 à 3 nm) les particules ne peuvent pas franchir la barrière pour passer dans la zone attractive et minimiser leur énergie : il n'y a pas coalescence. On peut abaisser W en ajoutant un sel dans la solution qui diminue les charges en surface. Le potentiel de van der Waals a une partie répulsive (courbes en pointillés) aux faibles distances. Lorsque la barrière W a disparu il y a floculation (e) (d'après J. Israelachvili, *Intermolecular and surface forces*, p. 248, Academic Press, 1992).

particules colloïdales occupent plus de 49,9 pour cent du volume, on prévoit alors qu'une phase cristalline doit se former. Des calculs de simulation en utilisant une méthode de Monte-Carlo, effectués en 2001, montrent que la polydispersité de la suspension colloïdale a une incidence sur la transition liquide/solide. Si la polydispersité est importante (supérieure à 12 %), on pourrait obtenir une phase colloïdale vitreuse. Cet effet n'a pas encore été observé expérimentalement. L'intérêt technologique potentiel d'une telle transition de phase est très important.

9.4 MICROSTRUCTURES, NANOSTRUCTURES ET LEURS IMPLICATIONS EN TECHNOLOGIE DES MATÉRIAUX

Des phénomènes comme la fusion et la solidification peuvent être affectés, comme nous l'avons vu (Chapitre 3), par la dimension des matériaux. On observe ainsi la surfusion de gouttes métalliques de quelques dizaines de nanomètres sur plusieurs dizaines de degrés et la surchauffe de petites particules nanométriques sur plusieurs dizaines de degrés.

La formation de microstructures affecte très notablement les propriétés mécaniques d'un matériau :

- un alliage amorphe Al–Ni–Fe–Ce fabriqué avec des nanoparticules d'aluminium de 3 à 10 nm de diamètre a une résistance à la rupture qui est supérieure d'un facteur trois à celle des alliages conventionnels les plus performants (Fig. 9.19).
- des nanophases Cu–Pd formées avec des particules de 5 à 7 nm de diamètre ont des duretés et des résistances à la rupture 5 fois plus élevées que celles des alliages habituels (les nanoparticules ont moins de défauts).

Dans les structures polycristallines la taille des grains est un facteur important qui conditionne les propriétés mécaniques : la résistance à la rupture croît lorsque la taille diminue comme le montrent les exemples précédents. Cet effet déjà connu pour des structures micrométriques s'appelle l'effet **Hall-Petch**. On l'explique par le blocage des dislocations par les grains qui ne peuvent pas se propager dans le matériau, celui-ci retarde ainsi la rupture. Plus la taille des grains est petite, plus ce blocage est efficace. Il est possible que pour des grains de très petite dimension cet effet disparaisse, des glissements se produisant aux joints de grains. Ceci a été constaté sur le cuivre et le palladium pour des grains d'une taille ≈ 10 nm.

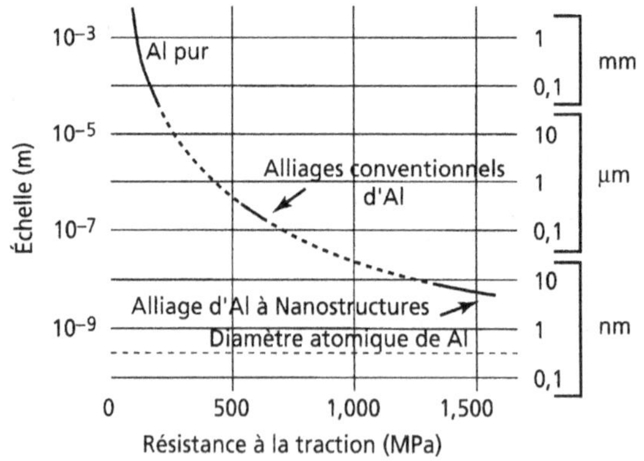

Figure 9.19 Nanostructure et résistance mécanique.

On compare ici la résistance mécanique à la traction d'alliages d'aluminium. Les alliages à nanostructures, formés par trempe rapide ont une résistance élevée. Ces matériaux sont constitués de nanoparticules cristallines dispersées à une concentration de 20 à 25 % au sein d'une matrice amorphe (d'après A.L. Greer, Nature, 368, p. 688, 1994, copyright Macmillan Magazines Limited).

Dans les céramiques, les microstructures améliorent leur ductilité car celles-ci glissent plus facilement les unes par rapport aux autres. La fabrication de matériaux céramiques nanocomposites est aussi possible. Ainsi, un composite fabriqué à partir de nanoparticules de carbone et de nitrure de silicium (de diamètre inférieur à 500 nm) est superplastique à une température supérieure à 1 600 °C et peut être moulé. Dans le cas des ciments, les microstructures jouent également un rôle très important dans leurs propriétés hydrauliques et mécaniques. Le clinker est l'un des ingrédients de base du ciment dit Portland qui est un mélange d'oxydes (CaO, SiO_2, Al_2O_3 et Fe_2O_3), l'autre ingrédient étant un sulfate de calcium. Le clinker est obtenu par chauffage et à la suite d'une série de transitions de phases impliquant une phase liquide. On procède à une trempe qui aboutit a la formation du clinker qui est un matériau polyphasique. La taille des microstructures dépend de la vitesse de trempe et varie beaucoup d'un clinker à l'autre (de quelques microns à quelques dizaines de microns); elle a une incidence sur le comportement du béton.

Il faut souligner que lorsqu'on synthétise des nanomatériaux constitués de 1 000 à 10 000 atomes (d'une dimension inférieure à 10 nm), c'est en fait, une nouvelle physique de la matière qui est possible car les propriétés électroniques des nanomatériaux sont d'une autre nature. Ces agrégats atomiques ont des propriétés collectives de caractère quantique et celles-ci peuvent être modulées en changeant leur composition.

Les électrons de valence des atomes sont confinés dans un espace réduit bien plus qu'ils ne le seraient dans un solide classique de la taille, par exemple, d'une puce électronique. Leurs niveaux d'énergie qui sont quantifiés ne sont donc pas identiques à ceux existant dans des matériaux de même composition mais de plus grand volume. Or, par exemple, la longueur d'onde de la lumière qui est absorbée par un solide dépendant de façon critique de ces niveaux d'énergie électronique, on conçoit que des agrégats de tailles différentes puissent absorber des radiations lumineuses de longueurs d'onde différentes et avoir des colorations très variables. De même, la longueur d'onde de la lumière qui est émise par un semi-conducteur de dimension nanométrique dépendra-t-elle de ses dimensions. On peut moduler les propriétés associées à un état quantique en dopant le matériau. Ainsi, on sait réaliser des nanodiodes qui émettent dans le rouge avec des agrégats d'arseniure d'aluminium et d'indium. En changeant la dimension de matériaux semiconducteurs comme CdSe, on peut les faire émettre dans le rouge ou le vert. Ces nanomatériaux devraient permettre de réaliser les dispositifs électroniques et optiques comme des micro, voire des nanolasers.

Ce sont les techniques de fabrication des composants électroniques (la microlithographie utilisant les électrons, les rayons X et UV) ainsi que les progrès de la microscopie (miscroscopie à balayage à effet tunnel et à force atomique) qui permettent désormais de réaliser des nanostructures.

La synthèse de composés comme les fullerènes (des groupements de soixante atomes de carbone de forme sphérique) permet aussi de réaliser des architectures chimiques nouvelles et elle ouvre d'autres perspectives pour les nanomatériaux. On a ainsi synthétisé des « nanotubes » qui sont des assemblages tridimensionnels d'atomes de carbone constituant de véritables tubes d'environ 15 nm de diamètre.

On peut imaginer synthétiser des nanotubes avec une extrémité qui se comporterait comme un semi-conducteur et l'autre comme un métal et qui serait, en quelque sorte, un matériau « diphasique » que l'on pourrait utiliser comme jonction en microélectronique.

Qui plus est, en utilisant un nanotube de carbone de 100 nm de longueur, on peut déplacer les atomes sur une surface. On pourrait réaliser ainsi un véritable nano-outil moléculaire.

Le mariage de la chimie des colloïdes avec la biologie est aussi possible pour fabriquer des nanomatériaux. On a réalisé une expérience de ce type en assemblant des nanoparticules d'or colloïdal de 13 nm de diamètre à des fragments d'ADN. Ces nanomatériaux peuvent avoir des propriétés optiques et électroniques intéressantes que l'on peut contrôler en modifiant la taille des particules et la longueur des séquences d'ADN.

On a pu synthétiser, en 2001, des composés de fullerène (dopés avec du tribromométhane) qui sont supraconducteurs (T_C = 117 K). La supraconductivité a été également observée dans des nanotubes de carbone.

EXERCICES

9.1 Goutte en équilibre avec sa vapeur.

On étudie l'équilibre d'une goutte de rayon r en équilibre avec sa vapeur saturante à la pression p et à la température T, on désigne par γ la tension superficielle liquide/vapeur et par p_∞ la pression d'équilibre avec le liquide en masse. On pose

$$S = \frac{p}{p_\infty}$$

qui est le facteur de saturation.

Calculer S en fonction de r, γ, T. On supposera que la vapeur est un gaz parfait.

9.2 Création de lacunes.

On crée des lacunes au sein d'un solide qui vont modifier les propriétés de la structure. On désigne par ε_f l'énergie de formation d'une lacune. N étant le nombre total de sites, la concentration des lacunes est $c = n_l/N$ où n_l est le nombre de lacunes.

1° Calculer la variation d'enthalpie libre associée à la formation des lacunes.

2° En déduire la concentration de lacunes à l'équilibre.

3° $\varepsilon_f = 1$ eV, en déduire c à 300 K et à 1 000 K.

9.3 Énergie des parois de Bloch.

L'énergie d'interaction entre spins voisins i et j est donnée par un Hamiltonien d'Heisenberg $U = -2JS_iS_j$ (Fig. 9.11).

1° Calculer la variation d'énergie associée à la rotation d'un angle φ de ceux spins voisins.

2° Supposant que l'inversion complète d'orientation de l'aimantation s'observe sur N spins, calculer l'énergie totale d'échange pour les N spins d'une paroi.

9.4 Film moléculaire.

Des molécules tensioactives sont adsorbées à la surface d'un liquide et on mesure la pression π qu'elles exercent sur une barrière mobile flottante séparant en deux compartiments la surface du liquide, l'un d'eux étant dépourvu de tensioactifs. On désigne par

$$\Gamma = \frac{n^s}{A}$$

le nombre de moles de tensioactif adsorbées à la surface d'un liquide d'aire A. On rappelle que si γ est la tension superficielle on a $d\gamma = -\Gamma\, d\mu$ (relation de Gibbs) où μ est le potentiel chimique de l'espèce moléculaire adsorbée. On suppose que γ est une fonction linéaire décroissante de la concentration x de tensioactif.

1° Écrire la relation entre γ, Γ et γ_0 la tension superficielle du liquide pur.

2° Écrire une équation d'état. Quelle conclusion peut-on en tirer ?

Chapitre 10

Les transitions dans les films minces

10.1 MONOCOUCHE À L'INTERFACE AIR-EAU

10.1.1 Le rôle des tensioactifs

L'écoulement d'une huile à la surface de l'eau a été observée dès le XIXe siècle, mais ce n'est qu'au début du XXe siècle que Lord Rayleigh suggère que les films sont constitués d'un étalement monocouche de molécules. Il faut encore attendre une vingtaine d'années pour que, indépendamment, Langmuir et Harkins mettent en évidence, à la surface de l'eau, la formation de films constitués d'une monocouche de molécules, et révèlent que la formation de telles couches n'est possible que si les molécules constituant le film sont amphiphiles (Paragraphe 9.3.1) :

- insolubles dans l'eau à cause de la présence d'une chaîne hydrophobe (chaîne paraffinique, par exemple) ;
- possédant à l'une des extrémités, une « tête » polaire hydrophile (par exemple : une terminaison carboxyle –COOH ou hydroxyle –OH ou ionique).

Dans les films d'acides gras sur l'eau, Langmuir et Harkins ont été les premiers à proposer que la stabilité d'une monocouche était due au fait que les « têtes » polaires hydrophiles sont immergées à la surface de l'eau alors que les chaînes paraffiniques hydrophobes se maintiennent au-dessus de la surface de l'eau.

L'établissement de ce schéma théorique explique en grand partie l'intérêt croissant pour l'étude des monocouches. Le double objectif fut, d'une part, de comprendre la structure de ces systèmes élémentaires, et d'autre part, d'établir dans quelle mesure, certaines de leurs caractéristiques sont communes avec d'autres systèmes plus complexes, tels que les bicouches et les micelles.

Les travaux qui ont été menés par la suite ont été fortement tributaires des moyens d'analyse disponibles. C'est ainsi que jusqu'à très récemment l'outil expérimental essentiel était la cuve de Langmuir (Fig. 10.1), qui permet de mesurer, dans une monocouche déposée à la surface de l'eau à une température donnée, la relation entre la pression de surface, π, et la surface molaire, A. Cette technique permet une caractérisation thermodynamique de la monocouche, mais n'est évidemment pas en mesure de fournir une information précise sur sa structure de la monocouche, et en particulier, sur l'existence ou non d'une coexistence de phases. Notons par ailleurs que, d'une part, les expériences menées sur les cuves de Langmuir sont extrêmement délicates à contrôler à cause des risques de pollution de la monocouche, et que d'autre part, l'interprétation des résultats est souvent ambiguë et sujette à polémiques.

Un récent regain d'intérêt pour l'étude des monocouches a été suscité par la mise au point de nouvelles techniques : méthodes d'imagerie, de réflexion et de diffraction, méthodes spectroscopiques. Ces méthodes ont permis d'éclaircir de nombreux points, sujets à controverses, et d'obtenir des informations précises sur la structure des phases dans les monocouches.

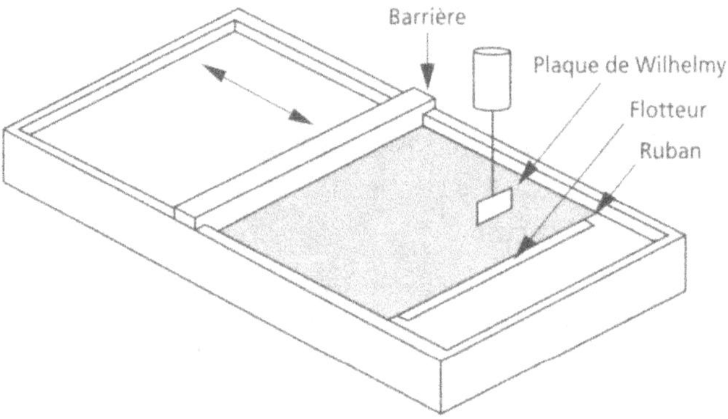

Figure 10.1 Représentation schématique d'une cuve de Langmuir.

La monocouche est déposée à la surface de l'eau dans la zone délimitée par la barrière et le flotteur. Aux deux extrémités du flotteur, un ruban mince et très souple stoppe toute progression de la couche à l'arrière du flotteur. De ce fait, le flotteur sépare la surface recouverte par la couche, d'une surface d'eau non recouverte. Pour faire varier l'aire accessible à la monocouche, la barrière peut être déplacée tout en restant parallèle au flotteur. La pression de surface peut être mesurée soit en déterminant la force exercée sur le flotteur par la couche, soit en mesurant la différence entre les forces exercées sur la plaque de Wilhelmy, quand la plaque est suspendue dans l'eau pure et quand la plaque est suspendue dans l'eau recouverte par la monocouche.

10.1.2 Exemples de molécules formant des monocouches

Les monocouches les plus simples ayant fait l'objet des études les plus récentes sont constituées :

- d'acides gras (« tête » polaire carboxyle) ;
- d'alcools (« tête » polaire hydroxyle) ;
- de phospholipides (« tête » polaire phosphatidique)

Ces trois types de molécules amphiphiles (Fig. 10.2) contiennent toutes une ou deux longues chaînes hydrophobes d'hydrocarbures saturés contenant n = 12 à 20 « $-CH_2-$ » ; un nombre minimum d'une douzaine de « $-CH_2-$ » est en effet nécessaire pour que les molécules ne soient pratiquement plus solubles dans l'eau.

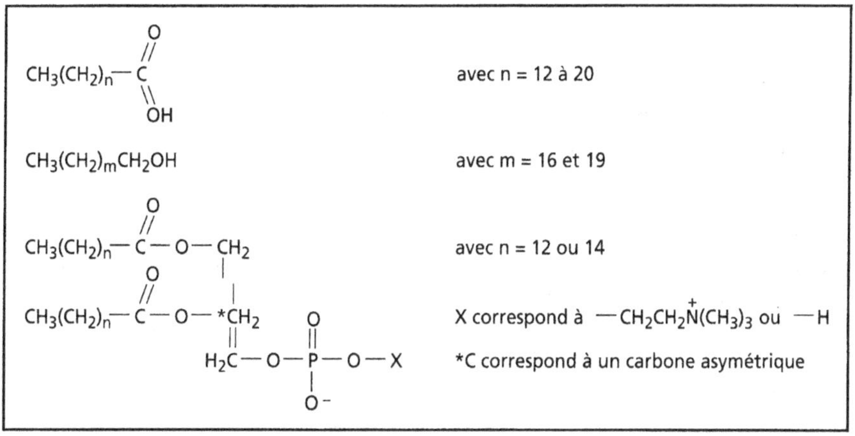

Figure 10.2 Exemples de molécules amphiphiles.

10.1.3 Préparation et étude thermodynamique des monocouches

a) Monocouches à la surface de l'eau

Une monocouche peut être obtenue en déposant à la surface de l'eau exempte d'impuretés, une solution de molécules amphiphiles (constituées d'une « tête » hydrophile et d'une chaîne paraffinique) dans un solvant volatil non miscible à l'eau ; durant l'évaporation du solvant, le film, appelé **film de Langmuir**, se forme spontanément.

La pression de surface π est définie comme la différence entre la tension de surface de l'eau pure, γ_0, et la tension de surface en présence du film, γ :

$$\pi = \gamma_0 - \gamma \tag{10.1}$$

À température constante, la relation entre π, la pression de surface, et l'aire accessible à la monocouche, est obtenue en utilisant une cuve de Langmuir, représentée figure 10.1. Le film est déposé sur une surface fermée par une barrière fixe et un flotteur relié aux parois par deux rubans souples ; on impose ainsi une surface moyenne par molécule, notée A. Il est impératif qu'à l'arrière du flotteur la surface de l'eau soit exempte d'impuretés. La pression de surface π peut être mesurée :

– soit en déterminant la force F qui agit sur le flotteur de longueur L :

$$\pi = \frac{F}{L} \tag{10.2}$$

– soit en mesurant à l'aide d'une plaque de Wilhelmy, les tensions superficielles de la surface d'eau pure γ_0 et de la surface d'eau recouverte par le film, γ ; la pression de surface, π, est alors déduite de l'équation 10.1.

En effectuant ces opérations :

- pour différentes positions de la barrière et donc différentes valeurs de A ;
- pour différentes températures, T ;

il est possible d'obtenir l'équation d'état du film $\pi = f(A, T)$.

b) Monocouches à la surface d'un solide

Les monocouches obtenues par la technique qui vient d'être décrite peuvent être transférées sur un substrat solide. Pour obtenir le dépôt de molécules amphiphiles sur un substrat, les molécules amphiphiles sont préalablement dissoutes dans un solvant volatil ; cette solution est immédiatement épandue à l'interface eau-air dans une cuve de Langmuir (Fig. 10.3.a). L'aire de la couche peut alors être modifiée en déplaçant la barrière pour modifier la densité surfacique des molécules amphipiles et leur organisation locale. Le substrat préalablement immergé est extrait de l'eau en maintenant son plan perpendiculairement à la surface supportant la monocouche (Fig. 10.3.b). Une monocouche peut ainsi être déposée sur le substrat. À chaque nouveau transfert de la plaque à travers la surface de l'eau, une nouvelle couche est déposée. Les films ainsi déposés en une ou plusieurs couches sur la surface d'un solide, sont appelés **films de Langmuir-Blodgett** (Fig. 10.3.c et d).

Les monocouches obtenues sur un substrat solide peuvent permettre d'obtenir des informations sur les monocouches de Langmuir, mais il faut s'assurer que la surface du support (plaque) ne modifie pas la structure de la monocouche.

10.1.4 Diagramme de phases d'une monocouche

Une isotherme $\pi - A$ typique pour une monocouche d'acide gras ou de phospholipide est représentée figure 10.4.

Dans la zone G, correspondant à de très grandes valeurs de A ($A > 400$ Å^2/molécule, pour l'isotherme tracée), la monocouche est un gaz, noté G, dans un espace à deux dimensions.

En diminuant la valeur de A, on observe un premier plateau (zone LE-G) délimité par A_G et A_{LE}, correspondant à une condensation dans un état liquide appelé état « liquide expansé », LE. Ce plateau correspond donc à une coexistence des phase LE et G.

En diminuant de nouveau la valeur de A en deçà de A_{LE}, on observe une remontée de la pression de surface jusqu'à l'apparition d'un nouveau plateau ; dans cette zone la monocouche est dans l'état « liquide expansé » (zone LE).

Le nouveau plateau (zone LD-LE) délimité par A'_{LE} et A_{LD}, correspondant à une condensation de l'état « liquide expansé » dans un état « liquide dense », noté LD.

En diminuant de nouveau la valeur de A en-deçà de A_{LD}, on observe, dans certain cas, une rupture de pente dans l'évolution de A en fonction de la pression de surface ; cette rupture de pente est interprétée comme une transition de l'état « liquide dense » vers un état solide à deux dimensions.

Le cristal bidimensionnel ainsi obtenu peut éventuellement se transformer à plus haute pression de surface en une autre forme de cristal plus stable.

L'identification du plateau LE-G comme région de coexistence de phase ne présente pas d'ambiguïté : ce plateau est bien horizontal et la transition LE-G est donc du

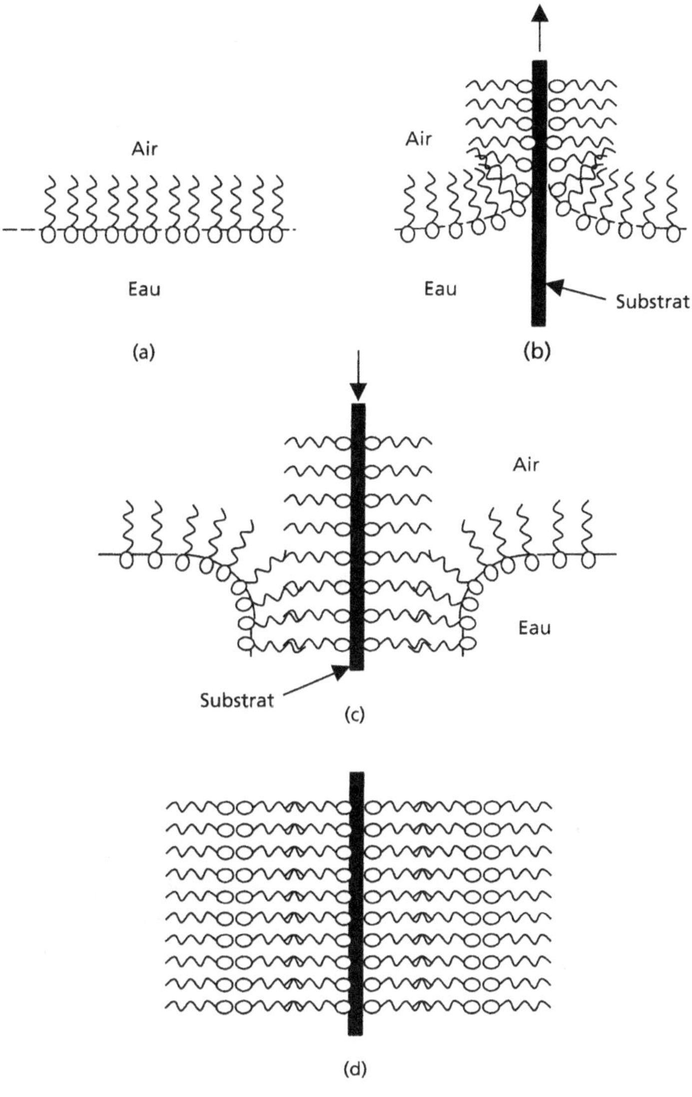

Figure 10.3 Représentation schématique de la technique de Langmuir-Blodgett.

Dans un premier temps, les molécules amphiphiles sont dissoutes dans un solvant volatil ; cette solution est immédiatement répandue à l'interface eau-air dans une cuve de Langmuir (**Fig. a**). L'aire de la couche peut alors être modifiée en déplaçant la barrière pour modifier la densité surfacique des molécules amphipiles et leur organisation locale. Pour former un film de Langmuir-Blodgett, le substrat, qui avait été préalablement immergé, est retiré verticalement de la cuve, en traversant la couche de Langmuir (**Fig. b**). Chaque nouveau transfert du substrat au travers de cette couche permet le dépôt d'une nouvelle monocouche sur le substrat (**Fig. c** et **d**).

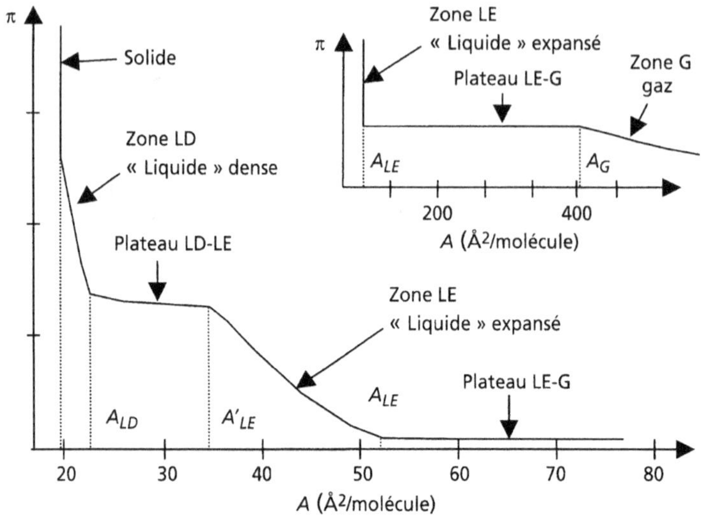

Figure 10.4 Relation typique entre π, la pression de surface, et A, la surface par molécule, pour les acides gras et les phospholipides.

On distingue quatre phases possibles : solide, « liquide » dense, « liquide » expansé, gaz. Les plateaux représentent les zones de coexistence de phases : « liquide » dense - « liquide » expansé (LD-LE) et « liquide » expansé - gaz (LE-G).

premier ordre. Par contre, dans la zone LE-LD, la plupart des résultats expérimentaux semblaient indiquer que le plateau n'était pas parfaitement horizontal, de sorte qu'identifier cette zone comme zone de coexistence des phases LE et LD en affirmant que la transition LE-LD est du premier ordre, pouvait paraître discutable. L'ordre de la transition LE-LD a d'ailleurs été le sujet de nombreuses polémiques (certains auteurs estimaient que la transition LE-LD était une transition de phase du second ordre, le pseudo-plateau étant attribué alors à des effets pré-transitionnels). Les isothermes de l'acide pentadécanoïque (PDA) et de l'acide hexadécanoïque ont été réexaminées récemment dans la région de la transition LE-LD de manière à dissiper toute équivoque sur l'ordre de la transition LE-LD. Ces travaux ont révélé que si les mesures étaient menées avec précaution afin d'éviter toute contamination de la surface par des molécules étrangères provenant de l'environnement du film, les paliers correspondant à la transition LE-LD sont bien horizontaux : la transition LE-LD est donc bien du premier ordre.

Jusqu'à récemment la caractérisation des phases des monocouches était uniquement basée sur l'analyse des isothermes $\pi - A$, les différentes parties de l'isotherme étant analysées suivant la procédure qui vient d'être décrite. Cette méthode bien qu'incontestablement intéressante ne permet pas de définir avec précision les limites précises des zones de coexistence de phases ; de ce fait, elle ne peut pas être utilisée pour mettre en évidence l'existence éventuelle de points critiques. D'autres approches sont plus adaptées, et en particulier, la technique de microscopie de fluorescence qui peut fournir une information sur la structure microscopique des monocouches dans les zones de coexistence de phases.

Les molécules amphiphiles constituant la monocouche doivent être dopées avec des molécules fluorescentes. Ces molécules doivent évidemment être amphiphiles pour rester piégées dans la monocouche. Pour être adaptées à l'étude envisagée, leur intensité de fluorescence doit dépendre des caractéristiques que l'on souhaite étudier : densité locale ou orientation des molécules du film.

Le schéma d'un appareil de microscopie de fluorescence est présenté figure 10.5. La lumière incidente provient d'une lampe à mercure ou d'un laser ; après passage dans un filtre à bande étroite et à travers un miroir dichroïque, elle est focalisée grâce à un objectif de microscope sur la monocouche à étudier, préalablement déposée à la surface de l'eau. La partie de la lumière émise par les molécules fluorescentes de la couche, reçue par l'objectif du microscope, est réfléchie par le miroir dichroïque. Après passage dans un filtre à bande étroite, accordé sur la longueur d'onde de fluorescence, elle forme une image des zones fluorescentes de la couche, qui est amplifiée et captée par une caméra vidéo. Cette image peut être visualisée sur un écran de télévision et enregistrée en vue d'un traitement ultérieur.

L'introduction d'impuretés fluorescentes peut évidemment modifier le diagramme de phase de la couche et faire apparaître une démixtion des impuretés fluorescentes ; de ce fait, il est impératif d'évaluer les effets sur le diagramme de phases, d'une augmentation progressive de sa concentration en molécules, afin de connaître les limites de concentration à ne pas dépasser. Il s'agit donc d'une technique difficile à mettre en œuvre, mais qui permet, si elle est bien appliquée, une visualisation directe des zones occupées par les phases qui coexistent.

La figure 10.6.a. montre un exemple d'image de fluorescence, obtenue à l'aide d'un microscope. Il s'agit d'une monocouche de PDA (acide pentadécanoïque) dopée avec des molécules fluorescentes de NBD-héxadecylamine, en raison d'une concentration molaire de 1 %. La couche a été préparée dans la région de coexistence LE-G. La phase G correspond aux zones sombres alors que les zones claires correspondent à la phase LE. L'expansion de la monocouche conduit à la formation d'une structure de mousse (Fig. 10.6.b).

La technique qui vient d'être sommairement décrite permet de déterminer avec une assez bonne précision les limites des zones de coexistence des phases (zones LE-G et zone LC-LE) pour différentes températures. Cette méthode a permis un meilleur établissement des diagrammes de phases des monocouches. Pour les acides gras, les études des isothermes par fluorescence semblent converger vers la mise en évidence du diagramme de phase, complexe, représenté figure 10.7. Lorsque la pression de surface augmente, la zone de coexistence LE-G présente un net rétrécissement qui suggère une fermeture de cette zone et l'existence d'un point critique.

Une situation analogue est suggérée pour la zone de transition LD-LE, où la zone de coexistence de phases semble se refermer lorsque la pression de surface augmente ; ce qui normalement doit suggérer l'existence d'un autre point critique. Toutefois le problème est ici plus complexe ; tout dépend de la symétrie de la phase LD, qui n'a pu, pour l'instant, être clairement identifiée. Si les phases LD et LE ont la même symétrie, la fermeture de la zone de transition LD-LE, correspond bien à l'existence d'un point critique. Par contre, si les phases LD et LE n'ont pas la même symétrie, ce qui signifie que la phase LD est une phase ordonnée (solide à 2 dimensions), la zone de transition ne peut se fermer sont l'apparition d'une ligne de transition du second ordre entre phase LD et LE. Deux situations peuvent alors se rencontrer :

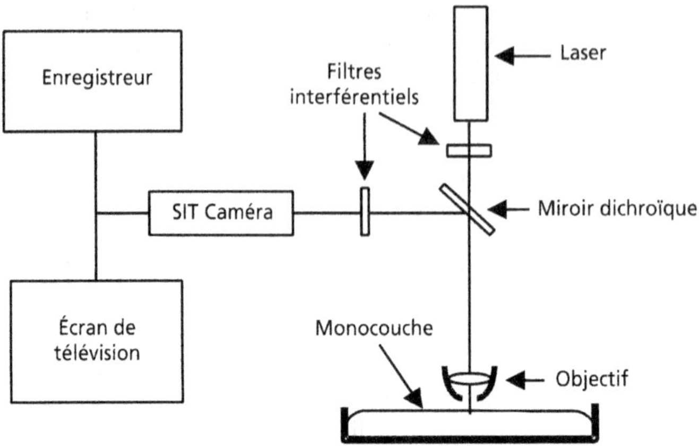

Figure 10.5 Représentation schématique de l'appareil utilisé pour la microscopie de fluorescence des monocouches.

La lumière d'excitation est produite par un laser ou un arc au xénon ; après avoir traversé un filtre à bande étroite, le faisceau incident traverse le miroir dichroïque, puis est focalisé par un objectif de microscope sur la couche à étudier, qui contient des molécules fluorescentes. La lumière émise par fluorescence et transmise par l'objectif du microscope, est réfléchie par le miroir dichroïque, puis filtrée par un filtre interférentiel accordé sur la longueur d'onde de fluorescence ; elle forme une image des zones fluorescentes de la couche, qui est amplifiée et captée par une caméra vidéo. Cette image peut être visualisée sur un écran de télévision et enregistrée en vue d'un traitement ultérieur.

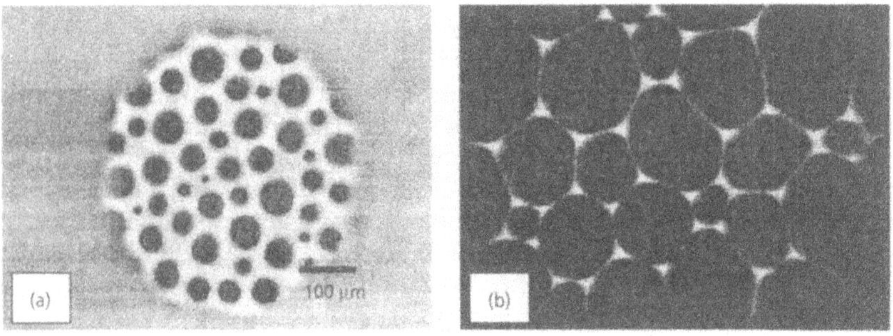

Figure 10.6 a et b.Exemples d'images de fluorescence, obtenues à l'aide d'un microscope.

Il s'agit d'une monocouche de PDA dans la région de coexistence LE-G. Pour être observable, la couche a été dopée avec des molécules fluorescentes de NBD-héxadecylamine, en raison d'une concentration molaire de 1 %. La phase G correspond aux zones sombres alors que les zones claires correspondent à la phase LE. La figure 10.6 .a représente la structure initiale de la couche préparée à 20 °C dans la région de transition LE-G. Son expansion conduit à la formation d'une structure de mousse (voir figure 10.6 b). La barre correspond à 100 µm (d'après B.G. More, C.M. Knobler, S. Akamatsu et F. Rondelez, J. Phys. Chem., 1990, 94, 4588-4595 et C.M. Knobler, Adv. Chem. Phys., 1990, 77, p. 397-449).

– soit la ligne de transition du second ordre intercepte la courbe de coexistence des phases LD-LE, en dessous du point critique (dans ce cas le point critique est un point critique ordinaire) ;
– soit la ligne de transition du second ordre intercepte la courbe de coexistence des phases LD-LE, au sommet de la zone de coexistence des phases LD et LE, le point critique est alors un point tricritique.

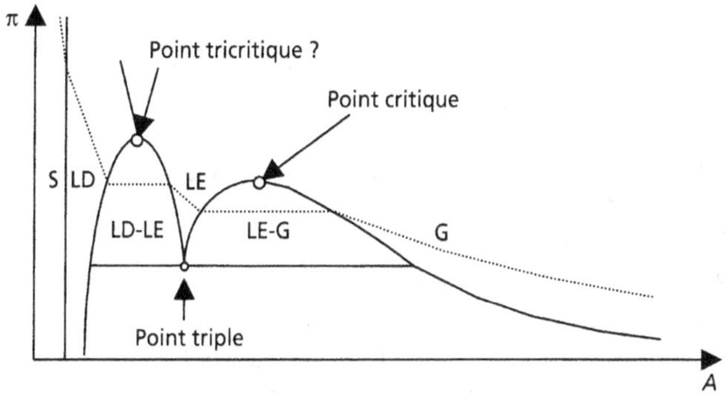

Figure 10.7 Diagramme de phases d'un acide gras.

La ligne en traits interrompus représente une isotherme ; il existe un point triple correspondant à la coexistence des phases LD, LE et G ; un point critique culminerait la zone de coexistence LE-G ; un point critique ou tricritique culminerait la zone de coexistence LD-LE.

10.2 MONOCOUCHE À LA SURFACE D'UN SOLIDE

Nous avons décrit au paragraphe 10.1.3, la méthode préconisée dès 1930, par Langmuir et Blodgett, pour déposer à la surface d'un solide une monocouche de molécules amphiphiles. Cette méthode, simple en principe, appelée technique L-B, a été la première technique de préparation des monocouches sur substrat solide. Dans la description conventionnelle de cette technique, l'organisation de la monocouche sur l'eau est supposée être transférée sans grand changement sur le substrat. Cette hypothèse est maintenant fortement remise en question. En effet, bien que les techniques d'analyses des monocouches à l'interface eau-air (diffusion des rayons X, diagramme de phase, microscopie de fluorescence, microscopie optique à l'angle de Brewster) soient différentes de celles utilisées pour caractériser les monocouches sur substrats (diffraction des électrons, diffraction des rayons X, microscopie à force atomique), ces nouvelles techniques d'analyse montrent que l'organisation moléculaire de la monocouche évolue en général durant son transfert de l'interface eau-air à la surface du substrat. La structure des couches de Langmuir-Blodgett est influencée par un nombre important de facteurs qui sont différents de ceux qui gouvernent la structure dans les monocouches de Langmuir. N'oublions pas que, dans la préparation d'une couche de L-B, le transfert de la monocouche est suivi d'un assèchement ; la proximité du substrat solide avec sa périodicité propre, et le nouvel environnement chimique qui en résultent, influencent inévitablement la structure et la stabilité d'une couche de L-B. Or on doit reconnaître que certaines connaissances de base manquent pour expliquer la manière dont s'organisent ces molécules complexes sur un substrat solide de structure donnée. Par ailleurs, l'élaboration des films de L-B pose souvent des problèmes de reproductibilité dus à la présence de défauts et d'impuretés à la surface des substrats. L'ensemble de ces problèmes n'est pas sans retarder le développement des applications pratiques des films de L-B.

Les propriétés des nouveaux films organiques et en particulier des films minces de polymères, des monocouches moléculaires et des multicouches, offrent outre un intérêt scientifique, des opportunités technologiques pour divers composants. Dès à présent, on envisage l'utilisation des films organiques en microélectronique, soit dans de nouvelles applications, soit en remplacement de matériaux existants.

Les films moléculaires, dès que l'on saura provoquer et commander la modification de leur structure, devraient offrir des perspectives intéressantes. Les dimensions des dispositifs couramment utilisés en électronique sont continuellement réduites et seront bientôt proches de l'échelle moléculaire. Il est de ce fait fascinant de considérer la possibilité de traitement et de stockage d'information à l'échelle moléculaire, sur des couches.

Dans l'état actuel des connaissances :

- les chimistes sont en mesure de synthétiser des molécules en optimisant la propriété désirée ; et il existe déjà de nombreuses possibilités ;
- les films peuvent être obtenus par la méthode de Langmuir et Blodgett, par des méthodes dérivées ou par d'autres techniques en cours de développement ;
- la structure et les propriétés des films peuvent être analysées grâce aux nombreuses techniques de caractérisation des surfaces.

Il est donc envisageable de produire de nouveaux films adaptés à une application, de les caractériser et de s'assurer qu'ils ont bien les propriétés désirées. Les films moléculaires offrent donc des perspectives intéressantes.

On sait déjà fabriquer des films de Langmuir et Blodgett ferroélectriques commutables en fabricant des films d'une quinzaine de couches monomoléculaires d'un polymère ferroélectrique (le fluorure de polyvinylidène) ou d'un co-polymère ferroélectrique (co-polymère de 70 % de fluorure de vinylidène et 30 % de trifluoroéthylène).

10.3 FUSION ET VITRIFICATION DE FILMS MINCES

La fusion d'un solide est un phénomène qui s'amorce en surface (Paragraphe 3.5.1) et l'on conçoit que la température de fusion d'un film sera une fonction de son épaisseur qu'il est facile de déterminer dans le cas d'un polymère (Exercice 3.4). On a réalisé des mesures de températures de fusion de films polymériques déposés sur un substrat solide en appliquant une méthode d'ellipsométrie. On observe ainsi que le comportement à la cristallisation d'un film de polymère d'épaisseur 300 Å diffère de celui mis en évidence dans les films de grande épaisseur. La vitrification d'un film polymérique dépend également de son épaisseur. Ainsi a-t-on mis en évidence un très fort abaissement de la température de transition vitreuse T_g de films de polystyrène déposés sur une couche de silice : pour des films d'épaisseur inférieure à 700 Å, T_g peut être abaissée d'une centaine de degrés (de 370 K à 300 K). Ce phénomène a été étudié par diffusion Brillouin de la lumière.

Chapitre 11

Transitions de phases dans les conditions extrêmes et dans les grands systèmes naturels et techniques

Dans la quasi-totalité des phénomènes de transitions de phases que nous avons étudiés jusqu'à présent, on a exclu des conditions extrêmes (en particulier les très hautes pressions et les très hautes températures) dans lesquelles on peut observer de nouveaux états de la matière, comme les plasmas, ou des transitions de phases comme la transition entre un état métallique conducteur et un état isolant. Il est donc utile de s'intéresser aux comportements de la matière lorsqu'elle est soumise à des pressions ou à des températures très élevées que l'on sait réaliser aujourd'hui en laboratoire. Il faut d'ailleurs souligner que l'on trouve ces conditions « extrêmes » dans des systèmes naturels, par exemple dans le noyau terrestre où les matériaux sont soumis à des hautes pressions (3,5 Mbar) et à des températures de l'ordre de 4 000 K.

Comme nous avons eu l'occasion de le noter dans plusieurs chapitres, de nombreuses transitions de phases très « classiques », la solidification et la vaporisation, par exemple, se manifestent dans des systèmes naturels qui ont une incidence sur la vie terrestre (les conditions météorologiques et l'évolution du climat notamment). De même, rencontre-t-on des changements de phases dans de nombreux systèmes techniques où ils sont utilisés, par exemple, pour produire ou stocker de l'énergie. Ce sont des aspects de la physique des transitions de phases, à la limite de la science et de la technologie, qui méritent aussi d'être étudiés.

11.1 TRANSITIONS DE PHASES DANS LES CONDITIONS EXTRÊMES

Si les physiciens se sont intéressés, dès le XVIIIe siècle, au comportement de la matière aux pressions élevées, ce sont les travaux d'Amagat sur les gaz jusqu'à 3 kbar, à la fin du XIXe siècle, puis ceux de Bridgman, au début du XXe siècle, qui ont réellement ouvert le champ des études expérimentales dans les conditions extrêmes (pressions supérieures à 1 Mbar et températures de plusieurs milliers de Kelvin).

11.1.1 Méthodes expérimentales

On sait maintenant appliquer des pressions statiques de plusieurs Mbar à un matériau de volume limité en utilisant un dispositif expérimental relativement simple dans sa conception qui est **l'enclume de diamant**. La pression est produite dans un petit volume où se trouve le matériau que l'on veut étudier par des forces transmises mécaniquement à une paire de diamants (Fig. 3.5). L'intérêt d'un tel dispositif réside non seulement dans la dureté du diamant qui permet de transmettre l'effort par ses faces (leur aire est inférieure à 1 mm^2) mais aussi à sa transparence qui permet de faire des mesures aussi bien en lumière visible qu'aux rayons X, dans des échantillons dont la taille est de l'ordre de 1 à 20 μ.

On a pu atteindre avec des enclumes-diamants des pressions légèrement supérieures à 2,5 Mbar (250 GPascal) appliquées à l'hydrogène (expériences réalisées par H.K. Mao).

On ne peut, à l'heure actuelle, aller au-delà de pressions de quelques Mbar qu'en régime dynamique, c'est-à-dire en utilisant le passage d'une onde de choc dans un matériau. L'utilisation d'explosifs chimiques pour envoyer un projectile sur une cible en utilisant l'énergie de la détonation permet d'obtenir des pressions de quelques Mbar. On utilise des dispositifs de type canon à gaz (Fig. 11.1). La pression hydrostatique derrière l'onde de choc peut être calculée, on l'appelle la **pression de Hugoniot**. On peut aussi obtenir à l'aide de tels systèmes des températures très élevées de plusieurs milliers de kelvin. En faisant varier pression et température on peut tenter d'établir l'équation d'état d'un matériau. La méthode du canon à gaz a été mise en œuvre pour étudier la fusion de solides à haute température et à pression élevée (5 000 à 6 000 K pour le fer et une pression de 1 à 2 Mbar).

On peut obtenir des températures très élevées à l'aide d'un canon à gaz en utilisant un matériau métallique à l'état poreux. L'onde de choc initial réduit la porosité du métal en comprimant les particules métalliques ce qui provoque un échauffement local très important. Dans le cas du tungstène poreux on a pu atteindre ainsi une température de 32 000 K avec une pression de 2 Mbar.

Dans toutes ces expériences de compression par choc, on mesure la température par des méthodes pyrométriques en supposant que la radiation émise par un matériau est en équilibre avec lui.

Les recherches sur les ondes de choc ont connu des développements nouveaux, après la seconde guerre mondiale, à travers les programmes de mise au point et de développement des armes nucléaires, en particulier aux États-Unis et en ex-URSS, mais aussi plus récemment en France. Des pressions très élevées peuvent en effet être atteintes lors d'explosions nucléaires souterraines à l'occasion de campagnes d'essais (aujourd'hui

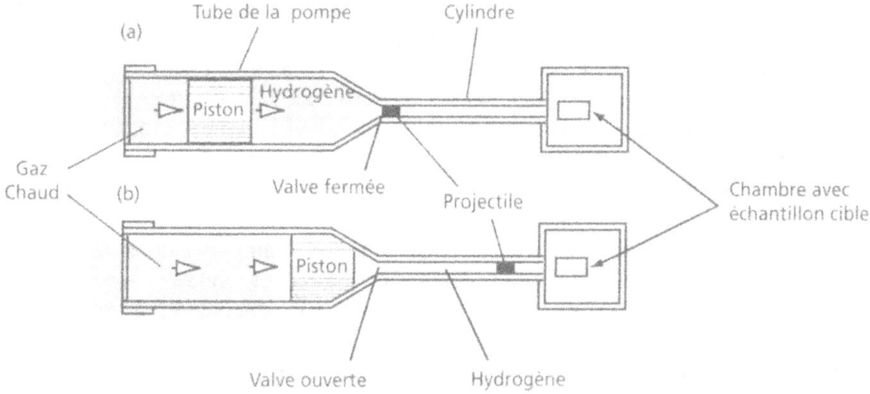

Figure 11.1 Schéma de principe d'un canon à gaz.

On opère en deux temps :
a) Le gaz chaud produit par une détonation déplace le piston qui comprime l'hydrogène qui rompt la valve située à l'entrée du cylindre.
b) L'hydrogène propulse un projectile sur le matériau cible.
(d'après W.J. Nellis, High pressures measurement techniques, p. 68-89, Applied science publishers, Londres, 1983.).

prohibées par le traité d'interdiction des essais nucléaires). Des expériences ont permis d'atteindre des pressions de plusieurs centaines de Mbar avec des explosifs nucléaires à la suite de travaux réalisés notamment par Al'tshuler en ex-URSS. Des travaux ont été effectués sur l'aluminium dans une gamme de pressions de 400 à 4 000 Mbar.

Une autre voie consiste à créer une onde de choc dans un solide par impulsion d'un faisceau laser de haute énergie. On réalise à la fois des conditions de température et de pression élevées. Cette méthode sera sans doute développée car l'interdiction des essais nucléaires conduit à construire des grandes installations avec des lasers de puissance pour simuler les conditions d'explosions thermonucléaires et étudier les effets du vieillissement des charges nucléaires (en particulier du plutonium).

11.1.2 Équations d'état et transitions de phases dans les conditions extrêmes

Les théories décrivant le comportement de la matière dans les conditions ordinaires de pression et de température (de 1 à 10 kbar et jusqu'à 100 K) sont *a priori* transposables dans les conditions « extrêmes » (au-delà de 1 Mbar et plusieurs milliers de K). Cependant, des modèles théoriques applicables dans les conditions ambiantes peuvent très bien perdre leur validité lorsque les pressions et les températures sont très élevées. Par ailleurs, les propriétés de la matière dépendent fortement des interactions entre les atomes et les molécules, et l'application de fortes pressions en modifiant la densité et les distances interatomiques, va changer les potentiels d'interaction : des transitions de phases vers de nouvelles structures peuvent ainsi apparaître, des configurations électroniques peuvent être modifiées.

Aux pressions élevées et à température ordinaire, la matière est à l'état solide et une série de travaux a été réalisée à l'aide des dispositifs à onde de choc pour déterminer la courbe de fusion de solides dans un diagramme (*p*, *T*). Lors d'une compression sous l'effet d'une onde de choc, on peut faire passer un solide par son point de fusion. Des mesures ont été effectuées sur des composés comme NaCl, KBr, LiF et CsI. Les pressions de fusion varient de 250 kbar pour CsI à 2,8 Mbar pour LiF. La fusion intervient dans un intervalle de température de 3 000 K à 6 000 K.

Des expériences analogues ont été réalisées dans des métaux où l'on détecte la fusion en mesurant la variation de la vitesse du son dans le matériau ; celle-ci est un indicateur très sensible de la disparition du module de cisaillement dans le solide et donc d'une transition solide/liquide. Ainsi dans le fer, la fusion semble être observée à 2,5 Mbar pour une température de 5 500-6 000 K, et dans l'aluminium à 1,3 Mbar pour T ≈ 4 800 K.

L'hydrogène, dans sa phase solide à très haute pression, a été l'objet de nombreuses études ces dernières années, réalisées en utilisant en particulier des dispositifs à enclume de diamant. Aux faibles pressions, l'hydrogène cristallise sous forme d'un solide moléculaire isolant mais on a fait l'hypothèse, qu'à très haute pression, il pourrait subir une transition de phase et passer à l'état métallique sous forme moléculaire ou atomique. De nombreux calculs ont été faits, en utilisant en particulier des méthodes du type Monte-Carlo, pour tenter de prévoir ces transitions de phases. Ainsi, les estimations théoriques les plus récentes prévoient qu'une transition dans une phase métallique moléculaire interviendrait à une pression autour de 200 GPa (2 Mbar) et vers 300 GPa sous forme atomique (les molécules d'hydrogène ayant subi une dissociation). L'existence d'une transition supraconductrice a même été prévue à des pressions très élevées (> 1 TPa) et dans une zone de température comprise entre 145 et 300 K.

On a pu tracer des diagrammes de phases théoriques qui mettent en évidence toute une série de transitions de phases de l'hydrogène, en particulier des transitions structurales avec des phases solides correspondant à différentes symétries cristallines (Fig. 11.2). Les températures de transition dépendant de la forme dans laquelle se trouvent les molécules d'hydrogène (ortho et para hydrogène).

Des expériences ont été faites sur l'hydrogène solide, notamment par Mao avec une cellule à enclume de diamant, jusqu'à la pression de 250 GPa. En utilisant des méthodes optiques (diffusion Raman), on a pu mettre en évidence des transitions structurales dans le solide ; en revanche, la transition dans une phase métallique n'a pas encore pu être observée.

Le comportement des fluides denses à très haute pression pose une autre série de questions. Il est nécessaire, en effet, de modifier les équations d'état classiques pour tenir compte de l'influence de la pression sur les distances intermoléculaires. Aux pressions ordinaires, le mouvement d'un atome dans un liquide est restreint aux distances interatomiques au voisinage du minimum du potentiel d'interaction. Aux très hautes pressions, les distances intermoléculaires moyennes se trouvent réduites ; la partie répulsive du potentiel tend alors à devenir dominante. Un potentiel intermoléculaire qui est souvent choisi pour représenter ces situations a la forme suivante :

$$\Phi(r) = \frac{\varepsilon}{\alpha - 6}\left[6\exp\alpha\left(1 - \frac{r}{r^*}\right) - \alpha\left(\frac{r^*}{r}\right)^6\right] \qquad (11.1)$$

où ε et r^* sont l'amplitude et la position du puits de potentiel et α une constante (pour la plupart des systèmes on prend $\alpha = 13$). La partie attractive du potentiel en r^{-6}

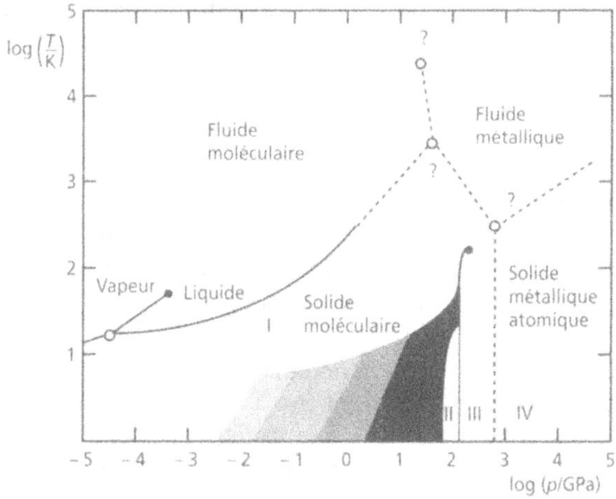

Figure 11.2 Diagramme de phase (T, p) de l'hydrogène.

Différentes phases solides ordonnées de l'hydrogène apparaissent (I, II, III, IV). Les températures et pressions de transition dépendent des concentrations en ortho et para hydrogène ainsi que de celles des isotopes H, D, T (d'après W.H. Holzapfel, Physics of solids under strong compression, Rep. Progr. Phys, 89, p. 74, 1996).

représente la contribution de l'interaction dipolaire entre molécules qui est à longue portée. Il est parfois nécessaire de modifier la fonction (11.1) en introduisant des termes qui tiennent compte de la contribution d'interactions multipolaires.

Aux pressions élevées, la structure des phases liquides obtenues par fusion de solides du type NaCl tend à être modifiée : on passe continûment d'une structure plus dense à haute pression où les forces de répulsion à courte portée tendent à dominer. On a un empilement plus compact des molécules, analogue à celui rencontré dans les fluides de gaz inerte avec douze proches voisins de charge différente. Ce changement de la structure du liquide s'accompagne d'une diminution de la variation du volume à la fusion.

Des expériences ont été faites en comprimant de l'azote liquide à l'aide d'une onde de choc jusqu'à 0,8 Mbar et à une température de 14 000 K. On observe une transition à 0,3 Mbar et 7 000 K qui correspondrait à une rupture des liaisons chimiques dans l'azote moléculaire.

Il faut sans doute remarquer que de nombreux phénomènes physiques intervenant à haute pression résultent des modifications qui interviennent dans les propriétés électroniques des solides. En augmentant la pression, la plupart des éléments de la classification périodique subissent une série de transitions vers des structures plus fortement coordonnées. À très haute pression on devrait s'attendre à ce que tous les matériaux deviennent des métaux à empilement atomique compact. Pour obtenir une phase métallique à partir d'un solide à l'état isolant, il est nécessaire, soit de provoquer une délocalisation des électrons de valence (comme dans le cas des semi-conducteurs à liaison covalente), soit de croiser une bande de conduction inoccupée avec une bande de valence totalement occupée (cas des isolants avec une couche électronique complète).

Dans tous les cas, c'est une délocalisation électronique qui est à l'origine d'une **transition isolant-métal**, appelée **transition de Mott** (on a une conductivité électrique de métal).

Dans le cas du xénon, la pression élargit la bande de valence du type $5p$ de telle manière qu'elle croise la bande de conduction $5d$, injectant ainsi des électrons de valence dans la bande de conduction. Le xénon a été métallisé à une pression de 1,4 Mbar. CsI, qui a une structure électronique proche de celle du xénon, est métallisé à 1,1 Mbar par un processus similaire. On a mis en évidence une transition isolant-métal sur l'iode moléculaire vers 170 kbar ; il devient un métal monoatomique à 210 kbar.

On rencontre une transition de Mott dans de nombreux systèmes : métaux insérés dans une matrice de gaz rare, semi-conducteurs dopés (Si ou Ge avec des éléments des colonnes III et V de la classification périodique), oxydes métalliques, systèmes métal/ammoniac. Plusieurs phénomènes peuvent être à l'origine de cette transition provoquée par l'application d'une forte pression : – une variation de densité qui permet une délocalisation des électrons qui peuvent devenir itinérants (les électrons, lorsque la densité est élevée, produisent un effet d'écran vis-à-vis des ions positifs leur évitant d'être capturés par ceux-ci) ; – une délocalisation dans un potentiel aléatoire créée par des impuretés.

On peut aussi provoquer une transition inverse, la transition de la phase métal à la phase isolant, en appliquant une pression élevée à un solide métallique. Le désordre créé par des impuretés dans le réseau ou par des interactions fortes entre électrons peut être à l'origine de la disparition de l'état métallique. Une forte pression peut aussi conduire à une localisation des électrons qui étaient itinérants à pression ordinaire, et ainsi à la perte de l'état métallique. On a ainsi observé une transition métal-isolant dans des composés du type $NiS_{2-x}Se_x$ pour une pression critique p_c autour de 1,5 kbar ; dans ce cas, la conductivité électrique tend vers zéro lorsque $T \Rightarrow 0$ (Fig. 11.3).

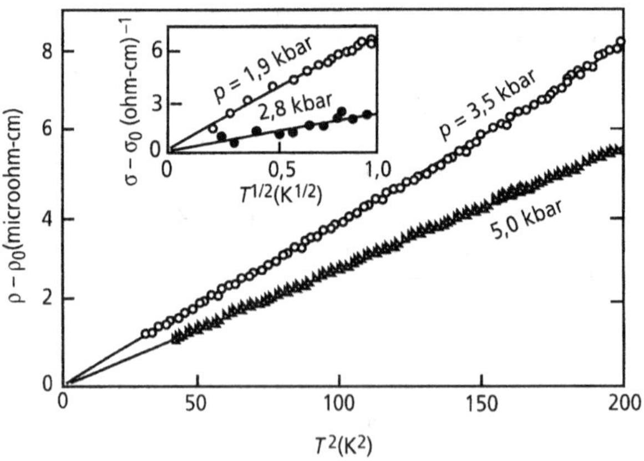

Figure 11.3 Transition métal-isolant.

Graphique montrant la décroissance de la résistivité lorsqu'on approche de la transition dans un composé $Ni(S,Se)_2$. À très basse température ($T < 1$ K) et pour $p > 1,5$ kbar la conductivité tend vers zéro en $T^{1/2}$ lorsque $T \rightarrow 0$. On passe dans l'état isolant (d'après A. Husmann *et al.*, Science 74, p. 1875,1996, copyright Am. As. Ad. Sc.).

Il n'existe en fait une distinction franche entre un métal et un isolant qu'au zéro absolu, car les isolants peuvent toujours être le siège d'une circulation d'un courant électrique très faible, à température non nulle, provoquée par une excitation thermique. On n'observera donc une transition métal-isolant continue (avec une conductivité électrique qui s'annule) qu'à $T = 0$. Par analogie avec les échelles utilisées pour décrire les transitions critiques, on peut écrire la conductivité électrique σ (T) sous la forme :

$$\sigma(T) = \sigma(0) + AT^{1/2} + BT \tag{11.2}$$

$$\sigma(0) = \sigma_0\left(\frac{p}{p_c} - 1\right)^{\nu} \tag{11.3}$$

A et B sont des constantes, p la pression appliquée et p_c une pression critique à laquelle la conductivité s'annule (on a alors une transition de phase du second ordre). L'exposant critique ν est en général voisin de 1. Lorsqu'on a une très forte corrélation des électrons dans la phase métallique, on a aussi un terme en T^2 dans l'expression (11.2) de la conductivité (Fig. 11.3).

Il faut également signaler, enfin, que l'intérêt suscité par des nouveaux matériaux de la famille des fullerènes, constitués de molécules sphériques en C_{60}, a conduit à étudier leur stabilité à haute pression. Si ces molécules sont très stables jusqu'à des pressions hydrostatiques de l'ordre de 20 GPa, on a pu observer, en revanche, une transition dans une phase diamant sur du fullerène en le soumettant à une pression non hydrostatique au voisinage de 20 GPa à température ordinaire. On sait que l'on peut obtenir du diamant à partir du carbone en phase graphite à haute pression mais à température élevée ($T > 1\ 000$ K). Une transformation à partir du fullerène serait donc plus intéressante. On a pu obtenir aussi une phase graphite à partir du fullerène en le comprimant par une onde de choc ; la transition a été observée à 600 °C pour une pression de 17 GPa. On obtient aussi des phases supraconductrices en appliquant des pressions élevées sur des matériaux isolants ou semi-conducteurs. Ainsi, par exemple, le bore qui est un semi-conducteur à pression atmosphérique devient métallique à 160 GPa à la température ordinaire et il subit une transition supraconductrice à 6 K à cette pression ; T_c peut être élevée jusqu'à 11,2 K à 250 GPa. On a pu observer, jusqu'à ce jour, la supraconductivité dans une vingtaine d'éléments de la classification périodique à très haute pression (l'oxygène devient supraconducteur à 100 GPa à 0,6 K).

11.1.3 Géomatériaux

L'Univers est un laboratoire naturel où la matière est soumise à des très hautes pressions. Ainsi, au centre de la Terre, règnent une pression de 3,5 Mbar et des températures de l'ordre de 5 000 K. Au centre de la planète Jupiter, on estime que la pression pourrait atteindre 100 Mbar et la température y serait de 24 000 K. Quant au centre des étoiles et des naines blanches, ce serait des pressions de plusieurs milliers de Mbar et des températures de dizaines de millions de Kelvin qui y régneraient ; les pressions se compteraient en milliers de Mbar dans les étoiles à neutrons. Dans ces conditions, la densité de la matière serait considérable et celle-ci devrait avoir des propriétés tout à fait particulières.

Beaucoup de travaux effectués en laboratoire pour étudier les matériaux à haute pression ont pour objectif de simuler les transitions de phases subies par des géomatériaux dans la croûte terrestre ; ce sont, en particulier, les motivations de recherches poursuivies à l'aide de cellules à enclume de diamant.

Le centre de la Terre est constitué par un noyau de fer liquide entourant un cœur central solide (l'ensemble représentant 32 % de la masse de la planète). La pression à la limite entre le noyau liquide et le manteau qui l'entoure serait de 139 GPa, elle serait de 364 GPa au centre du noyau central solide (4 % du volume total du noyau). Les températures de fusion du fer à la limite du cœur solide central seraient comprises entre 4 000 et 8 000 K.

La limite entre ce noyau et le manteau, la partie solide du globe terrestre, se situe à une profondeur de 2 900 km au-dessous de la surface de la Terre, et celle-ci a une influence très importante sur l'évolution thermique et chimique de l'intérieur de la planète. Le manteau terrestre est constitué essentiellement de silicates cristallins. On a observé de très notables anomalies sismiques dans cette zone de séparation entre le manteau et le noyau central (discontinuités dans les vitesses de propagation des ondes sismiques par exemple). Par ailleurs, les propriétés de cette zone limite influencent, et peut-être contrôlent, la propagation des lignes de champ magnétique à l'extérieur du noyau. Cette région est fortement hétérogène par suite des réactions chimiques entre le fer liquide du noyau et les silicates du manteau.

On a pu mettre en évidence au laboratoire le fait qu'à des pressions supérieures à 23 GPa, tous les minéraux qui sont les composants principaux de la partie supérieure du manteau terrestre (jusqu'à une profondeur de 650 km) subissent une transition de phase solide/solide à haute température. Ainsi attribue-t-on les discontinuités des vitesses de propagation d'ondes sismiques dans la Terre, observées a 410 km, 520 km et 660 km de profondeur, à des transitions de phases structurales de l'olivine qui est un silicate de fer et de magnésium $(Mg, Fe)_2\ SiO_4$, constituant le manteau terrestre (à 400 km on passe de la phase α basse pression a la phase β appelée wadsleyte).

La partie inférieure du manteau terrestre (située à des profondeurs comprises entre 650 et 2 900 km) est composée essentiellement par un assemblage de phases d'oxydes de magnésium et de fer (magnésiowüstite) et de silicate de fer et de magnésium $(Mg, Fe)\ SiO_3$ de structure pérovskite. Les pérovskites ont la composition générale ABO_3, ce sont des phases où un cation A est intercalé entre des octaèdres BO_6. Ces phases pérovskites du manteau ne sont stables qu'à des pressions supérieures à 23 GPa. Leurs propriétés vont contrôler celles des matériaux du manteau inférieur. Il est donc essentiel d'en déterminer les structures, et leurs éventuelles transformations, pour bien comprendre les processus physiques et chimiques se déroulant dans le manteau.

On a pu ainsi observer de nombreuses transitions structurales dans ce type de pérovskites dans des expériences de diffraction des rayons X réalisées à l'aide de cellules à enclume de diamant. On a mis en évidence une transition structurale dans $MgSiO_3$ à 600 K et 7,3 GPa : on passe d'une structure orthorhombique à une autre structure.

Le fer est le composant dominant du noyau terrestre ; cela explique que l'on s'intéresse au diagramme de phases du fer à haute pression et à haute température pour retrouver, en laboratoire, les conditions physiques dans lesquelles il se trouve dans le noyau. On détermine ce diagramme de phases à l'aide d'une enclume de diamant dans laquelle on détecte un changement de phase par une modification brutale de la résistivité électrique ou de la réflexivité optique. On a pu ainsi déterminer la température de fusion du fer, $T_f\,(p)$ jusqu'à une pression d'environ 200 GPa (soit 3 900 K). Des mesures complémentaires de diffraction des rayons X sont également, en général, effectuées. L'échantillon de fer est chauffé par une impulsion laser. On a mis en évidence des changements de phases solide-solide à haute pression, mais la stabilité des différentes phases demeure encore controversée.

Il faut signaler, enfin, que l'on trouve dans des météorites des inclusions de microcristaux qui se sont formés à haute pression et à haute température lors de l'impact de la météorite avec le sol. Le choc a provoqué la fusion des minéraux et, éventuellement, leur vaporisation puis leur recondensation. On a ainsi trouvé de petites inclusions de diamant et de SiC dans des roches sur le site de la ville de Nördlingen, en Allemagne. Ces cristaux (d'une taille de 100 nm) ont sans doute été formés, par déposition en phase vapeur, à partir de minéraux superficiels composés de carbone et de silicium qui se sont vaporisés lors de l'impact d'un astéroïde qui a creusé un cratère d'un diamètre de 1 km à l'emplacement actuel de la ville, il y a environ 15 millions d'années. C'est donc, en quelque sorte, la trace d'une transition de phase naturelle.

11.1.4 L'état plasma

Lorsqu'on porte la matière à très haute température, celle-ci est totalement ionisée et elle passe dans un nouvel état, l'**état plasma**, qui est un gaz de particules chargées (électrons et ions). Un plasma à un seul constituant est idéalement un système d'ions chargés positivement et immergés au sein d'un gaz d'électrons qui vont neutraliser des charges positives.

La quasi-totalité de la masse de l'Univers (99 %) se trouve à l'état de plasma dans les étoiles. On trouve des plasmas à température relativement basse (1 000-2 000 K) dans les tubes fluorescents, ils sont constitués par un gaz faiblement ionisé. On peut aussi obtenir des plasmas en portant la matière à des températures de quelques centaines de millions de kelvin (2.10^8 K) correspondant à une énergie thermique équivalente à plusieurs keV (un électron-volt vaut $1{,}602\ 10^{-19}$ J). Ces plasmas, constitués à partir de mélanges d'atomes de deutérium et de tritium, sont produits dans les dispositifs expérimentaux mis au point pour tenter de réaliser en laboratoire les conditions de déclenchement de la fusion thermonucléaire contrôlée. On obtient ces températures dans des plasmas soit à l'aide de la technique du **confinement inertiel,** en utilisant des faisceaux laser très puissants qui compriment une cible solide constituée de deutérium et de tritium, soit par confinement dans un champ magnétique très élevé, le plasma étant chauffé par un courant électrique (machines **tokamak**). On n'est pas encore parvenu à réaliser expérimentalement les conditions qui permettraient de déclencher une réaction de fusion thermonucléaire auto-entretenue.

La transition de phase gaz-plasma est donc une phénomène tout à fait spécifique qui fait apparaître un nouvel état de la matière dans des conditions extrêmes et qui est intrinsèquement instable.

11.1.5 Condensats de Bose-Einstein, transitions dans des états quantiques

Einstein avait prévu, en 1925, sur la base des idées de Bose pour la statistique des photons, que pour un gaz de particules obéissant à la statistique de Bose-Einstein, et dont le nombre était conservé, il devait exister une température T_0 au-dessous de laquelle, une fraction finie d'entre elles, devait se « condenser » dans le même état d'énergie. La découverte de la superfluidité de l'hélium confortait l'hypothèse d'Einstein

(Paragraphe 8.2.1) et l'on interpréta ce phénomène comme une **condensation de Bose-Einstein** bien que les particules du système, les atomes d'hélium en l'occurrence, soient en interaction relativement fortes. Ce n'est qu'en 1995 que l'on est parvenu à produire des condensats de Bose-Einstein (C.B.E) sur des gaz d'atomes alcalins piégés dans des champs magnétiques. Ces condensats peuvent être considérés comme un nouvel état de la matière. La condition pour obtenir un condensat avec des particules qui sont des bosons est donnée par (8.108) :

$$n\Lambda^3 = 2{,}612$$

où n est la densité numérique des atomes et Λ la longueur d'onde thermique de de Broglie. Dans une situation correspondant à un système homogène comme l'hélium où les particules sont confinées dans un grand volume (potentiel correspondant à une boîte), la fraction de particules $n_0 = N_0/N$ occupant l'état fondamental (pris par convention $\varepsilon = 0$) est donnée par (8.111) et varie comme $[1 - (T/T_0)^{3/2}]$. Dans le cas des condensats de gaz atomiques, les conditions expérimentales conduisent à une forte réduction du volume effectif qui est accessible aux particules, et celui-ci décroît lorsque la température décroît, ce qui conduit *ipso facto* à une augmentation de n, on peut alors montrer que :

$$n_0 = [1 - (T/T_0)^3]$$

Au-dessous de T_0, une fraction croissante des atomes va se condenser dans l'état quantique fondamental correspondant au niveau d'énergie le plus bas. Ils subissent ce que l'on appelle une transition de phase quantique : ils forment un nouvel état, le condensat de Bose-Einstein, qui est un nuage cohérent d'atomes qui se trouvent tous dans le même état d'énergie. L'observation de cette transition se heurte à une difficulté de taille : les interactions existant entre les atomes vont provoquer la condensation « classique » du gaz, sous forme d'un liquide ou d'un solide ordinaires. La seule stratégie envisageable consiste donc, à partir d'un gaz atomique très dilué, de tenter de la refroidir très rapidement pour éviter la formation d'agrégats par collision. Les techniques de refroidissement de nuages atomiques ont été développées au cours des années 1980, en particulier par l'équipe de Cl. Cohen-Tannoudji, à l'École normale supérieure de Paris. La première expérience de condensation a été réalisée, en 1995, par deux équipes de physiciens américains du National Institute of Standards et de l'Université du Colorado (E. Cornell et C. Wiemann) et du MIT (W. Ketterle), sur des atomes de ^{87}Rb (cet atome est un boson car il possède 37 électrons et 87 nucléons) à la température de 170 nanokelvins. Le condensat obtenu était formé de dix millions d'atomes et il put conserver sa cohérence pendant quinze secondes.

La méthode est basée sur l'utilisation de lasers : en bombardant un atome avec les photons d'une onde lumineuse, celui-ci est ralenti et finit par s'immobiliser. Pour réaliser un condensat, on introduit une petite quantité d'atomes de Rb dans une cellule où l'on a réalisé un vide très poussé et on l'éclaire à l'aide de six faisceaux laser qui convergent en son centre, la longueur d'onde des lasers est accordée de façon à correspondre à une résonance des atomes de Rb qui peuvent absorber et réemettre des photons. À chaque absorption d'un photon, un atome recule dans la direction opposée à celle du faisceau incident : la vitesse des atomes, ainsi que leur énergie et leur température diminuent progressivement. La lumière des lasers piège également les atomes au centre de la cellule, les maintenant ainsi isolés des parois qui sont, elles, à température ambiante. Un champ magnétique faible permet de modifier la fréquence des atomes afin qu'ils absorbent préférentiellement les photons qui se propagent vers le centre de la cellule. On a donc realisé un premier piégeage optique à une température de 40 μK. On éteint alors les lasers, et on met les atomes en présence d'un second champ magnétique faible et hétérogène : les atomes se comportent comme des petits aimants qui sont soumis à une force de la part du champ. En ajustant la forme et l'intensité du champ, on maintient les atomes piégés dans un tout petit espace dont seuls ceux qui ont une énergie et une vitesse suffisamment grandes peuvent s'échapper. On a ainsi constitué un piège magnétique fonctionnant comme une trappe qui sélectionne les atomes de rubidium : seuls les atomes de vitesse faible, et donc les plus froids, restent piégés. On a réalisé un refroidissement par une évaporation partielle du nuage atomique dont la température est abaissée progressivement jusqu'à une température de 100 nanokelvins. À cette température, on a alors obtenu un condensat de Bose-Einstein : tous les atomes sont dans le même état d'énergie. Pour le vérifier, on réalise l'équivalent d'une photographie du nuage atomique. On coupe les champs magnétiques qui confinent les atomes qui tendent à se disperser dans l'espace ; on les éclaire alors par une impulsion laser qui projette l'ombre du nuage sur les détecteurs d'une caméra vidéo. On a ainsi obtenu la silhouette du condensat (Figure 11.4). Lorsqu'elle est analysée, elle donne la répartition des atomes en son sein et donc sa température. On observe aussi que l'on a au centre de l'image un groupe d'atomes qui restent piégés avec une vitesse quasi nulle et qui ont donc tous la même énergie : la fonction de distribution des vitesses possède un pic très élevé et très fin, correspondant à une concentration des atomes dans un même état d'énergie et occupant un volume réduit (une fraction de mm^3).

Dans le langage de la physique quantique, les atomes sont décrits par la même fonction d'onde et ils constituent donc l'équivalent d'un macro-objet quantique : on ne peut plus distinguer les atomes du nuage localisés dans un espace limite avec la même énergie. On doit remarquer, toutefois, que le principe d'incertitude de Heisenberg interdit de mesurer simultanément avec une très grande précision sa vitesse et la position d'un atome. Autrement dit, le pic de vitesse du condensat ne saurait être infiniment étroit car, dans ce cas, on aurait des atomes localisés au même point avec une vitesse strictement nulle alors qu'il est impossible d'avoir simultanément ces deux informations. On doit aussi souligner que le C.B.E n'est pas strictement l'équivalent du flux de photons monochromatiques et cohérents d'un faisceau laser. En effet, les atomes du condensat sont en interaction faible et forment quasiment un gaz parfait. Ces interactions sont de caractère répulsif, ce qui évite que le gaz atomique ne soit instable. Plus cette interaction sera faible, plus le condensat se comportera comme les photons d'un laser et, à la limite, on obtiendrait un laser atomique.

On a produit des C.B.E avec des atomes de rubidium, de sodium, de lithium et d'hydrogène. En 2001, deux équipes françaises (A. Aspect à l'université d'Orsay et M. Leduc à l'ENS) ont réalisé des condensats avec un gaz d'hélium dont les atomes se trouvent dans le premier niveau excité. Ces condensats sont dans un état métastable et dotés d'une très grande énergie interne (un des électrons de l'atome est porté dans un état excité par une décharge électrique). Les condensats obtenus contiennent 10^5 à 10^9 atomes.

En modulant les faisceaux lumineux du piège optique, on réalise une structure homologue à un réseau tridimensionnel au sein duquel les atomes du condensat se déplacent librement, on a l'équivalent d'une phase superfluide à une température de l'ordre de 10 nK. On peut obtenir une transition de phase vers un état non superfluide (encore appelée phase isolante de Mott), en modifiant la forme du piège optique. C'est une transition de phase dite **quantique**, car aux très basses températures ce sont les fluctuations quantiques et non les fluctuations thermiques qui provoquent les transitions de phases.

On envisage l'utilisation de condensats atomiques pour réaliser des sources de matière froide et mono-énergétique qui seraient l'équivalent des lasers utilisés en optique. Ces sources pourraient être utilisées en spectroscopie de précision, par exemple dans des horloges atomiques, mais aussi dans des techniques micro-lithographiques.

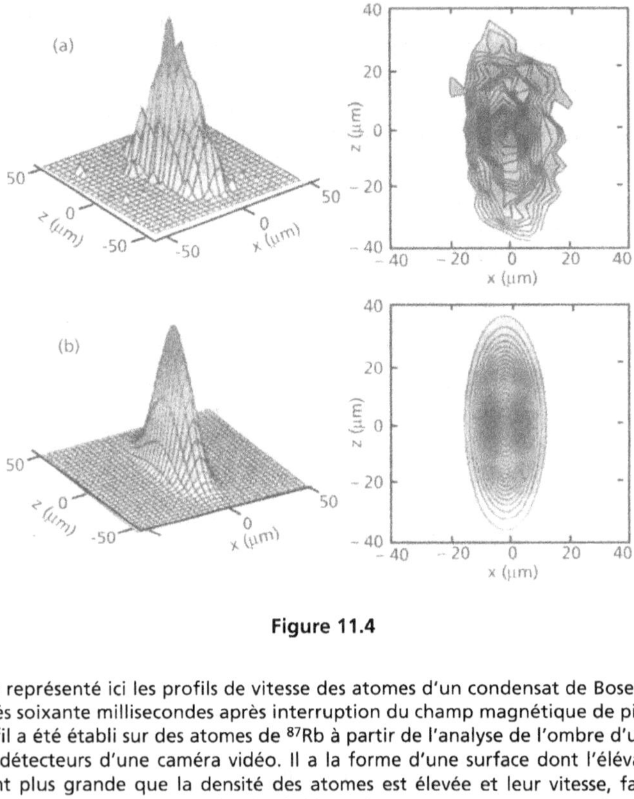

Figure 11.4

a) On a représenté ici les profils de vitesse des atomes d'un condensat de Bose-Einstein observés soixante millisecondes après interruption du champ magnétique de piégeage. Ce profil a été établi sur des atomes de ^{87}Rb à partir de l'analyse de l'ombre d'un nuage sur les détecteurs d'une caméra vidéo. Il a la forme d'une surface dont l'élévation est d'autant plus grande que la densité des atomes est élevée et leur vitesse, faible. Les atomes condensés ont la vitesse la plus faible et ils restent piégés au centre du nuage. La partie (**b**) de la figure est une prévision théorique de l'évolution du nuage (*Physics Today*, december 1999, p. 39).

11.2 LE RÔLE DES TRANSITIONS DE PHASES DANS LE SYSTÈME OCÉAN-ATMOSPHÈRE

Le système climatique de la Terre peut être assimilé à une machine thermique à l'échelle de la planète dont la source chaude serait l'énergie solaire qui chauffe davantage les régions tropicales du globe que les zones polaires. Le gradient thermique à la surface de la Planète crée des différences de pression dans son enveloppe fluide – le système océan-atmosphère – qui se met en mouvement et provoque le transfert de la chaleur de l'équateur vers les pôles.

L'océan et l'atmosphère sont fortement couplés, chacun réagissant aux fluctuations de l'autre, mais la masse volumique de l'eau étant mille fois supérieure à celle de l'air de l'atmosphère, son inertie au mouvement est bien plus grande. De même, la chaleur spécifique de l'eau étant quatre fois supérieure à celle de l'air, et la masse totale des océans étant 300 fois celle de l'atmosphère, la capacité thermique des océans est bien plus élevée que celle de l'atmosphère : les 2,5 premiers mètres de la colonne d'eau de l'océan renferment la même énergie calorifique que les 40 km de la colonne atmosphérique qui les surplombent.

C'est évidemment le rayonnement solaire qui est la source prédominante d'énergie à la surface de la Terre (l'énergie géothermique provenant des couches profondes du globe a une contribution marginale). 70 % du rayonnement solaire est absorbé par la partie superficielle du globe, les 30 % restant étant réfléchi ou diffusé vers l'espace : le rapport entre la partie réfléchie du rayonnement solaire et le rayonnement total incident s'appelle **l'albédo**. L'énergie solaire absorbée a une valeur maximum de 300 Wm^{-2} aux basses latitudes. Une partie importante de l'énergie solaire absorbée provoque des transitions de phases par évaporation de l'eau de l'océan vers l'atmosphère, et par fusion de la glace et du manteau de neige recouvrant certaines régions terrestres.

Cela correspond à un flux de chaleur latente total de l'ordre de 70 Wm^{-2}. Une partie mineure du rayonnement solaire est convertie en énergie cinétique des vents qui est, à son tour, dissipée sous forme de chaleur par friction (le flux d'énergie correspondant est de 2 Wm^{-2}).

L'atmosphère est le plus petit réservoir d'eau de la planète puisqu'elle représente 0,001 % seulement de la masse d'eau totale présente ; l'océan renferme, quant à lui, 97 % de l'eau, les glaces de l'Antarctique et du Groenland représentent 2,4 % de la masse d'eau et les réservoirs naturels d'eau douce contiennent la masse restante. Le flux de chaleur latente correspondant à la vaporisation de l'eau (essentiellement celle des océans) contribue de façon déterminante au couplage entre l'océan et l'atmosphère. Quand la vapeur d'eau atmosphérique se condense, elle restitue une chaleur latente très importante : pour chaque kg de vapeur d'eau condensé, on a un dégagement énergétique sous forme de chaleur correspondant à 2,4 MJ ce qui correspond à un flux énergétique moyen de l'ordre de 80 Wm^{-2}. Ce flux est la source d'énergie majeure qui commande la circulation atmosphérique. Ainsi, par exemple, les alizés qui soufflent sur de grandes étendues maritimes, entre l'équateur et les tropiques, sont mis en mouvement par le dégagement de chaleur latente dans les régions intertropicales. La zone intertropicale joue un rôle majeur dans les échanges de chaleur et de vapeur d'eau entre l'océan et l'atmosphère. Au-dessus des étendues maritimes, elle représente une bande étroite de part et d'autre de l'équateur. La chaleur latente de condensation de la vapeur d'eau peut d'ailleurs être dégagée à plusieurs milliers de km de distance de la zone d'évaporation de l'eau océanique dans l'atmosphère. Globalement, on a un équilibre : les taux de condensation et d'évaporation de l'eau sont égaux.

11.2.1 Stabilité d'une atmosphère saturée en vapeur d'eau

L'atmosphère terrestre est dans un champ de gravitation et sa densité diminue avec l'altitude. Sa structure peut être modifiée considérablement, par ailleurs, par la présence de vapeur d'eau.

L'étude de l'équilibre d'une atmosphère saturée en vapeur d'eau est évidemment une question très importantes en météorologie.

Si l'on désigne par ρ la densité et par p la pression à l'altitude z mesurée à partir de la surface, nous avons :

$$dp = -g\rho\, dz \tag{11.4}$$

En effet, l'équilibre mécanique de la masse d'air comprise entre les altitudes z et $z + dz$ requiert que son poids soit équilibré par les forces de pression p et $p + dp$ qui s'exercent sur elle.

L'équation d'état pour un gaz parfait de masse moléculaire M_a à la température T s'écrit :

$$\rho = \frac{M_a p}{RT} \tag{11.5}$$

Considérons d'abord une atmosphère sans eau liquide dans laquelle on suit le mouvement d'une masse d'air à la pression p et à la température T et de volume spécifique $V = 1/\rho_a$. Les forces de poussée et de gravitation s'équilibrent et on n'a pas besoin de les introduire dans l'expression de la première loi de la thermodynamique que l'on peut écrire pour une masse unité :

$$dq = C_v dT + p dV \tag{11.6}$$

Si aucun flux de chaleur n'entre dans la masse en ascension (on suppose donc qu'elle est transparente à toutes les radiations), le mouvement peut être supposé adiabatique et l'on a $dq = 0$. Par différenciation de (11.5), on a :

$$p dV + V dp = \frac{R dT}{M_a} = (C_p - C_v) dT \tag{11.7}$$

M_a est la masse moléculaire de l'air, M_V celle de l'eau. Par substitution de pdV de (11.6), on en déduit :

$$C_p dT - V dp = dq = 0 \tag{11.8}$$

soit

$$\frac{dT}{dz} = -\frac{g}{C_p} = -\Gamma_d \tag{11.9}$$

Γ_d s'appelle le **taux de chute adiabatique** pour une atmosphère sèche. Γ_d pour l'atmosphère terrestre est de l'ordre de 10 K km^{-1}. Cela signifie que si cette atmosphère est chauffée par contact avec la surface de la Terre et qu'elle est ainsi mise en mouvement verticalement, on doit alors s'attendre à l'installation d'un gradient de température de cet ordre de grandeur. On voit sur le graphique 11.5 qu'un gradient donné de température dT/dz dans l'atmosphère représentera une situation stable si $-dT/dz < \Gamma_d$. En effet, une masse d'air en ascension verticale adiabatique à partir du point X sur la ligne adiabatique (1) sera en X′ entourée par une atmosphère à la même altitude correspondant, elle, au point X″ dont la température est plus basse. Le point X′ ne correspond donc pas à une situation stable et la masse d'air plus chaude que son environnement

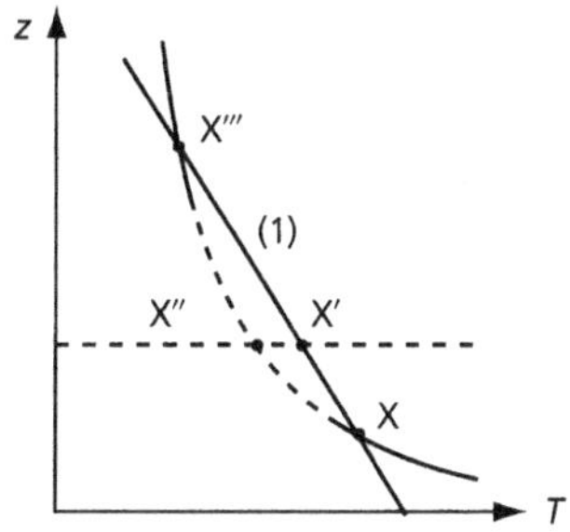

Figure 11.5 Stabilité d'un profil de température.

Au point X′ sur l'adiabatique (1) la masse d'air en ascension est entourée par une atmosphère à la même altitude correspondant à X″ et dont la température est plus basse. Le point X′ n'est pas stable, la masse d'air poursuivra son ascension jusqu'au point X‴ qui est stable.

poursuivra son ascension jusqu'au point X‴ où elle est stable, les températures étant identiques dans l'atmosphère ambiante et dans la masse d'air ascendante.

Si l'on prend en compte la présence de vapeur d'eau dans l'air atmosphérique, on alors affaire à de l'air humide en ascension verticale. Les conditions de stabilité ne sont pas modifiées si l'on reste avec un air non saturé, c'est-à-dire en présence de vapeur d'eau dont la pression partielle est inférieure à la pression de saturation à la température de l'air. Cet air non saturé va se refroidir pendant son ascension avec un taux Γ_d égal à celui de l'air sec, soit 10 K km^{-1}.

Si l'on désigne par $r = m/m_a = \rho_V/\rho_a$ le taux de mélange de la vapeur d'eau (c'est-à-dire le rapport de la masse de vapeur d'eau m_V à celle de la masse d'air m_a pour un volume donné, ρ_V et ρ_a étant les densités respectives de la vapeur d'eau et de l'air), ce rapport restera constant pendant le mouvement ascensionnel de l'air. Le taux de saturation r_e de l'air en eau peut se mettre sous la forme $r_e = 1/\varepsilon\ (p_0/p)$ où p_0 est la pression de vapeur saturante à la température de l'air, p la pression totale (équivalente à la pression de l'air) et $\varepsilon = M_V/M_a = 0{,}622$. On définit aussi souvent un taux d'humidité relative $r_H = r/r_e$ qui représente le degré de proximité de l'air humide à la situation de saturation.

Le taux r_e est une fonction de la température et de la pression que l'on peut calculer avec l'équation de Clapeyron ; r_e décroît exponentiellement avec la température. La capacité de l'air humide à conserver de la vapeur d'eau diminue donc fortement lorsque la température s'abaisse. Lorsque $r = r_e$, on atteint la saturation : la vapeur d'eau commence à se condenser et l'on a formation d'un nuage (Fig. 11.6).

Ainsi, lorsque l'air humide est au-dessous de la saturation, il poursuit son ascension dans l'atmosphère en conservant un taux r constant : $r = r_0$. Lorsqu'il atteint une altitude correspondant à la limite de saturation, r_e, l'excès de vapeur d'eau $\Delta r = r_0 - r_e$ se condense et l'on a un dégagement de chaleur latente $\delta q = L\Delta r$: on a formation de nuages convectifs. La transition de phase vapeur-liquide est évidemment à l'origine de la formation des nuages. On doit modifier les équations précédentes en conséquence.

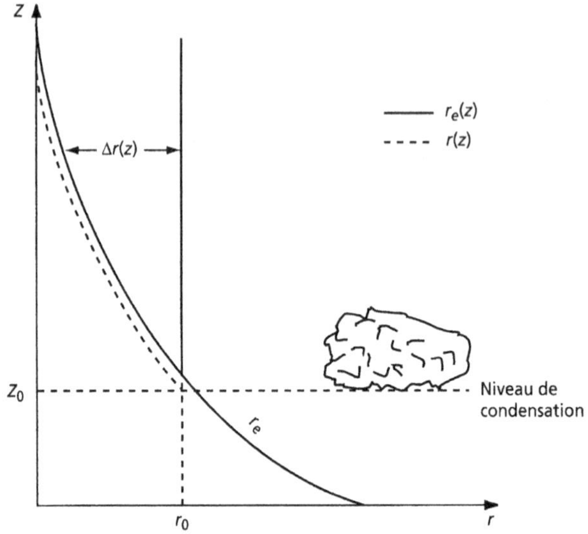

Figure 11.6 Mécanisme de formation d'un nuage.

Le taux de saturation r_e et le taux de mélange r sont fonctions de l'altitude. Lorsqu'une masse d'air s'élève avec un taux initial $r = r_0$, à l'altitude z_0 où, $r = r_e$, on atteint la saturation : la vapeur d'eau commence à se condenser, un nuage se forme. Pour $z > z_0$, $r_e < r$, l'excès de vapeur $\Delta r(z)$ se condense (d'après M.L. Salby Fundamental of atmospheric physics, Academic Press, 1996).

On appelle **point de rosée**, la température à laquelle l'air doit être refroidi de façon isobare pour atteindre la saturation.

Considérant 1 g d'air sec avec x g d'eau, r g étant sous forme de vapeur et $(x - r)$ g sous forme de liquide, L étant la chaleur latente de vaporisation et p_0 la pression de vapeur saturante, l'entropie totale est alors :

$$S = (C_p + xc)\ln T - \frac{R}{M_a}\ln(p - p_0) + \frac{Lr}{T} + \text{C}^{\text{te}} \tag{11.10}$$

où c est la chaleur spécifique de l'eau liquide.

Sachant que l'équation hydrostatique s'écrit pour l'air humide :

$$\mathrm{d}p = -g\rho_a(1 + x)\,\mathrm{d}z \tag{11.11}$$

avec

$$r = \frac{\rho_v}{\rho_\alpha} = \left(\frac{p_0}{p - p_0}\right)\frac{M_V}{M_a} \approx \frac{p_0\varepsilon}{p} \tag{11.12}$$

En assimilant les masses d'air et de vapeur d'eau à des gaz parfaits où M_V est la masse molaire de la vapeur d'eau de densité ρ_V, et sachant que l'on peut prendre $p_0 < p$.

Par différenciation de (11.10), remplaçant dp par (11.4), dans des conditions d'adiabaticité, on peut écrire :

$$(C_p + xc)\,\frac{\mathrm{d}T}{T} + \mathrm{d}\,\frac{Lr}{T} + \frac{R}{M_a(p - p_0)}\,\frac{\mathrm{d}p_0}{\mathrm{d}T}\,\mathrm{d}T + \frac{g}{T}\,(1 + x)\,\mathrm{d}z = 0 \qquad (11.13)$$

De même à partir de (11.12) a-t-on :

$$\frac{\mathrm{d}r}{\mathrm{d}z} = \frac{\varepsilon}{p}\,\frac{\mathrm{d}p_0}{\mathrm{d}T}\,\frac{\mathrm{d}T}{\mathrm{d}z} - \varepsilon\,\frac{p_0}{p^2}\,\frac{\mathrm{d}p}{\mathrm{d}z} \qquad (11.14)$$

À la saturation, on a $x = r$ et utilisant l'équation de Clapeyron on peut écrire :

$$\frac{\mathrm{d}p_0}{\mathrm{d}T} = Lp_0\frac{M_V}{RT^2} \qquad (11.15)$$

soit enfin :

$$-\frac{\mathrm{d}T}{\mathrm{d}z} = \Gamma_S = \frac{g}{C_p}\,\frac{\{1 + Lp_0M_V/pRT\}(1 + \varepsilon p_0/p)}{1 + \varepsilon p_0/pC_p(c + \mathrm{d}L/\mathrm{d}T) + \varepsilon p_0L^2M_V/C_ppRT^2} \qquad (11.16)$$

Introduisant dans cette équation les valeurs numériques des grandeurs qui y figurent, celle-ci se simplifie considérablement et se met sous la forme :

$$\Gamma_S = \Gamma_d\left(1 + \frac{Lp_0M_V}{pRT}\right)\left(1 + \frac{LpM_V}{pRT}\,\frac{\varepsilon L}{C_pT}\right)^{-1} \qquad (11.17)$$

Le phénomène de condensation associé au dégagement de chaleur latente abaisse donc le gradient de température adiabatique car l'on a $\Gamma_S < \Gamma_d$. Dans l'atmosphère on a de fait $0{,}3\ \Gamma_d < \Gamma_S < \Gamma_d$, avec $\Gamma_S \approx 6{,}5$ K km^{-1}. On retrouvera des conditions de stabilité de la colonne d'air humide si $-\mathrm{d}T/\mathrm{d}z < \Gamma_S$. En revanche, si $-\mathrm{d}T/\mathrm{d}z > \Gamma_S$, celle-ci est instable.

Dans le calcul précédent on a fait l'hypothèse que l'eau condensée sous forme liquide reste dans le paquet d'air lorsqu'il s'élève, une condition qui n'est pas nécessairement vérifiée. Cependant, on peut vérifier que le résultat du calcul est peu modifié si l'on suppose que toute l'eau liquide condensée tombe dans la colonne d'air.

11.2.2 Comportement thermodynamique de l'air humide

On dispose de graphiques qui permettent de déterminer le comportement thermodynamique d'un volume d'air humide lorsque celui-ci est en déplacement ascensionnel. Au-dessous du point de condensation, l'air décrit une « trajectoire » adiabatique représentée par l'équation de Poisson :

$$Tp^{-K} = \mathrm{C^{te}} \qquad (11.18)$$

où $K = R/C_p = 0{,}286$.

On définit une température potentielle θ qui correspond à la température que l'air aurait s'il était comprimé adiabatiquement jusqu'à la pression $p_0 = 10^2$ kPa (1 atmosphère = 1 000 mb).

$$\theta = T\left(\frac{p_0}{p}\right)^K \qquad (11.19)$$

Jusqu'au point de condensation, l'air se déplace adiabatiquement sur une courbe $\theta = \mathrm{C^{te}}$.

Dès que l'on a un dégagement de chaleur δQ le processus n'est plus adiabatique et l'on montre globalement que l'on a :

$$\delta Q = C_p T \mathrm{d}\ln\theta \tag{11.20}$$

Comme $\delta Q = L\delta r_e$, par intégration de (11.20), on obtient

$$\frac{\theta_e}{\theta} = e^{Lr_e/C_pT} \tag{11.21}$$

où θ_e est la **température potentielle équivalente** qui représente la valeur qu'aurait θ si toute la vapeur était condensée ($r_S = 0$). Au-dessus du point de condensation, l'air humide va se déplacer sur une pseudo-adiabatique $\theta_e = C^{te}$.

Ainsi, sur la figure 11.7 qui représente un graphique avec les adiabatiques ($\theta = C^{te}$) et les pseudo-adiabatique ($\theta_e = C^{te}$) en fonction de la pression et de la température, on fait décrire à l'air un processus à partir d'une situation initiale (i) à $p = 900$ mb, $T = 15$ °C

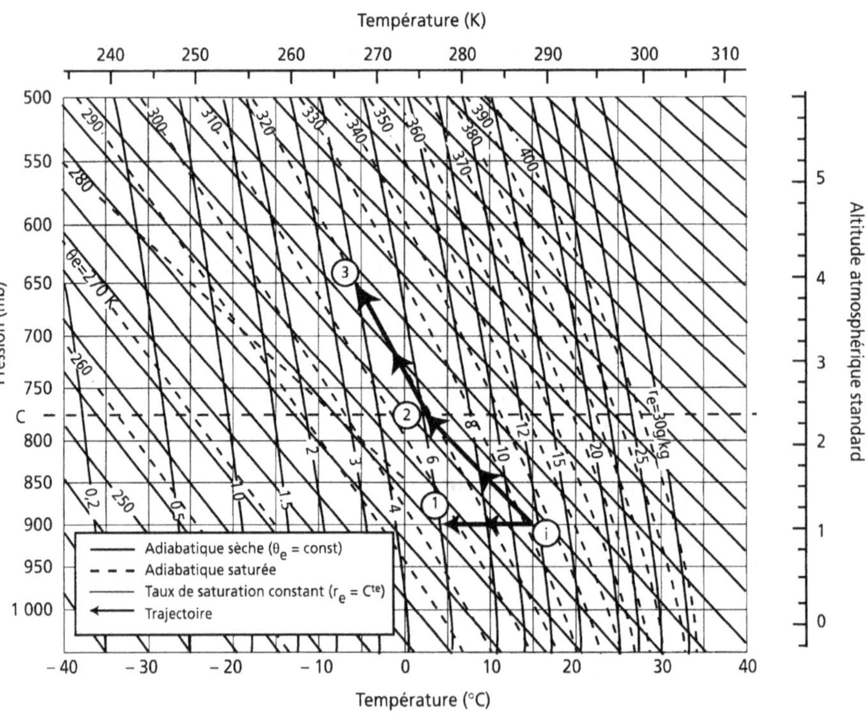

Figure 11.7 Abaque pseudo-adiabatique.

On a représenté des adiabatiques sèches ($\theta = C^{te}$) et saturées ($\theta_e = C^{te}$) et les courbes de taux de saturation constant ($r_e = C^{te}$) dans le plan (p, T). On fait décrire à un paquet d'air à partir de la situation initiale (i) une isobare jusqu'au point (1) (point de saturation $r_e = r$, point de rosée). Si l'air s'élève il suit une adiabatique sèche jusqu'au niveau de condensation C au point (2) correspondant à $r_e = r$. Au-dessus du niveau C, l'air décrit une pseudo-adiabatique, par exemple jusqu'en (3) où le taux de mélange r a baissé (d'après M.L. Salby, *Fundamental of atmospheric physics*, Academic Press, 1996).

et $r = 6$ g kg^{-1}. Le point de condensation correspond à $r = r_e$ (point 1 ou point de rosée). Lorsque l'air humide s'élève au-dessous de la saturation, il décrit une adiabatique correspondant à $\theta = 297$ K, jusqu'au point (2) où $p = 770$ mb. Au-dessus du point de condensation l'air humide décrit la pseudo-adiabatique $\theta_e = 315$ K jusqu'au point (3) où l'on a $\theta = 303$ K, ce qui correspond à $r = 4$ gk^{-1}.

Les nuages jouent un rôle critique dans tous les phénomènes atmosphériques et climatiques. Les gouttelettes d'eau dans les nuages ont des diamètres inférieurs à 200 μ. Elles se forment par nucléation. La nucléation est homogène si elle est provoquée par la condensation spontanée de molécules d'eau par collision ; celles-ci forment un noyau liquide stable qui grossit. Cette nucléation peut être hétérogène si la condensation se produit sur des molécules étrangères ou des charges électriques présentes dans l'atmosphère.

Il faut aussi signaler que c'est la chaleur latente de la condensation qui est la source d'énergie d'un cyclone.

Les gouttelettes grossissent par condensation de molécules d'eau supplémentaires, ou par coalescence à l'occasion de collisions entre gouttes dans l'atmosphère.

Les gouttelettes d'eau qui constituent les nuages n'ont pas seulement une importance météorologique : elles sont certes à l'origine de la pluie ou de la neige lorsqu'elles cristallisent, mais elles ont aussi une influence à long terme sur le climat de la planète. La couverture nuageuse et son comportement constituent un paramètre important des modèles qui tentent de prévoir l'évolution du climat mais dont on est loin de comprendre l'influence exacte. Les gouttes d'eau réfléchissent en effet le rayonnement solaire incident (en particulier celui à courte longueur d'onde dans le visible), car leur albédo est, en général élevé : il peut atteindre 0,9 pour des **stratus**, c'est-à-dire des nuages en couches stratifiées. La réflexion du rayonnement solaire vers l'extérieur de l'atmosphère a tendance à diminuer sa température. *A contrario*, les nuages qui ont une forte concentration en eau absorbent le rayonnement à grande longueur d'onde (dans l'infrarouge) qui est réémis par la surface du globe, ce qui contribue à accroître la température de l'atmosphère (c'est l'**effet de serre**).

Les observations satellitaires semblent indiquer que le bilan énergétique de ces mécanismes radiatifs est pratiquement nul dans les zones tropicales. En dehors de ces zones, ce bilan est négatif : les nuages contribuent globalement à refroidir l'atmosphère terrestre. Les modèles de prévision des évolutions climatiques doivent tenir compte de ce facteur énergétique.

Par ailleurs, on doit supposer que si par effet de serre (provoqué par un accroissement important de la concentration dans l'atmosphère du CO_2 par suite de l'utilisation de combustibles fossiles et qui absorbe l'infrarouge), la température de l'atmosphère s'accroît, on aura alors une vaporisation plus intense de l'eau des océans qui augmentera la nébulosité. Deux scénarios sont alors possibles :

– les gouttes d'eau des nuages plus chauds s'évaporent davantage et rejettent de la vapeur d'eau dans la troposphère : on aurait un accroissement de l'effet de serre puisque la vapeur d'eau absorbe le rayonnement infrarouge ;
– les nuages plus chauds ont tendance à provoquer une pluie plus intense et l'évaporation des gouttelettes vers la troposphère est plus faible : on aurait une diminution de l'effet de serre.

Pour l'instant, on ne peut pas trancher entre ces deux hypothèses ce qui constitue un handicap important pour les modèles climatiques.

Les cyclones sont un autre phénomène météorologique qui est déclenché par la transition de phase liquide/gaz. En effet, deux changements d'état de l'eau, la vaporisation et la condensation, donnent sa force motrice au cyclone. Un cyclone ne peut naître que si la température des eaux océaniques de surface dépasse 26 °C (situation existant dans les régions intertropicales), dans une zone de vent faible et de direction relativement homogène pour ne pas disloquer le mouvement tourbillonnaire lorsque celui-ci s'amorce. La vaporisation de l'eau chaude de la surface de l'océan produit un air humide qui s'élève vers la haute atmosphère et ce flux ascendant crée une dépression de surface. L'humidité de l'air, lorsque celui-ci atteint une température suffisamment basse, se condense en dégageant sa chaleur latente. C'est cette énergie thermique fournie par la condensation de la vapeur d'eau qui est transformée en énergie cinétique du vent et qui provoque l'accélération de son mouvement tourbillonnaire. L'air environnant le cyclone, dans les basses couches de l'atmosphère, est aspiré vers la dépression en son centre, créant ainsi un vortex ascendant ; l'air refroidi en altitude s'échappe vers l'extérieur. Cette machine naturelle a une redoutable efficacité thermique (la différence de température peut atteindre 100 °C entre la surface de l'océan et la troposphère à 20 km d'altitude) : la vitesse des vents pour certains cyclones peut atteindre 300 km/h provoquant des dégâts considérables.

11.2.3 Formation de la glace dans l'atmosphère - Fonte de la glace et climat

Au-dessous de 0 °C, la température de congélation de l'eau, des processus physiques nouveaux interviennent du fait de la solidification des gouttelettes d'eau et de la formation de cristaux de glace dans le nuage. Cependant, rares sont les gouttelettes d'eau qui cristallisent dès que la température s'abaisse au-dessous de 0 °C, la plupart d'entre elles restent dans un état surfondu et la formation de glace ne se produit que progressivement.

Lorsqu'on atteint la température de – 39 °C, la totalité des gouttes d'eau subsistant dans le nuage cristallisent, on atteint la limite de surfusion. Au-dessus de cette température, l'existence de centres de nucléation (molécules étrangères à l'air et à l'eau, ions) constituent des centres de nucléation sur lesquels se forment les cristaux de glace. Des poussières provenant du sol, des aérosols, des composés inorganiques (sulfates et acide sulfurique) ou des composés organiques ayant pour origine la décomposition du phytoplancton marin (comme le DMS ou dimethyl-sulfure) constituent de tels centres de nucléation.

On remarque sur un diagramme de phases que la pression de vapeur saturante, au-dessus d'une surface de glace, est inférieure à cette pression au-dessus de l'eau liquide au-dessous de 0 °C, la vapeur d'eau se trouvant en équilibre avec une surface d'eau liquide sera donc toujours dans un état de sursaturation par rapport à la glace au-dessous de 0 °C. La différence entre les deux tensions de vapeur est maximum à – 12 °C. Dans un nuage où l'on est en présence de gouttelettes d'eau et de cristaux de glace, les cristaux de glace vont donc croître à leur dépens. Ce processus est maximum au voisinage de – 12 °C, on l'appelle le **processus de Bergeron**. Celui-ci est caractéristique des nuages qui sont des petits cumulus ou des strato-cumulus où la concentration en eau liquide est relativement faible.

Les cristaux de glace peuvent grossir dans les nuages par **agrégation** des cristaux entre eux : le film d'eau surfondue attaché à un cristal peut servir de « liant » avec un autre cristal et en se solidifiant conduire à la formation d'un cristal unique. Ce processus a une efficacité maximum entre 0 °C et – 70 °C, une zone de température où la concentration en eau surfondue est la plus grande ; il contribue à la formation de la neige. À plus basse température, on peut avoir une croissance cristalline, et formation de neige, par un mécanisme d'**accrétion** : les gouttelettes d'eau cristallisent par impact sur des cristaux de glace. Ce mécanisme prévaut surtout dans les cumulo-nimbus, des formes de nuages où la concentration en eau liquide est élevée. Le **givrage** est un phénomène provoqué par impact de gouttelettes d'eau et accrétion sur une surface. Les microcristaux de glace, se trouvant dans la stratosphère polaire à basse température en présence de fluorocarbones, sont des sites actifs pour des réactions chimiques impliquant des molécules d'ozone, entraînant ainsi la formation d'un trou d'ozone au-dessus des zones polaires. Le givrage lorsqu'il se produit sur des ailes d'avion traversant des nuages chargés de gouttelettes d'eau surfondue, peut provoquer un accident car l'avion sera alourdi et destabilisé. C'est pourquoi on est amené à dégivrer des avions avant leur décollage par temps d'hiver pour leur permettre de décoller et éviter que le phénomène prenne de l'ampleur en vol.

La formation de grêle est également due à l'accrétion d'eau liquide sur des cristaux de glace dans des nuages à forte concentration en eau, en particulier dans certaines régions de cumulo-nimbus.

Enfin, il faut signaler que le phénomène de fusion de la glace (celle des glaciers et des calottes glaciaires de l'Arctique et de l'Antarctique) joue un rôle très important en climatologie. En effet, la circulation océanique qui est l'un des moteurs du climat (le rôle du Gulf stream), car elle transporte dans l'Atlantique Nord la chaleur des zones intertropicales vers les hautes latitudes, dépend de façon critique de petites différences de densité dans l'eau de mer (celle-ci est fonction de la salinité et de la température) : c'est ce que l'on appelle la **circulation thermohaline**. L'eau chaude de surface s'écoule vers le nord dans l'Atlantique, abandonnant sa chaleur dans l'atmosphère, tandis que l'eau froide du nord (plus dense) circule en profondeur (2 km) vers le sud. On a en quelque sorte l'équivalent d'un tapis roulant thermique.

On comprend qu'un influx d'eau douce, donc moins dense, peut perturber sérieusement la circulation océanique et même, selon certains modèles, l'arrêter complètement. C'est le phénomène qui peut se produire si l'on a une fonte importante des glaces de l'Arctique, du Nord Canada et du Groenland par suite d'un réchauffement de l'atmosphère, par exemple, par effet de serre. Ce fut peut-être le cas lors des périodes interglaciaires pendant lesquelles le réchauffement de l'atmosphère a provoqué une fonte partielle des glaciers. Autrement dit, l'effet de serre pourrait conduire à un refroidissement local par suite d'une forte perturbation de la circulation qui est un mécanisme instable. Ce refroidissement ne serait pas nécessairement compensé par l'effet de serre lui-même.

Il faut enfin noter que les caractéristiques de la température de surface de l'océan (qui peut fluctuer) sont communiquées à l'atmosphère à laquelle celui-ci est couplé, par les mécanismes d'évaporation/précipitation ; ceci conduit, en retour, à des changements de la température, du niveau de précipitation mais aussi de la fréquence des tempêtes dans certaines régions, en Europe par exemple. Les progrés de la prévision climatique dépendent donc de ceux de la prévision des températures de surface de l'océan.

11.3 TRANSITIONS DE PHASES DANS LES SYSTÈMES TECHNIQUES

Les moteurs thermiques, les turbines, les installations pétrolières (un puits de pétrole, une raffinerie) sont des systèmes techniques qui sont souvent le siège de transitions de phases. La transition de phase liquide-vapeur est d'ailleurs un phénomène clé dans ces systèmes, le travail mécanique étant obtenu, par exemple, par la détente de la vapeur d'eau produite dans un générateur de vapeur. Dans un puits de pétrole sur un gisement pétrolier, si les conditions thermodynamiques (pression, température) s'y prêtent, on peut observer une transition liquide-gaz au sein du mélange d'hydrocarbure, lorsque celui-ci remonte à la surface. La transition de phase est, dans ce cas, un inconvénient grave qui peut perturber très sérieusement l'exploitation s'il se forme un « bouchon » diphasique dans le puits. Enfin, troisième type de situation, dans un méthanier qui transporte par mer du gaz naturel liquéfié (à basse température), on doit éviter à tout prix la vaporisation du méthane liquide au contact d'un corps à température plus élevée (l'eau de mer par exemple), car si cette vaporisation était trop brutale, elle pourrait provoquer une explosion thermique qui aurait des conséquences catastrophiques.

11.3.1 Vaporisation dans les moteurs thermiques

Dans une machine à vapeur classique ainsi que dans un réacteur électronucléaire, la vapeur d'eau est le fluide qui actionne le piston d'un cylindre ou d'une turbine à vapeur.

Dans les centrales nucléaires françaises de la filière dite PWR (à eau pressurisée ou *pressurized water reactor*), l'eau, qui circule sous forme liquide à haute pression (p = 155 bar et T = 320 °C), évacue la chaleur produite dans le cœur du réacteur par la fission du combustible nucléaire. Les calories de cette eau chaude sont ensuite cédées à un autre fluide (toujours de l'eau dans les réacteurs « classiques ») qui circule dans un circuit secondaire ; puis celle-ci est vaporisée dans un générateur de vapeur (Fig. 11.8).

Dans un moteur thermique à combustion interne (moteur à explosion classique ou turbine à gaz, ou moteur cryogénique des fusées du type Ariane), le changement de phase liquide-gaz qui intervient résulte de combustion d'un carburant liquide avec un comburant (oxygène de l'air ou l'oxygène liquide dans un moteur cryogénique). Au préalable le combustible est vaporisé totalement ou partiellement avant d'être admis dans la chambre de combustion.

On a représenté sur la figure 11.9.a le schéma de principe d'une turbine à vapeur. L'eau est vaporisée dans le générateur du vapeur (1) et la vapeur d'eau, en général à haute pression, alimente la turbine (2) (qui est couplée par exemple avec un générateur électrique (3)). Elle se condense dans le condenseur (4). Dans l'installation représentée sur cette figure, l'eau est admise dans le générateur de vapeur par une pompe (5).

On associe à chaque type d'installation un diagramme qui représente son cycle thermodynamique. Le **cycle classique de Carnot** n'a pas trouvé d'application pratique. Rappelons que ce cycle décrit un système où l'on fait travailler de la vapeur d'eau humide (c'est-à-dire une vapeur saturée avec des gouttelettes d'eau en suspension). On utilise en revanche souvent des installations décrites par un **cycle de Rankine**. On a représenté sur la figure 11.9.a un diagramme température-entropie décrivant un cycle de Rankine. Dans une installation fonctionnant avec ce type de cycle, le fluide travaille

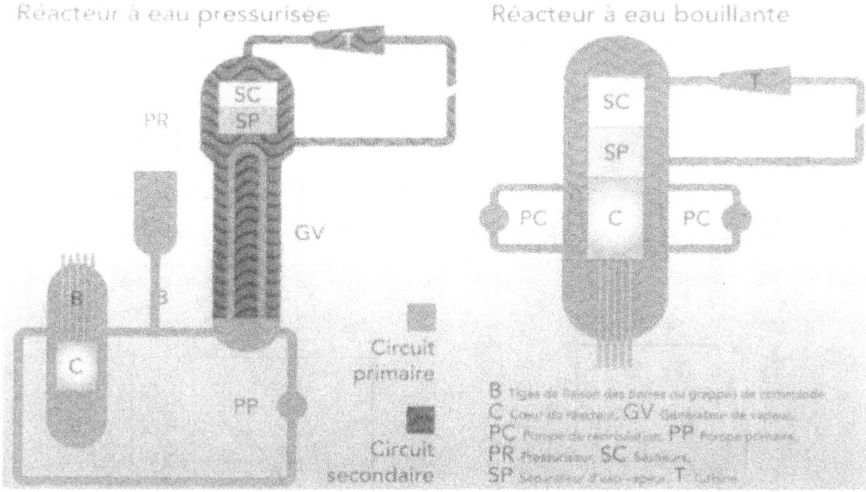

Figure 11.8 Schémas de réacteurs électronucléaires.

On a représenté les deux types de réacteurs : – à eau pressurisé ; – à eau bouillante (source C.E.A).

entre les pressions p_1 et p_2. L'eau est comprimée de façon isentropique de p_2 à p_1 (segment 3-4 sur le diagramme), elle est vaporisée dans le générateur de vapeur de façon isobare à p_1 (segment 4-1). x est le titre de la vapeur.

Pour augmenter le rendement thermodynamique du cycle de Rankine, on a recours à une **surchauffe de la vapeur** : la vapeur d'eau est portée à une température supérieure à celle correspondant à la température de saturation pour la pression de travail p_1. On a représenté sur la figure 11.9.b un tel cycle. Le fluide travaillant à une température plus élevée, le rendement thermodynamique théorique (rendement de Carnot) est supérieur à celui d'un cycle classique sans surchauffe.

Dans les réacteurs électronucléaires de la filière PWR la chaleur de fission est extraite du cœur du réacteur par de l'eau à haute pression qui circule dans le circuit primaire du réacteur. Un scénario possible d'accident, pris en compte par les concepteurs de ce type d'installation, est l'éventualité d'une dépressurisation du fluide. Si, pour une raison ou pour une autre, une fuite se produisait dans la canalisation du circuit primaire, la pression de l'eau chuterait brutalement, ce qui devrait provoquer une vaporisation du liquide et la formation d'un mélange diphasique liquide-vapeur constituant ainsi un « bouchon » limitant le débit du fluide. Un scénario alternatif pourrait consister dans le passage du liquide subissant la dépressurisation dans un état métastable surchauffé : au lieu de se vaporiser, l'eau resterait à l'état liquide et elle continuerait à s'écouler à travers la brèche. Le second scénario comporte le risque d'une vaporisation brutale du liquide surchauffé qui pourrait être de caractère explosif. C'est un phénomène de cette nature qui s'est vraisemblablement produit lors de l'accident de la centrale nucléaire de Three Mile Island aux États-Unis en 1979.

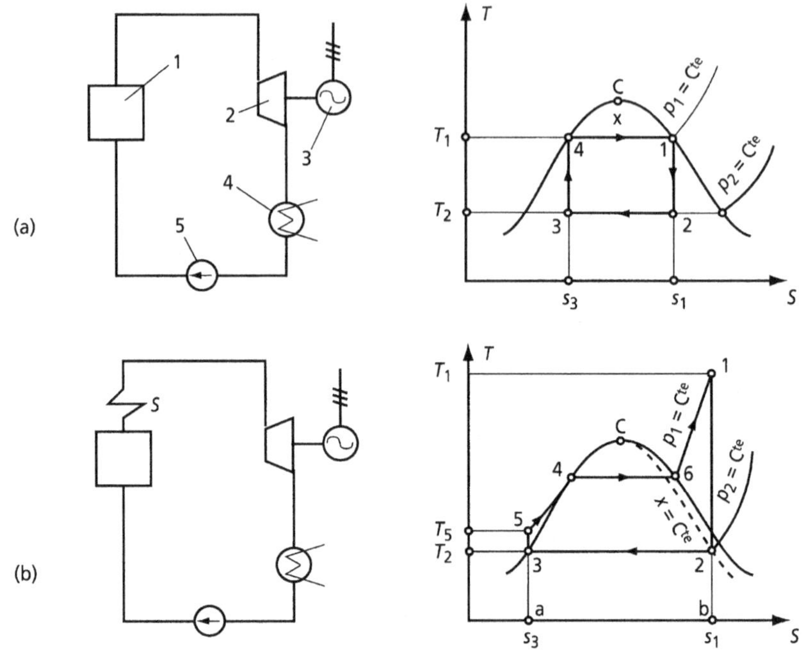

Figure 11.9 Schémas de principe d'une machine thermique.

a) La vapeur est extraite de la chaudière (1) pour être amenée dans la turbine (2) qui entraîne un générateur électrique (3). Elle se condense dans le condenseur (4). La vapeur humide est introduite dans le compresseur (5).
b) Dans ce moteur on a ajouté un surchauffeur (S) dans lequel la vapeur d'eau est portée à une température supérieure à celle de saturation pour une pression donnée. Le cycle de Rankine correspondant a été représenté.

11.3.2 Le phénomène de cavitation

La formation de bulles de vapeur, au sein d'un liquide en écoulement subissant des changements rapides de pression, est un phénomène qui peut avoir des conséquences fortement dommageables. Ce phénomène que l'on appelle la **cavitation** se produit souvent dans des systèmes hydrauliques : pompes, turbines, hélices de navires.

On dit qu'un liquide cavite s'il est soumis à des chutes de pression rapides : il se forme en son sein des bulles de vapeur (cavités) par **nucléation**. Dans la plupart des situations, la nucléation est hétérogène car elle se produit à partir de bulles de gaz dissous ou d'impuretés présentes au sein du liquide ; les bulles peuvent également grossir par coalescence.

Certaines bulles dans le liquide en cours de cavitation peuvent imploser lors de la transition de phase liquide-vapeur et provoquer ainsi des pics de pression locaux qui forment des ondes de choc se propageant dans le liquide. Celles-ci sont à l'origine de phénomènes d'érosion que l'on observe sur les parois d'un système avec un liquide en cavitation (par exemple les pales d'une turbine d'un barrage ou les hélices d'un navire).

Le phénomène de cavitation diminue, par ailleurs, le rendement d'un système où il se produit (une pompe, par exemple).

La cavitation peut également être induite par des vibrations entretenues dans un système. Ainsi, par exemple, le liquide de refroidissement de certains moteurs diesel peut-il être vaporisé partiellement sous l'effet des vibrations qu'ils produisent, dans ce cas la cavitation peut produire une érosion des matériaux des chemises des moteurs.

La cavitation trouve aussi des applications pratiques dans divers procédés industriels. Parmi les principaux, on peut noter :

- l'aide à l'usinage par ultrasons : on fait vibrer un outil à faible distance de la pièce à traiter, celle-ci étant immergée dans un liquide chargé de grains d'abrasifs, la cavitation qui se produit contribue à l'usinage, par exemple le percement des trous ;
- le nettoyage d'objets par ultrasons : ceux-ci provoquent une cavitation dans le liquide où l'on a immergé l'objet à traiter, les ondes de choc produites le nettoient (procédé utilisé pour des objets durs comme des pièces d'horlogerie et des bijoux) ;
- fabrication d'émulsions et de gouttelettes : la cavitation provoque la fragmentation de gouttes ou de bulles.

La cavitation provoque une érosion de la surface d'un matériau par impact de l'onde de choc, mais on est encore loin de comprendre le mécanisme qui est responsable de la dégradation locale de l'état de surface du matériau. Il est possible que la très forte concentration d'énergie dans les bulles de vapeur, lorsqu'elles se condensent, provoque une élévation très forte de température dans la vapeur (plusieurs milliers de kelvins) qui contribuerait à l'érosion de la surface. On observe, par ailleurs, que le phénomène de cavitation peut être associé à l'émission de lumière par des bulles en cours d'implosion. Ce phénomène, appelé **sonoluminescence** lorsqu'il est provoqué par des ultrasons, pourrait s'expliquer par l'élévation rapide de température des molécules de vapeur contenues dans la bulle lors de la cavitation ; portées dans des états d'énergie excités, voire partiellement ionisées, elles émettraient des photons lors de leur désexcitation. La cavitation d'un liquide peut aussi prendre une ampleur considérable et conduire, dans certaines circonstances, à la formation d'une bulle géante, une supercavité, au sein du liquide : c'est le phénomène de supercavitation. La **supercavitation** peut être provoquée par le déplacement à très grande vitesse d'un mobile dans l'eau (50 m/s). En condition de supercavitation, le mobile se déplacerait dans une phase vapeur, ce qui diminuerait les mouvements de friction. Cette propriété a été mise en œuvre dans certains types de torpilles mises au point par la marine russe qui ont pu atteindre la vitesse de 550 km/heure.

11.3.3 Les régimes d'ébullition

La nature de l'ébullition d'un liquide pur que l'on observe dans une installation de chauffage va dépendre du régime thermique auquel est soumis le liquide. Nukiyama a mis en évidence les régimes d'ébullition d'un liquide dans une série d'expériences réalisées en 1934. D'autres expériences ont été menées depuis, et l'on caractérise l'ébullition par une courbe dite de Nukiyama, ou courbe d'ébullition, qui représente le flux de chaleur dans le liquide en fonction de la surchauffe $\Delta T_{sat} = T_p - T_{sat}$ que l'on impose où T_p est la température de la paroi chauffante (celle d'un tube métallique ou d'une plaque, par exemple) et T_{sat} la température du liquide maintenu à la saturation (soit 100 °C à 10^5 Pa pour l'eau).

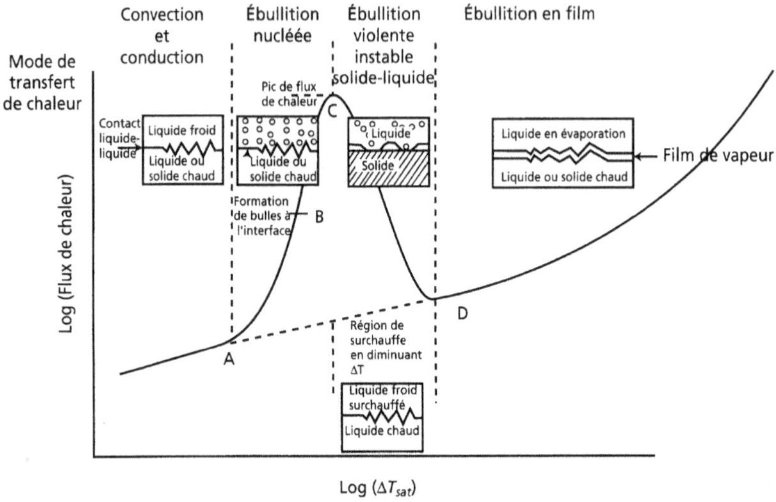

Figure 11.10 Mécanismes de transfert de chaleur à des interfaces liquide-liquide et liquide-solide et d'ébullition à l'interface.

La ligne AD en pointillés représente un transfert de chaleur entre un liquide stable et un liquide surchauffé sans ébullition (d'après D.L. Kate, C.M. Sliepcevich, *LNG/Water explosions : cause and effect*, Hydrocarbon Process, 50, p. 240, 1971).

Cette courbe représentée sur la figure 11.10 permet de décrire les différents régimes d'ébullition lorsque l'on travaille à température de chauffage imposée.

L'ébullition débute au point A avec un régime d'ébullition nucléée à bulles isolées, elle se poursuit avec la partie BC de la courbe par la formation de poches de vapeur résultant de l'agrégation de bulles : c'est **l'ébullition nucléée à poches** ou à **colonnes de vapeur**. Au point C, le flux thermique est maximum et le volume de vapeur produit est tel que le liquide ne peut plus assurer le refroidissement de la paroi chauffante. En effet, c'est le liquide qui retombe qui assure le refroidissement de la paroi et, si la production de la vapeur devient trop importante, sa vitesse d'ascension dans la colonne atteint une valeur telle qu'elle empêche la retombée du liquide : c'est la crise d'ébullition (Fig. 11.11).

Celle-ci, encore appelée en anglais ***burn-out***, ***critical heat flux*** ou ***first boiling transition***, correspond à la disparition de tout contact entre le liquide et la paroi chauffante. Le tronçon CD de la courbe correspond (Fig. 11.10) à une ébullition violente instable. Enfin, on atteint à partir du point D (point de Leidenfrost) sur le tronçon DE le régime d'ébullition en film, la paroi chauffante (ou le fil métallique immergé dans le liquide) est entourée d'une gaine de chaleur ou d'un film de vapeur d'où s'échappent des bulles de vapeur.

L'ébullition nucléée s'amorce pour une surchauffe ΔT qui est donnée par la relation (relation 2.24 par analogie)

$$\Delta T = \frac{2\gamma T_{Sat}}{r_{cav} L \rho_V} \qquad (11.22)$$

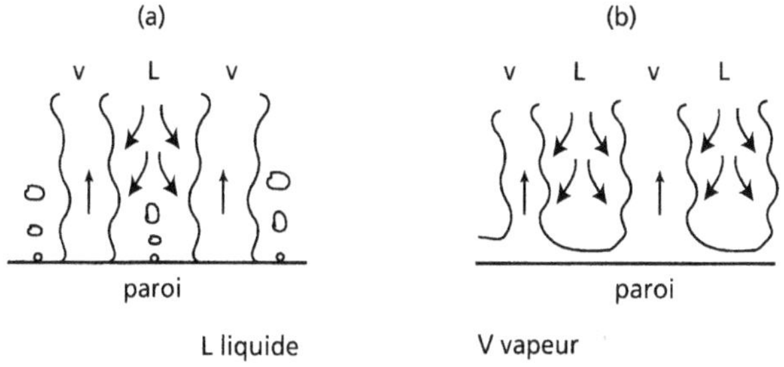

Figure 11.11 Mécanisme de la crise d'ébullition.

On passe de l'ébullition nucléée avec des colonnes de vapeur **(a)** à la crise d'ébullition, le liquide ne retombant plus sur la paroi **(b)**.

où γ est la tension superficielle, L la chaleur latente massique d'évaporation ρ_V la densité volumique de la vapeur et r_{cav} le rayon de la cavité qui donnera naissance aux bulles. Pour l'eau, l'ordre de grandeur d'une cavité sur une surface métallique lisse est $r_{cav} \approx 5\ \mu$, il est de l'ordre de 0,1 à 0,3 μ pour les liquides cryogéniques sur une surface de cuivre ou d'aluminium. Plus la surchauffe est importante, plus les rayons des sites de nucléation sont petits.

Des modélisations théoriques permettent de calculer la densité de flux thermique correspondant à la crise d'ébullition. Ce flux thermique critique q_C correspondant au point C sur la figure 11.10 s'écrit pour une plaque chauffante horizontale :

$$q_c = 0{,}419\, L\rho_V^{1/2}[\gamma\,(\rho_1 - \rho_V)\,g]^{1/4} \qquad (11.23)$$

où ρ_l est la densité du liquide, g l'accélération de la pesanteur.

Pour un cylindre horizontal de rayon r, q_C est donnée par la relation de Sun et Lienhard :

$$q_c = \left[0{,}116 + 0{,}3\exp(-3{,}44 r^{*1/2})\right] L\rho_V^{1/2}\,[\gamma\,(\rho_1 - \rho_V)\,g]^{1/4} \qquad (11.24)$$

où

$$r^* = r\left[\frac{\gamma}{g(\rho_1 - \rho_V)}\right]^{-1/2}$$

L'évolution du régime d'ébullition dans un tube vertical chauffant est différente de celle constatée dans un tube horizontal ou sur une plaque. On a représenté la situation sur la figure 11.12.

On a ainsi une succession de régimes depuis l'état liquide jusqu'à la vapeur sèche, en passant par les étapes intermédiaires :

- l'ébullition sous-saturée (formation de bulles) ;
- l'ébullition nucléée saturée (formation de bouchons) ;
- la convection forcée par le film liquide (écoulement dit annulaire).

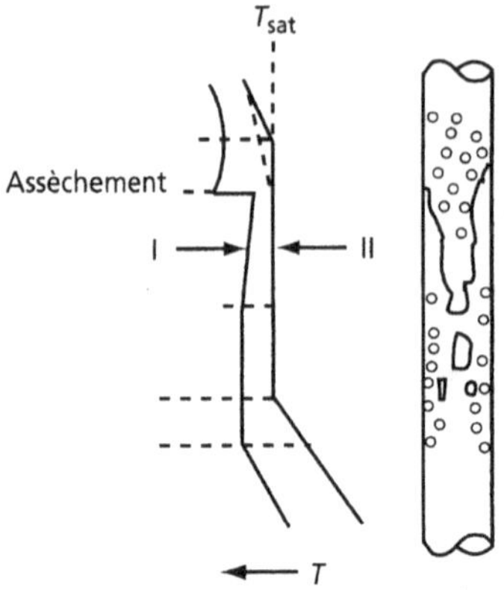

Type d'écoulement	Régime thermique
Vapeur sèche	Convection forcée en phase vapeur
Gouttelettes	Région déficitaire en liquide
Annulaire avec entrainement	Convection forcée par le film liquide
Annulaire	
Bouchons	Ébullition nucléée saturée
Bulles	Ébullition sous-saturée
Liquide	Convection forcée en phase liquide

Figure 11.12 Régimes d'écoulement et thermique dans un tube chauffant.

On a représenté les températures de la paroi (I) et du mélange eau-vapeur (II). Le liquide est introduit à la base dans un état sous-saturé ($T_l < T_{sat}$), la température du liquide et de la paroi s'élèvent progressivement en montant.

Lorsque l'évaporation du film liquide sur la paroi chauffante est complète, on a un phénomène d'assèchement qui peut être provoqué par une élévation brutale de la température.

Tous ces problèmes d'ébullition ont une très grande importance en ingénierie nucléaire. Dans les réacteurs électronucléaires, comme nous l'avons indiqué, l'énergie de fission dégagée par les barres du matériau fissile (de l'uranium enrichi) est évacuée par l'eau du circuit primaire. Deux grandes filières sont utilisée dans le monde (Fig. 11.8) :

- les réacteurs PWR à eau pressurisée (filière française) ;
- les réacteurs à eau bouillante (ou BWR, *boiling water reactors*) utilisés principalement aux États-Unis.

Dans la filière BWR, l'eau du circuit primaire est mise en ébullition lors du transfert de chaleur, on a donc un système diphasique ; on opère à plus basse pression et à plus basse température que dans un réacteur PWR. Il faut, avec cette filière, éviter une « crise d'ébullition » qui assécherait partiellement ou totalement les barres contenant le combustible.

Rappelons, enfin, que la plupart des liquides peuvent être surchauffés, à pression atmosphérique, jusqu'à une température $T \approx 0{,}9\ T_C$ (température critique). Comme le volume de la phase vapeur est très supérieur à celui du liquide, une vaporisation brutale est équivalente à une explosion, ce qui peut se produire lorsqu'un liquide froid vient brutalement au contact d'un liquide chaud (cas du méthane par exemple).

11.3.4 Transitions de phases et stockage de l'énergie

La possibilité de stocker de l'énergie pour la récupérer avec un bon rendement (c'est-à-dire sans trop de pertes) au moment de son utilisation est un problème majeur en énergétique.

Le stockage de l'énergie sous forme thermique est une voie possible : on peut utiliser l'énergie thermique mise en jeu sous forme de chaleur latente dans une transition de phase liquide-solide du premier ordre pour stocker de l'énergie. En effet, l'énergie thermique qu'il faut dépenser pour faire fondre un corps solide peut être récupérée lors de la transformation inverse de solidification ; on stocke une quantité d'énergie équivalente à la chaleur latente de la transition. Le sel de Glauber (Na_2SO_4 $10H_2O$) est utilisé depuis longtemps comme matériau récupérable lors de la solidification (la chaleur correspondante est de 0,334 kJg^{-1} équivalente à celle de l'eau mais sous un volume huit fois plus petit).

À haute température, on peut stocker de l'énergie dans des « accumulateurs de chaleur » en utilisant un sel comme LiF ($T_f = 850$ °C et $L_f = 1{,}04$ kJg^{-1}) ou le mélange eutectique LiF-NaF ($T_f = 652$ °C, $L_f = 20{,}836$ kJg^{-1}). Ces dispositifs sont utilisés dans les combinaisons chauffantes pour plongeurs sous-marins. Des hydrates comme $CaCl_2$ $6H_2O$ ($T_f = 29$ °C) sont également utilisés pour le stockage à température ambiante. Des dispositifs de ce type ont été testés également à bord d'une navette spatiale pour stocker de l'énergie solaire (lorsque la navette est exposée au soleil) et la restituer (lorsque le soleil est occulté).

Les paraffines qui sont des alcanes à chaîne longue C_nH_{2n+2} et qui forment des cires, sont des matériaux organiques appropriés pour le stockage d'énergie thermique par chaleur latente. Leur point de fusion est compris entre 30 °C et 90 °C et leur enthalpie de fusion est de l'ordre de 20 kJ/kg. On doit tenir compte dans un appareil utilisant une paraffine, de l'augmentation de volume du matériau à la fusion.

À des températures proches de l'ambiante, on utilise également la transition liquide-solide de l'eau dans des installations de climatisation. On procède dans ce type de dispositif à la solidification de l'eau que l'on refroidit en « pompant » de la chaleur pendant la nuit en utilisant un courant électrique à un tarif de nuit. La glace, qui est ainsi formée et stockée dans des réservoirs, est utilisée pendant la journée pour refroidir l'air circulant dans l'installation de conditionnement d'air, la chaleur latente nécessaire à la fusion étant fournie par l'air chaud.

Dans tous les dispositifs de stockage utilisant la transition solide-liquide, il faut évidemment éviter le phénomène de surfusion du liquide lors du déstockage de l'énergie car celle-ci retarderait la libération de l'énergie emmagasinée sous forme de chaleur latente.

Il existe dans la nature, un mode, probablement très important, de stockage d'énergie sous forme de phases cristallines : les hydrates de gaz. Ces hydrates, appelés clathrates, sont des phases solides constituées de molécules d'eau constituant un réseau tridimensionnel au sein duquel sont piégées des molécules de gaz, comme le méthane, à basse température et à haute pression. On trouve ces hydrates de gaz dans l'Arctique, sous le permafrost de la Sibérie (où un gisement a été exploité pendant quelques années) et dans les profondeurs océaniques dans les sédiments sur les marges des plateaux continentaux (par exemple au large des États-Unis). On peut considérer que les hydrates de gaz sont une forme d'énergie stockée, les hydrocarbures congelés pouvant être récupérés sous forme gazeuse lors de la fusion du solide. On estime que les ressources ainsi stockées sont très importantes : elles seraient supérieures à l'ensemble de toutes les réserves estimées aujourd'hui de gaz et de pétrole.

EXERCICES

11.1 Modèle simple du climat.

Modélisons le changement climatique en étudiant la variation de la température moyenne de l'air à la surface de la Terre T_s. On désigne par F_{IR} le flux moyen de radiation infrarouge rayonné vers l'espace, par S la constante solaire (flux d'énergie solaire à travers un plan perpendiculaire aux rayons solaires au sommet de l'atmosphère), par α l'albédo et par c la chaleur spécifique de l'atmosphère par unité de surface.

1° Écrire une équation simple pour l'évolution de T_s.

2° Récrire cette équation en supposant que $F_{IR} = A + BT_s$, $\alpha = \alpha_0 - \alpha_1 T_s$, en déduire T_s à l'équilibre.

3° Trouver le temps de relaxation τ vers l'équilibre de T_s.

4° Application numérique :
$S = 1370$ Wm^{-2}, $c = 4.10^8$ Jm^{-2}K^{-1}, $B = 2$ Wm^{-2}K^{-1}, $\alpha = 0{,}3$ et $\alpha_1 = 0{,}0025$ K^{-1}.
Quelle est la signification de τ ?

11.2 Boule de neige et tension superficielle.

Étudions la formation de boules de neige à partir de cristaux de neige sous l'effet de la pression. $L_f = 6$ kJ/mole pour la glace et $\Delta V/V = -9{,}06\ 10^{-2}$ à la transition liquide/solide.

1° Calculer la variation de température de fusion associée à une pression de 15 bar. Sachant que l'on veut former une boule de neige à – 10 °C, qu'en concluez vous ?

2° Quel phénomène physique peut-on faire intervenir pour expliquer la formation d'une boule de neige dans ces conditions ?

11.3 Bulle dans un liquide surchauffé.

Une bulle de rayon r est maintenue au sein d'un liquide surchauffé à la température T_0. On désigne par γ la tension superficielle liquide/vapeur, par p_0 la pression du liquide imposée de l'extérieur et v_β son volume. $P_s(T_0)$ est la pression de vapeur saturante à T_0. On supposera que la vapeur a un comportement de gaz parfait.

1° Écrire la condition d'équilibre avec la pression à l'intérieur de la bulle.

2° Exprimer l'énergie ΔE de formation de la bulle en fonction de r et r^* le rayon critique à l'équilibre.

3° Discuter les conditions de stabilité de la bulle.
Application numérique : $\gamma = 7{,}5\ 10^{-2}$ Nm^{-1}.

Exercices : Corrigés

➤ **1.1** $U = \langle E\rangle = \sum_i E_i \exp - \beta E_i/Z = -\left(\frac{\partial Z}{\partial \beta}\right)_V \quad \langle E^2\rangle = \frac{1}{Z}\left(\frac{\partial^2 Z}{\partial \beta^2}\right)$ d'où

$$\langle \delta E^2\rangle = \langle E^2\rangle - \langle E\rangle^2 = \left(\frac{\delta^2 \log Z}{\partial \beta^2}\right)_V, \quad C_v = \left(\frac{\partial U}{\partial T}\right)_V = k\beta^2\left(\frac{\partial^2 \log Z}{\partial \beta^2}\right)_V, \quad \langle \delta E^2\rangle = \frac{C_v}{k\beta^2}.$$

➤ **1.2** $\langle N\rangle = kT\left(\frac{\partial \log \Xi}{\partial \mu}\right)_{T,V}, \quad \langle N^2\rangle = \frac{1}{\beta^2 \Xi}\left(\frac{\partial^2 \Xi}{\partial \mu^2}\right)_{T,V}$

$$\langle \Delta N^2\rangle = kT^2\left(\frac{\partial^2 \log \Xi}{\partial \mu^2}\right)_{T,V} = kT\left(\frac{\partial \langle N\rangle}{\partial \mu}\right)_{T,V}$$

μ et p sont des variables intensives et donc des fonctions homogènes d'ordre 0. On a donc les relations :

$$V\left(\frac{\partial p}{\partial V}\right)_{N,T} + \langle N\rangle\left(\frac{\partial p}{\partial \langle N\rangle}\right)_{T,V} = 0$$

$$\left(\frac{\partial \mu}{\partial V}\right)_{N,T} = -\left(\frac{\partial p}{\partial \langle N\rangle}\right) = \frac{V}{\langle N\rangle}\left(\frac{\partial p}{\partial V}\right)_{N,T}$$

$$V\left(\frac{\partial \mu}{\partial V}\right)_{N,T} + \langle N\rangle\left(\frac{\partial \mu}{\partial \langle N\rangle}\right)_{T,V} = 0$$

D'où : $\langle \Delta N^2\rangle = \langle N^2\rangle \frac{kT}{V}\kappa_T = \langle N\rangle \frac{\kappa_T}{\kappa_T^0}.$

➤ **1.3** On trace le diagramme $G_m(x)$. L'enthalpie libre G_m du mélange est donnée par :

$$G_m = x_A\overline{G_A} + x_B\overline{G_B}.$$

La relation de Gibbs-Duhem s'écrit : $x_A \mathrm{d}\overline{G_A} + x_B \mathrm{d}\overline{G_B} = 0$ avec $x_A + x_B = 1$.

Si l'on choisit x_B comme variable $\mathrm{d}G_m = \overline{G_A}\,\mathrm{d}x_A + \overline{G_B}\,\mathrm{d}x_B$ et $\dfrac{\mathrm{d}G_m}{\mathrm{d}x_B} = \overline{G_B} - \overline{G_A}$.

➤ **1.4** **1°** $\delta\varepsilon(\boldsymbol{r}, t) = \left(\dfrac{\partial\varepsilon}{\partial T}\right)\delta T(\boldsymbol{r}, \mathrm{t}),\ I \propto \left(\dfrac{\partial E}{\partial T}\right)_p^2 <|\delta T(\boldsymbol{k}, t)|^2>$

Soit $I(\boldsymbol{k}, \omega) \propto \left(\dfrac{\partial E}{\partial T}\right)_p^2 \displaystyle\int_{-\infty}^{+\infty} <\delta T(\boldsymbol{k}, t+\tau)\,\delta T^*(\boldsymbol{k}, t)> e^{i(\omega-\omega_0)\tau}\,\mathrm{d}\tau$.

2° $\dfrac{\mathrm{d}}{\mathrm{d}t}\delta T(\boldsymbol{r}, t) = \dfrac{\lambda}{\rho C_p}\nabla^2\delta T(\boldsymbol{r}, t)$

soit par transformation de Fourier $\dfrac{\mathrm{d}}{\mathrm{d}t}\delta T(\boldsymbol{k}, t) = -\dfrac{\lambda}{\rho C_p}\boldsymbol{k}^2\,\delta T(\boldsymbol{k}, t)$.

Cette équation a une solution : $\delta T(\boldsymbol{k}, t) = \delta T(\boldsymbol{k}, 0)\exp-\left[\dfrac{\lambda}{\rho C_p}k^2 t\right]$,

soit $<\delta T(\boldsymbol{k}, t+\tau)\,\delta T^*(\boldsymbol{k}, t)> = \exp-\left[\dfrac{\lambda}{\rho C_p}k^2\tau\right] <|\delta T(\boldsymbol{k}, t)|^2$

et $I = \dfrac{<|\delta T(\boldsymbol{k},t)|^2>}{(\omega-\omega_0)^2 + \Gamma_e^2}\, I_0\left(\dfrac{\partial\varepsilon}{\partial T}\right)^2\Gamma_e$

$I_0 = E_0^2 \quad \Gamma_e = \dfrac{\lambda}{\rho C_p}k^2$.

3° Le spectre a la forme d'une lorentzienne centrée sur ω_0, de largeur Γ_e. C'est la raie Rayleigh.

➤ **1.5** **1°** $\overline{F}$ étant la valeur à l'équilibre de F, $\Delta F_t = \displaystyle\int\left[\frac{a}{2}\delta\rho^2 + \frac{b}{2}|\nabla\delta\rho|^2\right]\mathrm{d}r$.

Avec $\delta\rho_k = \dfrac{1}{V}\displaystyle\int\delta\rho(\boldsymbol{r})e^{-ikr}\,\mathrm{d}\boldsymbol{r}$, $\Delta F_t = \dfrac{V}{2}\displaystyle\sum_k (a + b\boldsymbol{k}^2)|\delta\rho_k|^2$,

soit $\Delta F_k = V(a + b\boldsymbol{k}^2)|\delta\rho_k|^2$.

2° $w_k \propto \exp-\dfrac{\Delta F_k}{kT}$ soit $w_k = \exp-\dfrac{V}{\boldsymbol{k}T}(a + b\boldsymbol{k}^2)|\delta\rho_k|^2$. Chaque terme $|\delta\rho_k|^2$ intervient deux fois dans la sommation ($\pm\boldsymbol{k}$).

3° $<|\partial\rho_k|^2> = \dfrac{kT}{V(a + b\boldsymbol{k}^2)}$.

4° a est $\propto \dfrac{1}{\kappa_T}$, κ_T étant la compressibilité du fluide. À T_c, $\kappa_T \to \infty$, $<|\delta\rho_k|^2> \to \infty$ si $k \to 0$. Les fluctuations dans une expérience de diffusion (Exercice 1.4) sont très importantes : c'est le phénomène d'opalescence critique.

➤ **2.1** **1°** D'après (2.63), on a $\frac{\partial \delta c_k}{\partial t} = -\tau \frac{\partial \Delta F_k}{\partial \delta c_k}$ où $\Delta F_k = \frac{1}{2}\left[\left(\frac{\partial^2 f}{\partial c^2}\right)_T + Kk^2\right]\delta c_k^2(t)$

soit $\frac{\partial}{\partial t}\delta c_k(t) = -\tau\left[\left(\frac{\partial^2 f}{\partial c^2}\right)_{\tau_0} + Kk^2\right](\delta c_k(t)$.

2° $\delta c_k(t) \propto \delta c_k(0)\exp-\tau\left[\left(\frac{\partial^2 f}{\partial c^2}\right)_{\tau_0} + Kk^2\right]t$.

3° Au voisinage de la spinodale on peut avoir $\left(\frac{\partial^2 f}{\partial c^2}\right)_{\tau_0} < 0$.

Posant $k_c^2 = -\left(\frac{\partial^2 f}{\partial c^2}\right)_{\tau_0} / K$. On voit que dans cette région les fluctuations correspondant à $k < k_c$ ne sont plus amorties : on a une décomposition spinodale.

➤ **2.2** **1°** L'oscillateur obéit à l'équation $m\ddot{q} + \gamma\dot{q} = -aq - bq^3$.

2° À l'équilibre on a $aq_e + bq_e^2 = 0$ d'où $m\ddot{q} = -\gamma\,\delta\dot{q}(t) - a\delta q(t) - 3\delta q_e^2\,\delta q(t)$.

On a les solutions à l'équilibre $q_e = 0$ et $q'^2_e = -\frac{a}{b}$.

3° Si $m = 0$, au voisinage de $q_e = 0$, $\delta q_1(t) = \delta q_1(0)\exp-\left[\frac{\alpha(T - T_c)}{\gamma}t\right]$ et au voisinage de q'_e, $\delta q_2(t) = \delta q_2(0)\exp-\left[2\alpha\frac{(T - T_c)}{\gamma}t\right]$. Si $T \to T_c$ le facteur d'amortissement de $\delta q(t)$ tend vers zéro : les déplacements deviennent permanents. On a un mode mou.

➤ **2.3** **1°** On a $\Delta G_{surf} = 2\pi r^2(1 - \cos\theta)\gamma_{sl} + \pi r^2(1 - \cos^2\theta)(\gamma_{sc} - \gamma_{lc})$.

2° À l'équilibre on a la relation $\gamma_{lc} = \gamma_{sc} + \gamma_{sl}\cos\theta$, ce qui permet d'éliminer $\gamma_{sc} - \gamma_{lc}$, d'où $\Delta G = 4\pi r^2 f(\theta)\gamma_{sl} + \frac{4\pi}{3}f(\theta)r^3\Delta g_v$.

3° r^* est donné par la solution de $\frac{\partial \Delta G(r)}{\partial r} = 0$, soit $r^* = \frac{16\pi}{3}\frac{\gamma_{sl}^3}{\Delta g_v^2}f(\theta)$, ce qui correspond à (2.29).

➤ **2.4** **1°** Les nouvelles conditions d'équilibre sont $p + \Delta p$ et $T + \Delta T$ dans la partie convexe et $p + \Delta p + 2\gamma/r$ et $T + \Delta T$ dans la partie concave avec $\mu^\alpha = \mu^\beta$.

Par développement limité autour de (p, T) on obtient alors :

$$\left\{\left(\frac{\partial \mu^\alpha}{\partial p}\right)_T - \left(\frac{\partial \mu^\beta}{\partial p}\right)_T\right\}\Delta p + \left(\frac{\partial \mu^\alpha}{\partial p}\right)_T\frac{2\gamma}{r} + \left\{\left(\frac{\partial \mu^\alpha}{\partial T}\right)_p - \left(\frac{\partial \mu^\beta}{\partial T}\right)_p\right\}\Delta T = 0$$

soit $(v^{\alpha} - v^{\beta})\,\Delta p + v^{\alpha}\,\frac{2\gamma}{r} - \frac{L}{T}\Delta T = 0.$

2° $\Delta T = 0$ $\Delta p = \frac{\rho^{\beta}}{\rho^{\alpha} - \rho^{\beta}}\,\frac{2\gamma}{r}$ $\Delta p = 0$ $\Delta T = \frac{2\gamma\, r}{\rho^{\alpha} L}T$ où ρ^{α} et ρ^{β} sont les densités et L la chaleur latente.

➤ **2.5** **1°** On utilise les relations 2.23 et 2.28.
On en déduit pour : $r = 0{,}5$ nm $n_r = 4{,}4\ 10^{-35}$.
2° r^* est donné par 2.24. Pour $n_r = 1$ $r^* = 0{,}6$ nm.
3° $r^* = 35$ nm pour $\Delta T = 10$ K.
4° $n_{r^*} = 10^{-24}$ noyaux cm^{-3}. La nucléation homogène est impossible, elle nécessiterait un plus grand degré de surfusion ou la présence d'impuretés.

➤ **3.1** **1°** La fonction de partition totale est $Z = \int \exp -\beta\mathcal{H}\mathrm{d}\boldsymbol{p}\mathrm{d}\boldsymbol{r}$ où $\mathcal{H}$ est l'Hamiltonien total $\mathcal{H} = \sum_i \frac{\boldsymbol{p}_i^2}{2m} + \sum_{ij} u_2(\boldsymbol{r}_{ij})$.

Z se met sous la forme d'un produit $Z = Q_N\,(2\pi mkT/h^2)^{\frac{3N}{2}}$

avec $Q_N = \frac{1}{N!}\int \exp\left(-\beta\sum_{ij} u_2(\boldsymbol{r}_{ij})\right)\mathrm{d}\boldsymbol{r}$ pour le liquide. Pour le solide il n'y a pas de permutation possible, on a donc $Q'_N = \int \exp\left(-\beta\sum_{ij} u_2(\boldsymbol{r}_{ij})\right)\mathrm{d}\boldsymbol{r}$. Les seules contributions aux intégrales correspondent aux termes $r > r_0$ avec $u_2 = 0$.

On a donc $Q_N = \frac{V^N}{N!}$ et $Q'_N = \left(\frac{V}{N}\right)^N$.

2° À la transition solide/liquide on a $\Delta S = -\frac{\Delta F}{T} = k\ln\frac{Q_N}{Q'_N} = kN$.

3° On a $\Delta S = \frac{L_f}{T_F} = kN$ d'où $\frac{L_f}{RT_f} = 1$ ce qui est la règle de Richard-Trouton.

➤ **3.2** **1°** L'énergie du solide pour un état de vibration est $E_i = -N_s\varphi + E_{iv}$, on en déduit $Z_s = \sum_i e^{-E_i/kT} = e^{N_s\varphi/kT}(Z_v)^{N_s}$; Z_v est la fonction de partition pour un atome. On en déduit $Z_s = e^{N_s\varphi/kT}\left(2\mathrm{sh}\frac{\nu}{2kT}\right)^{-3N_s}$.

2° Pour le gaz supposé parfait $Z_G = \frac{1}{N_G!}\cdot\frac{\mathrm{V}^{N_G}}{\Lambda^{3N_g}}$, $\Lambda = \left(\frac{2\pi mkT}{h^2}\right)^{1/2}$.

3° $F = -kT\ln Z_G - kT\ln Z_s$. À l'équilibre, sachant que $N = N_s + N_G$.

4° $\frac{\partial F}{\partial N_G} = 0$ soit $N_G = \frac{\mathrm{V}}{\Lambda^3}\left(2\mathrm{sh}\frac{h\nu}{2kT}\right)e^{-\varphi/kT}$, $p = N_G\frac{kT}{V}$.

➤ **3.3** **1°** $\Delta S^* = -\left[\frac{\partial \Delta G}{\partial T} - \frac{\partial \Delta G^v}{\partial T}\right]$ où les expressions correspondantes sont données par (3.10) et (3.12). La probabilité est $w \propto \exp-\left[\frac{\Delta S^*}{k}\right]$.

2° ΔS^* décroît lorsque c croît. Pour c = c* par définition $\Delta S^* = 0$, w = 1. La probabilité de toute fluctuation devient égale à 1 ; le cristal n'est pas stable, il fond.

➤ **3.4** **1°** On a une relation semblable à 3.38 avec $\Delta G = -2n\,b\gamma_e + nabl\,L_f\frac{\Delta T}{T_f^0}$, $\Delta T = T_f^0 - T$.

2° À l'équilibre $\Delta G = 0$ soit $T_f = T_f^0 - 2\gamma_e\frac{T_f^0}{lL_f}$. Comme $L_f > 0$ la température de fusion du cristal sera toujours inférieure à la température de fusion T_f^0 du cristal idéal en l'absence de surface.

➤ **4.1** **1°** $\langle\frac{1}{2}\sum_i m v_i^2\rangle = \frac{1}{2}\langle\sum_i p_i v_i\rangle = \frac{3}{2}NkT$.

2° On a par conservation du viriel $\frac{\mathrm{d}}{\mathrm{d}t}\langle\sum_i p_i.v_i\rangle = 0 = \langle\sum_i \dot{p}_i.v_i\rangle + \langle\sum_i p_i.r_i\rangle$ soit $-3NkT = \langle\sum_i \dot{p}_i.r_i\rangle$ où p_i est la force sur chaque particule.

Soit $\langle\sum_i \dot{p}_i.r_i\rangle = \langle\sum_i r_i.f_i\rangle - p\int r.\mathrm{d}A$ où dA est un élément de surface perpendiculaire à la surface des parois et dirigé vers l'extérieur.

L'application du théorème de Gauss pour les intégrales de surface permet d'écrire :

$$-\int r.\mathrm{d}A = -p\int(\nabla.r)\,\mathrm{d}r = -3pV,\ \text{soit}\ -3NkT = -3pV + \langle\sum_i r_i.f_i\rangle.$$

3° $f_i = \sum_j f_{ij}(r_{ij})$ d'où $\langle\sum_i r_i.f_i\rangle = \langle\sum_{i\neq j} r_i.f_{ij}\rangle = \frac{1}{2}\langle\sum_{i\neq j} r_{ij}.f_{ij}\rangle$.

Le coefficient 1/2 évite un double décompte. Soit $pV = NkT - \frac{1}{6}\langle\sum_{i\neq j} r_{ij}.f_{ij}\rangle$.

4° Remplaçant la sommation par une intégrale on a :

$$pV = NkT\left[1 - \frac{1}{6kT}\left(\frac{N}{V}\right)\int(r\cdot\nabla u)\,g(r)\,\mathrm{d}r\right].$$

➤ **4.2** **1°** L'énergie totale se met sous la forme $E = \sum_i\frac{p_i^2}{2m} + \sum_{i,j}\varepsilon_0 f\left(\frac{|r_i - r_j|}{r_0}\right)$.

D'où posant $r_i^* = \frac{r_i}{r_0}$, $T^* = \frac{kT}{\varepsilon_0}$,

$$Z = \frac{1}{N!}\left(\frac{2\pi mkT}{h^2} r_0^2\right)^{3N/2} \int \exp - \left[\sum_{i,j} f(r_i^* - r_j^*)/T^*\right] d\boldsymbol{r}_1^* \dots d\boldsymbol{r}_N^* .$$

L'intégrale ne dépend que des variables réduites et de la forme de f.

2° $p = -\left(\frac{\partial F}{\partial V}\right)_{T,N} = \frac{kT}{\varepsilon_0} \frac{\varepsilon_0}{Nr_0^3} \frac{\partial}{\partial V^*} \log \int$ où $V^* = \frac{V}{Nr_0^3}$.

On a donc une pression réduite $p^* = \frac{pr_0^3}{\varepsilon_0}$ qui est une fonction universelle des variables réduites.

3° L'équation d'état $\frac{p^* V^*}{T^*} = \frac{V^*}{N} \frac{\partial}{\partial V^*} \log \int$ est une fonction universelle des variables réduites, elle a la même forme pour tous les fluides décrits avec la même forme du potentiel f.

➤ **4.3** **1°** $Z = Z_c \int \dots \int \exp - \beta(U_N^0 + U_N^1)\, d\boldsymbol{r}_1 \dots d\boldsymbol{r}_N$, Z_c est la partie cinétique,

soit $Z = Z_c\, Z_N^0 \langle \exp - \beta U_N^1 \rangle_0$

où $Z_N^0 = \int \dots \int \exp - \beta U_N^0\, d\boldsymbol{r}_1 \dots d\boldsymbol{r}_N$ correspond à la fonction de partition de configuration du système non perturbé et $\langle \exp - \beta U_N^1 \rangle_0 = \frac{1}{Z_N^0} \int \dots \int \exp - \beta[U_N^0 + U_N^1]\, d\boldsymbol{r}_1 \dots d\boldsymbol{r}_N$ est la moyenne d'ensemble calculée avec le système non perturbé.

2° $\langle \exp - \beta U_N^1 \rangle_0 \approx 1 - \beta \langle U_N^1 \rangle_0 \approx \exp - \beta \langle U_N^1 \rangle_0$

soit $\langle U_N^1 \rangle_0 = \sum_{i,j} \langle u^1(\boldsymbol{r}_i, \boldsymbol{r}_j) \rangle = \frac{N(N-1)}{2} \int u^1(\boldsymbol{r}_1, \boldsymbol{r}_2)\, p(\boldsymbol{r}_1, \boldsymbol{r}_2)\, d\boldsymbol{r}_1\, d\boldsymbol{r}_2$

$$p(\boldsymbol{r}_1, \boldsymbol{r}_2) = \int d\boldsymbol{r}_3 \dots d\boldsymbol{r}_N \exp - \beta\, E \Big/ \int d\boldsymbol{r}_1\, d\boldsymbol{r}_2 \dots d\boldsymbol{r}_N \exp - \beta\, E$$

$$n_2(|\boldsymbol{r}_1 - \boldsymbol{r}_2|) = N(N-1)\, p(|\boldsymbol{r}_1 - \boldsymbol{r}_2|) = \frac{N^2}{V^2} g(|\boldsymbol{r}_1 - \boldsymbol{r}_2|)$$

d'où $\langle U_N^1 \rangle_0 = \frac{N^2}{2V^2} \int u^1(|\boldsymbol{r}_1 - \boldsymbol{r}_2|)\, g(|\boldsymbol{r}_1 - \boldsymbol{r}_2|) d\boldsymbol{r}_1 d\boldsymbol{r}_2 = \frac{N^2}{2V} \int u^1(\boldsymbol{r})\, g(\boldsymbol{r})\, d\boldsymbol{r}$.

3° $u_N^0 = \infty$ pour $r < r_0$ et $u_N^0 = 0$ pour $r > r_0$ donc $g(r) = 0$ pour $r < r_0$ et $g(r) = 1$ pour $r > r_0$ $\left(n_2 \to \frac{N^2}{V^2}\right)$.

D'où $\langle U_N^1 \rangle_0 = -aN\rho$ avec $\rho = \frac{N}{V}$ et $a = -2\pi \int u^1(r)\, r^2 dr$ $(a > 0)$,

$\langle \exp - \beta U_N^1 \rangle_0 = \exp(\beta\, aN\rho)$

4° $F = -kT\ln Z$, $p = -\left(\dfrac{\partial F}{\partial V}\right)_T$. Si b désigne le volume associé à r_0 (covolume) correspondant à la partie répulsive du potentiel $Z_N^0 = (V - Nb)^N$

$$F = -kT[\ln Z_N^0 + \ln Z_c + aN\rho\beta] \qquad p = kT\left[-\frac{aN^2}{V^2}\frac{1}{kT} + \frac{N}{V - Nb}\right]$$

ce qui est l'équation de van der Waals.

➤ **4.4** Au point limite de métastabilité, l'isotherme a une tangente horizontale dans le plan (p, V) on a donc $\dfrac{1}{\kappa_T} = 0$. Calculant $\left(\dfrac{\partial p}{\partial V}\right)_T$ avec l'équation de van der Waals, on a $-\dfrac{RT}{(V-b)^2} + \dfrac{2a}{V^3} = 0$. Éliminant T, en utilisant l'équation de van der Waals l'équation de spinodale s'écrit : $p = \dfrac{a}{V^2} - \dfrac{2ab}{V^3}$.

➤ **4.5 1°** La relation de Gibbs-Duhem à T constant s'écrit $(\mathrm{d}\mu)_T = V(\mathrm{d}p)_T$. À la pression p de transition on a donc $\mu_1 - \mu_2 = \int_1^2 V\mathrm{d}p = -p(V_2 - V_1) + \int_1^2 p\mathrm{d}V = 0$

d'où $p(V_2 - V_1) = \int_1^2 p\mathrm{d}V$.

Cette égalité implique l'égalité des aires des surfaces comprises entre l'isotherme et l'isobare p et permet de placer le palier de liquéfaction.

2° $F_T(V)$ s'obtient par intégration de $p = -\left(\dfrac{\partial F}{\partial V}\right)_T$. Les points 1 et 2 sur la figure 4.4.b correspondant à une isobare, la relation précédente implique que les points 1 et 2 ont la même tangente.

➤ **5.1 1°** La connectivité des hétérogénéités étant importante, celles-ci correspondent à des fluctuations de concentration dans le mélange binaire à l'état vitreux, qui résultent d'une décomposition spinodale.

2° On se trouve dans les conditions d'une décomposition spinodale. On peut décrire le phénomène à l'aide du modèle de Cahn-Hilliard (2.61 par exemple). Prenant un système à une dimension avec des fluctuations de concentration de la forme $\delta c_k = A\cos kx$, on peut mettre $\delta c(x)$ sous la forme de l'équation (2.82) : on a une démixtion dans le mélange binaire avec des phases de concentration différente.

➤ **5.2 1°** On désigne par s_l, s_{gl} et s_{cr} les entropies du liquide, du verre et du cristal. s_{gl} est l'entropie du verre à $T = 0$ K.

$$s_l(T_g) = s_{gl}(0) + \int_0^{Tg} \frac{c_{p,gl}}{T}\mathrm{d}T, \quad s_{cr}(T_g) = \int_0^{Tg} \frac{c_{p,cr}}{T}\mathrm{d}T$$

d'où $\Delta s(T_g) = s_{gl}(0) + \int_0^{Tg} \frac{(c_{p,l} - c_{p,cr})}{T} \mathrm{d}T$ si $c_{p,l} \approx c_{p,cr}$ $s_{gl}(0)$ est égal à l'excès d'entropie « gelé » à T_g. On peut aussi écrire :

$$\left(\frac{\partial \Delta s}{\partial T}\right)_p = \frac{c_{p,l} - c_{p,cr}}{T} = \frac{\Delta c_p}{T} \quad \text{et} \quad \Delta s(T_g) = \int_{T_g}^{T} \frac{\Delta c_p}{T} \mathrm{d}T.$$

2° $s_l(T) = \int_0^{T_f} \frac{c_{p,cr}}{T} \mathrm{d}T + \frac{\Delta h_f}{T_f} + \int_{T_f}^{T} \frac{c_{p,l}}{T} \mathrm{d}T$

$s_l(T) = s_{gl}(0) + \int_0^{Tg} \frac{c_{p,gl}}{T} \mathrm{d}T + \int_{T_g}^{T_m} \frac{c_{p,l}}{T} \mathrm{d}T$, T_f et Δh_f sont la température et l'enthalpie pour la fusion. On obtient ainsi :

$$s_{gl}(0) = \frac{\Delta h_f}{T_f} + \int_0^{Tg} \frac{(c_{p,cr} - c_{p,gl})}{T} \mathrm{d}T - \int_{T_g}^{T_f} \frac{\Delta c_p}{T} \mathrm{d}T \approx \frac{\Delta h_f}{T_f} - \int_{T_g}^{T_f} \frac{\Delta c_p}{T} \mathrm{d}T.$$

➤ **5.3** **1°** À partir de (4.25) et (4.26), on a directement $R = \frac{\Delta\kappa_T \Delta c_p}{V_m T_g (\Delta\alpha_p)^2} = 1$ où V_m est le volume molaire. C'est la relation de Prigogine-Defay.

2° Si $\frac{\mathrm{d}T_g}{\mathrm{d}p} << \frac{\Delta\kappa_T}{\Delta\alpha_p}$ l'équation (4.26) se récrit $\frac{\Delta\kappa_T}{\Delta\alpha_p} > V_m T_g \frac{\Delta\alpha_p}{\Delta c_p}$,

soit $R = \frac{\Delta\kappa_T \Delta c_p}{V_m T_g (\Delta\alpha_p)^2} >> 1$. Le coefficient de Prigogine-Defay est supérieur à 1 à la transition vitreuse, ce qui est bien vérifié expérimentalement. Ce n'est pas une transition du deuxième ordre au sens d'Ehrenfest.

➤ **5.4** **1°** $\log\eta = \mathrm{C^{te}} + \frac{b}{f}$. D'où $\ln\frac{\eta(T)}{\eta(T_g)} = b(f^{-1} - f_g^{-1})$ où $f_g^{-1} = \left(\frac{v_0}{v_f}\right)_g$.

2° $\log_{10}\frac{\eta(T)}{\eta(T_g)} = \frac{b}{2{,}303}(f^{-1} - f_g^{-1}) = -\frac{b'}{f_g}\frac{(T - T_g)}{(T - T_g) + f_g/\Delta\alpha_p} = -\frac{c(T - T_g)}{c' + T - T_g}$.

C'est l'équation de Williams-Landel-Ferry pour la viscosité.

➤ **6.1** **1°** On a $\langle r^2 \rangle^{1/2} = \left[\int_0^{\infty} r^2 w(r) \mathrm{d}r\right]^{1/2} = l\sqrt{n}$.

On a un résultat analogue à celui d'une marche au hasard pour une particule soumise à un mouvement brownien.

On a $\langle r^2\rangle^{1/2} << ln$ la longueur de la chaîne supposée linéaire. On a une conformation en pelote statistique.

2° $n = 10^3$, $l = 0{,}3\ nm$, $L = nl = 300\ nm$ et $\langle r^2\rangle^{1/2} = 9{,}5\ nm$

$n = 10^4$, $l = 0{,}3\ nm$, $L = 3\,000\ nm$ et $\langle r^2\rangle^{1/2} = 30\ nm$.

➤ **6.2** **1°** L'énergie totale est :

$$E = N_\alpha E_\alpha + N_\beta E_\beta \text{ avec } N = N_\alpha + N_\beta \text{ et } L(N_\alpha, N_\beta) = N_\alpha a + N_\beta b.$$

La fonction de partition canonique Z s'écrit : $Z = \sum_{N_\alpha} \frac{N!}{N_\alpha!\,N_\beta!} \exp\left[-\frac{E - XL}{kT}\right]$.

Soit $Z = \left[e^{(Xa - E_\alpha)/kT} + e^{(Xb - E_\beta)/kT}\right]^N$.

2° $\overline{L} = N\left[ae^{(Xa - E_\alpha)/kT} + be^{(Xb - E_\beta)/kT}\right] / \left[e^{(Xa - E_\alpha)/kT} + e^{(Xb - E_\beta)/kT}\right]$

Si X est faible on peut faire un développement limité, d'où :

$$\overline{L} = \frac{a + be^u}{1 + e^u} + \frac{X}{kT}\left\{\frac{a^2 + b^2e^u}{1 + e^u} - \left(\frac{a + be^u}{1 + e^u}\right)\right\} \text{ avec } u = \frac{E_\alpha - E_\beta}{kT}$$

C'est le comportement que l'on trouve avec la kératine d'un brin de laine.

➤ **6.3** **1°** Par définition $p = \sum_s sn_s$, $S_m = \sum_s n_s s^2 / \sum_s n_s s$ (6.3.1).

2° $S_m \propto \sum_s s^{2-\tau} \exp{-cs} = \int s^{2-\tau} \exp{-cs}\,ds$ $S_m = c^{\tau-3} \int Z^{2-\tau} \exp{-Z}\,dZ$. L'intégrale donne une constante. D'où $S_m = Bc^{\tau-3} \propto (p_c - p)^{2\tau-6}$.

Comme $\tau = 2{,}5$, $S_m \propto (p_c - p)^{-1}$.

La taille moyenne diverge à p_c. On a l'équivalent d'un phénomène critique.

➤ **6.4** La densité de liaisons hydrogène et leur stabilité croissent lorsqu'on abaisse la température de l'eau liquide. La constitution de ce réseau contribue à augmenter le volume spécifique de la phase liquide (diminution de la densité ρ). Par contre comme dans tout liquide, l'abaissement de la température tend à diminuer le volume spécifique (croissance de ρ). Les deux effets varient donc en sens contraire avec la température, le premier l'emportant au voisinage de 0 °C, le second aux températures élevées. On observe bien un maximum de ρ (à 4 °C).

➤ **7.1** **1°** $S_e = -\left(\frac{\partial G_0}{\partial T}\right)_p - \frac{a}{2}P_e^2 - \left(\frac{\partial G}{\partial P}\right)_e\left(\frac{\partial P}{\partial T}\right)_e$.

Le dernier terme est nul à l'équilibre. À T_c $P_e = 0$, on a donc $\Delta S = 0$. Il n'y a pas de chaleur latente : c'est une propriété d'une transition du second ordre.

2° $C_E(E=0) = -T\left(\frac{\partial^2 G_0}{\partial T^2}\right) = C_0$ pour $T \geq T_c$

$$C_E(E=0) = C_0 - T\left[\frac{a}{2}\frac{dP^2}{dT} + \frac{b}{4}\frac{d^2P^4}{dT^2} + \ldots\right] \text{ pour } T \leq T_c.$$

Utilisant (7.53) à T_0 $\Delta C_E = -T_c\frac{a^2}{2b}$. On a bien une discontinuité de chaleur spécifique.

➤ **7.2** **1°** L'enthalpie libre G par site est donnée par

$$G = U_0(a) + V(a)P^2 + pa^3 + \frac{kT}{2}\left[(1+P)\log\frac{1+P}{2} + (1-P)\log\frac{1-P}{2}\right] - TS_0.$$

2° À l'équilibre on a $\frac{\partial G}{\partial P} = 0$, $\frac{\partial G}{\partial a} = 0$. La transition étant du second ordre, au voisinage de T_c on peut développer au premier ordre.

On en déduit $T_c = -\frac{2V(a)}{k}$, $p_c = -\frac{U_0'(a)}{3a^2}$.

3° On récrit la condition d'équilibre $\frac{\partial G}{\partial a} = 0$ avec les développements linéaires en δa, ce qui donne $\delta a = -\frac{V'(a_0)}{U''(a_0) + 6pa_0}P^2$. Reportant cette valeur dans $\frac{\partial G}{\partial P} = 0$, on en déduit $P^2 = k(T_c - T)\left[\frac{kT_c}{3} - \frac{2V'^2(a_0)}{U_0''(a_0) + 6pa_0}\right]^{-1}$.

Pour que la transition soit du second ordre, le terme entre crochets doit être positif. La transition cesse d'être du second ordre lorsque celui-ci s'annule, soit pour la pression

$$p_c^* \frac{kT_c^*}{3} = \frac{2V'^2(a_0)}{U_0''(a_0) + 6p_c^* a_0} \text{ et } p_c^* = -\frac{U_0'(a_0)}{3a_0^2}.$$

➤ **7.3** **1°** On a l'équation $m\ddot{q} + \gamma\dot{q} = -\alpha q - \beta q^3$.

2° Au voisinage de l'équilibre on a $\alpha q_e + \beta q_e^3 = 0$ d'où

$$m\delta\ddot{q} + \gamma\delta\dot{q} = -\alpha\delta q(t) - 3\beta q_e^2\,\delta q(t) \text{ avec } q_e = 0 \text{ et } q_e^2 = -\frac{\alpha}{\beta}.$$

3° $m = 0$, on a deux solutions :

$$\delta q_1(t) = \text{C}^{\text{te}} \exp - \frac{a(T - T_c)t}{\gamma} \text{ et } \delta q_2(t) = \text{C}^{\text{te}} \exp -2a\frac{(T_c - T)t}{\gamma}.$$

Si $T \to T_c$ les deux constantes d'amortissement tendent vers zéro. On a l'équivalent d'un mode mou.

➤ **7.4** **1°** $\lambda^m \dfrac{\partial G}{\partial \lambda^m H}(\lambda^n \varepsilon, \lambda^m H) = \lambda \dfrac{\partial G}{\partial H}(\varepsilon, H) \quad (1)$

Comme $\dfrac{\partial G}{\partial H} = -M(\varepsilon, H)$, $\lambda^m M(\lambda^n \varepsilon, \lambda^m H) = \lambda M(\varepsilon, H)$.

Pour $H = 0$, $M(\varepsilon, 0) \propto (-\varepsilon)^\beta$.

D'où $M(\varepsilon, 0) = \lambda^{m-1} M(\lambda^m \varepsilon, 0)$.

2° Faisant $H = 0$ dans (1), $M(0, H) = \lambda^{m-1} M(0, \lambda^m H)$

avec le choix $\lambda^m H = \mathrm{C^{te}}$, on a $\delta = \dfrac{m}{1-m}$.

3° Dérivant (1) par rapport à H, on a $\lambda^{2m} \chi_T(\lambda^n \varepsilon, \lambda^m H) = \lambda \chi_T(\varepsilon, H)$

soit avec $\lambda \propto (-\varepsilon)^{1/n}$, $\chi_T(\varepsilon, 0) = (-\varepsilon)^{(2m-1)/n} \chi_T(-1{,}0) \quad \gamma = \gamma' = (2m-1)/n$.

➤ **7.5** **1°** Avec les notations de l'équation (7.53) pour un développement de Landau on peut écrire :

$$G = G_0 + \frac{1}{2} a(T - T_c) P^2 + \frac{b}{4} P^4 + \frac{1}{2} c^p x^2 - \frac{1}{2} \lambda x P^2 \quad (1)$$

2° À l'équilibre $X = \dfrac{\partial G}{\partial x} = c^p x - \dfrac{1}{2} \gamma P^2$ soit pour $X = 0 \quad x = \dfrac{1}{2} \gamma / c^p P^2$.

3° Reportant x dans (1) $G = G_0 + \dfrac{1}{2} a(T - T_c) P^2 + \dfrac{1}{4}\left(b - \dfrac{1}{2}\dfrac{\gamma^2}{c^p}\right) P^4$.

D'où $E = a(T - T_c) P + \left(b - \dfrac{1}{2}\dfrac{\gamma^2}{c^P}\right) P^3$, ce qui donne à l'équilibre en champ nul

$(E = 0)$ $\varepsilon = \dfrac{1}{a(T - T_c) + \left(b - \dfrac{1}{2}\dfrac{\gamma^2}{c^P}\right) P_e^2}$ où P_e est la polarisation à l'équilibre.

On retrouve le comportement classique au voisinage de T_c.

➤ **8.1** **1°** À la transition, L, la chaleur latente de fusion de la phase nématique, est égale à : $L = T \Delta S = N_0 kT \operatorname{Log}[z(T_{NI}, \langle s_{NI} \rangle)_{\text{int}}]$ avec la condition $\Delta\mu = 0$, soit :

$$\frac{A}{2V^2} \langle s_{NI} \rangle^2 - kT \operatorname{Log}[z(T_{NI}, \langle s_{NI} \rangle)_{\text{int}}] = 0, \text{ d'où } L = N_0 \frac{A}{2V^2} \langle s_{NI} \rangle^2.$$

Avec $\langle s_{NI} \rangle = 0{,}429$ et $T_{NI} = 0{,}220 \dfrac{A}{kV^2}$, $L = 0{,}418\, N_0\, k\, T_{NI}$ et $\dfrac{L}{T_{NI}} = 0{,}418 \; R = 3{,}46$.

2° L'existence d'une chaleur latente à la transition implique que celle-ci est du premier ordre.

➤ **8.2** **1°** On peut écrire :

$$F(<s_0>+\delta s,\rho_1) = F_N(<s_0>) - C\rho_1^2\,\delta s + \frac{1}{2\chi(T)}\,\delta s^2 + \frac{1}{2}\alpha(T-T_0)\,\rho_1^2 + \frac{1}{4}u_0\,\rho_1^4 + \frac{1}{6}u_1\,\rho_1^6 + O(\rho_1^8)$$

2° On doit avoir à l'équilibre, $\dfrac{\partial F}{\partial \delta s} = 0$, soit : $\dfrac{1}{\chi}<\delta s>_{\rho_1} = C\rho_1^2$ en présence d'ordre smectique ;

3° On peut écrire :

$$F = F_N(<s_0>) + \frac{1}{2}\alpha(T-T_0)\,\rho_1^2 + \frac{1}{4}(u_0 - 2\chi(t)\,C^2)\,\rho_1^4 + \frac{1}{6}u_1\,\rho_1^6 + O(\rho_1^8).$$

4° Posant $u(T) = u_0 - 2\chi(t)\,C^2$, on a à l'équilibre :

$$\alpha\,(T-T_0)\,\rho_1 + u(T)\,\rho_1{}^3 + u_1\,\rho_1{}^5 + O(\rho_1{}^7) = 0 \quad \text{avec} \quad \frac{\partial^2 F}{\partial \rho^2} > 0\,.$$

On trouve alors $<\rho_1>_1 = 0$ pour $T > T_0$ et $<\rho_1>_2^2 = \dfrac{-u(T) + \sqrt{u(T)^2 - 4u_1\,\alpha(T-T_0)}}{2u_1}$

pour $T < T_0 + \dfrac{u(T)^2}{2\alpha u_1}$. À la transition « nématique-smectique A », on doit avoir égalité des énergies libres des deux phases, soit :

$$\alpha(T-T_0) + \frac{1}{2}u(T)\,C^2<\rho_1>_2^2 + \frac{1}{3}u_1<\rho_1>_2^4 = 0\,.$$

D'où, à la transition, $<\rho_{1AN}>^2 = \dfrac{3C^2}{2u_1}\chi(T_{AN})$ et $T_{AN} = T_0 + \dfrac{3C^4}{4\alpha\,u_1}\chi(T_{AN})^2$.

➤ **8.3** **1°** Utilisant (8.61) et (8.65), on a :

$$F = F_0 + \frac{1}{2V}\Sigma_q$$

$$[(K_3\,q_{\|}^3 + K_1\,q_{\perp}^2 + \chi_a H^2)\,|\delta n_{\perp}(\boldsymbol{q})|^2 + (K_3\,q_{\|}^2 + K_2\,q_{\perp}^2 + \chi_a H^2)\,|\delta n_t(\boldsymbol{q})|^2]$$

où $q_{\|}$ est la composante de $\boldsymbol{q}$ sur $\boldsymbol{n_0}$ et $q_{\perp}$, la composante perpendiculaire ;

2° La fonction de distribution des fluctuations est ∝ exp– F/kT, d'où :

$$<|\delta n_{\perp}(\boldsymbol{q})|^2> = \frac{kTV}{(K_3\,q_{\|}^2 + K_1\,q_{\perp}^2 + \chi_a H^2)} \quad \text{et} \quad <|\delta n_t(\boldsymbol{q})|^2> = \frac{kTV}{(K_3\,q_{\|}^2 + K_2\,q_{\perp}^2 + \chi_a H^2)}.$$

Ces fluctuations diffusent la lumière et l'on a une intensité diffusée :

$$I \propto \frac{kT}{(K_3\,q_{\|}^2 + K_1\,q_{\perp}^2 + \chi_a H^2)} + \frac{kT}{(K_3\,q_{\|}^2 + K_2\,q_{\perp}^2 + \chi_a H^2)}.$$

3° On observe une très forte turbidité de la phase nématique.

➤ **9.1** On a pour le système $G = N_v\mu_v + N_L\mu_L + 4\pi r^2\gamma$, N_v et N_L étant les nombres de molécules de vapeur et de liquide $N = N_v + N_L$. On a $N_L = \frac{4\pi}{3}\frac{r^3}{V_0}$, V_0 étant le volume moléculaire dans la phase liquide. À l'équilibre on a $dG = 0$. Soit $\mu_v - \mu_L - \frac{2\gamma}{r}V_0 = 0$. En dérivant cette équation à T constant $(V - V_0)\mathrm{d}p = 2\gamma V_0 \mathrm{d}\left(\frac{1}{r}\right)$. Supposant $V_0 << V$ et considérant que la vapeur se comporte comme un gaz parfait, on peut écrire :

$$kT\mathrm{d}(\ln p) = 2\gamma V_0 \mathrm{d}\left(\frac{1}{r}\right), \text{ soit } \ln\left(\frac{p}{p_\infty}\right) = \ln S = \frac{2\gamma V_0}{rkT}.$$

➤ **9.2** **1°** $\Delta G = nc\varepsilon_f - T\Delta S$ où ΔS est la variation d'entropie liée à la formation de lacunes (entropie de mélange). $\Delta S = kN\{c\ln c + (1-c)\ln(1-c)\}$.

2° À l'équilibre $\frac{\partial \Delta G}{\partial c} = 0$ soit $\varepsilon_f + kT\ln\frac{c}{1-c} = 0$ et donc $c = \exp - \frac{\varepsilon_f}{kT}$.

3° À 300 K, $c = 1{,}6\ 10^{-17}$, et, à 1 000 K, $c = 9.10^{-6}$.

➤ **9.3** **1°** $W_e = -2JS^2(\cos\varphi - 1) \approx JS^2\varphi^2$.

2° La rotation totale de M se réalisant sur N spins dans la paroi de Bloch on peut choisir $\varphi = \frac{\pi}{N}$ d'où $W_e = JS^2\left(\frac{\pi}{N}\right)^2$. Pour une ligne de N spins on a donc une variation d'énergie totale $NW_e = JS^2\pi^2/N$.

➤ **9.4** **1°** $\gamma = \gamma_0 - \pi$, π étant l'équivalent d'une tension superficielle dont l'effet est antagoniste à γ_0.

2° Le liquide étant dilué, on a $\mu = \mu^0 + RT\ln x$, d'où $\frac{\mathrm{d}\gamma}{\mathrm{d}\mu} = \frac{\mathrm{d}\gamma}{\mathrm{d}x}\frac{\mathrm{d}x}{\mathrm{d}\mu} = -\frac{bx}{RT}$ avec

$\gamma = \gamma_0 - bx$, soit $\pi = \frac{bx}{RT} = \frac{\Gamma}{RT} = \frac{n^s}{A}$, $\frac{A}{n^s} = a$, est l'aire par mole adsorbée.

D'où $\pi a = RT$.

On a une relation du type gaz parfait pour les molécules adsorbées.

➤ **11.1** **1°** $C\frac{\mathrm{d}T_s}{\mathrm{d}t} = (S/4)(1-\alpha) - F_{IR}$, le flux solaire doit être moyenné sur toute la surface de la terre : $\frac{\pi R^2 S}{4\pi R^2} = \frac{S}{4}$ $(1-\alpha)\frac{S}{4}$ est absorbé.

2° Reportant F_{IR} dans cette équation, celle-ci s'écrit :

$$\frac{\mathrm{d}T_S}{\mathrm{d}t} + \frac{B - S\pi_1/4}{C}T_S = S/4\frac{(1-\alpha_0)}{C} - \frac{A}{C}$$

À l'équilibre $\frac{\mathrm{d}T_S}{\mathrm{d}t} = 0$, soit $T_S = \frac{S/4(1-\alpha_0)-A}{B-\alpha_1 S/4}$.

3° La solution générale de l'équation différentielle est de la forme :

$$T_S(t) = T_S(0)e^{-t/\tau} \quad \text{avec } \tau = \frac{C}{B-\alpha_1 S/4}.$$

4° On trouve $\tau \approx 10$ ans. τ mesure le temps de réponse à une perturbation climatique.

➤ **11.2 1°** $\mathrm{d}p/\mathrm{d}T = 0{,}0074$ °C bar^{-1} si la pression varie de 15 bar, le point de fusion est abaissé de 0,1 °C. Cette pression est insuffisante pour provoquer la fusion locale de la neige et « souder » les cristaux de neige pour former une boule de neige à – 10 °C.

2° Deux particules de glace en contact présentent des régions avec une forte courbure (rayon ≈ 10 – 100 nm). Ces régions concaves sont le siège de fortes surpressions $\approx \frac{2\gamma}{r}$ ($\gamma \approx 75$ dynes cm^{-1}) qui peuvent atteindre $10^3 - 10^4$ bar et provoquer ainsi une fusion locale de la glace.

➤ **11.3 1°** Par intégration le long d'une isotherme on obtient le potentiel chimique du liquide pur : $\mu_\beta = \mu_S(T) + v[p - p_s(T)]$, $\mu_S(T)$ étant le potentiel à saturation. De même intégrant $\left(\frac{\partial\mu}{\partial T}\right)_T = v = \frac{RT}{p}$, celui de la vapeur est : $\mu_\alpha = \mu_S + RT\log\frac{p}{p_S(T)}$.

D'où : $v_\beta[p_0 - p_s(T_0)] = RT_0\log\frac{p_\alpha^*}{p_S(T_0)}$.

2° Le rayon r est différent du rayon critique r^* à l'équilibre donné par $p_\alpha^* - p_0 = \frac{2\gamma}{r^*}$

$\Delta E = -(p_\alpha^* - p_0)v_\alpha + A\gamma$ étant l'aire de la surface de la bulle et v_α son volume, soit

$\Delta E = \frac{4\pi}{3}r^3\left(\frac{3\gamma}{r} + p_0 - p_\alpha^*\right)$ où $\Delta E = \frac{4\pi}{3}r^3\left(\frac{3}{r} - \frac{2}{r^*}\right)$.

3° $\frac{\partial\Delta E}{\partial r} = 8\pi r^2\gamma\left(\frac{1}{r} - \frac{1}{r^*}\right)$ et $\frac{\partial^2\Delta E}{\partial r} = 8\pi r\gamma\left(\frac{1}{r} - \frac{2}{r^*}\right)$. L'équilibre est stable à $r = 0$ et instable pour $r = r^*$. On peut écrire le développement limité :

$$\Delta E = \frac{4\pi}{3}r^{*2}\gamma - 4\pi\gamma(r - r^*)^2 + \ldots$$

Principales notations

A	Aire
$\boldsymbol{B}$	Induction magnétique
C_p	Chaleur spécifique à pression constante
c_p	Chaleur spécifique à pression constante par unité de masse
C_v	Chaleur spécifique à volume constant
c_v	Chaleur spécifique à volume constant par unité de masse
d	Distance intermoléculaire
$D(\varepsilon)$	Densité d'états
e	Charge élémentaire
E	Énergie
$\boldsymbol{E}$	Champ électrique
f	Énergie libre par unité de masse, fonction de distribution radiale ou de paire
F	Énergie libre (fonction de Helmholtz)
$\boldsymbol{F}$	Force
g	Enthalpie libre par unité de masse ou de volume
G	Enthalpie libre (fonction de Gibbs)
$g(E)$	Facteur de dégénérescence
H	Enthalpie
h	Enthalpie par unité de masse ou de volume, constante de Planck
$\boldsymbol{H}$	Champ magnétique, Hamiltonien
$\mathcal{H}$	Hamiltonien
$\boldsymbol{j}$	Densité de courant par unité de surface
J	Flux, grand potentiel
$\boldsymbol{k}$	Vecteur d'onde
k	Constante de Boltzmann
L	Chaleur latente
l	Chaleur latente par unité de masse ou de volume, longueur
m	Masse
M	Masse moléculaire
$\boldsymbol{M}$	Aimantation

n	Densité de particules (N/V)
N	Nombre de particules
N_0	Nombre d'Avogadro
p	Pression
$\boldsymbol{p}$	Moment cinétique
P	Paramètre d'ordre, probabilité
$\boldsymbol{P}$	Polarisation électrique
q	Variable de position
Q, q	Quantité de chaleur
$\boldsymbol{r}$	Distance
R	Constante des gaz parfaits
s	Entropie par unité de masse ou de volume
S	Entropie
t	Temps
T	Température absolue (Kelvin)
T_C	Température critique
U	Énergie interne
u	Énergie interne par unité de masse ou de volume, potentiel intermoléculaire binaire
V	Volume
v	Vitesse, variance, volume
W	Nombre d'états, travail
w	Distribution de probabilité
x	Concentration
X	Variable d'état extensive
Y	Variable d'état intensive (champ)
z	Nombre de coordination
Z	Fonction de partition, facteur de compressibilité
α	Coefficient de dilatation volumique
β	Coefficient de dilatation en pression, $1/kT$
χ	Susceptibilié magnétique, taux d'hélice
Δ ,δ	Accroissement d'une variable
ε	Énergie élémentaire d'une particule, $\lvert T - T_C \rvert / T_C$
γ	Tension superficielle
η	Viscosité
Ξ	Fonction de grand partition
Θ	Température de Debye
κ	Compressibilité

λ	Longueur d'onde, conductivité thermique
Λ	Longueur d'onde thermique de de Broglie
μ	Potentiel chimique
ν	Fréquence
ρ	Masse volumique
τ	Temps de relaxation
ω	Facteur acentrique, pulsation
Ψ	Potentiel thermodynamique, fonction d'onde
ξ	Longueur de corrélation
Ω	Grand potentiel
$\Omega(E)$	Nombre d'états accessibles

TABLE DES PRINCIPALES CONSTANTES

Nombre d'Avogadro	N_0	$6{,}02205\ 10^{23}$
Constante de Boltzmann	k	$1{,}38066\ 10^{-23}$ JK^{-1}
Constante des gaz	R	$8{,}31441$ JK^{-1} mole^{-1}
Constante de Planck	h	$6{,}62618\ 10^{-34}$ Js
Atmosphère standard	p_0	$1{,}01325\ 10^{5}$ Nm^{-2}
Température du point triple de l'eau	T_0	273,16 K
Charge de l'électron	e	$1{,}60219\ 10^{-19}$ C
Masse de l'électron	m_e	$9{,}10953\ 10^{-31}$ kg
Magnéton de Bohr	$\mu_B = eh/4\pi m_e$	$0{,}927408\ 10^{-23}$Am^2
kT à 300 K		$4\ 10^{-21}$ J = 1/40 eV

ÉNERGIE

Énergie	1 Joule	= 10^7 ergs	= 0,2389 calorie	= $9{,}48\ 10^{-4}$ Btu
Pression	1 Pascal	= 1 Newton m^{-2}	= 10^{-5} bar	= 10 dynes cm^{-2}

BIBLIOGRAPHIE

CHAPITRE 1

J.J. BINNEY, N.J. DOWRICK, A.J. FISHER, et M.E.J. NEWMAN, *The Theory of critical phenomena*, Clarendon Press, Oxford, 1995.

N. BOCCARA, *Symétries brisées*, Hermann, Paris, 1976.

L. BOREL, *Thermodynamique et énergétique*, Presses Polytechniques et Universitaires Romandes, Lausanne, 1987.

H.B. CALLEN, *Thermodynamics and introduction to thermostatics*, J. Wiley, New York, 1985.

R.W. CAHN, *The Coming of Materials Science*, Pergamon, Oxford, 2001.

P.M. CHAIKIN et T.C. LUBENSKI, *Principles of condensed matter physics*, Cambridge University Press, Cambridge, 1995.

C. KITTEL, H. KROEMER, *Thermal Physics*, seconde édition, W.H. Freeman, New York 1984.

W. KURZ, J.P. MERCIER et G. ZAMBELLI, *Introduction à la science des matériaux*, Presses Polytechniques et Universitaires Romandes, Lausanne, 1991.

P. PAPON et J. LEBLOND, *Thermodynamique des états de la matière*, Hermann, Paris 1990.

I. PRIGOGINE et K. KONDEPUDI, *Thermodynamique, Introduction théorique aux structures dissipatives*, Éditions Odile Jacob, Paris, 1999.

D.V. RAGONE, *Thermodynamics of materials*, Vol I et II, J. Wiley, New York, 1995.

A. REISMAN, *Phase equilibria*, Academic Press, New York, 1970.

J.M. YEOMANS, *Statistical mechanics of phase transitions*, Clarendon Press, Oxford, 1992.

M. ZEMANSKY, *Heat and thermodynamics*, Mc Graw Hill, New York, 1968.

CHAPITRE 2

M.F. ASHBY et D.R.H. JONES, *Matériaux*, vol. 2, *Microstructure et mise en œuvre*, Dunod, Paris, 1991.

R.H. DOREMUS, *Rates of phase transformations*, Academic Press, Orlando, 1985.

P. HAASEN, Edit, *Phase transformations in materials, Materials science and technology*, Vol. 5, VCH, Weinheim, 1991.

K.P. KELTON, *Crystal nucleation in liquids and glasses*, Solid State Physics, vol 45, Academic Press, 1991.

W. KURZ, J.P. MERCIER et G. ZAMBELLI, *Introduction à la science des matériaux*, Presses Polytechniques et Universitaires Romandes, Lausanne, 1991.

S.H. LIU, *Fractals and their applications in condensed matter physics* in Solid state physics, vol. 39, Academic Press, Orlando, 1991.

D.V. RAGONE, *Thermodynamics of materials*, vol. II, John Wiley, New York, 1995.

A. ROMANO, *Thermomechanics of phase transitions in classical field theory*, World scientific, Singapour, 1993.

D. STAUFFER, *Introduction to percolation theory*, Taylor and Francis, Londres, 1985.

R. ZALLEN, *The physics of amorphous solids*, John Wiley, New York, 1983.

CHAPITRE 3

M.F. ASHBY et D.R.H. JONES, *Matériaux*, vol. II, *Microstructures et mise en œuvre*, Dunod, Paris, 1991.

D. BERNACHE-ASSOLANT (coordonnateur), *Chimie-physique du frittage*, Hermès, Paris, 1993.

M. DAOUD et C. WILLIAMS (éditeurs), *La juste argile*, Les Editions de Physique, Paris, 1995.

J. DASH, HAYING FU et J.S. WETTLAUFER, The premelting of ice and its environmental consequences, Report on progress in Physics, 58, 115-167, Institute of Physics, Londres, 1995.

J. ISRAELACHVILI, *Molecular and surface forces*, Academic Press, New-York, 1992.

W. KURZ et D.J. FISHER, *Fundamentals of solidification*, Trans. Tech. Publications, Aedermannsdorf, 1992.

W. KURZ et J.P. MERCIER, G. ZAMBELLI, *Introduction à la science des matériaux*, Presses Polytechniques et Universitaires Romandes, Lausanne, 1991.

W.A. TILLER, *The science of cristallization*, Cambridge University Press, Cambridge, 1992.A.J. WALTON, *Three phases of matter*, Mac Graw Hill, New York, 1976.

R.P.J. YOUNG et P.A. LOVELL, *Introduction to polymers*, Chapman and Hall, 1995.

CHAPITRE 4

M. CYROT et D. PRAVUNA, *Introduction to superconductivity and high T_c materials*, World Scientific, Singapour, 1992.

P.G. DEBENEDETTI, *Metastable liquids*, Princeton University Press, Princeton, 1996.

P.J. FLORY, Thermodynamics of polymer solutions, Discussions Faraday Soc., 49, 7-29, 1970.

J.P. HANSEN et I.R. MC DONALD, *Theory of simple liquids*, Academic Press, Londres, 1976.

F.L. HILL, *Introduction to statistical physics*, Addison Wesley, Reading, 1962.

K. HUANG, *Statistical mechanics*, (2e ed), John Wiley and Sons, New York, 1987.

W. KAUZMANN, D. EISENBERG, *The structure and properties of water*, Oxford University Press, Oxford, 1969.

D. LAWRIE et S. SARBACH, Theory of tricritical points in C. Domb, J.L. Lebowitz (eds.) *Phase transitions and critical phenomena*, vol. 9, 1-161, Academic Press, Londres, 1984.

J.M.H. LEVELT SENGERS, Critical behavior of fluids in E. Kiran and J.M.H. Levelt Sengers (eds), *Supercritical fluids*, 3-38, Kluwer, Dordrecht, 1994.

J.M.H. LEVELT SENGERS, *How fluids unmix*, Royal Netherlands Academy of Arts and Sciences, Amterdam 2002.

M.R. MOLDOVER et J.C. RAINWATER, Thermodynamic models for fluid mixtures near critical conditions in R.D. GRAY JR, M.E. PAULAITIS, J.M.L. PENNINGER, P. DAVIDSON (eds), *Chemical engineering at supercritical fluid conditions,* chap. 10, Ann Arbor Science Publications, Ann Arbor, Michigan, 1983.

P. PAPON et J. LEBLOND, *Thermodynamique des états de la matière*, Hermann, Paris, 1990.

M. PLISCHKE et B. BERGERSEN, *Equilibrium statistical physics*, World scientific, Singapour, 1994.

R.C. Reid, J.M. PRAUSNITZ et B.E. POLING, *The properties of gases and liquids*, Mac Graw Hill, New York, 1987.

R.L. SCOTT et P.H. VAN KONYNENBURG, *Critical lines and phase equilibria in binary van der Waals mixtures*, Philos. Trans. R. Soc., 298, 495-594, 1980.

J. VIDAL, *Termodynamique, application au génie chimique et à l'industrie pétrolière,* Technip, Paris, 1997.

CHAPITRE 5

C.A. ANGELL, Formation of glasses from liquids and biopolymers, Science, 267, 1924-1935, 1995.

P.G. DEBENEDETTI, *Metastable liquids*, Princeton University Press, Princeton, 1996.

S.R. ELLIOT, *Physics of amorphous materials*, Longman Scientific and Technical, Essex, 1990.

W. GÖTZE et L. SJÖGREN, *Relaxation processes in supercooled liquids*, Reports on Progress in Physics, 241-376, 1992.

ZALLEN, *The physics of amorphous solids*, J. Wiley, New York, 1983.

J. ZARZYCKI, *Les verres et l'état vitreux*, Masson, Paris, 1982.

CHAPITRE 6

A. CLARK et S.B. ROSS-MURPHY, Structural and mechanical properties of biopolymer gels in Advances in Polymer Science, 83, 57-1923, Springer-Verlag, Berlin, 1987.

M. DJABOUROV, Architecture of gelatin gels, Contemp. Phys. 29, 3, 273-297, 1988.

M. DJABOUROV, Gelation a review, Polymer International, 25, 135-143, 1991.

A.M. DONALD, Physics of foodstuff, Rep. Prog. Phys., 57, 1081-1135, 1994.

P.G. de GENNES, *Scaling concepts in polymer physics*, Cornell University Press, Ithaca, 1985.

J.M. GUENET, *Thermoreversible gelation of polymers and biopolymers*, Academic Press, Londres, 1992.

J.E. MARTIN et D. ADOLF, The sol-gel transition in chemical gels, Annu. Rev. Phys. Chem., 42, 311-39, 1991.

K. NISHINARI, Rheology of physical gels and gelling processes, Rep. Prog. Polymer Phys. Japan, 43, 163, 2000.

CHAPITRE 7

J.J. BINNEY, N.J. DOWRICK, A.J. FISHER et M.E.J. NEWMAN, *The theory of critical phenomena*, Oxford Science Publications, Oxford, 1995.

R.H. BROUT, *Phase transitions*, W.A. Benjamain, New York, 1965.

P.M. CHAIKIN et T.C. LUBENSKY, *Principles of condensed matter physics*, Cambridge University Press, Cambridge, 1995.

L. DOMB et J.L. LEBOWITZ (ed.), *Phase transition and critical phenomena*, vol 9, Academic Press, Londres, 1984.

M. GERL et J.P. ISSI, *Physique des matériaux*, Presses Polytechniques et Universitaires Romandes, Lausanne, 1997.

C. KITTEL, *Physique de l'état solide*, Dunod, Paris, 7e édition, 1998.

HUANG, *Statistical mechanics*, John Wiley and sons, New York, 1963.

KUBO, *Statistical mechanics,* North Holland, Amsterdam, 1965.

PAPON et J. LEBLOND, *Thermodynamique des états de la matière*, Hermann, Paris, 1990.

H.E. STANLEY, *Introduction to phase transitions and critical phenomenal*, Clarendon Press, Oxford, 1971.

R.A. SWALIN, *Thermodynamics of solids*, John Wiley and sons, NewYork, 1972.

J.C. TOLÉDANO et P. TOLÉDANO, *The Landau theory of phase transition*, World Scientific, Singapour, 1987.

R.M. WHITE et Th. H. GEBALLE, *Long range order in solids*, Academic Press, New York, 1979.

CHAPITRE 8

P.M. CHAIKIN et T.C. LUBENSKI, *Principles of condensed matter physics*, Cambridge University Press, Cambridge, 1995.

P.G. de GENNES et J. PROST, *The Physics of liquid crystals* (2e édition), Oxford Science Publications, 1995.

G. HEPPKE et D. MORO, Chiral order from achiral molecules, Science, 279, 1872-1873, 1998.

K. HUANG, *Statistical mechanics*, John Wiley, 1963.

L. LIEBERT (ed), *Liquid crystals*, Solid Sate Physics, suppt vol. 14, Academic Press, 1978.

R.W. RICE, *Ceramic tensile strength-grain size relations*, Journal of Material science, 32, 1673-1692, Chapman and Hall, 1997.

D.R. TILLEY et J. TILLEY, *Superfluidity and superconductivity*, Adam Hilger, Bristol, 1990.

D. WRIGHT et D. MERMIN, Crystalline liquids : the blue phases, Review of Modern Physics, 385, april 1989.

CHAPITRE 9

M.F. ASHBY et D.R.H. JONES, *Matériaux*, vol. 1. Propriétés et applications Dunod, Paris, 1991.

J.L. CHERMANT, *Caractérisation des poudres et des céramiques*, Hermès, Paris, 1992.

M. DAOUD et C. WILLIAMS (éditeurs), *La juste argile*, Les Éditions de Physique, Paris, 1995.

F.E. FUJITA, *Physics of new materials*, Springer Verlag, Berlin, 1994.

M. GERL et J.P. ISSI, *Physique des matériaux*, vol. 8, Presses Polytechniques et Universitaires Romandes, Lausanne, 1997.

J. ISRAELACHVILI, *Intermolecular and surface forces*, Academic Press, Londres, 1992.

P.H. MORIARTY, Nanostructural materials, Reports on Progress in Physics, 63, 3, 29-381, 2001.

G. TIMP (ed.), *Nanotechnology*, Springer-Verlag, Heidelberg, 1998.

R.W. RICE, Ceramic tensile strength-grain size relations, Journal of material science, 32, 1673-1692, Chapman and Hall, 1997.

CHAPITRE 10

J. ISRAELCHVILI, *Intermolecular and surface forces*, Academic Press, Londres, 1992.

C.M. KNOBLER et R.C. DESAI, Phase transitions in monolayers, Annual Reviews of Physical Chemistry, 43, 207-236, 1992.

H. MÜHLWALD, Surfactants layers at water surfaces, Reports on Progress in Physics, 56, 653-685, 1993.

CHAPITRE 11

L. BOREL, *Thermodynamique et énergétique*, Presses Polytechniques et Universitaires Romandes, Lausanne, 1987.

P.G. DEBENEDETTI, *Metastable liquids*, Princeton University Press, Princeton, 1996.

J.M. DELHAYE, M. Giot et M.L. Riethmuller, *Thermohydraulics of two phase systems for industrial design and nuclear engineering*, Mc Graw Hill, New York, 1980.

W.B. HOLZAPFEL, Physics of solids under strong compression, Reports on Progress in Physics, 59, 29-90, 1996.

J.T. HOUGHTON, *The physics of atmosphere*, Cambridge University Press, Cambridge, 1995.

Y. LECOFFRE, *La cavitation*, Hermès, Paris, 1994.

A.J. LEGGETT, Bose-Einstein Condensation in the alkali gases, Reviews of Modern Physics, 73, 2, 307-356, 2001.

J.P. PEIXOTO, A.H. OORT, *Physics of climate*, American Institute of Physics, New York, 1992.

M. ROSS, Matter under extreme conditions of temperature and pressure, Reports on Progress in Physics, 48, 1-52, 1985.

S.S. SADHAL, P.S. AVYASWAMY et J.N. CHANG, *Transport phenomena with drops and bubbles*, Springer, Berlin, 1997.

K.E. TRENBERTH (ed), *Climate system modeling*, Cambridge University Press, Cambridge, 1995.

P.B. WHALLEY, *Boiling, condensation, and gas-liquid flow*, Clarendon Press, Oxford, 1987.

INDEX ALPHABÉTIQUE

T

U

V

W

X

Z

www.ingramcontent.com/pod-product-compliance
Lightning Source LLC
LaVergne TN
LVHW011133061026
849535LV00003B/475